BİRLEŞİK ALAN TEORİSİ

"UKRAY" BİRLEŞİK ELEKTRO/GRAVİTASYON ALAN KURAMI

BİRLEŞİK

ALAN TEORİSİ

"UKRAY" BİRLEŞİK ELEKTRO/GRAVİTASYON ALAN KURAMI

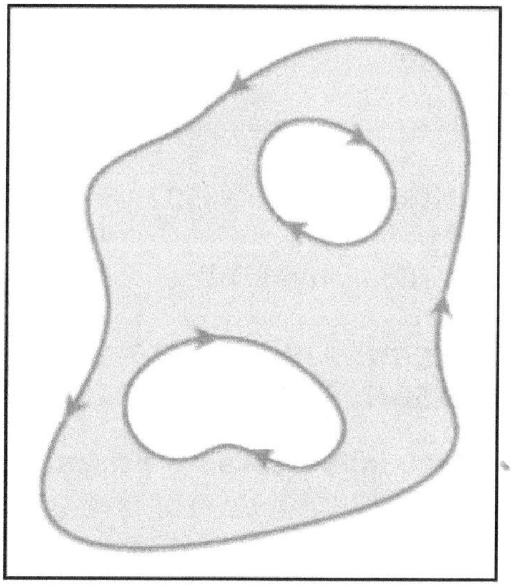

MURAT UKRAY

5-BOYUTLU RELATİVİTE
&
BİRLEŞİK ALAN TEORİSİ-III

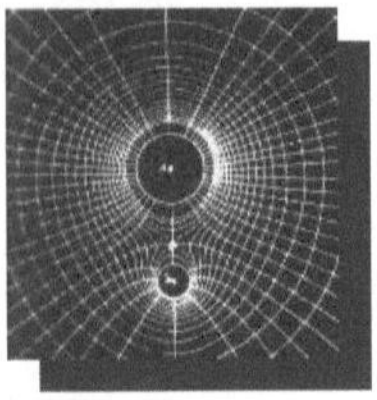

Yazarı (Author): Murat Ukray
Sayfa Düzeni ve Grafik Tasarım: Yazar
Baskı ve Cilt (Publishing): E-Kitap Projesi & Cheapest Books[R]

https://www.cheapestboooks.com
www.facebook.com/EKitapProjesi

Sertifika No (Certificate ID): 45502
İstanbul / Ocak 2021
Baskı ve Cilt: POD (BookMundo) Inc.

ISBN: 978-625-7287-14-2
eISBN: 978-625-7287-10-4

İletişim ve İsteme Adresi:
E-Mail: muratukray@hotmail.com
Web: www.kiyametgercekligi.com
https://yildiz.academia.edu/MuratUkray

Yazar Hakkında

Murat Ukray

17 Ağustos 1976 tarihinde İSTANBUL'da doğdu. İlk, Orta ve Lise öğrenimini İstanbul'da tamamladı. Daha sonra YILDIZ TEKNİK Üniversitesi ELEKTRONİK Mühendisliği Bölümünde ve aynı Üniversitenin FEN BİLİMLERİ Enstitüsünde Yüksek Lisans öğrenimi gördü. 2000'li yıllardan bu yana, çeşitli yerli ve yabancı kaynaklardan araştırmalar yaparak İmani ve Bilimsel konularda çeşitli Makaleler ve Grafik Tasarımları (Aralarında Mevlana Hz., Üstad Bediüzzaman Said Nursi'ye v.b. ait çizimlerin de bulunduğu)

eserleri hazırladı. Çocuklar için GALAXY isimli bir oyun tasarladı. Yazarın, Kaotik Zaman Serileri ve Yapay Sinir Ağlarıyla Borsada tahmin sistemleri üzerine uluslararası düzeyde yayınlanmış bir makalesi ve yayınlanmış iki kitabı vardır. Bunlardan ilki (KIYAMET GERÇEKLİĞİ), Kur'an'daki İncil'deki ve diğer bazı ilmî kaynaklardaki Kıyametin büyük alametlerini içinde bulunduğumuz zamana yönelik açıklamaya ve aydınlatmaya yönelik bir çalışmadır. Kitaba ayrıca, ayrıca Günümüz Türkçesini Osmanlıca Alfabesine kodlayan bir de Osmanlıca Alfabesi konulmuştur.

Kitap, bu konuyla ilgili KUR'ÂN âyetleri ve Hadislere yönelik Batınî bir tefsirdir. İkincisi ise (5-BOYUTLU RELATİVİTE & BİRLEŞİK ALAN TEORİSİ), PLATON'dan günümüze kadar devam eden süreç içerisinde yapılan Fizik yasalarını birleştirme çabasına yönelik bir çalışma olup, Kur'ânın bazı semavî müteşâbih ayetlerinin tefsirine yönelik, bugüne kadar çeşitli bilim adamları tarafından yapılmış matematiksel ve fiziksel çalışmaları da içerecek şekilde, gözlemleyebildiğimiz maddi evreni matematiksel olarak açıklamaya çalışan zahirî bir tefsirdir. Kitapta Evrenin yapısını ve Karadelikleri açıklayan HİKMET (FİZİK) yasaları çeşitli teoremlerle anlatılmakta olup, yüksek bir MATEMATİK bilgisi gerektirmektedir. Her iki çalışmanın da amacı İMAN-I TAHKİKÎ'nin BATINÎ ve ZAHİRÎ kutuplarına yöneliktir. Yazar, Üniversite yıllarında, tarihte bir ilim adamı tarafından yapılan hiçbir çalışmanın tek yönlü olamayacağını görmüş ve bunun sonucunda, kalıcı olan eserlere baktığında ise, bunların din bilimlerinin yanı sıra diğer bütün pozitif bilimlerde de derin bir bilgi, araştırmaya dayalı bir ihtisas ve kuvvetli bir önsezi gerektirdiğini farketmiştir.

Akademik eğitim, bir dereceye kadar bu bilgiyi ve araştırmaya dayalı ihtisas yöntemlerini vermektedir. Fakat bütün bu bilgi yığınlarını, gerçeği ortaya çıkaracak şekilde bir araştırma yöntemini ve bunu sağlayacak olan önsezi yeteneğini ne yazık ki verememektedir. Dolayısıyla yıllarca süren yoğun ve çoğunlukla ezbere ve hiç araştırmadan öğrenilen bilgilere dayalı ve gerçeğin ta kendisi olduğu sanılarak yapılan bir eğitim, hayatın ilerleyen dönemlerinde öğrencinin zihninde bir bilgi yığını olarak kalmakta ve bu bilgi yığınının içerisinden doğru ve işine yarayan bilgileri çıkartmakta zorlanmaktadır. Fakat bir zamanlar, bu önsezi ve araştırma yeteneğini kazandıran eğitim kurumları vardı ve bunlar pozitif bilimlerin yanı sıra din bilimlerini de öğreten günümüzün Yüksek İslâm Enstitülerine biraz benzeyen Medreseler'di. Bu kurumlarda Tarikat ve Ma'rifetullah yoluyla hem Allah'ı, hem Peygamberler'i ve hem de dinin diğer incelikli detaylarını oluşturan onlarca Dinî İlim dalıyla birlikte Pozitif Bilimlerin diğer dalları olan Fizik, Kimya, Biyoloji, Tıp, Astronomi, Felsefe, Tarih ve Coğrafya gibi ve benzeri pek çok bilim dalı bir arada okutuluyordu. Dolayısıyla burada uzun yıllar eğitim alarak mezun olan bir talebe, istediği ilmî sonuçlara kısa sürede ulaşabiliyordu, yani ilim yapmaya hemen başlayabiliyordu. Fakat bu şekilde Din-Bilim işbirliği içerisinde yürütülen eğitim sistemi 1850'li yıllarda Mustafa Reşit Paşa tarafından Gülhane'de yayınlanan ve halka okunan Tanzimat Fermanı'yla birlikte Medreseler'deki pozitif bilimler kaldırıldı ve bunun sonucunda da Hakikî âlim olan din bilginlerinin sayısı hızla azaldı ve bu durum günümüze kadar da devam etti.

Günümüzdeki eğitim sistemi ise, tamamıyla Batı'nın etkisi altındadır. Dolayısıyla, İslâm'a ve kendi kültürümüze oldukça uzaktır. Eğer önümüzdeki süreç içerisinde bu eğitim sistemini değiştirmezsek, kendi öz kültürümüzün, tamamıyla Batı'nın etkisi altına girmesi içten bile değildir. Bundan dolayı, günümüzde Üniversitelerde verilen akademik eğitimle mezun olan bir öğrenci, bırakın hem dinî ve pozitif bilimlerin çok iyi bilinmesini ve her branşında ihtisaslaşmasını gerektirecek ilim yapmayı, mezun olduğu bilim kolunda ve branşında bile tam olarak yeterli bir bilgi birikimine sahip olamamaktadır ve bunun sonucunda da kendisinden beklenen yüksek ilmî değerleri ve Bilim sahasında yenilik getirecek önemli buluşları üretmekte zorlanmaktadır. Bu yüzden İslâm Dünyası, Batı Dünyasındaki yeniliklere ve ilerlemelere ayak uyduramadı ve Modern Bilimin ve Teknolojinin yaklaşık 200 yıl gerisinde kaldı ve bunun sonucunda da, son zamanlarda Türkiye'den çıkan birkaç büyük bilim adamı dışında, zamanımızda çok ihtiyaç duyulan pozitif bilim dallarında öncü bilim adamları yetiştirilemedi. Bu durum pozitif bilim dallarının hemen hemen tüm branşlarında geçerli olduğu gibi, bunlardan çok daha geniş kapsamlı olan din sahasında da böyledir. Dolayısıyla Din sahasında da Din-Bilim işbirliğini ve Mekanizmasını çözümlemeden ve tüm bu branşların hepsinde birden uzmanlaşmadan Din sahasında etkin ve genel geçerli bir eser ortaya koymak mümkün olamadı. Dolayısıyla son zamanlarda Kur'ân'ı Tefsir başlığı altında yapılan ilmî çalışmalara baktığımızda tüm bu çalışmaların ilâhî mesajın manasına yönelik çalışmalar ve bir nevî Meal'ler olduğunu ve günümüz teknolojisinin ve pozitif bilimlerin oldukça ilerlemiş olan ilmî sonuçlarını içerecek şekilde olmadığını ve bir derece yüzeysel kaldıklarını görürüz. Fakat günümüz şartlarında, yapılacak olan manevî ve tahkikî bir tefsirin mutlaka pozitif bilimlerin bu yönlerini de içermesi elzemdir. Çünkü son zamanlarda yapılan araştırmaların bir çoğu, pozitif bilimler vasıtasıyla Kur'ân'ın İ'cazına, yani Mu'cizevî bir Semavî Kitap olduğu görüşüne yöneliktir ve tüm bu ilmî çalışmaların sonuçları Fizik, Matematik, Astronomi ve diğer pozitif bilim dalları vasıtasıyla Kur'ân'da geçen bir kısım Müteşabih âyetlerin yorumlarına yöneliktir. Dolayısıyla bu nevî bir tefsir tüm bu ilmî sonuçları da içerecek ve insanları, bir nevî derin bir anlayış gerektiren meseleleri tahkik etmeye ve gerçeği araştırmaya yönlendirecektir. İşte bu da İman-ı tahkikiye giden yol olup, yaşadığımız bu asır için Allah'ın takdir ettiği bir Din Metodolojisidir. Bu metodoloji saplantılı ve bağnaz dinî görüşlere yer vermez, hurafelerden ve bid'atlardan arınmıştır, taklitçiliği değil tahkikçiliği emreder, Kur'ân'ın Muhkem âyetleriyle belirlenmiş olan Şeriat'ın aslını korumakla beraber; Müteşâbih âyetlerle sınırları tam olarak belirlenmemiş olan Gayb bilgisini de araştırmalarla ortaya koyar.

Asrımızın getirdiği tüm yenilikleri ve teknik imkanları da kullanır. İlm-i Usûlce bilindiği gibi İman-ı Tahkikî'nin, Zahirî ve Batınî olmak üzere iki kutbu vardır. Fakat çağımızda Zahirî kutuptan yaklaşarak İman-ı Tahkikî'ye ulaşmak çok zordur ve çok yüksek düzeyde bir Matematik ve Fizik Bilgisi gerektirir ki bazı Batılı Müslüman Bilim adamlarını İslâm'ı seçmeye yönlendiren bu metoddur. Çünkü yaşadığımız bu Modern asırdaki şartlar, İman-ı Tahkikînin Zahirî kutbuna ulaşmak için yüksek düzeyli araştırmaları ve Âhiret âlemlerini Aynelyakîn ve Hakkalyakîn bir surette müşahede edebilebilmesi için, çok yüksek düzeyde bir Matematik, Fizik ve Astronomi bilgisini gerektirir. Bununla birlikte Batınî kutbu, daha az teorik bilgi ve deneyim ister. Fakat bununla beraber hakikatin müşahede edilebilmesi için Keskin ve Gaybî bir görüş gücünü ve Cifir ilminin sırlarını bilmeyi gerektirir. Dolayısıyla her iki metodolojik yöntem de Âlim olma yoluna götürür ve ilk adımın atılmasına sebep olur ki, Dinde Tecdid yapılması için bu ilmî mertebeye ulaşmak elzemdir. Böylece Üniversiteyi bitirip, bir bilim dalının sadece tek branşında bile tam bir yeterliliği olamayan bir kişi, bu çeşit bir ilmî yöntem izlerse pozitif bilim dallarının ve dinî ilimlerin diğer kapalı yönlerini de görmeye başlar ve bu metodolojik yöntemle artık âlim olma yolunda bir adım atmış olur. Böylece diğer bilim dallarında ihtisaslaşmış uzman kişilerin o branşta göremediği ve ulaşamadığı yepyeni sonuçlara ulaşmaya başlar ki, bu aşamada bile pek çok bilinmeyenle ve problemlerle karşılaşılması doğaldır. İşte bu noktada ilâhî bir önsezi ve Allah'ın yardımı gereklidir. Kişi eğer bu konuda gayretli ise, sonunda mutlaka bunu da elde edecek ve artık Gayb'ın bilgisi ve anahtarı ona sunulacak ve böylece bütün kapalı kapılar açılacaktır. İşte ancak bu şekilde oluşturulacak olan eserler ve ilmî çalışmalar, içinde bulunduğumuz ve âhir zaman olarak nitelenen zamanda gelişecek olan olaylara, problemlere ve dinî meselelere akılcı bir çözüm getirerek, kainatın yaratıcısını ilân ve ispat ederek dinde bir yenilenme ve tecdid yaparak onu aslî unsurlarına geri döndürebilir ve ancak bu şekilde dindeki dejenerasyonu önler. Dolayısıyla dinî sahada tecdid yapılması için, pozitif bilimlerin geleneksel kanunlarının da din çerçevesinde ve Kur'ân ekseninde yeniden belirlenmesi gerekir. Bu pozitif bilim dallarından bazıları: MATEMATİK, FİZİK, KİMYA, BİYOLOJİ, ASTRONOMİ, EDEBİYAT, TARİH, COĞRAFYA, ARKEOLOJİ, FELSEFE, EKONOMİ, SOSYOLOJİ gibi v.b. olarak sayılabilir. En büyük güç sahibi olan Allah, yaratmak ve yönetmek için evreni meydana getirdi. Öyle ki, Evrende en temel düzeyde, yani Planck ölçeğinde temel ve manyetik yükler bulunmaktadır. İşte bu yüklerin kaynağı ise, özünde tek bir alan kuvvetini içeren 5-Boyutlu Birleşik Alan kuvvetidir.

Bu çalışmada ele aldığım bu Graviton-Manyetik yük teorisi, ayrı ayrı kuvvetlerin hakim olarak olduğu bir arenadan öte, tüm kainatı bir bütün olarak ele alan kuramsal çalışmalarımı içine almaktadır. Kainatın meydana gelişini izah eden "Büyük Patlama" (Big Bang) isimli popüler teori yerine, İzafiyet teorisinin 5. boyuta genelleştirilmesi şeklinde tanımlanabilen ve kuvvetli bir matematiksel altyapıyla, yaklaşık 10 yıllık bir felsefi düşünce mantığı ve uzunca bir çalışmanın sonucu ortaya çıkardığım bu teori her şeyin başı olan bu konuyu, yani kainatın başlangıçta nasıl yaratıldığını ilmen izah ettiği gibi, sonu hakkında da bazı önemli ipuçları vermektedir. Evrenin yaratılmasının ilk anında toplam 10 üssü 1296 $\left(10^{64}\right)$ parçacık varken, evrenin 2-3 saniye içinde genişleyip soğumasıyla birlikte, bu oran her bir zaman diliminde 2 kat azalması sonucu evrenin büyük kısmını teşkil eden 10 üssü 81 parçacığı meydana getirdi. Zamanın başlangıcından önce evreni kaplayan zaman öncesi güçlerin alanı vardı ki, tek bir kuvvet alanının büyük patlamayla açılması sonucu bu alan bileşenleri milyarlarca sene sonra soğuma ve termodinamik genişlemenin etkisiyle çöktü ve bir atomdan trilyonlarca kere küçük "*mikroblackholes*" denilen siyah mini atomik mikro karadelikler ortaya çıktı. İşte, bu mini karadeliklerin yarısı maddeden, yarısı ise değişik yapılı karşı maddeden meydana geliyordu. Fakat, milyarlarca yıl sonra uzun bir zaman geçmesine rağmen, merkezinde yer alan tekillik noktasında bir manyetik yükün yer aldığı bu karadeliklerden zaman öncesinde başlayan büyük bir kalıntı kozmik mikrodalga arka ışınımı olarak evrene dağıldı.

Madde ile karşı maddenin çarpışması her şeyi imha eden patlamalara sebep oluyordu ki, bu çarpışmanın neticesinde madde ile karşı madde birbirinden parçalanma neticesinde ayrılınca yeni parçacıklar, zamanla galaksiler, yıldızlar, gezegenler, karşı gezegenler ve insanları meydana getirerek bildiğimiz anlamdaki kainatı oluşturdu. Geçtiğimiz asırda, bu tip bir Birleşik alan teorisini ilk kez ele alan ve neredeyse Einstein ve Newton ayarında bir Türk fizikçimiz olan Prof. Dr. Behram Kurşunoğlu (1922-2003), 1953 yılında Amerika Princeton'da bu çeşit bir yaklaşımı Einstein ile görüştüğünde belki de fizik yasalarının tek bir çatı altında toplanması yönündeki en önemli adımı attığının farkında değildi. Fakat, teorisi Einstein'ın relativite yasalarını çok daha genelleştirirken, bilim dünyasının o zamanlarda 4-boyutlu relativiteye takılması sebebiyle, bilim sahasında önemli bir yer edinemedi. Fakat, teorik fizik gün geçtikçe ilerledikçe ve CERN'deki deneyler ek boyutlara ait birtakım yeni bulguları elde ettikçe, teorik fiziğin uzun yıllardır Einstein ve Kurşunoğlu'nun bırakmış olduğu noktada bulunduğunu ancak 2000'li yılların başında farkettiler. Prof. Kurşunoğlu çalışmalarının sonuçlarını göremeden 2003 yılında aramızdan ayrıldı, fakat türk dünyasının fizikte önemli bir ilerleme kaydettiğini bırakmış olduğu mirasıyla bizlere gösterebilmişti. İşte bu teorik çalışmamızda, evrenin ilk anlarına ve kuantum mekaniğinin derinliklerine inerek, Relativite teorisini 4-Boyutlu evrenimizin sınır-teğet yüzeyine en yakın ölçekteki bu 5. boyuta genişletmeye çalışacağız ve onların bize miras bıraktıkları ipuçlarından hareket ederek, evrenin gizemini ve sırlarını çözmeye ve yüksek boyutlara çıkıldıkça birleşen bir yapı gösterdiğini isbatlamaya çalışacağız..

Yazarın yayınlanmış diğer Kitapları:

1- **Kıyamet Gerçekliği** *(Kurgu Roman) (2006)*

2- **Birleşik Alan Teorisi** *(Teori – Fizik & Matematik) (2007)*

3- **İsevilik İşaretleri** *(Araştırma) (2008)*

4- **Yaratılış Gerçekliği- 2 Cilt** *(Biyokimya Atlası)(2009)*

5- **Aşk-ı Mesnevi** *(Kurgu Roman) (2010)*

6- **Zamanın Sahipleri** *(Deneme) (2011)*

7- **Hanımlar Rehberi** *(İlmihal) (2012)*

8- **Eskilerin Masalları** *(Araştırma) (2013)*

9- **Ruyet-ul Gayb (Haberci Rüyalar)** *(Deneme) (2014)*

10- **Sonsuzluğun Sonsuzluğu (114 Kod)** *(Teori & Deneme) (2015)*

11- **Kanon (Kutsal Kitapların Yeni Bir Yorumu)** *(Teori & Araştırma) (2016)*

12- **Küçük Elisa (Zaman Yolcusu)** (Çocuk Kitabı) (2017)

13- **Tanrı'nın Işıkları (Çölde Başlayan Hikaye)** *(Bilim-Kurgu Roman) (2018)*

14- **Son Kehanet- 2 Cilt** *(Bilim-Kurgu Roman) (2019)*

15- **Medusa'nın Sırrı** *(Bilim-Kurgu Roman) (2020)*

www.ekitaprojesi.com/authors/murat-ukray

www.kiyametgercekligi.com

* * *

"UKRAY" BİRLEŞİK ELEKTRO/GRAVİTASYON ALAN KURAMI

Evrenin başlangıcının ilk anında toplam 10 üssü 1296 $\left(10^{64}\right)$ parçacık varken, evrenin 2-3 saniye içinde genişleyip soğumasıyla birlikte, bu oran her bir zaman diliminde 2 kat azalması sonucu evrenin büyük kısmını teşkil eden 10 üssü 81 parçacığı meydana getirdi. Zamanın başlangıcından önce evreni kaplayan zaman öncesi güçlerin alanı vardı ki, tek bir kuvvet alanının büyük patlamayla açılması sonucu bu alan bileşenleri milyarlarca sene sonra soğuma ve termodinamik genişlemenin etkisiyle çöktü ve bir atomdan trilyonlarca kere küçük "*mikroblackholes*" denilen siyah mini atomik mikro karadelikler ortaya çıktı. İşte, bu mini karadeliklerin yarısı maddeden, yarısı ise değişik yapılı karşı maddeden meydana geliyordu. Fakat, milyarlarca yıl sonra uzun bir zaman geçmesine rağmen, merkezinde yer alan tekillik noktasında bir manyetik yükün yer aldığı bu karadeliklerden zaman öncesinde başlayan büyük bir kalıntı kozmik mikrodalga arka ışınımı olarak evrene dağıldı. Madde ile karşı maddenin çarpışması her şeyi imha eden patlamalara sebep oluyordu ki, bu çarpışmanın neticesinde madde ile karşı madde birbirinden parçalanma neticesinde ayrılınca yeni parçacıklar, zamanla galaksiler, yıldızlar, gezegenler, karşı gezegenler ve insanları meydana getirerek bildiğimiz anlamdaki kainatı oluşturdu. Geçtiğimiz asırda, bu tip bir Birleşik alan teorisini ilk kez ele alan ve neredeyse Einstein ve Newton ayarında bir Türk fizikçimiz olan Prof. Dr. Behram Kurşunoğlu (1922-2003), 1953 yılında Amerika Princeton'da bu çeşit bir yaklaşımı Einstein ile görüştüğünde belki de fizik yasalarının tek bir çatı altında toplanması yönündeki en önemli adımı attığının farkında değildi. Fakat, teorisi Einstein'ın relativite yasalarını çok daha genelleştirirken, bilim dünyasının o zamanlarda 4-boyutlu relativiteye takılması sebebiyle, bilim sahasında önemli bir yer edinemedi. Fakat, teorik fizik gün geçtikçe ilerledikçe ve CERN'deki deneyler ek boyutlara ait birtakım yeni bulguları elde ettikçe, teorik fiziğin uzun yıllardır

Einstein ve Kurşunoğlu'nun bırakmış olduğu noktada bulunduğunu ancak 2000'li yılların başında farkettiler.

Prof. Kurşunoğlu çalışmalarının sonuçlarını göremeden 2003 yılında aramızdan ayrıldı, fakat türk dünyasının fizikte önemli bir ilerleme kaydettiğini bırakmış olduğu mirasıyla bizlere gösterebilmişti. İşte bu teorik çalışmamızda, evrenin ilk anlarına ve kuantum mekaniğinin derinliklerine inerek, Relativite teorisini 4-Boyutlu evrenimizin sınır-teğet yüzeyine en yakın ölçekteki bu 5. boyuta genişletmeye çalışacağız ve onların bize miras bıraktıkları ipuçlarından hareket ederek, evrenin gizemini ve sırlarını çözmeye ve yüksek boyutlara çıkıldıkça birleşen bir yapı gösterdiğini isbatlamaya çalışacağız..

Evrenin Başlangıç ve Bitiş anında, tüm Fizik kuvvetlerinin ve yasalarının tek bir birleşik yapıda olduğunu isbatlamaya yönelik olan bu çalışma, Newton Mekaniğinden, Kuantum Kuramına, Einstein Relativitesi'nden modern 11-boyutlu Süper Sicim kuramına kadar, tüm fizik yasalarını birleşik bir yapı çerçevesi içerisinde incelediği gibi, Newton'un kütleçekim kuramlarıyla ilgili büyük çalışması "PRINCIPIA"yı yayınlamasından (1700-1707) yaklaşık 300 yıl sonra kaleme alınmaya başlanması (2000 yılı başları) sebebiyle bir 'MODERN ÇAĞ PRINCIPIA'sı olarak da ele alınabilir..

Kitap, birbirini takip eden ve sırasıyla takip edildiğinde, okunması konuyu anlaşılır kılan, YEDİ adet makale şeklinde YEDİ BÖLÜM'den oluşmaktadır. Bunun yanı sıra, konuya yabancı olan daha az teknik bilgiye sahip olan okuyucular için de, kitabın sonuna kuramın MATEMATİKSEL TEMELİ niteliğindeki DÖRT adet APPENDİX niteliğinde ek bölüm yerleştirilmiştir.

Kainatın meydana gelişini izah eden "Büyük Patlama" (Big Bang) isimli popüler teori yerine, İzafiyet teorisinin 5. boyuta genelleştirilmesi şeklinde tanımlanabilen ve kuvvetli bir matematiksel altyapıyla, yaklaşık 16 yıllık bir felsefi düşünce mantığı ve uzunca bir çalışmanın sonucu ortaya çıkardığım bu teori; kainatın Başlangıçta nasıl yaratıldığını ve Sonu hakkında da bazı önemli ipuçları vermektedir. 21. Yüzyılın bu YENİ Fizik kuramı, toplam 666 sayfadan oluşan bu genişletilmiş kaliteli baskısı ile, 100 yeni teorem ve yaklaşık 1000 adet orjinal Grafik çizimlerle, her kütüphanede bulunması gereken bir FİZİK & KOZMOLOJİ BAŞYAPITI'dır..

İÇİNDEKİLER

{Table of Contents}

KURAM NEYİ ANLATIR?
{Kısaca Özeti & Felsefesi}

Bu KURAM'ı okul yıllarımdan beri, yaklaşık Üniversite son sınıfta olduğum 2000 yılından 2020 yılına kadar 20 yıllık bir sürede yazdım ve parça parça oluşturdum. Teori'nin üç versiyonu olup, Birleşik Alan Teorisi-I ve II şeklinde kitap olarak yayınlandı. Okumuş olduğunuz bu çalışma, toplam 7 büyük makaleden oluşan Kuram'ın tamamını içeren en geniş ve en son versiyonudur. KURAM, Evrenin genel ve basit bir matematiksel açıklamasını **ON YEDİ** genel sonuç maddesi halinde özetler:

1)- Kütleçekimi kuvvetli bir elektromanyetizmadan kaynaklanmaktadır ve aslında kütleçekim alanının esas oluşturucusu bu güçlü elektromanyetik etkidir,

2)- Tüm gök cisimleri aslında merkezinde dev bir karadelik tekilliğinin (5. boyuta açılan) bulunduğu dev birer mıknatıs gibi davranmaktadır (nötron yıldızları ve pulsarların bunun isbatı olduğu teorinin kanıtları bölümünde mevcuttur),

3)- Aynı zamanda atomda da merkez noktasında yer alan mini black holes'ların bulunduğu ve bu durumda atom modelinin yeniden belirlenmesinin zorunlu olduğu (ki, buna göre yaklaşık bir atom modeli kitabın içerisinde vardır),

4)- Tüm atomik yörüngelerin helezonik olanlar kararsız ve eliptik olanaların ise kararlı partiküllere ait olmak üzere iki ana grupta toplanması gerektiği (tüm bu sınıflandırma ve partikül tipine göre kararlı vekararsız yörüngeler kitapta çizilmiştir),

5)- Birleşik alan kuramına giden ana yolun sayın Behram Kurşunoğlu'nun 1950'li yıllarda Einstein'a da sunduğu gibi kuantum boyutunda tanımlanan manyetik monopol mekanizmasından geçtiği (ki o bu yüklerin orbitron'lar olduğunu teorisinde ortaya koyar; bu kitapta bunların aslında planck ölçeğindeki manyetik yükler olması gerektiğini ve Einstein'ın alan denklemlerini 5-boyutlu uzay zamana genişleterek denklemlerde gösterildi (Q ile sembolize edilirler)) ve bu monopol mekanizmasının bilinen ve şimdiye kadar deneysel olarak saptanmaya çalışılan Higgs bozonunda kütle olarak çok daha büyük olması gerektiği (birleşik alan teorisi bu kütle değerinini sonsuza yakın çıktığını öngörür ve standart modelin 5. boyuta genişletilmesiyle elde edilen ışık hızı duvarına kadar hızlanabilen kararlı partiküller ile ışık hızını aşan kararsız partiküllerin lineer hız spin değerlerine göre ayrımı da yine kitabın içerisinde tablo halinde verilmiştir),

6)- Manyetik monopollerin yük değerinin elektronun yaklaşık 66 katı kadar olması gerektiğini (Bohr ve Dirac atom modeli temel alınarak),

7)- Birleşik alan teorisine göre, Graviton tam olarak yüksüz bir partikül değildir, buna göre hesaplanan kütlesinin; 2,76 MeV olması gerektiği,

8)- Ayrıca, birleşik alan teorisine gözlemlenebilen evrende uzay-zaman **3+1 (t)** şeklinde **4b-boyutlu** değil; bunun yerine **iki boyutlu hiperbolik** bir yapıdaki zamanı içeren (ki zaman da bu durumda (**t'=f(u,v)**) şeklinde Laplace denklemlerinden hareketle titreşim yapabilen bir elektromanetik dalgaya indirgene-bilmektedir) **3+2 (t')** şeklinde **5-boyutlu** bir uzay-zaman yapısına sahip olduğu,

9)- Birleşik alan teorisi evren için; 8'i kapalı olmak üzere toplam 3+8 **(t")** şeklinde 11-boyutlu kapalı bir uzay-zaman modelini öngörür. t" burada 8 şeklinde çörek şeklinde kıvrılmış olan ve planck ölçeğinde yer alan en temel D-zar, yani brane-world'dür. Ve tüm sicim parçaları bu D-zarın yüzeyinin elektromanyetik dalgalar yaratan partikül titreşimlerinin oluşturduğu bir deniz olarak düşünülebilir. Bu durumda büyük partiküllerin oluşumu, bu elektromanyetik sicim titreşimlerinin birleşimine ve daha büyük kütleli cisimleri oluşturmasına denk düşecektir. Zaten son zamanda en çok kabul gören fizik kuramı olan M kuramının da bu görüşü desteklediği,

10)- Evrenin, 5-Boyutlu kütleçekimsel elektromanyetik alanların ve 2-Boyutlu Hiperbolik-Lobachevsky tipli semer yapıya sahip Süper-Zar zaman yapısının oluşturduğu 11-Boyutlu Süper-

Sicimlerden oluşan Bozon ağ yapısı (Gravitonların taşıdığı, Süper-Simetriye ve bir kütleye sahip boşluk [ether veya esir]) üzerine bina edilmiş titreşen Sinüsoidal-Spiral madde dalgaları olan Fermion'lardan (atomaltı parçacıklar ve atomların birleşmesinden oluşan moleküler yapılar) oluştuğunu, Tüm bu yapının, uzay-zamanın bütün bölgesini boş yer kalmayacak şekilde (Planck ölçeğinde 10^{-33} cm aralıklarla) kaplamasıyla oluştuğunu,

11)- Birleşik alan teorisine göre, ayrık duran evrenin sınır-teğet yüzeyi üzerindeki çift Quasarların kendi ekseni etrafındaki dönüş hızlarının ışık hızına yaklaşması durumunda, Evrenin yakın bir gelecekte büyük karadelik tekilliklerinin birleşmesiyle hızlı ve eksponensiyal bir çöküşe geçmesinini mümkün olabileceği, ve bunun da tüm kainatın sonunu getirebileğini,

12)- Evrenin, 5-Boyutlu kütleçekimsel elektro-manyetik alanların ve 2-Boyutlu Hiperbolik-Lobachevsky tipli semer yapıya sahip Süper-Zar zaman yapısının oluşturduğu 11-Boyutlu Süper-Sicimlerden oluşan **Bozon** ağ yapısı (Gravitonların taşıdığı, Süper-Simetriye ve bir kütleye sahip boşluk [*ether* veya *esir*]) üzerine bina edilmiş titreşen Sinüsoidal-Spiral madde dalgaları olan **Fermion**'lardan (atomaltı parçacıklar ve atomların birleşmesinden oluşan moleküler yapılar) oluştuğunu,

13)- Tüm bu yapının, uzay-zamanın bütün bölgesini boş yer kalmayacak şekilde (Planck ölçeğinde 10^{-33} *cm* aralıklarla) kaplamasıyla oluştuğunu,

14)- Bununla birlikte, tüm evreni fizik yasaları çerçevesinde modelleyebilecek tek bir son teori olmadığını,

15)- Özellikle, Antropik ilke (yani evrenin alacağı topolojik şekillerin çeşitliliği ve ileride oluşturabileceği termodinamik ısı denge yönü ile evrenin genişleme hızına bağlı deformasyonlar ve kainatın yaratılmasındaki ve son bulmasındaki esas amaçlar) gereğince Evreni fizik yasalarıyla (yeni eklenen kuramlarla) daha iyi açıklayan birtakım kuramlar olacağını,

16)- Fakat, tüm yapıyı detaylarıyla açıklayabilecek bir her şeyin teorisini elde etmenin oldukça zor göründüğünü,

17)- Çünkü, evrendeki var olan ve atomik yapıların merkezleri de dahil tüm evrene yayılmış olan, karadelik tekillik süreçleri (Singularities) ve tükenen Entropi gereğince, sınırlı maddenin ardındaki yapıyı, kapalı boyutları anlayabilmemiz için çok daha komplike bir MATEMATİKSEL YAPI olduğu yine bu kuramın önemli bir sonucu olduğunu.

Özet olarak öngörür.

KURAMIN TEMEL ÖNGÖRÜLERİ?

{Kısaca Maddeler & Halinde}

- YENİ BİR ATOM MODELİ,

- YENİ BİR EVREN MODELİ,

- GALİLEO EYLEMSİZLİK İLKESİNDE DEĞİŞİM,

- MAXWELL DENKLEMLERİNİN YAPISINDA TEMEL BİR DEĞİŞİM VE İLAVE EK BİR TERİM,

- POYNTING ENERJİ KURAMINDA DEĞİŞİM,

- KÜTLEÇEKİM ALANININ STATİK ALAN DENKLEMLERİNDE VE EVRENSEL KÜTLE-ÇEKİM SABİTİNDE BİR DEĞİŞİM, DİNAMİK DURUMDA KÜTLEÇEKİM ALANININ ASLINDA BİR ELEKTROMANYETİK DALGA YAPISINDA OLDUĞUNUN İSBATLANMASINI,

- ELEKTROMANYETİK ALAN KURAMI İLE KÜTLEÇEKİM ALAN KURAMINDA & ÇEKİRDEK KUVVETLERİNDE BİR ÖN/BİRLEŞİM,

- RELATİVİTEDEKİ IŞIK HIZI DUVARI'NIN (C) SABİT DEĞERİ VE PARTİKÜLLERİN SINIFLANDIRILMASINDA BİR DEĞİŞİM,

- HIGGS ALAN KURAMININ GENİŞLETİLMESİYLE EVRENİN DOKUSUNUN ÇOK DAHA YÜKSEK BOYUTLARDA MANYETİK MONO-POLLER AĞI ALANIYLA KUŞATILDIĞINI,

- EVRENİN EN TEMEL TEKİL NOKTASI OLAN BİR SİNGULARITY CİVARINDA YOĞUNLAŞMIŞ BİR ŞEKİLDE MANYETİK KÜTLE (MANYETİK MONOPOL)'LERİN (±Q) OLMASI GEREKTİĞİ VE BUNLARIN KAPALI 5. BOYUT ZARFI BOYUNCA TÜM EVRENİ KAPLADIĞI,

- MANYETİK MONOPOLÜN BİR KÜTLE TRANSFORMATÖRÜ GİBİ ÇALIŞTIĞI ("GM MEKANİZMASI" OLARAK TANIMLANMIŞTIR) VE KÜTLENİN, YUMURTA BİÇİMİNDE KÜTLESİ ÇOK AĞIR OLAN ÇÖKEN BU MANYETİK MONOPOL HACİM YOĞUNLUĞUNUN SINIR YÜZEYİNDE MEYDANA GETİRİLDİĞİNİ.

ÖZET OLARAK ÖNGÖRÜR.

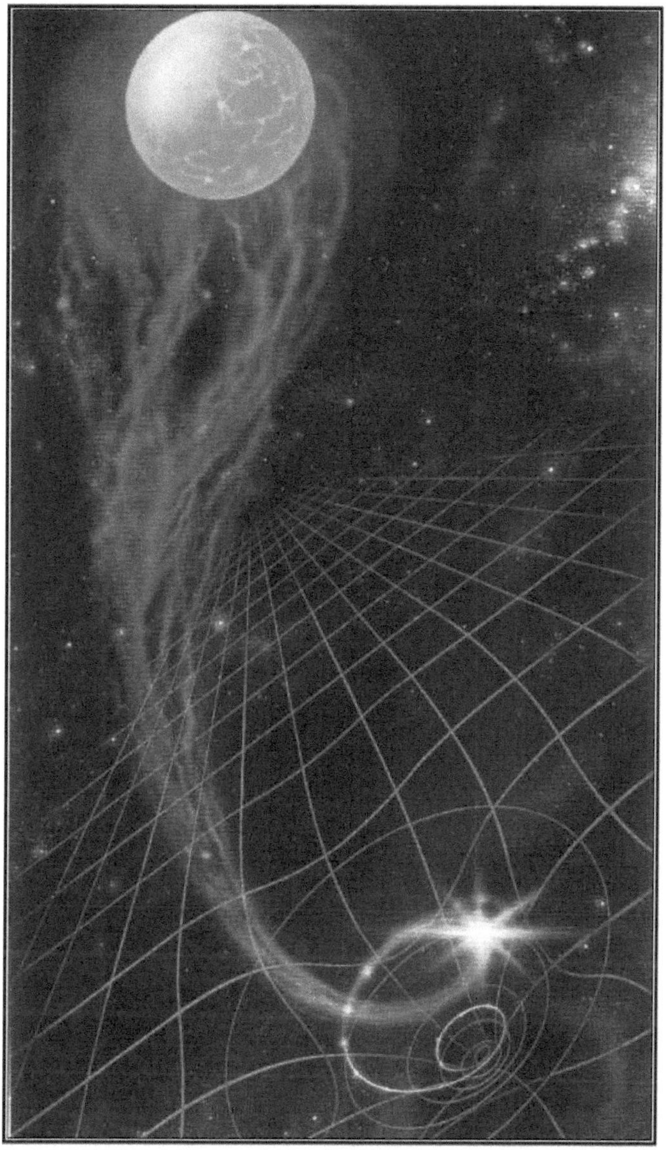

ŞEKİL:

- BİRLEŞİK ALAN KURAMININ OLUŞTURULMASINDA KULLANDIĞIM, İLK HAYALİ ÇİZİM VE DÜŞÜNCE DENEYİ'NİN FANTASTİK BİR RESMİ:

- GENEL GÖRELİLİK İLE BU KURAMDA ELE ALINAN UZAY-ZAMAN GEOMETRİSİ FARKINI FELSEFİ OLARAK ANLATAN TASLAK BİR ÇİZİM {Ukray, 2000}

BİRLEŞİK ALAN TEORİSİ

*UKRAY'S

ELECTRO/WEAK/STRONG/

GRAVITATIONAL FIELD THEORY

MURAT UKRAY[†]

Graduated from Yıldız Teknik University,
Elektronik & Haberleşme Müh. (2000)

İSTANBUL
TURKEY
muratukray@hotmail.com

This Book Dedicated to Çanakkale & Science Martyries

Bu Kitap Çanakkale ve Bilim Şehitlerine İthaf Edilmiştir..

BİRİNCİ BÖLÜM {PART-I}

BİRLEŞİK ALAN KURAMININ TARİHÇESİNE VE YAPISINA KISA BİR GİRİŞ

An Approach & Historical Introduction on Unification of the Physics Laws

ABSTRACT

—In this first study, I'll endeavor to find a sub-set equation of the unification of the Gravity and Electromagnetism at the initial times of the universe in the planck scale. In theoretical study we began to work, the theory of Quantum Mechanics is folded into the 4-Dimensional Universe, Relatively, tangent to the surface nearest the border-this 5-Dimensional Universe scale, we'll generate a new space-time model, that I named: "*Quantum Egg Model or GM Mechanism*". We will try to expand the size of "*Einstein-Schwarzschild-Kursunoglu*" space-time model in this universe, to solve from the basic 4D dimensions to 5D dimensions, we'll try to expand Magnetic Monopol-Dirac Space-time...

This first section of the unified field theory, stipulated in many ways and in many places in the theory of quantum-sized black hole singularity, which frequently situated that we'll called: "In Quantum Eggs", I'll express also known as a mathematical model for the mechanism of Magnetic Monopole. So we are going to learn a new atomic model under this model for the unified field theory; so we could also have done a simple mathematical definition for gravitons and magnetons (magnetic monopols). In addition, having this mechanism, according to the unified field Theory we will constitute a basis for the new atom model in the following chapters..

Keywords: *Electrogravity Unification, 5-Boyutlu Relativite, Birleşik Alan Teorisi, Genişletilmiş Maxwell Denklemleri, Unification of the Physics Laws, 5D- Relativity, Quantum Gravity, Quantum Electrodynamics, 11D Superstring theory, M-Theory, An Aproach & Introduction of the United Field Theory, Magnetic Monopol Model, Higgs Bosonic Field,*

I- INTRODUCTION {GİRİŞ}

Akademik hayatımın Lisans dönemi son yıllarında, yaklaşık 2000 yılında, fakülte kütüphanesinde mevcut fizik literatürünü incelediğim sırada tesadüfen rastladığım Faraday'ın indüklenme yasası üzerine okuduğum bir makalede, ve o yıllarda çokça hakim olduğum klasik fizikteki en önemli ve anlaşılabilen kuram olan elektromanyetik teorideki bazı göreli yapıların, hareketli bir gözlemciye göre elektrodinamik kütleçekim şartlarında bir karadelik tekilliği içerisinde singularite noktasına doğru düşmekte olan bir kütlenin durumunu hayal etmiştim.

Acaba, Einstein'ın özel relativitesindeki trendeki ve yerdeki gözlemciye göre farklı algılanan bir halka iletken teldeki, elektrodinamik indüklenme yasası; bu karadelik içerisindeki tekilliğe düşme sırasında kütlenin artıp azalmasıyla meydana gelebilecek ve buna paralel doğrultuda kütleçekimin etkisini azaltacak bir elektromanyetik kütleçekim dalgası ve manyetik yük akımı meydana getirebilir miydi? Bu bende, uzun yıllar bir araştırma ve bu kuramı oluşturmaya iten bir dizi araştırmaya yöneltikten sonra, burada sırasıyla ve aşama aşama vereceğim toplam YEDİ MAKALE'den oluşan bir birleşik elektromanyetik kütleçekim kuramı oluşturmaya yöneltti. Kuram, her ne kadar tümdengelimli bir matematiksel yaklaşım & tansör hesabı ve geometric modellemeler içerse de, içerisinde barındırdığı mekanizmalar ve örnek fiziksel uygulamaların doğada uzayın kapanan ekstra boyutu (5. Boyut etkisi) doğrultusunda Einstein-Maxwell Denklemlerinin çözüm-lerinin farklı bir matematiksel 4×4 Pauli-Dirac Spinorları ve Tansör hesabı kurgulamasıyla vereceğim, 2×6 GENİŞLETİLMİŞ TOPLAM 12 MAXWELL DENKLEMİ yapısıyla özetlenen, bu tekillik civarındaki partikül etkileşimlerinin bir sonucu olarak, bu indüklenen elektrodimanik kuvvet alanının Birleşik bir alan kuvveti şeklinde davrandığını isbatlamaya yönelik olacaktır.

Yine, Akademik hayatımın son yıllarında Enstitüdeki Master yaptığım dönemde, (yaklaşık 2000'li yılların ortaları, 2002-2005), Fakülte kütüphanesindeki eski bir fizik dergisindeki FARADAY'ın bir makalesini incelerken;

$\left(\nabla \times \vec{E} = -\dfrac{\partial \vec{B}}{\partial t}\right)$ ve $\left(\nabla \times \vec{B} = \dfrac{\partial \vec{E}}{\partial t}\right)$ elektrodinamik yasaları ile COULOMB'un $\left(E = K\dfrac{q_1 q_2}{4\pi\varepsilon_0 R^2}\right)$ elektrostatik yasaları ve Amperé'in $\left(B = K\dfrac{\mu_0 m_1 m_2}{4\pi R^2}\right)$ magnetostatik yasaları ile (*m, burada manyetik yüktür) NEWTON'un genel kütleçekim kanunu $\left(F = G\dfrac{m_1 m_2}{R^2}\right)$ denklemleri arasındaki şaşırtıcı benzerliği incelemiş ve bir karadelik tekilliği içerisinde helezonik bir şekilde hareket ederek ilerleyen bir elektromanyetik kütleçekim dalgasının, göreli durumda elektro-manyetizmayla kütleçekimini birleşik bir alan kuvvetinin değişken konumdaki gözlemcinin bakış açısına göre (Düşük hızlarda) farklı algılanan olgular olup olmadığını düşünerek; ancak göreli koordinat sistemleri birbirine göre ışık hızında değiştiğinde (Örneğin, bir karadelik tekilliği civarında), aynı anda tek bir kuvvet alanının iki farklı görünümü olarak eşdeğer iki parçası gibi davranıp davranamayacağını hayal etmiştim.

Buna göre, birbirinden farklı gibi görülen bu üç temel kuvvet alanı, uzak alan çiftyıldız sistemleri (pulsarlar) ve nötron yıldızları gibi yoğunlaşmış kütlelere ait alan spektrumlarındaki değişimleri incelendiğinde, yani bu yapılardaki kütleçekimi ve elektromanyetik dalgaların yayılımı birlikte incelendiğinde, aynen elektromanyetik alan bileşenleri gibi kütleçekim alanı da <u>indüklenen bir kütleden</u> etkilenerek, $\nabla \times \vec{G} = \dfrac{\partial f(\vec{E}, \vec{B})}{\partial t}$ şeklinde her üç alan bileşeni de birleşik bir elektromanyetik dalga yapısında hareket etmeliydi. Bunu ilk başlangıçta sadece hayal etmeme rağmen, sonrasında bu yönde bazı makalelerde bulgular elde ettim. Buna, daha sonraları "*aynı andalığın göreli birleşik eşdeğerliği ilkesi*" adını verdim (3. Makalede verilecek). Bu ilkeye ve bazı önemli sonuçlarına ilerleyen kısımlarda tekrar döneceğiz.

Klasik gravitasyon kuvveti teorisi, Newton'un evrensel çekim yasası olarak bilinen ve iki kütle arasındaki çekim kuvvetini;

$$F = G\frac{m_1 m_2}{R^2}$$

olarak veren, *Evrensel Kütleçekimi Yasası'dır.* Fakat, bundan başka bir de göreli bir kütleçekimi teorisi olan ve 1915'de Einstein tarafından bulunan *genel görelilik teorisi* vardır. Einstein'ın teorisinin temeli, uzay-zaman dokusunun eğriliğine (düz yerine eğri bir uzay-zaman) ve zamanın göreceli olmasına dayanır. Genel görelilik, uzay-zamanı oluşturmak üzere, zaman boyutunu uzayın üç boyutuyla birleştirir. Bu kuram, uzaydaki madde dağılımının, uzay-zamanı büktüğü ve bozduğunu; bu yüzden de uzay-zamanın düz olmadığını söyleyerek kütle çekim etkisini açıklar. Söz konusu uzay-zaman içindeki nesneler, düz doğrultularda hareket etmeye çalışır; ancak uzay-zaman eğri olduğu için, izledikleri yollar bükülmüş olarak görülür ve bu bükülmüş alan yüzeyinin merkezinde kapalı veya açık bir tekillik noktası mutlaka bulunmalıdır. Aşağıdaki şekilde bu durum açık bir şekilde görülmektedir.

Çalışmamızın ilerleyen kısımlarında, Kütleçekimi ile Elektromanyetizmanın bu göreli kütleçekim alanındaki tekillik noktası civarındaki hareketini inceleyip, *GREEN TEOREMİ'nden yararlanarak, yukarıda bahsettiğimiz Kütleçekim alanı ile Elektromanyetik alan arasındaki bu eşdeğerliği oluşturan bir bağlantının var olup olmadığını detaylı olarak tekrar tartışacağız. Örneğin, elde edeceğimiz 1. ve 6. *Maxwell denklemlerine göre, kütleçekiminin cisimleri neden sürekli çekime uğrattığı -itmeye değil de- ve manyetik alanla -mutlaka birleşik bir yapıda- çekime uğrattığını şu aşağıdaki sonuç denklemlerle ve geometrik yapılarla açıklanacaktır:

$$\int_A^B F.dr = f(B) - f(A)$$

*Green teoremine göre, sakınımlı alanlar (Elektrik ve Manyetizma gibi), toplam bir alan bileşeninin (Kütleçekim alanı gibi) parçaları ise; kapalı bir yüzey üzerindeki toplam akı değişimi sıfır olacağı için;

$$\oint_C F.nds = \oint_C Mdy - Ndx = \oiint_R \left(\frac{\partial M}{\partial x} - \frac{\partial N}{\partial y} \right) dxdy$$

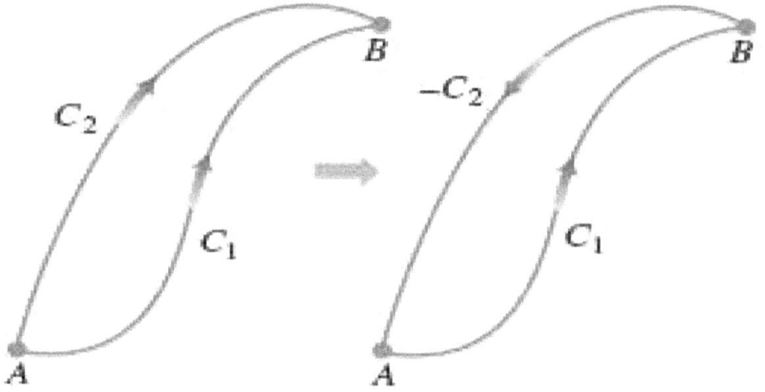

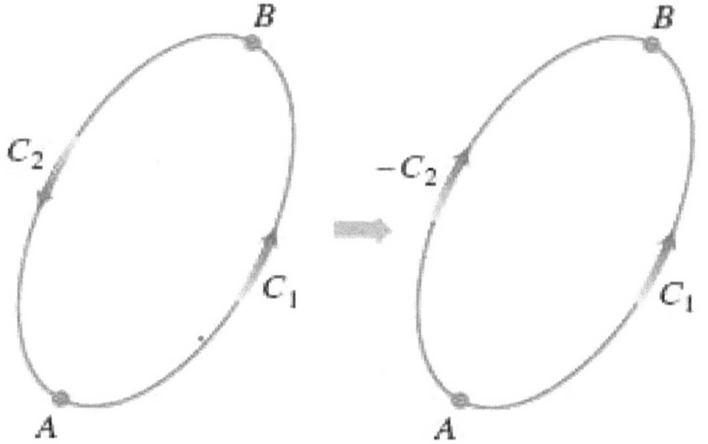

Şekil: Bir tekillik yüzeyinin en dip noktasında (singularity) çökmekte olan ve kuvvetli bir manyetik alana hapsolan madde, planck ölçeğinde manyetik bir monopol oluşturacaktır, ve manyetik ve elektrik yük dağılımları halka şeklinde bir sicimsel yapıda, kütlenin artıp azalmasının bir etkisi sonucu indüklenen J_m (C_1) ve J_e (C_2) diferansiyel akımlarını oluşturacaklardır.

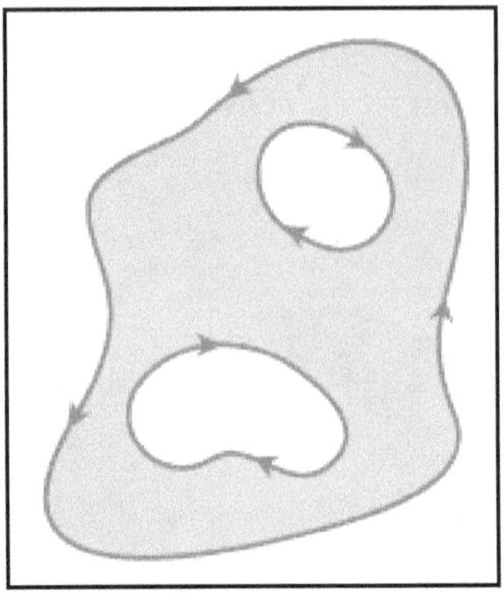

Figure 1: Green teoremine göre, kapalı ve sakınımlı bir alan sirkülasyonu çevrimi boyunca alınan yol integrali, iki parçalı vektörel alanın fark denklemine indirgenebilir (Ukray,11)

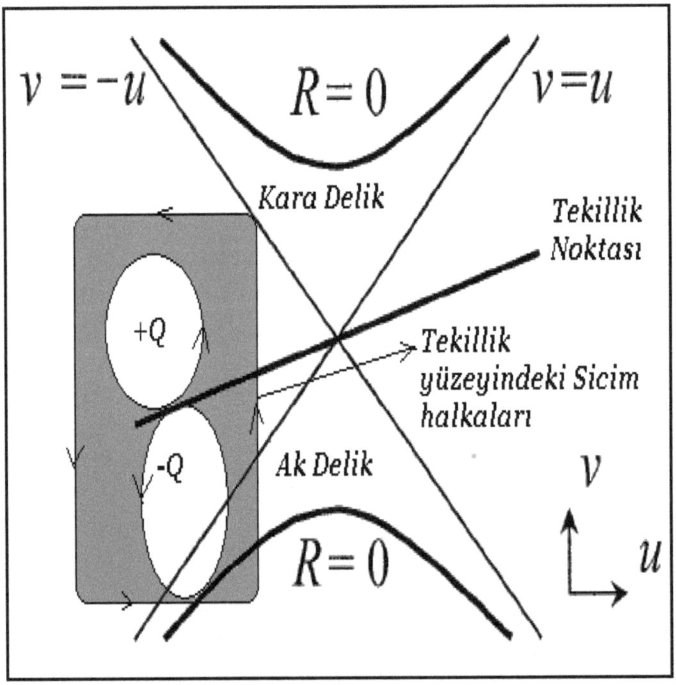

Figure 2: Birbiri etrafında dönen iki tekillik noktasının yol integrali, tekillik yüzeyi boyunca elektromanyetik kütleçekim alanının 6. Maxwell denklemiyle verilen birbiri etrafında dönen halka yapısının Green teoremi doğrultusundaki geometric sonucudur ve yüzey boyunca indüklenen kütlenin elektromanyetik kütleçekim dalgası olarak, yüzeyden dışarıya doğru oluşturduğu kütle çekimci dalgaların matematiksel isbatıdır (Ukray, 2011).

Şeklinde, yukarıdaki şekillerde görüldüğü gibi, iki adet tekillik noktası oluşturur ki, kapalı bir vektör alanı havuzu içerisinde elektromanyetizmayla kütleçekiminin birleşimini öngören bu yapının, Birleşik alan denklem-lerinde kütleçekim alanının,

Green teoremi doğrultusunda, bu çeşit bir birleşik alan kuvveti şeklinde davrandığını gösterir. Ayrıca, Galaktik ölçeklerde Green teoreminin çözümleri birbiri etrafında dönen Karadelik ve Akdelik çözümlerine denk gelir. Benzer bir yaklaşımı, Stokes Teoremi de vermekte olup, onu burada vermedik.

Dolayısıyla, aşağıdaki formülasyonlardan da anlaşılıyor ki, Green, Diverjans ve Stokes teoremleri birbiriyle bağlantılı bir yapı oluşturup, tek bir birleşik ana teoremin parçaları gibi davranmaktadır. Bu da matematiksel düzeyde de alan teorilerinin temelde birleşik bir yapısı olduğu fikrini düşündürmektedir, fakat burada bunun matematiksel isbatına girmedik. İsteyen okuyucu, çalışmamızın içerisindeki bu temel teoremlerin birbiriyle olan bağlantılarını inceleyebilir.

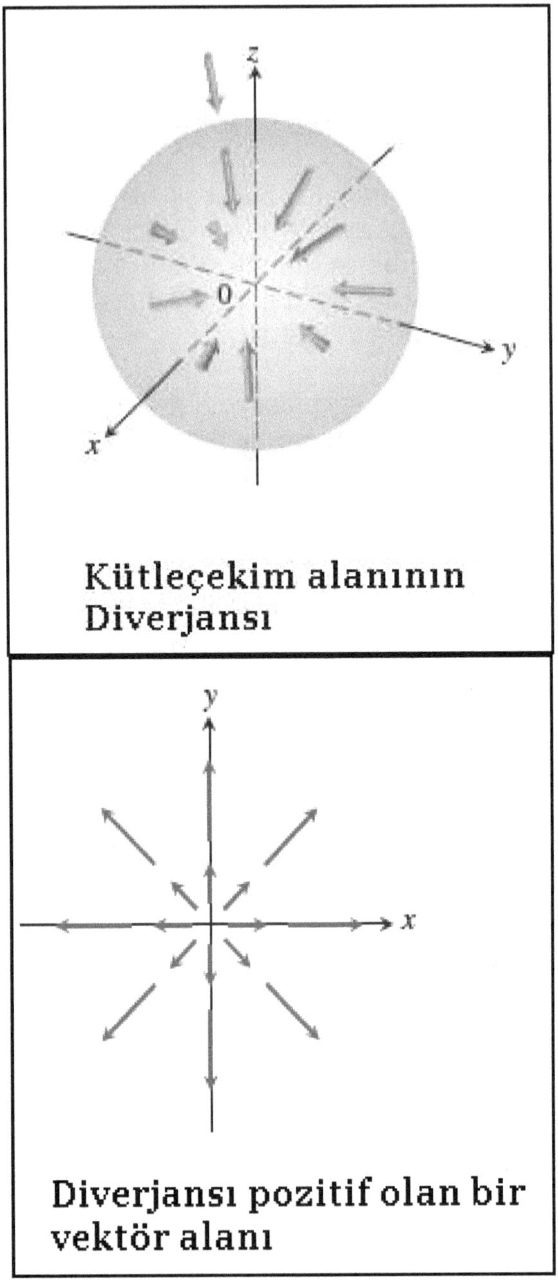

Figure 3: Kütleçekimci dalgalar, teorinin ilerleyen kısımlarında, yeni elde ettiğimiz genişletilmiş 1. Maxwell denklemi doğrultusunda cisimleri neden hep çekime –itmeye değil de- uğratttığını da anlamamızı sağlayacaktır, yani diverjansın özelliğinden dolayı (- işaretinden dolayı)† kütleçekim merkezinden içe doğru vektörel olarak yönlenir (Ukray, 2011).

$$(1)\quad \hat{\nabla}.\vec{G} = -\left(\frac{1}{\varepsilon_g} + \mu_g\right)\rho_g$$

†Detaylı açıklama için, bkz: 2. Bölümün sonu: Not[1] ve Not[2]

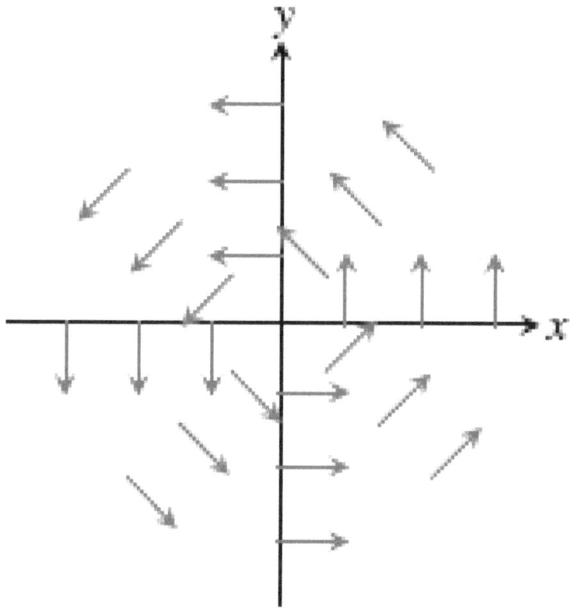

Rotasyoneli pozitif olan bir vektör alanı

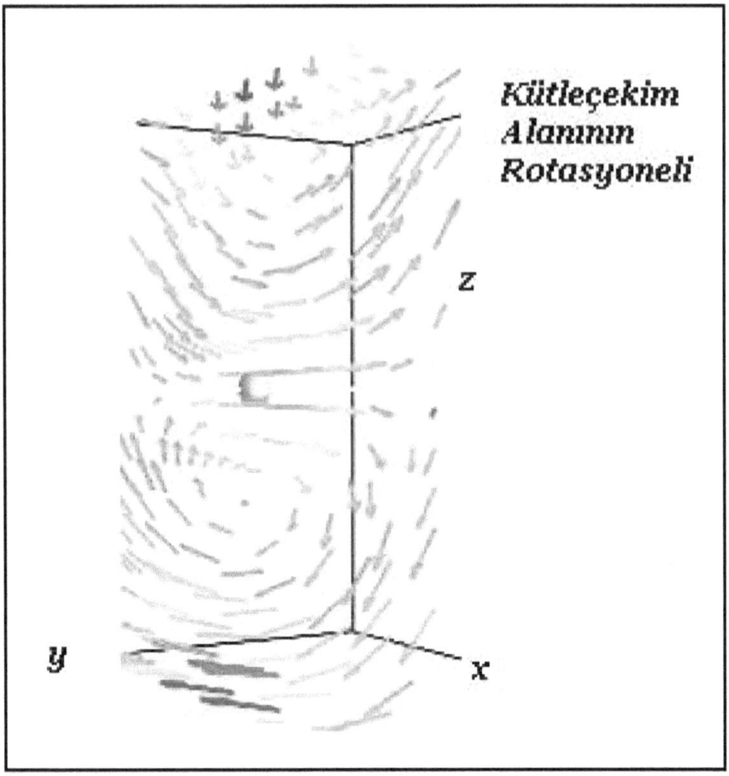

Figure 4: Benzer şekilde, rotasyonelden dolayı da 6. Maxwel denklemi ile burgaç şeklinde helezonik bir yapı kazanır:

$$6)\ \hat{\nabla} \times \vec{G} = \mu_g \left(\vec{J}_g - \vec{M}_g \right) + \varepsilon_g \mu_g \left(\frac{\partial \vec{E}}{\partial t} - \frac{1}{\varepsilon_g \mu_g} \frac{\partial \vec{B}}{\partial t} \right)$$

Şimdi, aşağıdaki şekildeki elektromanyetik alan kuvveti çizgilerini inceleyip yukarıdaki kütleçekimi alanı çizgileriyle olan benzerliğini yorumlayalım ve kütleçekimi ile elektromanyetizma arasında bir ilişkinin olup olmadığını düşünelim. Evet bir ilişki vardır ve her ikisinin de aynı kökenli bir alan kaynağı vardır. Yani elektromanyetizma ve kütleçekimi aynı kökenli alanlardır. İlerki bölümlerde bu kaynakların, kapalı 5. Boyut doğrultusunda yoğunlaşmış olan *manyetik yükler* (***Q***, ***Manyetik monopol***) olduğunu öngöreceğiz. Şekillerden de görüldüğü gibi elektromanyetik ve kütleçekim alan çizgilerini incelersek her üç alan vektörünün de cisimlerin hareket yönündeki ***kuvvet çizgisine*** ve ***birbirine*** dik ve teğet olduğu görülür. Buradan da anlaşılacağı üzere cisme etkiyen üç kuvvet (elektrik alan kuvveti, manyetik alan kuvveti ve yerçekimi (gravitasyon) alan kuvveti) birbirine dik ve cismin hareket yönü de bu üç kuvvetin *vektörel bileşkesi* (kütleçekimi alanı kuvveti) yönünde olacaktır.

Aşağıdaki şekilde bu hayali kuvvet çizgileri daha açık bir şekilde görülebilir. Şimdi herhangi bir V kapalı hacmi içindeki **"ρ" hacimsel yük yoğunluğuna** sahip bir Q yükü için elektrik kuvveti ifadesini yazarsak:

$$\sum Q = \rho.\sum V$$ ve $$\sum Q = \frac{\vec{F}}{\vec{E}}$$ olarak bir yüke etki eden elektrik alan kuvveti olduğu düşünülürse;

$$\frac{\vec{F}}{\vec{E}} = \rho.\sum V$$ olarak bu ifadeyi bu yük yoğunluğunun belli bir Elektrik alan kuvveti oluşturduğu şeklinde yorumlayabiliriz. Şimdi bu durumu, yani elektron ve yük için tanımladığımız bu denklemi bir gökcisminin merkezinde toplandığını farzettiğimiz bir **"M" kütlesi** için formülleştirirsek:

$$\sum M = \rho_{Graviton}.\sum V$$ olarak belli bir yoğunluktaki kütlenin oluşturduğu graviton (kütleçekim yükleri) yoğunluğu denklemiyle ifade edebiliriz.

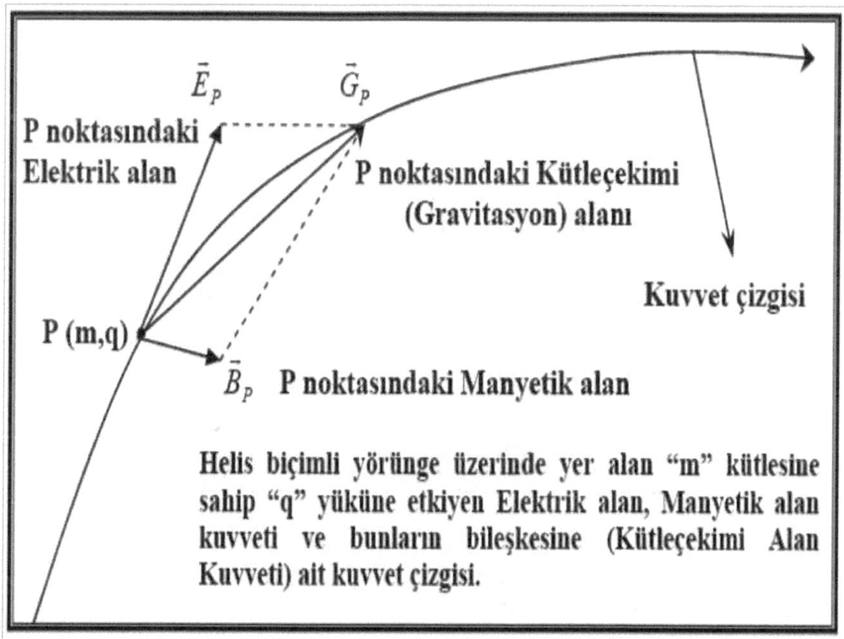

Figure 5: Kütleçekim alanının birleşik kuvvet alanı çizgisi. (Ukray, 2007)

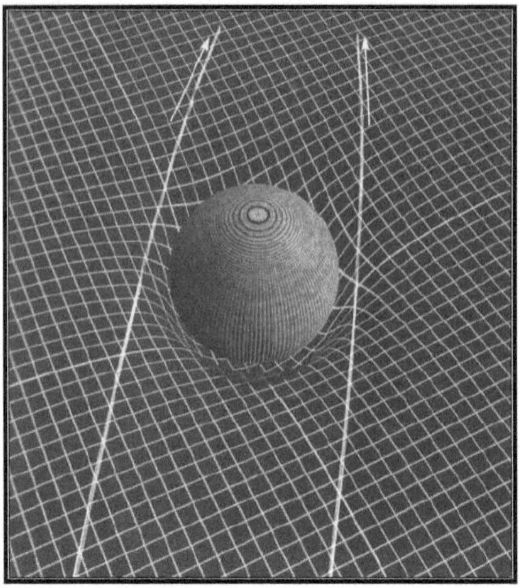

Figure 6: Uzay-zamanın bükülmesi: Kütleçekiminin etkisiyle madde, ışık ışınları birbirine doğru eğilecek şekilde uzay-zamanı büker.

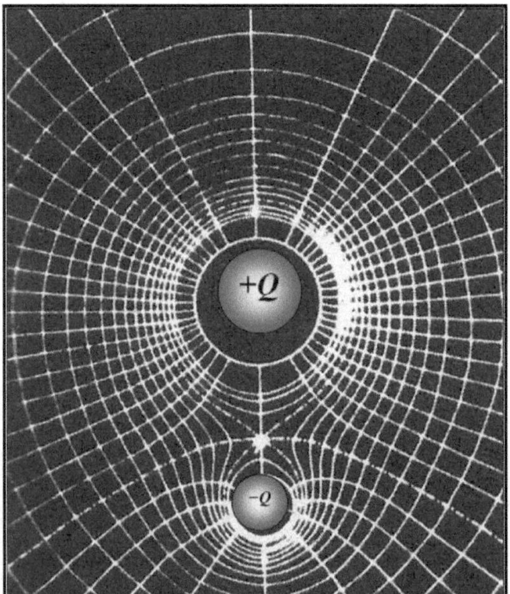

Figure 7: Farklı büyüklükte, fakat aynı çekim gücünde iki elektronun birbirini çekişini gösteren elektromanyetik kuvvet alanları. (James Clerk Maxwell, '*Treatise on Electricity and Magnetism*', *1873* adlı kitabından.)

Bu durumda, $G\frac{\sum M}{R^2}$ = K (Yerçekimi alanı) olarak bilinen evrensel çekim yasasından, Newton'un 1. teoremi olan $\sum \vec{F} = \vec{G}.\sum M$ yasasını da kullanarak $\sum M$'i çekersek;

$$\sum M = \frac{K.R^2}{\vec{G}} = \frac{\sum \vec{F}}{\vec{G}} = \rho_{Graviton}.\sum V$$

olarak belli bir yoğunluktaki gravitonun, kütleçekim kuvvetini oluşturduğunu buluruz. Dolayısıyla elektriksel çekim kuvveti ve yerçekimi kuvveti yasalarında müthiş bir benzerlik vardır. Bu benzerlikler daha önce değindiğimiz gibi manyetik kuvvetlerde ve bugün için varlığı henüz ispatlanamamış olan ama teorik olarak kesinlikle var olan manyetik yükler ve yasaları için de geçerlidir. Aslında, buradan çıkaracağımız çok büyük bir sonuç vardır. Bu da, bu üç kuvvetin bir birleşik alan teorisini oluşturacak şekilde doğada bulunduğudur.

Bu kurama göre, Evrende en temel düzeyde, yani Planck ölçeğinde "HİGGS BOZONU (H)" yerine- en temel ölçekte ve "MANYETİK YÜKLER (±Q)" manyetik yükler bulunduğu önkabülüne ve GRAVİTON-MANYETİK YÜK BOZONU (Burada, "*GM Mekanizması*" adını verdiğim) alanı etkileşiminin ELEKTROMANYETİZMA (M) ile KÜTLEÇEKİMİ'ni (G) bu en temel ölçekte birleşik bir yapı halinde bulundurduğunu görece ele almaktadır. İşte bu yüklerin kaynağı ise, özünde bu iki kuvvet alanının içerisine alan, tek bir alan kuvvetini içeren tek bir 5-Boyutlu Birleşik Alan kuvvetidir. Bu çalışmada ele aldığım bu Graviton-Manyetik yük teorisi, ayrı ayrı kuvvetlerin hakim olarak olduğu bir arenadan öte, tüm Evreni bir bütün olarak ele alan kuramsal çalışmalarımı içine almaktadır.

Evrenin oluşumunun (Big Bang) ilk anında toplam 10 üssü 1296 (10^{6^4}) parçacık varken, evrenin 2-3 saniye içinde genişleyip soğumasıyla birlikte, bu oran her bir zaman diliminde 2 kat azalması sonucu evrenin büyük kısmını teşkil eden 10 üssü 81 parçacığı meydana getirdi. Zamanın başlangıcından önce evreni kaplayan zaman öncesi güçlerin alanı vardı ki, tek bir kuvvet alanının büyük patlamayla açılması sonucu bu alan bileşenleri milyarlarca sene sonra soğuma ve termodinamik genişlemenin etkisiyle çöktü ve bir atomdan trilyonlarca kere küçük "*mikroblackholes*" denilen siyah mini atomik mikro karadelikler ortaya çıktı.

İşte, bu mini karadeliklerin yarısı maddeden; diğer yarısı ise değişik yapılı karşı maddeden meydana geliyordu. Fakat, milyarlarca yıl sonra uzun bir zaman geçmesine rağmen, merkezinde yer alan tekillik noktasında bir manyetik yükün yer aldığı bu karadeliklerden zaman öncesinde başlayan büyük bir kalıntı kozmik mikrodalga arka ışınımı olarak evrene dağıldı. Madde ile karşı maddenin çarpışması her şeyi imha eden patlamalara sebep oluyordu ki, bu çarpışmanın neticesinde madde ile karşı madde birbirinden parçalanma neticesinde ayrılınca yeni parçacıklar, zamanla galaksiler, yıldızlar, gezegenler, karşı gezegenler ve insanları meydana getirerek bildiğimiz anlamdaki evreni oluşturdu. Geçtiğimiz yüzyılda, bu tip bir Birleşik alan teorisini ilk kez ele alan Türk fizikçisi Prof. Dr. Behram Kurşunoğlu (1922-2003), 1953 yılında Amerika Princeton'da bu çeşit bir yaklaşımı Einstein ile görüşmüştü.

A- BİRLEŞİK ALAN TEORİSİ'NİN TARİHSEL GELİŞİMİ

Newton'un Kütleçekim Teorisinin Öngörüleri: Eğer, bu yönde -dünya ve merkürden güneşin etrafında tur atıp geri dönen ışın demetlerinin araştırılması ve görece farklı bir sürede ulaşmalarının tesbiti durumunda- bu düşünce deneyimizin doğru olduğunu olumlayan mantıksal bir önermeyle karşılaşabilirdik. Fakat bu çeşit bir mantıksal deney için, birbirine yakın konumlarda olmaları sebebiyle Dünya ve Ay'ı Güneşe doğru düşen iki özdeş küre kabul edersek ve yörüngeleri üzerindeki orantısal dolanma sürelerini baz aldığımızda, güneş etrafındaki dolanma yörüngelerindeki birim zamandaki taradıkları (uzay-zamanda süpürdükleri) yüzey alanı eşit gibi görünmesine rağmen, hassas bir şekilde yörünge periyotlarını ayrı ayrı yeniden hesapladığımızda çok az bir fark da olsa indirgenmiş özdeş kütleleri arasında, merkezi çekirdeklerinin yoğunluk farkından kaynaklanan bu manyetizasyon etkisi sonucu, bu kez de dünyanın güneşe doğru ay'dan daha hızlı düşeceği sonucuna ulaşmalıyız. Çünkü bu önermedeki durumda, dünyanın merkezi çekirdeği ay'dan çok daha yoğun olacaktır. Bu genel çerçeve içerisinde, aynı yörünge üzerinde dolanan, aynı kütleli fakat farklı yoğunluktaki çekirdek materyali içeren gökcisimleri için yazılan Kepler hareket denklemleri yeniden gözden geçirilmelidir. Zira, Şayet yarıçap **R** ile periyot da **T** ile gösterilirse, Güneş sistemindeki bütün gezegenler için, **C** ile gösterilen sabit değer bulunur:

$$C = \frac{T^2}{R^3} \quad (1.1)$$

Eğer, burada yarıçap, **149 597 887 km**'lik Dünya yörünge yarıçapı (astronomik birim, **AU**) ve periyot ta bir Dünya yılı **(y)** cinsinden verilirse (**y^2 /AU^3**) cinsinden **C** sabiti, $C = 1$ olarak alınırsa;

Günümüzde **C** sabiti **MKS** sistemi birimlerine göre (**sn^2/ m^3**) hesaplanabilir;

$$C = 297473 \times 10^{-19}$$

Günümüzde, Kepler'in üçüncü yasası Isaac Newton'un (1642-1727) evrensel kütleçekim yasasından yararlanılarak üretilebilir. Ancak bunun tam tersi olmuştur. Newton evrensel çekim yasasını 1687'de yani Kepler'in ölümünden 57 yıl sonra yayınlanmış ve kendi yasasını üretirken, Kepler'in üçüncü yasasından yararlanmıştır.

Üçüncü yasanın ayrıca bilim felsefesi açısından da büyük önemi vardır. Çünkü böylelikle Güneş sistemindeki her cismin hareketlerinin aynı kurallarla açıklanacağı ortaya konmaktadır ki bu evrensel yasalara giden yolda önemli bir aşamadır. Fakat burada önemli bir nokta vardır ki, aynı yörünge yarıçapında dolanan özdeş kütleli fakat farklı materyal yoğunluğuna sahip iki gökcismi için yörüngede dolanma periyodu çok az bir farklılık göstermelidir. Eğer kareli terim içeren kütleçekim alanındaki periyodik dolanıma evrensel kürleçekim sabiti katkısını da ilave edersek bu farklılığın mertebesini bulabiliriz.

Kuşkusuz Newton da, uzayı doldurduğu varsayılan Eter varsayımını bu amaçla ortaya atmıştı fakat buna rağmen eterin içeriğinin ne olması gerektiği veya yapısı hakkında mekanikçi bir bilgi teorisi ortaya koyamamıştı. Yine de, bu tür olaylara getirilen yetersiz açıklmalardan hoşnut olmasa gerek, 1686'da Principia'yı yazdığında eter yerine parçacıklar arasındaki kuvvetlerden söz ediyor du ki, Newton'un bu açıklamalarıyla felsefi olarak modern kuramlara, sicim veya M kuramı gibi, yaklaştığı görülüyor fakat tam bir birleşik alan kuvvetinin varlığı konusunda Principia'da yorum yapamıyordu. Bundan yirmi yıl sonra ise, 1706'da yayınladığı ikinci eseri Optics'in Latince kısmında, Newton bu iddialarını ve doğanın birleşik bir alan kuvveti tarafından yönlendirilebileceğini (Doğada serbest haldeki eter içerisinde yüzen maddi parçacıkların hareketini yöneten, yani Elektriksel, Manyetik ve Kütleçekimsel alan kaynaklarını yöneten, tek bir birleşik kuvvetin olması gerektiği) net bir şekilde şu açıklamasıyla harika bir şekilde sezmiş oluyordu:

> *"..Cisimlerin küçük parçacıkları, neden belirli bir güç etkisi ya da kuvvetler ile uzaktan sadece ışık ışınlarına etki ederek onları yansıtmak, kırmak ve bükmek için değil de, doğa olaylarının büyük bir bölümünü meydana getirmek üzere, birbirlerine de etki etmesin? Zira, cisimlerin birbirlerine kütlesel, magnetik ve elektriksel çekimlerle etki ettikleri çok iyi biliniyor. Bu örnekler, doğadaki bir akım ve eğilimin varlığını ortaya koyuyor ve yukarıda saydıklarımızdan başka da çekici kuvvetlerin bulunabilmesini olanaksız kılıyor. Böyle bir durum, doğanın işleyişinin anlaşılması için herhalde çok daha uygun ve rahat olurdu.."*

Newton'un Teorisi'nin Problemleri: Newton'un tanımı birçok pratik amaç için yeterli şekilde doğrudur ve bu yüzden geniş şekilde kullanılır. Boyutsuz değerler φ/c^2 ve *(v/c)*'nin ikisi de küçük olduğunda kullanılabilir, burada φ çekimsel potansiyel, *v* incelenen objelerin hızı ve *c* ışık hızıdır. Örnek olarak, Newtonien çekim Dünya/Güneş sisteminin doğru bir tanımını sağlar, çünkü;

$$\frac{\phi}{c^2} = \frac{KGM_{GÜNEŞ}}{4\pi R_{YÖRÜNGE}c^2} \approx 10^{-8}, \frac{v_{DÜNYA}}{c} = \frac{2\pi r_{yörünge}}{(1\ yr)c} \approx 10^{-4} \quad (1.2)$$

Burada $r_{yörünge}$ dünyanın güneş etrafındaki yörüngesinin yarıçapıdır. Boyutsuz değişkenlerden biri büyük olduğu durumlarda, sistemi tanımlamak için genel görelilik kullanılmalıdır. Genel görelilik, küçük potansiyel ve düşük hız sınırlarında Newton'un çekim yasasına dönüşür. Bu yüzden, Newton'un çekim kanunu için sıklıkla genel göreliliğin düşük çekim limiti denir.

Teorik Kaygılar: Çekim arabulucusunu hemen bulma gibi bir ihtimal yoktur. Çekimsel kuvvet ile bilinen diğer temel kuvvetler arasındaki ilişkiyi tanımlamak için teorisyenler tarafından yapılan teşebbüsler, 50 yıldır gözle görülür bir ilerleme kaydedilmiş olsa da, henüz sonuca ulaşmamıştır. Newton bile açıklanamaz uzaktan etkileşim konusunda kendini yetersiz hissetmiştir. Newton'un teorisi çekimsel kuvvetin ani iletimini gerektirir. Genel göreliliğin geliştirilmesinden önce uzay ve zamanın doğası ile ilgili yapılan klasik varsayımlarda, yayılım gecikmesi kararsız yörüngelere sebep oluyordu.

Gözlemle Uyuşmazlıklar: Newton'un teorisi gezegenlerin, özellikle Merkür'ün, yörüngelerinin güneşe en yakın noktalarının (günberi) yalpalamalarını tam olarak açıklamaz. Newton'un tahminlerle, gözlenen yalpalama arasında, diğer gezegenlerin çekimsel sürüklemelerinden kaynaklanan, 43/3600 derecelik (43 arcsecond) bir uyumsuzluk bulun-maktadır. Newton'un teorisi kullanılarak tahmin edilen sapma gözlenenin sadece yarısıdır. Genel görelilik ise gözlemlere daha yakındır. Çekimsel ve ataletsel kütlelerin tüm kütleler için aynı olmasıyla ilgili gözlenen gerçek, Newton'un sisteminde açıklanamamaktadır. Buna göre ise, Genel görelilik bunu bir varsayım olarak alır.

Newton'un Şüpheleri: Newton kendi anıtsal çalışmasında çekim kanununu formüle edebiliyorken, kendi eşitliklerinin öne sürdüğü uzaktan etkileşim (action at a distance) kavramı yüzünden kendini derin şekilde rahatsız hissediyordu. Kendi sözleriyle "Bu gücün sebebini hiçbir zaman tespit edememişti". Tüm diğer durumlarda, kütleler üzerine etkiyen çeşitli kuvvetlerin sebebini açıklamak için hareket olgusunu kullanmıştır, fakat çekimle ilgili durumda, çekim kuvvetini üreten hareketi deneysel olarak tanımlayamamıştı. Dahası, yer üzerindeki bu kuvvetin sebebine gelince bir hipotez önermeyi dahi reddediyordu.

"Filozoflar şimdiye kadar çekim kuvvetinin kaynağı için boşuna doğa araştırmasına girişmişlerdir" diye pişman olmuştur, çünkü "birçok sebepten dolayı", doğa olgusunun temeli olan, "şimdiye kadar bilinmeyen sebepler"in varlığına ikna olmuştur. Bu temel olgular hala araştırılmaktadır ve hipotezler çok olsa da tanımlayıcı yanıt henüz bulunamamıştır. Newton'un 1713 tarihli ve "Principia"nın ikinci baskısı olan "General Scholium"unda:

"..Daha henüz çekimle ilgili bu özelliklerinin sebeplerini olgudan keşfedebilmiş değilim, ve yalandan hipotez uydurmadım...Çekimin varlığı ve açıkladığım yasalara göre işlemesi ve uzaysal kütlelerin (yıldız, gezegen gibi) hesaplamasına yaptığı hizmetler yeterlidir. Bir kütle bir başkasını bir vakum içinde, başka hiçbir şeyin arabuluculuğu olmadan etkiler, etkileri ve kuvvetleri tarafından ve onların içine diğerine taşınabilmesi bence büyük bir garabettir ve bence bu yüzden, felsefi malzemelerde düşünmenin bileşen yetisine sahip hiç kimse, onun içine düşmez.."

şeklinde yazılıdır.

Einstein'ın Çözümü: Bu itirazlar, Einstein'ın genel görelilik kuramı tarafından tartışılmıştır, buna göre çekim, kütleler arasında oluşan bir kuvvet olmak yerine bükülü uzay-zamanın bir özelliğidir. Einstein'in teorisinde, kütleler uzay-zamanı kendi yakınlarında deforme ederler ve diğer parçacıklar uzay-zamanın geometrisinin belirlediği yörüngelerde hareket ederler. Bu kuşkusuz tüm uygun gözlemlerle tutarlı olan, ışık ve kütle hareketlerinin tanımına müsaade etmiştir. Newton'un teorisi yerçekimi etkilerinin mükemmel bir tahmini olarak kullanılmaya devam etmektedir. Ancak, Görelilik ise sadece aşırı bir doğruluğa ihtiyaç olduğunda veya çok büyük kütlelerde çekimle ilgilenildiğinde gereklidir.

Birleşik Alan Teorisi'nin Çözümü: Birleşik alan teorisine göre, kütleçekim etkisi Galile referans sisteminin serbest düşmekte olan bir cisim için Newton'un uygulamış olduğu karşılıklı kütleçekimsel etki yasasından belirgin bir farklılık içerir. Şöyle ki, Newton kütleçekim kuvvetine ait çizgilerin serbest düşmekte olan bir cisme helezonik bir etki kazandıracağını sezinlemiş fakat nedenini açıklayamamıştı. Sadece bu kuvvet için: "**Uzaktan etkiyen kuvvet**" tanımını yaparak alan kavramına aslında tarihte ilk defa değinen kişi de yine Newton olacaktı. Aslında Newton'un burada değindiği durum "**Kütleçekiminin görünmeyen boyuttaki Elektromanyetik etkisi**" idi ve o zamanki şartlarda bunu açıklayacak yeterli teorik gelişme olmamıştı. Dolayısıyla, bu kuvvete daha etkili bir anlam kazandıran ve kütleçekim alanının varlığını ilk olarak Einstein'ın ortaya koymasıyla kütlenin varlığıyla uzay-zaman eğilir fakat bununla da bitmiyor bu uzaktan etkiyen kuvvet tanımı ve eksik kalıyor ki, bu durumda kütleye uzay-zamanı eğme yeteneği kazandıran etken nedir? gibi bir soru akla geliyor ki, işte bu da ek boyutlarda kendini gösteren ve Einstein'dan sonraki dönemde fiziğin ortaya koyduğu ekstra boyutlara bağlı alan bileşenleri olacaktı. Bu yüzden, doğru tanımlamaya yaklaşabilmek için teoriler zinciri birleşik bir alan teorisi tanımlama gereğine yakınsadıkça bu uzaktan etkiyen kuvvetin tanımı da daha açık bir hale gelmektedir.

Bununla birlikte, yine serbest düşen iki özdeş kütle için yere düşme süreleri Galieo ve Newton için de hemen hemen aynı biçimde eşit olarak düşünülüyordu. Fakat burada bir noktayı gözden kaçırıyoruz ki, bu nokta günümüzde artık çok önemli ve ihmal edilemeyek bir etkisi olan bir uzaktan etki kuvvetidir. Dolayısıyla, o zamanlarda uzayın tekillik yönünde kendi üzerine kapanan bir beşinci bir ek boyutu hesaba katılmadan çekim etkisinin bu ihmal edilen yönü kütleçekim kuramına dahil edildiğinde (5. Bölümde, bu doğrultuda elde ettiğimiz yeni birtakım statik kütleçekim alan denklemlerini vereceğiz) çekim etkisinin elektromanyetik ek bir etkisi, yani ortada birleşik bir alan kuvveti söz konusu olduğunda eşit kütlelerin, örneğin yerküre üzerindeki yüksekçe bir yerden bırakılan *iki kütlenin eğer kütle içerikleri farklıysa* aynı kütlede olmalarına rağmen yere düşme sürelerinde, bu ek boyutun uzaktan etkime mekanizması dolayısıyla *aynı olmayacaktır*. Oysa galile referans sistemine göre düşündüğümüzde iki cismin aynı anda yere düşmesi gerekirken; Birleşik alan teorisine göre çok küçük boyutlarda bir farklılık olduğundan klasik gözlemle fark edilemeyen, fakat çok hassas bir ölçüm cihazıyla tesbit edilebilen bir süre farkı meydana gelecektir.

Bu durumda, serbest düşmeyle gezegen hareketlerini özdeşleştirdiğimizde özdeş kütleli iki gezegenin aynı yörünge periyodunda dolanmaları sırasında, kütleçekimsel çekirdek materyalinin yoğunluk farkı nedeniyle yörünge hareketi sırasında farkedilmeyen fakat odak noktasına yaklaşıldığında kendini hissettirmeye başlayan ufak bir yalpalama hareketi yapacaktır ve bunun sonucunda çekim merkezine doğru daha kısa bir zaman aralığında düşme eğilimi gösterecek şekilde aniden ivmelenecektir ki, aslında bunun nedeni de iki gökcisminin manyetik çekirdeklerinin birbirine yaklaşmasıyla çekim etkisinin ani artışıdır. İşte, aslında genel göreliliğe göre Merkür gezegeninin güneş sistemindeki hareketi sırasındaki yalpalama etkisi bunun açık bir sonucudur.

Yanıtlamaya en kolay soru olduğu için problem tartışmaya son sorudan başlarsak, Newton kuramına göre; evrensel kütleçekimi etkisinde bir cismin ivmesini kontrol eden nedir? Birincisi, cismin üzerine etkiyen kütleçekim kuvvetidir ki bu kuvvet, Newton'un evrensel çekim yasasına göre *cismin kütlesiyle doğru orantılı* olmalıdır. İkincisi, üzerine bir kuvvet uygulandığında cismin kazandığı ivme vardır ki bu ivmenin değeri Newton'un ikinci yasasına göre, *cismin kütlesiyle ters orantılıdır*. Galilei'nin sezgisine esin kaynağı olan gerçek, Newton'un çekim kuvveti yasasındaki 'kütle' ile yine Newton'un ikinci yasasındaki 'kütle' nin aynı olmasıdır. İşte bu olgu, cisim kütleçekimi etkisiyle ivme kazanırken, cismin kazandığı ivmenin *kütlesinden bağımsız* kalmasını sağlar. Nitekim, her ikisinin de ters kare kuvvet alanı yasaları olması yönünden elektriksel kuvvetler kütleçekimi kuvvetlerine benzer; fakat elektrik kuvveti, Newton'un ikinci yasasındaki *kütleden* tamamen farklı olan cismin *elektrik yüküyle* orantılıdır.

Çekim alanının etkileri bir ivmenin etkilerine benzediği için yerçekimi, *serbest düşüşle yok edilebilir*. Gerçekten, yukarı doğru çıkmakta olan bir asansörün içindeyseniz, bağıl çekim alanında bir artış, inmekte olan bir asansörün içinde ise bir azalış hissedersiniz. Asansörün asılı olduğu kablo koparsa, (hava direncini ve sürtünme etkilerini dikkate almayarak) aşağıya doğru ivmelenme, yerçekiminin etkisini tümüyle ortadan kaldıracak, ve asansörün içindeki insanlar asansör zemine çarpıncaya kadar, asansörün içinde serbestçe asılı kalacaklardır! Bir trende veya uçakta bile ivmelenme sonucu, yerçekiminin şiddeti ve yönünün, insanın görsel olarak 'aşağı yönün' neresi olduğu konusunda şüphede bırakmaktadır. Bunun nedeni, ivme ve yerçekimi etkilerinin birbirine çok benzemesi, insan algılarının bunları ayırt edememesidir.

Yerçekiminin yerel etkilerinin, ivmeli referans ortamındakilerle eşdeğerde olması Einstein'ın *eşdeğerlik ilkesi* olarak adlandırdığı bir olgudur. Eşdeğerlik ilkesine iyi bir örnek olarak *gelgit etkisini* verebiliriz. Dünya'nın merkezini Ay'ın merkezi, parçacıkların üstüne dağıldığı küreyi yeryüzüymüş gibi düşünürsek, denizlerdeki oluşan gelgit etkisindeki Ay'ın rolünü anlarız. Bu durumda eliptik uzama etkisi hem Ay'a doğru, hem de Ay'dan uzağa doğru gerçekleşir. Gelgit etkisi, çekim alanlarının serbest düşüşle yok edilemeyen genel bir özelliğidir. Bu etki bir ölçüde, Newton'un çekim alanında düzgünlükten sapmayı ölçer. Yani gelgit etkisiyle bir şeklin *bozulmasının miktarı*, çekim merkezinden uzaklığa ters orantılı olarak bağlı değil de *ters hacim* etkisi olarak kendini gösterir.

Bu durum, aşağıdaki şekilden de açıkça görülebilir:

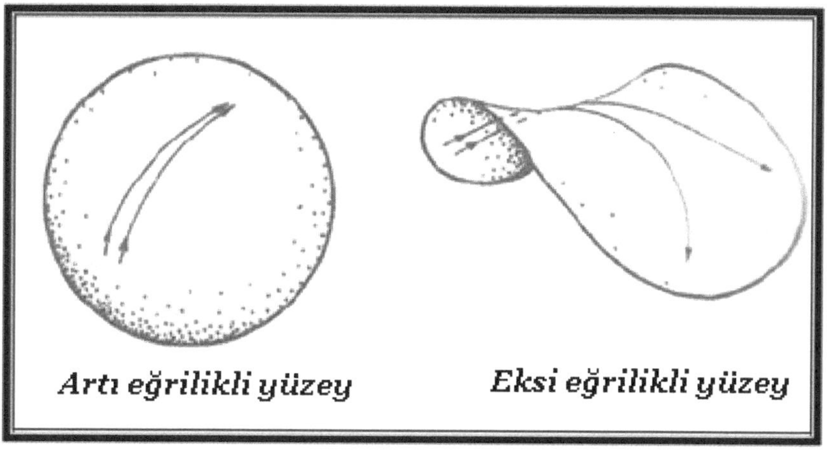

Figure 8: Eğrilikli yüzeyde geodezikler. Artı eğrilikli yüzeyde geodezikler yakınsak, eksi eğrilikli yüzeyde ıraksaktırlar.

Birleşik alan teorisine göre, kütleçekim etkisi Galile referans sisteminin serbest düşmekte olan bir cisim için Newton'un uygulamış olduğu karşılıklı kütleçekimsel etki yasasından belirgin bir farklılık içerir. Şöyle ki, Newton kütleçekim kuvvetine ait çizgilerin serbest düşmekte olan bir cisme helezonik bir etki kazandıracağını sezinlemiş fakat nedenini açıklayamamıştı. Sadece bu kuvvet için: "**Uzaktan etkiyen kuvvet**" tanımını yaparak alan kavramına aslında tarihte ilk defa değinen kişi de yine Newton olacaktı. Bununla birlikte, yine serbest düşen iki özdeş kütle için yere düşme süreleri Galieo ve Newton için de hemen hemen aynı biçimde eşit olarak düşünülüyordu. Fakat burada bir noktayı gözden kaçırıyoruz ki, bu nokta günümüzde artık çok önemli ve ihmal edilemeyek bir etkisi olan bir uzaktan etki kuvvetidir.

Aslında bu etki, 16. yüzyılda Newton'dan önceki dönemde de tartışılmıştı. Örneğin, ingiliz fizikçi **William Gilbert** bu etki kuvvetini mıknatıslanma olarak hayal etmiş ve dünyanın merkezi çekirdeğinin katı cisimleri ve metalleri çekime uğratmasını basit bir at nalı mıknatısın demir çivileri çekmesine benzetmişti. Gilbert 1600 yılında, "*De magnete, magnetisque corporibus, et de magno magnete tellure*" (Mıknatıslar ve Manyetik Kütlelerin Etkileri Hakkında) isimli eserini yazdı ve yer manyetizmasının yerin içinden kaynaklandığını gösterdi. Gilbert bu kitabında, ilk kez dünyanın küresel bir mıknatıs gibi davrandığını ve pusulanın ibresinin dünyanın magnetik kutbunu gösterdiğini ortaya koyarak jeomagnetizma teorisine çok büyük bir katkıda bulundu. Pusula ibresinin, kuzey - güney doğrultusunun yanı sıra düşey yönde sapma gösterdiğini ilk kez söyleyen de Gilbert olmuştur. Dolayısıyla, o zamanlarda bu düşünce 3-boyutlu uzay-zamanın ötesinde düşünülemediği için bu etkinin gerçek nedeni de tam olarak anlaşılamıyordu.

POSTÜLAT: *"Eylemsiz bir genel göreli Galile referans sistemindeki serbest düşen ivmeli bir eylemsizlik hareketinin denklemleri 4-boyutlu uzay-zamanda Newton hareket yasalarına genellenebilirken ve düşme süreleri arasındaki fark sadece kütle içeriğine bağlı kalırken"*; "***5-boyutlu uzay-zamanda kütleçekim alanının birleşik doğası gereği elektromanyetik bir bileşen içermesinden dolayı sadece kütle içeriğine değil, materyal içeriğine de bağlı olacağını***" söyleyebiliriz (Bkz: Aşağıdaki şekiller).."

Yukarıda tasvir etmeye çalıştığımız durumu, gözümüzün önünde canlandırmak için şöyle bir basit düşünce deneyi yapabiliriz:

Galata kulesinin üzerinden aynı kütlelere sahip olan bir demir top güllesi ile bir plastik küreyi serbest düşmeye bırakalım ve kulenin dibindeki olayın resmini zamanın geniş dilimleri içerisinde ve ek bir beşinci boyutu hesaba katmadan 4-boyutlu uzay-zamanda takip etsin. Galata kulesinin tam karşısındaki bir tepede bulunan örneğin, Beyazıt saat kulesinin üzerindeki bir diğer gözlemci de elindeki çok hassas bir gözlem aracıyla ek beşinci boyut doğrultusundaki etkileri de hesaba katarak serbest düşme olayını çok küçük zaman dilimlerine bölerek takip etsin. İlgilendiğimiz esas önemli olan mesele, kürelerin yere düşme anı ve aynı anda zemine ulaşıp ulaşmama konusu olduğu için, kulenin yanındaki gözlemci ikisinin aynı anda düştüğünü doğal olarak söyleyecektir. Burada, tüm sürtünmeleri ve diğer dış etkileri ihmal ederek dünyanın merkezi noktasında yer alan elektromanyetik kütleçekim etkisinden kaynaklanan ek bileşeni hesaba katan ikinci gözlemcimiz ise, görünürde eşzamanlı olarak gerçekleşen olayın aslında eşzamanlı olmadı-ğının farkına varacaktır. Dolayısıyla ikinci gözlemci, demir kütlenin daha erken yere ulaştığı sonucuna birleşik alan teorisi uyarınca ulaşır.

Galile referans sisteminde, Newton ve Einstein tarafından da desteklenen 4-boyutlu uzay-zamanda eşit kütleler eşit sürede yere düşmektedirler, oysa Birleşik alan teorisinin sonuç denklemlerine göre kütleçekim etkisinin 5-boyutlu uzay-zaman eğrilik etkisinden kaynaklan ek bileşenlerinden dolayı aynı kütledeki materyaller eşit sürede yere düşmez. Eğer materyal içerikleri farklıysa, düşme süreleri de farklılık gösterecektir.

Örneğin, metal kütleler veya manyetizasyon içeren özelliğe sahip kütleler içermeyenlere göre daha hızlı serbest düşmeye uğrarlar. Bu durumun nedeni, birleşik alan teorisine göre elde edilen statik kütleçekim alan denkleminin yapısından da

$$\vec{G} = \frac{K\left(\frac{1}{\varepsilon_g} + \mu_g\right)}{4\pi}\frac{m_1 m_2}{r^2}$$

kolayca anlaşılabilir Bu elektromanyetik kütleçekim denklemine ve sonuca nasıl ulaşacağımız, teorimizin ilerleyen kısımlarında matematiksel ve uzunca süren bir isbatın sonunda detaylı olarak verilecektir..

Görüldüğü gibi, μ_g değeri sıfır veya sıfıra yakın (μ_g=0) materyallere etkiyen birim kütleçekim alanı daha küçük olacağından düşme süreleri daha uzun olurken; μ_r değeri sıfırdan farklı veya büyük materyaller için ($\mu_r \neq 0$) çekim alanının etkisi daha büyük olacağı için bu tür kütleleri daha hızlı çekime uğratacaktır. Eğer, bu örneğimizi daha büyük ölçeklere genellersek, bu durumda örneğin dünya ve merkür gezegenini güneş sisteminin 5. boyut doğrultusundaki tekillik noktasının odağında yer alan çekim merkezi olan Güneşe doğru düşmekte olan iki özdeş kütleli küre olarak kabul etseydik, merkürün daha yüksek sıcaklıktaki yoğun merkezi demir çekirdeğinden dolayı güneşe daha hızlı düşeceğini bu postülat doğrultusunda kabul edebilirdik. Eğer, bu yönde dünya ve merkürden güneşin etrafında tur atıp geri dönen ışın demetlerinin araştırılması ve görece farklı bir sürede ulaşmalarının tesbiti durumunda bu düşünce deneyimizin doğru olduğunu olumlayan mantıksal bir önermeyle karşılaşabilirdik.

Aşağıdaki resimlerde bu durum daha açık bir şekilde anlatılmaktadır:

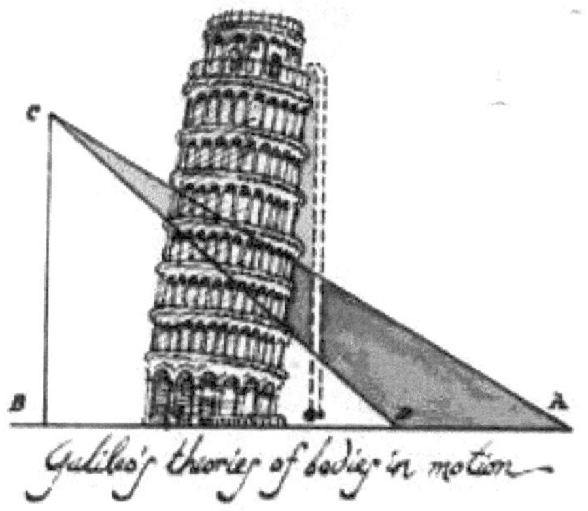

Galileo Eylemsiz Referans Sisteminde Serbest Düşen İki kütle aynı anda yere ulaşır.

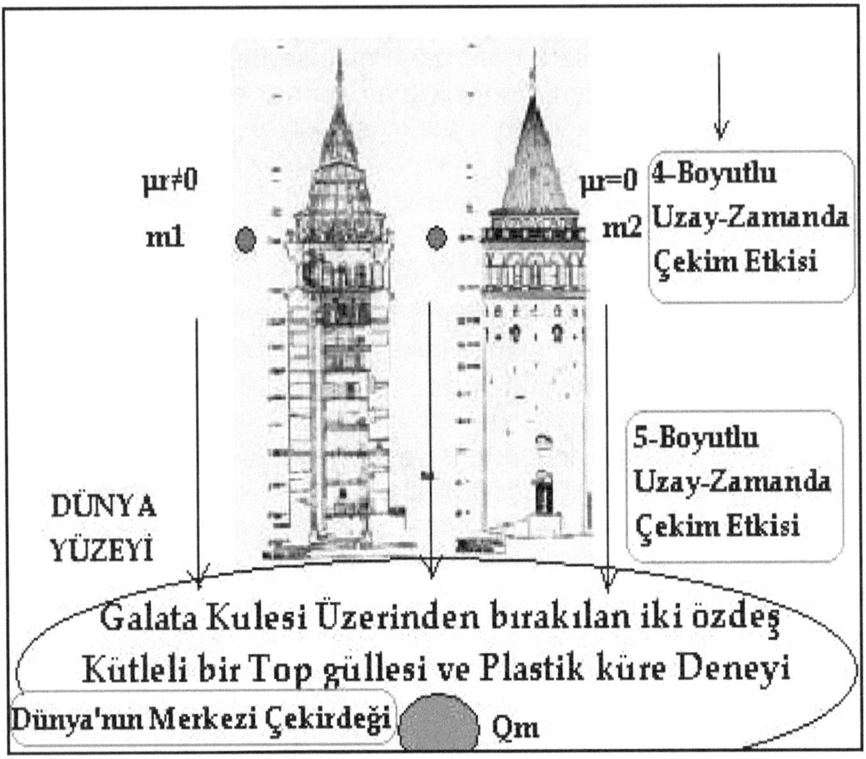

Figure 9: (Üstteki resimler) Ekseni etrafında dönen Dünya'daki AB kulesinin tepesinden bırakılan bir cismin yolu için Galileo'nun yaptığı çizim (Üstteki birinci şekil). Düşmekte olan bir asansördeki iki özdeş kütleli fakat farklı materyal özellikteki iki cisim için yapılan Birleşik Alan Teorisi düşünce deneyi (Alttaki ikinci şekil) (*Ukray, 2011*).

Fakat bu çeşit bir mantıksal deney için, birbirine yakın konumlarda olmaları sebebiyle Dünya ve Ay'ı Güneşe doğru düşen iki özdeş küre kabul edersek ve yörüngeleri üzerindeki orantısal dolanma sürelerini baz aldığımızda, bu kez de dünyanın güneşe doğru ay'dan daha hızlı düşeceği sonucuna ulaşmalıyız. Çünkü bu önermedeki durumda, dünyanın merkezi çekirdeği ay'dan çok daha yoğundur. Aşağıdaki şekilde bunu daha iyi görebilirsiniz:

> Genel göreliliğin ana fikri, serbest düşme hareketine "**doğal hareketler**" – *kütleçekiminin olmadığı hallerdeki düzgün doğrusal hareketin benzeri* – gözüyle bakmaktır. Bu nedenle, serbest düşme hareketini uzay-zamanda 'doğrusal' dünya çizgileriyle tanımlandığı şeklinde düşünebiliriz. Ancak yukarıdaki şekilden de görüldüğü gibi, 'doğrusal' tanımını kullanmak biraz şaşırtıcı olacağı için terminolojik bir yaklaşımla, *serbest düşen parçacıkların*

dünya çizgilerine uzay-zamanda *geodezik* adını vereceğiz. Bu, iyi bir adlandırma mıdır? 'Geodezik' sözcüğünün anlamı nedir? İki boyutlu bir eğri yüzeyindeki iki noktayı birleştiren örnek olarak ele alalım. Geodezikler, böyle bir yüzey üzerindeki '*en kısa*' eğriler olarak tanımlanabilir.

İşte, birleşik alan teorisinin öngördüğü bu en kısa geodezik etkilerinin tekillik merkezi doğrultusundaki izdüşümlerinin kütleçekimsel etkisi sonucu, *dünyanın kutuplara yakın bölgelerindeki yüksek manyetik alandan dolayı bu bölgelerde kütleçekim kuvveti daha fazla olduğu için, serbest düşmeye uğrayan herhangi bir cisim bu bölgede daha kısa bir uzay-zaman geodeziği tarar ve bunun bir coğrafi sonucu olarak da, dünyanın geometrik şekli kutup bölgelerinden basık olarak şekillenmiştir* ve dolayısıyla bu basıklık, dünyanın kendi ekseninde dönmesiyle veya kıtasal kaymayla bir alakası olmayıp, tamamıyla dünyanın merkezinde yer alan tekillik noktasındaki yoğun manyetik dipol momentinin kütleçekimi kuvvetine birleşik alan yapısı içerisinde etkimesinden kaynaklanır. Dolayısıyla, dünyanın esas şekli aslında birleşik alan teorisinin tekillik noktası civarındaki geometrik diferansiyel manyetik monopol denklemlerinde de gösterdiğimiz gibi, uzay-zamanda tam bir küre değil ortalama olarak bir ELİPSOİD şekli taramaktadır.

Elektromanyetik kütleçekim dalgaları, boşlukta *c=ışık hızı* ile yayılmaktadır. Bu dalgaları oluşturan Gravitonlar kuantalanmış olup, bu durumda manyetik ve elektrik alanı da oluşturan bu yükler hem parçacık (kuant) hem de (dalga) özelliği göstermektedir. Bu durumda (ışık) gibi, elektromanyetik kütleçekim dalgaları da herhangi bir referans sisteminden bağımsız olarak evrensel $c=3\times10^8$ *m/sn* hızıyla hareket eder.

> Bununla birlikte, "*Eylemsiz bir genel göreli Galile referans sistemindeki serbest düşen ivmeli bir eylemsizlik hareketinin denklemleri 4-boyutlu uzay-zamanda Newton hareket yasalarına genellenebilirken ve düşme süreleri arasındaki fark sadece kütle içeriğine bağlı kalırken*"; "*5-boyutlu uzay-zamanda kütleçekim alanının birleşik doğası gereği elektromanyetik bir bileşen içermesinden dolayı sadece kütle içeriğine değil, materyal içeriğine de bağlı olacaktır.*"

Bu durumda örneğin, aynı kütledeki bir demir kütle ile bir plastiğin düşme süreleri hissedilemeyecek ölçüde de olsa farklılık içerecek ve demir kütle gibi manyetizasyon kazanma özelliğine sahip materyaller daha hızlı serbest düşme etkisine maruz kalacağı için bunlara etkiyen kütleçekim etkisi, dünyanın aşırı manyetik demir çekirdeği gibi tekillik içeren manyetizasyon mekanizması sebebiyle bu tür cisimleri sadece kütle içeriğine bağımlı olmaksızın materyal özelliklerini de hasas bir şekilde etkileyecek çekilde çekime uğratarak yeryüzüne daha kısa sürede ulaşmasını sağlayacaktır.

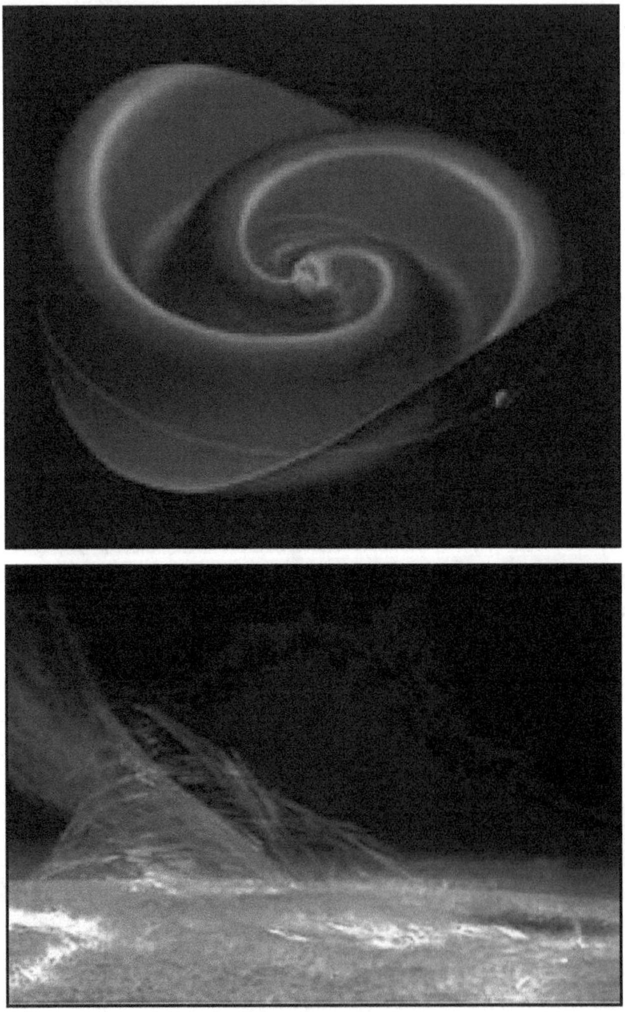

Figure 10: (Alttaki resim) Hinode uydusunun Güneş Optik Teleskobuyla 12 Ocak 2007 tarihinde çekilen bu Güneş görselinde değişik manyetik polariteye sahip olan bölgeleri bağlayan plazmanın ipliksi yapısı görünmektedir.

(Üstteki resim) Güneş'in dönen manyetik alanının gezegenlerarası ortamda bulunan plazma üzerindeki etkisi Günyuvar akım katmanını oluşturur. Bu katman farklı yönleri gösteren manyetik alanları ayırır. Gezegenlerarası ortamda bulunan plazma aynı zamanda Dünya'nın yörüngesinde Güneş'in manyetik alanının kuvvetinden de sorumludur. Eğer uzay bir vakum olsaydı Güneş'in 10^{-4} tesla manyetik dipol alanı uzaklığın kübüyle azalarak 10^{-11} tesla olacaktı. Ancak uydu gözlemleri bunun 100 kat daha fazla kuvvetli olduğunu ve 10^{-9} tesla civarında olduğunu göstermektedir. Şüphesiz bu sonuç, birleşik alan denklemleri doğrultusunda elde ettiğimiz;

$$\vec{G} = \frac{K\left(\frac{1}{\varepsilon_g} + \mu_g\right)}{4\pi} \frac{m_1 m_2}{r^2}$$ kütleçekim alan denklemine göre güneş yüzeyi yakınlarında 10^{-4} tesla civarında bir manyetik alanın uzaydaki uzak konumlara yayıldıkça karesel bir azalma etkisi meydana getirmesi kütleçekim alanının birleşik bir alan yapısından kaynaklandığını isbat eden bir diğer önemli fiziksel durumu meydana getirir. Manyetohidrodinamik (MHD) kuram manyetik alan içindeki iletken bir akışkanın (örneğin gezegenlerarası ortam) yine manyetik alan yaratan elektrik akımları indüklediğini söyler, dolayısıyla bir MHD dinamo gibi hareket eder..

Bu durum, bu yönüyle Galileo eylemsiz referans sisteminden ve dolayısıyla 4-boyutlu uzay-zamanda yazılan statik Newton ve Einstein kütleçekim denklemlerinden belirgin bir şekilde sapmayı öngörmekle birlikte, bu durumda kütleçekim alanının

$$\vec{G} = \frac{K\left(\frac{1}{\varepsilon_g} + \mu_g\right)}{4\pi} \frac{m_1 m_2}{r^2}$$ şeklinde genel olarak ek bir statik manyetik alan bileşeni içermesi sebebiyle, örneğin bu basit serbest düşme hareketini daha büyük ölçeklere genellersek, bu durumda örneğin dünya ve merkür gezegenini güneş sisteminin 5. boyut doğrultusundaki tekillik noktasının odağında yer alan çekim merkezi olan Güneşe doğru düşmekte olan iki özdeş kütleli küre olarak kabul etseydik, merkürün daha yüksek sıcaklıktaki yoğun merkezi demir çekirdeğinden dolayı güneşe daha hızlı düşeceğini bu postülat doğrultusunda kabul edebilirdik.

B- KUANTUM MEKANİĞİ'NDEKİ KONUYLA İLGİLİ "DİĞER GÖZDEN KAÇAN" AÇMAZLARI

Geçen yüzyıldaki Gazların Kinetik Kuramı, Klasik Fiziğin çok önemli buluşlarından biriydi. Bu kurama göre, hiçbir molekülü dışarı kaçırmayacak ideal bir gaz kabındaki N molekülün toplam enerjisi E olduğunda bu toplam enerji (E), ***enerjinin eşit dağılımı*** *yasası diye bilinen temel bir istatistiksel teoreme göre ortalama olarak moleküllere eşit olarak dağılıyordu. Ortalama diyoruz, çünkü istatistiksel açıdan kesin veriler değil, ancak ortalama değerler elde edilebilmekteydi.* ***Lord Rayleigh*** *(1842-1919) ve* ***Sir James Jeans*** *(1877-1946) gazların kinetik kuramına başarıyla uygulanan istatistiksel modeli, iç duvarları kusursuz ayna olan bir kutuda hapsedilmiş "ışık" dalgalarına uygulamaya çalıştılar. Ama burada temel bir zorlukla karşılaştılar. Bir gaz kabındaki molekül sayısı çoktu; ama "sonlu"ydu, oysa ışığın hapsolduğu ideal bir kutuda farklı titreşim tiplerinin sayısı "sonsuz"du. Bu olayı kafamızda canlandırmak ve basitleştirmek için "Jeans Küpü"nün yalnızca sağ ve sol iç duvarları arasında gidip gelen dalgalar olduğunu düşünelim. Bu dalgalar, duvarlarda zamanla genliğin azalacağını söyleyen sınır koşullarına uymalıdır. Bunu üç boyutta düşündüğümüzde "sonsuzluk" sayısının daha da artacağı açıktır. Titreşim modu (Düğüm Noktası) sayısı sonsuz, ama enerji sonlu. Yani titreşim modu başına düşen Enerji =* $\frac{E}{\infty}$ *= tanımsız çıkıyordu.*

4-boyutlu uzay-zaman için bu sonuç sıfır çıkar, ama Einstein denklemlerinin 5-boyutlu uzay-zamana genişletilmesi sırasında maddenin ışık hızı sınırına gelinmiş bir hız duvarında bu denklemin yazıldığını düşündüğümüzde; Einstein'in Kütle-Enerji eşitliğine göre, $\mathbf{E=mc^2}$ olmalıdır ve ışık hızına gelindiğinde teorik olarak kütlenin, yani buradaki **m**'nin de $\mathbf{m_0}$ burada partikülün durgun kütlesi olmak üzere;

$$m = \frac{m_0}{\sqrt{1 - \frac{v^2}{c^2}}}$$

denklemine göre **sonsuz** olduğunu görürüz ki, bu

$$E = \frac{mc^2}{\sqrt{1 - \frac{v^2}{c^2}}}$$

durumda **E/Sonsuz** ifadesi; **Sonsuz/Sonsuz** şekline belirsiz bir limit ifadesine yakınsayacaktır. Yani kuantum mekaniğine göre düşünülürse, sonsuz dalga paketleri şeklindeki bir kütleye sahip sonlu bir enerjinin bir seri toplamı şeklindeki matematiksel toplamı yine sonsuz oluyordu. Oysa, temel enerji seviyesindeki bir hidrojen atomu için Bohr atom modeli Einstein enerji eşitliğine dönüştürüldüğünde;

$$E_n = R.mZ^2e^4 / n^2$$

$$v = v_0 \left. \frac{m^2c^2}{m_0^2c^2\sqrt{1 - \frac{v^2}{c^2}}} \right|_{m \to m_0,\; v \langle\langle c} \approx v = v_0$$

$$v \propto E_1 - E_2 = \hbar(v_1 - v_2).sabit\left(\frac{1}{n_1^2} - \frac{1}{n_2^2}\right) \quad (1.3)$$

şekline geliyor ve artık partiküller gibi, onların durgun enerjileri de ışık hızı sınırına yaklaştıklarında paketçikler halinde salınım yaptıklarını gösteriyordu. Düşük hızlarda ise, Newton dinamiği yasalarıyla belirlenen ifadelere indirgeniyordu ki, Einstein'ın ışık hızı sınırındaki madde davranışını incelemesi yukarıdaki göreli hareket ve enerji ifadelerini türetmişti.

Durum şunu gösteriyor ki, burada üç ihtimal var gibi gözüküyor; (*Ayrıca bkz*: Aşağıdaki şekil ve çift yarık dalga deneyi ve girişen sonlu enerjili dalga tepelerinin kırınım ile birleşerek sonsuza yakın dalga tepesi oluşturabilmesi meselesi, diğer bir adıyla Planck siyah cisim ışınımı ve enerji dalga boylarının sonsuz seri toplamı..) sonlu enerji olmasına rağmen paralel yan yana duran iki aynada sonsuz görüntü oluşması gibi toplam enerji de limit durumda sonsuza gider, buna Zeeman-Hall etkisi de denir ve 1916 yılında Sommerfeld tarafından bu sonsuz enerjinin teorik varlığı;

Burada;

$$n_{\psi} = 1,2,3,\cdots \Leftrightarrow m = 0,1,2,\cdots$$ ve

$$n = n_{\zeta} + n_{\eta} + n_{\psi} = n_{\zeta} + n_{\eta} + m + 1$$

şeklinde kuantum sayılarını göstermek ve **Z**, toplam çekirdek kütlesi ile **F** toplam çekirdek yükünü göstermek üzere;

$$-E(n, n_{\eta}, n_{\zeta}, F) = \frac{2\pi^2 \mu Z^2 e^4}{\hbar^2 n^2} + \frac{3\hbar F}{8\pi^2 \mu Z e} n(n_{\eta} - n_{\zeta})$$

$$\Delta v = \frac{3\hbar F}{8\pi^2 \mu Z e}\left[n_2 (n_{\eta} - n_{\zeta})_2 - n_1 (n_{\eta} - n_{\zeta})_1\right] \qquad (1.4)$$

denklemleriyle gösterilmiştir.

Daha sonraki 1920'li yıllarda ise, ***Erwin Schrödinger*** ünlü dalga mekaniği denklemleriyle yine bu sonlu enerji bandına sahip sonsuz seri toplamı halindeki spektral enerji ifadesini kendi dalga denklemiyle ifade ederek, kuantum mekaniğine partikül enerjisi yanında onun dalga bileşeninin de enerji formunda var olması gerektiğini teorik olarak gösterdi;

Burada **W** hareketli yüklere ait toplam enerji ifadesi, **m** kütle ve **U_0** elektrostatik potansiyel enerjisi ile ***k*** sabiti ilgili dalga boyundaki **ψ(x)** dalga fonksiyonunun frekansını göstermek üzere;

$$\frac{d^2\psi}{d^2x^2} + 2m/\hbar^2 (W - U_0) = 0,$$

$$k^2 = k_0^2 - (2mU_0/\hbar^2),$$

$$k_0^2 = (2mW/\hbar^2) \qquad (1.5)$$

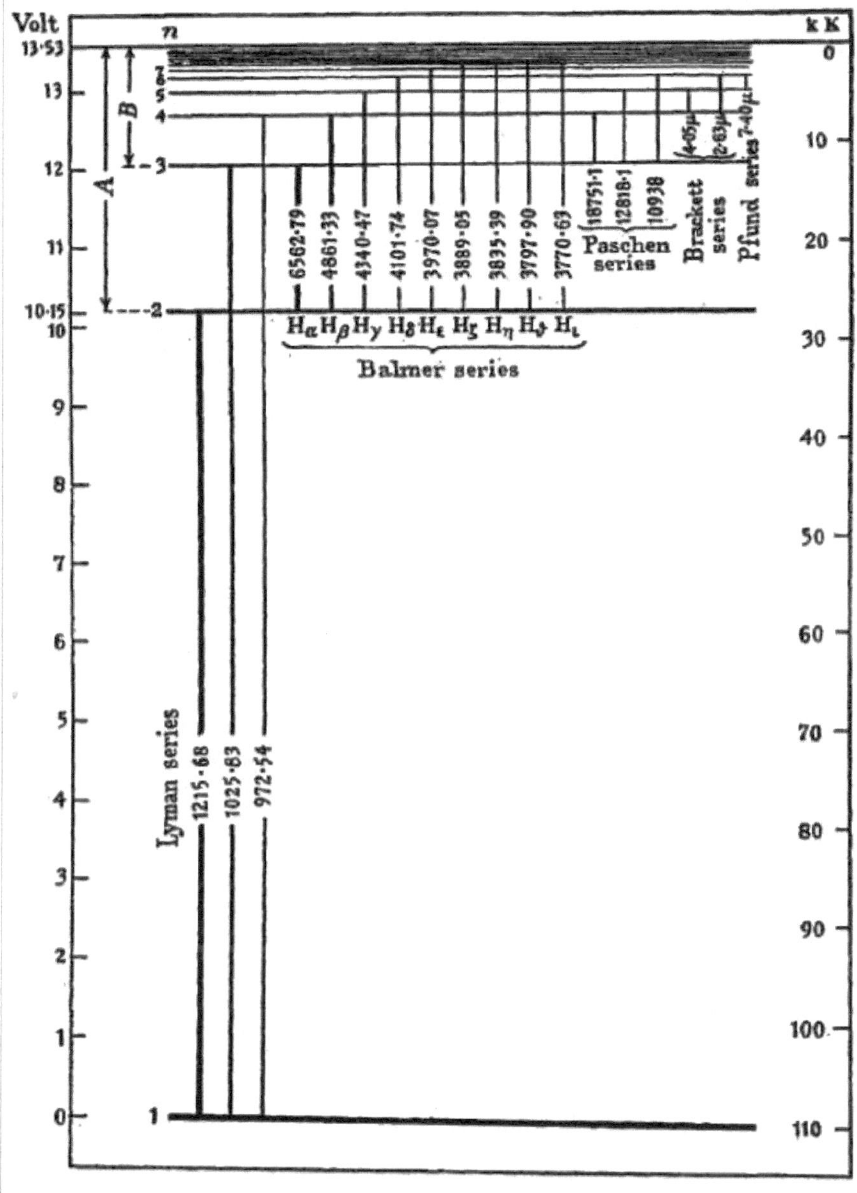

Figure 11: Hidrojen atomunun temel enerji seviyeleri (Candler, 1937)

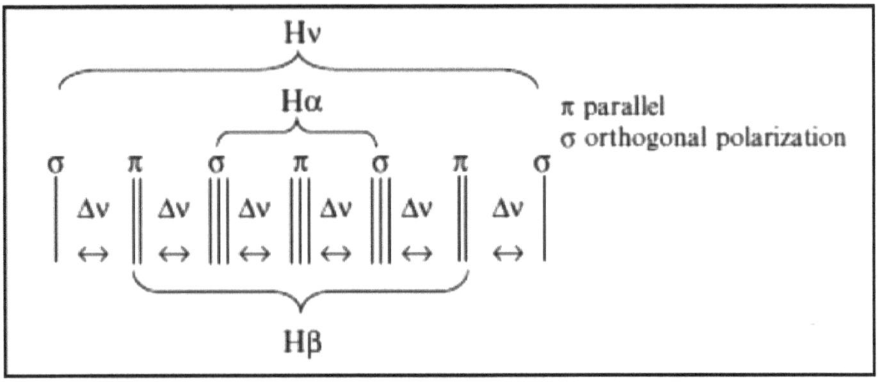

Figure 12: Sommerfeld'e göre Zeeman etkisi ve Hidrojen atomunun temel enerji yayınlama çizgileri.

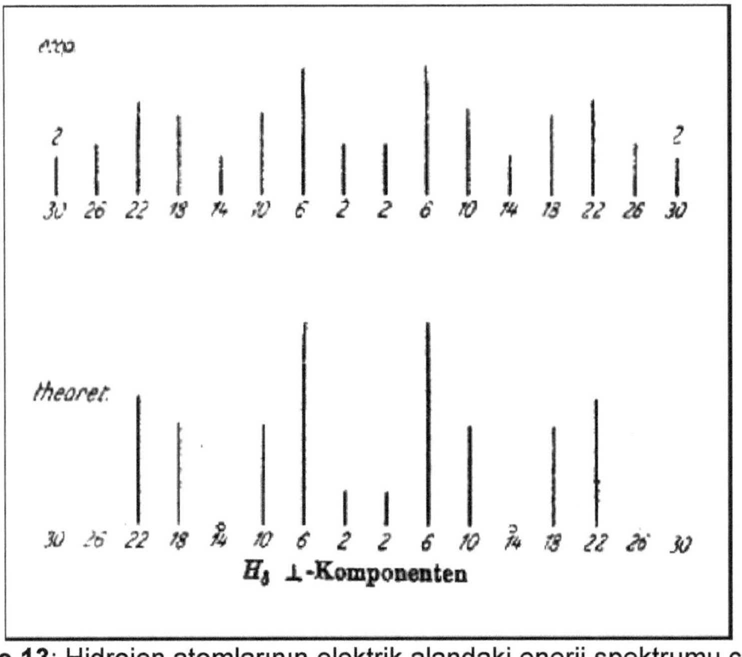

Figure 13: Hidrojen atomlarının elektrik alandaki enerji spektrumu çizgileri.

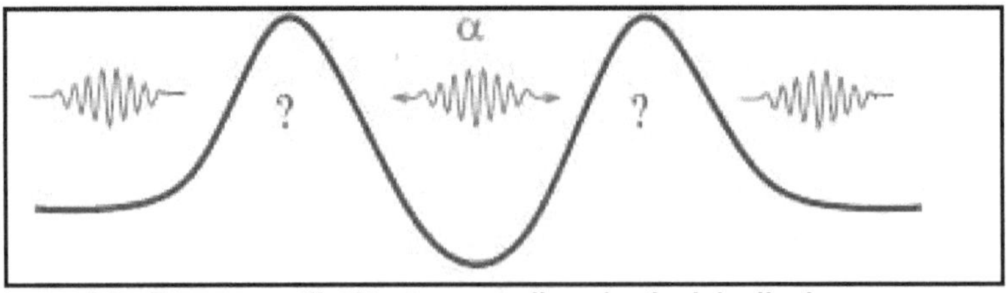

Figure 14: Bir α partikülünün enerji paketleri halinde ışınım yaparak salınım yapması. Tepeler enerji salınımını gösteren dalgaları, çukurluklar ise enerji soğurulmasını temsil eder.

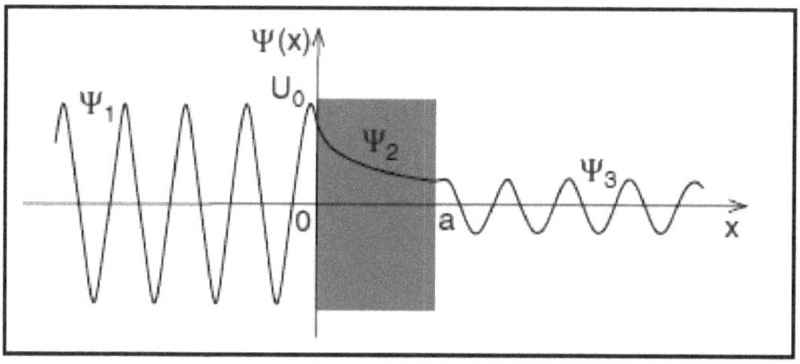

Figure 15: Partikülün Enerjisine ait Dalga fonksiyonu (ψ(x))

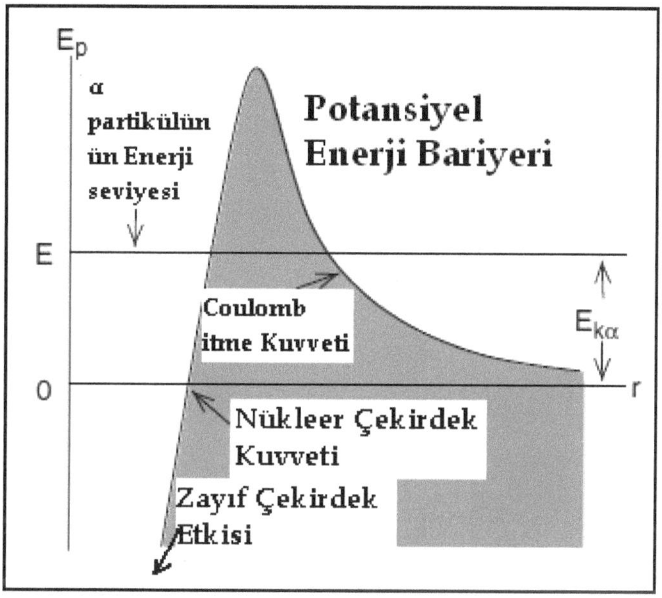

Figure 16: Partiküle ait çekirdek yükleri civarındaki atomik potansiyel enerji barajını gösteren diyagram. Buna göre, α partikülü çekirdek içinden geçmek istiyorsa, taralı alanla gösterilen potansiyel enerji duvarını aşmak zorundadır. Bu taralı alan ise, tünel etkisine maruz kalan partikülün enerji barajını gösterir. Buna göre, enerji barajını temsil eden alanlar parçalı olarak en alttaki grafikte detaylı olarak gösterilmektedir. Bir atomda bir elektron bu enerji barajını aştığında dalgaboyu fonksiyonu diğer bir atomun diğer bir atomun dalgaboyu fonksiyonu ile birleşerek moleküler bağları oluşturur. Kuantum mekaniği moleküllerin yapısını bu şekilde açıklamaktadır. Birleşik alan teorisine göre ise, kırılan bağların yeni bir molekül teşkil etmesinde etkili olan esas faktör, atomik tekillik noktalarının çiftler halinde tek bir tekillik mekanizması üretmesi ve elektronların birlikte ortak bir yörüngede hareket etmeleri sonucu birleşik alana ait faz uzayında elektronlara ait olan elekromanyetik kütleçekim dalgalarının birleşmesi sonucu oluştuğunu öngörür. Yukarıdaki şekilde, bu çeşit bir çift etkileşimin birleşik alan teorisine göre matematiksel yörünge ifadesi ve partikül çiftlerinin çizecekleri yaklaşık yörünge şekli verilmektedir (Ukray, 2010).

C- HAREKETLİ YÜK PARTİKÜL ÇİFTLERİNİN (DİPOLLER) GÖRELİ ELEKTRODİNAMİĞİNE KISA BİR GİRİŞ:

*İlerleyen bölümlerde, göreli elektrodinamik elektromanyetik kütleçekimsel denklemlerde bazı yaklaşımlarda kullanmak üzere, hareketli dipole yüklerin göreli elektrodinamiğine kısa bir giriş yapalım. Bu çeşit çift yük etkileşim eşitliklerine "**eşleşmiş**" (coupled) diferansiyel eşitlikler denir. Bu eşitliklerde v_x ve v_y birlikte bulunurlar. Bu diferansiyel eşitlikleri birden fazla yöntemle çözebiliriz. Örneğin, bunlardan birisi aşağıdaki gibi basitçe yazılabilir:*

v_x hızı, $\partial x / \partial t = \dot{x}$ olarak yazılabilir. Buna göre hareketin diferansiyel eşitlikleri,

$$\ddot{x} = \omega_c \dot{y}$$

$$\ddot{y} = -\omega_c \dot{x}$$

$$\ddot{z} = 0$$

şeklinde olur ve eşitliklerinin ayrı ayrı türevlerini alırsak v_x ve v_y nin eşleşmiş durumları ortadan kalkar:

$$\dddot{x} + \omega_c^2 \dot{x} = 0$$

$$\dddot{y} + \omega_c^2 \dot{y} = 0$$

Şimdi, $D \equiv \partial / \partial t$ diferansiyel işlemcisini (operatör) sunalım. Bu işlemciyi ve eşitliklerinde kullanırsak aşağıdaki bağıntıları elde ederiz:

$$\left(D^2 + \omega_c^2\right)\dot{x} = 0$$

$$\left(D^2 + \omega_c^2\right)\dot{y} = 0$$

Şimdi bu eşitliğine iki kare farkı gözüyle bakıp çarpanlarına ayırabiliriz:

$$(D+i\omega_c)(D-i\omega_c)\dot{x}=0 \quad (1.6)$$

Yukarıdaki eşitliği, sabit katsayılı lineer homojen diferansiyel denklemdir. Çözümün "ilkeli" aşağıdaki gibidir:

$$\dot{x}=c_1 e^{i\omega_c t}+c_2 e^{-i\omega_c t} \quad (1.7)$$

$c_1 = c_2 = c/2$ varsayımıyla ve elektron için (q = - e) diferansiyel denklemi yeni biçimiyle aşağıdaki gibi yazılabilir:

$$\dot{x}=v_\perp \cos(\omega_c t+\phi)$$

t = 0 anında c katsayısı, hız boyutlarında olmalı ve çözüm xy düzleminde olduğundan, $v_\perp$ biçiminde yazılmalıdır. "⊥" simgesi, $\dot{x}$ hızının z yönündeki manyetik alana dik olduğunu betimler. Benzer biçimde,

$$\dot{y}=v_\perp \sin(\omega_c t+\phi) \quad (1.8)$$

olarak bulunur. Yukarıdaki işlemleri bir kez daha uygularsak, parçacığın sabit ve tekdüze manyetik alan içindeki yörüngesinin x ve y koordinatlarına göre, hesaplarsak z *eksenindeki* koordinat bileşeninin, birleşik alan kuvveti yönünde partiküllerin tekillik merkezi civarındaki zamanın bir işlevi olarak bir 5. boyut fonksiyonu gibi davrandığını kabul ederiz (ilerki makalelerimizde, bu ekstra boyuta bağlı zaman yapısının da tek boyuttan ibaret olmayıp, 2-boyutlu hiperbolik bir yapıdaki zaman dalgalarından oluştuğunu ele alacağız):

$$x=\frac{v_\perp}{\omega_c}\sin(\omega_c t+\phi)+x_0 \qquad (1.9) \qquad y=-\frac{v_\perp}{\omega_c}\cos(\omega_c t+\phi)+y_0$$

$$z=v_{//}t+z_0 \quad (1.10)$$

Yörüngenin biçimini daha iyi anlayabilmek amacıyla, yörüngeyi xy düzlemine izdüşürdüğümüzü varsayalım. xy düzleminde $z=0$'dır. Yukarıdaki eşitliklerinin her iki tarafının karesini alır ve taraf tarafa toplarsak, aşağıdaki çember ailesi denklemine ulaşırız:

$$(x-x_0)^2+(y-y_0)^2=\left(\frac{v_\perp}{\omega_c}\right)^2 \quad (1.11)$$

Yukarıdaki eşitliğinin sağ tarafındaki nicelik çemberin yarıçapını verir; buna *Larmor yarıçapı* denir. Örneğin, herhangi bir *Larmor yörüngesi* çizen parçacığın *manyetik momentini* tanımlayalım:

$$\mu=\frac{\frac{1}{2}mv_\perp^2}{B} \quad (1.12)$$

Bu durumda $\overline{F}_z$ aşağıdaki gibidir:

$\overline{F}_z = -\mu\,(\partial B_z/\partial z)$

Burada verilen kuvvet, *diamanyetik* bir parçacığın üzerine uygulanan kuvvettir. Bu kuvvetin genel biçimi aşağıdaki gibidir:

$$\boldsymbol{F}_{//}=-\mu\frac{\partial B}{\partial \boldsymbol{s}}=-\mu\nabla_{//}B \quad (1.13)$$

Burada *d**s***, ***B*** boyunca alınan doğru öğesidir. Dikkat edilirse, bu eşitlikle verilen nicelik, *A* alanını kapatan *I* akım ilmiğinin manyetik momentine denktir: $\mu = IA$. Bir kez iyonlaşmış ve ω_c açısal frekansına sahip bir yüklü parçacığın (örneğin *e- gibi*) doğuracağı akım, $I = e\,\omega_c/2\pi$ dir. *A* alanı, $\pi r^2_L = \pi v^2_\perp/\omega^2_c$ dir.

Böylece,

$$\mu=\frac{\pi v_\perp^2}{\omega_c^2}\frac{e\,\omega_c}{2\pi}=\frac{1}{2}\frac{v_\perp^2 e}{\omega_c}=\frac{1}{2}\frac{mv_\perp^2}{B} \quad (1.14)$$

olur. Devinimi sırasında değişik yeğinlikteki manyetik alan bölgelerine girip çıktıkça yüklü parçacığın *Larmor yarıçapı* değişir. Ancak, μ *manyetik momenti* değişmez (*invariant*) olarak kalır. *Manye-*

tik momentin değiş-mediğini görmek için, devinimin ***B*** boyunca olan bileşenini inceleyelim:

$$m\frac{dv_{//}}{dt} = -\mu\frac{\partial B}{\partial s} \quad (1.15)$$

Eşitliğin sol tarafını $v_{//}$ ile, sağ tarafını da $v_{//}$ 'nin dengi olan *ds / dt* ile çarparsak,

$$mv_{//}\frac{dv_{//}}{dt} = \frac{d}{dt}\left(\frac{1}{2}mv_{//}^2\right) = -\mu\frac{\partial B}{\partial s}\frac{ds}{dt} = -\mu\frac{dB}{dt} \quad (1.16)$$

elde ederiz.

Burada *dB / dt,* parçacığın "*gördüğü*" manyetik alan değişikliğidir. Ancak, ***B***'nin kendisi sabittir. Bu arada parçacığın erkesi korunmalıdır:

$$\frac{d}{dt}\left(\frac{1}{2}mv_{//}^2 + \frac{1}{2}mv_{\perp}^2\right) = \frac{d}{dt}\left(\frac{1}{2}mv_{//}^2 + \mu B\right) = 0 \quad (1.17)$$

Son iki eşitliği birlikte düşünürsek;

$$-\mu\frac{dB}{dt} + \frac{d}{dt}(\mu B) = 0$$

olarak buluruz ve bu da son eşitlikteki ikinci terimin sabit manyetik alan altında; $\frac{d\mu}{dt} = 0$ olması demektir. Plazmanın tuzaklanmasında kullanılan *manyetik aynaların* dayandığı temel ilkelerden biri *manyetik momentin değişmezliğidir.* Isısal devinimi sırasında zayıf manyetik alandan güçlü manyetik alana doğru ilerleyen parçacığın $v_{\perp}$ hızı, *manyetik momentin değişmezliğini* sağlamak amacıyla artar. Parçacığın toplam erkesi korunacağından, $v_{//}$ zorunlu olarak azalır. Manyetik aynanın uç bölgelerindeki alan yeğinliği yeterince büyükse, $v_{//}$ sonunda sıfır olur; bu durumda parçacık geriye, daha zayıf manyetik alan bölgesine doğru "*yansıtılır*". Yansımaya neden olan kuvvet $\boldsymbol{F}_{//}$ kuvvetidir. Bir çift *coil, yani toroid şeklinde sarılmış iki bobin* iki manyetik ayna oluşturmanın en kolay yoludur. *İlerleyen bölümlerde ise,* bu manyetik ayna etkisinin öneminin Birleşik alan teorisi üzerindeki önemli etkileri üzerinde ve Kuantum mekaniksel sonuçları üzerinde tekrar duracağız. Çünkü bu etki, 5. boyut doğrultusunda kütleçekim alanıyla birleşmekte ve "*elektromanyetik kütleçekimsel compactification*" veya "*kütleçekimsel mercek etkisi*" denen mekanizmayı oluşturacaktır.

Ancak, bu mekanizmayı içeren bir kara delik tekilliğinin, maddesel plazmanın tuzaklanması için kusursuz bir düzenek olduğu söylenemez. Örneğin, dikine hızı sıfır ($v_\perp=0$) olan bir parçacığın manyetik momentinden söz edemeyiz; bu nedenle bu türlü bir parçacık **B** alanı boyunca herhangi bir kuvvet "*duyumsamayacaktır*". Benzer şekilde, B_m değeri yeterince büyük olmayan bir manyetik ayna geometrisinin orta düzleminde ($B = B_0$) bulunan parçacığın $v_\perp / v_{//}$ oranı küçükse parçacık tuzaktan kaçacaktır. B_0 ve B_m değerleri bilinen bir manyetik aynadan hangi parçacıklar kaçabilecektir? Aynanın orta düzleminde $v_\perp=v_{\perp 0}$ ve $v_{//}=v_{//0}$ olan parçacığın ayna noktasındaki hız değerleri, $v_\perp=v'_\perp$ ve $v_{//} = 0$ olacaktır. Parçacığın "*yansımaya*" uğradığı noktadaki manyetik alan yeğinliği B' olsun. μ *manyetik momentinin değişmezliği*, aşağıdaki eşitliği yazmamızı sağlar:

$$\frac{\frac{1}{2}mv_{\perp 0}^2}{B_0} = \frac{\frac{1}{2}mv_\perp'^2}{B'} \quad (1.18)$$

Diğer yandan, erkenin (birim zamandaki enerji yoğunluğunun) korunumu ilkesi, $v_\perp'^2 = v_{\perp 0}^2 + v_{//0}^2 \equiv v_0^2$ olmasını gerektirir ki, bu iki eşitliği birleştirirsek aşağıdaki bağıntıyı elde ederiz:

$$\frac{B_0}{B'} = \frac{v_{\perp 0}^2}{v_\perp'^2} = \frac{v_{\perp 0}^2}{v_0^2} \equiv sin^2\theta \quad (1.19)$$

Burada θ, parçacığın zayıf alan bölgesindeki "*yansıma açısı*"dır (*pitch angle*). *θ açısı* küçük olan parçacıklar büyük **B** bölgelerinden *yansıyacaklardır*. Eğer θ yeterince küçükse, $B' > B_m$ olur. Bu koşul altında, yüklü parçacık yansımaya uğramaz ve eşitlikteki B' yerine B_m yazarsak, tuzaklanmış olan bir parçacığın gerçekleştirebileceği en küçük *yansıma açısı*,

$Sin^2 \theta_m = B_0 / B_m \equiv 1 / R_m$ ile verilir. (1.20)

Burada R_m *ayna oranıdır.* Bu eşitlik, hız uzayında, koni biçimindeki bir bölgenin sınırlarını tanımlar. Bu koniye 5. boyut doğrultusundaki *yitik konisi* (*loss cone*) denir. *Yitik koni* içinde bulunan yüklü parçacıkları tuzaklamak olanaksızdır. İşte, ilerleyen bölümlerde bu koninin iç kısmına (tünel etkisi) ait 5-boyutlu uzay-zaman yapısı, birleşik alan teorisini üzerine bina edeceğimiz temel mimari geometrik modeli teşkil edecektir.

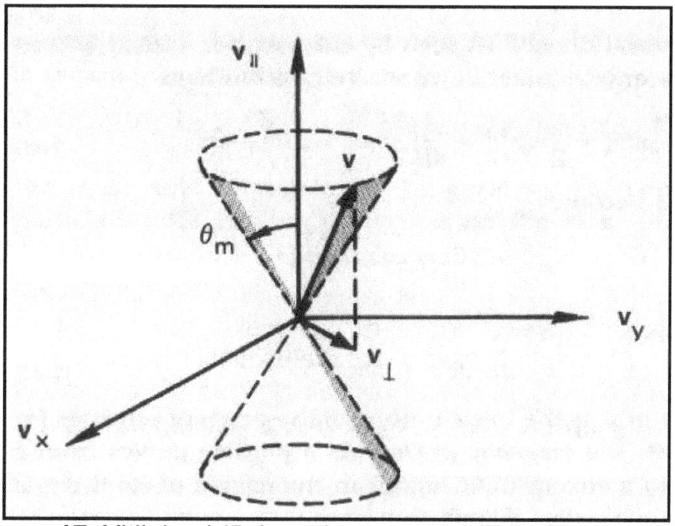

Figure 17: Yitik koni (5. boyut) geometrisi (F.F. Chen, 1974).

İşte, yukarıdaki eşitliğinin sağ tarafındaki nicelik çemberin yarıçapını verir; buna *Larmor yarıçapı* denir. Parçacığın *z* yönündeki devinimi de doğrusal bir devinimdir. *t* zamanının artmasıyla *z* koordinatı da doğrusal olarak artar; doğrunun eğimini $v_{//}$ belirler. *xy* düzlemindeki çember devinimle, *z* yönündeki doğrusal devinimin birlikteliği sarmal (helix) bir yörünge verir. Kittel ve arkadaşlarının çalışmasından alınan aşağıdaki şekile bkz.

Bu durumda, yukarıda elde ettiğimiz herhangi bir kütleli partikülün enerji ifadesini, değişik hızlarda ve uzay-zaman bölgelerindeki değişen skalalarda incelememize bağlı olarak; modern görüşe göre herhangi bir hareket halindeki kütleli partikülün enerjisi için aşağıdaki üç durum söz konusu olacaktır;

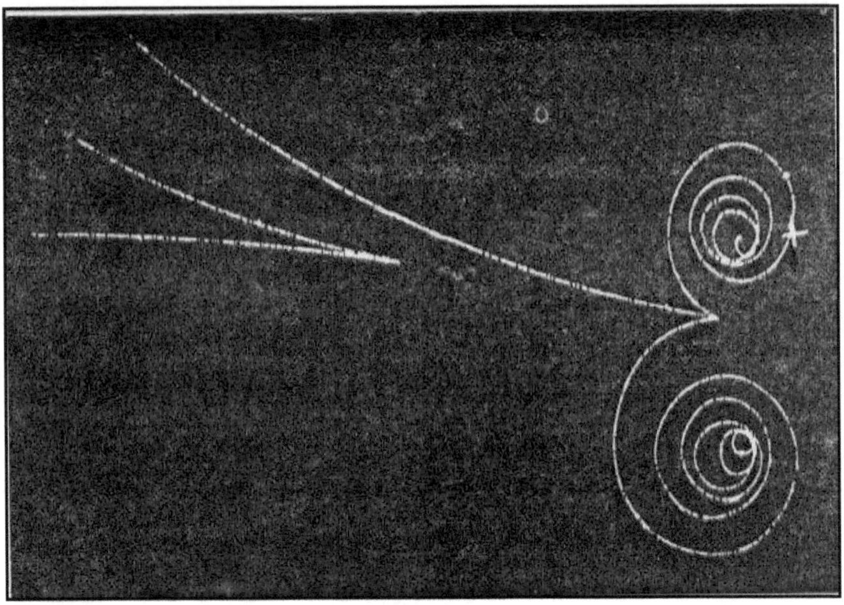

Figure 18: Birleşik Alan teorisine göre, tekillik noktası civarındaki bir "çift-partikülün" hareket denklemi yukarıdaki gibi bir "çift-helezonik" eğri çizecektir. Lawrence Radiation Laboratory'deki 'Hydrogen Bubble Chamber'de Luis Alvarez tarafından algılanmış olan e^-e^+çiftinin manyetik alan içindeki yörüngeleri. Yeğin bir manyetik alana dik yönde gönderilen gamma fotonları böylesi bir ortamda e^-e^+ çifti üretir. Daha sonar, bu çiftler yolları üzerindeki hidrojen atomlarını yoğunlaştırarak kendi yörüngelerinin şekildeki gibi görüntülenmesini sağlarlar. Yörüngelere dikkat edilirse, sarmal yönleri birbirine terstir. Bu partiküller, örneğin bir elektronla bir pozitron olabilir (Kittel, 1976)..

Birincisi: Ya madde hiçbir zaman ışık hızını yakalayamayacak ve enerjisi sonlu kalarak, kuantum enerji seviyesinin tamsayı katları cinsinden yazılan Enerji ifadesi temel enerji durumunda en dip noktada sıfıra gidecek;

İkincisi: Ya ışık hızı duvarına gelindiğinde, madde hızı ve enerjisi birlikte sonsuz olduğundan belirsiz bir ifade alacaktır ki, Einstein'in kendisinin de vurguladığı gibi bu bir matematiksel çelişkiye, yani fiziksel bir duruma denk düşmeyen bir harekete denk düşer ki, bu durumda bu dalga paketlerinin enerjisi ancak Heisenberg'in Belirsizlik İlkesi'yle tanımlanabilir;

$$\Delta x . \Delta P_x \cong \frac{\hbar}{2} \quad (1.21)$$

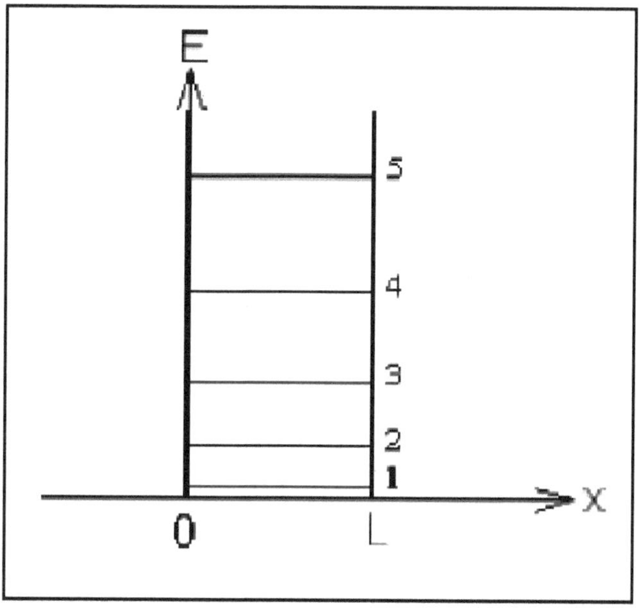

Figure 19: Temel enerji seviyeleri.

$$E(T) = \frac{\hbar\nu}{e^{\hbar\nu/kT} - 1} + \frac{1}{2}\hbar\nu + \cdots,$$

$$E_n = \left(n + \frac{1}{2}\right)\hbar\nu, \quad n = 0,1,2,3,\cdots \qquad (1.22)$$

Üçüncüsü ise, Ya da madde ışık hızını geçmesi durumunda (Bkz: Makalenin sonuçlar bölümünde bu konunun detaylarına inilerek, her üç durumda da maddenin hangi enerjiye sahip olacağını tartışılmaktadır) enerji ifadesi sanal bir değer alacağından ortada bir karşı madde, yani bir anti-madde ve dolayısıyla ona ait bir anti-enerji var demek anlamına gelecektir. Yani, ışık hızı geçildiğinde teorik olarak madde anti-maddeye dönüşür demektir bunun anlamı. Burada ise, ışıktan hızlı giden partiküller devreye girer, örneğin Takyonlar veya Nötrinolar gibi.

Takyon (Yunanca ταχύς *takhús*, "hızlı" anlamımda), ışıktan hızlı giden farazi parçacıklardır. İlk tanımı **Arnold Sommerfeld**'e atfedilmişse de, aslında ilk olarak **George Sudarshan** ve **Gerald Feinberg** tarafından yazılmıştır.

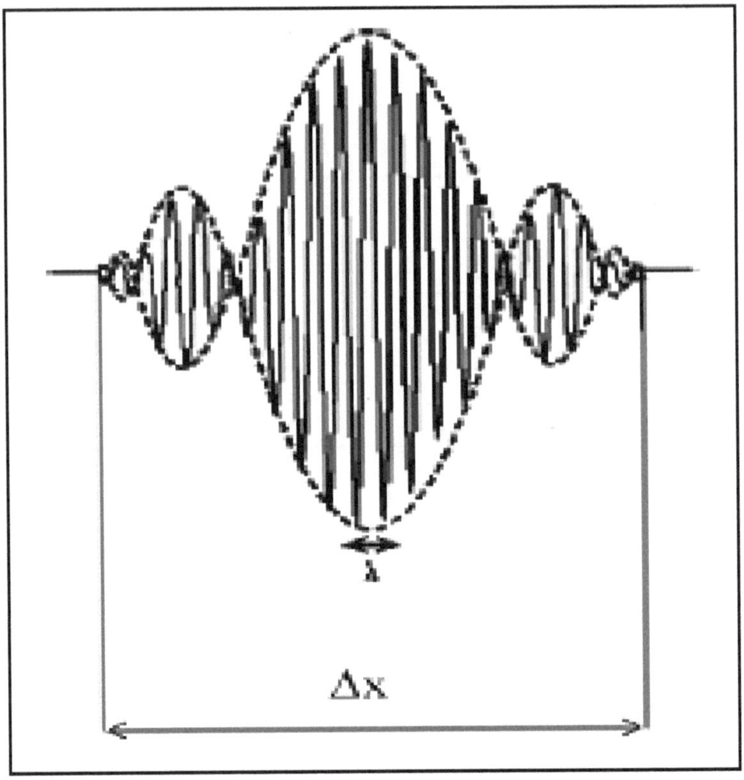

Figure 20: Belirsizlik ilkesinin dalga formları.

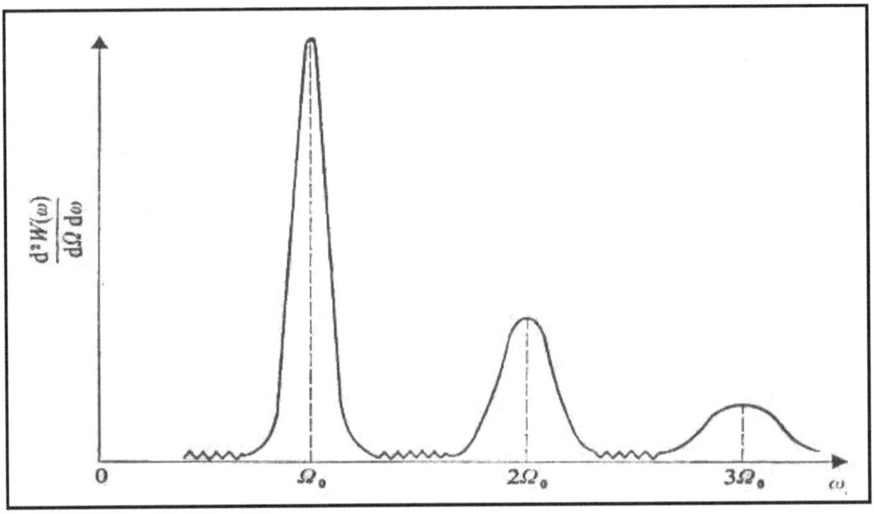

Figure 21: Relativistik olmayan bir elektronun saldığı cyclotron çizgi ışınımının frekans tayfı. (Boyd & Sanderson, 1969).

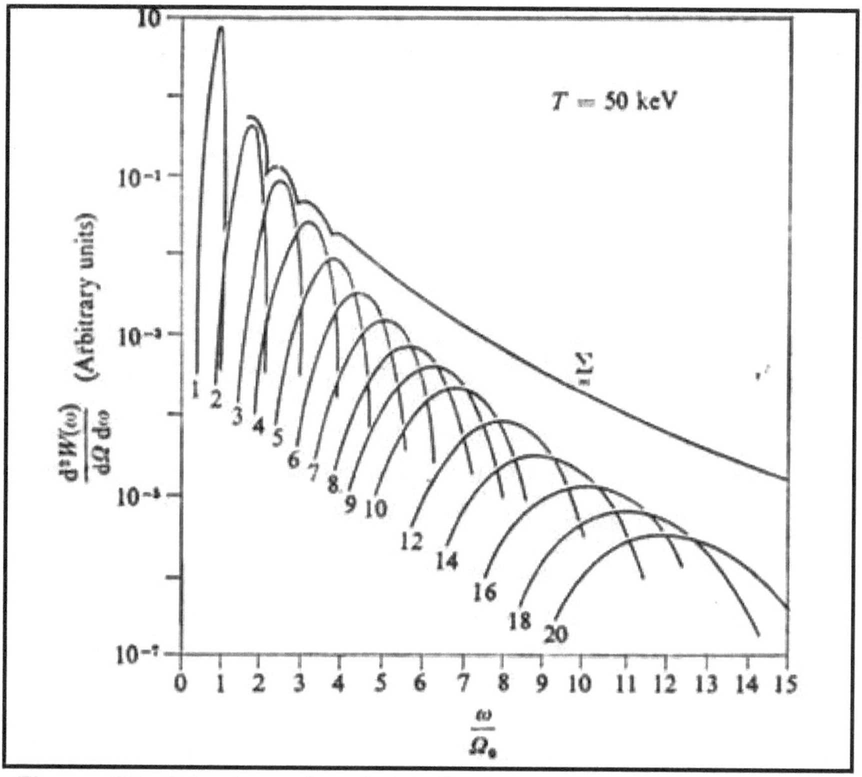

Figure 22: Orta düzeyde relativistik elektronların saldığı ışınımın frekans tayfı. Şekil, harmonikler üzerinden ortalama alınmadan önce ve sonra elde edilen tayfı göstermektedir (Boyd & Sanderson, 1969).

NOT: ***Takyonlar***, Albert Einstein'in ünlü Genel görelilik yasasındaki v^2/c^2 ifadesindeki cismin hızı *(v)* ışık hızından *(c)* büyük olursa ne olur sorusunun cevabıdırlar. Bu nedenle takyon parçacıklarının kütleleri reel sayı ile değil karmaşık sayılar ile ifade edilir *(2i kg.* kütleli veya 2i×10 ^{8} *Joule* enerjili veya *2i×c m/sn.* hıza sahip gibi) aynı zamanda *v* daima *c*'den büyük olacağından, takyonlar için en yavaş hız ışık hızıdır. Ancak tam olarak ışık hızında da olamazlar çünkü ışık hızında olursalar $v^2/c^2 = 1$ olacağından bu ifade tanımsız olmaz. Böylece gerçek dünya için sınır olan ışık hızı burada da değerini korur. Buradan çıkarılacak sonuç ise, takyonların varlığının fizik ve matematik kurallarına aykırı olmadığıdır. Bunu takyonların varlığına delil olarak gösterenler vardır. Aynı *(v)>(c)* değerlerinin zaman denklemi içinde yerine konulması sonucunda zaman kavramının takyonlar için tıpkı kütle gibi imajiner olduğunu gösterir.

Zaman gerçel olmadığı sürece ve içinde zamanın oku olan herhangi bir fiziksel durumda entropi artışı söz konusu olmaz ve bu nedenle takyonlar evreni gerçek evrenin aksine büzüşmezler, tam tersine sanal kütleleri nedeniyle çekim etkisine girmediklerinden evreni gererler. Böylece, başlanılan noktaya geri dönülen bir küresel evren modeli yerine takyon evreni için kenarları olmayan bir sonsuz evren söz konusudur. Ayrıca, takyonların hızı enerjileri azaldıkça artar. Bu nedenle radyasyon yaydıkları varsayıldığında, azalan enerjileri nedeniyle sürekli hızlanırlar ve nihayet sıfır enerji için sonsuz hıza ulaşırlar.

Enerji azaldıkça hızları arttığından dolayı kuvvet denilen etki, hareketle aynı yönde olduğunda takyonların hızını arttırmaz tam tersine yavaşlatır ve yine bu durumda, yukarıda elde ettiğimiz herhangi bir kütleli partikülün enerji ifadesini, ilerki bölümlerde Enerji-Momentum Tansörü şeklinde 5-boyutlu Einstein-Maxwell denklemlerini 4-boyutlu uzay-zamana indirgediğimizde, alan bileşenlerinin "*invariant (değişmez)*" kalacak şekilde türetmemiz için; Manyetik alanın ve Manyetik akı teorisinin teorimiz açısından bazı önemli bazı teoremlerini ve uygulamalarını; Birleşik Alan Teorisinin temel yapısına giriş açısından, teoriyi herhangi bir yüklü ve hareketli kütlenin Elektromanyetizmanın 5. boyut doğrultusundaki karadelik tekilliği faz uzayındaki göreceli elektrodinamik yapısındaki hareket yasalarından yola çıkarak türettiğimiz için, klasik elektrodinamiğin bizi ilgilendiren kısımlarını ve 5. boyuta genişletilen Einstein-Maxwell denklemlerinin birleşik alan teorisi doğrultusunda yeniden yorumlanmış şekillerini çalışmamız içerisinde zamanı geldikçe parçalar halinde vereceğiz.

II- BİRLEŞİK ALAN TEORİSİNE GİRİŞ

GENİŞLETİLMİŞ EXTRA BOYUTLU (5D) UZAYDA KALUZA-KLEİN KÜTLEÇEKİM DENKLEMLERİ VE ENERJİ-MOMENTUM TANSÖRLERİ

GİRİŞ

Teorinin sonuç denklemlerini ve tansörlerini elde etmeden önce, bazı kavramları (Örneğin *Enerji-Momentum tansörü*, *Ricci tansörü*, *Christoffel sembolleri* gibi) açıklayacağız. Teorik fizikte son zamanların en büyük ilerlemesi, içinde bulunduğumuz uzay-zamanın

4'ten fazla boyuta sahip olduğunun keşfi olmuştur. Bu 4'ten fazla boyutlu teoriler (**KALUZA-KLEİN** teorileri), fiziğin birçok dalında (Örneğin *Süpersicimlerin* (10D) keşfinde ve *Süperkütleçekimi* (11D) *teorisinin* ortaya atılmasında) önemli rol oynamıştır. Bu keşifler, fiziksel teorilere bakış açısını genişletmiştir.

Fakat burada esas sorun, 4'ten fazla boyutlu bir uzay-zaman yapısının 4-Boyutlu evrenimize nasıl uygulanacağıdır. Kısacası, 4'ten fazla boyutlu bir uzay-zaman yapısını, 4-Boyutlu uzay-zamanda modellemek için bazı matematiksel ve geometrik kavramlara ihtiyacımız olacaktır. İşte bunlar da, 5-Boyutlu uzaydan 4-Boyutlu uzaya dönüşümü sağlayan Metrik İnterval Denklemler (Kaluza-Klein Denklemleri) olacaktır.

GENİŞLETİLMİŞ EXTRA BOYUTLU (5D) ALAN DENKLEMLERİ

Küresel koordinatlardaki 5-Boyutlu genel uzunluk ifadesinin,

$$s^2 = r^2\left(\cosh^2 \xi t^2 - \xi^2 - \theta^2 - \sin^2 \theta\phi^2\right) \quad (2.1)$$

diferansiyelini yazarsak:

$$ds^2 = dr^2\left(\cosh^2 d\xi dt^2 - d\xi^2 - d\theta^2 - \sin^2 \theta d\phi^2\right)$$

bu ifade de, 5-Boyutlu metrik uzay manifoldunda koordinatlar; $\xi^A (A = 0,1,2,3,4)$ ve *metrik tansör* $\gamma_{AB}(\xi^C)$ cinsinden yazılırsa *5-Boyutlu İnterval*:

$$ds^2 = \gamma_{AB}\xi^A\xi^B$$

şeklinde elde edilir. (2.2)

Bu ifadenin de alan denklemleri için eşdeğeri:

$$ds^2 = e^{2v(r)}dt^2 - r_0^2 e^{2\psi(r)-2v(r)}\left(d\xi + w(r)dt - n\cos\theta d\phi\right)^2 - dr^2 - a(r)\left(d\theta^2 + \sin^2 \theta d\phi^2\right)$$

olur. Burada ***ξ***, extra (5. Boyut) bileşeni olup; ***(r, θ, Φ)***, 3-Boyutlu küresel-polar koordinat bileşenleri; ***n***, bir tamsayı; $r \in [-r_0, +r_0]$ olmak üzere ***r₀***, ∞'a eşit bir değer olabilir ve ***v(r)***, ***ψ(r)*** ve ***a(r)*** ise *r*'nin bir fonksiyonu olan 5-Boyutlu alan potansiyelleridir. ***w(r)***, ***t*** (zaman) bileşeni ve (**ncosθ**) ise, **Φ** (açısal) bileşendir. Bu potansiyel ifadelerinin çözümü ise; **5-Boyutlu EİNSTEİN KÜTLEÇEKİM DENKLEMLERİ** olarak bilinen ve,

$$(1)\ v'' + v'\psi' + \frac{a'v'}{a} - \frac{1}{2} r_0^2 w'^2 e^{2\psi - 4v} = 0,$$

$$(2)\ w'' - 4v'w' + 3w'\psi' + \frac{a'w'}{a} = 0,$$

$$(3)\ \frac{a''}{a} + \frac{a'\psi'}{a} - \frac{2}{a} + \frac{Q^2}{a^2} e^{2\psi - 2v} = 0,$$

$$(4)\ \psi'' + \psi'^2 + \frac{a'\psi'}{a} - \frac{Q^2}{2a^2} e^{2\psi - 2v} = 0,$$

$$(5)\ v'^2 - v'\psi' - \frac{a'\psi'}{a} + \frac{1}{a} - \frac{a'^2}{4a^2} - \frac{1}{4} r_0^2 w'^2 e^{2\psi - 4v}$$

$$- \frac{Q^2}{4a^2} e^{2\psi - 2v} = 0. \qquad (2.3)$$

(***v***, ***ψ***, ***a***, ***w***) 4 bilinmeyeni için yazılan 5 non-lineer diferansiyel denklem takımını oluşturmaktadır. Denklemlerdeki **Q=nr₀** olarak, Kaluza-Klein "Manyetik yükü (Manyetik Monopol)"dür. Böylece, toplu olarak radyal (r'ye bağlı) Kaluza-Klein "*Elektrik*", "*Manyetik*" ve "*Kütleçekimsel*" alanların diferansiyel ifadelerini yazmış olduk. Bu 5-Boyutlu Einstein Kütleçekim Denklemlerinin çözümlerini ve manyetik yükün ifadesinin çıkarılmasını ve bunların sonuçlarını ileride inceleyeceğiz. Metrik tansör ifadesi cinsinden 5-Boyutlu Einstein Denklemlerini yazarsak, alan denklemleri şu şekilde olur:

$$\Re_{AB} - \frac{1}{2}\gamma_{AB}\Re = kT_{AB}$$

(k = Kozmolojik Sabit) (2.4)

Burada $\Re_{AB}$, Christoffel sembollerinden oluşan;

$$K_{BC}^{A} = \frac{1}{2}\gamma^{AD}\left(\gamma_{DB,C} + \gamma_{DC,B} - \gamma_{BC,D}\right)$$

terimleri cinsinden oluşturulan **RİCCİ TANSÖRÜ**;

$\Re = \gamma^{AB} \Re_{AB}$ olarak 5-Boyutlu **SKALER EĞRİLİK** (**Curvature**) ve T_{AB}, 5-Boyutlu **ENERJİ-MOMENTUM TANSÖRÜ**'dür.

Extra koordinat (5. Boyut) bileşenine bağımlı olmayan durumlar için $(\gamma_{\mu 4} = 0)$ ve *A, B = 0,1,2,3* koyarak 4-Boyutlu uzay-zaman için yazılan fiziksel denklemleri elde edebiliriz. Bu durumda 5-Boyutlu uzay-zaman ifadelerini (4+1) şeklinde ayırma tekniğiyle yazabiliriz. Çünkü 5-Boyutlu dönüşüm altında 4-Boyut bileşenleri *invariant değildir*. Extra koordinat (5. Boyut) bileşenine bağımlı durumları ise diğer bir ayırma tekniği olan *yerel bileşen tekniğiyle* ifade edeceğiz.

AYIRMA TEKNİĞİ

5-Boyutlu uzay-zamanda tanımlanmış bir yüzeyin parametrelerinin $x^{\mu}(\mu = 0,1,2,3)$ ξ^{A}'nın bir fonksiyonu olarak aşağıdaki gibi tanımlandığını düşünürsek;

$x^{\mu} = x^{\mu}(\xi^{0}, \xi^{1}, \xi^{2}, \xi^{3}, \xi^{4})$ bu fonksiyonun ξ^{A}'ya göre türevini alırsak:

$\hat{e}_{A}^{(\mu)} = \dfrac{\partial x^{\mu}}{\partial \xi^{A}}$ ve 5-Boyutlu uzayda tanımlı kovariant vektörün $\xi^{A} = \xi^{A}(\overline{\xi}^{B})$'nin değişimiyle orantılı olduğunu düşünürsek; 4-Boyutlu uzayda kontravariant vektör $x^{\mu} = x^{\mu}(\overline{x}^{\nu})$ dönüşümüyle orantılı olacaktır. Bu vektörlerin her biri hiperbolik yüzeye her noktada teğet olacaklardır. Böylece vektörlerin lineer bağımsız olduğu bu yüzey üzerinde 5-Boyutlu uzaydan 4-Boyutlu uzaya dönüşümün temelleri teşkil edilmiş olur. Ortogonal uzay-zaman vektörü *(ψ^{A})*'yı da bu ifadeye eklersek:

$$\hat{e}_A^{(\mu)}\psi^A = 0,$$

$$\gamma_{AB}\psi^A\psi^B = \varepsilon, \quad (2.5)$$

burada ε, extra boyuta bağlı +1 ile -1 arasında değişen bir sabittir. Bu durumda $\hat{e}_A^{(\mu)}$ vektör takımını oluşturursak:

$$\hat{e}_A^{(\mu)}\hat{e}_{(\nu)}^A = \delta_V^\mu,$$

$$\psi_A\hat{e}_{(\mu)}^A = 0. \quad (2.6)$$

olur.

Bu durumda 5-Boyutlu uzaydaki diferansiyel sonsuz küçük bir uzaklık ifadesi:

$$d\xi^A = \hat{e}_{(\mu)}^A dx^{(\mu)} + \varepsilon\psi^A dx^{(4)}$$

olur. (2.7)

Burada $dx^{(\mu)} = \hat{e}_B^{(\mu)}d\xi^B$ ve $dx^{(4)} = \psi_B d\xi^B$ ifadeleri koordinat bileşenlerine ait yer değiştirmeleri belirtmektedir. Bu eşitlikleri de yukarıdaki denklemde yerine koyduğumuz zaman;

$$\hat{e}_{(\mu)}^A\hat{e}_B^{(\mu)} = \delta_B^A - \varepsilon\psi^A\psi_B$$

vektör denklemi elde edilir.

YEREL BİLEŞEN TEKNİĞİ

Ayırma tekniğiyle elde ettiğimiz $\hat{e}_A^{(\mu)}$ ve ψ^B lineer bağımsız 5-Boyutlu vektörlerin yüzeye teğet oldukları noktaların *komşuluk bölgelerindeki* yerel bileşenleri belirlemek için basit bir simetrik notasyon kullanarak;

$$\hat{e}^{(4)}_{A} = \psi_{A},$$

$$\hat{e}^{A}_{(4)} = \varepsilon \psi^{A},$$ eşitliklerinden, (2.8)

$$\hat{e}^{(B)}_{A} \hat{e}^{A}_{(C)} = \delta^{B}_{C},$$

$$\hat{e}^{(N)}_{C} \hat{e}^{D}_{(N)} = \delta^{D}_{C}.$$ vektör takımı elde edilir. (2.9)

Bu durumda 5-Boyutlu "*Kovariant Yerel*" Metrik Tansör:

$$\hat{g}_{(A)(B)} = \gamma_{MN} \hat{e}^{M}_{(A)} \hat{e}^{N}_{(B)}$$ olarak elde edilir. (2.10)

Şimdi bu metrik tansörü (4+1) şeklinde ayırırsak:

$$\hat{g}_{(A)(B)} = \begin{pmatrix} \hat{g}_{\mu\nu} & 0 \\ 0 & \varepsilon \end{pmatrix}$$, burada $\hat{g}_{\mu\nu}$ 5-Boyutlu metrik tansörden 4- Boyutlu metrik tansöre indirgenmiş metrik bileşendir ve:

$$\hat{g}_{\mu\nu} = \hat{e}^{A}_{(\mu)} \hat{e}^{B}_{(\nu)} \gamma_{AB}$$ olarak verilebilir. (2.11)

Yerel bileşen tekniğinin avantajı, 5-Boyutlu koordinatlardaki invariant değişim altında (4+1) şeklinde bir ayırmaya izin verebilmesi yani *(A),(B) = 0,1,2,3* indislerini koyarak yerel uzay-zaman metriklerini belirleyebilmektir. Bu şekilde bir ayırma, ilerki bölümlerde 5-Boyutlu uzunluk ifadesi olan;

$$dS^{2} = \hat{g}_{(A)(B)} dx^{(A)} dx^{(B)}$$ intervalini içeren denklemleri açılımlamada büyük kolaylık sağlayacaktır. Bu durumda *kovariant interval sabiti*:

$$\gamma_{AB} = \hat{e}^{(C)}_{A} \hat{e}^{(D)}_{B} \hat{g}_{(C)(D)}$$ ve *kontravariant interval sabiti*:

$$\gamma^{AB} = \hat{e}^{A}_{(P)} \hat{e}^{B}_{(Q)} \hat{g}^{(P)(Q)}$$ şeklinde yazılabilir.

Burada "*kontravariant yerel*" metrik tansör ise:

$$\hat{g}^{(P)(Q)} = \begin{pmatrix} \hat{g}^{\alpha\beta} & 0 \\ 0 & \varepsilon \end{pmatrix}$$ olur. (2.12)

YEREL BİLEŞEN TEKNİĞİ CİNSİNDEN ALAN DENKLEMLERİ

Alan denklemlerinin tam bir ifadesinin de, 5-Boyutlu uzay-zaman teorisinde yapılandırılmış büyüklüklerin 4-Boyutlu uzay-zamana tekabül eden bir "*Ölçek İnvariant*" olduğunu söyleyebiliriz. Yani bu denklemlere bir nevî, 5-Boyutlu uzay-zamanın sınır yüzeyindeki büyüklüklerin (Elektrik alan, Manyetik alan ve Kütleçekim alanı gibi) 4-Boyutlu uzay-zamanda oluşturduğu etkinin bir ifadesidir diyebiliriz. Yerel bileşenler cinsinden 5-Boyutlu uzaklık ifadesini yazarsak;

$$dS^2 = \hat{g}_{(\mu)(\nu)} dx^{(\mu)} dx^{(\nu)} + \varepsilon\left(dx^{(4)}\right)^2$$ olur. Bu durumda alan denklemleri:

$$\hat{\Re}_{(A)(B)} = \kappa\left(\hat{T}_{(A)(B)} - \frac{1}{2}\hat{g}_{(A)(B)}\hat{T}\right)$$ veya,

$$\Re_{(A)(B)} = \hat{e}^{P}_{(A)}\hat{e}^{Q}_{(B)}\Re_{PQ}$$ olarak Ricci tansörünü yazabiliriz. Aynı şekilde;

$$\hat{T}_{(A)(B)} = \hat{e}^{P}_{(A)}\hat{e}^{Q}_{(B)}T_{PQ}$$ olarak Enerji-Momentum tansörü ve $\hat{T}$ de onun izdüşümü (yüzeye dik bileşeni) olarak ifade edilebilir.

CHRİSTOFFEL SEMBOLLERİ

$\Re_{(A)(B)}$ Ricci tansörüne ait bileşenleri bulmak için, temel birim vektörler cinsinden yazılmış olan koordinat sisteminde Christoffel sembollerini kullanabiliriz. Yerel metrik cinsinden Christoffel sembollerinin ifadesini yazarsak:

$$K_{AC}^{D} = \hat{e}_{A}^{(P)} \hat{e}_{C}^{(Q)} \hat{e}_{(R)}^{D} \left(\hat{K}_{(P)(Q)}^{(R)} + \hat{V}_{(P)(Q)}^{(R)} \right), \quad (2.13)$$

ifadesindeki;

$$\hat{K}_{(P)(Q)}^{(R)} = \frac{1}{2} \hat{g}^{(R)(S)} \left(\hat{g}_{(S)(P)|(Q)} + \hat{g}_{(S)(Q)|(P)} - \hat{g}_{(P)(Q)|(S)} \right)$$

ve,

$$\hat{V}_{(P)(L)}^{(R)} = \frac{1}{2} \hat{g}^{(R)(Q)} \left(\hat{g}_{(4)(L)} F_{(P)(Q)}^{4} + \hat{g}_{(4)(P)} F_{(L)(Q)}^{(4)} \right)$$

$$-\frac{1}{2} S_{(P)(L)}^{(R)}$$

olur. Şimdi, Antisimetrik ve Simetrik tansör büyüklüklerini tanımlamaya başlayabiliriz;

$$F_{(P)(Q)}^{(M)} = \hat{e}_{N}^{(M)} \left(\hat{e}_{(P)|(Q)}^{N} - \hat{e}_{(Q)|(P)}^{N} \right),$$

$$S_{(P)(Q)}^{(M)} = \hat{e}_{N}^{(M)} \left(\hat{e}_{(P)|(Q)}^{N} + \hat{e}_{(Q)|(P)}^{N} \right). \quad (2.14)$$

Denklemlerdeki "|" sembolü, yönlü türevi göstermektedir. Buna bir örnek verirsek:

Φ, keyfi bir skaler büyüklük olmak üzere Φ'nin yönlü türevi:

$$\phi_{|(Q)} = \frac{\partial \phi}{\partial x^{(Q)}} = \hat{e}_{(Q)}^{A} \frac{\partial \phi}{\partial \xi^{A}}$$

şeklinde yazılabilir.(2.15)

Buradaki ifadede $\dfrac{\partial \phi}{\partial \xi^{A}} = \phi_{|(M)} \hat{e}_{A}^{(M)}$ olarak yazılabilir. Antisimetrik tansörlerin doğası gereği, $F_{(P)(Q)}^{(M)}$ ifadesinde $M \rightarrow \lambda$ olması durumunda ortogonal koordinatlarda kaynakları içermeyen elektromanyetik tansöre indirgenerek, $F_{(P)(Q)}^{(\lambda)} = 0$ olur.

RİCCİ TANSÖRÜ

Burada ara hesaplamalar çok uzun ve karmaşık olmasına rağmen $\mathfrak{R}_{AB}$ Ricci Tansörüne ilişkin sonuç denklemler oldukça basit ve 3 büyüklük içeren terimlerden oluşmaktadır. Aşağıda bu terimleri içeren sonuç denklemler verilmektedir:

i) 4-Boyutlu $\hat{\mathfrak{R}}_{\mu\nu}$ Ricci Tansörünü Christoffel sembollerini kullanarak yönlü türevler cinsinden yazarsak:

$$\hat{\Gamma}_{\mu\nu}^{\lambda} = \frac{1}{2} \hat{g}^{\lambda\sigma} \left(\hat{g}_{\sigma\mu|(\nu)} + \hat{g}_{\sigma\nu|(\mu)} - \hat{g}_{\mu\nu|(\sigma)} \right) = \hat{\kappa}_{(\mu)(\nu)}^{\lambda}$$

ii) Şimdi, 5. Boyut <u>doğrultusundaki</u> 4-Boyutlu indirgenmiş metrik türevi yazarsak:

$$\hat{\psi}_{\mu\nu} = \frac{1}{2} \hat{g}_{\mu\nu|(4)}$$

iii) Antisimetrik Tansör, $F_{(A)(B)}^{(C)}$'yi tanımlamak için ara hesaplamaları ihmal edersek:

$$\hat{\Re}_{(4)(4)} = -\left(\hat{\psi}_{|(4)} + \hat{\psi}_{\lambda\rho}\hat{\psi}^{\lambda\rho}\right) + \frac{1}{4}F_{(\lambda)(\rho)}F^{(\lambda)(\rho)}$$

$$-\varepsilon\left(\hat{D}_{(\lambda)}F^{(\lambda)} + F_{(\lambda)}F^{(\lambda)}\right),$$

$$\hat{\Re}_{(\mu)(4)} = \hat{D}_{(\lambda)}\left(\hat{\psi}^{\lambda}_{\mu} - \delta^{\lambda}_{\mu}\hat{\psi} + \frac{\varepsilon}{2}F_{(\mu)}{}^{(\lambda)}\right)$$

$$+\varepsilon F_{(\mu)}{}^{(\rho)}F_{(\rho)}, \qquad (2.16)$$

$$\hat{\Re}_{(\mu)(\nu)} = \hat{\Re}_{\mu\nu} - \varepsilon\left(\hat{\psi}_{\mu\nu|(4)} - 2\hat{\psi}_{\mu\rho}\hat{\psi}^{\rho}_{\nu} + \hat{\psi}\hat{\psi}_{\mu\nu}\right)$$

$$-\frac{1}{2}\left(\hat{D}_{(\mu)}F_{(\mu)} + \hat{D}_{(\nu)}\hat{F}_{(\mu)}\right) - F_{(\mu)}F_{(\nu)} - \frac{\varepsilon}{2}F_{(\mu)(\rho)}F_{(\nu)}{}^{(\rho)}.$$

Burada $F_{(\mu)(\nu)} = F^{(4)}_{(\mu)(\nu)}$ ve $F_{(\mu)} = F_{(\mu)(4)} = F^{(4)}_{(\mu)(4)}$ 'dür.

Burada $\hat{D}$, Christoffel sembolleriyle hesaplanmış olan 4-Boyutlu *kovariant diferansiyel operatördür.*

$$\hat{D}_{(\lambda)}\hat{g}_{\mu\nu} = 0,$$

$$\hat{\psi} = \hat{g}^{\mu\nu}\hat{\psi}_{\mu\nu},$$

$$\hat{\psi}^{\mu\nu} = -(1/2)\left(\hat{g}^{\mu\nu}\right)_{|(4)},$$

$$\hat{g}^{\mu\nu}\hat{g}_{\nu\lambda} = \delta^{\mu}_{\lambda} \qquad (2.17)$$

olarak da ifade edilebilir.

4-BOYUTLU İNDİRGENMİŞ FİZİKSEL METRİK

4'ten fazla boyutları ifade etmek için, kullanacağımız geometrik büyüklüklere ilişkin doğru teorik formüller oluşturmak gerekir. 5-

Boyutlu uzayda ise, bu büyüklükler *Antisimetrik Tansör* olan $\hat{F}_{(\mu)(\nu)}$, *4-vektör* olarak tanımlanan $\hat{F}_{(\mu)}$ ve *Simetrik Tansör* $\hat{\psi}_{\mu\nu}$'dir. Extra boyutları modellerken, Kaluza-Klein teorisinin kullandığı iki genelleştirme temel olarak, "**Elektromanyetik Tansör**" diye adlandırılan bir tansör ve "**Skaler Alanların Gradyanı**"dır. Diğer bir deyişle biri süper-zar yapıdaki uzay zamanı (4-Boyutlu uzay-zamanın "sınır yüzeyindeki eğriliği") temsil eden $\hat{\psi}_{\mu\nu}$ Simetrik Tansörü; ve diğeri de Elektromanyetik Tansörü temsil eden $\hat{F}_{(\mu)(\nu)}$ Antisimetrik Tansörüdür. Bu iki fiziksel metrik büyüklük ise, 4-Boyutlu Enerji-Momentum Tansörü olan $\hat{T}_{\mu\nu}$ ile ilişkili; $\hat{T}_{\mu\nu}$ tansörü ise, Ricci Tansörü ($\hat{\mathfrak{R}}_{\mu\nu}$) ile bağlantılıdır.

5-Boyutlu fiziksel metrikten 4-Boyutluya indirgemede temel sorun, indirgenmiş metrik tansörün ($\hat{g}_{\mu\nu}$) nasıl tanım-lanacağıdır. Bunun için, en basit yanıt $\hat{g}_{\mu\nu} = g_{\mu\nu}$ almak olur. Fakat bu tanımlama olası bütün fiziksel durumlar için geçerli değildir. Bunun için, metrik tansörü belirli bir "Uydurma Faktörü" ile çarpmamız gerekmektedir:

$\hat{g}_{\mu\nu} = e^{2\beta} g_{\mu\nu}$ olarak, (2.18)

ifadedeki β, teorideki alanlar için kullanılan *genişletme (Conform) faktörüdür.* β, extra koordinata bağlı olarak değişen skaler bir sabittir. Bu varsayımımız uzay-zamandaki (4+1) şeklindeki ayırmayı etkilemeyecektir.

Bu durumda, matematiksel olarak indirgenmiş metriğe geçiş basitleşecektir. $\hat{g}_{\mu\nu} = e^{2\beta} g_{\mu\nu} = f(\beta) g_{\mu\nu}$ ifadesini Christoffel sembolünde yerine koyarsak,

Christoffel sembolü:

$$\hat{\Gamma}^{\mu}_{\lambda\rho} = \Gamma^{\mu}_{\lambda\rho} + \left(\beta_{(\lambda)}\delta^{\mu}_{\rho} + \beta_{(\rho)}\delta^{\mu}_{\lambda} - \beta^{(\mu)} g_{\lambda\rho}\right)$$

ve Ricci Tansörü:

$$\hat{\Re}_{\mu\nu} = \Re_{\mu\nu} - \left(D_{(\mu)}\beta_{(\nu)} + D_{(\nu)}\beta_{(\mu)}\right) + 2\beta_{(\mu)}\beta_{(\nu)}$$
$$- g_{\mu\nu}\left[2\beta_{(\lambda)}\beta^{(\lambda)} + D_{(\lambda)}\beta^{(\lambda)}\right]$$

olarak yazılabilir. (2.19)

Burada, $\beta_{(\alpha)}=\beta_{|(\alpha)}$ ve $\Gamma^{\mu}_{\lambda\rho}$ ile verilen diferansiyel kovariant operatörü $\hat{D}$ ile D arasındaki ilişki:

V, herhangi bir skaler alan olmak üzere;

$$\hat{D}_{(\mu)}\hat{V}_{\nu} = D_{(\mu)}V_{\nu} -$$
$$\left(\beta_{|(\mu)}V_{\nu} + \beta_{|(\nu)}V_{\mu} - \beta_{|(\alpha)}V^{\alpha} g_{\mu\nu}\right) \quad (2.20)$$

ve böylece:

$$D_{(\lambda)} g_{\mu\nu} = 0$$ olur. (2.21)

4-BOYUTLU ENERJİ-MOMENTUM TANSÖRÜ

Fiziksel 4-Boyutlu metrik $g_{\mu\nu}$ cinsinden daha önce hesapladığımız Enerji-Momentum Tansörü $T_{\mu\nu}$'yi 4-Boyutlu Einstein Denklemlerine göre yeniden yazarsak:

$$T_{\mu\nu} = \Re_{\mu\nu} - \frac{1}{2} g_{\mu\nu} \Re$$ olarak ifade edilebilir. (2.22)

Burada, $\Re = g^{\alpha\beta} \Re_{\alpha\beta}$ olarak fiziksel uzay-zamanın *skaler eğriliğidir*. Aynı zamanda $\psi_{\mu\nu}$ Tansörünü de tanımlarsak:

$$\psi_{\mu\nu} = \beta_{|(4)} g_{\mu\nu} + \frac{1}{2} g_{\mu\nu|(4)}$$ olmak üzere; (2.23)

$$\hat{\psi}_{\mu\nu} = e^{2\beta} \psi_{\mu\nu}; \hat{\psi} = \psi = \psi_{\mu\nu} g^{\mu\nu}$$ ve (2.24)

$$\hat{\psi}^{\mu\lambda} = e^{-2\beta} \psi^{\mu\lambda}$$ olur. (2.25)

Şimdi, $\hat{\Re}_{\mu\nu}$ Tansör ifadesini daha önce hesapladığımız $\hat{\Re}_{(\mu)(\nu)}$ Tansöründe yerine koyarsak; fiziksel uzaya ait skaler eğrilik denklemini elde etmiş oluruz:

$$\Re = \varepsilon e^{2\beta} \left(\psi^2 - \psi_{\lambda\rho} \psi^{\lambda\rho} \right) + \frac{\varepsilon}{4} e^{-2\beta} F_{(\lambda)(\rho)} F^{(\lambda)(\rho)}$$
$$+ 6 \left(D_{(\mu)} \beta^{(\mu)} + \beta_{(\mu)} \beta^{(\mu)} \right) - 2k e^{2\beta} \hat{T}_{(4)}{}^{(4)}$$

Aynı yöntemle Enerji-Momentum denklemini de yazarsak:

$$\Re_{\mu\nu} - \frac{1}{2} g_{\mu\nu} \Re =$$
$$T_{\mu\nu}{}^{(I)} + T_{\mu\nu}{}^{(II)} + T_{\mu\nu}{}^{(III)} + T_{\mu\nu}{}^{(IV)} + T_{\mu\nu}{}^{(V)} + T_{\mu\nu}{}^{(VI)}$$ olur.

Bu ifadede Enerji-Momentum Tansörü 6 bölümden oluşmuş olup, bunlar sırasıyla:

$$T_{\mu\nu}^{(I)} = \varepsilon e^{2\beta}\begin{bmatrix} \psi_{\mu\nu|(4)} - 2\psi_{\mu\rho}\psi_{\nu}^{\rho} + \left(\psi + 2\beta_{|(4)}\right)\psi_{\mu\nu} \\ -\frac{1}{2} g_{\mu\nu}\left(\psi^2 + \psi_{\lambda\rho}\psi^{\lambda\rho} + 2\psi_{|(4)}\right) \end{bmatrix},$$

$$T_{\mu\nu}^{(II)} = \frac{1}{2}\left(D_{(\mu)}F_{(\nu)} + D_{(\nu)}F_{(\mu)}\right) + F_{(\mu)}F_{(\nu)}$$

$$- g_{\mu\nu}\left(D_{(\rho)}F^{(\rho)} + F_{(\rho)}F^{(\rho)}\right),$$

$$T_{\mu\nu}^{(III)} = \left(D_{(\mu)}\beta_{(\nu)} + D_{(\nu)}\beta_{(\mu)}\right) - 2\beta_{(\mu)}\beta_{(\nu)}$$

$$- g_{\mu\nu}\left(2D_{(\rho)}\beta^{(\rho)} + \beta_{(\rho)}\beta^{(\rho)}\right),$$

$$T_{\mu\nu}^{(IV)} = \varepsilon\frac{e^{-2\beta}}{2}\left[F_{(\mu)(\rho)}F_{(\nu)}^{\ (\rho)} - \frac{1}{4}g_{\mu\nu}F_{(\lambda)(\rho)}F^{(\lambda)(\rho)}\right],$$

$$T_{\mu\nu}^{(V)} = -\left(\beta_{(\mu)}F_{(\nu)} + \beta_{(\nu)}F_{(\mu)} + g_{\mu\nu}\beta_{(\alpha)}F^{(\alpha)}\right),$$

$$T_{\mu\nu}^{(VI)} = \kappa\hat{e}^{A}_{(\mu)}\hat{e}^{B}_{(\nu)}T_{AB}.$$

Yukarıdaki denklemlere ait birkaç özellik aşağıda verilmektedir:

1)- $T_{\mu\nu}^{(I)}$, yalnızca 5. Boyut doğrultusundaki türeve bağlıdır; $T_{\mu\nu}^{(II)}$, yalnızca 4-vektöre ($\hat{F}_{(\mu)}$) bağlıdır; $T_{\mu\nu}^{(III)}$, yalnızca Conform (Uydurma Faktörü, *β*) faktörüne bağlıdır; $T_{\mu\nu}^{(IV)}$, Anti-simetrik Tansör $\hat{F}_{(\mu)(\nu)}$'ye bağlıdır; $T_{\mu\nu}^{(V)}$ ifadesi, *F(μ)* ve *β(μ)* ifadelerinin bir çeşit arakesitidir; ve sonuncu olarak $T_{\mu\nu}^{(VI)}$ ifadesi, 5-Boyutlu Enerji-Momentum Tansörünün yerel bileşenler cinsinden genel bir gösterimidir.

2)- 5-Boyutlu uzay-zamanın bileşenleri, 4 uzay-zaman temel birim vektörünün $\left(\hat{e}_A^{(M)}\right)$ seçilimine bağlıdır.

3)- $T_{\mu\nu}^{(I)}$ ve $T_{\mu\nu}^{(II)}$ ifadelerinin önündeki "ε" faktörü, extra boyutun (5. Boyut), 4-Boyutlu uzay-zamandaki kütleçekimi üzerine yaptığı etkinin bir sonucudur.

4)- $T_{\mu\nu}^{(I)}$ ve $T_{\mu\nu}^{(IV)}$ ifadelerinin doğası gereği (Daha sonra göreceğimiz gibi bu ifadelerin Elektromanyetik tipte olmasından dolayı), önlerine gelen "$e^{2\beta}$" çarpım faktöründen dolayı bu ifadeler; "Elektromanyetik Alan" denklemleriyle aynı özellikleri göstermektedirler. Benzer özellik, skaler eğrilik denklemi ($\Re$)'ye ait ifadede de vardır.

5)- ψ vektörünün, $\gamma_{AB}\psi^A\psi^B = \varepsilon N^2$ (*N=sabit*) gibi keyfi bir dönüşüm altında 4-Boyutlu uzay-zamanda invariant kalması sebebiyle ψ'yi belirlemek için şöyle bir alternatif ifade yazabiliriz:

$$\hat{\Re}_{(A)(B)} = \kappa\left(\hat{T}_{(A)(B)} - \frac{1}{3}\hat{g}_{(A)(B)}\hat{T}\right)$$

ifadesini $\hat{\Re}_{(4)(4)}$ için yazarsak:

$$D_{(\lambda)}F^{(\lambda)} + F_{(\lambda)}\left(2\beta^{(\lambda)} + F^{(\lambda)}\right) = \varepsilon\frac{e^{-2\beta}}{4}F_{(\lambda)(\rho)}F^{(\lambda)(\rho)}$$

$$-e^{-2\beta}\left(\varepsilon\left(\psi_{|(4)} + \psi_{\lambda\rho}\psi^{\lambda\rho}\right) + \frac{\kappa}{4}\left(2\hat{T}_{(4)}^{(4)} - \hat{T}_{\lambda}^{\lambda}\right)\right)$$

olur.

Burada, $\hat{\Re}^{(4)}_{(4)} = \frac{\kappa}{4}\left(2\hat{T}^{(4)}_{(4)} - \hat{T}^{(\alpha)}_{(\alpha)}\right)$ olarak alınmıştır.

III- ELEKTROGRAVİTASYON KURAMINA GİRİŞ

A- GENELLEŞTİRİLMİŞ EİNSTEİN-SCHRÖDINGER-KURŞUNOĞLU BİRLEŞİK ALAN KURAMI

Behram Kurşunoğlu'nun genelleştirilmiş birleşik elektrogravitasyonel alan kuramını vereceğimiz bu kısım, teorimiz boyunca kademe kademe ilerlediğimiz ve aynı zamanda birleşik alan denklemlerine giden yoldaki Einstein-Maxwell tipi elektromanyetik gravitasyon kuramının da bir öncüsü niteliğindedir. Bu noktada, Kurşunoğlu'nun kaynakları içermeyen elektromanyetik dual tansör ve simetrik olmayan Ricci tansörü üzerinden elde ettiği alan çözümleri oldukça işimize yarayacaktır. Kurşunoğlu'nun teorisi, Abelian olmayan alanlar üzerine oldukça pratik ve zarif bir şekilde kurulmuştur. Elektrogravitasyonel alana ilişkin Abelian olmayan Lagrange operatörü:

$$L\left(\hat{\Gamma}^{\lambda}_{\rho\tau}, N_{\rho\tau}\right) = -\frac{1}{16\pi}\sqrt{-N}\left[N^{-|\mu\nu}\Re_{\nu\mu}(\hat{\Gamma}) + (n-2)\Lambda_b\right]$$

$$-\frac{1}{16\pi}\sqrt{-g}(n-2)\Lambda_z + L_m(u^{\nu}, \psi_e, g_{\mu\nu}, A_{\nu}\cdots)$$

olmak üzere, (3.1)

Metrik elektromanyetik alan tansörü ifadeleri;

$$\sqrt{-g}g^{\mu\nu} = \sqrt{-N}N^{-|(\mu\nu)},$$

$$\sqrt{-g}F_{\alpha\rho} = \frac{1}{2\sqrt{2}i}\varepsilon_{\alpha\rho\mu\nu}\sqrt{-N}N^{-|(\nu\mu)}\Lambda_b^{1/2}.$$

(3.2)

Ve Dirac-Gamma matrisleri;

$$\hat{\Gamma}^{\alpha}_{\nu\mu} = \tilde{\Gamma}^{\alpha}_{\nu\mu} + \left(\delta^{\alpha}_{\mu} B_{\nu} - \delta^{\alpha}_{\nu} B_{\mu}\right)\sqrt{2} i \Lambda_b^{1/2},$$

$$\tilde{\Gamma}^{\alpha}_{\nu\mu} = \hat{\Gamma}^{\alpha}_{\nu\mu} + \left(\delta^{\alpha}_{\mu} \hat{\Gamma}^{\sigma}_{(\sigma\nu)} - \delta^{\alpha}_{\nu} \hat{\Gamma}^{\sigma}_{(\sigma\nu)}\right)/(n-1),$$

$$B_{\nu} = \frac{1}{(n-1)\sqrt{-2\Lambda_b}} \hat{\Gamma}^{\sigma}_{(\nu\sigma)}. \qquad (3.3)$$

şeklinde olur.

Simetriden dolayı $\hat{\Gamma}^{\alpha}_{\nu\alpha} = \tilde{\Gamma}^{\alpha}_{\nu\alpha} = \tilde{\Gamma}^{\alpha}_{\alpha\nu}$ ve $\Re_{\nu\mu}(\hat{\Gamma}) = \Re_{\nu\mu}(\tilde{\Gamma}) + 2B_{(\nu,\mu)}\sqrt{2} i \Lambda_b^{1/2}$ eşitliklerini kullanarak Lagrange operatörünü yeniden düzenlersek;

$$L\left(\hat{\Gamma}^{\lambda}_{\rho\tau}, N_{\rho\tau}\right) =$$

$$-\frac{1}{16\pi}\sqrt{-N}\left[N^{-|\mu\nu}\left(\tilde{\Re}_{\nu\mu}(\hat{\Gamma}) + 2B_{(\nu,\mu)}\sqrt{2} i \Lambda_b^{1/2}\right) + (n-2)\Lambda_b\right]$$

$$-\frac{1}{16\pi}\sqrt{-g}(n-2)\Lambda_z + L_m(u^{\nu}, \psi_e, g_{\mu\nu}, A_{\nu} \cdots)$$

ve bu ifadede $\delta L / \delta B_{\mu} = 0$ olarak alırsak;

$$\left(\sqrt{-g}\,\varepsilon^{\tau\omega\alpha\rho} F_{\alpha\rho}\right)_{,\omega} = 0 \qquad (3.4)$$

şeklinde Faraday yasasını elde etmiş oluruz.

Burada da $\sqrt{-g}\,\varepsilon^{\tau\omega\alpha\rho} = \delta^{\tau\omega\alpha\rho}$ olarak alıp, elektromanyetik tansörü ise, birleşik alanlar cinsinden $F_{\mu\nu} = A_{\nu,\mu} - A_{\mu,\nu}$ şeklinde alırsak;

$$\sqrt{-g}\varepsilon^{\mu\nu\alpha\rho}A_{(\mu,\nu)}B_{(\alpha,\rho)}=\left(\sqrt{-g}\delta^{\mu\nu\alpha\rho}A_{\mu,\nu}B_{\alpha}\right)_{,\rho},$$

$$\sqrt{-N}N^{-|(\mu\nu)}=\sqrt{-g}\delta^{\nu\mu\alpha\rho}F_{\alpha\rho}\Lambda_b^{-1/2}/\sqrt{2}i. \qquad (3.5)$$

ve bu durumda Lagrange denklemi;

$$L\left(\hat{\Gamma}^{\lambda}_{\rho\tau},g_{\rho\tau},A_{\mu}\right)=$$
$$-\frac{1}{16\pi}\sqrt{-N}\left[N^{-|\mu\nu}\left(\widetilde{\Re}_{\nu\mu}(\hat{\Gamma})\right)+(n-2)\Lambda_b\right]$$
$$-\frac{1}{16\pi}\sqrt{-g}(n-2)\Lambda_z+L_m(u^{\nu},\psi_e,g_{\mu\nu},A_{\mu}\cdots) \qquad (3.6)$$

şekline gelir. Burada, $N_{\mu\nu}$ tansörünü;

$$\sqrt{-N}N^{-|(\mu\nu)}=\sqrt{-g}g^{\mu\nu}$$
$$+\sqrt{-g}\delta^{\nu\mu\alpha\rho}F_{\alpha\rho}\Lambda_b^{-1/2}/\sqrt{2}i \quad (3.7)$$

şeklinde genişletilmiş bir halde Lagrange denklemine eklersek $\delta L/\delta\left(\sqrt{-g}g^{\mu\nu}\right)=0$ olması durumunda Einstein kütleçekim denklemlerinin genişletilmiş hali olan;

$$\widetilde{\Re}_{(\nu\mu)}+\Lambda_bN_{(\nu\mu)}+\Lambda_zg_{\nu\mu}=8\pi\left(T_{\nu\mu}-\frac{1}{(n-2)}g_{\nu\mu}T^{\alpha}_{\alpha}\right),$$

$$\widetilde{G}_{\nu\mu}=8\pi T_{\nu\mu}-\Lambda_b\left(N_{(\nu\mu)}-\frac{1}{2}g_{\nu\mu}N^{\rho}_{\rho}\right)+\Lambda_z\left(\frac{n}{2}-1\right)g_{\nu\mu}.$$

eşitlikleri elde edilir. Ayrıca, $\delta L/\delta\left(\widetilde{\Gamma}^{\alpha}_{\nu\mu}\right)=0$ ve $\delta L/\delta\left(A_{\nu}\right)=0$ alınırsa; Kurşunoğlu'nun Ampere yasası denklemi elde edilir;

$$0=\frac{4\pi}{\sqrt{-g}}\left[\frac{\partial L}{\partial A_\tau}-\left(\frac{\partial L}{\partial A_{\tau,\omega}}\right)_{,\omega}\right]$$

$$=\frac{4\pi}{\sqrt{-g}}\left[\frac{1}{16\pi}\left(\frac{\partial(\sqrt{-N}N^{-|(\mu\nu)}}{\partial A_{\tau,\omega}}\left(\widetilde{R}_{\nu\mu}+(n-2)\Lambda_b\frac{\partial\sqrt{-N}}{\partial(\sqrt{-N}N^{-|(\mu\nu)}}\right)\right)_{,\omega}\right]$$

$$-4\pi J^\tau$$

$$=\frac{\Lambda_b^{-1/2}}{2\sqrt{2}i\sqrt{-g}}\left(\sqrt{-g}\varepsilon^{\nu\mu\alpha\rho}\delta_\rho^\omega(\widetilde{\Re}_{\nu\mu}+\Lambda_b N_{\nu\mu})\right)_{,\omega}-4\pi J^\tau$$

$$=\frac{\Lambda_b^{1/2}}{2\sqrt{2}i}\left(\varepsilon^{\nu\mu\omega\tau}(N_{(\nu\mu)}+\widetilde{\Re}_{(\nu\mu)}/\Lambda_b)\right)_{;\omega}-4\pi J^\tau$$

$$=\frac{\Lambda_b^{-1/2}}{2\sqrt{2}i}\left(\varepsilon^{\nu\mu\omega\tau}(N_{(\nu\mu,\omega)}+\widetilde{\Re}_{(\nu\mu,\omega)}/\Lambda_b)\right)-4\pi J^\tau$$

$$J^\tau=\frac{-1}{\sqrt{-g}}\left[\frac{\partial L_m}{\partial A_\tau}-\left(\frac{\partial L_m}{\partial A_{\tau,\omega}}\right)_{,\omega}\right]$$

Gerçekten de, yukarıda verilen genişletilmiş Einstein-Kurşunoğlu denkleminin diverjansını alırsak Lorenz kuvvetini elde etmiş oluruz;

$$8\pi T^\sigma{}_{\nu;\mu}=\widetilde{G}^\sigma_{\nu;\sigma}+\Lambda_b\left(N^{(\mu)}{}_{(\nu)}-\frac{1}{2}\delta_\nu^\mu N_\rho^\rho\right)_{;\mu}$$

Şimdi, Elektrozayıf kuvvete ait alan tansörünü $f^{\nu\mu}$ olarak tanımlarsak;

$$g^{1/2d}f_{\alpha\rho}=\frac{1}{2\sqrt{2}i}N^{1/2d}\varepsilon_{\alpha\rho\mu\nu}N^{-|(\nu\mu)}\Lambda_b^{1/2} \tag{3.8}$$

ve $\delta L / \delta(A_\tau) = 0$ olarak alırsak;

$$\left(g^{1/2d} \varepsilon^{\tau\omega\alpha\rho} f_{\alpha\rho}\right)_{,\omega} - \sqrt{-2\Lambda_b} g^{1/2d} \varepsilon^{\tau\omega\alpha\rho}\left[f_{\alpha\rho}, A_\omega\right] = 0$$

şeklinde Faraday yasasının eşdeğerini elde etmiş oluruz. Bu durumda Elektrozayıf kuramını da içeren Birleşik alan tansörü;

$$N^{-1/2d} N^{-|\mu\nu} = g^{1/2d} g^{\mu\nu} + g^{1/2d} \varepsilon^{\nu\mu\alpha\rho} f_{\alpha\rho} \Lambda_b^{-1/2} / \sqrt{2} i$$

şeklinde olacaktır. Bu tansör denklemi, ilerki kısımlarda Einstein-Maxwell denklemlerinin elde edilme-sinde çok işimize yarayacaktır.

B-CONSLUSIONS

Burada, Kurşunoğlu'nun non-abelian (abelian olmayan) birleşik alan denklemlerinin detaylarına çok fazla giremedik fakat ileride, teorik yapısını üzerine bina edeceğimiz modelimiz için, önemli olan en önemli sonuçlarını altı madde halinde şöyle özetleyebiliriz;

1- Birleşik alan teorisi, Φ skaler potansiyel alanında $\hat{g}_{\mu\nu} = g_{\mu\nu} + \varepsilon q^{-1} \phi_{\mu\nu}$ şeklinde bir elektrogravitasyonel kütleçekim alanını belirleyen 16 simetrik alan denklemiyle ifade edilebilir.

2- Bu durumda, manyetik yük ifadesi, Lorenz kuvvetinden hareketle $r_0^2 q^2 = c^4 / 2G$ denklemiyle belirlenebilir.

3- $G^+ = G$ şeklinde çekici (Gravitation) ve $G^- = -G$ şeklinde itici (Levitation) kütleçekimi olmak üzere, Manyetik ve Elektriksel yüklerin fonksiyonu olarak Elektrogravitasyonel kütleçekim alanı çekici ve itici çekim kuvvetleri cinsinden aşağıdaki gibi dört durumla ifade edilebilir:

$$G_1^+ = [\pm r_0, \pm q], \quad G_1^- = [\pm ir_0, \pm q],$$

$$G_2^- = [\pm r_0, \pm iq], \quad G_2^+ = [\pm ir_0, \pm iq] \quad (3.9)$$

4- Bu eşitlikler ise, kütleçekim alanının bir tekillik noktası civarında yüklere bağlı olarak kapalı ve açık zar içermesi durumunda manyetik yüklerin;

$$1/c^2(\delta\omega/\delta t)^2 - \left[(\delta\omega/\delta x)^2 + (\delta\omega/\delta y)^2 + (\delta\omega/\delta z)^2\right] = 0$$

$$\left(\frac{d^2}{d\beta^2} + \omega^2\right)e^{\frac{1}{2}\rho} = 0, \quad \omega = \frac{1}{2}\phi$$

şeklinde bir kütleçekim alanında elektrodinamik hareket denklemiyle belirlenen ve "*Orbitron Yükleri*" adı verilen ve "Φ" skaler potansiyel alanında tüm uzay-zamanı dolduran manyetik yük titreşimleri içeren bir dalga denklemine denk gelir. Biz bu çalışmamızda, bu yüklerin "*Manyetik Monopollere*" denk geldiğini ve "Q" olarak manyetik yük titreşimlerini öngöreceğiz. İşte, bu yükler tüm uzay-zamanda mini karadelik tekillikleri üreterek "*Miniblackholes*" denilen noktacıklarının uzay-zamanda partikülün kütle ve yüküne bağlı olarak herhangi "ω" frekansında titreşen sicim benzeri kuantum manyetik yük dalgalanmalarına denk gelir.

5- Uzay-zamanı kaplayan tüm D-zarlar boyunca hiç boşluk kalmayacak şekilde bu manyetik yük titreşimlerinin hareketleri;

$$r_g = \frac{2Gm_0}{c^2},$$

$$d\tau^2 = \left(1 - \frac{2GM}{c^2 r}\right)dt^2$$

$$-\frac{1}{c^2}\left[\left(1 - \frac{2GM}{c^2 r}\right)^{-1} dr^2 + r^2 d\theta^2 + r^2 \sin^2\theta d\phi^2\right]$$

$$r_0^2 = \left(\ell_0^4 + \lambda_0^4\right)^{1/2}, \quad \ell_0^2 = \left(2G/c^4\right)N^2|g|\left(e^2 + g^2\right)^{1/2},$$

$$\lambda_0^2 = \left(2G/c^4\right)N^2|e|\left(e^2 + g^2\right)^{1/2}.$$

$$g_{\mu\nu} = \begin{pmatrix} -\left(1 - \frac{2Gm_0}{c^2 r}\right) & 0 & 0 & 0 \\ 0 & \frac{1}{c^2}\left(1 - \frac{2Gm_0}{c^2 r}\right)^{-1} & 0 & 0 \\ 0 & 0 & \frac{1}{c^2} r^2 & 0 \\ 0 & 0 & 0 & \frac{1}{c^2} r^2 \sin^2\theta \end{pmatrix}$$

Sicim denklemleriyle belirlenen dinamik ve sürekli titreşen bir uzay-zaman yapısını meydana getirir. Buna göre, hareketsiz manyetik yükler itici kütleçekim alanını oluşturarak uzay-zamanda kütle yoğunlaşmasıyla birlikte kuvvetli bir elektrogravitasyonel alan meydana getirirken; dinamik yükler elektrik alan ve manyetik alanı da içeren çekimci elektrogravitasyonel dalgaları oluşturarak uzay-zamanı dolduran partikül veya büyük kütleli cisimlerin bir arada durmasını sağlar.

6- Bu manyetik yük titreşimleri düzenli olmayıp, süpersicim teorisine göre genel relativite çerçevesinde, "**M**" kütle olmak üzere "r_0" Schwarzschild yarıçapındaki bir kapalı bir diferansiyel hacim içerisinde;

$$m_0 = \left(c^2 / 2G\right)r_0 \quad (3.10)$$

kütleçekim denklemine göre bir yörünge eğrisi çizer. Evrendeki en küçük sicim parçası için bu yarıçap değeri 10^{-32} cm. olurken; çok büyük değerler için, yani $r_0 \approx \infty$ olması durumunda alan denklemlerinin çözümleri düz-uzay zamanda tanımlanan Newton yasalarına yakınsar:

$$E = \frac{1}{2} m_0 v^2 - \frac{2GMm_0}{r^2}$$

$$= \frac{1}{2} m_0 v_0^2 - \frac{2GMm_0}{r_0} = sabit \qquad (3.11)$$

$$e = \left[1 + \left(v_0^2 - \frac{2GM}{r_0^2} \right) \frac{r_0^2 v_0^2 \sin^2 \phi}{G^2 M^2} \right]^{1/2} \Rightarrow$$

$$E \langle 0 \quad v_0^2 \langle 2GM / r_0^2 \quad e \langle 1 \quad \Rightarrow Elips$$

$$E \langle 0 \quad v_0^2 \langle 2GM / r_0^2 \quad e = 0 \quad \Rightarrow Daire$$

$$E = 0 \quad v_0^2 = 2GM / r_0^2 \quad e = 1 \quad \Rightarrow Parabol$$

$$E \rangle 0 \quad v_0^2 \rangle 2GM / r_0^2 \quad e \rangle 1 \quad \Rightarrow Hiperbol \qquad (3.12)$$

Buradaki "**E**" partikülün enerjisi; "**e**", kütleçekim eğrisinin yörünge exantrisitesidir. Bu manyetik yük dalgalanmaları, Newton mekaniğinde çeşitli enerji durumları için yukarıdaki yörünge eğrilerine yakınsarken; "**M**" teorisinde düzensiz kuantum köpüğü dalgalanmalarına denk gelecektir..

IV- MANYETİK YÜK & KÜTLE İNDÜKLENMESİ MEKANİZMASI VE BUNU OLUŞTURAN BİR KUANTUM KÜTLE-ÇEKİMİ TEORİSİ MODELİ ÜZERİNE: BİR KUANTUM YUMURTASI (MANYETİK MONOPOL) MODELİ OLUŞTURMAK

{A Geometrical 5D Space-Time 4 x 4 Matrix Model for the Unification}

Teorimizin bu bölümünde, Birleşik Alan Teorisinin öngördüğü ve yukarıdaki pek çok şekilde ve teorimizin pek çok yerinde sıkça kullanacağımız kuantum boyutlardaki karadelik tekillik merkezinde yer alan kuantum yumurtası, diğer adıyla Manyetik Monopol Mekanizması için matematiksel bir model oluşturacağız. Oluşturacağımız bu modelle birleşik alan teorisinin öngördüğü gravitonlar için de basit bir matematiksel tanımlama yapmış olacağız. Ayrıca oluşturduğumuz bu mekanizma, ilerki bölümlerde Birleşik Alan Teorisine göre oluşturacağımız yeni atom modeli için de bir temel teşkil edecektir.

Kuantum boyutlardaki Planck ölçeğinde yer alan bu mekanizmayı oluşturmak için, öncelikle Kütleçekim alanının varlığını tanımlayan ve kuvvet alanı taşıyıcısı olan Gravitonların Uzay-Zamandaki hareketini belirleyen bir skaler vektör alanı tanımlamalıyız ve gravitonların, maddenin en küçük yapıtaşı olduğunu kabul ederek, bu *kuantum yumurtasının* (*manyetik monopol*) içerisindeki hareket denklemlerini ve bu skaler vektör alanı içerisinde kütleçekimini oluşturan hareket yasalarını belirlemeliyiz. Bu varsaydığımız hususlar, varsayım olmakla birlikte, birleşik alan teorisine göre tanımladığımız temel alan denklemlerine ve öngörülen temel parçacık tanımlamalarına ve tekillik mekanizmalarına tamamen uymaktadır. Tabi bu durum da, bizim istediğimiz bir sonuç olup, doğanın matematiksel tanımlamalarımızla tamamen uyuşmasının bir sonucu olup, tanımlamalarımız için büyük bir kolaylık sağlayacak ve en küçük ölçekteki yapının tam bir modelini oluşturabilmemiz için çok yardımcı olacaktır. Belki de böyle bir model, kuantum kütleçekimi teorisine giden yolda önemli bir tanımlama olabilir. Modelimizi oluşturma için, ilk önce, kütleçekim alanının taşıyıcı yükü olan graviton için şöyle bir 5-Boyutlu Skaler Vektör Alanı tanımlayalım;

$$v(r,t)=\left(v_5 f(r_5(t)),0,0\right); \quad r_5(t)=\left((x-v_5 t)^2+y^2+z^2\right)^{1/2};$$

$$f(r)=\frac{\tanh\left(\rho_g(R+r)\right)-\tanh\left(\rho_m(R-r)\right)}{\tanh(\rho_g R)+\tanh\left(\rho_m R\right)} \qquad (4.1)$$

Burada v_5, vektör alanının, 5. boyutun sınır-teğet yüzeyi üzerindeki değişimini; r_5, vektör alanının 5-Boyutlu uzay-zamandaki konum vektörünü; R, manyetik monopolün yarıçapını; ρ_m, manyetik monopolün hacmi içerisindeki manyetik yük dağılımını (yoğunluğu); ρ_g, manyetik monopolün hacmi dışarısındaki graviton yük dağılımını (yoğunluğunu) ve *f(r)*, manyetik monopol içerisindeki vektör alanının oluşturduğu yük yoğunluğunun merkezdeki tekillik noktasına göre dağılım fonksiyonunu belirlemektedir.

Aşağıdaki grafiği incelersek, merkezden, manyetik monopolün yüzeylerine doğru gerçekleşen bu dağılım fonksiyonunu daha iyi anlayabiliriz. Şimdi de, tanımladığımız bu vektör alanı cinsinden manyetik yük (Graviton) değişimini idafe eden POİSSON YÜK YOĞUNLUĞU Denklemini yazalım;

$$g = \frac{dv}{dt} \equiv \frac{\partial v}{\partial t} + (v.\nabla)v \qquad (4.2)$$

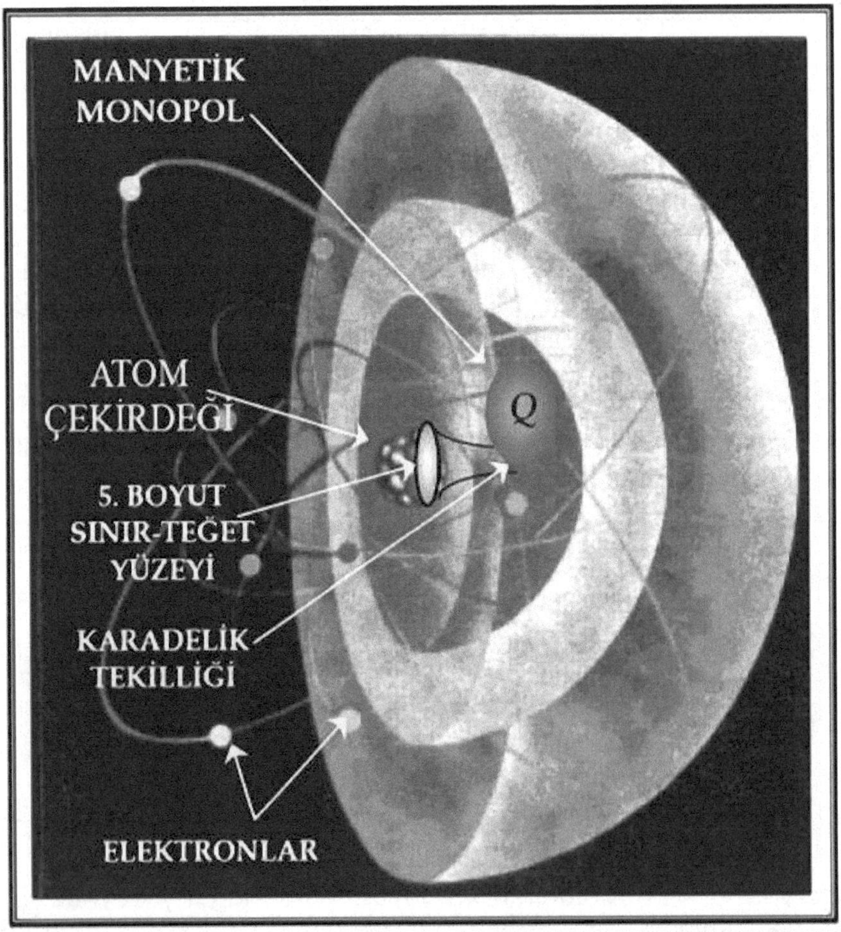

Figure 23: Atom Çekirdeğinde bulunan temel partikülleri gösteren Diyagram (Ukray, 2008).

Böylece, 5-Boyutlu Relativite uyarınca Kütleçekim alanı için, tanımladığımız bu skaler vektör alanı içindeki graviton yük yoğunluğu denklemini yazarsak;

$$\nabla.\left(\frac{\partial v}{\partial t}+(v.\nabla)v\right)=-4\pi G\rho_g(r,t)$$

olur. (4.3)

ÖNEMLİ NOT: Çalışmamızın bazı yerlerinde manyetik yük birimini Graviton olarak ifade etmekteyiz. Halbuki graviton, Kütleçekiminin birim yüküdür ve Manyetik yükün kaynağı manyetik monopollerdir. Fakat teorimizdeki tanımlamaları, Planck ölçeğinde ve karadelik tekillik noktasında yaptığımız için, aynen elektromanyetizmada olduğu gibi çok küçük yüzey akımları sonucunda oluşan deplasman akımları gibi, manyetik monopolün yüzeyi üzerinde de dalgalanmalar sonucunda bir graviton yük yoğunluğu oluşur. Aslında bu yük yoğunluğu yüzeyde oluşur ve manyetik monopolün iç hacminde meydana gelen manyetik yük değişimlerinin, sınır-teğet yüzeyi üzerine kütleçekim alanı olarak etki etmesinden kaynaklanır. Dolayısıyla manyetik yükler, manyetik monopolün iç hacminde bulunur ve bu kapalı hacim içerisinde hapsolur. İşte bu sebepten dolayı, manyetik yüklerin içeride oluşturdukları bu çok güçlü manyetik alan, yüzey üzerindeki en küçük partiküller tarafından, yani gravitonlar tarafından taşınır ve zaten sınır-teğet yüzeyi üzerinde oluşan manyetik alanla elektrik alan vektörel olarak toplanıp kütleçekim alanı olarak tekillik yüzeyine etki ettiğinden, gravitonlar aynı zamanda manyetik alanın da taşıyıcısı olmuş olurlar. Bu yüzden manyetik yükleri fiziksel olarak gözlemleyemeyiz.

Bu kısmî diferansiyel denklemin çözümü, Genel durumda (Büyük ölçeklerde) Newton'un Genel Kütleçekim Alanı çözümlerine yakınsar. Bu durumda *g(r)* ve *v(r)*'nin kütleçekim alanı içerisindeki değişimi, kütle merkezinden olan uzaklığa *(r)* bağlı olarak şu şekilde olur:

$$v(r)=-\sqrt{\frac{2GM}{R}}\hat{r},\ g(r)=-\frac{GM}{r^2}\hat{r}. \qquad (4.4)$$

Burada *M*, manyetik monopolün kütlesi; *R*, manyetik monopolün yarıçapı ve *G*, evrensel kütleçekim sabitidir. Fakat kuantum boyutlarda oluşacak dalgalanmalardan ve ortamın kararsız yapısından dolayı Planck ölçeğindeki yük yoğunluğu bu şekilde ifade edilemez. Bu durumda yük yoğunluğu denklemine, $\rho_g(r,t)$'nin içinde bulunduğu *v(r)* skaler vektör alanının yapısına göre tanımlayabileceğimiz bir *C(v)* (Covarians) terimi tanımlayarak, eklersek bu durumda elde edeceğimiz yük yoğunluğu denklemi şu şekilde olur;

$$C(v) = \frac{\alpha}{8}\left((vD)^2 - v(D^2)\right); \quad D_{ij} = \frac{1}{2}\left(\frac{\partial v_i}{\partial x_j} + \frac{\partial v_j}{\partial x_i}\right),$$

$$\frac{\partial}{\partial t}(\nabla . v) + \nabla .((v.\nabla)v) + C(v) = -4\pi G \rho_g(r,t) \tag{4.5}$$

Bu kısmî diferansiyel denklemin çözümü, Genel durumda (Büyük ölçeklerde) Newton'un Genel Kütleçekim Alanı çözümlerine yakınsar. Bu durumda *g(r)* ve *v(r)*'nin kütleçekim alanı içerisindeki değişimi, kütle merkezinden olan uzaklığa *(r)* bağlı olarak şu şekilde olur:

$$v(r) = -\sqrt{\frac{2GM}{R}}\hat{r},$$

$$g(r) = -\frac{GM}{r^2}\hat{r}. \tag{4.6}$$

Burada *M*, manyetik monopolün kütlesi; *R*, manyetik monopolün yarıçapı ve *G*, evrensel kütleçekim sabitidir. Fakat kuantum boyutlarda oluşacak dalgalanmalardan ve ortamın kararsız yapısından dolayı Planck ölçeğindeki yük yoğunluğu bu şekilde ifade edilemez.

Bu durumda yük yoğunluğu denklemine, $\rho_g(r,t)$'nin içinde bulunduğu *v(r)* skaler vektör alanının yapısına göre tanımlayabileceğimiz bir *C(v)* (Covarians) terimi tanımlayarak, eklersek bu durumda elde edeceğimiz yük yoğunluğu denklemi şu şekilde olur;

$$C(v) = \frac{\alpha}{8}\left((vD)^2 - v(D^2)\right); \quad D_{ij} = \frac{1}{2}\left(\frac{\partial v_i}{\partial x_j} + \frac{\partial v_j}{\partial x_i}\right),$$

$$\frac{\partial}{\partial t}(\nabla . v) + \nabla .((v.\nabla)v) + C(v) = -4\pi G \rho_g(r,t)$$

(4.7)

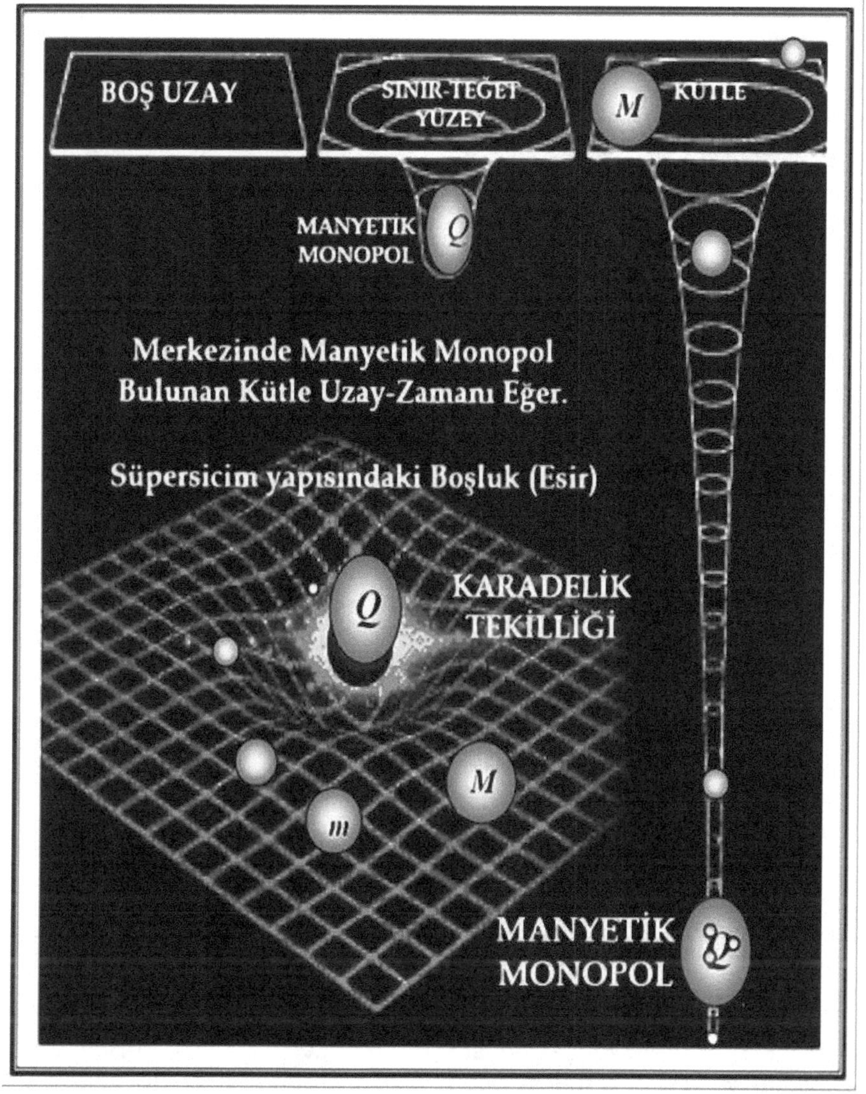

Figure 24: Atom çekirdeğinde bulunan Manyetik Monopol Mekanizmalarını gösteren Diyagram. Birleşik alan teorisi, uzay-zamana eğrilik veren etkinin Einstein'ın 4-boyutlu genel göreliliğinden farklı olarak; kuantum tekillik noktalarında yer alan MANYETİK MONOPOL mekanizmalarını öngörür. Buna göre, uzay-zamanın her noktası, Planck ölçeğindeki bu tekillik noktalarının merkezinde yer alan manyetik monopoller ağı ile örülmüştür (*Ukray, 2007*).

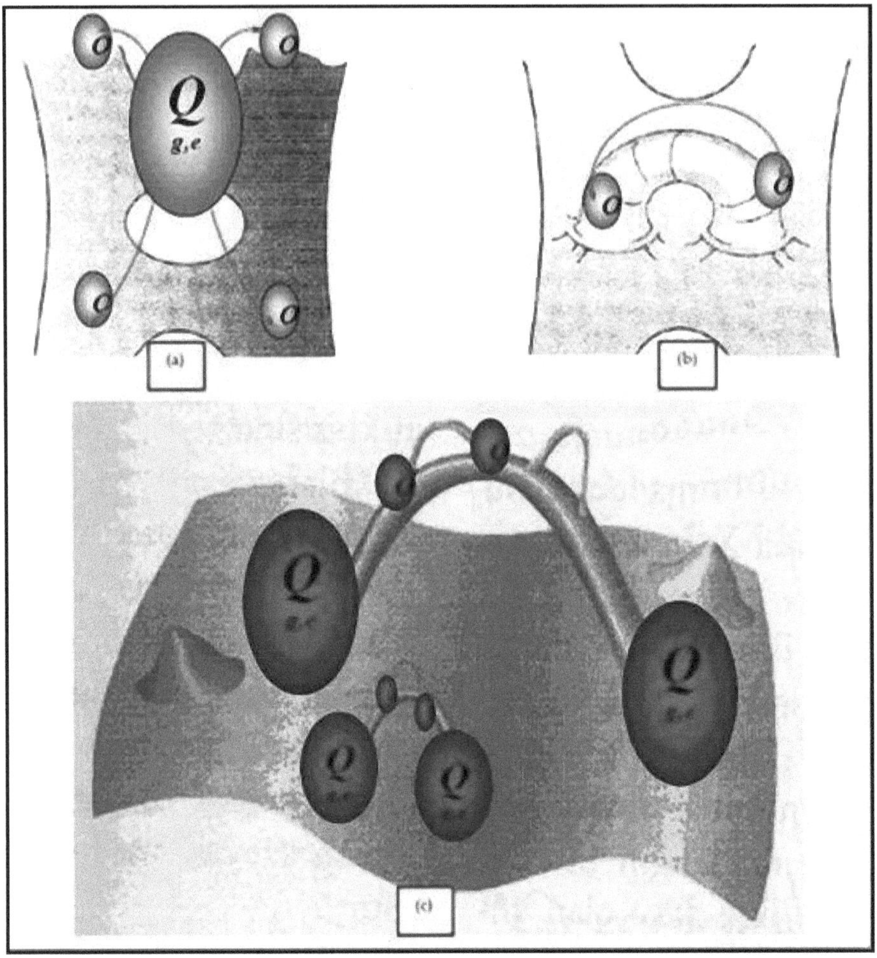

Figure 25: Kuantum Kütleçekiminin uygulanabildiği Planck Ölçeğindeki en küçük mesafede oluşan Düşük mertebeden (a- 2 ve 3-Boyutlu, b- 4-Boyutlu) ve Yüksek mertebeden (c- 5 ve daha fazla Boyutlu) Sicim Diyagramları ve Manyetik Yüklerin (Manyetik Monopoller veya Kuantum Yumurtası) Kuantum Kütleçekim Mekanizmasını nasıl oluşturduğunu gösteren Mekanizma Grafikleri. Manyetik Yükler, bazı teoremlerde Kuantum Köpüğü veya 5-Boyutlu Kuantlar olarak da bilinir. Birleşik Alan Teorisi ise; çok güçlü bir Kütleçekimi Alanının etkisi sonucunda tüm partikülların bu tekillikte yutulması sonucunda ortaya çıkan bu Kuantum Yumurtası Mekanizmasından sonra, Planck Ölçeğinde 5. BOYUTUN başladığını öngörür (*Ukray, 2007*).

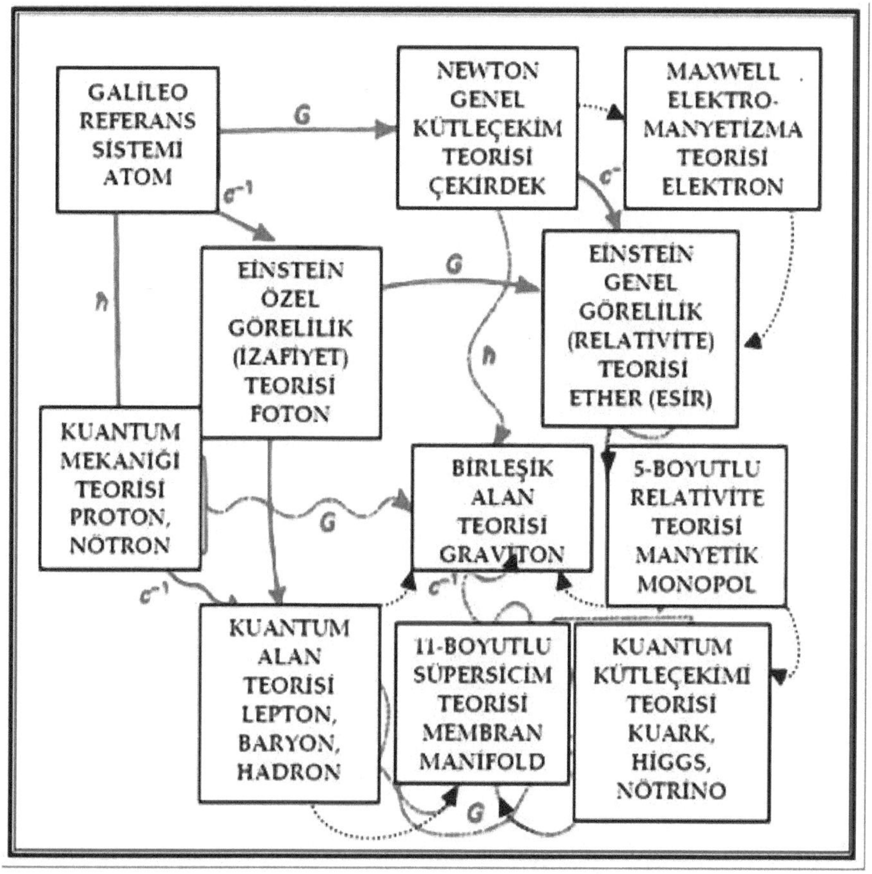

Figure 26: Fizik Yasalarının Birleştirilmesinde Tarih içinde kaydedilen Aşamaları ve Teorileri, her bir teorinin öngördüğü Parçacıkla birlikte gösteren Diyagram. Dikkat edilirse, birleşik bir alan teorisi tüm alt teorileri birleştirmeli ve aynı zamanda içermelidir (*Ukray, 2007*).

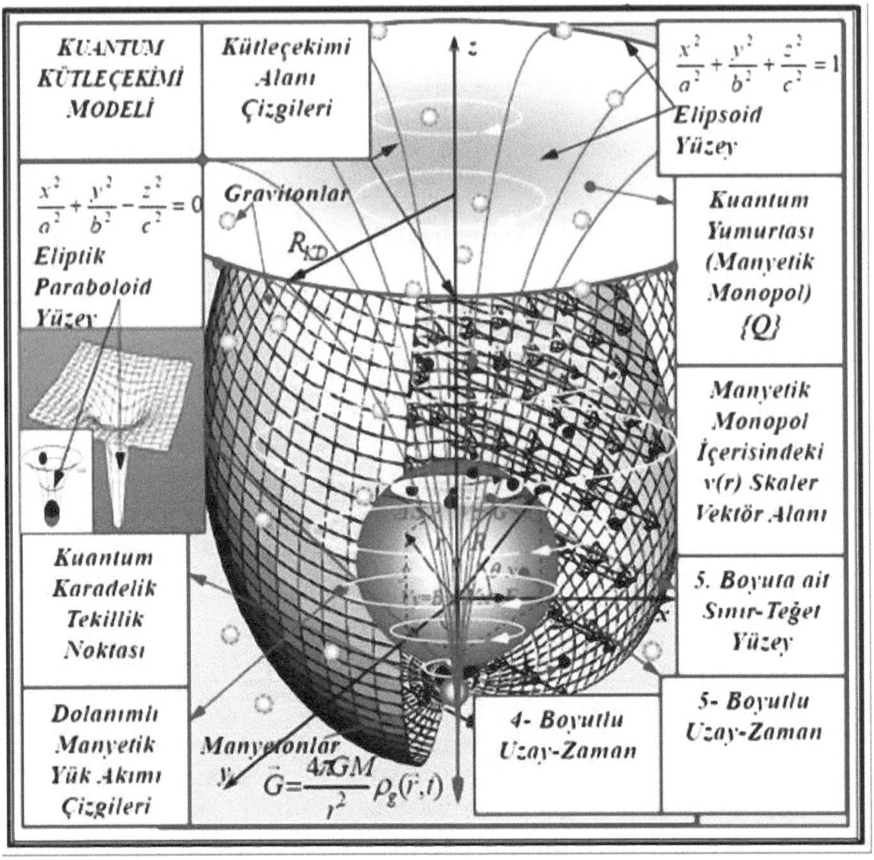

Figure 28: 5-Boyutlu Uzay-Zamanda tanımladığımız ve ileride Birleşik Alan Teorisini oluşturmak için kullanacağımız Kuantum Kütleçekim Teorisine bir giriş ve temel oluşturan Kuantum Yumurtası (Manyetik Monopol) Mekanizmasını gösteren bir grafik.

Manyetik Monopolün içerisinde yer alan *v(r)* Skaler Vektör Alanının değişimine dikkat edersek bu vöktör alanı, manyetik monopol içerisinde yukarıdaki küçük grafiklerde verildiği gibi, Eliptik Paraboloid şeklinde bir yüzey alanından oluşan bir potansiyel kuyu oluşturacaktır ve bu potansiyel kuyunun merkezinde ise, bir tekillik noktası yer alacaktır. $\frac{x^2}{a^2}+\frac{y^2}{b^2}-\frac{z^2}{c^2}=0$ yüzey denklemine göre oluşan bu *v(r)* potansiyel kuyusu, aslında ilerki bölümlerde 5-Boyutlu Einstein Alan Denklemlerine göre çözümünü yapacağımız gibi,

$$v(r)=e^{v(r)}=\cosh\left(\frac{r\sqrt{2}}{Q}\right)=\frac{e^{\frac{r\sqrt{2}}{Q}}+e^{-\frac{r\sqrt{2}}{Q}}}{2}$$

$$e^{v(r)} = e^{\psi(r)} = \cosh\left(\frac{r\sqrt{2}}{Q}\right) = \frac{e^{\frac{r\sqrt{2}}{Q}} + e^{-\frac{r\sqrt{2}}{Q}}}{2}$$

ve şeklinde değişen bir çözüme denk düşecektir ve bu durumda denklemdeki "*Q*" değeri manyetik monopol içerisindeki skaler vektör alanında hapsolan toplam manyetik yükü (Manyeton) verecek ve bunun sonucunda da Einstein Alan Denklemleri yük (*q,Q*) ve potansiyel *(v, ψ)* değişkenlerine göre simetrik hale gelecek ve *q*=*Q* olarak yazılabilecektir (*Ukray, 2009*)..

Burada *D*, Deplasman akım yoğunluğu vektörü (aynen Elektromanyetizmadaki Deplasman akımı gibi) ve *α*, manyetik monopolün Yapı sabitidir. Bu durumda graviton yük yoğunluğu değişimi şu şekilde olur;

$$\rho_g(r,t) = \frac{\alpha}{32\pi G}\left((vD)^2 - v(D^2)\right) \qquad (4.8)$$

Tabi bu durumda, sonuç olarak elde ettiğimiz bu graviton yoğunluğu, düzgün bir değişim göstermez ve manyetik monopolün yapısına ve içerisindeki skaler vektör alanının dalgalanmalarına (fluctuations) da bağlı olur. Bu durumda, graviton yoğunluğunun değişimini bilmemiz için, *v(r)*'nin değişimini de bilmeliyiz. *v(r)*'nin, skaler vektör alanı olarak değişimini belirleyen şöyle bir ifade yazabiliriz:

$$\nabla \times (\nabla \times v) = \frac{8\pi G \rho_g(r,t)}{c^2} V_R \qquad (4.9)$$

Aşağıdaki şekilde, bu relativistik denkleme göre değişen vektör alanının zamana bağlı değişimi verilmektedir. Grafikteki sarı, mavi ve kırmızı çizgilere dikkat edilirse, bu çizgilerin, *v(r)*'nin tekillik noktası civarındaki kütleçekimi alanı çözümlerine denk geldiğini görebiliriz. Dolayısıyla manyetik monopol içerisindeki manyetik yükler tarafından oluşturulan manyetik monopol etrafındaki oluşan bu manyetik alan çizgileri (sarı çizgiler veya yüzey üzerindeki dikey çizgiler), manyetik monopol yüzeyinde elektrik yükleri tarafından oluşturulan elektrik alan çizgileriyle (mavi çizgiler veya yüzey üzerindeki yatay çizgiler) birleşerek; artık bu iki alanın birleşimi gibi davranan kütleçekimi alanı çizgilerini (kırmızı çizgiler) oluşturacaktır. Şimdi, Einstein 5-Boyutlu kütleçekim alan denklemlerini,

5-Boyutlu Schwarzchild karadelik tekilliği çözümlerine göre ifade ederek, buradan *v(r)* çözümünü elde edelim. Hatırlarsak, Einstein Kütleçekim alan denklemlerinin genel ifadesi;

$$G_{\mu\upsilon} \equiv R_{\mu\upsilon} - \frac{1}{2} R g_{\mu\upsilon} = \frac{8\pi G}{c^2} T_{\mu\upsilon}$$ idi.

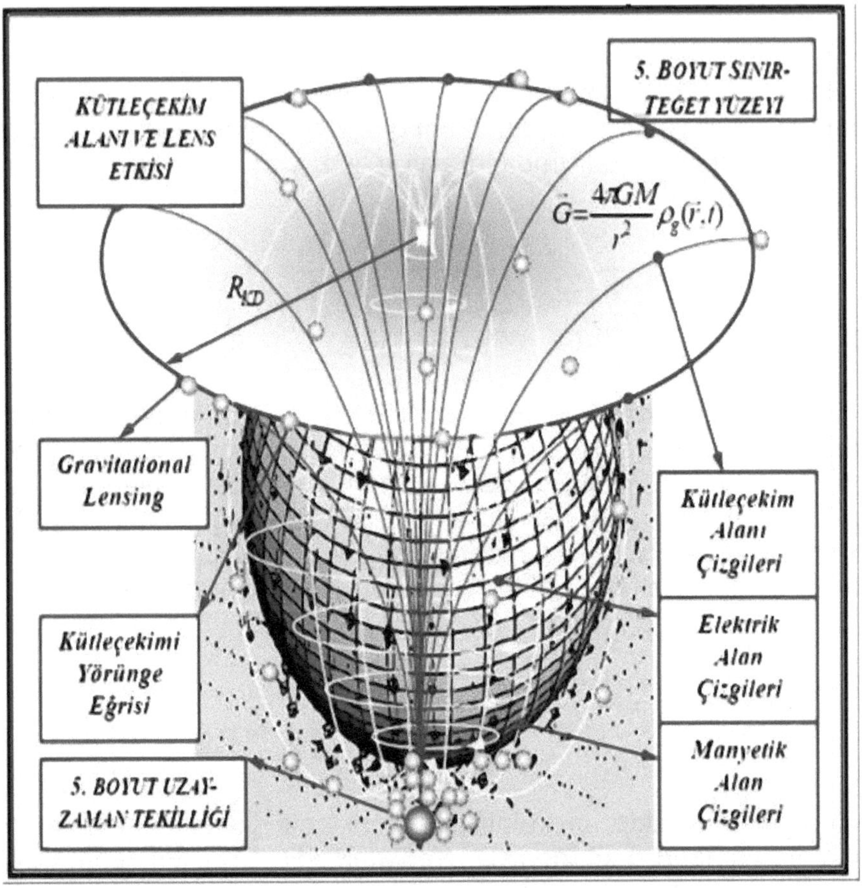

Figure 29: *v(r)* Skaler vektör Alanına V_R relatif bileşeninin eklenmesi durumunda *v(r)*, Manyetik Monopol etrafında

$$\nabla\times(\nabla\times v) = \frac{8\pi G\rho_g(r,t)}{c^2} V_R$$

deklemine göre değişen yeni bir kuvvet alanı oluşturur. İşte bu V_R relatif bileşenine ait kuvvet alanı çözümleri, bizi elektromanyetizma ile kütleçekimini birleştiren Elektromanyetik Kütleçekim Alanı denklemlerine götürecektir ve elde edeceğimiz bu yeni alan, diğer alanları içerisinde toplayan Kütleçekimi Alanını oluşturacaktır.

Burada V_R, manyetik monopol içerisindeki maddenin skaler vektör alanının, 5-Boyutlu uzay zamandaki değişiminin 4-Boyutlu uzay-zamana göre ifade edilen Relatif değişimidir. Dikkat edilirse V_R'den dolayı bu denklem, 5-Boyutlu uzay-zaman için yazılmıştır ve bu yüzden de bir tekillik çözümü içermektedir (*Ukray, 2009*).

Burada $g_{\mu\upsilon}$, metrik tansör; $R_{\mu\upsilon}$, Riemann eğrilik tansörü; R, skaler eğrilik ve $T_{\mu\upsilon}$, Enerji-Momentum tansörüdür. *v(r)* çözümünü elde etmemiz için, bu denklemi 5-Boyutlu Schwarzchild tekillik denklemlerine göre ifade etmeliyiz. Kütleçekim alanının, 5-Boyutlu Schwarzchild tekillik denklemine göre, Diferansiyel sonsuz küçük bir yüzey manifoldu üzerindeki, küresel koordinat sistemine göre tanımlanmış olan 5-Boyutlu diferansiyel metrik uzaklık ifadesini yazarak 5. Boyut doğrultusundaki V_R bileşenini çözümlediğimizde Elektromanyetizmayla Kütleçekimini birleştiren denklemleri elde etmiş olacağız..

A- 5-BOYUTLU EİNSTEİN-SCHWARZSCHİLD ALAN DENKLEMLERİNDEN ELEKTROGRAVİTASTON KURAMININ ELDE EDİLMESİ:

{ELEKTROMANYETİZMAYLA KÜTLEÇEKİM KUVVETİNİ BİRLEŞTİRMEK}

Bilindiği gibi yukarıdaki denklem Einstein kütleçekim alan tansörünün genel ifadesiydi; Bu durumda, Einstein alan denklemlerinin 5D hali boş uzay için;

$$G_{AB} = \Lambda g_{AB}, \quad A,B = 1,\cdots 5 \qquad (4.10)$$

Ve 4D manyetik yük içeren Einstein-Maxwell alan tansörü ise (elektriksel ve manyetik yük akım kaynaklarını da içerecek şekilde);

$$G_{ab} = 8\pi T_{ab}, \quad T^{b}_{a;b} = 0,$$

$$F_{[ab;c]} = 0, \quad F^{b}_{a;b} = J_{a}$$

şeklinde olur.

$$G_{\mu\upsilon} \equiv R_{\mu\upsilon} - \frac{1}{2} R g_{\mu\upsilon} = \frac{8\pi G}{c^2} T_{\mu\upsilon} \qquad (4.11)$$

Bu durumda toplam enerji-momentum tansörü:

$$T_{ab} = T^{f}_{ab} + T^{em}_{ab}, \quad \text{veya} \quad G_{ab} = 8\pi T_{ab} \qquad (4.12)$$

$$T^{em}_{ab} = \frac{1}{4\pi}\left(F_{ac} F^{c}_{b} + \frac{1}{4} g_{ab} F^{cd} F_{cd} \right) \qquad (4.13)$$

şeklinde yazılabilir.

ÖNEMLİ NOT: Einstein 5D alan tansörlerindeki ***F*** tansörü her zamana elektromanyetik bileşenleri içeren tansördür, ***g*** veya ***G*** ile gösterilenler ise metrik tansörler olup; ***T*** her zamana Enerji momentum tansörünü gösterir, yukarıda belirtildiği gibi ilerki sayfalardaki temel tansör açıklamaları ve tanımlamalarını okuduğunuzda alan tansörlerinde neyin neyi ifade ettiğini daha kolay anlaşılabilir. Fiziksel tansörlerin neye karşılık geldiğini kolayca öğrenmek, üstelik tansörlerle işlem yapmak, diferansiyel veya integral hesaplardaki gereksiz özel çözümlerle uğraşmadan genel olarak yasalar arasında geçiş ve çıkarım yapmanızı sağlar. O yüzden kullanışlıdırlar..

5-Boyutlu Schwarzschild benzeri Elektromanyetik potansiyel ifadesi;

$$ds^2 = \frac{dr^2}{a} + r^2\left(d\theta^2 + \sin^2\theta d\varphi^2\right) - a dt^2$$

olur.

$$a \equiv \left(1 - \frac{2M}{r} + \frac{Q^2}{r^2}\right)$$

olması durumunda, Einstein ve Maxwell alan denklemlerinin küresel koordinatlardaki tam simetrik çözümü, aşağıdaki gibi verilen Reissner-Nordström karadelik denkle-mine indirgenmektedir. Bu denkleme baktığımızda yine Einstein-Schwarzschild çözümüne yakınsayan (5-boyutlu durumda) denklemleri elde ederiz;

$$ds^2 = \left(1 - \frac{2M}{r} + \frac{Q^2}{r^2}\right)dt^2$$

$$- \frac{dr^2}{\left(1 - \frac{2M}{r} + \frac{Q^2}{r^2}\right)} - r^2 d\Omega^2 \quad (4.14)$$

Teorik olarak bu diferansiyel uzaklık ifadesinin sınır koşullardaki tekillik çözümü ***M*** karadeliğe ait yoğunlaşan kütle yoğunluğu miktarını ve ***Q*** ise manyetik yük yoğunluğu (manyetik monopol) değerini göstermek üzere, aşağıdaki bağıntıyı verir;

$$r_\pm = M \pm \sqrt{M^2 - Q^2} \quad (4.15)$$

Dolayısıyla bu çözüm, $M \geq Q,\ Q = M$ ve $M \langle Q$ sınır koşullarına bağlı olarak, küresel koordinat sisteminde aşağıdaki gibi bir karadelik tekillik çözüm kümesine denk gelir. **$r=r_H$** olması durumunda, Planck ölçeğindeki karadelik sıcaklığı ise, Hawking çözümüne göre;

$$T_H = \frac{1}{4\pi r_H} - \frac{Q^2}{16\pi r_H^3} = \frac{1}{4\pi r_H}\left(1 - \frac{Q^2}{4r_H^2}\right) \quad (4.16)$$

şeklinde olacaktır. Dolayısıyla bu denkleme baktığımızda, karadeliğin eğrilik yarıçapının artması durumunda sıcaklık değer düşecektir ve ayrıca **$Q=2r_H$** değerinde ki, bu değer çok büyük kütleli bir manyetik monopole denk gelir, karadeliğin entropisi mutlak sıfıra gidecektir ki, bunun da fizisel anlamı karadeliğin bu sıcaklık değerinde buharlaşacağı veya kendi üzerine çökerek yok olacağı anlamına gelir. Ayrıca sonuç denklemlere dikkate edersek, manyetik ve eelektrik yükü gibi niceliklerin yanında, sıcaklık ve eğrilik yarıçapı gibi niceliklerin de tekillik çözümlerinin manyetik monopole hassas bir şekilde bağlı olması, kütleçekimsel yapının temel taşını oluşturduğuna işaret etmektedir. Eğer Planck ölçeğindeki bir birim dairede bu manyetik yük yoğunluğunun yoğunlaştığını farz edersek, karadeliğin olay ufku civarındaki yüzey alanı;

$$S = \frac{A}{4} = \pi r_H^2 \qquad (4.17)$$

olmak üzere ve **Φ**, ışınım yapan karadeliğe ait elektromanyetik kütleçekim dalgasına ilişkin potansiyel fonksiyonu, **M_0** karadeliğin minimal yani dönmeyen tekillik durumundaki topaklanan minimal kütle miktarı ve **r_0** karadeliğin dönmeyen durumdaki minimal eğrilik yarıçapı olmak üzere, Termodinamiğin II. Yasasından yararlanarak;

$$dE = TdS + \Phi dq \qquad (4.18)$$

yazılırsa, S Yüzey üzerinden yayınlan toplam enerji miktarı integral denklemi olarak şu şekilde yazılabilir;

$$E = M_0 + 2\pi \int_{r_0}^{r_H} r_H'' T(r_H'') dr_H'' + \int_{r_0}^{r_H} \Phi(r_H'') dq(r_H'') \qquad (4.19)$$

ve sonuç olarak Reissner-Nordström karadelik çözümüne göre karadeliğe ait ısı kapasitesi (yük depolayan kondansatör kapasitansı gibi ısının depolanma miktarı olarak düşünebilirsiniz);

$$C_v = \frac{\partial E(r_H)}{\partial T(r_H)} = \left(\frac{\partial E(r_H)}{\partial r_H}\right)\left(\frac{1}{\frac{\partial T(r_H)}{\partial r_H}}\right)$$

olur. Bu durumda bu çeşit bir karadeliğin,

$$\sqrt{\theta} \approx 10^{-1} l_P = 10^{-34} cm \langle r_H \langle \sqrt{\theta} \geq 10^{-33} cm \quad (4.20)$$

Eşitsizliğiyle verilen Diferansiyel uzaklık miktarları arasındaki bir sınır bölgesinde termal olarak KARARLI olacağı (MUTLAK YOĞUNLAŞMA BÖLGESİ) bu bölgenin dışına çıkıldığında ise KARARSIZ olacağı (IŞIMA BÖLGESİ) ve üst limitin üzerinde KARADELİK IŞIMASI; alt limitin altındaki bölgede ise, AKDELİK IŞIMASI yapacağını ve her iki yöne de enerji verebilen kütlesiz partiküllere enerji (=kütle) kazandırabilen bir partikül üreteci (HIGGS MEKANİZMASI benzeri bir Kütle-Enerji alanı meydana getiren KÜTLE-ENERJİ JENERATÖRÜ) gibi çalışan bir mekanizma oluşturacağını öngörebiliriz. Eğer elektromanyetik kütleçekim alan bileşenlerine (elektrik alan ve manyetik alan) skaler potansiyel alanlarını tansörel olarak basitçe aşağıdaki gibi bir 5D>>4D dönüşümle tanımlarsak;

Örneğin, bu tansörün bileşenlerinden birisi elektrik alan ait skaler potansiyel alanını verirken x-yönünde değişsin;

$$A'^2 \rightarrow \frac{\Phi^3 A_3'^2}{4} \quad (4.21)$$

Diğer bir potansiyel alan manyetik alan potansiyelini versin ve y-yönünde değişsin;

$$\dot{A}^2 \rightarrow \frac{\Phi^3 \dot{A}_3^2}{4} \quad (4.22)$$

NOT: Burada, anlamanız için, tansörel olarak $A_3 = A'^2 + \dot{A}^2$ veya $f(g_G) = f(em_{E+B})$ gibi düşünün, kütleçekim alan tansörünün elektromanyetik alan tansörünün bileşenleri fonksiyonu olarak ifade edilebilecek şekilde parçalı bir yapıda olduğunu göz önüne getirin:

Bu durumda, $\dot{A}_3 A'_3 \rightarrow \dfrac{\Phi^3 \dot{A}_3 A'_3}{4}$ (kütleçekim alanına ait skaler potansiyel alan ifadesi olsun ve z-yönünde değişsin);

Böylece, 5D>4D invariant dönüşümü altında toplam elektromanyetik alan potansiyeline ait 5-Boyutlu Einstein-Maxwell patansiyel alanını schwarzschild 5D>4D metriğine uygularsak; Bu durumda 5D Schwarzschild metriği şöyle değişir:

$$ds^2 = \underbrace{\frac{dr^2}{a\Phi} + \frac{r^2 d\theta^2}{\Phi} - \frac{adt^2}{\Phi}}_{f(r)} + \underbrace{\left(\Phi^2 dx^2 + \Phi^2 dy^2 + \Phi^2 dz^2\right)}_{f(em_4)}$$

$$+ \underbrace{\left(\frac{r^2 \sin^2\theta}{\Phi} + \Phi^2 A_3^2\right) d\varphi^2}_{f(g)} + \underbrace{2\Phi^2 A_3 d\varphi dz}_{f(G_5)} \qquad (4.23)$$

Şimdi, aslında bu metrik ifadedeki Φ skaler potansiyel alanının schwarzschild'in karadelik tekilliği için bulmuş olduğu $a\Phi = c\left(1 - \dfrac{2GM}{c^2 r}\right)$ skaler potansiyeline özdeş olduğunu gördünüz değil mi? Yani, Einstein alan kütleçekim denkeleminin tansör formunu 5-boyutlu uzay-zamanda yazıldığında ve bazı parametrik tanımlamalar yapıldığında Elektromanyetik alan bileşenlerine **5D>4D** dönüşümü (diğer alan bileşenleri de invariant kaldığında) yapıldığında özdeş olduğu mükemmel bir şekilde vermektedir ve özdeş olarak aşağıdaki diferansiyel uzaklık ifadesine eşittir ve bu mekanizma da Einstein kütleçekim alan denklemlerinden 5D schwarzschild metriğine geçişi sağlar ve aynı zamanda bu geçiş noktasının odağında bir dönmeyen karadelik tekillik özel çözümüne indirgenir:

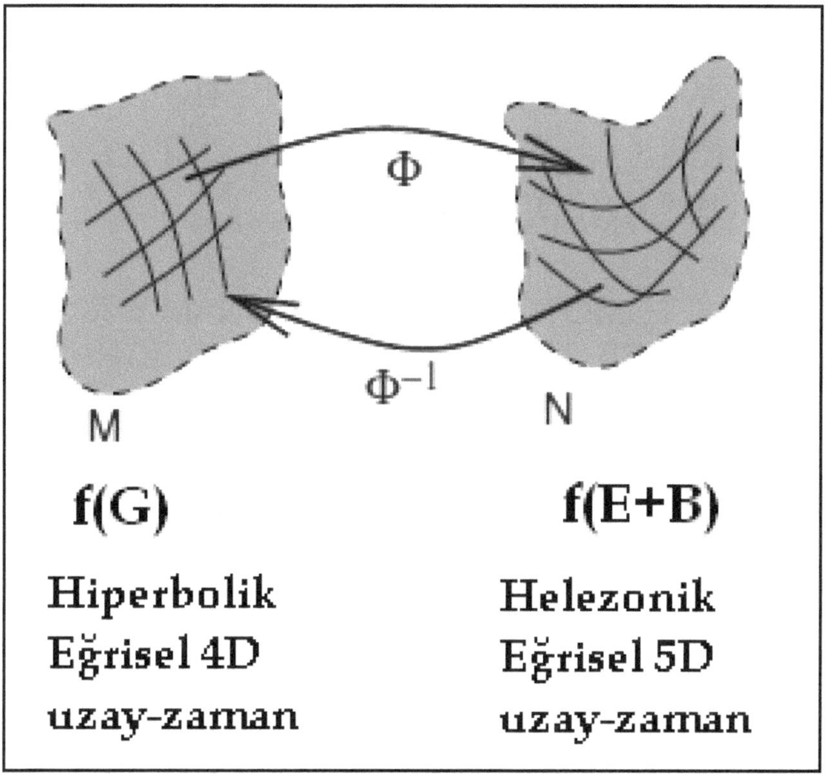

Figure 30: *5D>>4D Uzay-zamanda kütlenin indüklenme Mekanizması*

*(*Ukray, 2011*)*

(Electro/Magneto Motor Dynamic Model of the 5D Space-Time)

$$ds^2 = \left(1 - \frac{2GM}{c^2 r}\right)dt^2 - \frac{r^2}{c^2}\left(d\theta^2 + \sin^2\theta d\varphi^2\right)$$

$$- \frac{dr^2}{c^2\left(1 - \frac{2GM}{c^2 r}\right)} \quad (4.24)$$

B- 5-BOYUTLU UZAY-ZAMANDA SCHWARZSCHİLD KARADELİK-AKDELİK MEKANİZMASI & KÜTLENİN İNDÜKLENMESİ ÜZERİNE:

{MAGNETOMOTOR HYBRID DYNAMO MODEL OF THE MASS TRANSFORMATION MECHANISM (MHDM) IN THE 5D SPACE-TIME}

Kitabımızın ilerleyen kısımlarında, 5-Boyutlu Einstein alan denklemlerinin genel çözümlerinde göreceğimiz gibi, ***Einstein-Schwarzschild 5D*** alan denklemlerindeki **nr_0** ifadesinin aynen sarılmış **n** turlu bir sicim bobini gibi, 5. boyutun en dip noktasında saklı ve kapalı boyutta sarılı bulunan Manyetik monopole yani **Q**'ya özdeş olarak yazılabildiğini, yani **$Q=nr_0$** olarak uzayın 5. boyut doğrultusundaki eğriliğinin **n** tur yapan bir partikül için ***manyetik monopolde*** sonlanacağını mükemmel bir şekilde öngörür. Yani mini manyetik flux değişimleri black hole tekilliğinde bir **manyeton modeli** oluşturur ve bu mekanizma tüm partiküllerin oluşumunu ve birbirine dönüşümünü sağlayan merkezi bir atomik yapı ve ***kütle transformatörü*** gibi davranır..

Higgs alanı nasıl ki, ***higgs bozonunu*** öngörüyorsa ve oluşturuyorsa; benim teorimdeki **Birleşik alan** da uzayın *kapanan 5. Boyutu doğrultusundaki* tekillik noktası civa-rındaki, ***Yoğunlaşmış bir manyetik kütle*** halindeki ***manyetik monopolü*** öngörmektedir ki, zaten Einstein ve sonrasındaki birçok fizikçi bunun matematiksel varlığını ortaya koymuş fakat Newton da aramasına rağmen detaylı bir açıklama getirememiştir. Dikkat edersek, Reissner-Nordström denklemi düşük hızlarda ve kütlelerde 4D uzay-zamanda Newton mekaniğine yakınsar;

$$ds^2 = -\Delta dt^2 + \Delta^{-1} dr^2 + r^2 d\Omega^2,$$

$$\Delta = 1 - \frac{2MG_4}{r} + \frac{Q^2 G_4}{r^2}. \qquad (4.25)$$

5-Boyutlu uzay-zamanda ise, metrik tansörün $g_{ab5} \rightarrow g_{ab4} / \Phi$ şeklinde bir ayar (gauging) alanı;

$$\dot{A}_3 = A_3\left(\underbrace{f(r), f(g), f(em)}_{F_{4t}} + \underbrace{f(G_5)}_{F_{5t}}\right)$$

gibi bir kütleçekimsel elektromanyetik alan potansiyeline bağlı olarak, invariant dönüşümü altında metrik birim diferansiyel uzaklık ve metrik tansör ile buna ilişkin 4-vektörü;

$$ds^2 = a^2\left[dr^2 + r^2\left(d\theta^2 + \sin^2\theta d\varphi^2\right)\right] - dt^2 \quad (4.26)$$

$$G_{AB} = \Lambda g_{AB} \quad (4.27)$$

$$u_a = \frac{\Phi_{;a}}{\sqrt{-\Phi_{;a}\Phi^{;a}}}, \qquad \left(u_a u^a \equiv i^2 = -1\right)$$

şeklinde tanımlarsak, 5-boyutlu Kaluza-Klein elektro-manyetik alan tansörü ve 5D>>4D Reissner-Nordström kütleçekim alan potansiyeline ilişkin 2. derece diferansiyel denklem takımı, aşağıda çözümlerini vereceğimiz gibi, 4D Einstein-Schwarzschild denklemlerine indirgenir:

$$G_5^3 = \Lambda g_{AB} \Rightarrow 3\frac{\Phi'}{\Phi} + \frac{a'}{a} + \frac{A_3''}{A_3'} = 0,$$

$$a^2\frac{\dot{A}_3}{A_3}\left(\frac{\dot{a}}{a} + \frac{A_3''}{\dot{A}_3}\right) + \frac{A_3'}{A_3}\left(\frac{a'}{a} - \frac{A_3''}{A_3'}\right) = 0 \quad (4.28)$$

Bu ikinci derece kısmi diferansiyel denklemin özel çözümü de, Elektrik alan; $E_a = \varepsilon^{abcd} u^a A_{[b,a]}$ ve Manyetik alan; $B^a = \eta^{abcd} u_a A_{[d,c]}$ şeklinde, ışık hızında titreşim yapan elektromanyetik dalga bileşenlerini verecektir.

Aşağıda, bu 5-boyutlu elektromanyetik alan ifadelerinin *Reissner-Nordström* karadelik denklemine göre, parametrik özel çözümleri verilmektedir (**Not**: *ilerleyen kısımlarda bu tekil çözümü açacağız*):

5-boyutlu Schwarzschild kütleçekim metrik diferansiyel ifadesi;

$$ds^2=\left(1-\frac{2GM}{c^2 r}\right)dt^2-\frac{r^2}{c^2}\left(d\theta^2+\sin^2(\theta)d\varphi^2\right)-\frac{dr^2}{c^2\left(1-\frac{2GM}{c^2 r}\right)}$$

(4.29)

5-BOYUTLU SCHWARZSCHİLD KARADELİK TEOREMİ

olmak üzere, bu denklemin basit bir parametrik çözümü, klasik bir karadelik tekilliği çözümünü vermektedir. İşte, elektromanyetizmayla kütleçekimini teorik bazda birleştiren ilk yaklaşımımıza bu tekillik noktasındaki Schwarzschild çözümlerinden hareket ederek başlayacağız.

Denklemi Schwarzschild koordinatları, (t,r,θ,ϕ), $\Omega=f(\theta,\varphi)$ ve $r_H=\frac{2GM}{c^2}$ Schwarzschild karadelik yarıçapı olmak üzere yeniden düzenlersek;

$$ds^2=g_{\mu\nu}dx^\mu dx^\nu=-\left(1-\frac{r_H}{r}\right)dt^2+\left(1-\frac{r_H}{r}\right)^{-1}dr^2+r^2d\Omega^2$$

(4.30)

Parametrik denklemi elde edilir. Bu parametrik diferansiyel denklemin çözümü ise, $r\langle r_H,\ r=r_H\ ve\ r\rangle r_H$ olmak üzere üç ayrı durumla temsil edilen özel çözümlere denk düşer. Schwarzschild denklemini bu parametrik ifadelere bağlı olarak çözebilmek için, *Kruskal-Szekeres* toroidal koordinat sisteminde;

$$u = \left(\frac{r}{r_H} - 1 \right)^{1/2} e^{r/2r_H} \cosh\left(\frac{t}{2r_H} \right),$$

$$v = \left(\frac{r}{r_H} - 1 \right)^{1/2} e^{r/2r_H} \sinh\left(\frac{t}{2r_H} \right),$$

$$u^2 - v^2 = \left(\frac{r}{r_H} - 1 \right) e^{r/r_H}. \quad (4.31)$$

şeklinde iki koordinat parametresi belirlersek, bu durumda Schwarzschild denklemi;

$$ds^2 = \frac{4r_H^3}{r} e^{-r/r_H} \left(du^2 - dv^2 \right) + r^2 d\Omega^2 \quad (4.32)$$

şeklinde yazılabilir.

Bu denklemin çözümü ise, $r = r_H$, yani $u = \pm v$ olan noktalarda bir asimptot çizgisi belirleyen ve $r \rangle r_H$ değerleri için, $v^2 \langle u^2$ parabolleri ile ve $r = 0$ değeri için, $v^2 - u^2 = 1$ hiperbolleri ile belirlenen aşağıdaki grafikteki gibi kapalı bir alanla sınırlandırılmış olan bir uzay-zaman bölgesini tanımlar.

Bu durumda, Schwarzschild denkleminin çözümünden elde edilen uzay-zaman geometrisi, $-\infty \langle u \langle +\infty$ değerleri arasında $v^2 \langle u^2 + 1$ hiperbollerinin altında kalan alanla sınırlı olan bir karadelik yüzeyini tanımlamaktadır. Dikkat edersek, grafikte $0 \langle u$ değerleri bu kapalı uzay-zaman konisi içerisindeki gelecek zamanı tanımlarken; *u=0* çizgisi şimdiki zamanı ve $0 \rangle u$ değerleriyle sınırlı bölge ise, geçmiş zamanı tanımlamaktadır. Öte yandan, *v<0* bölgesi, bir karadelik yüzeyini tanımlarken; *v=0* çizgisi karadelik tekillik noktasının ve *v>0* bölgesi ise, bir akdelik yüzeyini tanımlamaktadır. Tüm bu parametrik çözümler bize, Schwarzschild denkleminin çözümünden elde edilebile-cek olan tüm bilgileri vermektedir.

Bununla birlikte, Schwarzschild denklemini;

$$G_{\mu\nu} = R_{\mu\nu} - \frac{1}{2} R g_{\mu\nu} = 8\pi G_4 T_{\mu\nu},$$

$$T_{\mu\nu} = F_{\mu\rho} F_{\nu}^{\rho} - \frac{1}{4} g_{\mu\nu} F_{\rho\sigma} F^{\rho\sigma}. \qquad (4.33)$$

şeklinde Elektrik ve Manyetik yük kaynaklarını da içeren Einstein alan denklemlerine göre yeniden düzenlersek;

$$ds^2 = -\Delta dt^2 + \Delta^{-1} dr^2 + r^2 d\Omega^2,$$

$$\Delta = 1 - \frac{2MG_4}{r} + \frac{Q^2 G_4}{r^2}. \qquad (4.34)$$

Aşağıdaki şekillerde verildiği gibi, **Q** manyetik yükünün değerine göre değişen ve dönmeyen bir karadelik tekillik bölgesi çözümüne ulaşmış oluruz:

Bu durumda, $F_{\mu\nu}$ Maxwell alan tansörünü, $F_{tr}(r,\theta,\varphi)$ elektromanyetik alan tansörüne ait elektrik alan bileşeni, ve $F_{\theta\varphi}(r,\theta,\varphi)$ manyetik alan bileşeni ile $\sqrt{-g} = e^{A+B} r^2 \sin\theta$ elektromanyetik yük kaynaklarını ve *K* Einstein'ın kozmolojik sabitini göstermek üzere Einstein alan denklemleri küresel koordinat sisteminde simetrik olarak çözülürse;

$$ds^2 = -e^{2A(r)}dt^2 + e^{2B(r)}dr^2 + r^2 d\Omega^2,$$

$$S = \int d^4x\sqrt{-g}\left(\frac{1}{2\kappa^2}R - \frac{1}{4}F_{\mu\nu}F^{\mu\nu}\right).$$

olmak üzere;

$$\nabla_\mu F^{\mu\nu} = \frac{1}{\sqrt{-g}}\partial_\mu\left(\sqrt{-g}F^{\mu\nu}\right) = 0,$$

$$\varepsilon^{\mu\nu\rho\sigma}\partial_\nu F_{\rho\sigma} = 0. \qquad (4.35)$$

Ve

$$\partial_r\left(\sqrt{-g}F^{rt}\right) = \partial_r\left(e^{A+B}r^2\sin\theta\cdot\left(-e^{-2(A+B)}F_{rt}\right)\right)$$
$$= \partial_r\left(e^{-(A+B)}r^2\sin\theta F_{tr}\right) = 0. \qquad (4.36)$$

$F_{tr} = e^{A+B}\dfrac{q(\theta,\varphi)}{r^2}$ olmak üzere elektrik alan ve manyetik alan $F_{\theta\varphi} = p(r,t)\sin\theta$ olarak elde edilir.

Bu durumda,

$$Q_{man.} = \frac{1}{4\pi}\int F = \frac{1}{4\pi}\int_0^{\pi} d\theta\int_0^{2\pi} d\varphi F_{\theta\varphi},$$

$$Q_{ele.} = \frac{1}{4\pi}\int *F = \frac{1}{4\pi}\int_0^{\pi} d\theta\int_0^{2\pi} d\varphi(*F)_{\theta\varphi}.$$

(4.37)

MANYETİK MONOPOL AKIM YOĞUNLUĞU TEOREMİ

olmak üzere, birinci integralde $F_{\theta\varphi} = p\sin\theta$ koyarsak $Q_{man.} = p$ olarak, manyetik yük (Manyetik monopol) elde edilir. İkinci integralde ise,

$$(*F)_{\theta\varphi} = \sqrt{-g}F^{rt} = e^{A+B}r^2\sin\theta e^{-2(A+B)}F_{tr} = q\sin\theta$$

(4.38)

koyarsak; Elektrik yükü (Elektron) $Q_{ele.} = q$ olarak bulunmuş olur. Buradaki (*) simgesi, elektrik ve manyetik yük-akım kaynakları arasındaki dualiteyi temsil eden *Hodge operatörü*'dür. Hodge operatörü, doğadaki simetrinin gösterilmesi için fizikte çokça kullanılan bir operatördür ve antisimetrik η *Levi-Civita* dual tansörü cinsinden vektör matrisleri üzerinde aşağıdaki gibi tanımlanabilir:

$$\mathbf{a} = \mathbf{u}\times\mathbf{v} = \begin{vmatrix} \mathbf{e}_1 & \mathbf{e}_2 & \mathbf{e}_3 \\ u_1 & u_2 & u_3 \\ v_1 & v_2 & v_3 \end{vmatrix} \; ; \quad \mathbf{A} = \mathbf{u}\wedge\mathbf{v} = \begin{vmatrix} \mathbf{e}_{23} & \mathbf{e}_{31} & \mathbf{e}_{12} \\ u_1 & u_2 & u_3 \\ v_1 & v_2 & v_3 \end{vmatrix} ,$$

(4.39)

Uzay-zamanda tanımlanmış olan iki vektörel çarpım işlemi olmak üzere;

$$\mathbf{A} = \star\mathbf{a} \; ; \quad \mathbf{a} = \star\mathbf{A} \, ,$$

$$\star(\mathbf{u}\wedge\mathbf{v}) = \mathbf{u}\times\mathbf{v} \; ; \quad \star(\mathbf{u}\times\mathbf{v}) = \mathbf{u}\wedge\mathbf{v} \; ;$$

$$*(e_1\wedge e_2\wedge\cdots\wedge e_k) = e_{k+1}\wedge e_{k+2}\wedge\cdots\wedge e_n .$$

$$(*\eta)_{i1,i2,\ldots,i_{n-k}} = \frac{1}{k!}\eta^{j_1,\ldots,j_k}\sqrt{|\det g|}\,\epsilon_{j1,\ldots,j_k,i1,\ldots,i_{n-k}}$$

(4.40)

şeklinde tanımlanan Hodge operatörünün bir uygulamasına örnek vermek gerekirse;

$$\operatorname{curl}(\operatorname{grad}(f)) = \operatorname{div}(\operatorname{curl}(\mathbf{F})) = 0$$

şeklinde tanımlanan Laplasyene ilişkin vektör özdeşliği, Hodge operatörü cinsinden;

$$\Delta F = *d * df = \frac{\partial^2 f}{\partial x^2} + \frac{\partial^2 f}{\partial y^2} + \frac{\partial^2 f}{\partial z^2} \qquad (4.41)$$

şeklinde tanımlanabilir.

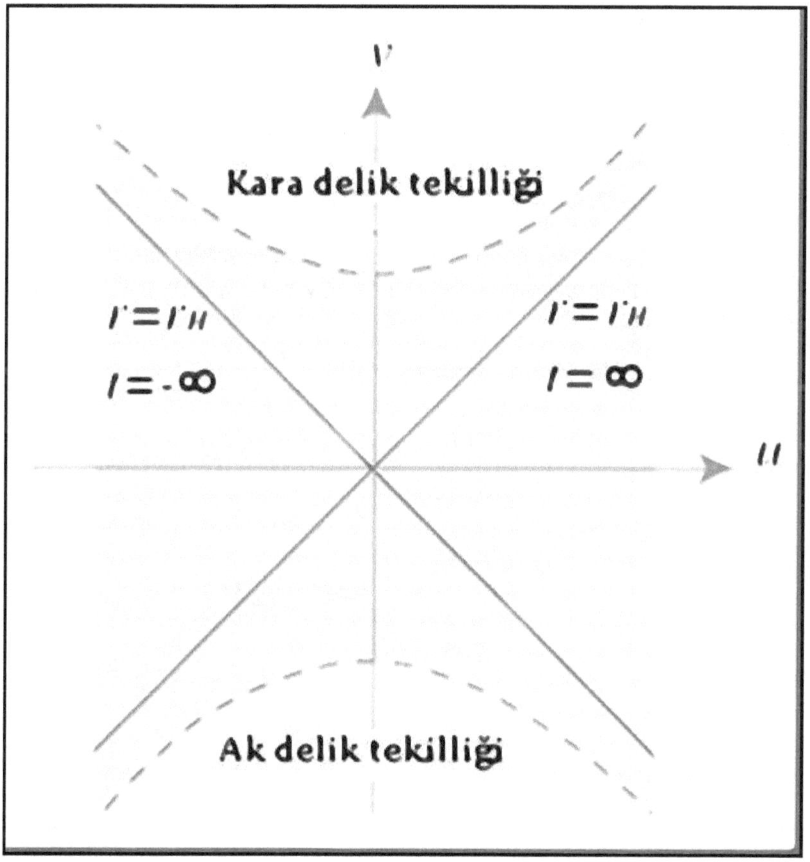

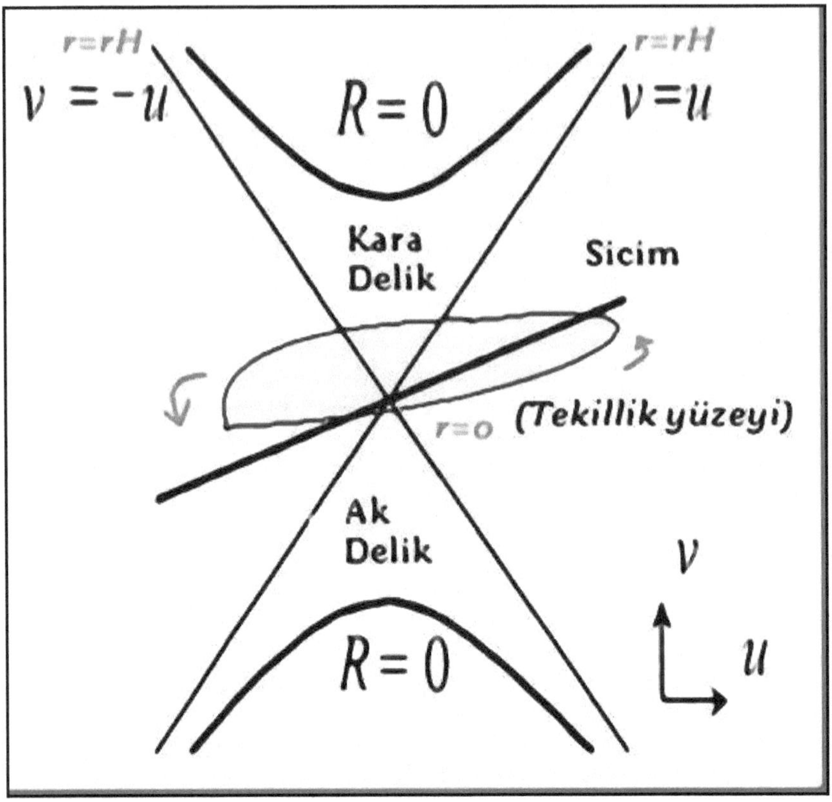

Figure 31: (Üstteki grafikler) Schwarzschild denkleminin parametrik çözümüne göre tanımlanan uzay-zaman yapısı ve Karadelik-Akdelik mekanizması (*Ukray, 2011*).

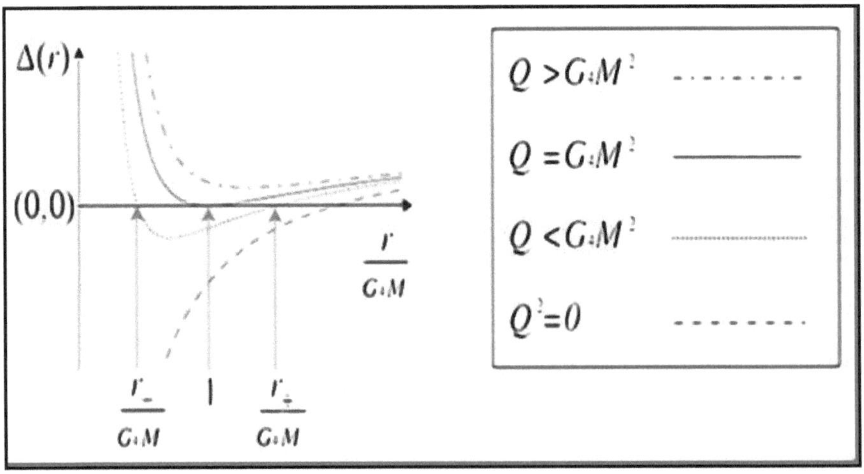

Figure 32: GM Mekanizmasına ilişkin, Manyetik ve Elektrik yük/akım kaynaklarına bağlı parametrik tekillik çözümünü gösteren diyagram. *r=(0,0)* noktası tekillik yüzeyidir (Ukray,11).

Bu sonuç denklemlere baktığımızda, kütleçekim denklemlerinden hareket ederek elektromanyetik yük içeren maxwell denklemlerini elde ettik. Oysa, biz biliyoruz ki, Einstein alan denklemleri Kütleçekimi alanı için yazılmıştı ve biz buradan hareket ederek Elektro-manyetik alan bileşenlerini de harika bir şekilde, üstelik kaynakları da içerecek şekilde, elde etti.

Bu durum bize gösteriyor ki, Schwarzschild denkleminin çözümünden elde ettiğimiz sonuçlar, aslında Kütleçekimiyle Elektromanyetizmanın temel düzeyde bir birleşiminin olduğunu göstermektedir. Peki, bu nasıl mümkün olabilir? Bu durumu, aklımızda canlandırırken sicim diyagramlarını kullanabiliriz. Örneğin, aşağıdaki şekilde verildiği gibi, bir elektronun ve bir pozitronun çok yüksek bir enerji düzeyinde çarpıştırıldığımı düşünelim. Klasik düzeyde, bu etkileşimin sonucunda, Kuarkların veya en fazla bir Higgs bozonunun oluşacağını öngörebiliriz. Fakat, unuttuğumuz bir nokta var ki, bu etkileşimi planck ölçeğine yakın bir skalada yaptığımızda tek bir ürün oluşacaktır ki, o da en temel sicim parçası olan bir *Graviton* olacaktır..

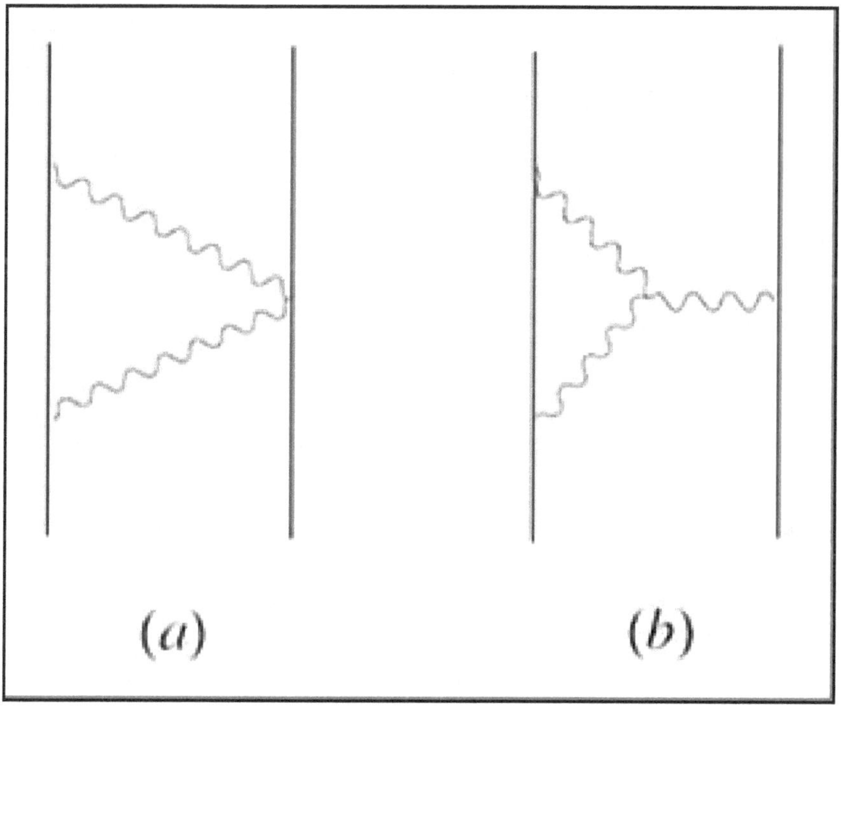

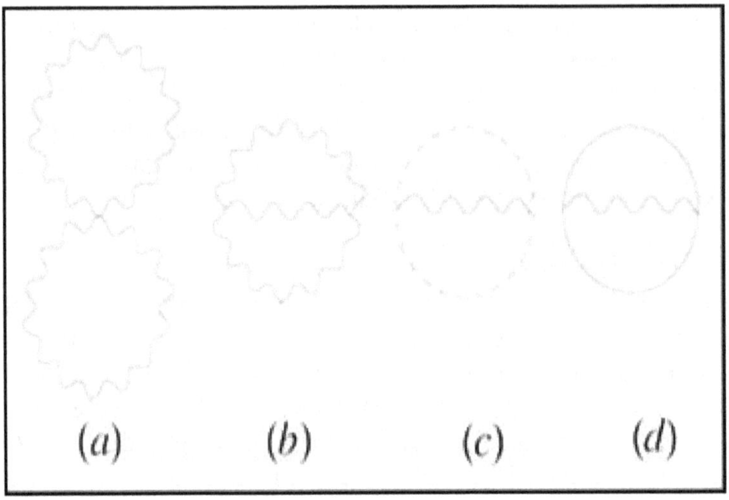

Figure 33: (Üstteki diyagram): (a) Pertürbasyon içeren düzensiz sicim parçaları acaba temel düzeyde, tek bir alan kuvvetini içerecek şekilde düzenli bir şekilde birleşiyor mu? (b) Bu yaklaşım doğadaki temel alan bileşenlerinin neden bir bütünün parçalarıymış gibi davrandığını anlamamızı kolaylaştıracaktır.

(Alttaki diyagram): Temel kuvvet alanların birleşimine ait bir sicim diyagramı: Bir elektron ve bir pozitronun etkileşerek gravitonun oluşmasını gösteren sicim diyagramı. Dikkat edilirse, bu durumda ilk şekildeki elektriksel ve manyetik yüklere eşlik eden elektrik alan ve manyetik alan kuvvetini temsil eden sicim parçaları, birleşerek (a ve b) gravitona eşlik eden Kütleçekim alan kuvvetini temsil eden tek bir sicim parçasını oluşturacaktır (c ve d).

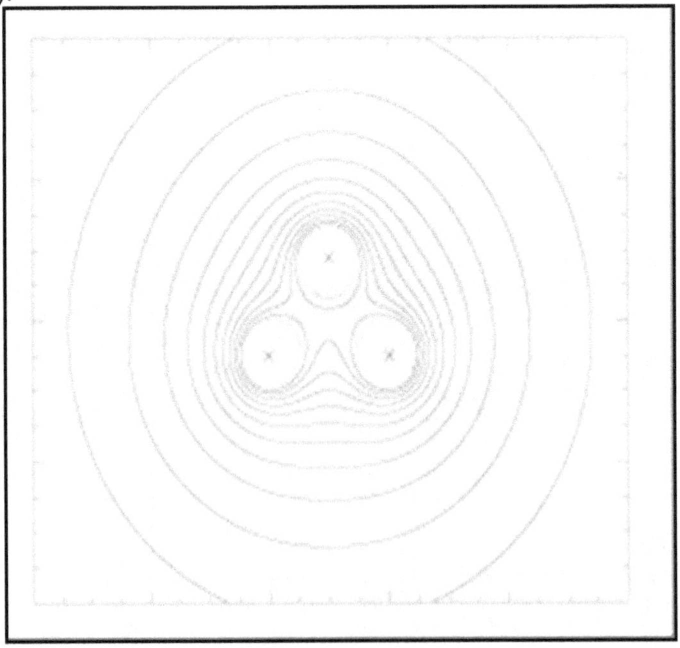

Figure 34: Doğada birbirinden farklıymış gibi görünen temel alan bileşenleri acaba tek bir alan kuvvetinin ayrı ayrı parçalarıymış gibi görünebilir mi? Bu çeşit bir yaklaşım, doğada farklı farklı cereyan eden süreçlere ilişkin yaklaşımımızı değiştireceği gibi, en temel ve en yüksek boyutta yer alan tek bir kuvvet ve alan bileşeninin varlığını da zorunlu hale getirecektir..

C- MANYETİK MONOPOLLERE DOĞRU: YENİ BİR 5-BOYUTLU UZAY-ZAMAN MODELİ İNŞA ETMEK

Birleşik alan teorisi, kuantum karadelik tekilliği noktasında, 5 ve daha yüksek boyutlardaki süpersicim zar yüzeyi üzerinde tanımlandığı için ve bu mekanizmanın merkezindeki tekillik noktasında yer alan Manyetik Monopoller, teorimizi üzerine inşa ettiğimiz birer kalıp (Tabi burada inşatta kullanılan tahta kalıplardan bahsetmiyoruz!) gibi düşünüldüğü için, şimdi bu uzay-zaman kalıbı için yeni bir matematiksel uzay-zaman modeli oluşturmalıyız. Geçtiğimiz yüzyılın başlarında fizikçiler atomun içinde neler olduğunu tartışıyorlardı (Bazıları hala tartışmaktadır!). Fakat günümüz fizikçileri ise, bundan çok daha küçük ölçeklere inebilmeyi başardılar ve artık biz atomun içindekilerin içinde ne olduğunu (Aynen matruşka bebekleri gibi!) veya nasıl bir uzay-zaman yapısına sahip olduğunu tartışmaktayız. Einstein-Maxwell denklem-lerinin sonuçları, Manyetik monopollerin elektromanyetik kütleçekim alanındaki davranışından hareket ederek, parabolik yani yumurta biçiminde bir yapı sergilediklerini öngörmektedir. Özellikle birbiri etrafında dönen manyetik yükleri (Q) Schwarschild karadelik denkleminin özel çözümleri, bir parabloid şeklindeki bir uzay-zaman çukurunu tanımlamaktadır. Dolayısıyla, manyetik monopol mekanizması için kuantum boyutlarında inşa edeceğimiz Quadratik uzay-zaman modeli, parabolik bir uzay olmalıdır. Tabi burada inşa edeceğimiz uzay-zaman modelinin birleşik alan denklemlerine uygun bir şekilde çalışabilmesi için, bazı yaklaşıklıklar altında örneğin C, P ve T simetrisine göre invariant kalacağını bir önkabul olarak kabul etmeliyiz. Bilindiği gibi, Dirac uzay-zaman denklemlerini ifade eden;

$$iA^{\mu}\gamma^{\mu}\partial_{\mu}\psi = \left(\frac{m_0 c}{\hbar}\right)\psi \qquad (4.42)$$

Denklemi, QCD ve QED içerisinde düzgün bir şekilde işlev gören ve aynı zamanda elektromanyetik kütleçekim alan tansörlerine uygun bir yapısı olan üç adet eğri uzay-zaman modelini tanımlar. Biz, bu denklemde gerekli olan bazı modifiyeler yaparak teorimize uygun olan parabolik uzay-zaman modelini inşa edeceğiz. Peki, binlerce uzay-zaman modeli (Hilbert, Riemann, Minkowsky veya Weyl gibi) varken neden Dirac denklemini seçtik?

Bunun cevabı aslında teorimizin temel yapıtaşında, yani gravitonda saklıdır. Hatırlarsak, birleşik alan teorisine göre en küçük temel yapıtaşının bir graviton olacağını öngörmüş ve teorimizi spini 2 olan graviton üzerine inşa etmiştik. İşte, Dirac'ın önemi burada devreye girmektedir. Çünkü dirac denklemleri spini 2 değerini veren gravitonu ve aynı zamanda manyetik monopolün varlığını da öngören, üstelik yük değerinin hesaplanabileceğini öngören tek denklemdir. Dolayısıyla, birleşik alan teorisinin her ikisini de içermesi gerektiğinden, teorimizi inşa ettiğimiz uzay-zaman modelinin de bu temel partikülleri içermesi gerekmektedir. Quadratik (Klasik 4-boyutlu) uzay-zaman için bu denklem;

$$iA^{\mu}\bar{\gamma}^{\mu}\partial_{\mu}\psi = \left(\frac{m_0 c}{\hbar}\right)\psi \qquad (4.43)$$

şeklinde QST, yani quadratik bir uzay-zaman yapısı içerir. Denklemi şu şekilde değiştirirsek de;

$$iA^{\mu}\hat{\gamma}^{\mu}\partial_{\mu}\psi = \left(\frac{m_0 c}{\hbar}\right)\psi \qquad (4.44)$$

şeklinde HST, yani hiperbolik uzay-zaman yapısını tanımlar. Şimdi gelelim esas aradığımız parabolik uzay-zaman (PST) yapısını elde etmeye. Denklemlerdeki;

$$\psi = \begin{pmatrix} \psi_0 \\ \psi_1 \\ \psi_2 \\ \psi_3 \end{pmatrix} \qquad (4.45)$$

Dirac 4-vektör spinorunu ve $\gamma^{\mu}, \bar{\gamma}^{\mu}$ *ve* $\hat{\gamma}^{\mu}$ ise sırasıyla 4×4 Dirac Gamma, Gamma-bar ve Gamma-hat (meksika şapkası) matrislerini;

$$\gamma^0 = \begin{pmatrix} I & 0 \\ 0 & -I \end{pmatrix}, \ \gamma^i = \begin{pmatrix} 0 & \sigma^i \\ -\sigma^i & 0 \end{pmatrix},$$

$$\bar{\gamma}^0 = \begin{pmatrix} I & 0 \\ 0 & -I \end{pmatrix}, \ \bar{\gamma}^i = \frac{1}{2}\begin{pmatrix} 2I & i\sqrt{2}\sigma^i \\ -2\sqrt{2}\sigma^i & -2I \end{pmatrix},$$

$$\hat{\gamma}^0 = \pm\begin{pmatrix} I & 0 \\ 0 & -I \end{pmatrix}, \ \hat{\gamma}^i = \pm\frac{1}{2}\begin{pmatrix} 2I & i\sqrt{2}\sigma^i \\ -2\sqrt{2}\sigma^i & -2I \end{pmatrix}. \qquad (4.46)$$

şeklinde ifade etmektedir. Bu matris ifadeleri, ileride elektromanyetik yük ve akım kaynaklarını ifade etmek için çok kullanışlı olacaktır. Buradaki σ^i 'ler, 2×2 Pauli matrislerini ve *I* ise, birim özdeşlik matrisi ifade eder. *μ* ise, $\mu = 0,1,2,3$ olarak tansör indislerini göstermektedir. Şimdi, $A^{\mu}\gamma^{\mu}_{(a)}$ tansör çarpımını $\Gamma^{\mu}_{(a)} = A^{\mu}\gamma^{\mu}_{(a)}$ şeklinde bir matrisle gösterirsek ve *a=1* olarak alırsak;

$$\Gamma^0_{(1)} = A^0\begin{pmatrix} 1 & 0 & 0 & 0 \\ 0 & 1 & 0 & 0 \\ 0 & 0 & -1 & 0 \\ 0 & 0 & 0 & -1 \end{pmatrix}, \ \Gamma^1_{(1)} = A^1\begin{pmatrix} 0 & 0 & 0 & 1 \\ 1 & 0 & 1 & 0 \\ 0 & -1 & 0 & 0 \\ -1 & 1 & 0 & 0 \end{pmatrix},$$

$$\Gamma^2_{(1)} = A^2\begin{pmatrix} 0 & 0 & 0 & -i \\ 0 & 0 & i & 0 \\ 0 & i & 0 & 0 \\ -i & 0 & 0 & 0 \end{pmatrix}, \ \Gamma^3_{(1)} = A^3\begin{pmatrix} 0 & 0 & 1 & 0 \\ 0 & 0 & 0 & -1 \\ -1 & 0 & 0 & 0 \\ 0 & 1 & 0 & 0 \end{pmatrix}. \qquad (4.47)$$

elde edilir. Birleşik alan teorisinden üzerinde çalışacağımız koordinat sistemi genellikle küresel koordinat sistemi olacağı için simetriyi kolaylaştırmak için şimdi bu tansör matrislerini küresel koordinat sisteminde ifade etmeliyiz. Bunun için, ilk önce Lorentz dönüşüm matrisini küresel koordinat sisteminde yazarsak;

$$\bar{x} = x\cos\theta + y\sin\theta,$$

$$\bar{y} = -x\sin\theta + y\cos\theta,$$

$$\bar{z} = z.$$

ve

R(Θ), $\bar{X}_{(\mu)} = R_{(\mu)}(\theta)X$

şeklinde herhangi bir Dirac matrisini ifade etmek üzere;

$$R_x(\theta) = \begin{bmatrix} 1 & 0 & 0 \\ 0 & \cos\theta & \sin\theta \\ 0 & -\sin\theta & \cos\theta \end{bmatrix}, \quad X = \begin{bmatrix} x \\ y \\ z \end{bmatrix},$$

$$R_y(\theta) = \begin{bmatrix} \cos\theta & 0 & -\sin\theta \\ 0 & 1 & 0 \\ \sin\theta & 0 & \cos\theta \end{bmatrix},$$

$$R_z(\theta) = \begin{bmatrix} \cos\theta & \sin\theta & 0 \\ -\sin\theta & \cos\theta & 0 \\ 0 & 0 & 1 \end{bmatrix}.$$

(4.48)

şeklinde bu matrislerdeki bileşenleri Gamma fonksiyonlarıyla seri toplamı şeklinde tek tek açarak ifade edersek;

$$J_x(\theta)=-i\begin{bmatrix}0&0&0\\0&0&1\\0&-1&0\end{bmatrix},\quad J_y(\theta)=-i\begin{bmatrix}0&0&-1\\0&0&0\\1&0&0\end{bmatrix},$$

$$J_z(\theta)=-i\frac{\partial R_z(\theta)}{\partial\theta}\Big|_{\theta=0}=-i\begin{bmatrix}0&1&0\\-1&0&0\\0&0&0\end{bmatrix},$$

$$R_z(d\theta)=R_z(0)+\frac{\partial R_z}{\partial\theta}\Big|_{\theta=0}d\theta+\cdots \quad (4.49)$$

ve tüm matrisleri bir seri toplamı şeklinde ifade edersek;

$$[J_i,J_k]=J_iJ_k-J_kJ_i=i\varepsilon_{ikl}J_l,$$

$$R_z(\theta)=\lim_{n\to\infty}\left[1+iJ_z\frac{\theta}{n}\right]^n=e^{iJ_z\theta} \quad (4.50)$$

olmak üzere, buradaki $\varepsilon_{ikl}J_l$, Levi-Civita tansörünü göstermektedir.

Böylece J_S şeklinde kapalı ve sonlu bir küresel yüzey alanı ifadesi için simetrik bir matris toplamı serisi elde edilmiş oldu. Bu şekildeki bir toplam ifadesinin yazılmasında, ilerki kısımlarda göreceğimiz gibi, yük ve akım yoğunluğu kaynaklarını ifade etmek için büyük bir kolaylık olduğunu göreceğiz. Pauli matrisleri ise $\sigma_0=I$ olmak üzere;

$$\sigma\cdot x=\sigma_0x^0+\sigma_xx+\sigma_yy+\sigma_zz$$

$$=\begin{bmatrix}x^0+z & x-iy\\ x+iy & x^0-z\end{bmatrix} \quad (4.51)$$

Lorentz dönüşümlerine göre;

$$\left(\bar{x}^0\right)^2 - \bar{x}^2 - \bar{y}^2 - \bar{z}^2 = \left(x^0\right)^2 - x^2 - y^2 - z^2,$$

$$U = \begin{bmatrix} a & b \\ c & d \end{bmatrix}, \quad \det|U| = 1$$

olmak üzere 2×2 şeklinde matrisel olarak açılırsa, $U,\ U^{-1}$ konjuge transpoze Pauli matrisleri olmak üzere;

$$U = \begin{bmatrix} a & b \\ -b^* & a^* \end{bmatrix}, \quad |a|^2 + |b|^2 = 1,$$

$$\sigma \cdot \bar{x} = \begin{bmatrix} \bar{x}^0 + \bar{z} & \bar{x} - i\bar{y} \\ \bar{x} + i\bar{y} & \bar{x}^0 - \bar{z} \end{bmatrix},$$

$$\begin{bmatrix} \bar{x}^0 + \bar{z} & \bar{x} - i\bar{y} \\ \bar{x} + i\bar{y} & \bar{x}^0 - \bar{z} \end{bmatrix} = \begin{bmatrix} a & b \\ -b^* & a^* \end{bmatrix} \cdot \begin{bmatrix} x^0 + z & x - iy \\ x + iy & x^0 - z \end{bmatrix} \cdot \begin{bmatrix} a^* & -b \\ b^* & a \end{bmatrix}$$

(4.52)

Matrislerini de açarsak;

$$\bar{x}^0 + \bar{z} = \left(aa^* + bb^*\right)x^0 + \left(a^*b + ab^*\right)x + i\left(a^*b - ab^*\right)y + \left(aa^* - bb^*\right)z$$

$$\bar{x} - i\bar{y} = \left(aa - bb\right)x - i\left(aa + bb\right)y - 2abz$$

$$\bar{x} + i\bar{y} = \left(a^*a^* - b^*b^*\right)x + i\left(a^*a^* + b^*b^*\right)y - 2a^*b^*z$$

$$\bar{x}^0 - \bar{z} = \left(aa^* + bb^*\right)x^0 - \left(a^*b + ab^*\right)x - i\left(a^*b - ab^*\right)y - \left(aa^* - bb^*\right)z$$

(4.53)

Denklemlerini ortak olarak çözdüğümüzde;

$$a = \cos\frac{1}{2}\theta, \quad b = i\sin\theta$$

için;

$$\bar{x} = x$$
$$\bar{y} = y\cos\theta + z\sin\theta$$
$$\bar{z} = -y\sin\theta + z\cos\theta \quad (4.54)$$

$$a = \cos\frac{1}{2}\theta,\ \ b = \sin\frac{1}{2}\theta$$ için;

$$\bar{x} = x\cos\theta - z\sin\theta$$
$$\bar{y} = y$$
$$\bar{z} = x\sin\theta + z\cos\theta \quad (4.55)$$

ve $a = e^{\left(\frac{1}{2}i\theta\right)},\ \ b = 0$ için;

$$\bar{x} = x\cos\theta + y\sin\theta$$
$$\bar{y} = -x\sin\theta + y\cos\theta$$
$$\bar{z} = z \quad (4.56)$$

çözümleri elde edilir. Bu durumda Pauli matrisleri;

$$U = \begin{bmatrix} \cos\frac{1}{2}\theta & i\sin\frac{1}{2}\theta \\ i\sin\frac{1}{2}\theta & \cos\frac{1}{2}\theta \end{bmatrix} = \cos\frac{1}{2}\theta + i\sigma_x \sin\frac{1}{2}\theta \approx R_x(\theta)$$

$$U = \begin{bmatrix} \cos\frac{1}{2}\theta & \sin\frac{1}{2}\theta \\ -\sin\frac{1}{2}\theta & \cos\frac{1}{2}\theta \end{bmatrix} = \cos\frac{1}{2}\theta + i\sigma_y \sin\frac{1}{2}\theta \approx R_y(\theta) \quad (4.57)$$

$$U = \begin{bmatrix} e^{\frac{1}{2}i\theta} & 0 \\ 0 & e^{-\frac{1}{2}i\theta} \end{bmatrix} = \cos\frac{1}{2}\theta + i\sigma_z \sin\frac{1}{2}\theta \approx R_z(\theta)$$

olarak elde edilir.

Şimdi Lorentz dönüşümlerini küresel koordinat sisteminde ifade edersek, $\beta = v/c$ olmak üzere Simetrik tansör matrisi;

$$\bar{x}^0 = \gamma\left(x^0 - \beta x\right) \qquad \gamma = \frac{1}{\sqrt{1-\beta^2}}$$

$$\bar{x} = \gamma\left(x - \beta x^0\right)$$

$$\bar{y} = y \qquad \Lambda = \begin{bmatrix} \gamma & -\gamma\beta & 0 & 0 \\ -\gamma\beta & \gamma & 0 & 0 \\ 0 & 0 & 1 & 0 \\ 0 & 0 & 0 & 1 \end{bmatrix}$$

$$\bar{z} = z \qquad (4.58)$$

ve bu matris ifadesini de;

$$\gamma^2\left(1-\beta^2\right) = 1, \quad \cosh\phi = \gamma, \quad \sinh\phi = \gamma\beta$$

$$ve\ \phi = \operatorname{arctan} h\beta$$

olmak üzere yeniden düzenlersek;

$$\Lambda(\phi) = \begin{bmatrix} \cosh\phi & -\sinh\phi & 0 & 0 \\ -\sinh\phi & \cosh\phi & 0 & 0 \\ 0 & 0 & 1 & 0 \\ 0 & 0 & 0 & 1 \end{bmatrix} \qquad (4.59)$$

Bu ifadeye ilişkin dual tansör dönüşümü ise;

$$K_x(\phi) = -i\frac{\partial\Lambda(\phi)}{\partial\phi}\Big|_{\phi=0} = -i\begin{bmatrix} 0 & -1 & 0 & 0 \\ -1 & 0 & 0 & 0 \\ 0 & 0 & 0 & 0 \\ 0 & 0 & 0 & 0 \end{bmatrix}$$

$$K_y(\phi) = -i\begin{bmatrix} 0 & 0 & -1 & 0 \\ 0 & 0 & 0 & 0 \\ -1 & 0 & 0 & 0 \\ 0 & 0 & 0 & 0 \end{bmatrix}, \quad K_z(\phi) = -i\begin{bmatrix} 0 & 0 & 0 & -1 \\ 0 & 0 & 0 & 0 \\ 0 & 0 & 0 & 0 \\ -1 & 0 & 0 & 0 \end{bmatrix} \qquad (4.60)$$

ve son olarak da akım kaynaklarını da Dirac matrisi olarak ifade edersek;

$$\left[K_x, K_y\right] = -iJ_z \ (Manyetik\ ak.\ kaynakları)$$

$$\left[J_x, K_y\right] = iK_z \ \ (Çekirdek\ yükü\ ak.\ kaynakları)$$

$$\left[J_x, J_y\right] = iJ_z \ (Elektriksel\ ak.\ kaynakları)$$

$$J_x(\theta) = -i\begin{bmatrix} 0 & 0 & 0 & 0 \\ 0 & 0 & 0 & 0 \\ 0 & 0 & 0 & 1 \\ 0 & 0 & -1 & 0 \end{bmatrix}, \quad J_y(\theta) = -i\begin{bmatrix} 0 & 0 & 0 & 0 \\ 0 & 0 & 0 & -1 \\ 0 & 0 & 0 & 0 \\ 0 & 1 & 0 & 0 \end{bmatrix},$$

$$J_z(\theta) = -i\begin{bmatrix} 0 & 0 & 0 & 0 \\ 0 & 0 & 1 & 0 \\ 0 & -1 & 0 & 0 \\ 0 & 0 & 0 & 0 \end{bmatrix} \qquad (4.61)$$

Tansör matrisleri elde edilmiş olur. İşte bu tansörlerde, ilgili potansiyel fonksiyonuna ilişkin değerler verilip alan bileşenleri yerleştirildiğinde ve bu tansörün eşleniği olan dual tansörü elde ettiğimizde Birleşik alan denklemlerinin kolaylıkla yazılabileceğini, sonuç denklemlerin elde edilebileceğini ilerleyen kısımlarda göreceğiz. Dolayısıyla, bu kompleks düzlemde ifade edilen Dirac-gamma fonksiyonu matrislerinin, ileride göreceğimiz gibi bu matrisdeki her bir elemanının uzayda bir alan bileşenine denk düşeceğini göreceğiz.

Şimdi, matematiksel uzay-zaman modelimizin detaylarına girmeden önce burada Gamma fonksiyonun kulanılmasının öneminden kısaca bahsedelim. **Gama fonksiyonu** Matematikte faktöriyel fonksiyonunun karmaşık sayılar ve tam sayı olmayan reel sayılar için genellenmesi olan bir fonksiyondur. Fizikte ve mühendislikte pek çok alanda uygulaması vardır. **Γ** simgesiyle gösterilir ve aşağıdaki gibi tanımlanır:

$$\Gamma(z) = \int_0^\infty t^{z-1} e^{-t} dt$$

$$\Gamma(n) = (n-1)! \qquad (4.62)$$

Gamma fonksiyonu aşağıdaki gibi de tanımlanabilir:

$$\Gamma(z) = \lim_{n\to\infty} \frac{n! n^z}{z(z+1)\cdots(z+n)} = \frac{1}{z}\prod_{n=1}^{\infty} \frac{(1+\frac{1}{n})^z}{1+\frac{z}{n}}$$

$$\Gamma(z) = \frac{e^{-\gamma z}}{z}\prod_{n=1}^{\infty}\left(1+\frac{z}{n}\right)^{-1} e^{z/n} \qquad (4.63)$$

Gamma fonksiyonunun birleşik alan teorisindeki önemi ise, sınırlı bir değer aralığında, örneğin 0 ila 1 gibi tanımlanmış bir bölgede sonucu sonsuz çıkan alan bileşenlerini bir seri toplamı şeklinde değeri sınırlı bir değere yakınsayacak şekilde ayrık olarak ifade edebilmesidir. Dolayısıyla bu fonksiyon, yukarıdaki grafikten de daha iyi bir şekilde görüldüğü gibi, *r=0* yani atom merkezinde toplanmış büyük bir manyetik monopol kütlesi ile onun içerisinde hapsolan diğer partiküllere ait diferansiyel kütle ve enerji bileşenlerini ifade etmek için kullanılabilecek çok iyi bir araçtır.

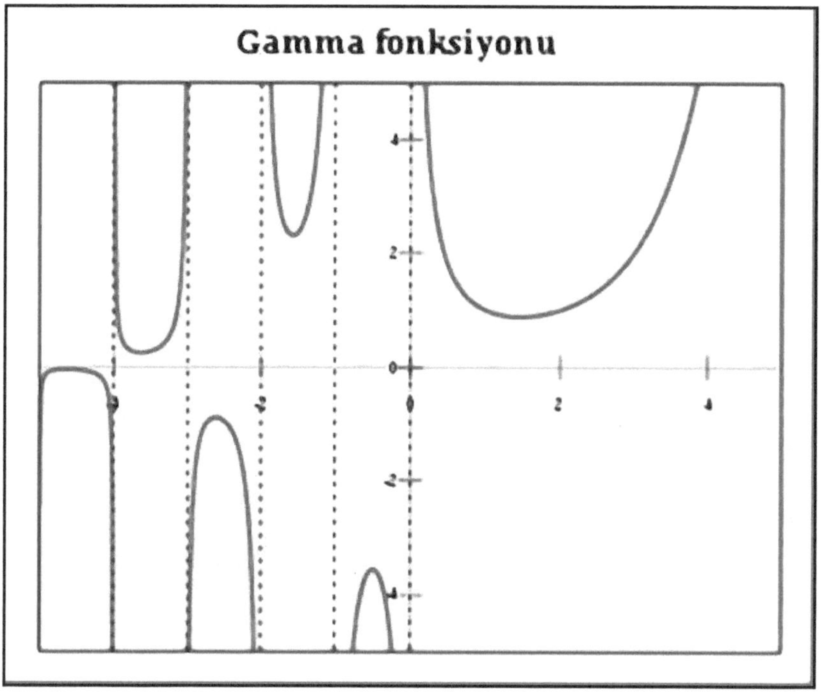

Figure 35: Reel eksen boyunca gamma fonksiyonunun 2-boyutlu grafiği.

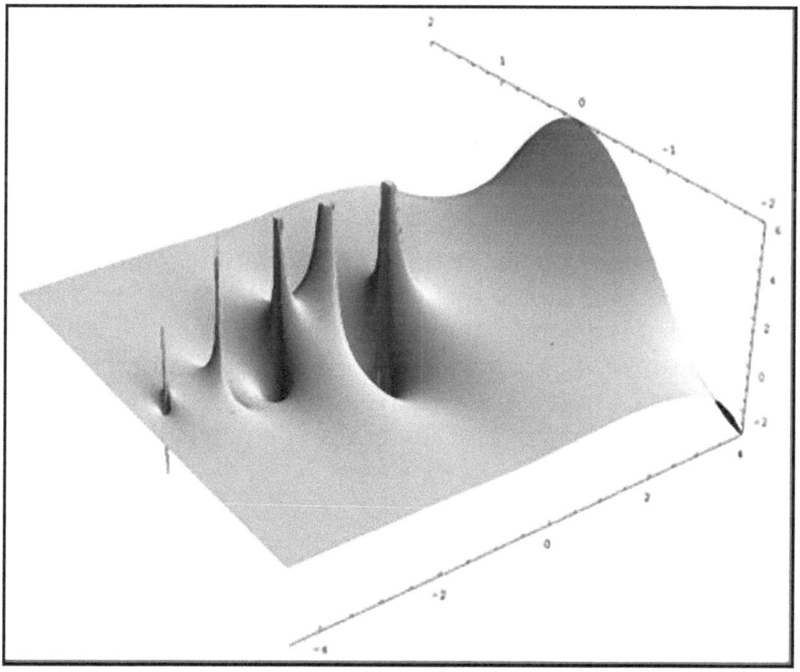

Figure 36: Reel eksen boyunca gamma fonksiyonunun 3-boyutlu grafiği.

Örneğin, bu tekillik noktası civarında;

$$E = m_{g^0}c^2 + \frac{1}{2}m_\chi v^2 + \frac{3}{8}m_{\pi^0}\frac{v^2}{c^2} + \frac{5}{32}m_{e^+}\frac{v^2}{c^2} + \cdots$$

$$\cong \oiiint_{(\Delta V)} \left(\frac{m_Q c^2}{\sqrt{1 - \frac{v^2}{c^2}}} \right) dV \qquad (4.64)$$

şeklinde bir kütle-enerji dağılımı olduğunu düşünürsek, Gamma fonksiyonunun parçalı yapısının önemini daha iyi anlarız. Bazı elektromanyetik alan ifadelerinde Dirac-delta dağılım fonksiyonu kullanılmasına rağmen, birleşik alan ifadelerinin kapalı ve sınırlandırılmış bir uzay-zaman içerisinde tanımlanması için en iyi yol Gamma fonksiyonunu kullanmaktır. Dolayısıyla, Kuantum yumurtası şeklindeki manyetik monopol yüzeyini tanımlayacak ve bu yüzey üzerindeki gravitonlara denk düşen kuantum sicim dalgalanmalarını tanımlayabilecek en iyi matematiksel operatör Gamma fonksiyonu ve matrisleri olmaktadır. Buna göre Dirac denklemini gamma fonksiyonuna göre yeniden düzenlersek;

$$i\Gamma_{(a)}{}^{\mu}\partial_\mu \psi = \left(\frac{m_0 c}{\hbar} \right) \psi \qquad (4.65)$$

olur ki, bir sonraki başlık altında bu gamma tansörünün Elektromanyetizma ile Güçlü ve Zayıf çekirdek kuvvetlerinin birleşiminde de (Elektrozayıf Birleşim) önemli bir rol oynadığını göreceğiz. Ayrıca bu tansörün bir diğer avantajı da, Feynman diyagramlarına uygun bir biçimde parçacık etkileşmelerinin gösterile-bilmesine izin veren altyapıyı sağlamasıdır. Şimdi Dirac denklemini;

$$g^{\mu\nu}\partial_\mu \partial_\nu \psi = \left(\frac{m_0 c}{\hbar} \right)^2 \psi$$

Klein-Gordon kütleçekim alanı denklemine göre 5-boyutlu olacak şekilde modifiye edersek;

$i\gamma^{\mu}\partial_{\mu}\psi = \left(\frac{m_0 c}{\hbar}\right)\widetilde{\gamma}^{\ell}\psi$ ve $\widetilde{\gamma}^{\ell^*}\widetilde{\gamma}^{\ell} = I$ şeklinde 4×4 bir birim özdeşlik matrisi olmak üzere ve;

$$[g^{\mu\nu}] = \begin{pmatrix} A^0 A^0 & 0 & 0 & 0 \\ 0 & -A^1 A^1 & 0 & 0 \\ 0 & 0 & -A^2 A^2 & 0 \\ 0 & 0 & 0 & -A^3 A^3 \end{pmatrix} \quad (4.66)$$

Metrik tansör olmak üzere;

$$g^{\mu\nu}\left(\partial_{\mu}\psi^*\partial_{\nu}\psi\right) = \left(\frac{m_0 c}{\hbar}\right)^2 \psi^*\psi \quad (4.67)$$

şeklinde 4×4 bir birim özdeşlik matrisi olmak üzere, toplam 16 birim elemandan oluşan bir uzay-zaman yapısı teşkil edilmiş olur ki, Birleşik alan denklemlerinde Dirac uzayına göre $\widetilde{\gamma}^{\ell}$, $\gamma^5 = t\gamma^0\gamma^1\gamma^2\gamma^3$ şeklinde 5-boyutlu 4×4 Gamma matrislerini ve Pauli matrisi Gamma matrisleri cinsinden $\sigma^{\mu\nu} = \gamma^{\mu}\gamma^{\nu} - \gamma^{\nu}\gamma^{\mu}$ şeklinde ifade edilmek üzere;

$$iA^{\mu}\gamma^{\mu}\partial_{\mu}\psi = (-1)^{\ell}\left(\frac{m_0 c}{\hbar}\right)\widetilde{\gamma}^{\ell}\psi \quad (4.68)$$

ve $\ell = 0,1,2,\cdots,15$ şeklinde olmak üzere toplam 15 alan bileşeni olduğu göz önüne alınırsa, bu 4×4 uzay-zaman modelinin alan bileşenlerimizin tamamını ifade etmek için yeterli olduğu anlamına gelmektedir.

Bu matrislerin tamamı aşağıda gösterilmektedir:

Çizelge 1-1. *Dirac Denklemine İlişkin Gamma Matrisleri & Tansör Formu:*

1-Dirac Denklemine İlişkin Gamma Matrisleri			
$\tilde{\gamma}^0 = \begin{pmatrix} I & 0 \\ 0 & -I \end{pmatrix}$	$\tilde{\gamma}^1 = \begin{pmatrix} 0 & \sigma^1 \\ -\sigma^1 & 0 \end{pmatrix}$	$\tilde{\gamma}^2 = i\begin{pmatrix} 0 & \sigma^2 \\ -\sigma^2 & 0 \end{pmatrix}$	$\tilde{\gamma}^3 = \begin{pmatrix} 0 & \sigma^3 \\ -\sigma^3 & 0 \end{pmatrix}$
$\tilde{\gamma}^4 = \begin{pmatrix} I & 0 \\ 0 & I \end{pmatrix}$	$\tilde{\gamma}^5 = \begin{pmatrix} 0 & \sigma^1 \\ \sigma^1 & 0 \end{pmatrix}$	$\tilde{\gamma}^6 = i\begin{pmatrix} 0 & \sigma^2 \\ \sigma^2 & 0 \end{pmatrix}$	$\tilde{\gamma}^7 = \begin{pmatrix} 0 & \sigma^3 \\ \sigma^3 & 0 \end{pmatrix}$
$\tilde{\gamma}^8 = \begin{pmatrix} 0 & I \\ -I & 0 \end{pmatrix}$	$\tilde{\gamma}^9 = \begin{pmatrix} \sigma^1 & 0 \\ 0 & -\sigma^1 \end{pmatrix}$	$\tilde{\gamma}^{10} = i\begin{pmatrix} \sigma^2 & 0 \\ 0 & -\sigma^2 \end{pmatrix}$	$\tilde{\gamma}^{11} = \begin{pmatrix} \sigma^3 & 0 \\ 0 & -\sigma^3 \end{pmatrix}$
$\tilde{\gamma}^8 = \begin{pmatrix} 0 & I \\ I & 0 \end{pmatrix}$	$\tilde{\gamma}^{13} = \begin{pmatrix} \sigma^1 & 0 \\ 0 & \sigma^1 \end{pmatrix}$	$\tilde{\gamma}^{14} = i\begin{pmatrix} \sigma^2 & 0 \\ 0 & \sigma^2 \end{pmatrix}$	$\tilde{\gamma}^{15} = \begin{pmatrix} \sigma^3 & 0 \\ 0 & \sigma^3 \end{pmatrix}$

Table: 1-1

2-Tansör formu
$\Rightarrow \gamma^{\mu}_{\bullet}$
$\Rightarrow \gamma^{0}\gamma^{\mu}_{\bullet}$
$\Rightarrow \gamma^{\mu}_{\bullet}\gamma^{5}$
$\Rightarrow \gamma^{0}\gamma^{\mu}_{\bullet}\gamma^{5}$

Table: 1-2

Metrik tansörün elemanlarının çoğunun negatif olduğu (λ=-1) durumda yukarıda elde ettiğimiz Dirac uzayı 5-boyutlu uzyumurta yüzeyi şeklinde PARABOLOİD bir uzay-zaman yüzeyi belirleyecektir ki, bu durumda Metrik tansör ve Dirac denklemi;

$$[g^{\mu\nu}] = \begin{pmatrix} A^0A^0 & -A^0A^1 & -A^0A^2 & -A^0A^3 \\ -A^1A^0 & -A^1A^1 & -A^1A^2 & -A^1A^3 \\ -A^2A^0 & -A^2A^1 & -A^2A^2 & -A^2A^3 \\ -A^3A^0 & -A^3A^1 & -A^3A^2 & -A^3A^3 \end{pmatrix} \qquad (4.69)$$

ve

$$iA^{\mu}\gamma^{\mu}\partial_{\mu}\psi = -(-1)^{\ell}\left(\frac{m_0c}{\hbar}\right)i\tilde{\gamma}^{\ell}\psi \qquad (4.70)$$

şeklinde olacaktır.

Dikkat edersek denklemin katsayısının önündeki (-) işareti, uzay-zamanın kendi içerisine kapanacağını, yani kapalı bir uzay-zaman modelini öngörür. Dolayısıyla, matematiksel olarak Gradyan ve Diverjansın temel teoremleri ile Poynting enerji teoreminden de biliyoruz ki, bu eksi işareti alan bileşenlerine ait enerji akışının bu topolojik yüzeyin içerisine doğru akışını öngörür ki, bu durumda bu uzay-zaman yapısının aynı zamanda bir tekillik noktası olduğunu öngördüğü gibi, madde ve enerji akışının da bu kapalı hacim içerisinde toplanacağını, yani maddenin bu noktaya doğru topaklanacağını öngörür. Teorimizin ilerleyen kısımlarında bu topolojik uzay-zamanı belirleyen yüzeye "KUANTUM YUMURTASI" veya "MANYETİK MONOPOL MODELİ" adını vereceğiz.

Dirac denklemleriyle belirlenen eğri uzay-zaman ait alan tansörleri kapalı ve sınırlı bir enerji bandı içerir. Dirac denklemindeki eksi işaretinden kaynaklanan bu kapalı ve sınırlı enerji bandı, manyetik monopol tekillik yüzeyindeki enerji topaklanmasına işaret eder ki, bu da matematiksel olarak Poynting teoremine ve ayrıca Gradyan ve Diverjans teoremlerine göre, atomdaki toplam enerji miktarının bu kapalı alan içerisinde, yani PARABOLOİD şeklindeki KUANTUM YUMURTASI yüzeyinde hapsolması ve enerji akışının bu yöne doğru olması anlamına gelir. Dolayısıyla, modelimizi üzerine inşa ettiğimiz bu 5-boyutlu yüzey, enerji akışının yoğunlaştığı bu tekillik noktası civarında, birleşik alan teorisine ait tüm alan bileşenlerini (toplam 15 alan bileşeni) içerecek bir yapı sergileyecektir.

***

Birleşik alan teorisi, 12 temel parçacığa ait 12 denklem ve toplam 15 alan bileşeninin varlığını öngörür ki, yukarıda elde ettiğimiz dirac uzayı da zaten Gamma matrisleriyle belirlenen maksimum 16 bileşen içeren bir yapı göstermektedir. Dolayısıyla, buradan hareket ederek oluşturduğumuz bu matematiksel uzay-zaman modelinin, birleşik alan teorisinde kullandığımız tüm alan ve potansiyel bileşenlerinin, yük ve akım kaynaklarını da içerecek ve ifade edecek kapasitede ve birebir örtüşecek şekilde tam bir uyum içerisinde bir şablon oluşturduğunu söyleyebiliriz. 5-Boyutlu uzay-zaman modelimizin tansörel matematiksel altyapısını inşa ettikten sonra gelelim, uzay-zamanın geometrik yapısını oluşturmaya. Şimdi, Schwarzschild karadelik tekilliği denklemine geri dönüp, yukarıdaki Einstein kütleçekim alanı denklemlerine göre yeniden ve farklı bir şekilde düzenlersek;

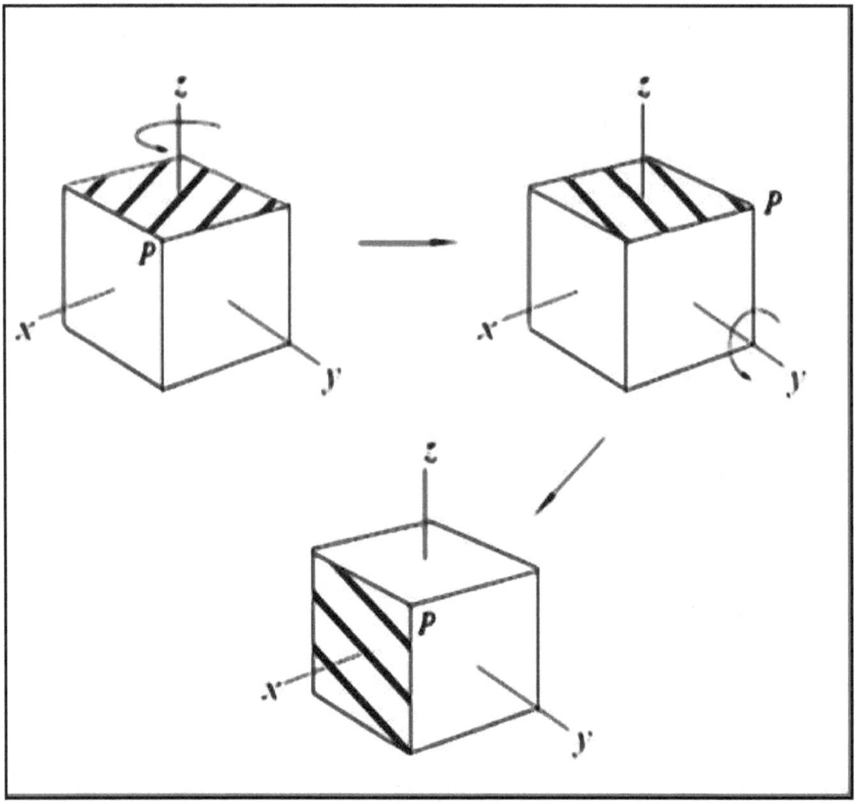

Figure 37: Dirac spinorlarının her biri farklı bir gamma matrisiyle ifade edilen, partikülün spin değeri, kütlesi veya elektrik veya manyetik alan gibi farklı alan bileşeni kombinezonlarına denk gelir.

$$ds^2 = dt^2 - \frac{1}{c^2}\left(dr + \sqrt{\frac{2GM}{r}}dt\right)^2 - \frac{r^2}{c^2}\left(d\theta^2 + \sin^2(\theta)d\varphi^2\right)$$

(4.71)

denklemi elde edilir.

Şimdi bu denkleme göre,

$$\nabla.\left(\frac{\partial v}{\partial t} + (v.\nabla)v\right) = -4\pi G\rho_g(r,t)$$

$$\nabla \times (\nabla \times v) = \frac{8\pi G\rho_g(r,t)}{c^2} V_R$$

ve denklemlerini birleştirerek, *v(r)*'ye ilişkin 5-Boyutlu bir diferansiyel denklem ifadesi elde edersek;

$$\frac{dv}{dt} = \left(\frac{\partial v}{\partial t} + (v.\nabla)v\right) + (\nabla \times v)\times V_R - \frac{V_R}{1-\frac{V_R^{\ 2}}{c^2}}\frac{1}{2}\frac{d}{dt}\left(\frac{V_R^2}{c^2}\right)$$

Elde edilir ki, şimdi bu denklemi incelersek gravitonların, bu vektör alanı içerisindeki hareketlerine ilişkin bir yorum yapabiliriz: Birinci terime bakarsak, bu ifadenin gravitonları bu vektör alanı cinsinden tanımlayan;

$$g = \frac{dv}{dt} \equiv \frac{\partial v}{\partial t} + (\dot{v}.\nabla)v$$

graviton akım yoğunluğu denklemiyle aynı olduğunu görürüz. Dikkat edersek bu ifadede her iki tarafı *v*'ye bölüp, yeniden düzenlersek;

$$\frac{dv}{dt} \equiv \frac{\partial v}{\partial t} + (v.\nabla)v \quad \Rightarrow \frac{1}{v}\frac{dv}{dt} \equiv \frac{1}{v}\frac{\partial v}{\partial t} + (v.\nabla)$$

şeklinde olup sağ taraftaki ifade;

$$\frac{1}{v}\frac{\partial v}{\partial t} \equiv \frac{1}{\varepsilon_0}\frac{\partial \rho_e}{\partial t}, \quad v.\nabla = \mu_0 \frac{\partial \rho_m}{\partial t}$$

şeklinde yüzey üzerindeki elektrik ve manyetik yük yoğunlukların toplamına ve sol tarafındaki ifade ise, $\frac{1}{v}\frac{dv}{dt} \equiv \left(\frac{1}{\varepsilon_0} + \mu_0\right)\frac{\partial \rho_g}{\partial t}$ şeklinde kütleçekim yük yoğunluğuna denk düşmektedir.

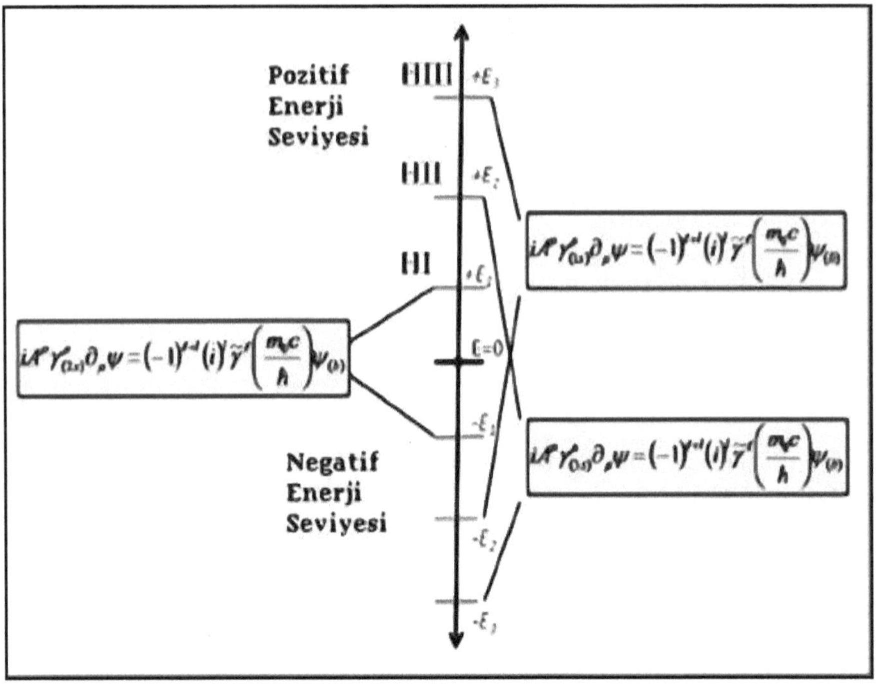

Figure 38: (Yandaki diyagram) Dirac denklemine eklenen gamma matrislerinin değişik değerleri, sınırlandırılmış kapalı bir enerji bandı içerisindeki farklı türdeki çok sayıda temel partiküle ve bunların hareket ettiği uzay-zaman içerisindeki alan bileşenlerine denk gelir. Buna gore, atom çekirdeği E=0 olarak belirlenen tekillik merkezinde bir manyetik monopol ve etrafındaki paraboloid uzayda kapalı bir alanla sınırlandırılmış temel partiküllere ve alan bileşenlerine sahip olacaktır. Buna göre graviton, bu paraboloid yüzey üzerinde dalgalanan bir sicim parçası olacaktır. $+E_1$, $+E_2$ ve $+E_3$ değerleri elektron, muon, lepton, kuark gibi partiküllere denk gelirken; $-E_1$, $-E_2$ ve $-E_3$ değerleri bunların karşıt (anti) partiküllerine ve aynı zamanda karanlık madde (dark energy) olarak bilinen evrenin kayıp düzlem enerjisine denk düşecektir..

Eğer elde ettiğimiz bu sonucu;

$$\nabla.\left(\frac{\partial v}{\partial t}+(v.\nabla)v\right)=-4\pi G\rho_g(r,t)$$

denkleminin düzenlenmesiyle oluşturduğumuz;

$$\nabla.\left(\frac{1}{4\pi v}\frac{\partial v}{\partial t}+(\frac{1}{4\pi}v.\nabla)\right)=\frac{-G\rho_g(r,t)}{v}$$

$$\Rightarrow\nabla.\left(\frac{1}{4\pi\varepsilon_0}\frac{\partial\rho_e}{\partial t}+\frac{\mu_0}{4\pi}\frac{\partial\rho_m}{\partial t}\right)=-G\left(\frac{1}{\varepsilon_0}+\mu_0\right)\rho_g(r,t)$$ (4.72)

İfadesindeki sol taraftaki ifadelerle sağ taraftaki ifadeleri birleştirirsek ve eşitlersek;

$$\frac{1}{4\pi\varepsilon_0}\frac{\partial\rho_e}{\partial t}\equiv-\frac{G}{\varepsilon_0}\rho_g(r,t),\quad\frac{\mu_0}{4\pi}\frac{\partial\rho_m}{\partial t}\equiv-\mu_0G\rho_g(r,t);$$

$$\frac{1}{4\pi\varepsilon_0}\frac{\partial\rho_e}{\partial t}\equiv\vec{E},\quad\frac{\mu_0}{4\pi}\frac{\partial\rho_m}{\partial t}\equiv\vec{B}\quad\Rightarrow\nabla.(\vec{E}+\vec{B})\equiv\nabla.(\vec{G})=-G\left(\frac{1}{\varepsilon_0}+\mu_0\right)\rho_g(r,t)$$

(4.73)

Kütleçekim alan denklemleri elde edilir. Bulduğumuz bu denklem ise, daha sonra göreceğimiz gibi, Birleşik Alan Teorisine göre yeniden tanımladığımız kütleçekimiyle ilgili olan bİrİncİ MAXWELL DENKLEMİDİR ki, bu denklem bize ELEKTRO-MANYETİZMA ile KÜTLEÇEKİM alanının temel düzeyde TEK bir alan kuvvetinin parçaları olarak davrandığını ve sicim düzeyinde her ikisinin de kaynağını GRAVİTONLARIN oluşturduğunu göster-mektedir. Dolayısıyla bu denklemlerde yer alan *v* skaler vektör alanı aslında özdeş olarak kütleçekim alanına ($\vec{G}$) eşittir.

İkinci ifade ise, yine yukarıda tanımladığımız

$$\nabla\times(\nabla\times v)=\frac{8\pi G\rho_g(r,t)}{c^2}V_R$$

Helmholtz akım yoğunluğu denklemiyle aynıdır. Yine bu denklemi de benzer şekilde düzenlersek;

$$\nabla\times(\nabla\times v)=\frac{8\pi G\rho_g(r,t)}{c^2}V_R\quad\Rightarrow\nabla(\nabla.\vec{G})-\nabla^2\vec{G}=\frac{8\pi G\rho_g(r,t)}{c^2};$$

$$G\left(\frac{1}{\varepsilon_0}+\mu_0\right)\nabla(\rho_g(r,t))+\nabla^2\vec{G}=\frac{-8\pi G\rho_g(r,t)}{c^2}\quad\Rightarrow\nabla^2\vec{G}+k^2\vec{G}=\frac{-8\pi G\rho_g(r,t)}{c^2}$$

(4.74)

Denklemi elde edilir ki, bu denklem de Helholtz tipinde olan, *c* ışık hızında giden ve frekansı *k* olan $\vec{G}(z)=\vec{E}\sin(kx-ct)+\vec{B}\cos(ky+ct)$ şeklinde bir Elektromanyetik dalgayı tanımlar. Tek farklılık gösteren ifade ise, son terim olan;

$$\frac{V_R}{1-\frac{V_R^{\,2}}{c^2}}\frac{1}{2}\frac{d}{dt}\left(\frac{V_R^2}{c^2}\right)$$

Relativistik etki denklemidir ki, işte bu denklem, yük yoğunluğunun bu vektör alanı içerisindeki esas hareketini belirleyen Geodezİk etkİ denklemidir. V_R'nin değişik değerleri için bu denklemin çizeceği yüzey eğrisini belirlersek, bunun yukarıdaki şekillerde görüldüğü gibi bir elipsoidal yüzey olduğunu görürüz. Gerçekten de *V(r)*'nin zamana göre (V_x, V_y, V_R) şeklinde değiştiğini düşünürsek yörünge denklemi;

$$\frac{V_R}{1-\frac{V_R^{\,2}}{c^2}}\frac{1}{2}\frac{d}{dt}\left(\frac{V_x^2}{c^2}+\frac{V_y^{\,2}}{c^2}\right)=1 \Rightarrow \frac{1}{\frac{2}{V_R}\left(1-\frac{V_R^2}{c^2}\right)}\frac{d}{dt}\left(\frac{V_x^2}{c^2}+\frac{V_y^2}{c^2}\right)=1 \qquad (4.75)$$

$$a^2\left(1-\frac{z^2}{c^2}\right)=\frac{2}{V_R}\left(1-\frac{V_R^2}{c^2}\right)$$

denklemi,

$$a=\sqrt{\frac{2}{V_R}},\quad x=\frac{V_x}{c},\, y=\frac{V_y}{c},\, z=V_R$$

Ve

$$\frac{x^2}{a^2}+\frac{y^2}{a^2}+\frac{z^2}{c^2}=1$$

olmak üzere; denklemine göre yumurta şeklinde bir elipsoidal yüzey belirler. Yukarıdaki ifadelerde de açıkça görüldüğü gibi, bu kuantum yumurtası yüzeyi üzerindeki x-

$$x=\frac{V_x}{c}$$

ekseni yönündeki bileşen, denklemine göre ışık hızında ilerleyen bir vektör alanını belirler. y- ekseni yönündeki bileşen ise,

$y = \frac{V_y}{c}$ denklemine göre ışık hızında ilerleyen bir vektör alanını belirler. z- ekseni yönündeki bileşen ise, sabit olup ortamın relatif manyetik ve elektrik geçirgenliğine bağlı olarak $z = V_R$ sabit hızında ilerleyen skaler bir vektör alanını belirler.

$a = \sqrt{\frac{2}{V_R}}$ ifadesi ise, denklemin sabit katsayısı olup, sanki Elektromanyetik bir dalganın genliğini anım-satmaktadır. Şimdi Elektromanyetik Kütleçekim Dalgalarındaki, $\vec{E}, \vec{B}$ ve $\vec{G}$ vektör alan bileşenlerini düşünelim. $\vec{E}$ ve $\vec{B}$ ışık hızında *(c)* ilerleyerek elektromanyetik bir dalga oluştururken;

($\frac{V_x}{c} = \frac{E_x}{c}$ ve $\frac{V_y}{c} = \frac{B_y}{c}$ gibi); onların vektörel toplamını oluşturan $\vec{G}$ ise, aynen V_R gibi, skaler bir alan gibi davranarak kütleçekim alanını oluşturmaktadır ($\left|\frac{E_x}{c}\right|^2 + \left|\frac{B_y}{c}\right|^2 = \left|\frac{G_z}{c}\right|^2$ gibi).

Dolayısıyla, manyetik monopol yüzeyi üzerindeki skaler bir vektör alanı için elde ettiğimiz sonuçlar tıpatıp elektromanyetik kütleçekim dalgaları için elde ettiğimiz sonuçlara uymaktadır.

İşte, elde ettiğimiz bu sonuç, müthiş bir sonuçtur. Karadelik tekilliği için çözümlediğimiz, 5-Boyutlu kütleçekim alanı denklemlerinde öngördüğümüz skaler vektör alanı, elektromanyetik kütleçekim alan bileşenlerine ve denklemlerine denk düşmektedir. Hem de hemen hemen aynı denklemlere ulaştık. İşte bu ulaştığımız sonuç devrimci ve tamamen yepyeni bir sonuçtur. Çünkü aslında kütleçekimi, kapanan 5. Boyut doğrultusundaki Elektromanyetizmaya eşit olmaktadır. Yani kütleçekimini bu koşul altında, aslında Elektromanyetik Alan Bileşenlerinin vektörel toplamı;

($\vec{E}_{(x,y,z)} + \vec{B}_{(x,y,z)} = \vec{G}_{(x,y,z)}$) olarak da ele alabiliriz. İşte, bu tekillik merkezinde doğal bir mekanizma sonucunda oluşan elektromanyetik kütleçekim dalgaları, elektromanyetizmayla kütleçekimini birleştiren bir yapının varlığına işaret eden çok önemli bir ispattır.

D-CONCLUSIONS

Bu sonuçlara göre, kütleçekim dalgaları aslında, elektromanyetik dalgaların birleşimi olup, ışık hızında hareket etmektedir.

Buradaki elde ettiğimiz *Vx* vektör potansiyeli, Elektrik alana; *Vy* vektör potansiyeli Manyetik alana ve *Vz* vektör potansiyeli Kütleçekim alanına eşit olmaktadır. Üstelik bu alanların birleşimi, tüm yörüngelerin neden $\frac{x^2}{a^2}+\frac{y^2}{a^2}+\frac{z^2}{c^2}=1$ şeklinde elipsoidal bir yapı sergilediğini de mükemmel bir şekilde açıklamaktadır.

Üstelik bu çözümün zamana göre değişim içeren kısmına baktığımız zaman ve denklemin her iki tarafının zamana göre türevini aldığımız zaman;

$$\frac{d}{dt}\left[\frac{V_R}{1-\frac{V_R^{\;2}}{c^2}}-\frac{1}{2}\frac{d}{dt}\left(\frac{V_x^2}{c^2}+\frac{V_y^{\;2}}{c^2}\right)\right]=\frac{d}{dt}[1]\;\Rightarrow\frac{d^2}{dt^2}\left(\frac{V_x^2}{c^2}+\frac{V_y^2}{c^2}\right)=0$$

$$\Rightarrow\nabla^2\vec{G}=\frac{1}{c^2}\frac{\partial^2\vec{E}(x,t)}{\partial t^2}+\frac{1}{c^2}\frac{\partial^2\vec{B}(y,t)}{\partial t^2}=0$$

(4.76)

İşte tam bir Elektromanyetik dalga denklemi belirlemektedir. Çünkü tekillik noktasındaki *(x,y,z)* koordinat bileşenlerinin vektörel toplamını oluşturan birim vektör, birbirine dik olan *xy*, *yz* ve *xz* düzlemleri üzerinde eliptik bir alan taramaktadır ve tüm gökcisimlerinin karadelik tekillik merkezlerinde bu mekanizma olduğu için, tekillik merkezinin etrafında dönen cisimlerin yörüngesini, kütleçekimi alanı birim vektörünün taradığı yüzey şekline, yani elipse yakınsatmaktadır. Dolayısıyla yörünge eğrisini belirleyen F_T teğetsel kuvveti, aslında kütleçekim kuvvetine eşit olmaktadır.

Yörüngenin taradığı yüzey üzerindeki her bir noktada, elektrik alanla manyetik alanın vektörel toplamı teğetsel kuvvet alanına, yani kütleçekim alanına eşit olmaktadır. Bu yüzden, bu elipsoidal tekillik yörüngesi etrafında kütleçekim alanı skaler bir alan gibi davranmaktadır. Bu elde ettiğimiz sonuçlar hem çok basittir ve hem de fiziğin tüm temel kuvvetlerini, 5. Boyutun sınır-teğet yüzeyinin merkezinde yer alan tekillik noktasında birleştirmektedir. İşte bu sonuç, gerçek bir birleşik alan teorisidir.

Bu sonuçlar, bizim aradığımız sonuçlara aynen uymaktadır. Yani 5-Boyutlu Kütleçekim alanındaki tekillik noktasında tanımladığımız bu skaler vektör alanı içerisinde hareket eden graviton yük yoğunluğu, elipsoidal bir yüzey tarayarak Kuantum Yumurtası olarak tanımladığımız Manyetik Monopolü oluşturmakta ve aynı zamanda tüm elipsoidal yörüngelerin kaynağını ve varlığını da teorik olarak ispat etmektedir.

Ayrıca elde ettiğimiz, Helmholtz Dalga Denklemi, Relativistik Etki Denklemi ve Graviton Yük Yoğunluğu Denklemlerinin toplamlarından oluşan bu sonuç denklem, Manyetik Monopolün yüzeyi üzerinde oluşan Graviton Akım Yoğunluğunun sabit olmadığını, zamana bağlı olarak elektromanyetik dalgalanmalar (Quantum Fluctuations) şeklinde hareket ettiğini ve kütleçekİm mekanizmasını bu dalgalanmaların oluşturduğunu ispatlamaktadır. İşte bu dalgalanmalar da, Kuantum Köpüğü dediğimiz olayı oluşturmaktadır. Aşağıdaki şekillerde, F_T teğetsel kütleçekim kuvvetinin manyetik monopol yüzeyi üzerindeki yörünge eğrisinin değişimi verilmektedir. Bu eğri, yüzeyin zarfını oluşturur ve manyetik monopolün karadelik sınır-teğet yüzeyi üzerinde eliptik bir yörünge belirler. Aşağıdaki şekillerde bu yörünge eğrisi ve manyetik monopol yüzeyi üzerindeki çok küçük diferansiyel manifoldlar üzerinde gerçekleşen bu kuantum dalgalanmalarının yapısı görülmektedir:

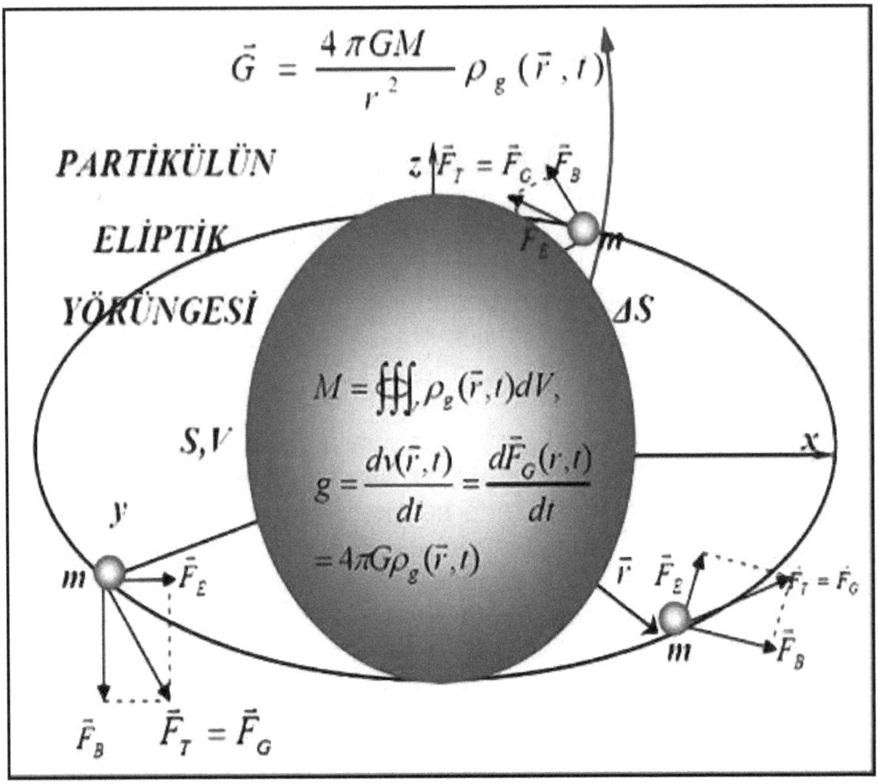

Figure 39: QUANTUM YUMURTASI MODELİ'ne göre: Atomun merkezinde etrafında elipsoidal yörüngelerde dolanan atomaltı partiküller bulunur, merkezinde ise çok ağır bir kütleye sahip olan (teorik olarak sonsuza yakın) bir manyetik monopol mekanizması bulunur ve galaksilerin merkezindeki kara-deliklerin benzeri bir kütle aktarım mekanizması halinde 5. Boyut doğrultusunda çökmüş durumdadır [Ukray, 2012].

MANYETİK MONOPOLI: Herhangi bir parçacık veya kütlenin yörüngesi; Kütleçekim Alanının, herhangi bir skaler vektör alanında bulunan bir tekillik noktası civarındaki çözümleriyle hemen hemen aynı sonucu veren elipsoidal bir yüzey alanı taramaktadır. Bu durumda, küresel koordinat sisteminde ve 5. Boyuta ait sınır-teğet yüzeyinde tanımladığımız bu yüzey alanı boyunca tanımlanan, kütleçekim alanına ait 5-Boyutlu metrik uzaklık ifadesi;

$$|OP|^2 = s^2 = e^{2v(r)}t^2 - r_0^2 e^{2\psi(r)-2v(r)}(\xi + w(r)t - n\cos\theta\phi)^2 - r^2 - a(r)(\theta^2 + \sin^2\theta\phi^2)$$

olur ve dikkat edersek bu ifadede yer alan *v(r)* skaler vektör alanı, PARABOLOİD şeklindeki kuantum yumurtası modelini tanımlamak için kullandığımız baştaki *v(r)* skaler vektör alanına, yani kütleçekim alanının potansiyel kaynağı olan ve Poisson denklemİyle tanımladığımız graviton yük yoğunluğunun oluşturduğu kütleçekim alanına eşittir. Bu durumda, $\vec{r}$ konum vektörünün taradığı alan;

$$\vec{F}_G(\vec{r},t) = \frac{4\pi GMm}{r^2}\rho_g(\vec{r},t)$$

kütleçekim alanının taradığı yüzey alanına eşit bir eliptik yörünge oluşturur ki, işte bu da bizim aramış olduğumuz DİRAC PARABOLİK Uzay-zaman yapısıdır (*Ukray, 2009*).

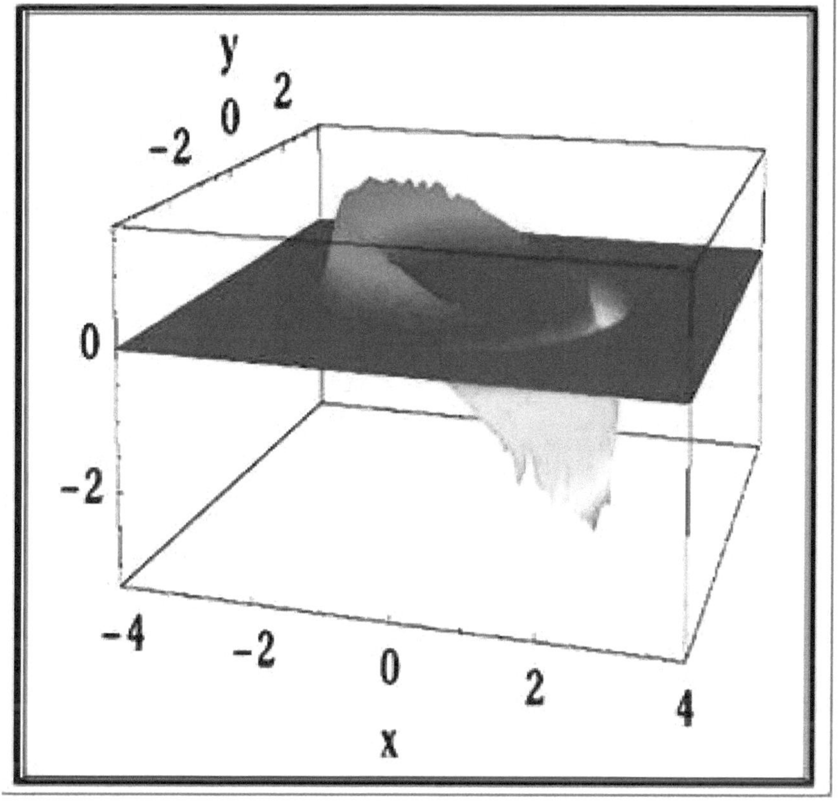

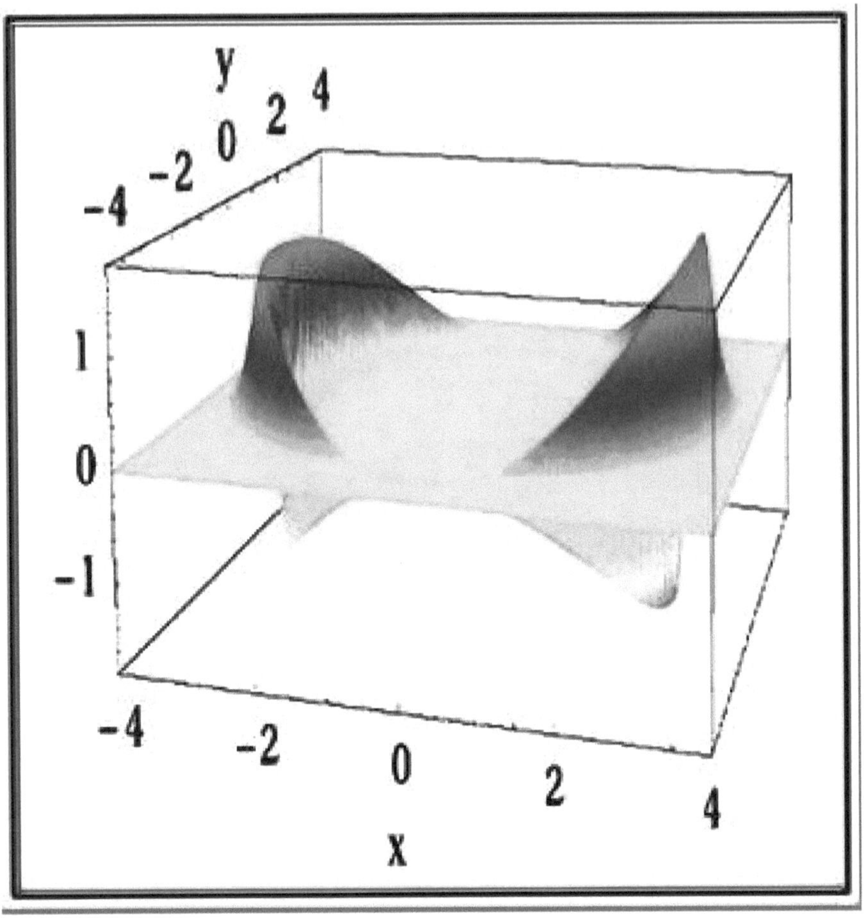

Figure 40: MANYETİK MONOPOL YÜZEYİ: Üzerindeki çok küçük diferansiyel yüzey alanları (ΔS) üzerinde oluşan elektromanyetik kütleçekim dalgalanmaları Kuantum Köpüğünü oluşturur. Yukarıdaki şekillerde bu diferansiyel yüzeyler üzerinde oluşan dalgalanmaların MATLAB programında gerçekleştirilen simülasyonları verilmektedir. Aşağıda çözümlemesini yapacağımız bu Elektromanyetik Kütleçekim Dalgaları, bu yüzey üzerinde; aşağıdaki Denkleme göre ışık hızında titreşen bir Elektromanyetik Kütleçekim Dalgasının hareketini belirler:

$$\frac{\partial^2 \vec{G}(\vec{r},t)}{\partial t^2} = \frac{1}{c^2}\frac{\partial^2 \vec{E}(\vec{r},t)}{\partial t^2} + \frac{1}{c^2}\frac{\partial^2 \vec{B}(\vec{r},t)}{\partial t^2} = \frac{4\pi G\rho_g(\vec{r},t)}{c^2}$$

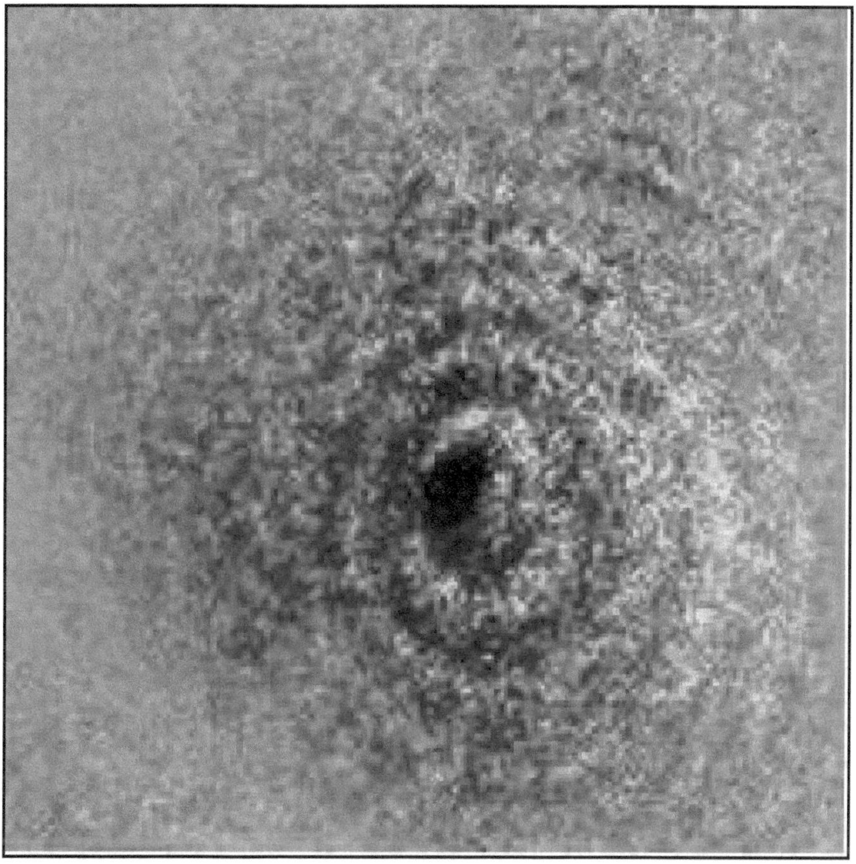

Figure 41: TEK BİR ATOMA İLİŞKİN MANYETİK MONOPOL YÜZEYİ: Birleşik alan teorisine göre, üzerindeki helezonik (spiral) bir biçimde merkezdeki tekillik noktasında bulunan manyetik monopol mekanizmasına doğru yönelmiş olan sub-atomik yörünge kolları Quantum boyutlarındaki kütleçekim etkisinin elektromanyetik etkileşimle birleşecek seviyede güçlendiğini ortaya koyar. Buna göre, bu tekillik noktasında tüm temel kuvvet alanları tek bir birleşik alan yapısı altında tümleşik bir vaziyette bulunmalıdır..

* * *

İKİNCİ BÖLÜM {PART-II}

BİRLEŞİK ALAN KURAMININ OLUŞTURULMASI İÇİN MATEMATİKSEL BİR YAKLAŞIM & TANSÖR HESABININ KURULMASI

A Mathematical Approach & Tansor Calculus on the Unification

ABSTRACT

—In this second study, as we remember from the classical electromagnetic and gravity theory, the source of gravity field is the mass and the source of electromagnetic field is the charge. However, if we consider that a particle moving in a dense magnetic field is absorbed in a velocity close to the velocity of light, for example around a blackhole, we can conclude that the fast change in the mass creates a magnetic field and this would generate a parallel gravity-electromagnetic field. Here, now assume with this approach that a heavier charge-mass is inducing simultaneously both electro-magnetism and gravity. This effect will create a fact that may not be explained today's physics. Therefore, in this study we will assume that every induced electromagnetic field around this point of singularity actually will also create a gravity field parallel to this as a natural mechanism and these two are in the form of coupling under certain conditions. We will make a mathematical analysis to examine whether there is an association between the Electro-magnetic interaction and Weak and Strong nuclear force interaction in Chapter IV. Of the article and we will specify a new ATOM MODEL for this, finally we will obtain the resulting MAXWELL EQUATIONS which indicate all interim interactions between the electro-magnetic gravity and nuclear forces in the form of a schedule and we will start to examine Electrostatic foundations of the theory in the 3rd Article.

I- INTRODUCTION

Bu çalışmamızda, zayıf alan yaklaşımında, bir kara delik singularitesi civarında, Elektromanyetik teoriyi Einstein-Maxwell denklemleriyle açıklayabilmenin yanında, bunun bir adım ötesine geçerek; Manyetik yük ve ve tekillik civarında yoğunlaşmış olan Manyetik monopol mekanizmasını da ilave ettiğimizde, tüm elektromanyetik ve kütleçekim alanlarının tek bir kuramın birleşik bir parçası gibi davranacağını göstermeye çalışacağız. Bu iki evrensel kuvvet alanını birleştirirken, Kuplaj sabiti ***K***'yı yeni bir evrensel çekim sabitine eşitleyerek, maddesel kütlenin kütle ve yük oranına bağlı olarak değişen her üç alan bileşeninin de (elektrik, manyetik ve kütleçekimsel) birbiriyle olan bağlantısını matematiksel olarak kurmaya çalışacağız. Bu kuplaj katsayısı, aralarında oldukça büyük fark olan elektromanyetizma ve kütleçekimini birleştirirken, çok küçük bir değere sahip olduğundan, kuplaj sağlanırken, plazma ortamının gravito-elektromanyetik geçirgenliği (permeabilite, μ_g) ve dielektrik sabiti (ε_g)'ne bağlı olarak ifade edilecektir (**Not**: Teori boyunca ele aldığımız ortamın relatif salt elektromanyetik geçirgenlikleri olan ε_r ve μ_r klasik elektromanyetik teorideki ile aynı yapıda olacaktır, fakat bu çalışmada bu sabitlerin de gravito-elektromanyetik geçirgenlikle nasıl bir bağlantısı olduğununa ayrıca değineceğiz). Bu kuplaj katsayısının, teorinin Newton genel çekim yasalarına yakınsayan düşük hız ve düşük yoğunluklu yük/kütle içeren limit durumlarında, klasik elektromanyetik ve kütleçekim alanına yakınsadığını farz edeceğiz. Tersi durumda ise, Ağır ve yoğunlaşmış yük-kütle durumu içeren singularite noktasında ise, kuramımızı test ettiğimiz düşünce deneyi laboratuarı olarak düşündü-ğümüzde ise, bu orantı da kuplaj katsayısını arttırarak her iki kuvvet alanını aynı ölçeğe yakınsatacağı varsayılacaktır.

Klasik elektromanyetik ve kütleçekim teorisinden hatırlarsak, kütleçekim alanının kaynağı kütle; elektromanyetik alanın kaynağı ise yüktür. Fakat yoğun bir manyetik alanda hareket eden bir partikülün, örneğin bir karadelik civarında ışık hızına yakın bir hızda yutulmakta olduğunu düşünüp, kütlenin hızla değişiminin bir manteyik alan ve bunun da buna paralel bir gravito-elektromanyetik alan üreteceği sonucuna ulaşırız.

İşte, bu yaklaşımla, ağırlaşmış bir yük-kütlenin, aynı anda hem elektromanyetizmayı ve hem de kütleçekimini aynı anda indüklediğini farz edelim. İşte, bu etki günümüz fiziği ile açıklanamayan bir olgu meydana getirecektir. Dolayısıyla bu çalışmada, bu tekillik noktası civarında her indüklenen elektromanyetik alanın, aslında doğal bir mekanizma olarak buna paralel bir kütleçekim alanı da oluşturacağını ve her ikisinin de belirli şartlarda kuplaj halinde olduğunu farz edeceğiz. Fakat bununla birlikte, bu yaklaşımı test etmenin kolay olmadığını ve dünyadaki laboratuar koşullarında imkansız olduğunu vurgulamak isterim. Dolayısıyla bu etki, doğanın en düşük ölçekteki mikro-gravitik etkisinden kaynaklanmaktadır ki, bu etki ancak 5. Boyutta hissedilebilecek bir ölçektedir.

Einstein-Maxwell Denklemlerinin Zayıf Alan Yaklaşımı:

Kütleçekimi ve Elektromanyetizma arasındaki analojiyi kurmadan önce, aşağıdaki varsayımları ön kabul olarak varsayacağız:

1- Bütün göreli hareketlerin ışık hızından düşük fakat yakın hızlarda, partiküllerin özel relativiteye yakın bir ölçekte hareket ettikleri,
2- Hareket eden bütün kütlelerin kinetik ve potansiyel enerjilerinin, partiküllerin uzay-zamanın eğriliğinden etkilenen bileşenlerinin ihmal edildiğini,
3- Kütleçekim alanının çok güçlenmesi durumunda teorinin geçerli olduğunu, aksi haldeki zayıf alan yaklaşımında kuramın tamamıyla Newton dinamiği veya Einstein özel relativitesine yakınsayacağını,
4- Kütleçekimsel ve Elektromanyetik etkileşimlerin gerçekleştiği uzay-zaman ölçeğinin çok büyük olmadığını ve yaklaşık olarak Sicim kuramının desteklediği Planck ölçeğine yakın olduğunu.

varsayacağız.

Burada, Einstein-Maxwell elektrodinamik denklem-lerine geçmeden önce, teormizin temelini oluşturan Einstein-Maxwell tipi alan denklemlerini vereceğiz. Daha sonra ise, buradan çıkan sonuçlarla, elektro-gravitasyon kuramımıza ilişkin temel tansör denklemlerine ulaşmak için bir analoji kuracağız. Einstein kütleçekim alan denkleminin lineer 4-boyutlu uzaydaki ifadesi;

$$\Re_{\alpha\beta} - \frac{1}{2} g_{\alpha\beta} = \frac{8\pi G}{c^2} T_{\alpha\beta} \quad (1.1)$$

şeklindedir. Şimdi, dikkat edersek burada, metrik tansöre indüklenen kütleçekim alanından dolayı ek bir elektromanyetik bileşen ilave edersek;

$$g_{\alpha\beta} \cong \eta_{\alpha\beta} + h_{\alpha\beta} \quad (1.2)$$

şeklinde olsun. Buradaki indisler sırasıyla, $\alpha, \beta = 0,1,2,3$ olarak $\eta_{\alpha\beta} = (+1,-1,-1,-1)$ olarak düz-uzay zaman metriğine ait bileşenleri (tekillik içermeyen) ve $|h_{\alpha\beta}| \langle\langle 1$ olması şartında, Minkowsky 4-boyutlu metrik uzay-zamanına yakınsasın. İlave beşinci boyut etkisiyle, tekillik yüzeyinden içeriye girildiğinde, madde ışık hızına bağımlı olarak bu düz uzay-zamandan sapacağından, koşullarımız $|h_{\alpha\beta}|$'nin 1'den büyük kalma şartıyla sınırlansın.

Şimdi bu metrik tönsör formunu kullanarak, Ricci tansörü üzerinde de bir yaklaşım yapalım;

$$\Re_{\alpha\beta} \cong -\frac{1}{2}\left(\frac{1}{c^2}\frac{\partial^2}{\partial t^2} - \Delta\right) h_{\alpha\beta} \quad (1.3)$$

$$\Re \cong \eta^{\alpha\beta}\Re_{\alpha\beta} = \frac{1}{2}\left(\frac{1}{c^2}\frac{\partial^2}{\partial t^2} - \Delta\right) h \quad (1.4)$$

Şimdi bu denklemleri göz önüne alıp ve $\left[h_{\alpha\beta}-\frac{1}{2}\eta_{\alpha\beta}h\right]_{,\beta}=0$ ayar alanı "Gauging" şartı altında, kütleçekim potansiyelinin şu şekilde değiştiğini düşünelim;

$$\bar{h}_{\alpha\beta}=h_{\alpha\beta}-\frac{1}{2}\eta_{\alpha\beta}h \qquad (1.5)$$

Şimdi elde ettiğimiz yukarıdaki yeni Ricci tansörü denklemlerini Einstein alan denkleminde yerine koyarsak;

$$\left(\frac{1}{c^2}\frac{\partial^2}{\partial t^2}\right)\bar{h}_{\alpha\beta}-\Delta\bar{h}_{\alpha\beta}=-\frac{16\pi G}{c^4}T_{\alpha\beta} \qquad (1.6)$$

olur.

Einstein-Maxwell Tipi Kütleçekim Alan Denklemlerinin Elde Edilmesi:

Şimdi aynı benzer analojiyle, yukarıdaki tanım-ladığımız kütleçekim alanına ilişkin vektör potansiyelini kullanarak, Einstein-Maxwell tipi alan denklemlerini elde edelim. İlk yaklaşımımızda, boş uzay için tüm bileşenlerin zamanla değişmediğini farz ederek (Enerji-Momentum tansöründe sıfırıncı bileşeni alarak), ρ_g, tüm kütleye ilişkin ışık hızında titreşen graviton (KÜTLE) yoğunluğu olmak üzere;

$$T_{00}=\rho_g c^2 \qquad (1.7)$$

olsun. Zayıf alan yaklaşımında, elektromanyetizma ile kütleçekimi arasındaki kuplaj sağlandığında, Kapalı bir V hacmi içerisinde sıkıştırılmış olan graviton kütle yoğunluğu, dış yüzeye

$$\left(\frac{1}{c^2}\frac{\partial^2}{\partial t^2}\right)\bar{h}_{\alpha\beta} - \Delta\bar{h}_{\alpha\beta} = -\frac{16\pi G}{c^4}T_{\alpha\beta}$$

denklemine göre, çözüm olarak aşağıdaki Poisson denklemine indirgenen bir akı yoğunluğu oluşturacaktır;

$$\varphi_g = \frac{c^2\bar{h}_{00}}{4} = -\frac{1}{4\pi\varepsilon_g}\int_V \frac{\rho_g}{r}dV \qquad (1.8)$$

Burada, φ, kütleçekimine ilişkin skaler potansiyel ve εg, plazma ortamının kütleçekim dielektrik geçirgenliği (permeabilitesi)'dir. **G**, Newton genel çekim sabiti cinsinden bu kütleçekim geçirgenlik sabitini hesaplarsak;

$$\varepsilon_g^* = \frac{1}{4\pi G} = 1.19\times10^9 \frac{kg.s^2}{m^3} \qquad (1.9)$$ olur.

*Teorimiz açısından, bu gravitasyonel gravito-dielektrik sabitinin çok büyük önemi olacaktır.

Şimdi, Enerji-Momentum tansörünün birinci, yani bir üst terimini; kütleçekim alanı potansiyelinin zamanla değişmediğini, fakat plazma içerisindeki kütlenin tekillik noktası civarında belirli bir açısal hızda dönmekte olan bir öteleme hareketinin olduğunu varsayarak, yeniden hesaplarsak;

$$T_{0i} = -\rho_g c^2\left(\frac{v_i}{c}\right) \qquad (1.10)$$

Şimdi, yeniden zayıf alan yaklaşımıyla, singularite civarındaki kütleçekimsel transfer sırasındaki yoğunluk akısını (mass flux density) $\vec{p} = \rho_g\vec{v}$ olarak, aşağıdaki gibi tanımlarsak;

$$\vec{A}_g = -\frac{c\bar{h}_{0i}}{4} = -\frac{\mu_g}{4\pi}\int_V \frac{\vec{p}}{r} dV \qquad (1.11)$$

Buradaki μ_g, ortamın gravito-elektromanyetik geçirgenliği (permeabilitesi) olarak; Newtonsal çekim sabiti cinsinden tanımlanırsa;

$$\mu_g = \frac{4\pi G}{c^2} = 9.31\times10^{-27}\frac{m}{kg} \qquad (1.12)$$

şeklindedir. Bu iki sabit, ileride yazacağımız Genişletilmiş Maxwell-Kütleçekim alan denklemlerinde de yer alacaktır ve göreceğiz ki, bu elde ettiğimiz sonuç önemli olup, ileride gerçekten de, her üç alan bileşeninin de, kuantalanması ve bu denklemlerde simetrinin sağlanmasıyla aynen elektromanyetik dalgalarda olduğu gibi, kütleçekim dalgalarının da aşağıdaki verildiği gibi, ışık hızında hareket etmesi gerektiğini ön görecektir.

$$c = \frac{1}{\sqrt{\varepsilon_g \mu_g}} \qquad (1.13)$$

Şimdi, Gravito-elektrik ve Gravito-manyetik alanları, $\vec{G}$ ve $\vec{B}_g$ şeklinde aşağıdaki gibi tanımlarsak;

$$\vec{G} = -\Delta\varphi_g - \frac{\partial \vec{A}_g}{\partial t} \left[\frac{m}{s^2}\right]$$

$$\vec{B}_g = rot\left(\vec{A}_g\right)\left[\frac{1}{s}\right] \qquad (1.14)$$

Bu durumda, Einstein-Maxwell denklemleri şu şekilde tanımlanır;

$$\nabla \vec{G} = -\frac{\rho_g}{\varepsilon_g},$$

$$\nabla . \vec{B}_g = 0,$$

$$\nabla \times \vec{G} = -\frac{\partial \vec{B}_g}{\partial t},$$

$$\nabla \times \vec{B}_g = -\mu_g \rho_g \vec{v} + \frac{1}{c^2}\frac{\partial \vec{G}}{\partial t}$$

EINSTEIN-MAXWELL DENKLEMLERİ (1.15)

Şimdi bu diferansiyel formdaki denklemleri eğer hacim içerisinde integral denklem olarak yazdığımızda, tüm yük ve kütlenin merkezde toplandığını varsayalım. Çünkü, çalışmamız boyunca, bu tekillik noktası civarındaki yoğunlaşan maddenin, süreksizlikten ve kuant yapıdan çok, sürekli bir yük-kütle içeren plazma ortamına yakınsayacağını farz edeceğiz ve bu da ancak tüm kütlenin merkezi bir noktada toplanması gerektiğini şart koşacaktır.

Elektromanyetizma ve Kütleçekim Arasındaki Kuplaj Bağlantısının Elde Edilmesi:

Dikkat edersek, yukarıda yazdığımız Einstein-Maxwell denklemleri, ancak lineer bir uzayda tanımlanan alan bileşenleri için uygun çözüm verdiğini görürüz. Örneğin çok ağırlaşmış bir kütle yoğunlaşması ve uzay-zamanın aşırı eğrildiği bir durumda bu denklemlerin uygun çözüm vermediğini söylemeliyiz. Şimdi, elektromanyetizma ve kütleçekimsel madde için, aralarındaki yük-kütle içeren kuplaj bağlantılarını belirleyen denklemleri yazarsak;

$$\rho_g = \left(\frac{1}{\varepsilon_g} + \mu_g \right) \frac{m}{\underbrace{Q\}\begin{matrix}\rho_e \\ \rho_m\end{matrix}}_{Kuplaj}} \quad (1.16)$$

$$\varphi_g = -\frac{m}{\underbrace{Q\}\begin{matrix}\rho_e \\ \rho_m\end{matrix}}_{Kuplaj}} \frac{\varepsilon_0}{\varepsilon_g} \varphi_{e,m} \quad (1.17)$$

$$\vec{A}_g = -\frac{m}{\underbrace{Q\}\begin{matrix}\rho_e \\ \rho_m\end{matrix}}_{Kuplaj}} \frac{\mu_g}{\mu_0} \vec{A}_{e,m} \quad (1.18)$$

Burada, Q partikülün yükü ve m kütlesidir. Denklemlerdeki oranlara dikkat edersek, Hareketli bir iyon düşünüldüğünde, m/Q oranı, ağırlaşmış bir kütle ve yük içeren, ışık hızındaki bir yük için, sıradan bir elektron için olan değerden oldukça farklı bir değer alarak, hemen hemen aynı ölçeğe gelecektir. Bu yüzde, bu gibi bir koşulda, hemen hemen gravito-elektrik manyetik alan ile gravito-manyetik alan bileşenlerinin aşağıdaki gibi eşdeğer hale gelebileceğini ön görebiliriz;

$$\frac{\varepsilon_0}{\varepsilon_g} \frac{\mu_0}{\mu_g} = 1 \quad \Leftrightarrow \quad \frac{\varepsilon_0}{\varepsilon_g} = \frac{\mu_g}{\mu_0} \quad (1.19)$$

$$\kappa = -\frac{m}{Q}\frac{\mu_g}{\mu_0} = -\frac{m}{Q}\frac{\varepsilon_0}{\varepsilon_g} = -7.41\times10^{-21}.\frac{m}{Q} \quad (1.20)$$

Burada ***K***, Kuplaj sabitidir. Bu durumda, Kuplaj sabiti cinsinden, elektromanyetik bileşenlerle gravito-elektromanyetik bileşenleri aşağıdaki gibi ilişkilen-direbiliriz;

$$\varphi_g = \kappa.\varphi_{e,m}$$

$$\vec{A}_g = \kappa.\vec{A}_{e,m}$$

$$\vec{G} = \kappa.\vec{E}_{e,m}$$

$$\vec{B}_g = \kappa.\vec{B}_{e,m} \quad (1.21)$$

Elektromanyetizma ve kütleçekiminin arasındaki bir birleştirme mekanizması ve kuplaj bağlantısı, ağır kütlelerde kuplaj katsayısı uygun değerler veren ölçümler yapılabilirse, mesela ağır iyonlar veya güçlü ferromağnetik malzemeler gibi, burada ele aldığımız bağlantı hakkında çok daha fazla ipucu elde edilebilir. Bununla birlikte, burada elde ettiğimiz kuplaj bağlantısı ikisi arasındaki kuvvet alanı farkının 10^{-21} mertebelerinde olduğunu gösterse de, şimdilik, singularite (tekillik noktası) civarındaki aşırı manyetize olmuş plazma ortamında bu kuplaj bağlantısının, otomatik olarak sağlandığı ön kabulüyle hareket edeceğiz.

Fakat yine, Newton mekaniği ölçeğinde bile, eşit yüke sahip aynı kütledeki iki yükün hareketinde bile, bu ölçek farkı mevcut olmasına rağmen, göreli elektrodinamik hareketinde meydana gelen eletromanyetik alanın etrafında, çok zayıf da olsa bir kütleçekim alanı endüklediği şartını kabul etmememiz için de bir neden yoktur.

Bununla birlikte, elde ettiğimiz 6. Maxwell denklemine göre, sadece gravito-elektromanyetik alanı üreten aşırı yoğun nötron veya pulsar yıldızları dışında, elektromanyetik alanın salt kendi başına yanında kuvvetli bir kütleçekim alanı endüklediğini gözlemleyebileceğimiz, bir doğa olayı da yok gibi görünmektedir.

A- GENELLEŞTİRİLMİŞ "EİNSTEİN-SCHRÖDINGER-KURŞUNOĞLU" KÜTLEÇEKİMİ ALANI DENKLEMLERİNDEN "EİNSTEİN-MAXWELL" TİPİ DENKLEMLERİN ELDE EDİLMESİ

Enerji-Momentum tansörü olarak bulduğumuz, $\Re$ ve $\hat{\Re}_{\mu\nu}$'ye ait denklemlerdeki toplam 11 ifade, 5-Boyutlu uzay-zamana ait toplam 15 Alan Denkleminin 11'ini oluşturmaktadır. Bu 11 Alan Denklemi, 5-Boyutlu uzaya ve zamana ait bileşenleri (r,θ,ϕ,t) belirlemektedir.

Geri kalan 4 Alan Denklemi ise;

$$\hat{\Re}_{(A)(B)} = \kappa\left(\hat{T}_{(A)(B)} - \frac{1}{2}\hat{g}_{(A)(B)}\hat{T}\right) \quad (1.22)$$

$$\hat{\Re}_{(\mu)(\nu)} \text{ ve } \hat{g}_{\mu\nu} = e^{2\beta} g_{\mu\nu} \quad (1.23)$$

denklemlerinin birleşiminden oluşan;

$$D_{(\lambda)}\left[\frac{e^{-2\beta}}{2}F_{(\mu)}{}^{(\lambda)} + P^{\lambda}_{\mu}\right] + e^{-2\beta}F_{(\mu)(\rho)}\left(F^{(\rho)} + \beta^{(\rho)}\right)$$
$$+\varepsilon\beta_{(\sigma)}\left(4\psi^{\sigma}_{\mu} - \delta^{\sigma}_{\mu}\psi\right) = \kappa\hat{T}^{(4)}_{(\mu)} \quad (1.24)$$

denklemiyle verilir.

Burada, $P^{\lambda}_{\mu} = \varepsilon\left(\hat{\psi}^{\lambda}_{\mu} - \delta^{\lambda}_{\mu}\hat{\psi}\right) = \varepsilon\left(\psi^{\lambda}_{\mu} - \delta^{\lambda}_{\mu}\psi\right)$ olarak tanımlanabilir. Bu dört Alan Denklemi ise, beklediğimiz gibi Kütleçekim Alanı, Elektrik Alan ve Manyetik Alana ait bileşenleri;

$$G_{\mu\nu} = f\left(\vec{G}_{x,y,z;t}, \vec{E}_{x,y,z;t}, \vec{B}_{x,y,z;t}\right) \quad (1.25)$$

şeklinde belirlemektedir. Daha sonra göreceğimiz gibi bu yukarıdaki dört denklem takımı;

$$\vec{G}_{\mu x}=\vec{B}_{\mu x}+\vec{E}_{\mu x},$$

$$\vec{G}_{\mu y}=\vec{B}_{\mu y}+\vec{E}_{\mu y},$$

$$\vec{G}_{\mu z}=\vec{B}_{\mu z}+\vec{E}_{\mu z},$$

$$\vec{G}_{tt4}=\vec{B}_{tt4}+\vec{E}_{tt4}.$$

şeklinde; elektrik alan, manyetik alan ve kütleçekim alanı için "*kaynakları da içeren*", homojen olmayan "MAXWELL" Denklemlerine indirgenecektir. Bu durumda, kaynakları içermeyen homojen Maxwell Denklemlerini aşağıdaki formda yazarsak:

$$F_{(A)(B)|(C)}+F_{(B)(C)|(A)}+F_{(C)(A)|(B)}$$
$$=F_{(A)(B)}F_{(C)(4)}+F_{(B)(C)}F_{(A)(4)}+F_{(C)(A)}F_{(B)(4)} \quad (1.26)$$

ve $F_{(A)(B)}$ Antisimetrik Tansörünün komütatif özelliğinden dolayı;

$$\left(\phi_{|(N)(M)}-\phi_{|(M)(N)}=\phi_{|(P)}F^{(P)}_{(N)(M)}=\phi_{(4)}F_{(N)(M)}\right);$$

$$F_{(\mu)(\nu)|(4)}=F_{(\mu)|(\nu)}-F_{(\nu)|(\mu)} \quad \text{ve,}$$

$$F_{(\mu)(\nu)|(\lambda)}+F_{(\nu)(\lambda)|(\mu)}+F_{(\lambda)(\mu)|(\nu)}$$
$$=F_{(\mu)(\nu)}F_{(\lambda)}+F_{(\nu)(\lambda)}F_{(\mu)}+F_{(\lambda)(\mu)}F_{(\nu)} \quad (1.27)$$

olur. Bu ifade ise, belirli sınır koşulları altında, bir "*Elektromanyetik Alan Tansörüne*" eşdeğerdir. Buradan da görüldüğü gibi, kütleçekim alanı tansörü ifadesi ile Maxwell denklemlerine ait alan tansörü ifadesi birbirine eşdeğer (Biri kaynakları içerirken, diğeri içermeyen) olmaktadır.

5-BOYUTLU UZAY-ZAMANDA KOORDİNAT YAPISI

Daha önce tanımladığımız 5-Boyutlu uzay-zamana ait koordinat yapısı oldukça basitti. Klasik literatürde bu koordinatlardan ilk dördü, bildiğimiz 4- Boyutlu fiziksel uzay-zamana ait değişkenler olarak karşımıza çıkarken geriye kalan koordinat, 5. boyuta ait koordinat bileşeni olarak tanımlanır. $x^{\mu}=\xi^{A}$ olarak uzay-zamana ait temel birim vektörleri (ilk dördü) şu şekilde tanımlarsak:

$$\hat{e}^{0}_{A}=(1,0,0,0,0),$$
$$\hat{e}^{1}_{A}=(0,1,0,0,0),$$
$$\hat{e}^{2}_{A}=(0,0,1,0,0), \quad (1.28)$$
$$\hat{e}^{3}_{A}=(0,0,0,1,0).$$

ve 5. Boyuta ait temel birim vektör de:

$$\hat{e}^{A}_{(4)}=\varepsilon\psi^{A}=\left(0,0,0,0,\frac{\varepsilon}{\phi}\right) \quad \text{ve} \quad \gamma_{44}=\varepsilon\phi^{2}$$

olarak tanımlanabilir. Yukarıdaki vektör takımı 5-Boyutlu uzay-zamana ait "*koordinat yapısını*" oluşturmaktadır. Ayrıca, $\gamma_{\mu 4}=\varepsilon\phi^{2}A_{\mu}$ olduğunu göz önüne alırsak; temel birim vektörleri aşağıdaki gibi bir forma sokabiliriz:

$$\hat{e}^{A}_{(0)}=(1,0,0,0,-A_{0}),$$
$$\hat{e}^{A}_{(1)}=(0,1,0,0,-A_{1}),$$
$$\hat{e}^{A}_{(2)}=(0,0,1,0,-A_{2}),$$
$$\hat{e}^{A}_{(3)}=(0,0,0,1,-A_{3}),$$
$$\hat{e}^{(4)}_{A}=\varepsilon\phi(A_{0},A_{1},A_{2},A_{3},1). \quad (1.29)$$

Bu durumda 5- Boyutlu diferansiyel birim uzaklık ifadesi:

$$dS^2 = e^{2\beta} g_{\mu\nu} dx^\mu dx^\nu + \varepsilon\phi^2 \left(d\xi^4 + A_\mu dx^\mu\right)^2$$ olur. (1.30)

Buradaki $\hat{g}_{\mu\nu} = e^{2\beta} g_{\mu\nu} = \gamma_{\mu\nu} - \varepsilon\phi^2 A_\mu A_\nu$ olarak tanımlıdır. 5-Boyutlu uzay-zamandaki bir diferansiyel yer değiştirme ifadesi olan;

$$dx^\mu = d\xi^\mu, dx^{(4)} = \hat{e}_A^{(4)} d\xi^A = \varepsilon\phi\left(d\xi^4 + A_\mu dx^\mu\right)$$ diferansiyeli ve temel birim vektörlerden yararlanarak $F_{(\mu)(\nu)}$ ve $F_{(\mu)}$ Tansörlerinin spesifik koordinat yapısını tanımlarsak:

$$F_{(\mu)(\rho)} = \varepsilon\phi\left(A_{\rho|(\mu)} - A_{\mu|(\rho)}\right),$$

$$F_{(\mu)} = \frac{\phi_{|(\mu)}}{\phi} - \varepsilon\phi A_{\mu|(4)}.$$ (1.31)

Φ için, burada kullanılan "*yönlü türev*" ifadesini, sabit bir *Φ* keyfi değişken fonksiyonu için şöyle yazabiliriz:

$$\phi_{|(4)} = \varepsilon \frac{\phi_{,A}}{\phi},$$

$$\phi_{|(\mu)} = \phi_{,\mu} - \phi_{,4} A_\mu$$ (1.32)

Buradaki virgül, kısmî diferansiyel türev ifadesini göstermektedir. Yukarıdaki tanımlanan tüm denklemlerdeki büyüklükler aşağıdaki dönüşüm altında invariant olacaktır;

$$x^{\mu} = \overline{x}^{\mu},$$
$$\xi^{4} = \overline{\xi}^{4} + f\left(\overline{x}^{0}, \overline{x}^{1}, \overline{x}^{2}, \overline{x}^{3}\right) \quad (1.33)$$

Bu dönüşüm altında,

$$\overline{\gamma}_{\mu\nu} = \gamma_{\mu\nu} + \varepsilon\phi^{2}\left(A_{\mu} f_{,\nu} + A_{\nu} f_{,\mu} + f_{,\mu} f_{,\nu}\right)$$ ve
$$\overline{A}_{\mu} = \left(A_{\mu} + f_{,\mu}\right)$$ olur.

İndirgenmiş metrik tansör $\hat{g}_{\mu\nu}$ ve $g_{\mu\nu}$ invariant kalır. Christoffel sembolleri $\hat{\Gamma}^{\lambda}_{\mu\nu}$ ve $\Gamma^{\lambda}_{\mu\nu}$ invariant kalır.

Aynı zamanda; $\overline{\phi}_{,\mu} = \phi_{,\mu} + \phi_{,4} f_{,\mu}$

$$\overline{A}_{\mu,\nu} = A_{\mu,\nu} + A_{\mu,4} f_{,\nu} + f_{,\mu,\nu}$$ ve
$$\overline{A}_{\mu|(\nu)} = A_{\mu|\nu} + f_{,\mu,\nu}$$ olur.

Böylece Antisimetrik Tansör $F_{(\mu)(\nu)}$ ve 4-vektör Tansörü $F_{(\mu)}$ invariant kalır.

Bu durumda $F_{(\mu)(\nu)}$ Tansör ifadesini şöyle tanımlayabiliriz:

$$\hat{F}_{\mu\nu} = \left(A_{\nu|(\mu)} - A_{\mu|(\nu)}\right) = \left(D_{(\mu)} A_{\nu} - D_{(\nu)} A_{\mu}\right)$$
$$= \left(A_{\nu,\mu} - A_{\mu,\nu}\right) + \left(A_{\nu} A_{\mu,4} - A_{\mu} A_{\nu,4}\right) \quad (1.34)$$

Bu denklem ise, extra boyuta bağlı olmayan durumlarda bildiğimiz Elektromanyetik Tansöre; $\hat{F}_{\mu\nu} = \left(A_{\nu,\mu} - A_{\mu,\nu}\right)$ şeklinde indirgenecektir. Böylece elde ettiğimiz bu $\hat{F}_{\mu\nu}$ Tansörünü, "**Genelleştirilmiş Elektromanyetik Tansör**" olarak adlandırabiliriz.

Böylece, genelleştirilmiş elektromanyetik tansör;

$\hat{F}_{(\mu)(\nu)} = \varepsilon\phi\hat{F}_{\mu\nu}$ olarak ifade edilebilir. (1.35)

B- 5- BOYUTLU KOORDİNAT YAPISINDAKİ "ÖZEL DURUMLARA" BAĞLI DENKLEM TİPLERİNİN ELDE EDİLMESİ VE SONUÇLARI

En genel haliyle, 4-Boyutlu Enerji-Momentum Tansörleri ve Ricci Tansörüne ilişkin basitleştirilmiş tek bir denklem elde etmek mümkün değildir. Fakat basitleştirilmiş bazı fiziksel varsayımlar yaparak, aşağıdaki üç duruma ilişkin tipte özel denklem çözümlerini elde etmek mümkündür.

Bunlar:

i)- Extra boyuta (5. Boyut) bağlı olmayan ve Elektromanyetik Alan içeren durumlar,
ii)- Elektromanyetik Alan içermeyen ve extra boyuta bağlı durumlar,
iii)- Extra boyuta bağlı olmayan ve Elektromanyetik Alan içermeyen durumlar.

i)- KLASİK KALUZA-KLEİN TEORİSİ: EXTRA BOYUTA BAĞLI OLMAYAN VE $(\gamma_{\mu 4} \neq 0)$ OLAN DURUMLAR

Bu durumda $T_{\mu\nu}^{(I)}$ bileşeni Enerji-Momentum Tansöründen indirgenir. Diğer bileşenler ise:

$$T_{\mu\nu}^{(II)} = \frac{1}{\phi}\left(\phi_{\mu;\nu} - g_{\mu\nu}\phi_{;\alpha}{}^{\alpha}\right),$$

$$T_{\mu\nu}^{(III)} = 2\beta_{\mu;\nu} - 2\beta_{\mu}\beta_{\nu} - g_{\mu\nu}\left(2\beta_{;\alpha}{}^{\alpha} + \beta_{\alpha}\beta^{\alpha}\right),$$

$$T_{\mu\nu}^{(IV)} = \varepsilon\frac{\phi^2 e^{-2\beta}}{2}\left[F_{\mu\rho}F_{\nu}{}^{\rho} - \frac{1}{4}g_{\mu\nu}F_{\lambda\rho}F^{\lambda\rho}\right],$$

$$T_{\mu\nu}^{(V)} = -\frac{1}{\phi}\left(\beta_{\mu}\phi_{\nu} + \beta_{\nu}\phi_{\mu} + g_{\mu\nu}\beta_{\alpha}\phi^{\alpha}\right). \qquad (1.36)$$

olur. İfadelerdeki Noktalı virgül, *kovariant diferansiyel yönlü türev* ifadesini gösterir. Benzer şekilde Skaler Alan (Φ) için dalga denklemi ifadelerini de indirgersek:

$$\phi_{;\alpha}{}^{\alpha} + 2\phi_{\alpha}\beta^{\alpha} = \varepsilon\frac{e^{-2\beta}}{4}\phi^3 F_{\lambda\rho}F^{\lambda\rho} - \phi e^{2\beta}\hat{\Re}_{(4)}^{(4)},$$

$$\left(\phi^3 F^{\mu\lambda}\right)_{;\lambda} = 2\varepsilon\phi e^{4\beta}\kappa T_4^{(\mu)},$$

$$F_{[\mu\nu;\lambda]} = 0. \qquad (1.37)$$

Elektromanyetik tip denklemlerini elde ederiz.

ii)- UZAY-ZAMANIN ZAR YAPISINI OLUŞTURAN TEORİLER: EXTRA BOYUTA (5. BOYUT) BAĞLI VE $(\gamma_{\mu 4} = 0)$ OLAN DURUMLAR

Bu durumda; yani $(\gamma_{\mu 4} = 0)$ olması, $A_\mu=0$ olmasını gerektirecektir. Böylece Enerji-Momentum Tansörünün bileşenleri, $T_{\mu\nu}^{(IV)} = 0$ olması dışında bir önceki durumla aynı olacaktır. Ayrıca, $T_{\mu\nu}^{(I)}$ bileşeni iki parçadan oluşmaktadır: ${}^{(\varphi)}T_{\mu\nu}^{(I)}$ ve

$^{(\beta)}T_{\mu\nu}^{(I)}$ bileşenleri. Birinci bileşen $^{(\varphi)}T_{\mu\nu}^{(I)}$, extra boyuta bağlı fiziksel metrik tansörün türevine bağlı olurken; ikinci bileşen $^{(\beta)}T_{\mu\nu}^{(I)}$, extra boyuta bağlı olan "*β Faktörünün*" türevine bağlı olmaktadır. Yani;

$$^{(\varphi)}T_{\mu\nu}^{(I)} = \varepsilon \frac{e^{2\beta}}{\phi^2}\left[\begin{matrix} \overset{*}{\varphi}_{\mu\nu} - \dfrac{\overset{*}{\phi}}{\phi}\varphi_{\mu\nu} - 2\varphi_{\mu\rho}\varphi_\nu^\rho + \varphi\varphi_{\mu\nu} \\ + g_{\mu\nu}\left(\dfrac{\overset{*}{\phi}}{\phi}\varphi - \overset{*}{\varphi} - \dfrac{1}{2}\varphi^2 - \dfrac{1}{2}\varphi_{\lambda\rho}\varphi^{\lambda\rho}\right)\end{matrix}\right] \quad (1.38)$$

Ve

$$^{(\beta)}T_{\mu\nu}^{(I)} = \varepsilon \frac{e^{2\beta}}{\phi^2}\left[\begin{matrix} \overset{*}{\beta}\left(4\varphi_{\mu\nu} - 4\varphi g_{\mu\nu} + 3\dfrac{\overset{*}{\phi}}{\phi}g_{\mu\nu}\right) \\ -3g_{\mu\nu}\left(\overset{**}{\beta} + 2(\overset{*}{\beta})^2\right)\end{matrix}\right] \quad (1.39)$$

denklemlerindeki φ ifadesi:

$$\varphi_{\mu\nu} = \frac{1}{2}\overset{*}{g}_{\mu\nu},$$

$$\varphi^{\mu\nu} = -\frac{1}{2}\left(g^{\mu\nu}\right)^*,$$

$$\varphi = g^{\mu\nu}\varphi_{\mu\nu}. \quad (1.40)$$

ve Skaler Alan Φ ifadesi:

$$\phi^{\alpha}_{;\alpha}=-2\phi_{\alpha}\beta^{\alpha}-\varepsilon\frac{e^{2\beta}}{\phi}\left[\begin{array}{l}\left(\overset{*}{\varphi}-\frac{\overset{*}{\phi}}{\phi}\varphi+\varphi_{\lambda\rho}\varphi^{\lambda\rho}\right)\\+4\left(\overset{**}{\beta}+(\overset{*}{\beta})^{2}-\frac{\overset{*}{\phi}}{\phi}\overset{*}{\beta}+\frac{1}{2}\overset{*}{\beta}\varphi\right)\\+\varepsilon\phi^{2}\hat{\Re}^{(4)}_{(4)}\end{array}\right] \qquad (1.41)$$

olur. Bu ifadelerdeki "*" işareti, extra boyuta bağlı *kısmî diferansiyel türevi* göstermektedir. Yukarıdaki Φ skaler alan ifadesinden yararlanarak;

$$T_{\mu\nu}^{(I)}+T_{\mu\nu}^{(II)}=\left[\frac{\phi_{\mu;\nu}}{\phi}+2g_{\mu\nu}\frac{\phi_{\lambda}}{\phi}\beta^{\lambda}\right]+$$

$$\varepsilon\frac{e^{2\beta}}{\phi^{2}}\left[\begin{array}{l}\overset{*}{\varphi}_{\mu\nu}-\frac{\overset{*}{\phi}}{\phi}\varphi_{\mu\nu}-2\varphi_{\mu\rho}\varphi^{\rho}_{\nu}+\varphi\varphi_{\mu\nu}\\+g_{\mu\nu}\left(-\frac{1}{2}\varphi^{2}+\frac{1}{2}\varphi_{\lambda\rho}\varphi^{\lambda\rho}\right)\end{array}\right]+ \qquad (1.42)$$

$$\varepsilon\frac{e^{2\beta}}{\phi^{2}}\left[4\overset{*}{\beta}\varphi_{\mu\nu}-g_{\mu\nu}\left(\begin{array}{l}2(\overset{*}{\beta})^{2}+\frac{\overset{*}{\phi}}{\phi}\overset{*}{\beta}+2\varphi\overset{*}{\beta}\\-\overset{**}{\beta}-\varepsilon\phi^{2}\hat{\Re}^{(4)}_{(4)}\end{array}\right)\right].$$

olarak da $T_{\mu\nu}^{(I)}$ ve $T_{\mu\nu}^{(II)}$ toplam ifadesi yazılabilir. Bu son denklem ise, zar-dünyası teorilerinde kullanılan uzay-zaman modelleri için *ξ^4=sabit* denklemi olarak da düşünülebilir. Bu model için genellikle, *ξ^4=0* olarak seçilebilir.

β = 0 **OLMASI DURUMU**

Ele aldığımız birinci durum için, *β=0* olması durumunda;

$T_{\mu\nu}^{(III)} = 0$, $T_{\mu\nu}^{(IV)} = 0$ ve (1.43)

$\left(\phi^3 F^{\mu\lambda}\right)_{;\lambda} = (4\pi / c) J^{\mu}$ olur. (1.44)

Buradaki $J^{\mu} = \varepsilon c \phi T_4^{(\mu)}$ olarak *"yük-akım yoğunluğu"* olarak karşımıza çıkmaktadır. Yani, *"Elektromanyetik yük-akım kaynağı"*.

Ele aldığımız ikinci durum için, *β=0* olması durumunda $\hat{T}_{\mu}^{(4)} = 0,\ D_{\lambda} P_{\mu}^{\lambda} = 0$ ve $\hat{\Re}_{\mu}^{(4)} = 0$ olur. Bu denklemler ise, 4-Boyutlu uzay-zamana ait Einstein denklemlerinden başka bir şey değildir. Zar-dünyası modelleri açısından bakıldığında ise, $\varphi_{\mu\nu}$ uzay-zamana ait zar yapının "Eğriliğinin" bir ölçüsü olmasından dolayı $\overset{*}{\varphi}_{\mu\nu}$, *β=0* durumunda zarın sınır bölgesinin eğriliğinin (diferansiyel türevinin) extra boyuta bağlı değişimi olarak karşımıza çıkar. Dolayısıyla, kütleçekim alanının bu sınır yüzeyi bölgesindeki çözümleri aradığımız birleşik alan denklemlerinin süpersicim membrane (D-zar) yüzeyi bileşenlerini oluşturacaktır.

$\overset{*}{\phi}$ skaler fonksiyonu ise, boşluğun serbest kütleçekim alanına bağlı "**WEYL-DİRAC Tansörü**" olarak adlandırılır.

Bu durumda;

TÜM UZAY-ZAMAN yapısı
=5-BOYUTLU ZAR yapısı
=WEYL-DİRAC +RİCCİ Tansörlerinin toplamı

olarak da düşünülebilir.

Bu D-Zar yüzeyi üzerindeki bir noktanın değişimini ise, bu iki tansöre bağlı fonksiyonların değişimi belirlemektedir.

iii)- EXTRA BOYUTA (5. BOYUT) BAĞLI OLMAYAN VE $(\gamma_{\mu 4} = 0)$ OLAN DURUMLAR

Bu durumda, Elektromanyetik Alan bileşeninin olmadığını ve $e^{2\beta}$ uydurma faktörünün skaler alan (Φ)'nin bir fonksiyonu olduğunu düşünebiliriz. Yani $e^{2\beta}=F(\Phi)$ olur.

Bu durumda $T_{\mu\nu}^{(IV)} = 0$ ve

$$T_{\mu\nu}^{(II)} + T_{\mu\nu}^{(III)} + T_{\mu\nu}^{(V)} = (1+2\phi f)\left(\frac{\phi_\mu}{\phi}\right)_{;\nu}$$

$$+\left(1+2\phi^2 f_\phi - 2\phi^2 f^2\right)\frac{\phi_\mu \phi_\nu}{\phi^2} \tag{1.45}$$

$$-g_{\mu\nu}\left[(1+2\phi f)\left(\frac{\phi_\alpha}{\phi}\right)_{;\alpha} + \left(1+3\phi f + 2\phi^2 f_\phi + \phi^2 f^2\right)\frac{\phi_\alpha \phi^\alpha}{\phi^2}\right]$$

olur.

Burada, $f = (1/2F)(dF/d\phi)$ ve $f_\phi = df/d\phi$ 'dir.

Örneğin, $F=\Phi^{2n}=e^{2v(r)}$ gibi bir skaler potansiyel vektör alanı olarak seçilirse; "*n*" reel keyfi bir skaler vektör alanı fonksiyonu olmak üzere, yukarıdaki eşitlikteki denklemi sağlayan bir özel çözüm elde edilebilir.

II- GENEL DURUMDA 5-BOYUTLU "İNDİRGENMİŞ MAXWELL TİPİ" DENKLEMLERİN ELDE EDİLMESİ VE SONUÇLARI

Bu bölümde en genel haliyle, 4-Boyutlu indirgenmiş Enerji-Momentum Tansörleri ve Ricci Tansörüne ilişkin koordinat sistemine bağlı bir bileşen (*Φ* koordinatı) boyunca ele alacağımız fiziksel büyüklüklerin sabit kaldığını düşünerek küresel simetrinin korunduğunu ve bu varsayım altında Kaluza-Klein teorisinin Maxwell denklemlerine indirgenebilen çözümlerini elde edeceğiz. Daha sonra da, bu denklemlere ilişkin yeni bir Elektromanyetik Kütleçekim Alanı Tansörü yapısı oluşturacağız.

A- SİLİNDİRSEL BİLEŞENE (Φ) BAĞLI OLMAYAN VE $(\gamma_{\mu 4} \neq 0)$ DURUMUNDA "MANYETİK YÜK" VE "MANYETİK AKIM" İÇEREN DENKLEMLERİN ELDE EDİLMESİ

Bu durumda, yani $(\gamma_{\mu 4} \neq 0)$ durumunda;

$F_{\mu\nu} \rightarrow F_{\mu\nu} + \left(A_{\nu,4} f_{\mu} - A_{\mu,4} f_{,\nu}\right)$ dönüşümü altında $\hat{F}_{\mu\nu}$'nin invariant kalmasından dolayı elde edilecek tansör çözümleri, elektromanyetik tipte 4-Boyutlu "Manyetik Akım" ve "Elektrik Akım" kaynaklarını içeren Kütleçekim-Alanı denklemlerine indirgeneceğini göreceğiz.

$\hat{F}_{\mu\nu}$ Tansörüne ilişkin, manyetik ve elektrik akım kaynaklarını içeren maxwell tipi denklemlerden yararlanarak;

$F_{(\mu)(\nu)} = \varepsilon \phi \hat{F}_{\mu\nu}$ ifadesini; (2.1)

$$F_{(\mu)(\nu)|(\lambda)} + F_{(\nu)(\lambda)|(\mu)} + F_{(\lambda)(\mu)|(\nu)}$$

$$= F_{(\mu)(\nu)}F_{(\lambda)} + F_{(\nu)(\lambda)}F_{(\mu)} + F_{(\lambda)(\mu)}F_{(\nu)} \quad (2.2)$$

$$F_{(\mu)(\rho)} = \varepsilon\phi\left(A_{\rho|(\mu)} - A_{\mu|(\rho)}\right),$$

$$F_{(\mu)} = \frac{\phi_{|(\mu)}}{\phi} - \varepsilon\phi A_{\mu|(4)}.$$

(2.3)

denklemlerinde yerine koyarsak:

$$\hat{F}_{\mu\nu)|(\lambda)} + \hat{F}_{\nu\lambda|(\mu)} + \hat{F}_{\lambda\mu|(\nu)} =$$

$$-(\hat{F}_{\mu\nu}M_{\lambda} + \hat{F}_{\nu\lambda}M_{\mu} + \hat{F}_{\lambda\mu}M_{\nu}) \quad (2.4)$$

denklemi elde edilir.

Burada $M_{\nu} = A_{\nu,4} = \varepsilon\phi A_{\nu|(4)} = \overset{*}{A}_{\nu}$ 'dir. Elde edilen bu tansör denkleminde ise, aradığımız üç alan denklemi olan, Elektrik, Manyetik ve Kütleçekim Alan Tansörleri, akım kaynaklarını da içerecek şekilde bir arada bulunmaktadır. Dolayısıyla, $\hat{F}_{\mu\nu)|(\lambda)}$ ifadesi Kütleçekim Alan Tansörüne; $\hat{F}_{\nu\lambda|(\mu)}$ ifadesi Manyetik Alan Tansörüne; $\hat{F}_{\lambda\mu|(\nu)}$ ifadesi ise, Elektrik Alan Tansörüne denk düşmektedir.

$$E_i = \hat{F}_{0i},$$

$$B_{ij} = \hat{F}_{ij},$$

$$B^{i} = -\frac{1}{2\sqrt{\lambda}}\varepsilon^{ijk}B_{jk}$$

(2.5)

olmak üzere $E_i, \vec{E}$ Elektrik Alanına; ***B**^{i}* ise $\vec{B}$ Manyetik alanına eşdeğerdir. Burada, ***B**^{i}* manyetik alanının kütleçekim alanının eğriliğini belirleyen özel bir önemi vardır ki, o da bu bileşenin kütleçekim alanının esas belirleyici geometrik özelliği olan helezonik yapısını kazandırmasıdır. Dolayısıyla, manyetik alanın olmadığı durumlarda (örneğin, manyetik yükün sıfır olduğu ideal bir vakum ortamında) kütleçekimi düz bir uzay-zaman hattı izlemesi gerekirken; bu manyetik alanın varlığında kütleçekim alanı spiral bir yapı kazanmıştır.

İfadelerdeki *λ*, 3-Boyutlu uzay-zamanın $\left(\hat{\Re}_{(\mu)(3)}\right)$ metrik determinantıdır. 3-Boyutlu uzay-zaman cinsinden yukarıdaki ifadelerde $\mu \rightarrow i, \nu \rightarrow j$ ve $\lambda \rightarrow 0$ indislerini koyarsak:

$$(1)\hat{\nabla} \times E = -\frac{1}{2\sqrt{\lambda}} \frac{\partial\left(\sqrt{\lambda}B\right)}{\partial x^{(0)}} - \hat{J}_m,$$

$$(2)\hat{J}_m = M_0 B - \left(E \times M\right). \qquad (2.6)$$

denklemleri elde edilir. Burada $\vec{M} = \left(M_1, M_2, M_3\right)$ koordinat bileşenlerine sahip manyetik akım yoğunluğu vektörü olmak üzere *M₀* ve *M,* 3-Boyutlu skaler ve vektörel büyüklükler cinsinden $4D \rightarrow 3D$ dönüşümü altında invarianttır.

Şimdi $\mu \rightarrow 1, \nu \rightarrow 3$ ve $\lambda \rightarrow 3$ indislerini,

$$\hat{F}_{\mu\nu)|(\lambda)} + \hat{F}_{\nu\lambda|(\mu)} + \hat{F}_{\lambda\mu|(\nu)} =$$
$$-(\hat{F}_{\mu\nu}M_\lambda + \hat{F}_{\nu\lambda}M_\mu + \hat{F}_{\lambda\mu}M_\nu) \quad (2.7)$$

denkleminde yerine koyarsak ve yeniden düzenlersek:

$$(3)\hat{\nabla}.B = \hat{\rho}_m,$$

$$(4)\hat{\rho}_m = -(B.M). \quad (2.8)$$

denklemleri elde edilir. İşte bu (1), (2), (3) ve (4) denklemleri $\vec{B}$ Manyetik alanı ve $\vec{E}$ Elektrik Alanının oluşturduğu Kütleçekim Alanının kaynağı olan büyüklükleri ($\hat{\rho}_m$ "Manyetik Yükü" ve $\hat{J}_m$ "Manyetik Akım Yoğunluğu") içeren aradığımız 5-Boyutlu Sonuç Maxwell denklemleridir. Şimdi elde ettiğimiz Bu dört Maxwell denklemini, elektriksel akım kaynaklarını da içerecek şekilde yeniden düzenlersek:

$$(5)\frac{1}{\sqrt{\lambda}}\frac{\partial}{\partial x^{(0)}}\left(\sqrt{\lambda}\hat{\rho}_m\right)+\hat{\nabla}.\hat{J}_m^{\mu} = \hat{\nabla}.(E\times M),$$

$$(6)\hat{\nabla}\times B = \frac{\partial(\sqrt{\lambda}E)}{\partial x^{(0)}} + \hat{J}_e^{\mu}. \quad (2.9)$$

denklemleri elde edilir. Şimdi de bu altı denklemi, 5-Boyutlu uzaydan 4-Boyutlu uzaya dönüşümü sağlayan $5D \rightarrow 4D$ İnvariant Transformasyonu altında $\vec{G}$ Kütleçekim Alanına ait $\overline{F}_{\mu\nu}$ Kütleçekim Alan Tansörünü toplu halde ve tek bir denklemde ifade edecek şekilde yeniden düzenlersek:

$$\overline{J}_m^{\rho} = J_e^{\mu} - \frac{1}{2\sqrt{-g}}\varepsilon^{\rho\mu\nu\lambda}\overset{*}{F}_{\mu\nu} f_{\lambda} \quad (2.10)$$

Tansör denklemi elde edilir. İşte sonunda, sonuç olarak aradığımız kaynakları da içeren 5-Boyutlu Kütleçekim Alan Tansörü'nü elde etmiş olduk. Tansör Denklemindeki, f_{λ} ifadesi, Alan Bileşenlerini 5. Boyuttan 4. Boyuta kodlayan Sınır-Teğet Yüzeyi üzerindeki ortamın, ışık hızına (*c*) bağlı, Manyetik ve Elektrik Alan Metrik Tansör fonksiyonlarına;

$\varepsilon^{\rho\mu\nu\lambda}$ ifadesi;

(NOT: Bu ifade, 5-Boyutlu uzay-zamanda boş uzay için, Elektromanyetik Kütleçekim Dalga hızını belirleyen $f_\lambda = \sqrt{\lambda_{00}} = 1/c^2 = \varepsilon_g \mu_g$'a eşittir), yüzeyin elektrik geçirgenliğine (Bu ifade, 5-Boyutlu uzay-zamanda boş uzay için $\varepsilon^{00} = \varepsilon_0$'a eşittir); $\sqrt{-g}$ ifadesi, yüzeyin manyetik geçirgenliğine (Bu ifade, 5-Boyutlu uzay-zamanda boş uzay için $\sqrt{g_{00}} = \mu_{00} = \mu_0$'a eşittir) denk gelmektedir.

Şimdi bu Tansör Denklemini yukarıda elde ettiğimiz 5-Boyutlu altı Maxwell Denklemine göre yeniden düzenleyip, Kütleçekim Alanını elde etmek üzere, tek bir denklemde ifade edersek:

Denklemin sol tarafındaki $\bar{J}^{\rho}_{m}$ ifadesi, Kütleçekim Tekillik merkezindeki Manyetik alanın kaynağı olan, MANYETON'un (Manyetik Monopol) ($\hat{\rho}_m$) oluşturduğu Kütleçekim Alanının kaynağı olan "Graviton Akım Yoğunluğuna" ($\hat{\rho}_g$); denklemin sağ tarafındaki J^{μ}_{e} ifadesi, Kütleçekim Sınır-Teğet yüzeyi üzerindeki elektriksel yük yoğunluğunun ($\hat{\rho}_e$) oluşturduğu Elektrik Alanının kaynağı olan "Elektrik Akım Yoğunluğuna" denk gelmektedir.

Şimdi $\mu \to i, \nu \to j$ ve $\lambda \to 0$ indislerini koyarak Maxwell denklemlerine göre bu tansör denklemini yeniden düzenlersek, aşağıdaki Kütleçekim Alanı Denklemlerini elde ederiz:

$$(7)\frac{\sqrt{-g}}{2\sqrt{\lambda}}\frac{\partial}{\partial x^{(0)}}\left(\sqrt{\lambda}\hat{\rho}_g\right)+\hat{\nabla}.\hat{J}^{\mu}$$

$$=\left(\frac{-\varepsilon^{\delta 0ij}}{2}\right)\hat{\nabla}.G,$$

$$(8)\hat{\nabla}\times G=\sqrt{-g}\left(\hat{J}_e^{\mu}-\hat{J}_m^{\mu}\right) \qquad (2.11)$$

$$+\left(\frac{\partial(\sqrt{\lambda}E)}{\partial x^{(0)}}-\frac{\partial(\sqrt{\lambda}B}{\sqrt{\lambda}\partial x^{(0)}}\right).$$

Buradaki, $\hat{\rho}_m$ "Manyetik Yük Yoğunluğu", $\hat{J}_m$ "Manyetik Akım Yoğunluğu" ve $\hat{J}^{\mu}$ "Elektrik Akım Yoğunluğu" fiziksel büyüklüklerine ilişkin bazı özellikler aşağıda verilmektedir:

1)- İnvariant $5D\rightarrow 4D$ transformasyonu altında $\vec{B}$ ve $\vec{E}$ Alanları,

$$\bar{J}_m^{\rho}=J_e^{\mu}-\frac{1}{2\sqrt{-g}}\varepsilon^{\rho\mu\nu\lambda}\overset{*}{F}_{\mu\nu}f_{\lambda} \qquad (2.12)$$

transformasyonuna göre invariant kalacaktır. Burada "*g*", 5-Boyutlu uzay-zamandan 4-Boyutlu uzay-zamana dönüşüm sırasındaki metrik katsayıdır. Bu denklem dikkatli incelenirse, Elektrik ve Manyetik Alana göre simetrik olarak yazılmış olduğu ve bunun sonucunda da denklemin sol tarafındaki $\bar{J}_m^{\rho}$ ifadesinden dolayı mutlaka Manyeton'un oluşturduğu Graviton akım yoğunluğundan kaynaklanan ve $\bar{F}_{\mu\nu}$ Kütleçekim Alan Tansörünün kaynak yükünü oluşturan GRAVİTON'u öngördüğünü açıkça görebiliriz.

Dolayısıyla Kütleçekim Alan Tansörlerini 5-Boyutlu uzaydan 4-Boyutlu uzaya indirgediğimizde kullana-cağımız yeni diferansiyel invariant uzaklık ifadesi bu durumda:

$$ds^2 = \left[\sqrt{g_{00}}dx^0 + \left(g_{0i} / \sqrt{g_{00}}\right)dx^i\right]^2 + \left[-\left(g_{0j}g_{0k} / g_{00}\right) + g_{ik}\right]dx^i dx^k \quad (2.13)$$

ve 4-Boyutlu uzay-zamana ait metrik determinant:

$$\lambda_{ij} = -g_{ij} + \left(g_{0j}g_{0k} / g_{00}\right),$$
$$-g = g_{00}\lambda. \quad (2.14)$$

olur.

Bu durumda $\hat{\rho}_m$ ve $\hat{J}_m^{\rho}$ arasındaki ilişki:

$$\rho_g = \sqrt{g_{00}}J_m^0, \quad J_m^0 = \rho_m,$$
$$J_m^{\rho} = \sqrt{g_{00}}J_m^k. \quad (2.15)$$

olur.

$\hat{\rho}_g$ ve $\hat{J}_m^k$ arasındaki ilişki:

$$\rho_m = \sqrt{g_{00}}\rho_g,$$
$$J_m^k = \left(\rho_m, J_m^x, J_m^y, J_m^z\right) \quad (2.16)$$

Ve $\hat{\rho}_e$, $\hat{\rho}_m$ ve $\hat{\rho}_g$ arasındaki ilişki ise:

$$\rho_g = \frac{\rho_e}{\varepsilon^{\rho\lambda}} + \sqrt{g_{00}}\rho_m,$$
$$J_m^\rho = \left(\rho_m, \sqrt{\lambda}J_m^x, \sqrt{\lambda}J_m^y, \sqrt{\lambda}J_m^z\right)$$
$$+\left(\frac{\rho_e}{\sqrt{\lambda}}, J_x^\mu, J_y^\mu, J_z^\mu\right). \qquad (2.17)$$

$\vec{J}_e^k$, $\vec{M}_m^k$ ve $\vec{M}_g^k$ arasındaki ilişki ise:

{Elektriksel, manyetik ve kütleçekimsel akım yoğunlukları arasındaki ilişki}

$$\vec{M}_g^k = \frac{\varepsilon_e^\rho}{\mu_m^\rho}\left(\vec{j}_e^k - \vec{M}_m^k\right)\cdot \underbrace{\frac{\vec{m}_g}{\rho_{e,m}}}_{Kuplaj} \qquad (2.18)$$

Denklemlerdeki $\bar{J}_m^\mu$ ve $\bar{F}_{\mu\nu}$ tansörleri arasındaki ilişki ise:

$$\rho_e = \varepsilon^{00}\rho_g, \quad J_0^\mu = \rho_e,$$
$$J_k^\mu = \varepsilon^{00} J_k^\rho,$$
$$J_m^\mu = \varepsilon^{\rho\lambda}.J_m^\rho,$$
$$\sqrt{-g}\bar{J}_m^\rho = -\left(\varepsilon^{\rho\lambda\mu\nu}/2\right)\bar{F}_{\mu\nu,\lambda}. \qquad (2.19)$$

şeklinde olur. λ'ya bağlı rotasyonel ve diverjans ifadelerini ise herhangi bir skaler "a" vektör alanı cinsinden şöyle tanımlayabiliriz:

$$(\nabla \times a)^i = \left(1/2\sqrt{\lambda}\right)\varepsilon^{ijk}(a_{k,j} - a_{j,k}),$$
$$\nabla . a = \left(1/\sqrt{\lambda}\right)\left(\sqrt{\lambda}a^i\right)_{,i},$$
$$\hat{\nabla} \times a = \nabla \times a + \overset{*}{a} \times A,$$
$$\hat{\nabla} . a = \nabla . a - \left(1/\sqrt{\lambda}\right)\left(\sqrt{\lambda}a^i\right)^* A_i. \qquad (2.20)$$

Hermitian "*M*" akım yoğunluğu Dirac matrisini de tanımlarsak;

$$M = \begin{pmatrix} a & b+ic \\ b-ic & -a \end{pmatrix},$$
$$M^2 = \left(a^2 + b^2 + c^2\right)I,$$
$$\Delta = \det\left(1 + M\right) = \left|1 - M\right| = 1 - a^2 - b^2 - c^2,$$
$$\left(I + M\right)^{-1} = \left(I - M\right)/\Delta,$$
$$\det\left[\Delta^{1/2}\left(1 + M\right)^{-1}\right] = 1. \qquad (2.21)$$

2)- $\hat{J}_m^{\rho}$ ifadesindeki ε faktörü, daha önceki Enerji-Momentum tansörü ifadelerindeki benzer durumlar gibi 5-Boyutlu uzay-zamanın extra boyutunun (5. Boyutun) bir etkisidir Dolayısıyla bu etki Elektrik Alandan kaynaklanmaktadır ve skaler alanların ölçek değiştirmesi durumunda (Örneğin, $\phi \to \kappa\phi$ olması gibi) fiziksel büyüklüğün (Örneğin, Elektrik Alan gibi) invariant kalmasını sağlar.

3)- ρ_m ve J_m yük yoğunluklarının korunumlu olduğu fiziksel durumlarda ρ_m ve J_m ifadeleri şöyle tanımlanabilir:

$$\rho_m = -(B.M) - (\nabla \times M).A,$$

$$J_m = M_0 B - (E \times M) + \left(\overset{*}{E} \times A\right)$$

$$+ A_0 \left[(\nabla \times M) + \left(\overset{*}{M} \times A\right) \right]. \quad (2.22)$$

4)- Yukarıdaki sonuç denklemlerden ve $\hat{F}_{\mu\nu}$ Antisimetrik Elektromanyetik Kütleçekim Tansörünün yapısından dolayı extra koordinata bağlı olmayan durumda (yani 5. Boyutun olmaması durumunda $(\gamma_{4\mu} = 0)$) bu denklemler kaynak içermeyen Maxwell denklemlerine indirgenecekti. Yani:

$$\hat{\nabla}.\vec{B} = 0,$$

$$\hat{\nabla} \times \vec{E} = \frac{-1}{\sqrt{\lambda}} \frac{\partial\left(\sqrt{\lambda}\vec{B}\right)}{\partial t}. \quad (2.23)$$

olacaktı. Fakat, 4-Boyutlu uzay-zamanın üzerindeki boyutlara çıkıldığında kendisini kütleçekim alanı olarak hissettiren Manyetik Monopoller (Manyetik yükler veya Manyetonlar), Kütleçekim Yükleri (veya Gravitonlar) ve diğer Elektriksel Akım kaynaklarının varlığını matema-tiksel olarak elde ettiğimiz 5-Boyutlu maxwell denklem-lerine göre kabul etmeliyiz.

Çünkü, bu durumda; (3) ve (6) denklemlerine göre;

$\hat{\nabla}.\vec{B} = \rho_m$ ve $\hat{\nabla} \times \vec{B} = \frac{\partial(\sqrt{\lambda}\vec{E})}{\partial t} + \hat{J}_e^{\mu}$ şeklinde bir manyetik yük akım yoğunluğunun oluşturduğu $\vec{B} = sabit\left(\hat{r} / r^3\right)$ denklemiyle verilebilen bir manyetik alan; (1) ve (5) denklemlerine göre de;

$$\hat{\nabla}.\vec{E} = \frac{\rho_e}{\varepsilon}, \quad \hat{\nabla} \times \vec{E} = \frac{-1}{\sqrt{\lambda}} \frac{\partial\left(\sqrt{\lambda}\vec{B}\right)}{\partial t} - \hat{J}_m^{\mu} \tag{2.24}$$

ve

$$\frac{1}{\sqrt{\lambda}} \frac{\partial}{\partial t}\left(\sqrt{\lambda}\hat{\rho}_m\right) + \hat{\nabla}.\hat{J}_m = \hat{\nabla}.\left(\vec{E} \times \vec{M}\right)$$

şeklinde bir elektrik yük akım yoğunluğunun oluşturduğu $\vec{E} = sabit\left(\hat{r} / r^3\right)$ alanı ve (7) ve (8) denklemlerine göre ise;

$$\frac{\sqrt{-g}}{2\sqrt{\lambda}} \frac{\partial}{\partial t}\left(\sqrt{\lambda}\hat{\rho}_g\right) + \hat{\nabla}.\hat{J}^{\mu} = \left(\frac{-\varepsilon^{\delta 0 ij}}{2}\right)\hat{\nabla}.\vec{G}, \tag{2.25}$$

$$\hat{\nabla} \times \vec{G} = \sqrt{-g}\left(\hat{J}_e^{\mu} - \hat{J}_m^{\mu}\right)$$

$$+\left(\frac{\partial(\sqrt{\lambda}\vec{E})}{\partial t} - \frac{\partial(\sqrt{\lambda}\vec{B}}{\sqrt{\lambda}\partial t}\right) \tag{2.26}$$

şeklinde bir graviton akım yoğunluğunun oluşturduğu:

$$\left[\vec{G} = sabit\left(\hat{r} / r^3\right)\right] = \left[\vec{B} = sabit\left(\hat{r} / r^3\right)\right] + \left[\vec{E} = sabit\left(\hat{r} / r^3\right)\right]$$

kütleçekim alanı mevcuttur.

(3) ve (5) denklemlerine dikkat edilirse, manyetik alanın oluşması için, $\hat{\nabla}.\vec{B} = \rho_m$ şeklinde sabit bir manyetik yük yoğunluğu (Manyetik Monopol); elektrik alanın oluşması için;

$$\hat{\nabla}\times\vec{E}=\frac{-1}{\sqrt{\lambda}}\frac{\partial\left(\sqrt{\lambda}\vec{B}\right)}{\partial t}-\hat{J}_{m}^{\mu}$$

şeklinde sabit bir elektriksel yük akım yoğunluğu gerekli ve yeterli olduğu halde; kütleçekim alanının oluşması için ise;

$$\frac{\sqrt{-g}}{2\sqrt{\lambda}}\frac{\partial}{\partial t}\left(\sqrt{\lambda}\hat{\rho}_{g}\right)+\hat{\nabla}.\hat{J}^{\mu}=\left(\frac{-\varepsilon^{\delta 0ij}}{2}\right)\hat{\nabla}.\vec{G} \quad (2.27)$$

şeklinde sabit bir manyetik alanın yanı sıra hareket halindeki kütleçekim yükleri mutlaka gereklidir. Dolayısıyla buradan, kütleçekim alanı çizgilerinin elektrik ve manyetik alan çizgileri gibi sabit olmadığını, kütleçekim alanının oluşması için sabit manyetik monopollerin yanı sıra kütleçekim alanını bir yerden bir yere taşıyacak parçacıklara, yani Planck ölçeğinde Sicimsi yapılar halinde sıralanmış bulunan ve tüm uzay-zamanı kaplayarak sürekli dinamik durumda bulunan ve titreşen Graviton'lara, gereksinim olduğu sonucunu çıkarabiliriz ve bunun sonucunda da, kütleçekim alanının elektrik ve manyetik alan gibi kısa erimli olmadığını, evrensel çapta ve tüm uzay-zamanda genel geçerli olan temel bir dinamik kuvvet alanı olduğunu görebiliriz.

B- SİLİNDİRSEL BİLEŞENE (Φ) BAĞLI OLMAYAN VE $\left(\gamma_{\mu 4}\neq 0\right)$ DURUMUNDA "ELEKTRİK YÜKÜ" VE "ELEKTRİK AKIMI" İÇEREN DENKLEMLERİN ELDE EDİLMESİ

Manyetik yük ve manyetik akım ifadelerini elde ettikten sonra şimdi de bazı yaklaşıklıklar altında ve ara hesaplamaları yapmadan;

$$D_{(\lambda)}\left[\frac{e^{-2\beta}}{2}F_{(\mu)}{}^{(\lambda)}+P_{\mu}^{\lambda}\right]$$
$$+e^{-2\beta}F_{(\mu)(\rho)}\left(F^{(\rho)}+\beta^{(\rho)}\right)$$
$$+\varepsilon\beta_{(\sigma)}\left(4\psi_{\mu}^{\sigma}-\delta_{\mu}^{\sigma}\psi\right)=\kappa\hat{T}_{(\mu)}^{(4)} \qquad (2.28)$$

Alan denklemlerinden "*Elektrik Akımı*" içeren tansör çözümünü şöyle elde edebiliriz:

$$\frac{1}{\sqrt{-g}}\frac{\partial}{\partial x^{\rho}}\left(\sqrt{-g}\phi^{3}\hat{F}^{\mu\rho}\right)$$
$$=\frac{4\pi}{c}\left(J_{m,ind.}^{\mu}+J_{e,ind.}^{\mu}\right) \qquad (2.29)$$

Burada,

$$\frac{4\pi}{c}J_{e,ind.}^{\mu}=\left[\begin{array}{l}\dfrac{\left(\sqrt{-g}\phi^{3}\hat{F}^{\mu\rho}\right)^{*}}{\sqrt{-g}}A_{\rho}\\ +2\phi^{3}\hat{F}^{\mu\rho}M_{\rho}\end{array}\right]$$
$$-2\phi^{2}e^{2\beta}\left[\begin{array}{l}\beta_{\sigma}\left(4\psi^{\mu\sigma}-g^{\mu\sigma}\psi\right)\\ +\varepsilon D_{(\sigma)}P^{\sigma\mu}\end{array}\right] \qquad (2.30)$$

olarak indüklenen elektrik akım yoğunluğu,

c ışık hızı ve $\phi^{3}=-3\left(\phi_{\rho}/\phi\right)\hat{F}^{\mu\rho}$ olarak elektriksel akım ve yük yoğunluğuna bağlı boş uzayın "*Polarizasyon Katsayısıdır*".

Biraz sonra, böylece en genel durumda (Silindirsel bileşene (Φ) bağlı olmayan ve $(\gamma_{\mu 4} \neq 0)$ durumunda) 5-Boyutlu uzay-zamandan 4-Boyutlu uzay-zamana indirgenmiş tansör denklemlerinin çözümlerini içeren;

Kütleçekim Alanı $(\vec{G})$,

Manyetik Alan $(\vec{B})$ ve

Elektrik Alana $(\vec{E})$ ilişkin;

MAXWELL DENKLEMLERİ'nin:

$$(1)\quad \hat{\nabla}.\vec{G} = -\left(\frac{1}{\varepsilon_g} + \mu_g\right)\rho_g$$

$$(2)\quad \hat{\nabla}.\vec{E} = \frac{\rho_e}{\varepsilon_r}$$

$$(3)\quad \hat{\nabla}.\vec{B} = \mu_r \rho_m$$

$$(4)\quad \hat{\nabla}\times\vec{E} = -\mu_r \vec{M} - \frac{\partial \vec{B}}{\partial t}$$

$$(5)\quad \hat{\nabla}\times\vec{B} = \mu_r \vec{J} + \varepsilon_r \mu_r \frac{\partial \vec{E}}{\partial t} \qquad (2.31)$$

$$(6)\quad \hat{\nabla}\times\vec{G} = \mu_g\left(\vec{J} - \vec{M}\right)$$

$$+\varepsilon_g \mu_g \left(\frac{\partial \vec{E}}{\partial t} - \frac{1}{\varepsilon_g \mu_g}\frac{\partial \vec{B}}{\partial t}\right)$$

şeklinde basitçe ve şık bir şekilde yazılabileceğini, elde edilebileceğini göreceğiz. Dikkat edilirse, burada birleştirme esnasında Einstein-Maxwell kuramından farklı olarak, B'nin yani manyetik alanın rotasyonelini alırken, neden içerisinde kütleçekim alanına ait bileşen olmadığına, dikkat çekebiliriz.

Bu duruma doğadan şöyle bir basit örnek vererek açıklayabiliriz; Değişen bir manyetik alan etrafında daima bir elektrik alan ve ikisi birleşerek bir elektromanyetik dalga üretir; hakat buna rağmen, elektromantizmanın indüklenmesi, burada tamamen kütleçekiminden farklı olarak etrafında rotasyonel bir kütleçekim oluşturmaz. Çünkü, kütleçekim alanı uzayın sonsuz erimine doğru helezonik yönlenen ve tekillik noktasında sona eren bir rotasyonele sahiptir, elektromanyetizmadan farklı olarak. Bunun sonucunda da, tekillik civarında kütlenin indüklenmesiyle bir elektromanyetik birleşik alanın üretileceğini varsayabiliriz, fakat bunun yanında bunu tersi bir durum için söyleyemeyiz. Bu yüzden, indüklenen bir elektriksel veya manyetik yük değişiminin oluşması ile buna paralel bir kütleçekimi alanının meydana gelmesi, belki manyetik monopol yüzeyinde mümkün görünse de, şimdilik bu konunun detayına girmeyip, burada kütleçekimsel dalganın her üç alanın birleşik bir yapıdan türetildiğini varsayacağız. Ayrıca burada, ele alınan alan bileşenleri gravito-elektrik veya gravito-manyetik şeklinde, birleşik bir yapının 3 ayrı parçası gibi davrandığından, böyle bir ek terime gerek yoktur..

III-GENEL DURUMDA 5-BOYUTLU "İNDİRGENMİŞ KÜTLEÇEKİM ALAN TANSÖRÜNÜN" ELDE EDİLMESİ VE SONUÇLARI

Kütleçekim Alanı $(\vec{G})$**, Manyetik Alan** $(\vec{B})$ ve **Elektrik Alanı** $(\vec{E})$ için bulduğumuz bağıntılar, bunların üç ayrı 4-vektörün uzay bileşenleri gibi davranmadıklarını gösteriyor. Tersine, eylemsiz bir referans sisteminden diğerine geçtiğimizde $(\vec{E})$, $(\vec{B})$ ve $(\vec{G})$'nin bileşenleri birbirine karışmaktadır. O halde dönüşüm bağıntılarına uyan ve altı bileşenli olan bu büyüklük ne olabilir? Yanıt: İkinci dereceden 4-Boyutlu Antisimetrik bir Tansör. Böylece ilk üç boyut uzayı, 4. Boyut ise "BEŞİNCİ BOYUT ZAMANINI" oluşturacaktır. İlk üç boyut, sadece Elektrik Alan içerirken; 4. Boyut Zamanı da içerecektir; 5. Boyut ise Manyetizma ve Kütleçekimini oluşturacaktır. 5. Boyut, ilk dört boyut ile bağlantısını bir KARADELİK TEKİLLİĞİ vasıtasıyla sağlayacaktır.

4-Vektörlerin Lorentz dönüşümünü hatırlarsak:

$$a^{\mu'} = \Lambda^{\mu}_{\nu} a^{\nu} \quad (3.1)$$

Burada Λ Lorentz dönüşüm matrisidir. Eğer *S'* sistemi *x*-yönünde *v* hızıyla gidiyorsa;

$$\Lambda = \begin{bmatrix} \gamma & -\gamma\beta & 0 & 0 \\ -\gamma\beta & \gamma & 0 & 0 \\ 0 & 0 & 1 & 0 \\ 0 & 0 & 0 & 1 \end{bmatrix} \text{ olur. } (3.2)$$

Λ^{μ}_{ν} ise, μ. satır v. sütun elemanıdır. İkinci dereceden (yani iki indisli) bir tansör dönüşürken, her bir indis için birer Λ gerekir:

$$(t')^{\mu\nu} = \Lambda^{\mu}_{\lambda} \Lambda^{\nu}_{\sigma} t^{\lambda\sigma} \quad (3.3)$$

Dört boyutta ikinci dereceden tansörün 4×4=16 elemanı vardır;

$$t^{\mu\nu} = \begin{bmatrix} t^{00} & t^{01} & t^{02} & t^{03} \\ t^{10} & t^{11} & t^{12} & t^{13} \\ t^{20} & t^{21} & t^{22} & t^{23} \\ t^{30} & t^{31} & t^{32} & t^{33} \end{bmatrix} \quad (3.4)$$

Fakat, 16 elemanın her biri farklı olmayabilir. Örneğin, Simetrik Tansör:

$$t^{\mu\nu} = t^{\nu\mu} \quad \text{(Simetrik Tansör) } (3.5)$$

olarak tanımlanır. Bu durumda köşegene göre simetrik elemanlar eşit olur;

$$\begin{pmatrix} t^{01} = t^{10}, t^{02} = t^{20}, t^{03} = t^{30}, \\ t^{12} = t^{21}, t^{13} = t^{31}, t^{23} = t^{32} \end{pmatrix}.$$

6 eleman tekrarlandığı için tansörün 10 farklı elemanı olabilir. Benzer şekilde, Antisimetrik Tansör:

$$t^{\mu\nu} = -t^{\nu\mu}$$ (*Antisimetrik Tansör*) (3.6)

olarak tanımlanırsa, bunun 6 farklı elemanı olabilir; daha önceki 6 eleman eksi işaretli olarak tekrarlanır ve köşegen üzerindeki dört eleman $\left(t^{00}, t^{11}, t^{22}, t^{33}\right)$ sıfırdır. Buna göre, en genel antisimetrik tansör şöyle olur:

$$t^{\mu\nu} = \begin{bmatrix} 0 & t^{01} & t^{02} & t^{03} \\ -t^{10} & 0 & t^{12} & t^{13} \\ -t^{20} & -t^{21} & 0 & t^{23} \\ -t^{30} & -t^{31} & -t^{32} & 0 \end{bmatrix}$$ (3.7)

Şimdi, dönüşüm kuralının antisimetrik tansörü nasıl dönüştürdüğüne bakarsak;

$$(t')^{01} = \Lambda^0_\lambda \Lambda^1_\sigma t^{\lambda\sigma}$$ (3.8)

Fakat, λ = 0,1 dışında $\Lambda^0_\lambda = 0$ olacaktır. Benzer şekilde σ = 0,1 dışında $\Lambda^1_\sigma = 0$ olur. O halde, çift toplamadan dört terim gelir:

$$(t')^{01} = \Lambda^0_0\Lambda^1_0 t^{00} + \Lambda^0_0\Lambda^1_1 t^{01} + \Lambda^0_1\Lambda^1_0 t^{10} + \Lambda^0_1\Lambda^1_1 t^{11} \quad (3.9)$$

Antisimetrik Tansör için $\left(t^{00} = t^{11} = 0\right)$ ve $\left(t^{01} = -t^{10}\right)$ olduğunu göz önüne alırsak;

$$(t')^{01} = \left(\Lambda^0_0\Lambda^1_1 - \Lambda^0_1\Lambda^1_0\right)t^{01} = \left[\gamma^2 - (\gamma\beta)^2\right]t^{01} = t^{01} \quad (3.10)$$ bulunur.

Diğer elemanlar için de benzer dönüşüm hesabı yapılırsa;

$$(t')^{01} = t^{01}, (t')^{02} = \gamma\left(t^{02} - \beta t^{12}\right),$$
$$(t')^{03} = \gamma\left(t^{03} + \beta t^{31}\right),$$
$$(t')^{23} = t^{23}, (t')^{31} = \gamma\left(t^{31} + \beta t^{03}\right), \quad (3.11)$$
$$(t')^{12} = \gamma\left(t^{12} - \beta t^{02}\right).$$

Bu ifadeler ise elektromanyetik alan tansörü $F^{\mu\nu}$ ile aynı yapıdadır. Bu durumda karşılıklı elemanlara bakarak $F^{\mu\nu}$ alan tansörü elemanlarını şöyle kurabiliriz:

$$F^{01} = \frac{E_x}{c}, F^{02} = \frac{E_y}{c}, F^{03} = \frac{E_z}{c},$$
$$F^{12} = B_z, F^{31} = B_y, F^{23} = B_x \quad (3.12)$$

Şimdi, Alan tansörünü matris şeklinde gösterirsek:

$$F^{\mu\nu} = \begin{bmatrix} 0 & E_x/c & E_y/c & E_z/c \\ -E_x/c & 0 & B_z & -B_y \\ -E_y/c & -B_z & 0 & B_x \\ -E_z/c & B_y & -B_x & 0 \end{bmatrix} \quad (3.13)$$

Bu tansöre ilişkin $E/c \rightarrow B$ ve $B \rightarrow -E/c$ değişimleri yapılarak oluşturulan "*Dual Tansör*" ise;

$$K^{\mu\nu} = \begin{bmatrix} 0 & B_x & B_y & B_z \\ -B_x & 0 & -E_z/c & E_y/c \\ -B_y & E_z/c & 0 & -E_x/c \\ -B_z/c & -E_y/c & E_x/c & 0 \end{bmatrix} \quad (3.14)$$

olur. Lorentz dönüşümünden yararlanarak yük ve akım yoğunluklarını tanımlarsak:

$$\rho = \frac{\rho_{e0}}{\sqrt{1-v^2/c^2}}, \quad (3.15)$$

$$\vec{J} = \frac{\rho_{e0}\vec{u}}{\sqrt{1-v^2/c^2}}, \quad (3.16)$$

$$\vec{M} = \frac{\rho_{m0}\vec{u}}{\sqrt{1-v^2/c^2}}, \quad (3.17)$$

Burada $\vec{u}$ akım yönündeki birim vektör, ρ_0 ele alınan referans sistemine bağlı "Öz yük yoğunluğu" ve *c* ışık hızı olmak üzere; yük ve akım yoğunluğu için bir 4-Vektör oluşturursak;

$$J^{\mu} = \rho_0 \eta^{\mu} \quad \text{ve, } (3.18)$$

Elektrik akım yoğunluğu 4-vektörünün bileşenleri şöyle olur:

$$J^{\mu} = \left(c\rho_e, J_x, J_y, J_z\right) \quad \text{olur. } (3.19)$$

Benzer şekilde $c\rho_e \rightarrow \rho_m$ ve $J_{x,y,z} \rightarrow -M_{x.y.z}/c$ koyarak;

Manyetik Akım yoğunluğu için de bir 4-vektör oluşturursak;

$$M^{\mu} = \left(\rho_m, -\frac{M_x}{c}, -\frac{M_y}{c}, -\frac{M_z}{c} \right)$$ (3.20) olur.

Bu durumda maxwell denklemlerinin tümü şöyle özetlenebilir:

$$\frac{\partial F^{\mu\nu}}{\partial x^{\nu}} = \mu_r J^{\mu}, \quad \frac{\partial K^{\mu\nu}}{\partial x^{\nu}} = \mu_r M^{\mu}$$ (3.21)

Bu ifadeye ilişkin, vektörel formda kütleçekim alanına ilişkin 4-Boyutlu Antisimetrik Tansör ifadesini yazarsak:

$$\frac{\partial G^{\mu\nu}}{\partial x^{\nu}} = \frac{\partial F^{\mu\nu}}{\partial x^{\nu}} + \frac{\partial K^{\mu\nu}}{\partial x^{\nu}} = \mu_g \left(J_g{}^{\mu} + M_g{}^{\mu} \right)$$ (3.22) olur.

Tansör ifadesini matrisel vektör alanı şeklinde gösterirsek;

$$\begin{bmatrix} 0 \\ \vec{G}_x \\ \vec{G}_y \\ \vec{G}_z \end{bmatrix} = \begin{bmatrix} 0 & 1/c & 1/c & 1/c \\ -1/c & 0 & 1 & -1 \\ -1/c & -1 & 0 & 1 \\ -1/c & 1 & -1 & 0 \end{bmatrix} . \begin{bmatrix} 0 \\ \vec{E}_x \\ \vec{E}_y \\ \vec{E}_z \end{bmatrix}$$

$$+ \begin{bmatrix} 0 & 1 & 1 & 1 \\ -1 & 0 & -1/c & 1/c \\ -1 & 1/c & 0 & -1/c \\ -1/c & -1/c & 1/c & 0 \end{bmatrix} . \begin{bmatrix} 0 \\ \vec{B}_x \\ \vec{B}_y \\ \vec{B}_z \end{bmatrix}$$

$$= \begin{bmatrix} c & 1 & 1 & 1 \end{bmatrix} . \begin{bmatrix} \rho_e \\ \vec{J}_x \\ \vec{J}_y \\ \vec{J}_z \end{bmatrix}$$

$$+ \begin{bmatrix} 1 & -1/c & -1/c & -1/c \end{bmatrix} . \begin{bmatrix} \rho_m \\ \vec{M}_x \\ \vec{M}_y \\ \vec{M}_z \end{bmatrix} \qquad (3.23)$$

olarak yazılabilir.

Bunun da matrisel formdaki 4×4 boyutlu simetrik alan bileşenleri cinsinden açılımını yaparsak;

Yani,

$$G^{\mu\nu} = \left(D^{\mu\nu}.F^{\mu\nu}\right) + \left(L^{\mu\nu}.K^{\mu\nu}\right)$$
$$= \left[H^{\nu}.J^{\mu} + I^{\nu}M^{\mu}\right] \tag{3.24}$$

olarak yazılırsa, Matris ifadelerindeki;

$$D^{\mu\nu} = \begin{bmatrix} 0 & \beta & \beta & \beta \\ -\beta & 0 & 1 & -1 \\ -\beta & -1 & 0 & 1 \\ -\beta & 1 & -1 & 0 \end{bmatrix}, \tag{3.25}$$

$$L^{\mu\nu} = \begin{bmatrix} 0 & 1 & 1 & 1 \\ -1 & 0 & -\beta & \beta \\ -1 & \beta & 0 & -\beta \\ -\beta & -\beta & \beta & 0 \end{bmatrix}, \tag{3.26}$$

$$H^{\nu} = \begin{bmatrix} 1/\beta & 1 & 1 & 1 \end{bmatrix},$$
$$I^{\nu} = \begin{bmatrix} 1 & -\beta & -\beta & -\beta \end{bmatrix}. \tag{3.27}$$

ve

$(\beta = 1/c)$ olarak tansör katsayıları olmak üzere,

$$\begin{bmatrix} 0 & \vec{G}_x & \vec{G}_y & \vec{G}_z \end{bmatrix} =$$

$$\begin{bmatrix} 0 & 1/c & 1/c & 1/c \\ -1/c & 0 & 1 & -1 \\ -1/c & -1 & 0 & 1 \\ -1/c & 1 & -1 & 0 \end{bmatrix} . \begin{bmatrix} 0 & \vec{E}_x & \vec{E}_y & \vec{E}_z \\ \vec{E}_x & 0 & \vec{B}_z & \vec{B}_y \\ \vec{E}_y & \vec{B}_z & 0 & \vec{B}_x \\ \vec{E}_z & \vec{B}_y & \vec{B}_x & 0 \end{bmatrix}$$

$$+ \begin{bmatrix} 0 & 1 & 1 & 1 \\ -1 & 0 & -1/c & 1/c \\ -1 & 1/c & 0 & -1/c \\ -1/c & -1/c & 1/c & 0 \end{bmatrix} . \begin{bmatrix} 0 & \vec{B}_x & \vec{B}_y & \vec{B}_z \\ \vec{B}_x & 0 & \vec{E}_z & \vec{E}_y \\ \vec{B}_y & \vec{E}_z & 0 & \vec{E}_x \\ \vec{B}_z & \vec{E}_y & \vec{E}_x & 0 \end{bmatrix}$$

$$= \begin{bmatrix} c & 1 & 1 & 1 \end{bmatrix} . \begin{bmatrix} \rho_e \\ \vec{J}_x \\ \vec{J}_y \\ \vec{J}_z \end{bmatrix} + \begin{bmatrix} 1 & -1/c & -1/c & -1/c \end{bmatrix} . \begin{bmatrix} \rho_m \\ \vec{M}_x \\ \vec{M}_y \\ \vec{M}_z \end{bmatrix} \tag{3.28}$$

Genel formdaki kütleçekim alanına ilişkin Tansör matrisleri elde edilmiş olur. Matris denklemlerinden de görüldüğü gibi artık alan ifadeleri ve maxwell denklemleri **simetrik** hale gelmiş olur. Matrislerdeki $(\vec{E})$, ve $(\vec{B})$'ye ilişkin diyagonal eksene göre simetri açıkça görülebilmektedir.

Şimdi Maxwell denklemlerini, Antisimetrik $F^{\mu\nu}$ Tansörü, Dual Tansör $K^{\mu\nu}$, elektrik akım yoğunluğu tansörü J^{μ} ve manyetik akım yoğunluğu tansörü M^{μ} cinsinden yazıp sağlamasını yapalım.

Tansörlerde, $\mu=0$ ve $v=1,2,3$ indisli bileşen içeren denklemler x,y ve z koordinatlarına göre türevi; $\mu=1,2,3$ ve $v=0$ indisli bileşen içeren denklemler ise zamana bağlı türevi belirlemektedir. Böylece, Genel formdaki kütleçekim alanına ilişkin Tansör matrisleri elde edilmiş olur.

$\dfrac{\partial F^{\mu v}}{\partial x^{v}}=\mu_r J^{\mu}$ ve $\dfrac{\partial K^{\mu v}}{\partial x^{v}}=\mu_r M^{\mu}$ ifadeleri μ indisinin aldığı her bir değere karşılık gelen, dört denklemi temsil eder. Önce, $\mu=0$ indisli denkleme bakalım:

$$\frac{\partial F^{0v}}{\partial x^{v}}=\frac{\partial F^{00}}{\partial x^{0}}+\frac{\partial F^{01}}{\partial x^{1}}+\frac{\partial F^{02}}{\partial x^{2}}+\frac{\partial F^{03}}{\partial x^{3}}$$

$$=\frac{1}{c}\left(\frac{\partial E_x}{\partial x}+\frac{\partial E_y}{\partial y}+\frac{\partial E_z}{\partial z}\right)$$

$$=\frac{1}{c}\left(\hat{\nabla}.\vec{E}\right)=\mu_0 J^{0}=\mu_0 c\rho_e \qquad (3.29)$$

Veya, $c^2=1/\varepsilon_r\mu_r$ alınırsa,

$$\hat{\nabla}.\vec{E}=\frac{\rho_e}{\varepsilon_r}$$ elde edilir. (3.30)

Bu, bildiğimiz (2) numaralı maxwell denklemiyle verilen **GAUSS** Yasasıdır. $\mu = 1$ indisli denkleme bakalım:

$$\frac{\partial F^{1v}}{\partial x^{v}}=\frac{\partial F^{10}}{\partial x^{0}}+\frac{\partial F^{11}}{\partial x^{1}}+\frac{\partial F^{12}}{\partial x^{2}}+\frac{\partial F^{13}}{\partial x^{3}}$$

$$=-\frac{1}{c^2}\frac{\partial E_x}{\partial t}+\frac{\partial B_z}{\partial y}-\frac{\partial B_y}{\partial z} \qquad (3.31)$$

$$=\left[-\frac{1}{c^2}\frac{\partial \vec{E}}{\partial t}+\hat{\nabla}\times\vec{B}\right]_x=\mu_r J^{1}=\mu_r J_x$$

Bu ifadeyi $\mu=2$ ve $\mu=3$ indisli denklemlerle birleştirirsek;

$$\hat{\nabla} \times \vec{B} = \mu_r \vec{J} + \varepsilon_r \mu_r \frac{\partial \vec{E}}{\partial t}$$ bulunur. (3.32)

Bu ise, 5. Maxwell denklemidir. Dual Tansörün *μ = 0* bileşeni yazılırsa;

$$\begin{aligned} \frac{\partial K^{0v}}{\partial x^v} &= \frac{\partial K^{00}}{\partial x^0} + \frac{\partial K^{01}}{\partial x^1} + \frac{\partial K^{02}}{\partial x^2} + \frac{\partial K^{03}}{\partial x^3} \\ &= \left(\frac{\partial B_x}{\partial x} + \frac{\partial B_y}{\partial y} + \frac{\partial B_z}{\partial z} \right) \\ &= \left(\hat{\nabla} . \vec{B} \right) = \mu_r M^0 = \mu_r \rho_m \end{aligned} \quad (3.33)$$

Bu ise, 3. Maxwell denkleminden başka bir şey değildir. *μ=1* indisli bileşenini yazarsak:

$$\begin{aligned} \frac{\partial K^{1v}}{\partial x^v} &= \frac{\partial K^{10}}{\partial x^0} + \frac{\partial K^{11}}{\partial x^1} + \frac{\partial K^{12}}{\partial x^2} + \frac{\partial K^{13}}{\partial x^3} \\ &= \frac{1}{c} \frac{\partial B_x}{\partial t} - \frac{1}{c} \frac{\partial E_z}{\partial y} + \frac{1}{c} \frac{\partial E_y}{\partial z} \\ &= \frac{1}{c} \left[\frac{\partial \vec{B}}{\partial t} + \hat{\nabla} \times \vec{E} \right]_x \\ &= \mu_r M^1 = \mu_r \left(-M_x / c \right) \end{aligned} \quad (3.34)$$

denklemi elde edilir ki, bu ifadeyi de *μ=2* ve *μ=3* indisli benzer ifadeleriyle birleştirdiğimizde;

$$\hat{\nabla} \times \vec{E} = -\mu_r \vec{M} - \frac{\partial \vec{B}}{\partial t},$$ (3.35)

bulunur. Bu, 4. Maxwell denklemiyle verilen **FARADAY** Yasasıdır.

Benzer biçimde $G^{\mu v}$ Kütleçekim alanı tansöründe *μ=0* indisli denklemi yazarsak;

$$\frac{\partial G^{0\nu}}{\partial x^{\nu}}=\frac{\partial G^{00}}{\partial x^{0}}+\frac{\partial G^{01}}{\partial x^{1}}+\frac{\partial G^{02}}{\partial x^{2}}+\frac{\partial G^{03}}{\partial x^{3}}$$

$$=\frac{1}{c}\left(\frac{\partial E_x}{\partial x}+\frac{\partial E_y}{\partial y}+\frac{\partial E_z}{\partial z}\right)+\left(\frac{\partial B_x}{\partial x}+\frac{\partial B_y}{\partial y}+\frac{\partial B_z}{\partial z}\right)$$

$$=\left(\frac{1}{c}\left(\hat{\nabla}.\vec{E}\right)+\hat{\nabla}.\vec{B}\right)=\mu_r\left(J^0+M^0\right)=\mu_r\left(c\rho_{e^-}+\rho_m\right),$$ bulunur.

$$\hat{\nabla}.\vec{G}=\hat{\nabla}.\vec{E}+\hat{\nabla}.\vec{B}=\frac{\rho_e}{\varepsilon_r}+\mu_r\rho_m=-\left(\frac{1}{\varepsilon_g}+\mu_g\right)\rho_g$$

(3.36)

Bu ise, 1. Maxwell denklemiyle verilen **GRAVİTON** Yasasıdır.

$\mu = 1$ indisli denkleme bakalım:

$$\frac{\partial G^{1\nu}}{\partial x^{\nu}}=\frac{\partial G^{10}}{\partial x^{0}}+\frac{\partial G^{11}}{\partial x^{1}}+\frac{\partial G^{12}}{\partial x^{2}}+\frac{\partial G^{13}}{\partial x^{3}}$$

$$=-\frac{1}{c^2}\frac{\partial E_x}{\partial t}+\frac{\partial B_z}{\partial y}-\frac{\partial B_y}{\partial z}$$

$$\frac{1}{c}\frac{\partial B_x}{\partial t}-\frac{1}{c}\frac{\partial E_z}{\partial y}+\frac{1}{c}\frac{\partial E_y}{\partial z}$$

$$=\left[-\frac{1}{c^2}\frac{\partial \vec{E}}{\partial t}+\frac{1}{c}\left(\frac{\partial \vec{B}}{\partial t}+\hat{\nabla}\times\vec{E}\right)+\hat{\nabla}\times\vec{B}\right]_x$$

(3.37)

$$=\mu_g\left(J^1+M^1\right)=\mu_g\left(J_x-M_x/c\right) \quad (3.38)$$

Bu ifadeyi $\mu=2$ ve $\mu=3$ ifadeleriyle birleştirirsek;

$$\hat{\nabla} \times \vec{G} = \mu_g \left(\vec{J}_g - \vec{M}_g \right) + \varepsilon_g \mu_g \left(\frac{\partial \vec{E}}{\partial t} - \frac{1}{\varepsilon_g \mu_g} \frac{\partial \vec{B}}{\partial t} \right) \quad (3.39)$$

Bu da 6. Maxwell denklemidir. Böylece 6 Maxwell denklemine ait tansörel eşdeğerlikler de sağlanmış oldu.

A- 5-BOYUTLU UZAY-ZAMANDA "EİNSTEİN KÜTLEÇEKİM ALANI " DENKLEMLERİNİN ÇÖZÜMÜ

Şimdi, tekrar Einstein Alan denklemlerine dönelim ve bu diferansiyel denklemlerin çözümlerinin ne anlam ifade ettiklerini düşünelim. Bildiğimiz gibi 5-Boyutlu fiziksel metrik uzaklık ifadesi olan;

$$\begin{aligned} ds^2 &= e^{2v(r)} dt^2 - r_0^2 e^{2\psi(r) - 2v(r)} \\ &\left(d\xi + w(r) dt - n \cos \theta d\phi \right)^2 \\ &- dr^2 - a(r) \left(d\theta^2 + \sin^2 \theta d\phi^2 \right) \end{aligned} \quad (3.40)$$

ifadesindeki ***v(r), ψ(r)*** ve ***a(r)*** potansiyel fonksiyonları ve birinci türevlerinden oluşan;

$v'(0) = \psi'(0) = a'(0) = 0$ çözümlerini veren

EİNSTEİN ALAN DENKLEMLERİ:

$$(1)\ v''+v'\psi'+\frac{a'v'}{a}-\frac{1}{2}r_0^2w'^2\,e^{2\psi-4v}=0,$$

$$(2)\ w''-4v'w'+3w'\psi'+\frac{a'w'}{a}=0,$$

$$(3)\ \frac{a''}{a}+\frac{a'\psi'}{a}-\frac{2}{a}+\frac{Q^2}{a^2}e^{2\psi-2v}=0,$$

$$(4)\ \psi''+\psi'^2+\frac{a'\psi'}{a}-\frac{Q^2}{2a^2}e^{2\psi-2v}=0, \qquad (3.41)$$

$$(5)\ v'^2-v'\psi'-\frac{a'\psi'}{a}+\frac{1}{a}-\frac{a'^2}{4a^2}-\frac{1}{4}r_0^2w'^2e^{2\psi-4v}$$

$$-\frac{Q^2}{4a^2}e^{2\psi-2v}=0.$$

denklemlerinden oluşmaktadır. Burada **$Q=nr_0$** olarak "*Manyetik Yükü*" ve *ω "Tekillik Yüzeyinin Açısal Hızını"* göstermektedir. Eğer bu denklemleri 5-Boyutlu uzay-zamanın sınır yüzeyinde çözersek (belirli Elektro-manyetik sınır koşulları altında) 5-Boyutlu uzay-zamanı, *Holografi* ilkesine göre 4-Boyutlu bizim içinde bulunduğumuz uzay-zamana (evrene) indirgemiş ve kodlamış oluruz. Sınır koşul ise, ancak Planck ölçeğindeki bir karadelik tekilliğinde ortaya çıkan manyetik yük kavramına bağlı olduğu için temel olarak tüm alan bileşenleri "Q" çözümünü elde etmemize bağlı olacaktır. Bu denklemlerin basit bir kısmî çözümü:

$$q=Elektrik\ Yükü,\quad Q=Manyetik\ Yük,$$

$$a=\frac{1}{2}q^2\ (Tekillik\ Yüzeyi\ Üzerindeki$$

$$Toplam\ Elektriksel\ Yük\ ol.üzere), \qquad (3.42)$$

$$e^{\psi}=e^{v}=\cosh\left(\frac{r\sqrt{2}}{q}\right),$$

$$\omega=\frac{\sqrt{2}}{r_0}\sinh\left(\frac{r\sqrt{2}}{q}\right)\ .$$

olmak üzere; Alan bileşenlerini bulmak için (*Kaluza-Klein Elektrik Alanı* (*E_{KK}*) ve *Kaluza-Klein Manyetik Alanı* (*B_{KK}*)) 2. Einstein denklemini, bu kısmî çözümler cinsinden *4π* ile çarparak yeniden düzenlersek:

$\left(\omega' e^{3\psi-4v} 4\pi a\right)' = 0$ diferansiyel denklemi elde edilir. Şimdi bu denklem bize neyi hatırlatmaktadır. Bildiğimiz gibi 4-Boyutlu Gauss yasasının diferansiyel formu $\left(E_{4D} S\right)' = 0$ şeklindedir. Burada E_{4D}, 4-Boyutlu elektrik alan ifadesi ve $S = 4\pi r^2$ olarak *S* küresel yüzeyinin alanını göstermektedir. Şimdi bu durumu yukarıdaki diferansiyel denkleme uygularsak, burada $\left(\omega' e^{3\psi-4v}\right)$ olarak 5-Boyutlu Kaluza-Klein elektrik alanı (E_{KK}), $S_{AKI} = 4\pi a(r)$ olarak katı açılarla belirlenmiş olan yüzeye dik doğrultuda geçen akı yüzeyini göstermek üzere;

$$E_{KK} = \omega' e^{3\psi-4v} = \frac{2}{r_0 q} = \frac{q}{r_0 a} = sabit \qquad (3.43)$$

denklemi elde edilir. Benzer şekilde Kaluza-Klein manyetik alanını (*B_{KK}*) bulmak için metrik uzaklık ifadesindeki, *φ* bileşeninin (*$A_\varphi = -r_0 n \cos\theta$*) rotasyonelini alırsak:

$$B_{KK} = \hat{\nabla} \times A_\varphi = \frac{1}{a \sin\theta}\left(\frac{\partial}{\partial\theta}(-r_0 n \cos\theta)\right)\hat{r}$$
$$= \frac{r_0 n}{a}\hat{r} = \frac{Q}{a}\hat{r} \qquad (3.44)$$

denklemi elde edilir. Bu alan çözümleri 5-Boyutlu Relativitenin, "Akı Tüpü" yani kapalı ve açık zar tipindeki sabit alan denklemleridir. Bu denklemler, *$a(r)=r^2$* değil de *a(r)=sabit* şeklinde bir çözüm verdiği için akı tüpü benzeri bir geometrik yapı gösteren tekillik noktaları içermektedir. İşte bu tekillik noktaları, biraz sonra göreceğimiz gibi kütleçekim alanını meydana getiren, Manyetik Yük içeren KARADELİK TEKİLLİKLERİ'dir. Elektrik alan ve Manyetik alan bileşenlerinden oluşan bu kütleçekimi alanı, bu tekillik noktasından başlayarak akı tüpü boyunca (*r*'ye bağlı olarak) tüm uzay-zamanı kaplamaktadır. 5-Boyutlu bu kütleçekimi alanını oluşturan manyetik ve elektrik yükler (Kaluza-Klein alanlarının kaynağı) bu akı tüpünün $r = \pm r_0$ noktalarında yer almaktadır. Bu, aynen 5-Boyutlu "*Elektrik ve Manyetik Dipol*" durumuna benzetilebilir.

Şimdi, (1) ve (5) no'lu Einstein denklemlerini $v(0) = \psi(0) = a(0) = 0$ sınır koşulları altında çözersek Kaluza-Klein "Elektrik ve Manyetik" yükleri arasında şöyle bir bağıntı elde ederiz:

$$1 = \frac{q^2 + Q^2}{4a(0)} \quad (3.45)$$

Bu denklemi de parametrik olarak çözersek "Elektrik" ve "Manyetik" yük ifadeleri:

$$q = 2\sqrt{a(0)}\sin\alpha,$$
$$Q = 2\sqrt{a(0)}\cos\alpha. \quad (3.46)$$

olarak bulunur.

E_KK ve *H_KK* alan 5-boyutlu Kaluza-Klein alan bileşenlerinin, bulduğumuz bu parametrik yük ifadelerine bağlı olarak 5 farklı durumu vardır:

a)- MANYETİK ALAN SIFIR [B_KK=0] DURUMU

Bu durumda Einstein denklemlerinin kısmî çözümü:

$$a = r_0^{\,2} + r^2,$$
$$e^{2v} = \frac{2r_0}{q}\frac{r_0^{\,2} + r^2}{r_0^{\,2} - r^2},$$
$$\psi = 0,$$
$$\omega = \frac{4r_0}{q}\frac{r}{r_0^{\,2} - r^2}.$$

olur. (3.47)

Bu durumda uzay-zaman, **WORMHOLE tipinde** (*iki ucu açık zar*) ve asimptotik olarak düz olmayan bir metriğe sahiptir. Açık zar yüzeylerinin her iki tarafı da $r = \pm r_0$ tekilliklerine kadar uzanır. Yani *a(r)* potansiyel fonksiyonu, *r* ile orantılı olarak artarak $r = \pm r_0$'a kadar uzanan ve açık zar yüzeyini kaplayan elektrik yüklerini oluşturmaktadır. 5-Boyutlu WORMHOLE tipi bu elektrik alan içeren kütleçekim alanı, $r = \pm r_0$ noktalarındaki yüzeyi kaplayan ve ω açısal hızıyla birbirinin etrafında dönmekte olan iki adet KARADELİĞİ (zarın her iki yüzeyinde de yer alan) öngörür.

b)- ELEKTRİK ALAN SIFIR [E_{KK}=0] DURUMU

Bu durumda *v=0* ve *ω=0* yazarak Einstein denklemlerini şu şekilde basitleştirebiliriz:

$$\frac{y''}{y} + \frac{y'a'}{ay} - \frac{Q^2y^2}{2a^2} = 0,$$

$$\frac{a''}{a} + \frac{y'a'}{ay} - \frac{2}{a} + \frac{Q^2y^2}{a^2} = 0, \quad (3.48)$$

$$\frac{a'y'}{ay} - \frac{1}{a} + \frac{a'^2}{4a^2} + \frac{Q^2y^2}{4a^2} = 0.$$

olarak elde edilir.

Burada $y(r)=e^{\psi(r)}$ olarak *ψ(r)*'nin fonksiyonu olarak tanımlı bir fonksiyondur. Bu ifadeler de *ψ(r)* ve *a(r)* bilinmeyenlerine ait 3 diferansiyel denklemi vermektedir. Bu denklem sisteminin;

$$a(0) = a_0 = 1, a'(0) = 0, y(0) = 1, y'(0) = 0 \quad (3.49)$$

Sınır koşulları altında asimptotik çözümünü yaparsak;

$$y(r) \approx \frac{y_\infty}{(r_0 - r)^{1/3}},$$

$$a(r) \approx a_\infty (r_0 - r)^{2/3},$$

$$\frac{Q_{y\infty}}{a_\infty} = \frac{2}{3}. \qquad (3.50)$$

çözümleri elde edilir. Bu çözümler ise, $r = \pm r_0$ noktalarına yerleştirilmiş $\pm Q$ Manyetik yüklerini içeren **CORNHOLE tipinde** (*bir ucu açık bir ucu kapalı zar* (**KARADELİK**)) kapalı ve sınırlı bir zarı öngörür.

c)- ELEKTRİK ALAN'ın manyetik alana EŞİT [E_{KK}=B_{KK}] OLMASI DURUMU

Bu durumda *Q=q* olur ve Einstein denklemlerinin kısmî çözümü:

$$a = \frac{1}{2}q^2 = sabit,$$

$$e^{\psi} = e^{\nu} = \cosh\left(\frac{r\sqrt{2}}{q}\right),$$

$$\omega = \frac{\sqrt{2}}{r_0}\sinh\left(\frac{r\sqrt{2}}{q}\right). \qquad (3.51)$$

çözümleri elde edilir.

Bu denklemlerden yararlanarak;

$$E_{KK} = \frac{q}{a} = \frac{2}{q} = sabit \qquad (3.52)$$

ve benzer şekilde;

$$B_{KK} = \frac{q}{a} = \frac{2}{q} = sabit \qquad (3.53)$$

olarak ifade edilebilen sabit Kaluza-Klein alan ifadeleri elde edilir. Bu çözümler ise, bu Elektrik ve Manyetik alanların kaynağı olan yüklerin $r = \pm\infty$ noktalarında yer aldığı **HORNHOLE tipinde** (*iki ucu açık sonsuz zar*) iki ucu açık sonsuz bir zar yüzeyi boyunca uzanan ve ω açısal hızıyla dönmekte olan bir AKI TÜPÜNÜ öngörür.

d)- MANYERİK ALAN'ın elektrik alandan KÜÇÜK [E_{KK}>B_{KK}] OLMASI DURUMU

Bu durumda q>Q olur ve,

$$v(0) = \psi(0) = 0, v'(0) = \psi'(0) = 0, \qquad (3.54)$$
$$a(0) = 1, a'(0) = 0$$

sınır koşullarında WORMHOLE tipi akı tüpünün (iki ucu açık zarın) boyu *q, Q* yüklerinin genliklerine ve α açısına bağlı olarak değişir. Fakat zarın boyu, $r = \pm r_0$ değerine ulaşamadan E_{KK}=B_{KK} durumundaki ile $B_{KK}=0$ durumu arasındaki bir değeri alır.

e)- ELEKTRİK ALAN'ın manyetik alandan KÜÇÜK [E_{KK}<B_{KK}] OLMASI DURUMU

Bu durumda Q>q olur ve yukarıdaki aynı sınır koşulları altında CORNHOLE tipi akı tüpünün (bir ucu kapalı zar) boyu q, Q ve α'ya bağlı olarak değişir. Zarın boyu, ($E_{KK}=0$) yani yalnız Manyetik alan olması durumu ile sınırlandırılmış olur ve diğer ucu $r = \pm r_0$'a kadar uzanır.

B- SONUÇLAR

Buraya kadar anlattığımız 5 durumu Elektromanyetik Kütleçekim Alan Tansörü $F^{\mu\nu}$ cinsinden ifade etmek için $(\vec{G})$ kütleçekim alanını ve ρ_m belli bir V kapalı zar hacmi içindeki ortalama kütle yoğunluğunu göstermek üzere tansör gösteriminde ifade edersek;

$F^{01} = \vec{E}$ ve $F^{23} = \vec{B}$ olduğundan,

$|\vec{G}| = |\vec{E}| + |\vec{B}| = |a\rho_m r\cos\alpha| + |a\rho_m r\sin\alpha|$ ve fiziksel statik kütleçekimi alanı cinsinden bu ifadeyi de açarsak:

$$\vec{G} = \frac{KM\left(\frac{1}{\varepsilon_g} + \mu_g\right)}{4\pi r^2} \Rightarrow \vec{G} = \frac{K\left(\frac{1}{\varepsilon_g} + \mu_g\right)\iiint_V \rho_m dv}{4\pi r^2}$$

$$\cong \frac{K\left(\frac{1}{\varepsilon_g} + \mu_g\right)}{3}\rho_m r \quad (3.55)$$

olur.

Bu ifadedeki $\frac{K\left(\frac{1}{\varepsilon_g} + \mu_g\right)}{3} = a$ olarak alınmış bir skaler sabit olsun.

$$F^{01} = \vec{E}_{KK} = (a\rho_m r)\cos\alpha$$

ve $F^{23} = \vec{B}_{KK} = (a\rho_m r)\sin\alpha$ olarak alıp;

bunu da Kütleçekim alanına bağlı vektör alanlarını çizersek;

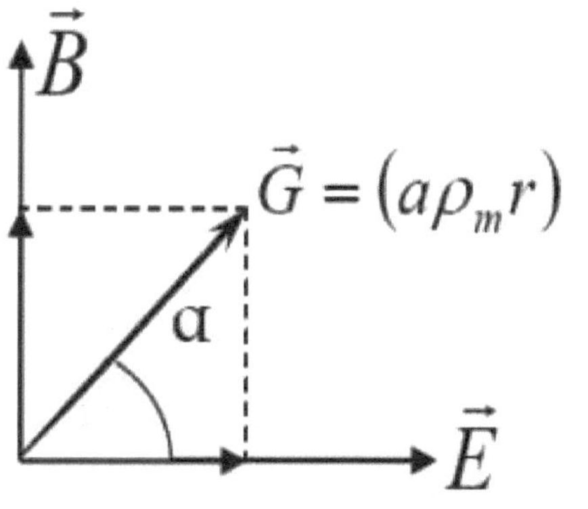

Kütleçekim alanı $(\vec{G})$, Elektrik alan $(\vec{E})$ ve Manyetik alana $(\vec{B})$ ilişkin vektör Diyagramı.

Figure 1: ($(\vec{E})$, $(\vec{B})$ ve $\frac{\vec{G}}{\rho_m r} = a$ (sabit skaler alan)) parametresine bağlı şeklinde grafiksel olarak yukarıdaki şekildeki gibi gösterebiliriz:

Şimdi, α açısının durumuna bağlı olarak, kütleçekim alan tansörü için daha önce elde ettiğimiz 5 durumu aşağıdaki 5 sonuçla özetleyebiliriz:

***1)*- $E_{KK} \neq 0$ ve $B_{KK} = 0$ (α=0) DURUMUNDA**

$$\vec{G} = \sqrt{(a\rho_m r)^2 \cos^2 \alpha},$$

$$|\vec{G}| = \vec{E} = a\rho_m r \cos\alpha = a\rho_e\ r. \quad (3.56)$$

olur. Yani, radyal yönde açık akı tüpü boyunca uzanan sonsuz uzunlukta WORMHOLE tipi iki ucu açık zar (uzay tüneli) kütleçekim alanı elde edilir.

2)- $E_{KK}=0$ ve $B_{KK}\neq 0$ ($\alpha=\pi/2$) DURUMUNDA

$$\vec{G}=\sqrt{(a\rho_m r)^2 \sin^2\alpha},$$

$$\left|\vec{G}\right|=\vec{B}=a\rho_m r\sin\alpha=a\rho_g r. \qquad (3.57)$$

olur. Yani, radyal yönde kapalı ve sınırlı bir akı tüpü boyunca uzanan sonlu uzunluktaki CORNHOLE tipi bir ucu açık diğeri kapalı zar (karadelik) kütleçekim alanı elde edilir.

3)- $E_{KK}=B_{KK}$ ($\alpha=\pi/4$) DURUMUNDA

$$\vec{G}=\sqrt{(a\rho_m r)^2\left[\sin^2\alpha+\cos^2\alpha\right]},$$

$$\left|\vec{G}\right|=a\rho_m r. \qquad (3.58)$$

olur.

Yani, radyal yönde iki ucu açık akı tüpü boyunca uzanan sonsuz uzunlukta HORNHOLE tipi (AKDELİK) kütleçekim alanı elde edilir.

4)- $E_{KK}>B_{KK}$ ($\cos\alpha>\sin\alpha$) DURUMUNDA

$$\vec{G}=\sqrt{(a\rho_m r)^2\left[\sin^2\alpha+\cos^2\alpha\right]},$$

$$\left|\vec{G}\right|=a\rho_e r.f(\alpha). \qquad (3.59)$$

olur. Yani, α'nın değerine bağlı radyal yönde iki ucu açık WORMHOLE tipte (uzay tüneli) kütleçekim alanı elde edilir.

5)- $E_{KK}<B_{KK}$ ($\cos\alpha<\sin\alpha$) DURUMUNDA

$$\vec{G}=\sqrt{(a\rho_m r)^2\left[\sin^2\alpha+\cos^2\alpha\right]},$$

$$\left|\vec{G}\right|=a\rho_g r.f(\alpha). \qquad (3.60)$$

olur. Yani, α'nın değerine bağlı radyal yönde bir ucu açık diğeri kapalı CORNHOLE tipi (KARADELİK) zar yapısında kütleçekim alanı elde edilir.

C- 7-BOYUTLU UZAY-ZAMANDA "EİNSTEİN KÜTLEÇEKİM ALANI" DENKLEMLERİNİN ÇÖZÜMÜ

Şimdi, 5-Boyutlu uzay-zamandan 7-Boyutlu uzay-zamana geçtiğimizde Einstein denklemlerinin çözüm-lerinde ne gibi bir değişim olacağını inceleyelim. 7D Kaluza-Klein uzaklık ifadesinin metrik formunu yazıp buna göre Einstein Kütleçekim Alanı denklemlerini yeniden düzenlersek:

$$ds^2 = e^{2v(r)}dt^2 - r_0^2 \sum_{a=1}^{3} \left(\sigma^a - A_\mu^a(r)dx^\mu\right)^2$$
$$- dr^2 - a(r)\left(d\theta^2 + \sin^2\theta d\phi^2\right) \qquad (3.61)$$

Buradaki σ^a ifadesini $a=1,2$ ve 3 için yazarsak;

$$\sigma^1 = \frac{1}{2}(\sin\alpha, d\beta - \sin\beta\cos\alpha d\gamma),$$

$$\sigma^2 = -\frac{1}{2}(\cos\alpha, d\beta + \sin\beta\sin\alpha d\gamma),$$

$$\sigma^3 = \frac{1}{2}(d\alpha + \cos\beta d\gamma). \qquad (3.62)$$

olmak üzere $0 \leq \beta \leq \pi,\ 0 \leq \gamma \leq 2\pi$ ve $0 \leq \alpha \leq 4\pi$ olarak *Euler Açılarını* göstermektedir.

A_μ^a ifadesinin bileşenleri ise;

$$A_\theta^a = \frac{1}{2}(\sin\varphi; -\cos\varphi; 0),$$

$$A_\varphi^a = \frac{1}{2}\sin\theta(\cos\varphi\cos\theta; \sin\varphi\cos\theta; -\sin\theta),$$

$$A_t^a = v(r)(\sin\theta\cos\varphi; \sin\theta\sin\varphi; \cos\theta). \qquad (3.63)$$

olarak verilebilir.

Bu metrik bileşenlere göre, 7D Einstein Kütleçekim Alanı denklemleri:

$$(1)\quad v'' + v'^2 + \frac{a'v'}{a} - \frac{1}{2}r_0^2 e^{-2v} v'^2 = 0,$$

$$(2)\quad v'' + v'^2 + \frac{a''}{a} - \frac{a'^2}{2a^2} - \frac{r_0^2}{2} e^{-2v} v'^2 = 0,$$

$$(3)\quad \frac{a''}{a} + \frac{a'v'}{a} - \frac{2}{a} + \frac{r_0^2}{4a^2} = 0,$$

$$(4)\quad \frac{r_0^2}{6} e^{-2v} v'^2 - \frac{2}{r_0^2} - \frac{r_0^2}{24a^2} = 0,$$

$$(5)\quad v'' - v'\left(v' - \frac{a'}{a}\right) = 0. \qquad (3.64)$$

olarak elde edilir. Bu denklemlerin basit bir kısmî çözümü yapılırsa;

$$a = \frac{2}{7}q^2 = \frac{1}{8}r_0^2 = sabit,$$

$$e^v = \cosh\left(\frac{7r}{2\sqrt{2}q}\right),$$

$$v = \frac{\sqrt{2}}{r_0}\sinh\left(\frac{7r}{2\sqrt{2}q}\right). \qquad (3.65)$$

çözümleri elde edilir.

Bu çözümlere ilişkin, Kaluza-Klein “Elektrik” ve ”Manyetik” alanları ise;

$$E_{KK} = E_{KK}{}^{3} = \frac{1}{e^{\nu}}\left(\frac{\partial}{\partial r}(r_0 A_t^3)\right)\hat{r} = \frac{7}{2r_0 q}\hat{r} = \frac{q}{r_0 a}\hat{r}$$ Ve (3.66)

$$B_{KK} = B_{KK}{}^{3} = \frac{1}{a\sin\theta}\left(\frac{\partial}{\partial r}(r_0 A_\varphi^3)\right)\hat{r} = -\frac{r_0}{a}\hat{r}$$ olur.

(3.67)

Görüldüğü gibi 5D alan çözümleri ile 7D alan çözümleri temel olarak birbirine benzemektedir. Yani bu da, boyut sayısını arttırdığımızda ve 11-Boyutlu uzay zamandan oluşan bir yapıya sahip olan tüm evreni matematiksel olarak modelleyebilmek için 5-Boyutlu alan çözümlerinin yeterli olabileceği anlamına gelmektedir. Dolayısıyla, 11-Boyutlu bir uzay-zaman modeli inşâ etsek de benzer ifadeleri ve matematiksel modelleri elde edeceğimiz için, içinde bulunduğumuz uzay-zamanı modellemek için 5-Boyutlu Relativite yeterli olmaktadır.

* * *

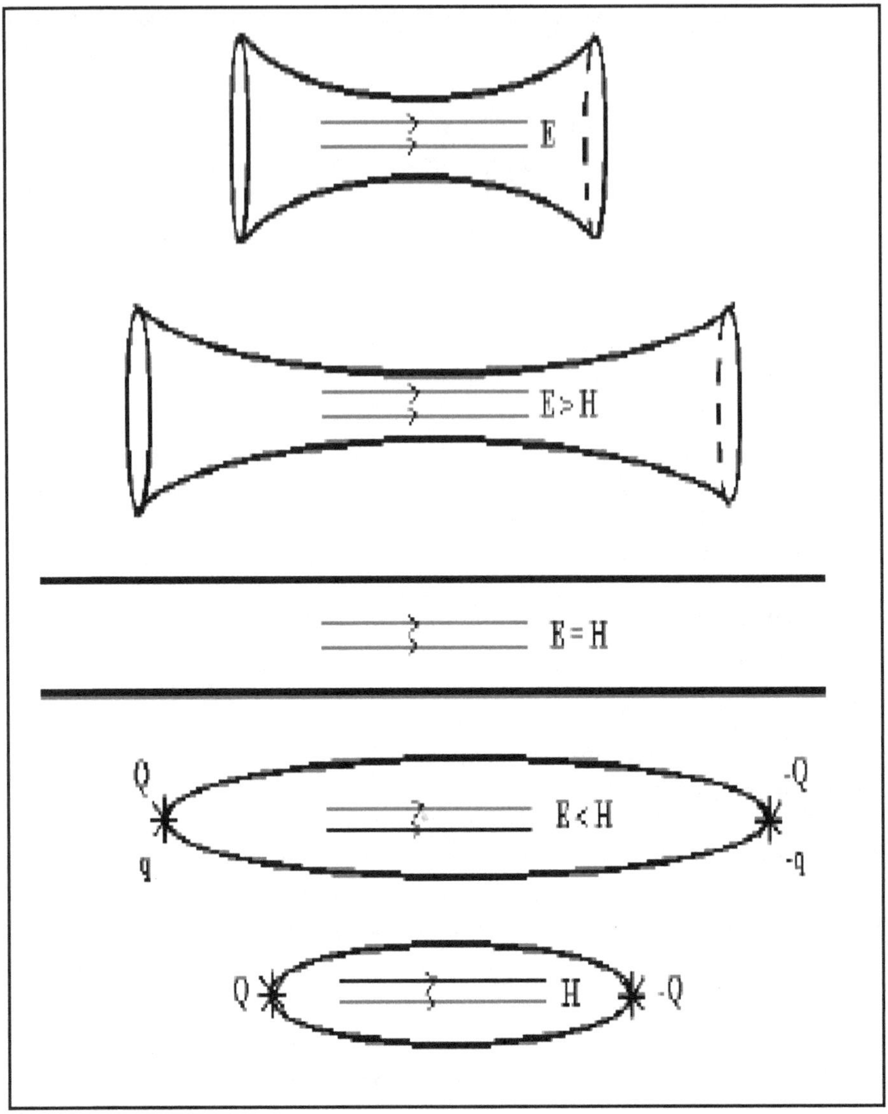

Figure 2: (Üstteki grafik) $(\vec{E})$ ve $(\vec{B})$'nin 5 durumuna ilişkin Kütleçekim Alanına $(\vec{G})$ ait; iki ucu KAPALI TÜNEL (WORMHOLE) {ilk iki şekil}, iki ucu AÇIK (HORNHOLE veya AKDELİK) {ortadaki şekil} ve bir ucu AÇIK diğer ucu KAPALI (CORNHOLE veya KARADELİK) {son iki şekil}, tipindeki 5-BOYUTLU UZAY-ZAMAN TEKİLLİKLERİNE ait zar yüzeyi modelleri (*Ukray, 2007*).

IV- 5- BOYUTLU "EİNSTEİN- YANG-MİLLS" ALAN DENKLEMLERİNDEN ELEKTROZAYIF KURAMININ ELDE EDİLMESİ:

1- ELEKTROMANYETİZMAYLA ÇEKİRDEK KUVVETLERİNİ BİRLEŞTİRMEK

1960'lı yıllarda Weinberg ve Abdusselam, Elektromanyetizmayla zayıf çekirdek kuvvetinin bir birleşimini öngören bir makale yayınladılar. Fakat, kuram henüz teorik aşamada olmasına karşın ve bu iki kuvveti gayet mükemmel bir şekilde tek bir görünümde birleştirmesine karşın, bilim dünyasının dikkatini daha sonraki yıllarda çekecekti.

Birleşik alan teorisine giden yolda, önemli bir kilometre taşı olan bu çaşılma, 1980'li yıllarda W ve Z vektör ara bozonlarının elektron çarpıştırıcılarında deneysel olarak da elde edilmesiyle kanıtlandı ve doğruluğu kesinlik kazandı.

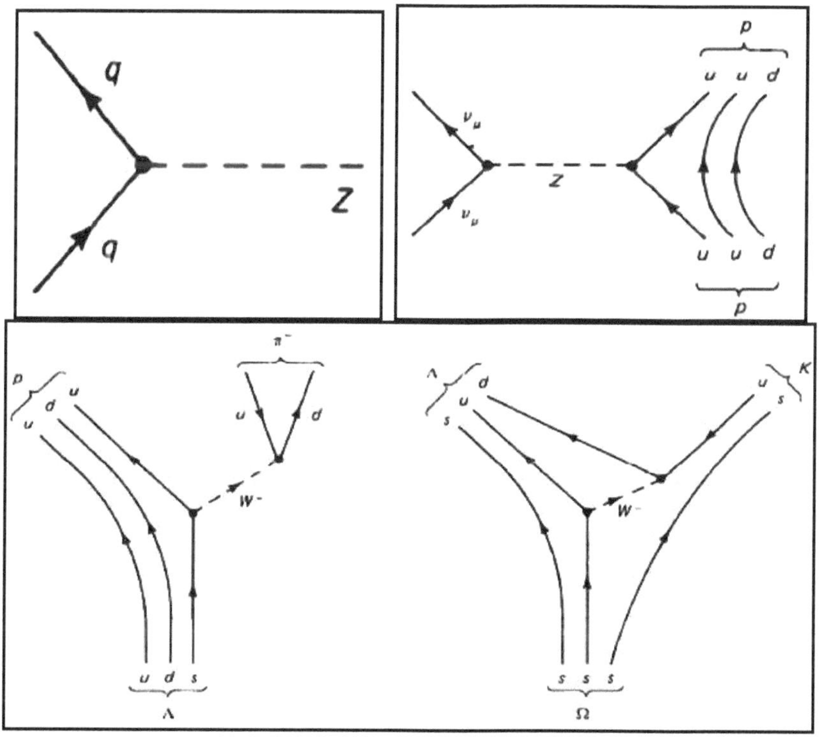

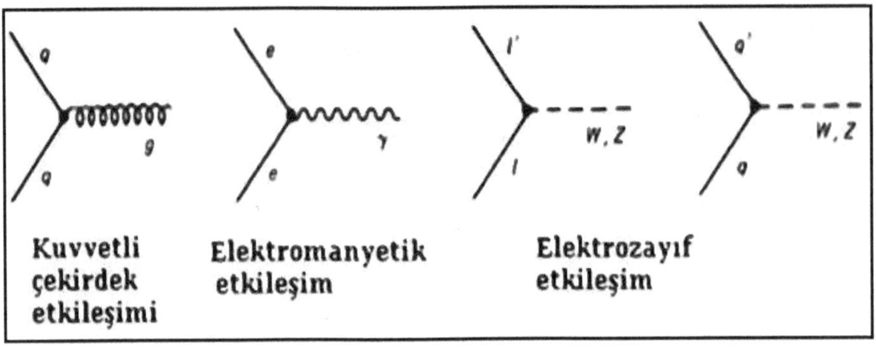

Figure 3: Elektro-Zayıf etkileşimi gösteren sicim diyagramları (S. *Weinberg-Feynmann*).

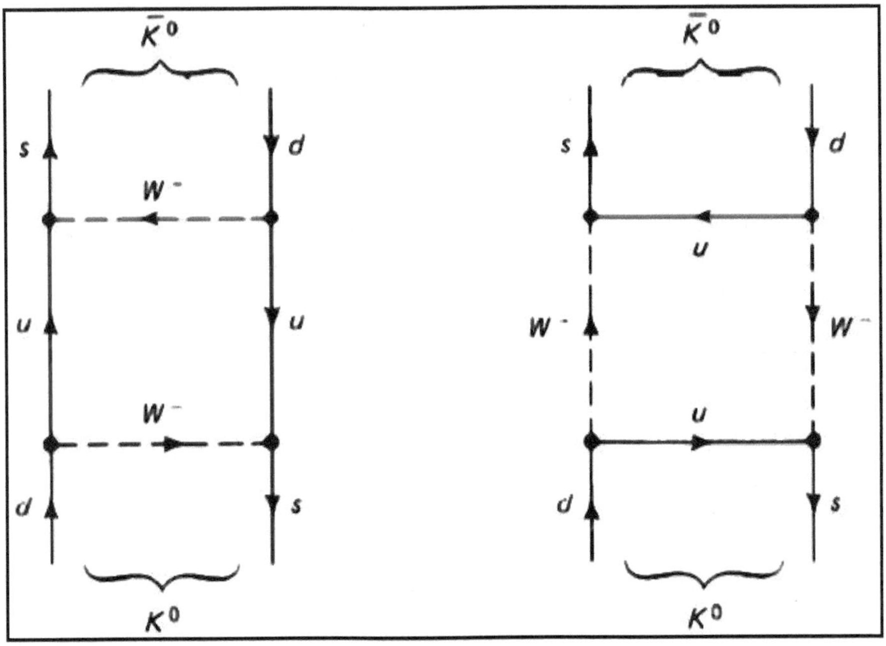

Figure 4: Bazı temel parçacıklara ait Feynman sicim diyagramları (*R. Feynmann*).

Doğanın görünebilen boyutlarında temel partiküller ve kuvvet alanları ayrık gibi görünse de, temel boyutlarına inildiğinde parçacıkların ve kuvvet alanlarının birbirine dönüşebildiği görülecektir. Dolayısıyla, süreci bu şekilde devam ettirirsek, bu durumda tüm partiküllerin ve kuvvet alanlarının tek bir alt birimini oluşturan yegane birer sicim parçasından oluştuğu görülecektir ki, bu zihin jimnastiği bizi doğanın temel düzeyinde birleşik, sürekli, düzenli, dinamik ve basit bir yapının olduğu fikrine götürür.

Bu yüzden, bu temel boyutlarda fizik yasalarının karmaşıklaşması yerine daha basit hal alması şaşırtıcı değildir. Dolayısıyla, biz de teorimizin bu kısmında, bu önemli birleşmeyi gösterebilmek için ilk önce basit bir modelle başlayarak, teorinin detaylı karmaşık gibi görünen kısmını içeren tansör hesabını daha sonra vereceğiz. Bilindiği gibi, elektronlar atom çekirdeği etrafında bir dairesel bir yörüngede dolanırlar. Elektromanyetik alan kuramının en temel ve basit ilkelerinden biliyoruz ki, içinden bir akım geçen bir telin etrafında bir manyetik alan oluşur. Dolayısıyla, bu durum atom içerisinde de geçerlidir ve elektron çekirdek etrafında dönmesi sırasında çok zayıf bir manyetik alan oluşturur. İşte, zayıf nükleer kuvvetle elektro-manyetizmanın etkileşimi de aslında bu basit düşünceden geçmektedir. Peki, aslında teorik olarak anlatımı çok zor olan bu birleşim nasıl bu şekilde ifade edilebilir? Yanıtı çok basit! Şimdi, elektronun çekirdek etrafında dönerken oluşturduğu manyetik alan ifadesini yazacak olursak;

$$B = \frac{ev}{cr^2} \quad (4.1)$$

ifadesi elde edilir ki, bu dönme sırasında elektronun açısal momentumu $L = mvr$ olarak alınırsa ve yukarıdaki denklemde yerine koyarsak;

$$B = \frac{e}{mcr^3} L \quad (4.2)$$

Manyetik alan ifadesi elde edilir. Dikkat edersek, bu ifadede yer alan ve elektronun dönmesiyle meydana gelen dipol momenti ve manyetik dipol enerjisi;

$\mu = -\frac{e}{mc} S$ ve $W = -\mu \cdot B$ olacaktır. (4.3)

Elektrodinamiğin temel yasalarından biliyoruz ki, değişen bir manyetik alan etrafında bir elektrik alan oluşturur ve ikisi birleşerek bir elektromanyetik dalgayı tanımlar. İşte, elektron da yörünge yüzeyi etrafındaki hareketi sırasında kinetik enerjisini arttırıp azaltacağı için sürekli bir diferansiyel elektromanyetik enerji alanı ve bunun sayesinde de enerji paketleri halinde taşıyan bir elektromanyetik dalga üretecektir.

İşte, aslında "*Bohr manyetonu*" olarak bildiğimiz bu kavram bize çok yabancı değildir ve Elektro-manyetizmayla çekirdek kuvvetlerinin bir ara birleşimin gösteren vektör ara bozonlarının bu bohr manyetonunun teşkil eden partiküllerden birkaçı olduğunu gösterir ki, henüz bulunmayan fakat varlığı teorik olarak kanıtlanan "*Higgs bozonları*" da bu manyetonun ara taşıyıcılarından birisidir. Öyleyse, buradan şu ÜÇ önemli sonuç çıkmaktadır ki;

Birincisi: Çekirdek kuvvetleriyle Elektromanyetik kuvvetler temel düzeyde birleşmektedir ve bu birleşimin esas temel partikülü diğer ara partiküllerden çok daha ağır olan manyetonlar (M, manyetik yükler veya monopoller) olup, atom çekirdeğinin büyük bir kısmını teşkil ederler.

İkincisi: Bu partiküller, etrafında oluşturduğu diferansiyel elektromanyetik alan ile atom çekirdeği ile elektronları yörüngede bir arada tutan Elektro-zayıf nükleer kuvvetin esas oluşturucusu olan partiküllerdir.

Üçüncüsü: Manyetik yükler, diğer ara partiküllerden ve vektör ara bozonlarından daha ağır kütleli olup, daha yüksek boyutlarda doğadaki en temel partikül olan gravitonlara dönüşerek kütleçekimiyle elektrozayıf kuvvetin ve çekirdek kuvvetlerinin birleşimini sağlayan mekanizmayı oluştururlar. Atomaltı partiküllerin 5. boyut doğrultusunda bir tekillik noktasına çökmesi durumunda, manyetik monopoller oluşacağı gibi, manyetik monopolün daha yüksek boyutlarda yer alan tekillik noktalarına çökmesi durumunda da, gravitonlar meydana gelir ve eğer, sicim bazında düşünülürse tüm bu partiküllerin birbirine dönüşebileceği öngörülebilir.

* * *

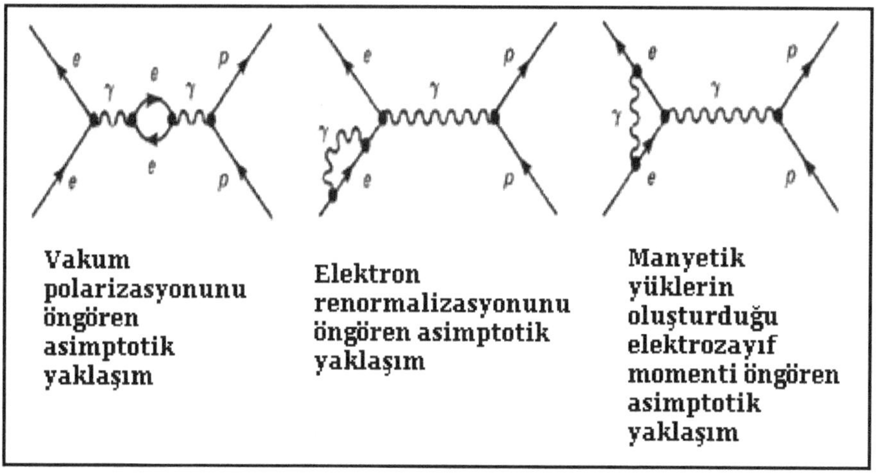

Figure 5: Atom çekirdeğinde Manyetik monopolün kendi etrafında dönmesiyle oluşturduğu momentin sicim diyagramı. Ara partiküller çarpışma sırasında, tünel doğrultusunda çökecek olursa, atom çekirdeğinin merkezinde atomun toplam kütlesinden çok daha ağır olan manyetik monopoller oluşacaktır. Bu monopollerin zar yüzeyi titreşimleri ise, gravitonları oluşturacaktır. Buna göre, manyetik monopollerin yuttuğu enerji miktarı kesikli, yani quantalı olup, toplam kütlesi

$$M = m_1 + m_2 + \frac{E}{c^2}$$

şeklinde parçalı olacaktır.

Ör: Aşağıdaki şekiller gibi.

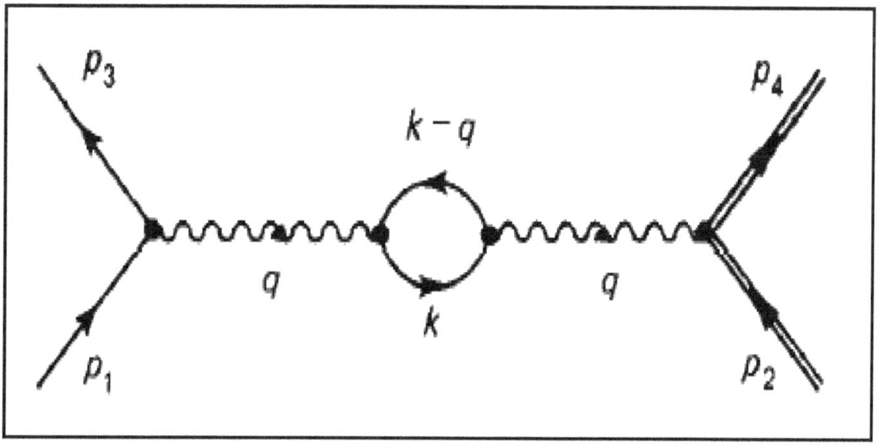

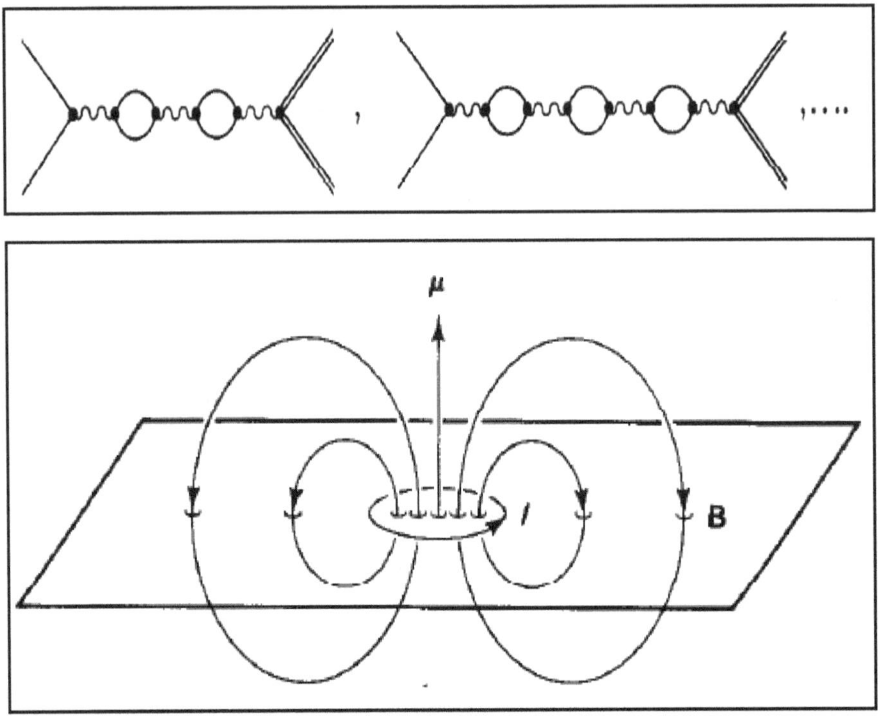

Figure 6: Elektronun yörünge etrafında dönmesiyle oluşan Manyetik momentin ve etrafındaki manyetik alanın oluşumu (*Quantum Magnetic Loops*).

Birleşik alan teorisi, zaten QCD (Kuantum kromo dinamik) ve QED (Kuantum elektrodinamik) kuramlarını içerdiğinden bunların detaylarına girmeyeceğiz. Örneğin, $g_e = \sqrt{4\pi\alpha_e}$ olarak verilebilecek bir ince yapı sabitiyle tansör denklemlerinin çarpılması bize kuantum elektrodinamiği verecek ve benzer şekilde $g_s = \sqrt{4\pi\alpha_s}$ şeklinde bir güçlü kuvvet yapı sabiti ile çarpılması da basit bir şekilde Kuantum kromo dinamik olarak adlandırdığımız, renkli (Colour) elektrik yüklerini tanımlayacak ve bu da Kuarklarla taşınan renkli yük kuvvetini verecektir. Fakat burada dikkat edilmesi gereken bir nokta vardır ki, red (r), green (g) ve blue (b) olarak bilinen üç kuarkın kaynak yük olarak kabul edildiğini düşünürsek, tansör denklemindeki elektro-manyetik yük ve akım kaynağı matrisinde;

$$c=\begin{pmatrix}1\\0\\0\end{pmatrix}-(krmzı\ renk\ quark\ için),$$

$$c=\begin{pmatrix}0\\1\\0\end{pmatrix}-(mavi\ renk\ quark\ için),$$

$$c=\begin{pmatrix}0\\0\\1\end{pmatrix}-(yeşl\ renk\ quark\ için). \qquad (4.4)$$

şeklinde almak, gluonlarla taşınan güçlü çekirdek kuvvetini ifade etmemiz için yeterli olacaktır. Aslında, bu düşünsel süreç sonucunda, güçlü çekirdek kuvvetinin, en temel partikülü manyetik mopoller olmasına karşın, fizikte sıkça karşımıza çıkan "*Asimptotik freedom*", yani "*Serbest özgürlük*" derecesi olarak ifade edilen ve sicim diyagramlarında ince yapı sabitinin, her partikülün daha temel bir alt partiküle bozunmasıyla sicim diyagramına eklenen bir ilmekle gösterilen faktörün, tansör denklemlerine de bir katsayı çarpanı olarak eklenmesi sebebiyle, fiziksel dünyada çok fazla partikül varmış gibi görünür ki, bu da doğa yasalarını basit bir şekilde ifade etmemizi zorlaştırır. Yani, aslında Asimptotik özgürlük bir nevi renormalizasyon işlemidir ki, birleşik alan teorisini meydana getiren her bir alt teorem aslında, doğada serbest bir halde bulunan bir kuvvetin birleşik alan denklemlerinde Asimptotik özgürlük derecesine bir katkısı olarak yansımaktadır ve bütünün parçalarını oluşturmaktadır.

Partikül sayısı çoğaldıkça, asimptotik özgürlük derecesi de artacağı için, birleşik alan teorisindeki tansör denklemlerinde bulunan yük ve akım kaynakları,

$$1+x+x^2+x^3+\cdots=\frac{1}{1-x}$$

şeklinde bir seri toplamıyla gösterilebilir ve bu durumda, vektör ara bozonları ve kuarklar gibi pek çok ara partikülün, doğada bulunan bu serbest yollar sayesinde birbirine dönüşe-bileceği öngörülebilir.

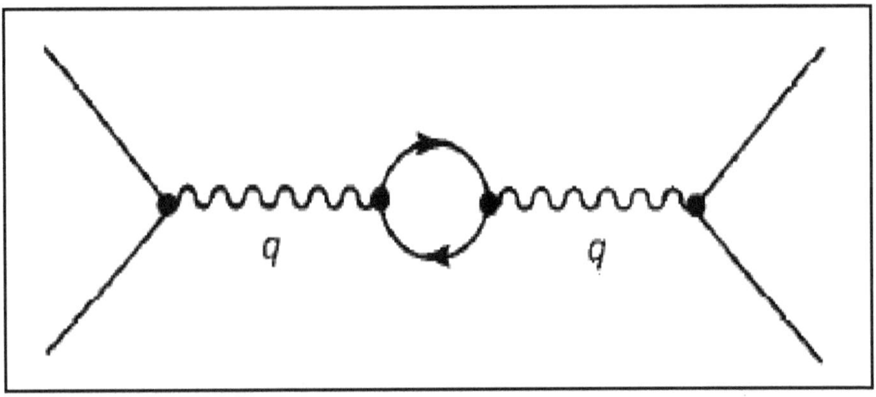

Figure 7: İki kuarkın etkileşmesi sonucu oluşan Asimptotik özgürlük sicim diyagramı (*Feynmann*).

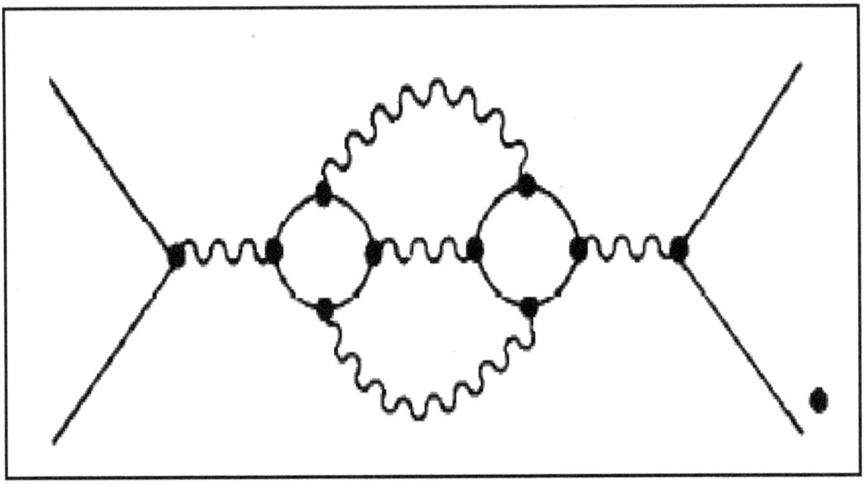

Figure 8: İkiden daha çok partikülün etkileşimini gösteren Asimptotik özgürlük sicim diyagramı.

Örneğin, bu durumda kesirli yük olarak bilinen bazı kuantalı yüklerle karşılaşabiliriz ki, birleşik alan teorisine göre $1/3e^-$ veya $-2/3e^-$ gibi kesikli, yani kuantalı bu çeşit bir yük dağılımı zaten tansör denklemlerinde öngö-rülmüş olur. Örneğin, aşağıdaki gibi bir birleşik alan yükü tanımlandığını farzedelim. Bu durumda atom içerisindeki toplam yük yine sıfır olmak zorundadır:

$$c_1 = c_2 = \begin{pmatrix} 1 \\ 0 \\ 0 \end{pmatrix}, \quad c_2 = c_3 = \begin{pmatrix} 0 \\ 1 \\ 0 \end{pmatrix} \Rightarrow$$

$$f = \frac{1}{4}\frac{1}{\sqrt{2}}\frac{1}{\sqrt{2}} \left\{ \begin{array}{l} \underbrace{\left[\begin{pmatrix} 1 & 0 & 0 \end{pmatrix} \lambda^{\alpha} \begin{pmatrix} 1 \\ 0 \\ 0 \end{pmatrix} \right]}_{\rho_e} \underbrace{\left[\begin{pmatrix} 0 & 1 & 0 \end{pmatrix} \lambda^{s} \begin{pmatrix} 0 \\ 1 \\ 0 \end{pmatrix} \right]}_{\rho_s} - \\ \left[\begin{pmatrix} 0 & 1 & 0 \end{pmatrix} \lambda^{\alpha} \begin{pmatrix} 1 \\ 0 \\ 0 \end{pmatrix} \right] \left[\begin{pmatrix} 1 & 0 & 0 \end{pmatrix} \lambda^{s} \begin{pmatrix} 0 \\ 1 \\ 0 \end{pmatrix} \right] \\ - \left[\begin{pmatrix} 1 & 0 & 0 \end{pmatrix} \lambda^{\alpha} \begin{pmatrix} 0 \\ 1 \\ 0 \end{pmatrix} \right] \left[\begin{pmatrix} 0 & 1 & 0 \end{pmatrix} \lambda^{s} \begin{pmatrix} 1 \\ 0 \\ 0 \end{pmatrix} \right] \\ \left[\begin{pmatrix} 0 & 1 & 0 \end{pmatrix} \lambda^{\alpha} \begin{pmatrix} 0 \\ 1 \\ 0 \end{pmatrix} \right] \left[\begin{pmatrix} 1 & 0 & 0 \end{pmatrix} \lambda^{s} \begin{pmatrix} 1 \\ 0 \\ 0 \end{pmatrix} \right] \end{array} \right\} = \frac{1}{4}\left(\lambda_{11}^{\alpha}\lambda_{11}^{s}\right)$$

$$= \frac{1}{8}\left[\lambda_{11}^{\alpha}\lambda_{22}^{s} - \lambda_{21}{}^{\alpha}\lambda_{12}{}^{s} - \lambda_{12}{}^{\alpha}\lambda_{21}{}^{s} + \lambda_{22}^{\alpha}\lambda_{11}^{s}\right] = \frac{1}{4}\left[-1 + \frac{1}{3} - \frac{1}{3} + 1\right] = 0 \tag{4.5}$$

$$c_1 = c_2 = c_3 = c_4 = \begin{pmatrix} 1 \\ 0 \\ 0 \end{pmatrix} \Rightarrow$$

$$f = \frac{1}{4} \underbrace{\left[\begin{pmatrix} 1 & 0 & 0 \end{pmatrix} \lambda^{\alpha} \begin{pmatrix} 1 \\ 0 \\ 0 \end{pmatrix} \right]}_{\rho_e} \underbrace{\left[\begin{pmatrix} 1 & 0 & 0 \end{pmatrix} \lambda^{s} \begin{pmatrix} 1 \\ 0 \\ 0 \end{pmatrix} \right]}_{\rho_s} = \frac{1}{4} \left(\lambda^{\alpha}_{11} \lambda^{s}_{11} \right)$$

$$= \frac{1}{4} \left[\lambda^{3}_{11} \lambda^{e}_{11} + \lambda^{8}_{11} \lambda^{s}_{11} \right] = \frac{1}{4} \left[(1)(1) + \left(\frac{1}{\sqrt{3}} \right) \left(\frac{1}{\sqrt{3}} \right) \right] = \frac{1}{3} e^{-}$$

(4.6)

2- KUANTUM KÜTLEÇEKİMİNİN ELEKTRO-ZAYIF MODELİ İÇİN: YENİ BİR ATOM MODELİ OLUŞTURMAK

Daha önceki giriş makalemizde, Kütleçekimiyle Elektromanyetizmanın Planck ölçeğinde oluştur-duğumuz Kuantum Yumurtası Modeli (GM Mekanizması) üzerinde yaptığımız matematiksel analizler ve Maxwell Denklemlerinin yeniden düzenlenmesiyle birleşik bir alanın parçaları gibi davrandığını göstermiş ve bu yöndeki Birleşik Alan Denklemlerini Graviton ve Manyeton yük yoğunlukları cinsinden ifade etmiştik. Burada ise, geriye kalan temel alan kuvvetleri olan Güçlü Nükleer (Çekirdek) Kuvvet ve Zayıf Nükleer (Çekirdek) Kuvveti olarak bildiğimiz Çekirdek kuvvetlerinin de bu Birleşik Alanın bir parçası gibi davranıp davranmadığını matematiksel olarak incelemek için Atomik ölçeklerde yer alan bir model inşa ederek sağlam bir matematiksel yapı elde etmeye çalışacağız.

Aslında, Zayıf Çekirdek Kuvvetinin Elektromanyetizma ile bir etkileşimi vardır. Maxwell denklemlerinin bu yöndeki genelleştirmesini öngören bir teoriyi ilk kez Yang ve Mills adındaki iki fizikçi 1954 yılında gerçekleştirmiştir. Daha sonraki yıllarda ise, onların bu matematiksel modelini genelleştiren ve kuvvet taşıyıcısını tanımlayan Weinberg ve Abdusselâm, Elektrozayıf olarak bilinen bir birleşik teoriyi ilk kez ortaya koyarak Elektromanyetizma ile Zayıf Nükleer kuvvetin belirli bir enerji seviyesinde birleştiğini ortaya koydular.

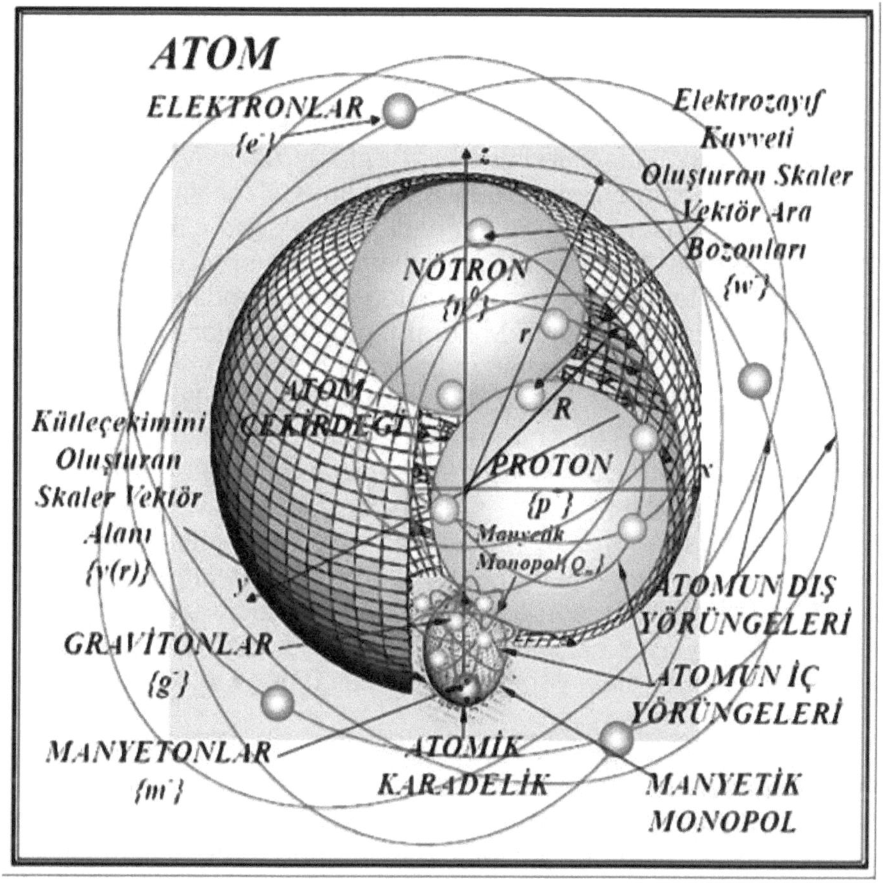

Figure 9: Manyetik Monopolleri öngören Kuantum Kütleçekimi Teorisine göre Yeni Atom Modeli ve Microblackholes yapısı.
(*Ukray, 2007*)

Onların ortaya koyduğu matematiksel modele göre, Elektrozayıf kuramını birleştiren ve bu birleşik alanın taşıyıcısı olan temel kuvvet parçacığı W ve Z Bozonu olarak bilinen Zayıf etkileşim partikülleriydi. Daha sonraki yıllarda yapılan parçacık çarpıştırıcısı deneylerinde Z bozonu ve hemen ardından da W vektör ara Bozonu tespit edilerek, bu kuramın geçerliliği kesin olarak ispatlandı ve böylece Birleşik Alan kuvvetini elde etme yolunda Einstein'dan sonraki ilk büyük adım atılmış oldu. Böylece Kuantum düzeyindeki Yang-Mills Kuramı Güçlü Çekirdek kuvveti ile Zayıf Çekirdek kuvveti olarak bilinen Çekirdek kuvvetleriyle Elektromanyetizmanın birleşimini genel olarak tanımlamış oldu. Fakat daha sonra, gravitonların da bu kurama eklenmeye çalışılmasıyla Standart Model olarak bilinen yeni bir Birleşik Teori oluşturulmaya çalışıldıysa da, bu teorinin çok sayıda sonsuzluk ve birbirini götürmeyen asimetriler içermesi nedeniyle, tüm bu kuramlar yerini Sicim kuramına bıraktı.

Tabi bu arada, Sicim kuramının tüm temel kuvvetleri birleştirdiği varsayıldığı için, klasik teoriler bir tarafa bırakıldı ve Yang-Mills Alanlarının bir benzeri modelinin Kuantum Kütleçekimi teorisi için de yapılması kimsenin aklına gelmedi ve böylece Fizik yasalarının klasik düzeydeki birleşmesi rafa kaldırılarak yerini daha yüksek boyutlarda matematik içeren daha teorik ve tümdengelimci (Süpersicim, Süper kütleçekimi, M kuramı gibi) kuramlara bıraktı. Halbuki Fizik yasalarının, Einstein'ın bıraktığı noktada yerinde saydığı ise, yıllar sonra (2000'li yıllara doğru) fark edildi. Fizikçilerin uğraştığı çoğu teori, genel görünümün ancak sınırlı bir kısmını açıklıyor ve çoğu zaman bu teorinin de detaylarda boğulduğu görülüyordu. Dolayısıyla, Fizikçiler bir yerlerde hata yaptıklarını anladılar ve esas uğraşılması gereken meselenin yüksek boyutlara ve enerji seviyelerine gidildikçe temel kuvvetlerin birleş-tirilmesi gerektiği oldu. Ve artık bundan sonraki süreçte Yeni Fiziğin izleyeceği rota belirlenmiş oluyordu: Fizik Yasalarını tek bir çatı altında birleştirme çabası ve bu birleşmeyi yapan bir yeni bir "Birleşik Alan Teorisi".

Teorimizin bu bölümünde, Birleşik Alan Teorisinin daha önce öngördüğümüz ve teorimizin pek çok yerinde sıkça kullanacağımız kuantum boyutlardaki karadelik tekillik merkezinde yer alan kuantum yumurtası, diğer adıyla Manyetik monopol mekanizması için oluştur-duğumuz matematiksel modelin bir benzerini ELEKTROZAYIF KURAMI, yani çekirdek kuvvetleri ile elektromanyetizmanın birleşimi için de oluşturacağız. Oluşturacağımız bu modelle birleşik alan teorisinin öngördüğü manyetonlar ve gravitonlar arasında olduğu gibi; Zayıf Nükleer kuvvet bozonları ve elektronlar arasındaki yük yoğunluğu ve SKALER VEKTÖR ALANI ve TEMEL KUVVET ALANI ilişkisi için de basit bir matematiksel tanımlama yapmış olacağız. Ayrıca oluşturduğumuz bu mekanizma, ilerki bölümlerde Birleşik Alan Teorisine göre oluşturacağımız yeni atom modeli için de bir temel teşkil edecektir.

Şimdi, Elektromanyetik kuvvetin taşıyıcı yükü olan Elektronların; Elektrozayıf kuvvetin ve atom içerisindeki temel kuvvet alanı taşıyıcısı olan Bozonlar tarafından taşındığını varsayarak Modelimizi oluşturmak için, ilk önce, Elektromanyetik alanın taşıyıcı yükü olan elektron için şöyle bir 5-Boyutlu Skaler Vektör Alanı tanımlayalım;

$$v(r,t) = (v_5 f(r_5(t)),0,0); \quad r_5(t) = ((x - v_5 t)^2 + y^2 + z^2)^{1/2};$$

$$f(r) = \frac{\tanh(\rho_e(R+r)) - \tanh(\rho_w(R-r))}{\tanh(\rho_e R) + \tanh(\rho_w R)}$$

(4.7)

Burada v_5, vektör alanının, 5. boyutun sınır-teğet yüzeyi üzerindeki değişimini; r_5, vektör alanının 5-Boyutlu Uzay-Zamandaki konum vektörünü; *R*, atom çekirdeğinin yarıçapını; ρ_w, atom çekirdeğinin hacmi içerisindeki Elektrozayıf kuvvet alanının temel taşıyıcısı olan W Vektör Ara Bozonu yük dağılımını (yoğunluğu); ρ_e, Atom çekirdeğinin hacmi dışarısındaki elipsoidal yörünge yüzeyi üzerinde dolaşan elektriksel yük dağılımını (yoğunluğunu) ve *f(r)*, atom çekirdeği içerisindeki vektör alanının oluşturduğu yük yoğunluğunun merkezdeki tekillik noktasına göre dağılım fonksiyonunu belirlemektedir. Önceki grafiği (şekil 9) incelersek, atomun merkezinden, elektronların dolaştığı yörünge yüzeyine doğru gerçekleşen bu dağılım fonksiyonunu daha iyi anlayabiliriz.

Şimdi de, tanımladığımız bu vektör alanı cinsinden elektrik yük (Elektron) değişimini idafe eden POİSSON YÜK YOĞUNLUĞU Denklemini yazalım;

$$e = \frac{dv}{dt} \equiv \frac{\partial v}{\partial t} + (v.\nabla)v$$

(4.8)

Böylece, 5-Boyutlu Relativite uyarınca daha önce Kütleçekim alanı için, tanımladığımız bu skaler vektör alanı içerisinde temel Çekirdek kuvvetlerini içeren Elektrozayıf etkileşmeleri de kapsamak üzere, elektrik yük yoğunluğu denklemini yazarsak;

$$\nabla.\left(\frac{\partial v}{\partial t} + (v.\nabla)v\right) = -4\pi K \rho_e(r,t)$$

olur. (4.9)

Bu kısmî diferansiyel denklemin çözümü, Genel durumda (Büyük ölçeklerde) Maxwell'in Genel Elektromanyetik Alan çözümlerine yakınsar.

Bu durumda *e(r)* ve *v(r)*'nin elektromanyetik alan içerisindeki değişimi, kütle merkezinden olan uzaklığa *(r)* bağlı olarak şu şekilde olur:

$$v(r) = -\sqrt{\frac{2Kq}{R}}\hat{r},$$

$$V_R = \frac{Kq}{R},$$

$$e(r) = -\frac{Kq}{r^2}\hat{r}. \qquad (4.10)$$

Burada *q*, atomun dış yüzeyindeki toplam elektrik yükü; *R*, atom çekirdeğinin yarıçapı ve *K*, Coulomb sabitidir. Fakat kuantum boyutlarda oluşacak dalgalanmalardan ve ortamın kararsız yapısından ve belirsizlik ilkesinden dolayı atomik ölçeklerdeki yük yoğunluğu bu şekilde ifade edilemez. Bu durumda yük yoğunluğu denklemine, $\rho_e(r,t)$,'nin içinde bulunduğu *v(r)* skaler vektör alanının yapısına göre tanımlaya-bileceğimiz bir *C(v)* (Covarians) terimi tanımlayarak, eklersek bu durumda elde edeceğimiz yük yoğunluğu denklemi şu şekilde olur;

$$C(v) = \frac{\beta}{8}\left((vD)^2 - v(D^2)\right); \quad D_{ij} = \frac{1}{2}\left(\frac{\partial v_i}{\partial x_j} + \frac{\partial v_j}{\partial x_i}\right),$$

$$\frac{\partial}{\partial t}(\nabla . v) + \nabla .((v.\nabla)v) + C(v) = -4\pi K\rho_e(r,t)$$

(4.11)

Burada da *D*, Elektromanyetik Deplasman akımı ve *β*, atomun polarizasyon sabiti olarak bilinen, yük yoğunluklarının diferansiyel değişimine bağlı Atomik Yapı sabitidir. Bu durumda elektrik yük yoğunluğu değişimi şu şekilde olur;

$$\rho_e(r,t) = \frac{\beta}{32\pi K}\left((vD)^2 - v(D^2)\right) \quad (4.12)$$

Tabi bu durumda, sonuç olarak elde ettiğimiz bu elektriksel yük yoğunluğu, düzgün bir değişim göstermez ve atomun yapısına ve içerisindeki skaler vektör alanının oluşturduğu vector bozonlarının dalgalanmalarına (fluctuations) da bağlı olur. Bu durumda, elekriksel yük yoğunluğunun değişimini bilmemiz için, *v(r)*'nin değişimini de bilmeliyiz. *v(r)*'nin, skaler vektör alanı olarak değişimini belirlemek için, bu yük yoğunluğu denklemindeki *v(r,t)* Skaler Vektör Alanının hangi temel alan bileşenlerinden meydana geldiğini bulmak için, Yang-Mills Alanlarına göre yeniden düzenlenmiş olan 5-Boyutlu Einstein alan denklemlerinde yerine koyarak buna göre, *v(r)*'yi çözümlememiz gerekir ki, ilk önce elektrozayıf kuramına bir giriş yaptıktan sonra bu konuya tekrar döneceğiz..

A- GENEL DURUMDA 5-BOYUTLU İNDİRGENMİŞ "ELEKTROZAYIF ALAN TANSÖRÜNÜN" ELDE EDİLMESİ VE SONUÇLARI

Şimdi, tekrar tansör hesabına dönelim. Euler-Lagrange denklemi:

$$\frac{\partial L}{\partial A_\mu} - \partial_v\left(\frac{\partial L}{\partial\left[\partial_v A_\mu\right]}\right) = 0 \quad (4.13)$$

olmak üzere;

Einstein-Yang-Mills alan denklemleri;

$$\left[\begin{array}{l}\frac{\partial L}{\partial \phi}-\delta_i\left(\frac{\partial L}{\partial(\delta_i\phi)}\right)-\partial_a\left(\frac{\partial L}{\partial(\partial_a\phi)}\right)-\partial_P\left(\frac{\partial L}{\partial(\partial_P\phi)}\right)\\ +\frac{\partial L}{\partial(\delta_i\phi)}\left(\partial_a N_i^a+\partial_P M_i^P\right)\end{array}\right]$$

$$-\frac{1}{\sqrt{g}}\left[\begin{array}{l}\frac{\partial L}{\partial(\delta_i\phi)}\delta_i\sqrt{g}+\frac{\partial L}{\partial(\partial_a\phi)}\partial_a\sqrt{g}\\ +\frac{\partial L}{\partial(\partial_P\phi)}\partial_P\sqrt{g}\end{array}\right]=0$$

(4.14)

D'alembert operatörü cinsinden Einstein-Yang-Mills alan tansörü;

$$(\square - M^2)\,A_{\mu\nu} = -\sqrt{f}\left(\varphi F_{\mu\nu}+\zeta\overline{\psi}\sigma_{\mu\nu}\psi\right) \quad (4.15)$$

ve Lagrange operatörü cinsinden Elektromanyetik alan tansörü;

$$L=-\frac{1}{4}\left(F_{\mu\nu}F^{\mu\nu}-J^{\mu}A_{\mu}\right) \quad (4.16)$$

şeklinde olmak üzere, burada $A_{\mu\nu}$, A_{μ}, J^{μ} sırasıyla antisimetrik tansör ile antisimetrik tansöre ilişkin yük ve akım kaynaklarını içeren 4-vektör bileşenleri ile $F_{\mu\nu}=\partial_{\mu}A_{\nu}-\partial_{\nu}A_{\mu}$ şeklinde elektromanyetik alan bileşenini göstermektedir. *f* ve ζ ise, extra koordinatlara bağlı (5 ve üzeri) katsayı fonksiyonlarını; φ ve ψ ise, extra koordinatlara bağlı skaler vektör bozonlarına ait skaler potansiyel fonksiyonlarını ifade etmektedir. Einstein alan denklemlerini vektör bozonlarının kütlelerini de içerecek şekilde yeniden Lagrange denklemine göre ifade edersek;

$$\left(i\gamma^{\mu}\partial_{\mu}-\frac{1}{2}\sqrt{f}\zeta\sigma_{\mu\nu}A^{\mu\nu}-m_{\psi}\right)\psi=0, \quad (4.17)$$

$$(\Box - m_{\varphi}^2)\, \varphi^{(ph)} = \frac{1}{2}\sqrt{f}\, F_{\mu\nu} A^{\mu\nu}. \quad (4.18)$$ olur.

Burada, m_{φ} ve m_{ψ} vektör bozonlarının kütlesini göstermektedir. Bu iki denklemi birlikte çözüp, m^2'li terimleri tek bir kütle altında ifade edersek;

$$A_{\mu\nu} \cong \frac{\sqrt{f}}{M^2}\left(\varphi F_{\mu\nu} + \zeta \overline{\psi} \sigma_{\mu\nu} \psi\right) \quad (4.19)$$

denklemi elde edilir.

Bu denklem, elektrozayıf alanına *ait antisimetrik tansörü* belirlediğinden ve diyagonal eksene bağlı quadratik bileşenlerin tamamı sıfır olması gerektiğinden, toplam diferansiyel akım yoğunluğu ifadesi;

$$\delta J_{\mu} = \partial^{\nu}\left(\sqrt{f}\, \varphi A_{\mu\nu}\right) \quad (4.20)$$

olmak üzere, çekirdek hacmi içerisindeki toplam yük simetriden dolayı sıfır olması gerektiğinden;

$$Q = \int d^3 x J \quad ve \quad \delta Q$$
$$= \int d^3 x \delta J_0 = \int d^3 x \partial^{\ell} (\sqrt{f}\, \varphi A_{0\ell}) = 0 \quad (4.21)$$

olarak bulunur. Şimdi antisimetrik elektrozayıf tansörünü, elektrik ve manyetik alan vektörleri cinsinden ifade edersek;

$$A_{k0} = -A_k^{(E)}, \quad A_{k\ell} = -\varepsilon_{k\ell m} A_m^{(B)},$$
$$A_{0\ell} = A_{\ell}^{(E)} \ (k, \ell = 1,2,3) \quad (4.22)$$

olur ve matris formunda ise;

$$
(A_{\mu\nu}) = \begin{pmatrix} 0 & A_1^{(E)} & A_2^{(E)} & A_3^{(E)} \\ -A_1^{(E)} & 0 & -A_3^{(B)} & A_2^{(B)} \\ -A_2^{(E)} & A_3^{(B)} & 0 & -A_1^{(B)} \\ -A_3^{(E)} & -A_2^{(B)} & A_1^{(B)} & 0 \end{pmatrix} = \left(A_{\mu\nu}^{(E)} + A_{\mu\nu}^{(B)}\right) \tag{4.23}
$$

$$
(F^{\mu\nu}) = \begin{pmatrix} 0 & -E_1 & -E_2 & -E_3 \\ E_1 & 0 & -B_3 & B_2 \\ E_2 & B_3 & 0 & -B_1 \\ E_3 & -B_2 & B_1 & 0 \end{pmatrix},
$$

$$
F^{\mu\nu} A_{\mu\nu} = -2\left(\vec{E}.\vec{A}^{(E)} - \vec{B}.\vec{A}^{(B)}\right) \tag{4.24}
$$

Dirac spin tansörü ise, $\sigma^{\mu\nu} = (i/2)\left[\gamma^{\mu}, \gamma^{\nu}\right]$ spinorları cinsinden;

$$
(\sigma^{\mu\nu}) = \begin{pmatrix} 0 & i\alpha_1 & i\alpha_2 & i\alpha_3 \\ -i\alpha_1 & 0 & \sigma_3 & -\sigma_2 \\ -i\alpha_2 & -i\sigma_3 & 0 & \sigma_1 \\ -i\alpha_3 & \sigma_2 & -\sigma_1 & 0 \end{pmatrix} \tag{4.25}
$$

olur.

Bu durumda, başta verdiğimiz Einstein-Yang-Mills Lagrange genel denklemini yukarıdaki eşitliklere göre yeniden yazarsak;

$$
-\frac{1}{2}\sqrt{f}\left(\varphi F^{\mu\nu} + \zeta\overline{\psi}\sigma^{\mu\nu}\psi\right)A_{\mu\nu}
$$

$$
= \sqrt{f}\left[\left(\varphi\vec{E} - i\zeta\overline{\psi}\alpha\psi\right)\cdot\vec{A}^{(E)} - \left(\varphi\vec{B} - \overline{\psi}\sigma\psi\right)\cdot\vec{A}^{(B)}\right] \tag{4.26}
$$

Bu durumda, elektrozayıf alan bileşenlerine ait D'alembert denklemlerinin yeni formu şu şekilde olur:

$$(\Box - M^2)\vec{A}^{(E)} = -\sqrt{f}\left(\varphi\vec{E} - i\zeta\overline{\psi}\alpha\psi\right) \quad (4.27)$$

$$(\Box - M^2)\vec{A}^{(B)} = -\sqrt{f}\left(\varphi\vec{B} - \zeta\overline{\psi}\sigma\psi\right) \quad (4.28)$$

Bu son denklemlere dikkat edersek, simetrik oldukları ve manyetik monopollerden kaynaklanan, vektör bozonu etkileşimlerinin denklemlerin sağ tarafında yer aldığı görülür. İşte bu kaynaklar, aslında biraz sonra göreceğimiz gibi, burada $\vec{A}^{(E)}$ ve $\vec{A}^{(B)}$ ile gösterilen W ve Z bozonları ile M kütlesiyle gösterilen ki, burada aslında M kütlesi çok daha büyük bir kütle içeren Manyetik monopole işarettir, ve özel olarak Higgs bozonlarına denk düşecektir ve teknik olarak elektromanyetizma ile çekirdek kuvvetlerini temel düzeyde birleştiren ara denklemler ve mekanizmalar olduğu görülecektir. Ayrıca, denkelemlerdeki simetriye dikkat edersek, bir önceki başlıkta ele aldığımız kütleçekimiyle elektromanyetizmanın birleşimini içeren simetrik Maxwell denklemlerine ne kadar benzediği de şaşırtıcıdır. Yukarıda verilen D'alembert operatörü altında tanımlanan ikinci dereceden Einstein-Yang-Mills alanında, M kütlesine sahip olan Φ skaler alan fonksiyonuyla temsil edilen vektör bozonlarını Klein-Gordon denklemiyle ifade edersek;

$$(\Box + m^2)\phi = 0 \quad (4.29)$$

$$L = -\frac{1}{4}F_{\mu\nu}F^{\mu\nu} + \left(D_{\mu}^{*}\phi^{t}\right)\left(D^{\mu}\phi\right) - m^2\phi^{t}\phi \quad (4.30)$$

Ve bu denklemi de Proca denklemine uyarlarsak;

$$\Box W^{\mu} - \partial^{\mu}\left(\partial_{\nu}W^{\nu}\right) + m_W^2 W^{\mu} = 0 \quad (4.31)$$

$$L_W = -\frac{1}{2}W_{\mu\nu}\left(W^{\mu\nu}\right)^{*} + m_W^2 W^{\mu}W_{\mu}^{*},$$

$$W_{\mu\nu} = \partial_{\mu}W_{\nu} - \partial_{\nu}W_{\mu},$$

$$Z_{\mu\nu} = \partial_{\mu}Z_{\nu} - \partial_{\nu}Z_{\mu}. \quad (4.32)$$

taşıyıcı vektör ara bozonlarını belirleyen tansör denklemlerini elde etmiş oluruz. Buradaki "*" işaret *Hodge operatörü*'nü ve "**t**" transpoze/ters (inverse) matris operatörünü göstermektedir. Buna göre, Bozonik elektrozayıf kurama ait Lagrange operatörü, $SU(2)_L \times U(1)_Y$ Yang-Mills ayar dönüşümü altında;

$$L_{Bozon} = \left|D_\mu \phi\right|^2 - \mu^2 \left|\phi\right|^2 - \lambda \left|\phi\right|^4 - \frac{1}{4} B_{\mu\nu} B^{\mu\nu} - \frac{1}{4} W^{\alpha}_{\mu\nu} W^{\alpha,\mu\nu}$$

(4.33)

şeklinde olacaktır. Buradaki " **'** " yönlü türevi ve "**Φ**" skaler alan fonksiyonu, standart modeldeki, yükleri kesirli veya tam sayı değeri veren partikül çiftlerini göstermektedir. Bu fonksiyonun içerisinde pek çok partikül tanımlı olarak yer alabilir ki, bunların içerisinde şimdiye kadar teorik olarak öngörülen en ağır olanının Higgs bozonu olduğunu söyleyebiliriz. Dolayısıyla, bu düşünce mantığını bu denklemler sonucunda bir adım daha ileriye götürürsek; daha ağır kütleli partiküllerin ortaya çıkmasının önünü açmaktadır. Bu durumda, Φ skaler alan fonksiyonunu atomun merkezinde yoğunlaşan partikül çiftlerine ait olanlarınkini φ^0 ve tekillik merkezinin dışında kalan partikül çiftlerine ait skaler alan bileşenlerini de φ^+ ile göstermek suretiyle; atomun tamamı için tanımlanan toplam skaler alanı, bu iki skaler alan bileşeninin vektörel toplamından oluşacak şekilde vektörel olarak gösterirsek;

$$\phi = \begin{pmatrix} \varphi^+ \\ \varphi^0 \end{pmatrix}$$

(4.34)

ve kovariant alan tansörü bileşenlerini de;

$$W^{\alpha}_{\mu\nu} = \partial_\mu W^{\alpha}_{\nu} - \partial_\nu W^{\alpha}_{\mu} - g f^{\alpha\sigma\lambda} W^{\sigma}_{\mu} W^{\lambda}_{\nu},$$

$$B_{\mu\nu} = \partial_\mu B_\nu - \partial_\nu B_\mu,$$

$$D_\mu \phi = \left(\partial_\mu + ig \frac{L^{\alpha}_{\mu}}{2} W^{\alpha}_{\mu} + ig' \frac{Y^{\sigma}_{\mu}}{2} B^{i}_{\mu} \right) \phi.$$

(4.35)

şeklinde tanımlarsak Elektrozayıf alana ilişkin temel tansör denklemlerini elde etmiş oluruz.

Burada B^{i}_{μ} manyetik alan bileşeninin, $B^{(3)}_{\mu}$ şeklinde teorimiz için özel bir önemi vardır ki, ilerleyen kısımlarda bu bileşenin alan denklemlerinin yazıldığı 5-boyutlu uzay-zaman yapısına helezonik bir yapı kazandırdığını, dolayısıyla bu yapının da ilginç ve beklenmedik bir şekilde kütleçekiminin helezonik mekanizmasını doğal olarak oluşturan bir mekanizmayı tetiklediğini göreceğiz.

Dolayısıyla, 4-boyutlu uzay-zaman için yazılan Einstein alan denklemlerinde bu bileşenin etkisi görülmezken, 5-boyutlu uzay-zaman için yazılan Einstein-Schwarzschild kapalı alan denklemlerinin özel tekillik çözümlerinde, kilit bir etkiye sahip olduğunu ve bu bileşenin etkisiyle uzay-zamanın düz (lineer) bir eğrisel yapıdan helezonik (nonlineer) bir eğrisel yapıya doğru kaydığını göreceğiz. Elektromanyetik alan bileşenleri ile Zayıf çekirdek kuvveti arasındaki etkileşimleri gösteren tansör eşitliklerini de yazacak olursak;

$$\begin{aligned} J_{\mu}\cdot W^{\mu} &= J^{1}_{\mu}W^{\mu^{1}} + J^{2}_{\mu}W^{\mu^{2}} + J^{3}_{\mu}W^{\mu^{3}}, \\ J_{\mu}\cdot W^{\mu} &= \left(1/\sqrt{2}\right)J^{+}_{\mu}W^{\mu^{+}} + \left(1/\sqrt{2}\right)J^{-}_{\mu}W^{\mu^{-}} + J^{3}_{\mu}W^{\mu^{3}}, \\ W^{\pm}_{\mu} &= \left(1/\sqrt{2}\right)\left(W^{1}_{\mu} \pm iW^{2}_{\mu}\right) \end{aligned} \qquad (4.36)$$

$$\begin{aligned} A^{\mu} &= B_{\mu}\cos\theta_{w} + W^{3}_{\mu}\sin\theta_{w}, \\ Z_{\mu} &= -B_{\mu}\sin\theta_{w} + W^{3}_{\mu}\cos\theta_{w}. \end{aligned} \qquad (4.37)$$

$$\begin{aligned} g_{W}\sin\theta_{w} &= g'\cos\theta_{w} = g_{e}, \\ g_{Z} &= \frac{g_{e}}{\sin\theta_{w}\cos\theta_{w}} \end{aligned} \qquad (4.38)$$

şeklinde Elektrozayıf kuramına ait temel tansör denklemlerini ve partikül çiftleri etkileşimlerini belirleyen denklemleri elde etmiş oluruz. Buradaki Θ açıları zayıf etkileşim esnasındaki partiküller arası çarpışma açılarını g ise güçlü çekirdek kuvvetin taşıyıcı yükü olan Gluonları göstermektedir. Ayrıca, buradaki tansör ifadelerine dikkat edersek, toplam altı adet bozon içerdiği görülür ki, Φ skaler alan fonksiyonu üç adet Goldstone bozonunu (Φ_1, Φ_2, Φ_3) tanımlarken ve W ve Z vektör ara bozonları (W^-, W^+, Z) bozonları arasındaki ilişki aşağıdaki gibidir:

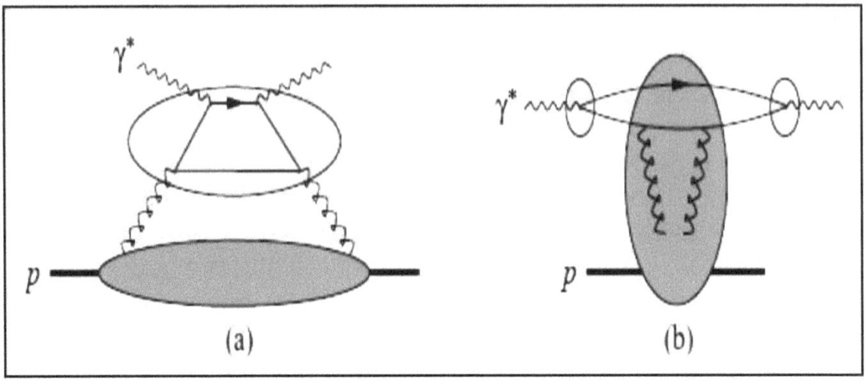

Figure 10.1: **a)** Gluonların elektromanyetik etkileşimi ve hadronik yapı içerisindeki 5-boyutlu tekillik yüzeyi doğrultusundaki birleşim mekanizmalarını gösteren sicim diyagramı.

b) Manayetik monopol mekanizmasının içerisinde gerçekleşen quark saçılmasına ilişkin tekillik yüzeyinin iç kısmındaki yoğunlaşma kurakların $q\bar{q}$ şeklinde manyetik dipoller oluşturacak şekilde fotonların, gluonların veya goldstone bozonlarının veya diğer alt atomik partiküllerin monopol içerisinde manyetik dipole enerjilerinin kuantumlu belirli enerji seviyelerine sahip olacak şekilde topaklanmasına izin verir.

Bu durumda, QCD veya QED elektrozayıf etkileşimlerini içeren 4-boyutlu sicim etkileşimleri, 5-boyutlu uzay-zamanın tünel etkisi sonucu, tekillik noktasındaki kuantumlu enerji topaklanmasına izin verecek şekilde partikülleri L uzunluğundaki bir potansiyel kuyusu içerisinde;

$$\int_{-1}^{1}\left[H^q(x,\zeta,t)(i\pi\delta(x-\zeta)+\frac{1}{(\zeta-x)}\pm\{x\to -x\}\right]dx$$

şeklindeki bir kuantalı manyetik dipol dağılımı olarak içerisine hapseder. Bu durumda Q^2 manyetik dipol etkileşmelerini göstermek üzere partiküllerin ara etkileşmeleri sırasındaki Compton saçılması;

$$P=1-2\cos\phi\sqrt{\frac{2(1+\varepsilon)}{\varepsilon}\frac{1-\zeta}{1+\zeta}\frac{t_0-t}{Q^2}}+O(\frac{1}{Q^2})$$

şeklinde ifade edilirse $\varepsilon\approx(1-y)/(1-y+1/2y^2)$ partiküllerin t-t_0 zaman aralığındaki kuark akısını göstermek üzere manyetik monopol yüzeyindeki 5-boyutlu enerji akışı GeV olarak aşağıdaki gibi değişir;

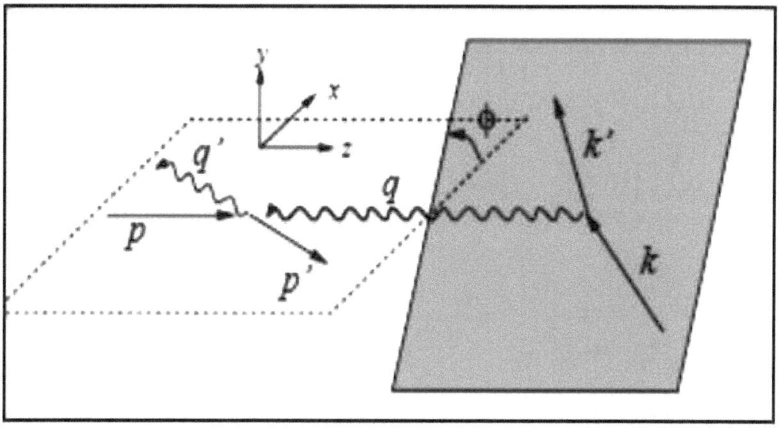

Figure 10.2

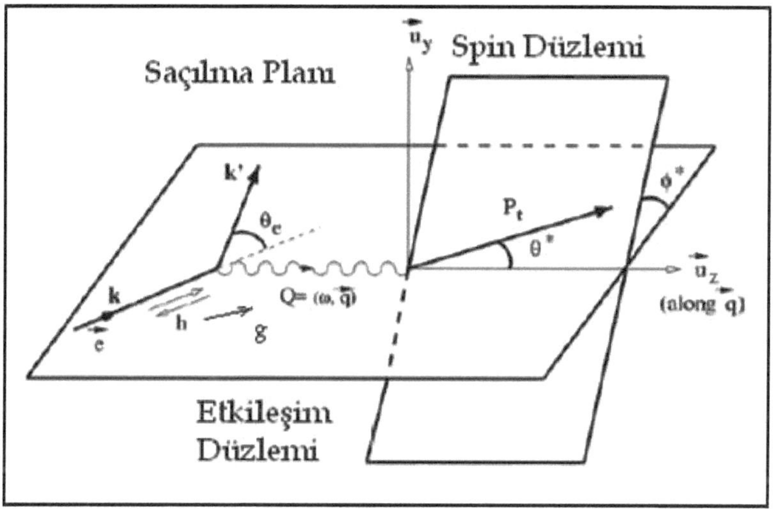

Figure 10.3

Eğer, Compton saçılımının 5-boyutlu tünel etkisi doğrultusunda gerçekleştiğini düşünürsek, s-kanallı rezanans R(s) toplam fonksiyonuyla ifade edilen dual hadronik etkileşimler (kuarklar, hadronlar, fotonlar g_s kuplaj sabiti olmak üzere $\alpha_s = g_s / 4\pi$ olarak güçlü çekirdek kuvvetine ait kuplaj sabitine genişletilmesi durumunda;

„Q^2" manyetik dipol etkileşmeleri de benzer bir evrimle manyetik monopol mekanizması içerisinde Higgs veya Goldstone bozonları bu enerji seviyesine en yakın dual etkileşim çiftleri olmak üzere aşağıdaki temsil edilen grafikteki gibi kuantalı olarak kümeleşecektir.

$$\langle\phi\rangle=\frac{1}{\sqrt{2}}\begin{pmatrix}0\\ v\end{pmatrix}+\frac{1}{\sqrt{2}}\begin{pmatrix}\phi_1+i\phi_2\\ h+i\phi_3\end{pmatrix},$$

$$W_\mu^{\pm}=\frac{1}{\sqrt{2}}\left(W_\mu^{(1)}\pm iW_\mu^{(2)}\right),$$

$$B_\mu=\frac{-g'Z_\mu+gA_\mu}{\sqrt{g^2+g'^2}},$$

$$W_\mu^{(3)}=\frac{gZ_\mu+g'A_\mu}{\sqrt{g^2+g'^2}} \qquad (4.39)$$

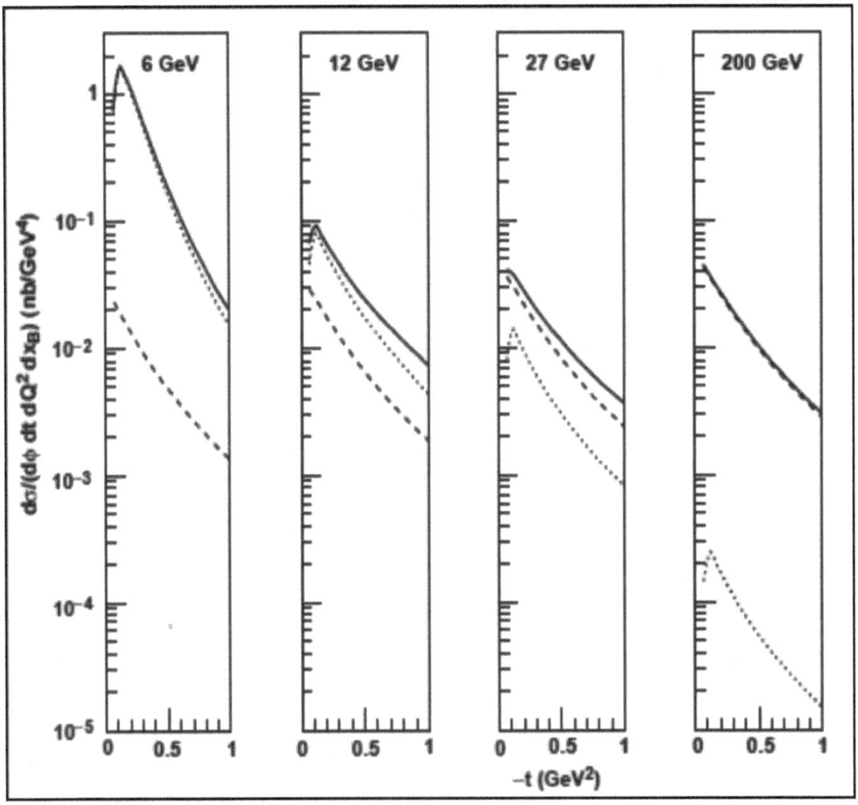

Figure 11: Birleşik alan kuvveti yönünde çarpışan iki atomaltı partikülün saçılma diyagramı ve manyetik monopole doğru gerçekleşen tünel etkisi sırasındaki partikülün enerji değişimi. Burada, partikülün saçılma faktörü elektrik ve manyetik alan bileşenleri cinsinden;

$$A = \frac{a\cos\theta^* G_M^2 + b\sin\theta^* \cos\phi^* G_E G_M}{cG_M^2 + dG_E^2}$$

şeklinde ifade edilebilir. Yukarıdaki grafiğe dikkat edilirse, saçılma sonucu gerçekleşen moment değişimi vektörünün birleşik alan kuvveti doğrultusunda olduğu görülür.

Fakat bu durumda $A(s,t) \propto s^{\alpha(t)}, \quad s \to \infty$ *şeklinde bir belirsizlikle karşılaşılır ki, bu durum aynen kuantum mekaniğinin siyah sicim ışıma enerji duvarı potansiyelinin genlik değerinin sonsuza gitmesi gibi sonsuz genlikli bir kümelenmesi değeri üretir. Bundan kurtulmak için ise, tüm dual partikül enerjilerinin manyetik dipol şeklinde kuantalı olarak kümelendiğini farz ederek toplam enerjiye ait genlik fonksiyonunun* $A(s,t) = \sum_{\text{Re}\,z.} A_{\text{Re}\,z.}(s,t)$ *şeklindeki bir rezonans halindeki sicimlerin dipole çiftleri şeklinde seri toplamı olarak ele alındığını düşünüp, rezonans sicim çiftlerinin enerji genliklerine ait saçılma matrisi katsa-yılarını* $s = W^2 = m_p^2 + Q^2(\omega - 1)$ *şeklinde manyetik dipole rezonans frekanslarına bağlı bir toplam şeklinde ifade edersek, rezonans frekansı yaklaşık olarak diferansiyel durumda* *<u>manyetik monopol yüzeyi üzerindeki</u>* *sicim titreşimlerinin frekansına ve en nihayetinde bu da en küçük ölçekte* *<u>tek bir graviton çiftinin sicim titreşimine</u>* *(EINSTEIN-KURŞUNOĞLU TEORİ & KURAMINDAKİ "ORBİTRON YÜKLERİ"nin Quantum Gravitasyonel eşdeğeri)'ne indirgenecektir:* $\omega = 2m_p v / Q^2$ *"*

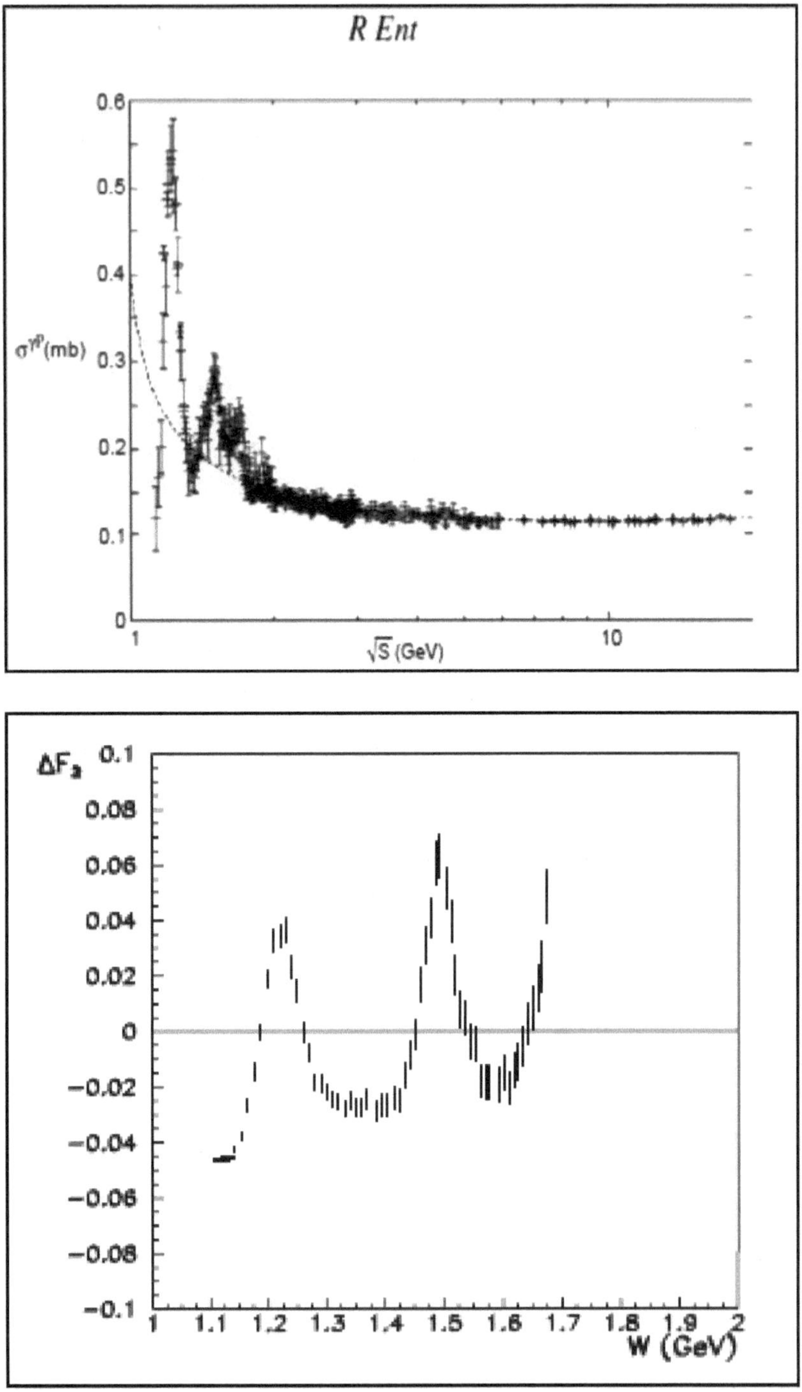

Figure 12: Manyetik monopol mekanizmasının iç kısmındaki sicim titreşimlerinin tekillik yüzeyine yaklaştıkça artan frekans (sıklık) değerlerinin Enerji duvarının değerine göre değişimi.

Bu durumda ise, düşünsel sürecimizi bir adım daha evrimleştirirsek, manyetik monopole ait 5-boyutlu tekillik yüzeyinin bu manyetik dipol çiftlerinden dolayı bir harmonik osilatör gibi davranacağını öngörebiliriz. Bu durumda, dipole çiftlerinin sicim etkileşimlerinin kuantalı olarak enerji toplamları;

$$W(v,q) = \sum_{N=0}^{N_{\max}} \frac{1}{4E_0 E_N} \left|F_{0,N}(q)\right|^2 \delta(E_N - E_0 - v) \qquad (4.40)$$

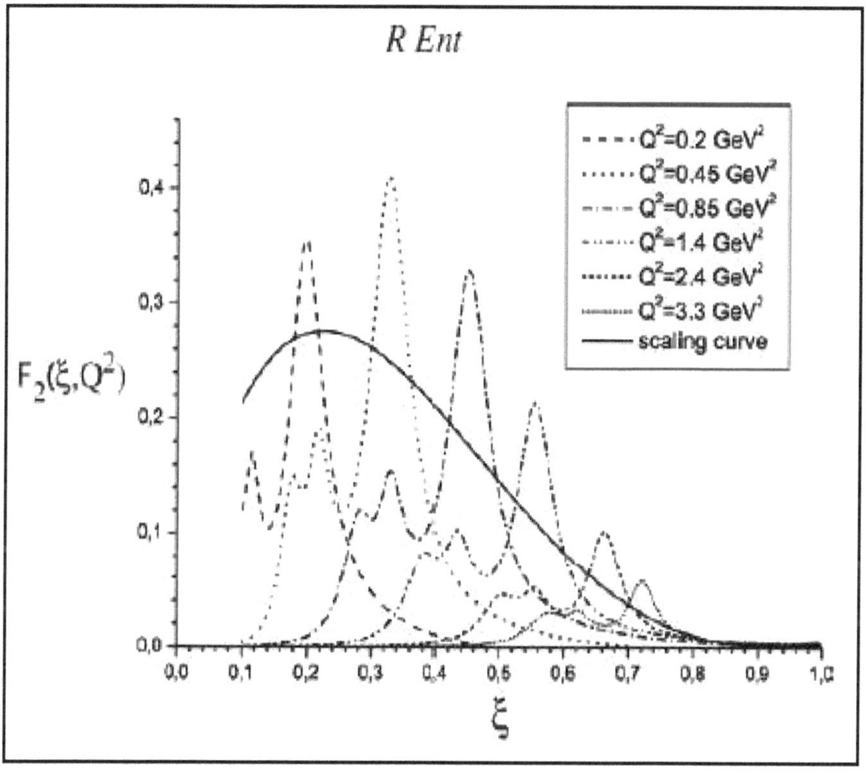

Figure 13: Eğer bu dual sicim titreşimlerinin frekans grafiğini biraz daha yakınlaştırarak zoom yapmış olsaydık, 5. boyut doğrultusunda (ξ) her bir dipole çiftinin tekillik yüzeyi civarında, $\int_{x_{th}}^{x_{res.}} F_2(x,Q^2)dx$ şeklinde farklı enerji aralıklarına denk gelecek şekilde yukarıdaki gibi bir potansiyel enerji kuyusu kümeleri şeklinde kümelenmiş olduklarını görürdük.

Bu durum, (4.39) denklemiyle ifade edilen bir manyetik monopol yapı fonksiyonuyla ifade edilebilir. Burada, $N = \ell + 2k$ dipol etkileşimine giren partiküllere ait birincil kuantum sayısı, $F_{0,N}$ yüzeyin form faktörü olmak üzere seri toplamı:

$$S(u,Q^2) = |q|W = \sqrt{v^2 + Q^2}W \qquad (4.41)$$

Ve

$$U(v,Q^2) = \frac{1}{2m_q}\left(\sqrt{v^2 + Q^2} - v\right)\left(1 + \sqrt{1 + 4m_q^2 / Q^2}\right) \qquad (4.42)$$

Sıfır ve Sonsuz arasında değişen skala faktörü olmak üzere enerji değişim grafiği bu kez aşağıdaki gibi olur:

$$L_{TOTAL} = \underbrace{\begin{bmatrix} m_W^2 W_\mu^+ W^{-,\mu} + \dfrac{m_Z^2}{2} Z_\mu Z^\mu \\ + \cdots c.c. \end{bmatrix}}_{L_{EXTERNAL\ \ OF\ SINGULARITY}} \left(1 + \frac{h}{v}\right)^2$$

$$\underbrace{-\frac{m_h^2}{2} h^2 - \frac{m_\zeta^3}{3!} \zeta^3 - \frac{m_\eta^4}{4!} \eta^4 - \cdots c.c.}_{L_{INTERNAL\ OF\ SINGULARITY}}$$

(4.43)

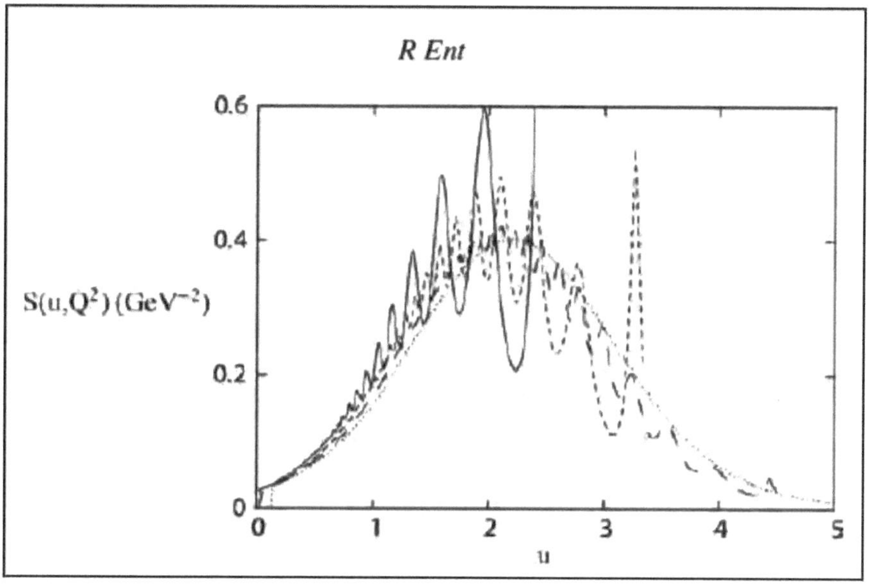

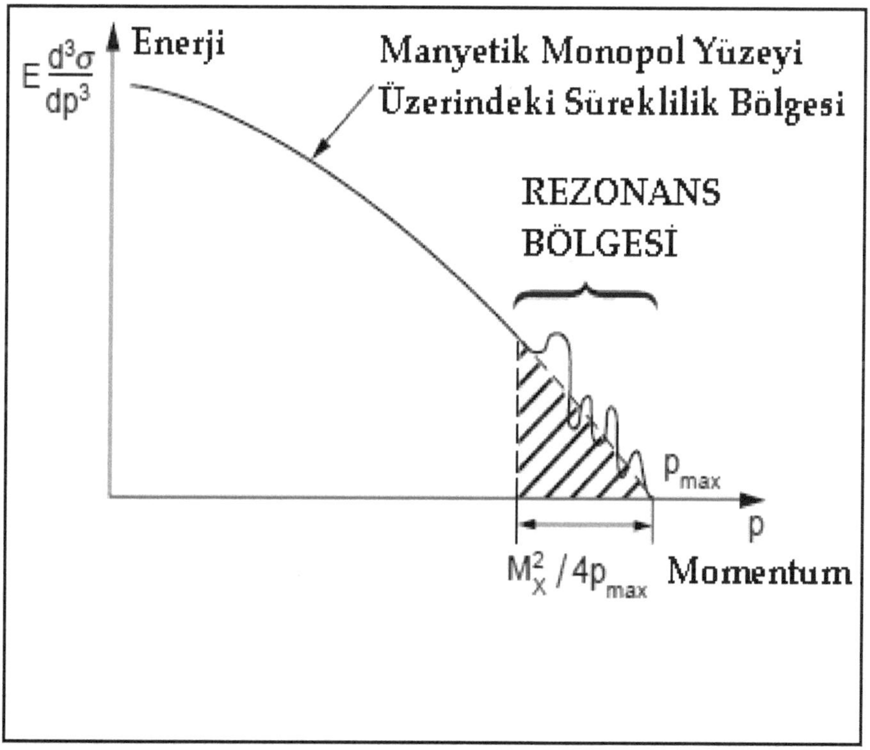

Figure 14: Manyetik monopol yüzeyi üzerindeki kuantalı enerji topaklanması grafiği. Bu durumda partikül çiftlerine ait manyetik dipol etkileşimlerini içeren enerji ifadesine ait karelerin kareleri toplamından söz etmeliyiz ki, bu durumda partikül çiftleri manyetik monopol yüzeyi üzerinde

$e_1^2 + e_2^2 + 2e_1e_2(-1)^M$ şeklindeki dual partikül çiftlerinin diferansiyel dolanımlı dipol enerjilerini oluşturduklarından, toplam partikül ve anti-partikül sayısının toplam $e(NN^*) = 496 \times 2 = 992$ serbestlik derecesi katkısı önce Higgs bozonuna (χ) ve bir kaç aşama sonrasında ise Manyetik monopol mekanizmasına (M) aşağıdaki grafikte verildiği gibi bir enerji aktarım mekanizmasına sahip olacaktır:

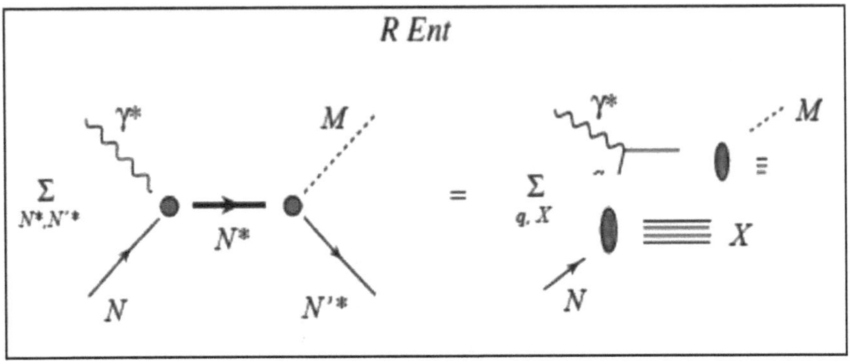

Figure 15: Burada ara işlemleri göstermeden elektrozayıf etkileşimleri içeren sonuç denklemleri yazarsak;

$$m_W^2 = \frac{1}{4} g^2 v^2, \quad m_Z^2 = \frac{1}{4}\left(g^2 + g'^2\right)v^2$$

$$\Rightarrow \frac{m_W^2}{m_Z^2} = 1 - \sin^2 \theta_W, \tag{4.44}$$

$$m_h^2 = 2\lambda v^2, \quad \zeta = \frac{3m_h^3}{v^3}, \quad \eta = \frac{4m_h^4}{v^4}, \cdots c.c.$$

şeklinde olur.

Burada, “**h**” ve “**m**$_h$” birleşik alan teorisine giden yoldaki önemli bir köşe taşı olan “**Higgs**” bozonuna; “**v**”, elektromanyetik alanın taşıyıcı bozonu olan fotonlara ve “**g**” gluonlara işaret etmektedir. Dikkat edersek, son denklemlerde partikül etkileşimlerini belirleyen sonuç ifadelerinin parçalı bir seri toplamı şeklinde yazılabildiği görülmektedir. Bu da bize, bu denklemlerde yer alan “**η**” ve “**ζ**” gibi ekstra (kapalı boyutlar boyunca) koordinat sistemlerine bağlı Higgs bozonundan daha ağır partikül ve bozon çiftlerinin de var olabileceğini kanıtlamaktadır. İlerleyen kısımlarda, tekrar bu mekanizmanın yapısına ve Higgs bozonunun birleşik alan teorisindeki önemine döneceğiz..

B- "ELEKTROZAYIF ALAN TANSÖRÜNÜN" ELDE EDİLMESİ VE SONUÇLARI

Dolayısıyla, her ne kadar bu çalışmamızda ele aldığımız birleştirme teorimiz, evrendeki en ağır partiküllerin planck ölçeğinde yer alan manyetik monopoller ağı üzerine inşa edilmiş graviton örgüsü olarak kabul etse de; elde ettiğimiz bu sonuç denklemler, atomaltı dünyada daha pek çok bilinmeyen partikülün ve vektör ara bozonunun varlığına işaret etmektedir. Şimdi gelelim bu sonuç denklemler altında, Elektrozayıf kuvvete ait tansör matrisi denklemlerini, yani birleşik alan teorisinde kullanacağımız esas denklemleri oluşturmaya.

Bilindiği gibi, 4-Vektörlerin Lorentz dönüşümünü hatırlarsak:

$$a^{\mu'} = \Lambda^{\mu}_{\nu} a^{\nu} \quad (4.45)$$

olup, burada Λ Lorentz dönüşüm matrisi aşağıdaki gibidir:

$$\Lambda = \begin{bmatrix} \gamma & -\gamma\beta & 0 & 0 \\ -\gamma\beta & \gamma & 0 & 0 \\ 0 & 0 & 1 & 0 \\ 0 & 0 & 0 & 1 \end{bmatrix} \quad (4.46)$$

olur. Λ^{μ}_{ν} ise, μ. satır ν. sütun elemanıdır. İkinci dereceden (yani iki indisli) bir tansör dönüşürken, her bir indis için birer Λ gerekir:

$$(t')^{\mu\nu} = \Lambda^{\mu}_{\lambda}\Lambda^{\nu}_{\sigma}t^{\lambda\sigma} \quad (4.47)$$

Dört boyutta ikinci dereceden tansörün 4×4=16 elemanı vardır;

$$t^{\mu\nu} = \begin{bmatrix} t^{00} & t^{01} & t^{02} & t^{03} \\ t^{10} & t^{11} & t^{12} & t^{13} \\ t^{20} & t^{21} & t^{22} & t^{23} \\ t^{30} & t^{31} & t^{32} & t^{33} \end{bmatrix} \quad (4.48)$$

Fakat, 16 elemanın her biri farklı olmayabilir. Örneğin, hatırlarsak Simetrik Tansör:

$$t^{\mu\nu} = t^{\nu\mu} \quad \text{(\textit{Simetrik Tansör}) (4.49)}$$

olarak tanımlanmıştı. Bu durumda köşegene göre simetrik elemanlar eşit olur;

$$\begin{pmatrix} t^{01} = t^{10}, t^{02} = t^{20}, t^{03} = t^{30}, \\ t^{12} = t^{21}, t^{13} = t^{31}, t^{23} = t^{32} \end{pmatrix}. \quad (4.50)$$

6 eleman tekrarlandığı için tansörün 10 farklı elemanı olabilir. Benzer şekilde, Antisimetrik Tansör:

$$t^{\mu\nu} = -t^{\nu\mu} \quad \text{(\textit{Antisimetrik Tansör}) (4.51)}$$

olarak tanımlanırsa, bunun 6 farklı elemanı olabilir; daha önceki 6 eleman eksi işaretli olarak tekrarlanır ve köşegen üzerindeki dört eleman $\left(t^{00}, t^{11}, t^{22}, t^{33}\right)$ sıfırdır. Buna göre, en genel antisimetrik tansör şöyle olur:

$$t^{\mu\nu} = \begin{bmatrix} 0 & t^{01} & t^{02} & t^{03} \\ -t^{10} & 0 & t^{12} & t^{13} \\ -t^{20} & -t^{21} & 0 & t^{23} \\ -t^{30} & -t^{31} & -t^{32} & 0 \end{bmatrix} \quad (4.52)$$

Şimdi, dönüşüm kuralının antisimetrik tansörü nasıl dönüştürdüğüne bakarsak;

$$(t')^{01} = \Lambda^0_\lambda \Lambda^1_\sigma t^{\lambda\sigma} \quad (4.53)$$

Fakat, λ = 0,1 dışında $\Lambda^0_\lambda = 0$ olacaktır. Benzer şekilde σ = 0,1 dışında $\Lambda^1_\sigma = 0$ olur. O halde, çift toplamadan dört terim gelir:

$$(t')^{01} = \Lambda^0_0 \Lambda^1_0 t^{00} + \Lambda^0_0 \Lambda^1_1 t^{01} + \Lambda^0_1 \Lambda^1_0 t^{10} + \Lambda^0_1 \Lambda^1_1 t^{11} \quad (4.54)$$

Antisimetrik Tansör için, $(t^{00} = t^{11} = 0)$ ve $(t^{01} = -t^{10})$ olduğunu göz önüne alırsak;

$$(t')^{01} = (\Lambda^0_0 \Lambda^1_1 - \Lambda^0_1 \Lambda^1_0) t^{01} = [\gamma^2 - (\gamma\beta)^2] t^{01} = t^{01} \quad (4.55)$$

olarak bulunur. Diğer elemanlar için de benzer dönüşüm hesabı yapılırsa;

$$(t')^{01} = t^{01}, (t')^{02} = \gamma(t^{02} - \beta t^{12}), (t')^{03} = \gamma(t^{03} + \beta t^{31}),$$
$$(t')^{23} = t^{23}, (t')^{31} = \gamma(t^{31} + \beta t^{03}), (t')^{12} = \gamma(t^{12} - \beta t^{02}). \quad (4.56)$$

Bu ifadeler ise, elektromanyetik alan tansörü $F^{\mu\nu}$ ile aynı yapıdadır. Bu durumda karşılıklı elemanlara bakarak $A^{\mu\nu}$ antisimetrik elektrozayıf alan tansörü elemanlarını şöyle kurabiliriz. $F^{\mu\nu}$, elektromanyetik alan tansörünü; $W^{\mu\nu}$ zayıf çekirdek kuvveti alan tansörünü ve $S^{\mu\nu}$ de güçlü çekirdek kuvvetine ait alan tansörünü göstermek üzere;

$$A^{01}=\frac{W_x}{c},A^{02}=\frac{W_y}{c},A^{03}=\frac{W_z}{c},A^{12}=S_z,$$
$$A^{31}=S_y,A^{23}=S_x \qquad (4.57)$$

Alan tansörünü matris şeklinde gösterirsek:

$$A^{\mu\nu}=\begin{bmatrix} 0 & W_x/c & W_y/c & W_z/c \\ -W_x/c & 0 & S_z & -S_y \\ -W_y/c & -S_z & 0 & S_x \\ -W_z/c & S_y & -S_x & 0 \end{bmatrix} \qquad (4.58)$$

Bu tansöre ilişkin, $W^{\mu\nu}\rightarrow\vec{A}^{(E)}$, $S^{\mu\nu}\rightarrow\vec{A}^{(B)}$, $W/c\rightarrow S$ ve $S\rightarrow -W/c$ değişimleri yapılarak ve zayıf ve güçlü çekirdek kuvvetlerinin sicim düzeyinde kendi aralarında dönüşümlü olduğunu varsaydığımızda oluşturulan "*Dual Tansör*" ise;

$$D^{\mu\nu}=\begin{bmatrix} 0 & S_x & S_y & S_z \\ -S_x & 0 & -W_z/c & W_y/c \\ -S_y & W_z/c & 0 & -W_x/c \\ -S_z/c & -W_y/c & W_x/c & 0 \end{bmatrix}$$ olur.

(4.59)

Lorentz dönüşümünden yararlanarak yük ve akım yoğunluklarını tanımlarsak:

$$\rho_g = \frac{\rho_{g0}}{\sqrt{1-v^2/c^2}}, \vec{J} = \frac{\rho_{e0}\vec{u}}{\sqrt{1-v^2/c^2}}, \quad (4.60)$$

$$\vec{M} = \frac{\rho_{m0}\vec{u}}{\sqrt{1-v^2/c^2}}, \quad (4.61)$$

$$\rho_W = \frac{\rho_{W0}}{\sqrt{1-v^2/c^2}}, \rho_S = \frac{\rho_{S0}}{\sqrt{1-v^2/c^2}}, \quad (4.62)$$

Burada, $\vec{u}$ akım yönündeki birim vektör, ρ_0 ele alınan referans sistemine bağlı tekillik (singularity) merkezinde toplandığı varsayılan, "Öz yük yoğunluğu" ve c ışık hızı olmak üzere; yük ve akım yoğunluğu için bir 4-Vektör oluşturursak; $J^{\mu} = \rho_0 \Phi^{\mu}$ ve Elektriksel renk yükü ve Gluon (Kuark) akım yoğunluğu 4-vektörünün bileşenleri de şöyle kurulmuş olur:

$$J_e^{\mu} = \left(c\rho_e, J_x^r, J_y^g, J_z^b\right) \text{ ve } (4.63)$$

$$J_g^{\mu} = \left(c\rho_g, J_x^u, J_y^s, J_z^d\right) \quad (4.64)$$

Benzer şekilde $c\rho_e \rightarrow \rho_m$ ve $J_{x,y,z} \rightarrow -M_{x.y.z}/c$

koyarak; Zayıf ve Güçlü çekirdek kuvveti için yazılan, Bozonik Akım yoğunlukları için de bir 4-vektör oluşturursak;

$$M_w^{\mu} = \left(\rho_m, -\frac{M_{Wx}}{c}, -\frac{M_{Wy}}{c}, -\frac{M_{Wz}}{c}\right) \quad (4.65)$$

$$M_S^{\mu} = \left(\rho_m, -\frac{M_{Sx}}{c}, -\frac{M_{Sy}}{c}, -\frac{M_{Sz}}{c} \right) \quad (4.66)$$

olur. Bu durumda elektrozayıf tansör denklemlerinin tümü şöyle özetlenebilir:

$$\frac{\partial A^{\mu\nu}}{\partial x^{\nu}} = \sqrt{f}\left(J_e^{\mu} + J_m^{\mu}\right), \quad (4.67)$$

$$\frac{\partial D^{\mu\nu}}{\partial x^{\nu}} = \sqrt{g}\left(M_W^{\mu} + M_S^{\mu}\right) \quad (4.68)$$

Buradaki *f* ve *g* Dirac-Gamma ayar dönüşüm matrisleridir. Bu ifadeye ilişkin vektörel formda elektromanyetik alan tansörüyle bağlayıp, bozonik vektör alanına ilişkin 4-Boyutlu toplam Antisimetrik Tansör ifadesini yazarsak:

$$\frac{\partial F^{\mu\nu}}{\partial x^{\nu}} = \frac{\partial A^{\mu\nu}}{\partial x^{\nu}} + \frac{\partial D^{\mu\nu}}{\partial x^{\nu}}$$

$$= \frac{\lambda}{\sqrt{2}}\sqrt{\frac{f}{g}}\left(J_e^{\mu} + J_m^{\mu} + M_w^{\mu} + M_S^{\mu}\right) \quad (4.69)$$

olur.

Tansör ifadesini matrisel vektör alanı şeklinde gösterirsek; Genel formdaki Elektrozayıf alanına ilişkin Tansör matrisleri elde edilmiş olur;

$$
\begin{aligned}
F^{\mu\nu} &= \left(W^{\mu\nu} + S^{\mu\nu}\right) \\
&= \left(E^{\mu\nu}.A^{\mu\nu}\right) + \left(N^{\mu\nu}.D^{\mu\nu}\right) \\
&= \left[H^{\nu}.J^{\mu} + I^{\nu}M^{\mu}\right]
\end{aligned} \quad (4.70)
$$

olarak yazılırsa, Matris ifadelerindeki tansör katsayıları;

$$
E^{\mu\nu} = \begin{bmatrix} 0 & \lambda & \lambda & \lambda \\ -\lambda & 0 & 1 & -1 \\ -\lambda & -1 & 0 & 1 \\ -\lambda & 1 & -1 & 0 \end{bmatrix}, \quad (4.71)
$$

$$
N^{\mu\nu} = \begin{bmatrix} 0 & 1 & 1 & 1 \\ -1 & 0 & -\lambda & \lambda \\ -1 & \lambda & 0 & -\lambda \\ -\lambda & -\lambda & \lambda & 0 \end{bmatrix}, \quad (4.72)
$$

$$
\begin{aligned}
H^{\nu} &= \left[1/\lambda \quad 1 \quad 1 \quad 1\right], \\
I^{\nu} &= \left[1 \quad -\lambda \quad -\lambda \quad -\lambda\right].
\end{aligned} \quad (4.73)
$$

şeklinde olacaktır..

Bunun da matrisel formdaki 4×4 boyutlu simetrik alan bileşenleri cinsinden açılımını yaparsak;

[*Bkz*: Aşağıdaki tansörel matris formu]

$$\begin{bmatrix} 0 \\ \vec{F}_x \\ \vec{F}_y \\ \vec{F}_z \end{bmatrix} = \begin{bmatrix} 0 & 1/c & 1/c & 1/c \\ -1/c & 0 & 1 & -1 \\ -1/c & -1 & 0 & 1 \\ -1/c & 1 & -1 & 0 \end{bmatrix} . \begin{bmatrix} 0 \\ \vec{W}_x \\ \vec{W}_y \\ \vec{W}_z \end{bmatrix}$$

$$+ \begin{bmatrix} 0 & 1 & 1 & 1 \\ -1 & 0 & -1/c & 1/c \\ -1 & 1/c & 0 & -1/c \\ -1/c & -1/c & 1/c & 0 \end{bmatrix} . \begin{bmatrix} 0 \\ \vec{S}_x \\ \vec{S}_y \\ \vec{S}_z \end{bmatrix}$$

$$= \begin{bmatrix} c & 1 & 1 & 1 \end{bmatrix} . \begin{bmatrix} \rho_e \\ \vec{J}_x^r \\ \vec{J}_y^g \\ \vec{J}_z^b \end{bmatrix} + \begin{bmatrix} 1 & -1/c & -1/c & -1/c \end{bmatrix} . \begin{bmatrix} \rho_m \\ \vec{M}_{Wx} \\ \vec{M}_{Wy} \\ \vec{M}_{Wz} \end{bmatrix}$$

$$\begin{bmatrix} c & 1 & 1 & 1 \end{bmatrix} . \begin{bmatrix} \rho_g \\ \vec{J}_x^u \\ \vec{J}_y^s \\ \vec{J}_z^d \end{bmatrix} + \begin{bmatrix} 1 & -1/c & -1/c & -1/c \end{bmatrix} . \begin{bmatrix} \rho_m \\ \vec{M}_{Sx} \\ \vec{M}_{Sy} \\ \vec{M}_{Sz} \end{bmatrix}$$

(4.74)

$$\begin{bmatrix} 0 & \vec{F}_x & \vec{F}_y & \vec{F}_z \end{bmatrix} = \begin{bmatrix} 0 & 1/c & 1/c & 1/c \\ -1/c & 0 & 1 & -1 \\ -1/c & -1 & 0 & 1 \\ -1/c & 1 & -1 & 0 \end{bmatrix} \cdot \begin{bmatrix} 0 & \vec{W}_x & \vec{W}_y & \vec{W}_z \\ \vec{W}_x & 0 & \vec{S}_z & \vec{S}_y \\ \vec{W}_y & \vec{S}_z & 0 & \vec{S}_x \\ \vec{W}_z & \vec{S}_y & \vec{S}_x & 0 \end{bmatrix}$$

$$+ \begin{bmatrix} 0 & 1 & 1 & 1 \\ -1 & 0 & -1/c & 1/c \\ -1 & 1/c & 0 & -1/c \\ -1/c & -1/c & 1/c & 0 \end{bmatrix} \cdot \begin{bmatrix} 0 & \vec{S}_x & \vec{S}_y & \vec{S}_z \\ \vec{S}_x & 0 & \vec{W}_z & \vec{W}_y \\ \vec{S}_y & \vec{W}_z & 0 & \vec{W}_x \\ \vec{S}_z & \vec{W}_y & \vec{W}_x & 0 \end{bmatrix}$$

$$= \begin{bmatrix} c & 1 & 1 & 1 \end{bmatrix} \cdot \begin{bmatrix} \rho_e \\ \vec{J}_x^r \\ \vec{J}_y^g \\ \vec{J}_z^b \end{bmatrix} + \begin{bmatrix} 1 & -1/c & -1/c & -1/c \end{bmatrix} \cdot \begin{bmatrix} \rho_m \\ \vec{M}_{Wx} \\ \vec{M}_{Wy} \\ \vec{M}_{Wz} \end{bmatrix}$$

$$+ \begin{bmatrix} c & 1 & 1 & 1 \end{bmatrix} \cdot \begin{bmatrix} \rho_g \\ \vec{J}_x^u \\ \vec{J}_y^s \\ \vec{J}_z^d \end{bmatrix} + \begin{bmatrix} 1 & -1/c & -1/c & -1/c \end{bmatrix} \cdot \begin{bmatrix} \rho_m \\ \vec{M}_{Sx} \\ \vec{M}_{Sy} \\ \vec{M}_{Sz} \end{bmatrix}$$

(4.75)

Şimdi, elektrozayıf kuramına ilişkin temel Maxwell alan denklemlerini de teşkil edersek, Elektromanyetizma ile çekirdek kuvvetlerinin bir ara birleşimini tanımlamış olacağız ve birleşik alan teorisine giden ilk adımımızı atmış olacağız.

$$(1)\ \hat{\nabla}.\vec{F} = -\left(\frac{\sqrt{f}}{\lambda} + \sqrt{g}\right)\rho_m$$

$$(2)\ \hat{\nabla}.\vec{W} = \frac{\rho_e}{\lambda}$$

$$(3)\ \hat{\nabla}.\vec{S} = \sqrt{g}\rho_g$$

$$(4)\ \hat{\nabla}\times\vec{W} = -\sqrt{g}\vec{M}_w - \frac{\partial\vec{S}}{\partial t}$$

$$(5)\ \hat{\nabla}\times\vec{S} = \sqrt{g}\left(\vec{J}_g - \vec{M}_s\right) + \frac{1}{\lambda}\sqrt{\frac{f}{g}}\left(\frac{\partial\vec{W}}{\partial t} - \lambda\sqrt{\frac{g}{f}}\frac{\partial\vec{F}}{\partial t}\right)$$

$$(6)\ \hat{\nabla}\times\vec{F} = \sqrt{g}\left(\vec{J}_g - \vec{M}_w\right) + \frac{1}{\lambda}\sqrt{\frac{f}{g}}\left(\frac{\partial\vec{W}}{\partial t} - \lambda\sqrt{\frac{g}{f}}\frac{\partial\vec{S}}{\partial t}\right)$$

(4.76)

Dikkat edersek, denklemlerde Elektromanyetizma, Güçlü ve Zayıf çekirdek kuvvetlerinin birleşimini gösteren Maxwell denklemleri gayet şık, basit ve simetrik bir şekilde tanımlanmıştır. Gerçekte, elbette ki bu bağlantı çok daha karmaşık denklemler içermesi gerekirken, biz burada kuantum mekaniğinin ileride bahsedeceğimiz bir ilkesini ihlal ederek bu sonuca ulaştık ve bazı yaklaşımlar yaparak temel kuvvet alanların aynı yapıda birleşik bir ana kuvvetin parçaları gibi davrandığını göstermeye çalıştık. Buradaki denklemlerde yer alan, *c* ışık hızı ve λ *SU(2)* daha önce paraboloid uzay-zaman yapısına bağlı olarak değişen atomik hermitian simetrik Dirac-Gamma matris katsayılarıdır. Dikkat edersek, tüm denklemlerde elektromanyetizma ile zayıf çekirdek kuvvetinin mükemmel bir bağlantı içerisinde olduğu görülmektedir ki, bu da bize bu ikisinin aslında tek bir ana kuvvetin iki parçası gibi davrandığını isbatlamaktadır. Burada m_h higgs bozonunu m_W ile m_W ve m_Z, vektör ara bozonları gösterilmektedir. Gerçi, denklemlerde sadece W bozonu yer almakla birlikte, tansör bileşenleri içerisinde Z bozonunun da bu matris içerisinde birleşik olarak temsil edildiğini düşünebiliriz. Ayrıca, kuantum düzeyinde birleştirme işlevini gerçekleştiren güçlü çekirdek kuvvetiyle bağlantılı olan temel partiküllerin W ve Z bozonları ile birlikte renkli elektrik yükleri ($J_{r,g,b}$) ve gluonların ($J_{u,s,d}$) ve dolayısıyla güçlü çekirdek kuvvetinin de dahil edilmesiyle manyetonları (manyetik monopolleri) da içerisine aldığı görülmektedir. Dolayısıyla, bu kısımda ele alınan birleştirme işlemi, elektromanyetizma ile çekirdek kuvvetlerini tam bir basitlik içerisinde, gayet estetik ve simetrik birleşimini sunmaktadır. Peki, kuarklar nereye gitti?

Tansör denklemlerine dikkat edersek, kuarkların gluonların içerisinde yer aldığı görülmektedir. Buna, çekirdek fiziğinde Kuark-Gluon plazması adı verilir ki, QCD'de bu kavram da aslında burada gösterildiği gibi, ikisinin sicim boyutlarında düşünüldüğünde evrenin ilk anlarında tek bir yapının iki ayrı birleşimi olabileceğini ifade eder. Dikkat edersek, son terimde Higgs bozonunun belirlemek için gerekli ayar alanının yaklaşık *v=246 GeV* olduğu belirlenir. Buradan da anlaşılıyor ki, diğer bozonlarla Higgs bozonu kuvvetli bir şekilde etkileşmektedir ve bu etkileşmenin ortaya çıkması için ise yaklaşık 200 GeV'luk bir eşik enerjisine gelinmesi gerektiği anlaşılmaktadır (Bkz: Aşağıdaki eşik enerjisi grafiği). Ortaya çıkan *(y)* ve *(b)* kuarkları ise;

$$\Delta L = y_b Q_L^t \phi b_R + \cdots c.c. = \frac{y_b}{\sqrt{2}} \left(t_L^t b_L^t \right) \begin{pmatrix} 0 \\ v+h \end{pmatrix} b_R$$

$$= m_b \left(b_R^t b_L + b_L^t b_R \cdots c.c. \right) \left(1 + \frac{h}{v} \right) = m_b \bar{b} b \left(1 + \frac{h}{v} \right) \qquad (4.77)$$

şeklinde gösterilebilir. Burada b (blue) kuarkının kütlesi, $m_b = y_b v / \sqrt{2}$ ve görece çok daha ağır olan t (top) kuarkının kütlesi $m_t = y_t v / \sqrt{2i}$ ve diğerleri de benzer şekilde olacaktır. Ayrıca bu denkleme göre, SU(2) ayar dönüşümü altında

$Y_{Q_L^t} + Y_\phi + Y_{b_R} = -\frac{1}{6} + \frac{1}{2} - \frac{1}{3}$ şeklinde yük toplamı sıfır olacağı için, elektrozayıf etkileşim tüm ayar grupları ***5D»4D*** dön. altında invariant kalacaktır.

Goldstone bozonları standart modelde;

$$\phi = \begin{pmatrix} \phi^+ \\ \frac{1}{\sqrt{2}}(v+h) - i\frac{\phi^0}{\sqrt{2}} \end{pmatrix}, \quad \phi^t = \begin{pmatrix} \phi^- \\ \frac{1}{\sqrt{2}}(v+h) + i\frac{\phi^0}{\sqrt{2}} \end{pmatrix}^T$$

(4.78)

olarak tanımlanırsa bu durumda Higgs bozonunun kütlesini bulmak için;

$V(\phi) = \lambda\left(\phi^t\phi - \frac{v^2}{2}\right)^2$ Higgs potansiyelini partikül çiftleri için Lagrange operatörüyle seriye açarsak;

$$L_\phi = -\frac{m_h^2}{v} h\phi^+\phi^- - \frac{m_h^2}{2v^2}\phi^+\phi^-\phi^+\phi^- + \cdots c.c.$$

(4.79)

olur ve bu durumda Higgs bozonunun kütlesi $m_h^2 = 2\lambda v^2$ ila $\left| -\frac{m_h^2}{8\pi v^2} \right| \leq \frac{1}{2}$ sınırları arasındaki bölgede yer alacağı için;

Maksimum kütlesi:

$$\left| -\frac{m_h^2}{8\pi v^2} \right| \leq \frac{1}{2} \Rightarrow \quad m_h \langle 2v\sqrt{\pi} \cong 870 \;\; GeV$$

(4.80)

olacaktır.

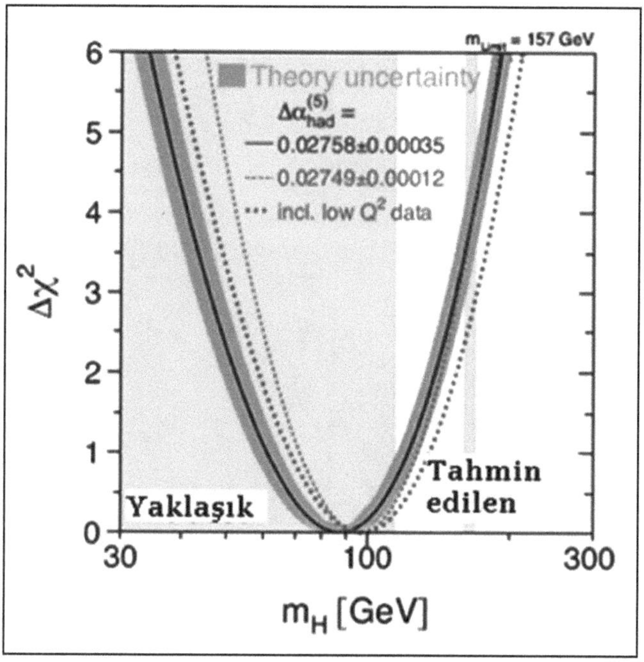

Figure 16: Higgs bozonunun tahmin edilen kütle değer aralığını gösteren dağılım grafiği.

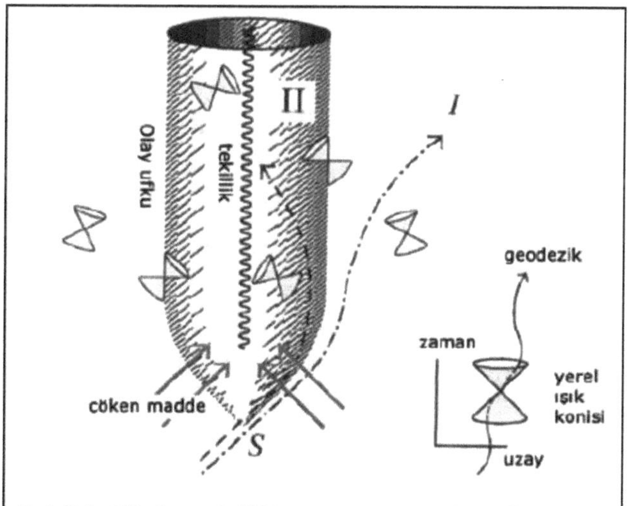

Şekil 1. Bir kara deliğin uzay-zamanı (Hooft, 2004)

Figure 17.1

Higgs bozonu, birleşik alan teorisine giden yolda önemli bir kilometre taşı olup ilerleyen kısımlarda tekrar bu konuya tekrar döneceğiz..

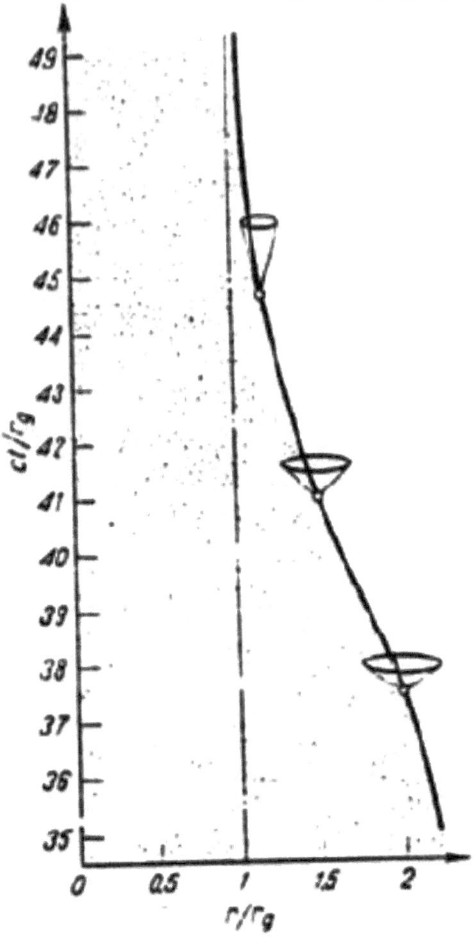

Şekil 2. Uzak bir gözlemci tarafından görülen bir yıldızın gravitasyonel çökmesi (Demianski, 1985)

Figure 17.2

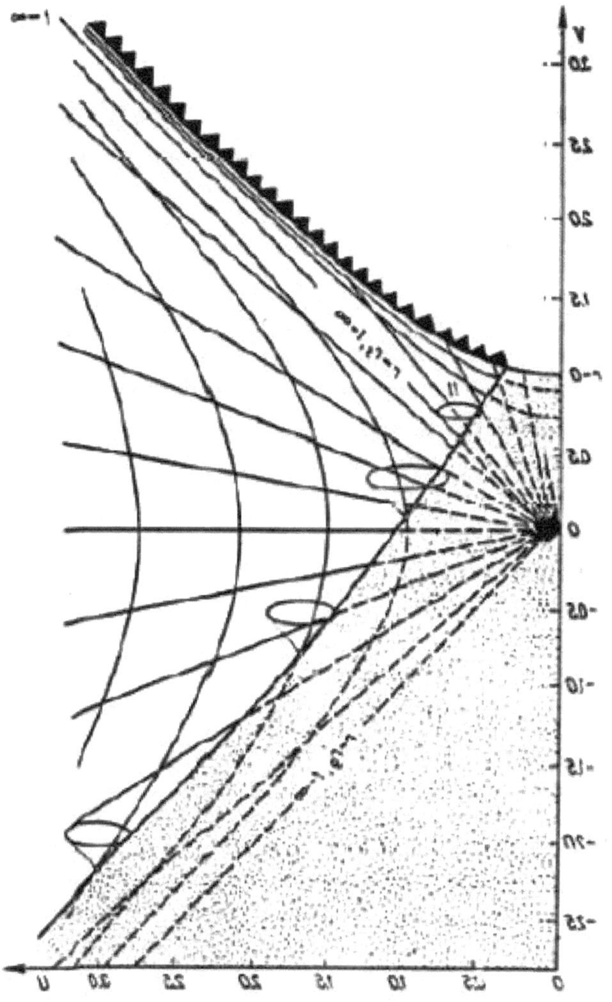

Şekil 3. Kruskal koordinatlarındaki bir yıldızın gravitasyonel çökmesi (Demianski, 1985)

Figure 17.3

3) CONCLUSIONS

GENİŞLETİLMİŞ "BİRLEŞİK ALAN MAXWELL" DENKLEMLERİNİN MATEMATİKSEL GÖSTERİLİMİ

1970'li yıllarda, tüm göz alıcı başarılarına, deneylerin kanıtladığı öngörülerine rağmen, **Standart Model, Evreni** tam olarak açıklayamamıştır. Bunun nedenlerine gelince, her şeyden önce **kütleçekimini** içermez. ABD'nin Fermi Ulusal laboratuarı araştırmacılarına göre; ikinci ve aynı derece rahatsız edici bir sorun da, **Standart model**'in, en az yanıtladıkları kadar yeni sorular ortaya çıkarmasıdır. Örneğin, neden yalnızca 4 kuvvet var da 6 değil, ya da 1 değil? Neden yalnızca görebildiğimiz parçacıklar var da başkaları yok? Parçacıkların, farklı farklı kütlelere sahip olmasının sebebi nedir?

Fizikçiler, **standart modelin** derinlerinde, işlerin iyi gitmediği düşüncesinde. "Daha büyük ve daha güzel bir kuram; **Her şeyin Kuramı**" olmalıdır. Fizikçilerin düşündeki her şeyin kuramı basit, tüm enerji düzeylerinde geçerli, hatta **evrenin ilk anlarındaki, sonsuza yakın sıcaklıklarda**, her şeyin **tek bir noktaya** kadar sıkışmış olduğu dönemlere kadar gidebilecek bir kuramdır. İşte çalışmamızın odak noktasını oluşturan bu düşünce çerçevesinde Fiziğin dört temel kuvvetinin tek bir kuvvet alanında birleştirilmesi sorunudur ki, inceleyeceğimiz bu çalışmada bu dört temel kuvvet alanını tek bir çatı altında toplamaya çalışacağız ve Kütleçekim alanını oluşturan esas etkenin ne olduğunu bulmaya çalıştıktan sonra diğer temel kuvvet alanlarını onun bir parçası gibi kabul ederek 6 adet Maxwell Denklemiyle ifade edilen Birleşik Alan Teorisi Denklemlerini elde edeceğiz ve bu denklem takımı, makalelerimizin ilerleyen bölümlerinde de daha detaylı bir şekilde inceleyeceğimiz gibi bu düşünce yöntemi sayesinde, Fiziğin temel kuvvet alanlarını tek bir kuvvet alanı içerisinde toplamaya çalışan temel fikirlere ve teorilere öncülük ederek, çalışmalarımızı hem basit-leştirecek ve hem de teorinin bütünlüğünü gözden kaybetmememiz ve detaylarda boğulmamamız için bir ön hazırlık oluşturacaktır.

Temel kuvvetlerin birleşmesi yönünde bir fikir edinmek için, aşağıda eşleştirilmiş kuvvet çiftleri halinde verilen ve birleşik alan teorisine giden yoldaki temel birleşmeleri içermesi gereken kuvvet alanları ve bu birleşmeyi yapmamıza yardım edecek olan **6 Maxwel denklemi** verilmektedir. Buradaki denklem takımı, basit bir yapıda görünmesine rağmen, temel kuvvetlerin birleşmesi aşamasında çok önemli fonksiyonları olacaktır ve bu denklem takımı dışarıdan herhangi bir kuvvet alanını kabul etmeyecek şekilde bir simetri ve eşleştirmeyi sağlayan mekanizmalar içerdiğinden, extra bir denkleme gereksinim duymayacak şekilde basit bir bütünlük içerecektir. Fakat bununla birlikte temel birleştirme mekanizmalarının anlaşılabilmesi için, bu denklemlere ek olarak pek çok teorinin ve fiziksel modelin kullanılması da gereklidir. Örneğin, **Süpersicim Teorisi**, **Halka Teorisi**, **Graviton Teorisi**, **5- Boyutlu Relativite Teorileri** gibi yardımcı teoriler **Birleşik Alan Teorisinin** nasıl olması gerektiği konusunda bize fikir verecek çok önemli teorilerdir.

Nitekim, çok basit bir notasyonda yazıldığı halde tek bir Maxwell Denkleminin, daha önceden ayrı ayrı kuvvet alanları olarak bilinen **Elektrik, Manyetizma** ve **Optiği** çok şık bir şekilde ve basit olarak birleştirdiğini hepimiz biliriz. İşte bunun gibi Maxwell Denklemlerine yapacağımız çok basit ve şık bir ekleme de aslında çok zor ve imkansız olarak görülen Temel Fizik Kuvvetlerine ait kuvvet alanlarının temel birleşmesini yukarıda saydığımız yardımcı modeller ve teorilerle birlikte nasıl gerçekleşeceği konusunda bize bir fikir verecektir. Fakat burada ele alacağımız teorilerin bu birleştirme Mekanizmalarını kullanırken çok fazla teorik detaylarına girmeyeceğiz.

Buna göre, Elektromanyetizma ile Kütleçekiminin birleşmesiyle elde edeceğimiz aşağıdaki Elektro-manyetik Kütleçekim Alan Denklemlerinin bu birleşmenin temelini oluşturan ve bugüne kadar en iyi anlaşılmış olan iki temel kuvvet alanı olan Kütleçekimiyle Elektromanyetizmayı bir bütün haline getirdiğini ön görebiliriz:

Dolayısıyla, Büyük Patlamanın sonrasında, evrenin ilk anlarında, daha baskın bir halde olan bu iki kuvvet alanını birleştirdikten sonra, şaşırtıcı bir biçimde 5-Boyutlu Kütleçekim Alan Denklemlerinin diğer kuvvet alanlarını da içerdiğini gösteren çözümlemelere teorimizin ilerleyen bölümlerinde detaylı bir şekilde değineceğiz. Yukarıdaki Birleşik alan teorisi için yazılmış olan genişletilmiş simetrik Maxwell Denklemlerini, aşağıda toplu olarak veren tablolara dikkat edilirse, üçlü bir simetri içerdiğini (CPT L-SU(3) ayar simetrisi & USD Kuark renk dinamiği simetrisi ile beraber; 3 Temel Kuvvet Alanı, 3 Temel Parçacık, 2×3=6 Simetrik Maxwell Denklemi ve 2×3=6 adet Eşleştirilmiş Temel Fizik Kuvveti Çifti gibi) görebiliriz..

Fiziğin 4 temel Kuvvetini birleştirmek için oluşturulan 6 farklı Kuvvet Alanı kombinasyonunun ikişer ikişer eşleştirilmesini ve bunların birleştirme mekanizmalarını içerecek şekilde, Birleşik Alan Teorisine göre yeniden düzenlenmiş olan 2×6=12 Simetrik Maxwell Denklemini Toplu halde gösteren bir tablo. Tabloya dikkat edilirse, simetrik alan denklemleri tablonun sonuna doğru, altıncı denklemlerde birleşmekte olduğu görülmektedir. Bundan sonraki bölümlerde, daha ayrıntılı olarak değineceğimiz gibi, aslında diferansiyel ve integral formda ifade edilebildiği takdirde, bu üç kuvvet tek bir teorinin parçaları gibi görünmektedir.

Table 1:

COUPLED **E**LECTRO / **G**RAVITATIONAL FORCES:

Fiziğin Eşleştirilmiş Temel Kuvvetleri	Birleşik Alan Teorisine Göre Yeniden Düzenlenmiş Maxwell Denklemleri
1 -Kütleçekimi/ Güçlü Çekirdek Kuvveti	(1) $\hat{\nabla}.\vec{G} = -\left(\frac{1}{\varepsilon_g} + \mu_g\right)\rho_{g^{\dagger}}$
2 - Elektromanyetizma/ Zayıf Çekirdek Kuvv	(2) $\hat{\nabla}.\vec{E} = \frac{\rho_{Elektron}}{\varepsilon_0}$
3 - Elektromanyetizma/ Güçlü Çekirdek Kuvveti	(3) $\hat{\nabla}.\vec{B} = \mu_0 \rho_{Manyeton}$
4 -Güçlü Çekirdek Kuvveti/Zayıf Çekirdek Kuvveti	(4) $\hat{\nabla}\times\vec{E} = -\mu_0\vec{M} - \frac{\partial\vec{B}}{\partial t}$
5 -Kütleçekimi/ Zayıf Çekirdek Kuvveti	(5) $\hat{\nabla}\times\vec{B} = \mu_0\vec{J} + \varepsilon_0\mu_0\frac{\partial\vec{E}}{\partial t}$
6 -Kütleçekimi/ Elektromanyetizma	(6) $\hat{\nabla}\times\vec{G} = \mu_g\left(\vec{J} - \vec{M}\right) + \varepsilon_g\mu_g\left(\frac{\partial\vec{E}}{\partial t} - \frac{1}{\varepsilon_g\mu_g}\frac{\partial\vec{B}}{\partial t}\right)$

Table 1: *†g, Gravitonu; G, E ve B ise sırasıyla: Kütleçekim, Elektrik ve Manyetik kuvvet alanlarını göstermektedir. Parantez içerisindeki J ve M sırasıyla, Elektrik ve Manyetik 4-vektör akım yoğunluğunu göstermektedir* {Ukray, 2007}.

Not[1]: Bu, birinci tabloda, Elektromanyetizma ile Kütleçekim alanı birleşiktir, Çekirdek kuvvetleri hariçtir. 1. Denkleme dikkat edersek, kütleçekim alanı diverjansın (–) işaretinden dolayı matematiksel olarak daima tekillik noktasına, yani kütleçekim merkezine doğru partikülleri daima çekime uğratacağını matematiksel olarak isbatlamaktadır. Yine aynı şekilde, kütleçekimiyle elektromanyetizmayı eşleştiren 6. Denkleme dikkat edildiğinde ise, rotasyonelden dolayı elektromanyetik kütleçekim alanının tekillik noktası civarındaki hareketinin, kararlı bir yapıda dönme hareketi sağlamasını matematiksel olarak gösterir. Tekillik noktası civarında, daima Manyetik alan Elektriksel alan şiddetinden çok çok büyük kalacağı için (*M*>>*J*) rotasyonelin işareti (–) olacak ve böylelikle kütleçekim dalgalarının dönme yönü helezonik bir şekilde tekillik noktasına doğru olacak şekilde yönlenecektir. Bu matematiksel yapı, galaksilerin kollarının neden uzayda dağılmadan, merkezdeki tekillik noktasına doğru içeri doğru dönerek kıvrıldıklarını da açıklamaktadır.

Table 2:

COUPLED **E**LECTRO / **W**EAK+**S**TRONG FORCES:

Fiziğin Eşleştirilmiş Temel Kuvvetleri	Birleşik Alan Teorisine Göre Yeniden Düzenlenmiş Maxwell Denklemleri
1 - Elektromanyetizma/ Güçlü Çekirdek Kuvveti	(1) $\hat{\nabla}.\vec{F} = -\left(\frac{\sqrt{f}}{\lambda} + \sqrt{g}\right)\rho_m$
2 - Elektromanyetizma/ Zayıf Çekirdek Kuv.	(2) $\hat{\nabla}.\vec{W} = \frac{\rho_e}{\lambda}$
3 - Elektromanyetizma/ Güçlü Kuvvet	(3) $\hat{\nabla}.\vec{S} = \sqrt{g}\rho_{g^\dagger}$
4 -Güçlü Çekirdek Kuvveti/Zayıf Kuv.	(4) $\hat{\nabla}\times\vec{W} = -\sqrt{g}\vec{M}_w - \frac{\partial\vec{S}}{\partial t}$
5 - Güçlü Kuvvet Zayıf Kuvvet/ Elektromanyetizma	(5) $\hat{\nabla}\times\vec{S} = \sqrt{g}\left(\vec{J}_g - \vec{M}_s\right) + \frac{1}{\lambda}\sqrt{\frac{f}{g}}\left(\frac{\partial\vec{W}}{\partial t} - \lambda\sqrt{\frac{g}{f}}\frac{\partial\vec{F}}{\partial t}\right)$
6 - Elektromanyetizma/ Zayıf Kuvvet/ Güçlü Kuvvet	(6) $\hat{\nabla}\times\vec{F} = \sqrt{g}\left(\vec{J}_g - \vec{M}_w\right) + \frac{1}{\lambda}\sqrt{\frac{f}{g}}\left(\frac{\partial\vec{W}}{\partial t} - \lambda\sqrt{\frac{g}{f}}\frac{\partial\vec{S}}{\partial t}\right)$

Table 2: *†g, Gluonu; F, S ve W ise sırasıyla: Elektromanyetik, Güçlü çekirdek kuvveti ve Zayıf çekirdek kuvvet alanlarını göstermektedir. J ve M sırasıyla, Güçlü kuvvet Gluonik ve Elektrozayıf kuvvet Bozonik 4-vektör akım yoğunluğunu, Kök içerisindeki f ve g tansörel katsayılar ise, eşleştirme sırasındaki uygun vektörel ayar (Coupled gauging) bileşenlerini göstermektedir* {Ukray,07}.

Not[2]: Bu, ikinci tabloda, Elektromanyetizma ile Çekirdek kuvvetleri alanı birleşiktir, Kütleçekimi hariçtir. Bu 6'lı simetrik denklem takımına bakıldığında, atomaltı ölçekte, çekirdekteki ve etrafındaki elektronlarla beraber tüm atomaltı ölçekteki partikülleri, tekillik noktası etrafında bir arada dağılmadan kararlı bir yapıda tutan kuvvetin, hemen 1. Denkleme dikkat edersek, diverjansın (–) işaretinden kaynaklandığını görebiliriz. Moleküler bağlarda veya atomlar arası elektron alış verişi sırasında, çekirdekten kopma ve uzaklaşmaya izin veren 3. Denklemde ise, (+) işaretli elektrozayıf birleşimde ise, diverjansın itme özelliğiyle bağ yapmaya olanak tanıyacaktır. Hemen en alttaki 6. Denklem ise, atomal çekirdek etkileşimini içeren tüm atomaltı partiküllerin rotasyonel kazanmasıyla, galaksi benzeri bir yapılanma ile, çekirdek merkezindeki mikroblackholes (manyetik monopol yoğunlaşması) etrafındaki helezonik dönme ve kararlı olarak bir arada kalma şartını matematiksel olarak sağlayacaktır.

***

ÜÇÜNCÜ BÖLÜM {PART-III}

BİRLEŞİK ALAN TEORİSİNİN KOZMİK ELEKTROSTATİK TEMELLERİ VE SONUÇ DENKLEMLER

Cosmic Electrostatics Principals & Result Equations of Unified Field Theory

ABSTRACT

—In this third study, we will give the significant resulting equations of the unified field theory we have discussed through the previous articles. By the unification with the last theory (Quantum Gravity Theory) on the road to the unified field theory we have discussed in the previous articles by means of these interim theories (String Theory, Ring Theory, Graviton Theory, Magnetic Monopole Mechanism) within the framework of electrostatic theory and over 5-Dimensional Relativity, the Unified Field Theory is obtained and it is attempted to be pointed out that all fundamental force fields of physics are brought together under a single roof. We will overview the subject in short under the following "EIGHT THEOREMS" and "TWO POSTULATES" and "TWO LEMMAS" we will study by dividing in two parts as *Electrostatic* and *Electrodynamic* and which are in nature of electrodynamic base of the unified field theory before obtaining the resulting equations.

I- INTRODUCTION

BİRLEŞİK ALAN TEORİSİNİN KOZMİK ELEKTROSTATİK TEMELLERİ VE SONUÇ DENKLEMLERİ:

{ELECTROSTATICAL PART}

Bu makalemizde, birleşik alan teorisinin daha önceki makaleler boyunca ele aldığımız, önemli sonuç denklemlerini vereceğiz. Elektrostatik kuram çerçevesi içerisinde ve 5-Boyutlu Relativite üzerinden ele aldığımız bu ara teoriler yardımıyla (Sicim Teorisi, Halka Teorisi, Graviton Teorisi, Manyetik Monopol Mekanizması), daha önceki makalelerimizde bahsettiğimiz birleşik alan teorisine giden yoldaki son ana teoriyle (Kuantum Kütleçekimi Teorisi) birleştirilince Birleşik Alan Teorisine ulaşılmış olmakta ve fiziğin tüm temel kuvvet alanları tek bir çatı altında toplanmış olduğu gösterilmeye çalışıl-maktadır. Tabi, bizim burada bir kısım parçalarını basitçe ele aldığımız bu birleştirme mekanizmaları, çok daha detaylı olmasına rağmen, temel düzeyde üst boyutlara çıkıldıkça, birleşik bir alan kaynağının var olduğu konusunda elde ettiğimiz sonuçlarla çelişme-mesine burada da (Quantum mekaniği çerçevesinde) dikkat edeceğiz. Sonuç denklemleri elde etmeden önce, konunun genelini, ***Elektrostatik*** ve ***Elektrodinamik*** olarak iki kısım halinde ayırıp inceleyeceğimiz ve birleşik alan teorisinin elektrodinamik temeli mahiyetinde olan ve kısaca özet olarak aşağıdaki "**SEKİZ TEOREM**" ve "**İKİ POSTÜLAT**" ile "**İKİ LEMMA**" altında özetlenen önemli sonuçlarını teorimiz açısından incelememiz mümkündür:

Aslında, kuantum kütleçekimi ile diğer alt teorileri birleştiren denklem bu bölümde detaylı bir şekilde incelediğimiz Graviton Denklemini oluşturan ve birleşik alan teorisinin temel partikülünü (graviton) öngören, 1. Maxwell Denklemiydi. Fakat biz bu denklemi, bazı ara teoriler yardımıyla daha anlaşılır hale getirmek için, birleşik alan teorisine göre yeniden düzenlediğimiz yeni atom modeli yapısını da bu mekanizma ile açıklayarak ve atomik düzeyde gerçekleşen temel meseleleri sicim diyagramlarıyla ve bazı teoremlerle destekleyerek temel kuvvetlerin birleşimi konusundaki düşüncelerimizi daha da pekiştirmiş olacağız.

Biraz sonra, vereceğimiz atom modeline dayanarak, atomun içerisinde yer alan partiküllerin hareketlerine ve yörüngelerine ilişkin yorumlar yapabiliriz ve parçacıkları gruplandırabiliriz. Atomun genel yapısına baktığımızda, bazı yörüngelerin *kararlı* (Düz çizgilerle belirtilen yörüngeler); bazı yörüngelerin ise, *kararsız* (Kesikli çizgilerle belirtilen yörüngeler) olduğunu görebiliriz:

(*Bkz: Aşağıdaki grafik*).

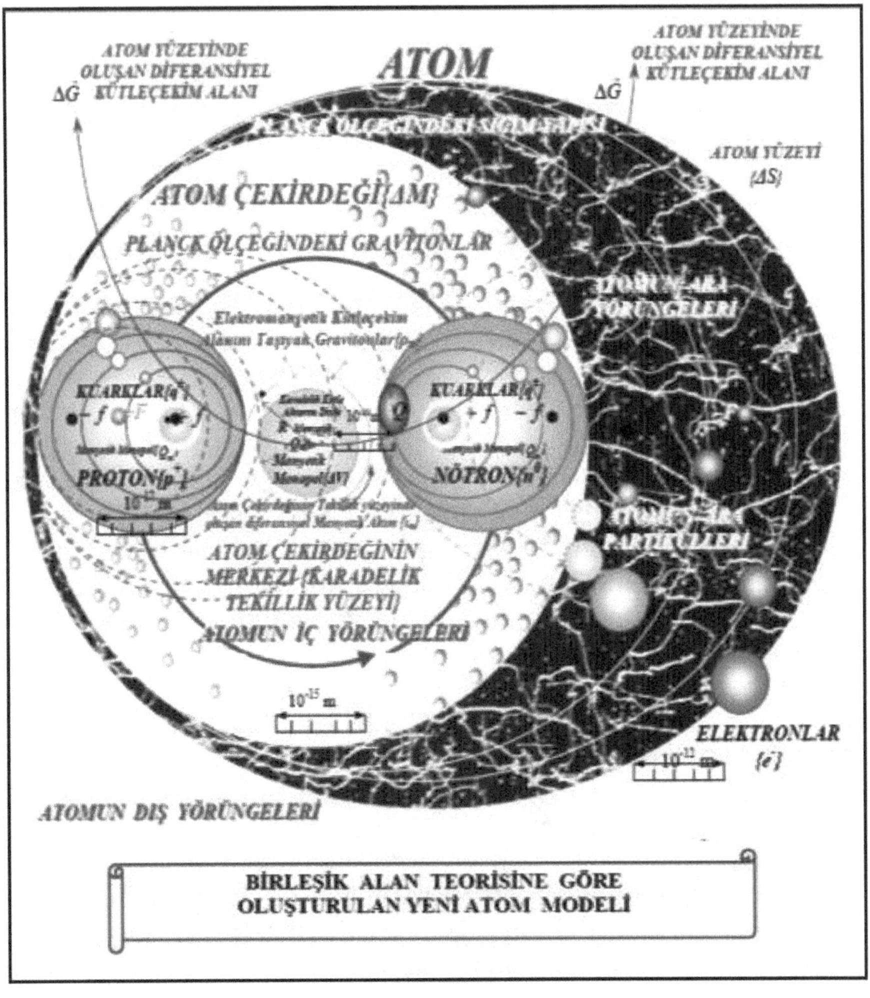

Figure 1: Birleşik alan teorisine göre atom modeli (Ukray, 2007)

Bu durumda partiküller, yörünge denklemlerine göre İKİ ana grupta toplanabilirler:

***1- Kararsız Partiküller*:** Bu partiküller, genellikle çekirdek içerisinde yer alan kısa ömürlü parçacıklardan oluşmaktadır ve hareket denklemleri genellikle, karadelik kütleçekim merkezinde sonlanan ve yörünge üzerindeki birim zamanda taranan alanın θ açısına göre değişimini belirleyen, $r^2.\theta = a\ (Sabit)$ eğrisine göre (Bu eğri *Hiperbolik Spiral* eğrisi olarak da bilinir) hareket eden bir yörünge çizerler. İlerleyen bölümlerde bu kararsız yörüngeleri daha detaylı bir şekilde inceleyeceğiz.

Bu kararsız partiküllerden bazılarına örnek olarak: Leptonlardan, Müon (μ); Mezonlardan, Pion (π), Kaon (κ) ve Eta (η); Bozonlardan ise, *W* ve *Z* olarak Zayıf nükleer kuvvetin vektör ara bozonları ile χ (Higgs) bozonunu örnek olarak verebiliriz. Aşağıdaki grafikte bu yörünge-nin değişimi verilmektedir:

***2- Kararlı Partiküller*:** Bu partiküller, genellikle atomun temel parçacıklarını oluşturan ve çok uzun ömürlü (sonsuza yakın) olan ve hareket denklemleri atom içerisindeki karadelik kütleçekim merkezini odak noktası olarak kabul eden elipsoidal bir yörüngeyi tanımlayan $r = \dfrac{ae}{1 - e\cos\theta}$ eğrisine göre (Bu eğri, konik olarak da bildiğimiz, *e=1* için Parabol'e; *e>1* için Hiperbol'e ve *e<1* için elips'e tekabül eder) hareket eden bir yörünge çizerler.

Buradaki "*e*" sabiti, koniğin *exantrisitesi* veya *dışmerkezliği* olarak, odak noktasında bulunan kütleçekim merkezinin eğrinin merkezine olan uzaklığının eğrilik yarıçapına oranıdır.

Bu partiküllerin büyük bir çoğunluğu (Elektronlar, Protonlar, Nötronlar, Kuarklar ve Gravitonlar gibi) atomun temel yapıtaşları olup, maddeyi ve kütleçekim alanını oluştururlar. Çoğu kararlı olup, elipsoidal bir yörünge üzerinde hareket etmelerine rağmen, ısı veya radyoaktif etkiler sonucunda bazılarının yörüngesi (Örneğin elektron alış-verişi gibi) değişebilmekte ve hiperbolik veya parabolik yörünge üzerine oturarak aynı atomun içinden ikinci bir kez geçmemek üzere, diğer kararlı partiküllerin yörüngelerini dikey olarak keserek uzaklaşmaktadırlar. Bazı gökcisimlerinin yörüngelerinde de gözlemlediğimiz bu olay (Örneğin, Kuyruklu Yıldızlarda olduğu gibi) atomun içinde işlemekte olan kütleçekim mekanizması ve yörüngeler için de aynen geçerlidir. Fakat böyle bir yörünge geçişi sırasında, partikül kütleçekim merkezini oluşturan manyetik monopolün çok yakınından geçerse yutulabilmektedir ve böyle bir durumda partikül, kararlı bir yörüngede olduğu halde karasız bir hale gelebilmektedir. İşte, bu durum da partikül hızlandırıcılarında çokça gözlemlenen *spiral yörüngede sonlanan partikül bozunmalarına* denk gelen Manyetik-Monopol kütle indüklenmesi mekanizmasının temelini oluşturacaktır.

Örneğin, parçacık hızlandırıcılarında çarpıştırılan partiküllerden bazıları teorik olarak ekranda görülmesi gerektiği halde, kararsız bir yörüngeye geçmeleri sebebiyle gözlemlenememektedir. Gerçekten de bu durum parçacık fiziği deneyleri gerçekleştiren bilim adamları için parçacıkların ömürlerini ve kararlılıklarını belirlemek için çok büyük bir problemdir. Aşağıdaki grafiklerde bu yörüngelerin değişimi verilmektedir:

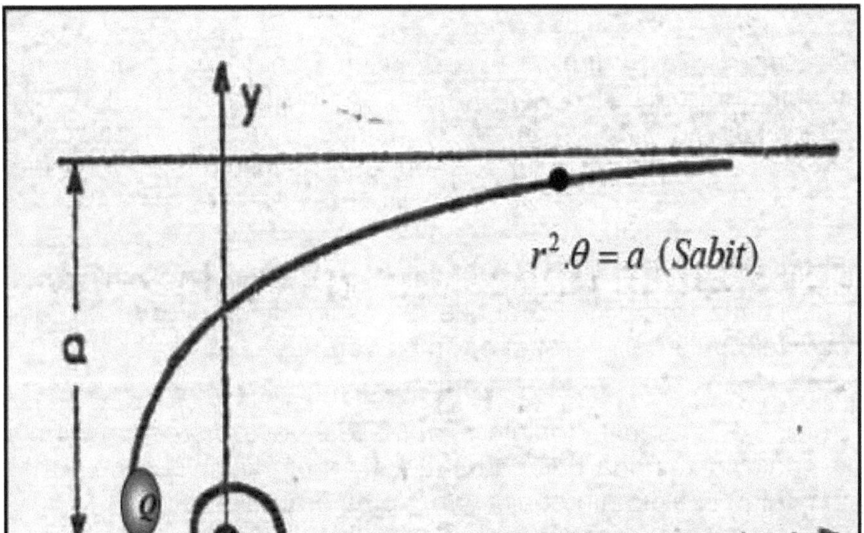

Figure 2: Helezonik Spiral eğriler, kararsız parçacıkların yörüngesidir ve tekillik noktası spiralin merkezindedir (*Ukray, 2007*).

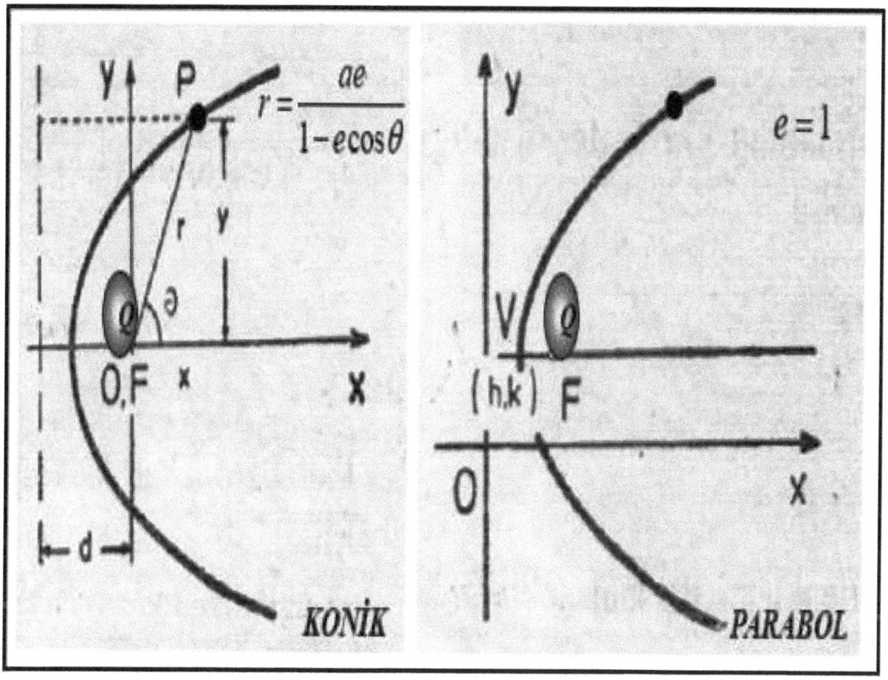

Figure 3.1: Parabolik Konik eğriler, kararlı parçacıkların yörüngesidir ve tekillik noktası eğrinin odak noktasındadır (*Ukray, 2007*).

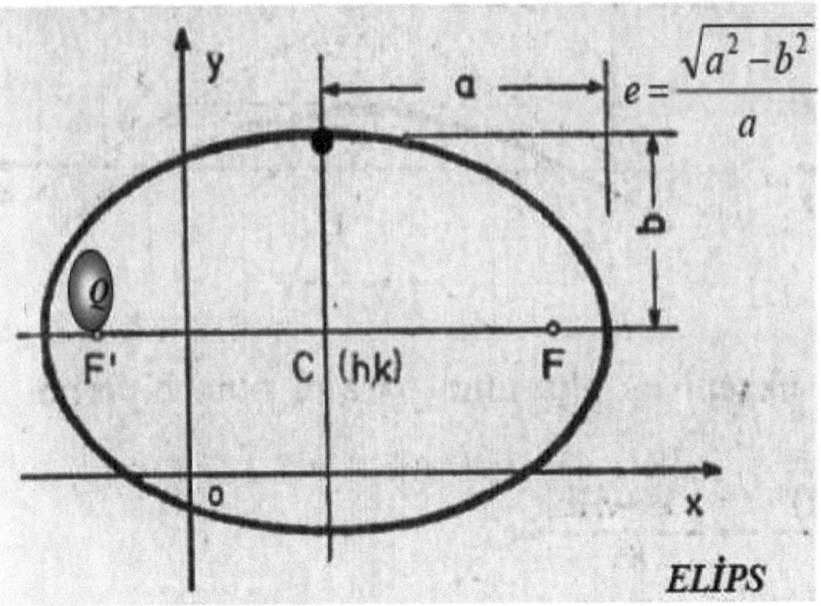

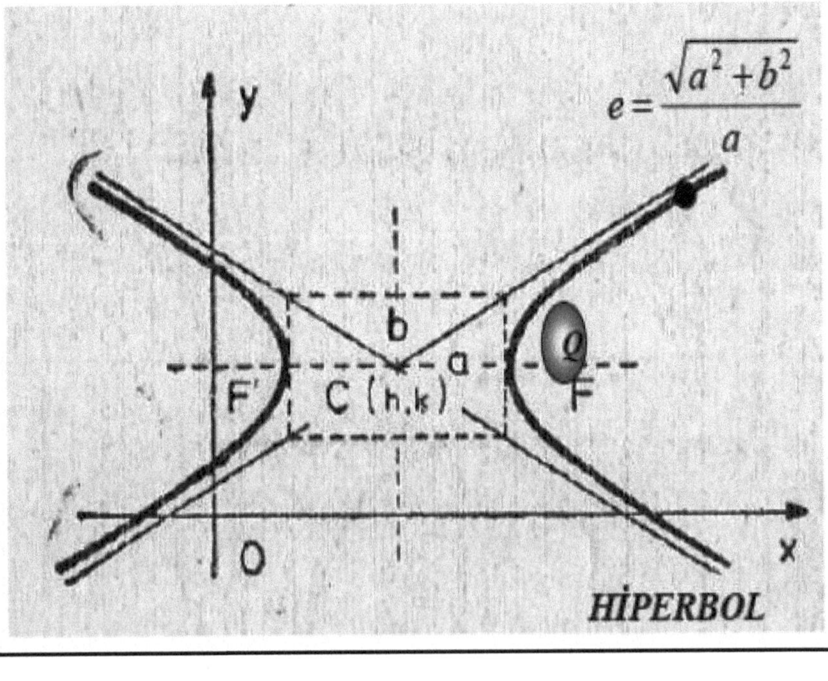

Figure 3.2: Elipsoidal Konik eğriler de, kararlı parçacıkların yörüngesidir ve iki adet tekillik noktası odak noktalarındadır (*Ukray, 2007*).

II-SİCİM TEOREMİ {STRING THEORY} & KÜTLEÇEKİMİNİN GÖRELİLİĞİ:

POSTÜLAT

"AYNI ANDALIĞIN GÖRELİ BİRLEŞİK EŞDEĞERLİĞİ İLKE-Sİ"

Kütleçekim merkezindeki gravitasyonel yük yoğunlu-ğunun halka şeklinde dönmesiyle bir manyetik alan oluşacağını ve yönünün de merkezden yukarı doğru (*Aşağıdaki şekildeki –Figure-4– verildiği gibi*) önceki kısımda görmüştük. Kütleçekim alanı, Manyetik alan ve Elektrik alan arasındaki oluşan bu yapıyı ve kuvvet çizgilerini daha iyi açıklayan bir teorem daha vardır: O da sicim teoremidir.

Bu olayın mekanizmasını kuantum (Atomik) boyut-larında incelediğimiz zaman, her atomun çevresinde dolanan elektronların dairesel bir hareket yapmaları sırasında oluşturacakları çok küçük (diferansiyel) iplikçik şeklindeki sicimsel akımların olduğunu görürüz. Bu diferansiyel akımların toplamı da, bu birbirinden ε (sonsuz küçük) aralıklarla oluşmuş ipliksi (sicimsel) manyetik alanları ve buna bağlı olarak kütleçekimi ve elektrik alanlarını oluşturacaklardır.

Olayı anlamak için aşağıdaki şekli incelersek; *ABCD* kapalı çevrimi boyunca (şekil 4), *V* hacmi içindeki $e_1^-, e_2^-, e_3^- \cdots e_n^-$ elektronlarının yörünge etrafında dönme-siyle oluşturduğu diferansiyel akım;

$$di_{e^-} = \frac{dq_1}{dt} + \frac{dq_2}{dt} + \cdots \frac{dq_n}{dt} = \frac{dq}{dt} \quad (2.1)$$

$dm_1, dm_2, dm_3 \cdots dm_n$ diferansiyel manyetik yüklerinin atom merkezinden dışa doğru oluşturdukları sicimsel manyetik akımlar ise;

$$di_m = \frac{dm_1}{dt} + \frac{dm_2}{dt} + \cdots \frac{dm_n}{dt} = \frac{dm}{dt} \quad (2.2)$$

olur ve bu akımların oluşturduğu toplam diferansiyel manyetik alanlar:

$$d\vec{B}_1 = \frac{\mu_0 dm_1}{4\pi dr^2}, d\vec{B}_2 = \frac{\mu_0 dm_2}{4\pi dr^2}, d\vec{B}_3 = \frac{\mu_0 dm_3}{4\pi dr^2} \cdots d\vec{B}_n = \frac{\mu_0 dm_n}{4\pi dr^2} \quad (2.3)$$

şeklinde olacaktır.

Burada $di_e = \frac{dq}{dt}$ olarak elektrik yük akımı ve $di_m = \frac{dm}{dt}$ olarak manyetik diferansiyel yükün oluşturduğu akımdır. Bu akımların *S* yüzeyinin içinde kalan bölümleri simetriden dolayı birbirini götürdüğünden dış yüzeyde sadece $\sum \dot{I} = \sum i_e + i_m = \frac{dq}{dt} + \frac{dm}{dt}$ toplam akımı gözlenecektir. İşte kuantum boyutunda, dönmekte olan karadelik sınır yüzeyinde bulunan bu ***V*** hacmiyle sınırlı ***M*** kütlesindeki atomların etrafındaki elektronların oluşturdukları bu diferansiyel sicimsel manyetik alan çizgilerinin, tüm yüzey üzerinden integrali alınıp toplandığında;

$$\lim_{k\to\infty}\left(d\vec{B}_1 + d\vec{B}_2 + d\vec{B}_3 + \cdots k\right).\hat{n}\Delta S = \lim_{k\to\infty}\left(dm_1 + dm_2 + dm_3 + \ldots k\right)\Delta V \quad (2.4)$$

toplamı integral formda:

$\oiint_S \vec{B}.\hat{n}dS = f(\mu, K_B) \oiiint_V \rho_m dV$ toplamı olarak yazılır ki, bu durumda ifade gravitonların taşıdığı bu sicimsel manyetik alan çizgilerinin oluşturduğu toplam manyetik alanı verecektir.

Paul DİRAC tarafından ortaya atılan bir teoreme göre bu manyetik yükler kuantalanmış ise;

$$\left|\vec{F}_e\right| \cdot \left|\vec{F}_m\right| = \frac{1}{4\pi\varepsilon_0}\frac{\mu_0(em)}{4\pi} = \frac{n\hbar}{2} \quad (2.5)$$

bağıntısıyla (n=1, 2, 3 ...) alınarak manyetik yük hesaplanabilir. Burada $\hbar$ Planck sabiti olup değeri $\hbar = 6{,}6\times10^{-34}$'dür. Manyetik yükün spini, Planck ölçeğinde aynı yönlenmeye sahip olduğu için, Kuantum yumurtası içerisine tuzaklanarak hapsolan ve çöken tekillik içerisinde, Gravitonun spini ile aynı olduğundan n=2* alınırsa;

$$m = \frac{2.6{,}6.10^{-34}.16\pi^2.8{,}85.10^{-12}}{2.4\pi.10^{-7}.1{,}6.10^{-19}}$$

$$= \frac{4\pi.6{,}6.8{,}85.10^{-20}}{1{,}6} \cong 10^{-17} \cong 66e$$ olarak bulunur. (2.6)

*Elektron gibi ½ spinli bir nokta parçacık için Dirac denklemi m_s = 2 değerini verir ve ölçüm bu sonuçla tamamen uyumludur: m_s = 2,0023 dir.

• g_s ile m_s arasındaki fark çok küçüktür ve ikisi de yaklaşık 2'dir, fakat bununla birlikte, kuantum elektrodinamiğinin yüksek mertebeli düzeltmelerinin kullanılmasıyla oldukça kusursuz bir şekilde hesaplanabilir.

Yani, teorik olarak manyetik yük elektrik yükünün yaklaşık 66 katı büyüklükte yük taşımaktadır. Bu da manyetik alanın neden elektrik alandan daha güçlü olduğunu açıklamaktadır. Şimdi halka teoremiyle sicim teoremini birleştirirsek büyük bir sonuca ulaşacağız. Çünkü nasıl ki, birbirine paralel düzlemlerde akım geçiren iki tel birbiri üzerinde elektrik alan, manyetik alan ve zıt yönlü eşit bir elektromotor kuvvet oluşturuyorsa *V* hacmi içinde hareket ettireceğimiz bu iki kütlesel halka, kütleçekiminin göreliliği dolayısıyla bir manyetik alan ve elektrik alan oluşturacaktır.

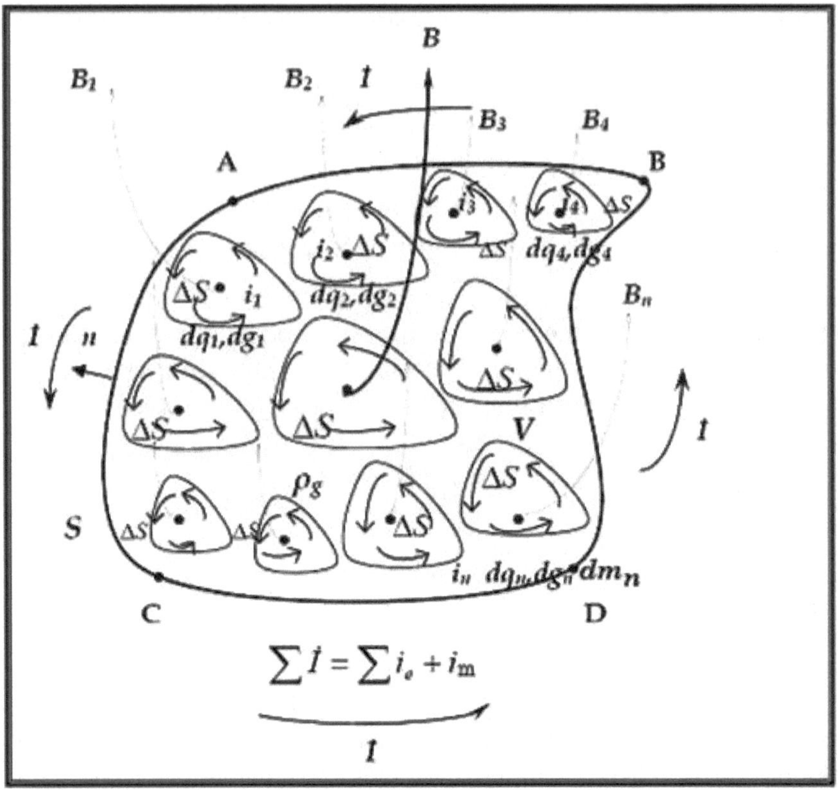

Figure 4: Atomik (Kuantum) boyutlarında oluşan dolanımlı Diferansiyel Elektrik ve Manyetik akımlar (*Ukray, 2007*).

Şimdi bir *V* hacmi içinde toplam kütlesi *M* olan paralel iki iletken düşünelim. Ve bu *V* hacimli kütle, Karadelik içinde ışık hızına yakın bir hızda düşüyor olsun. Sınır yüzeyin üzerindeki dolanımlı $di = \frac{dq}{dt}$ akımları, $\frac{mc^2}{\sqrt{1-\frac{v^2}{c^2}}}$ bağıntısına göre azalmakta olan kütleden dolayı azalacaktır.

Çünkü karadelik sınırında dolanmakta olan kütle yutulmakta ve bunun karşılığında enerji dalgaları yayarak, dolanımı azaltacak yönde ($\left(\phi = -L\frac{di}{dt}\right)$ ve ε endüktans etkisinde olduğu gibi) bir manyetik alan şiddeti oluşturacaktır. Bu olay zihinde canlandırılırken kütleçekimi ve elektromanyetizmanın göreliliği birlikte düşünülmelidir.

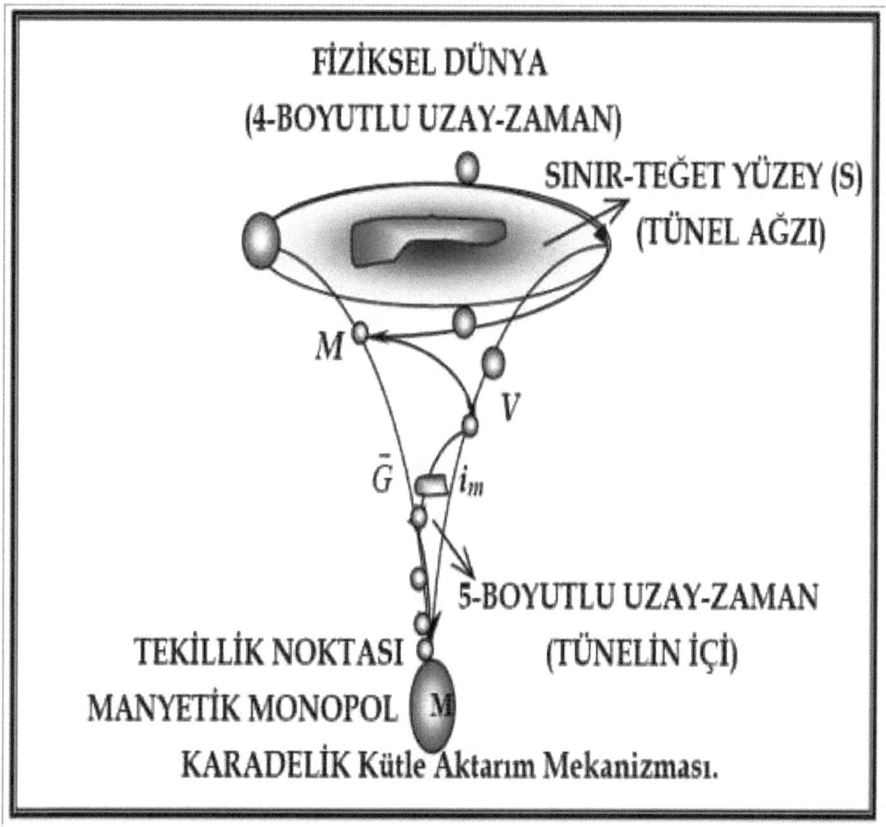

Figure 5: Atomik (Kuantum) boyutlarındaki karadelik kütle-aktarım mekanizması (*Ukray, 2007*).

Diverjans teoremindeki yük yoğunluklarının toplamını kütle değişimi cinsinden ifade edersek:

$$g = \oiiint_V K\rho_{g^\dagger} dV, \quad e = \oiiint_V K_E \rho_e dV, \quad (2.7)$$

$$m_1^* = \oiiint_V K\rho_g dV \quad m_2^* = \oiiint_V K_B \rho_m dV.$$

* Burada, $g^\dagger$, *graviton;* m_1, tekillik civarındaki maddesel kütle; m_2 ise, tekillik noktasına çökmüş durumdaki yoğunlaşmış manyetik kütle (monopoldür).

olacağından; kütleçekim ifadesinin v'ye göre değişimini (diferansiyelini) alırsak:

$$\iint_S \hat{\nabla}.\vec{G}ds = \iiint_V \left(\frac{\rho_e}{\varepsilon_0} + \rho_m \mu_0 \right) dv = \iiint_V \rho_g dv = M$$

olur. (2.8)

* Bu integral ifadesinde özel olarak, evrenin toplam kütlesi kritik kütle koşulunda hesaplanırsa evrenin toplam kütlesini verir;

$$M = \rho_{kritik}.2\pi R^3 = 4\pi^2 \frac{R}{\kappa} = \pi^2 \sqrt{\frac{32}{\kappa^3 \rho_{kritik}}} \quad (2.9)$$

Göreli durumda her iki tarafın türevini alırsak;

$\frac{dm}{dv} = \left(\frac{\rho_e}{\varepsilon_r} + \mu_r \rho_m \right)$ ve $(\rho_m \rangle\rangle \rho_e)$ olduğu için;

$(V_{içindeki} \rho_g = \rho_e + \rho_m \cong V_{merkezdeki} \rho_m)$ olarak alınabilir, tekillik yüzeyi civarında bu koşul geçerlidir.

Bu durumda; Tekillik merkezinde ise şu hale gelecektir;

$$\frac{\Delta m}{\Delta v} = \left(\frac{1}{\varepsilon_g} + \mu_g \right) \rho_g \quad (2.10)$$

bağıntısı elde edilir ki, bu bağıntı göreli durumda ise;

$$\frac{\Delta m c^2}{\Delta v \sqrt{1 - \left(\frac{\Delta v}{c} \right)^2}} = \left(\frac{1}{\varepsilon_g} + \mu_g \right) \rho_g \quad (2.11.1)$$

$$\underbrace{m_1}_{\substack{Tekillik\ yüzeyindeki \\ Maddesel\ kütle}} \equiv \underbrace{m_2}_{\substack{Tekillik\ merkezindeki \\ Manyetik\ kütle}} \qquad (2.11.2)$$

AYNI ANDALIĞIN GÖRELİ BİRLEŞİK EŞDEĞERLİĞİ İLKESİ

Elde edilir ki, dikkat edersek bu denklem bize, göreli durumunda, tekillik noktasının en dip noktasında yoğunlaşarak çöken manyetik kütlenin (Manyetik Monopol içerisine hapsolan kütle miktarı) sınır-teğet yüzeyi tarafından yutulan fiziksel madde miktarı ile (çökme anında maddesel kayıplar ihmal edildiğinde) tüm referans sistemlerinden bağımsız olarak, eşdeğer olduğunu açıklamaktadır.

Bu durumda diferansiyel olarak ifade edildiğinde, indüklenen kütle özdeş olarak yoğunlaşarak çöken manyetik kütleye yaklaşık olarak eşittir;

$$\frac{\partial \vec{G}}{\partial t} = -\left(\frac{1}{\varepsilon_g} + \mu_g\right)\rho_g \qquad (2.11.3)$$

ŞEKLİNDE BİR KÜTLEÇEKİM DALGASI OLARAK

Uzaya enerji salarak yutulacaktır. Eğer, kütleçekim alanı potansiyelinin Φ gibi bir skalerle belirlendiğini ve kütlenin uzay-zamanda düzgün bir şekilde dağıldığını düşünürsek, κ evrensel kütleçekim sabiti ve $\lambda = \dfrac{1}{\left(\dfrac{1}{\varepsilon_g} + \mu_g\right)}$ olmak üzere ortamın elektriksel ve manyetik geçirgenlik katsayısını ifade etmek üzere, Poisson denkleminden;

$$\nabla^2\phi - \lambda\phi = 4\pi\kappa\rho_g,$$

$$\phi = -\frac{4\pi\kappa}{\lambda}\rho_g \qquad (2.12)$$

olarak Newton'un evrensel kütleçekim yasası elde edilir. Bu durumda kütleçekim alanı denklemleri göreli ve statik durumda;

$$G_{\mu\nu} - \lambda g_{\mu\nu} = -\kappa\left(T_{\mu\nu} - \frac{1}{2}g_{\mu\nu}T\right),$$

$$G + 4\lambda = 0 \qquad (2.13)$$

şeklinde *Newton genel kütleçekim yasasına* yakınsayacaktır. Peki şimdi bu ilke neyi ifade etmektedir?

Bu denklem bize, bir karadelik tekilliğinin olay ufku civarında, içerisine aktarılan birim kütlenin zamanla değişiminin (artıp-azalmasının veya indüklenmesinin), ışık hızı limitinde bir elektromanyetik kütleçekim dalgası üreteceğini ve gravitonlar tarafından uzaya yayılacağını ifade etmektedir. Dolayısıyla, bu etki de teorimiz açısından önemli olup, Elektromanyetizma ile Kütleçekiminin birleşimini öngören doğal bir mekanizmanın odağını oluşturmaktadır.

$$\hat{\nabla}.\vec{E} = \frac{\rho_e}{\varepsilon_r} \quad \text{ve} \quad \hat{\nabla}.\vec{B} = \mu_r\rho_m$$

olduğu hatırlanırsa bu denklem bize, kütleçekimi içinde birim hacimde meydana gelen graviton yoğunluğu (veya taşıdığı diferansiyel kütle olarak da düşünülebilir) değişiminin (azalmanın) sonucu buna ters yönde bir etki olarak *enerjiyi arttıracak yönde indüklenen*, tekillik yüzeyinden dışarıya doğru yönde oluşacak olan, bir manyetik alan ve bu manyetik alan değişiminin sonucu da buna dik bir elektrik alan oluşturacağını ifade eder. Dolayısıyla, *tekillik noktası civarında yutulan birim kütlenin enerjiye dönüşmesiyle*, bu enerjinin bir miktarının gravitonlar tarafından elektromanyetik kütleçekim dalgaları olarak uzaya salınmasını ifade eder. Aslında,

"*Hawking ışınımı*" olarak bildiğimiz "*Karadelik buharlaşması*" kavramı da bir anlamda bu ilkeyi ifade etmektedir.

Göreli durumda, ışık hızı limitinde bir karadelik tekilliği civarında ise bu iki alan, bir elektromanyetik dalga oluşumunu vererek merkezden dışarı doğru bir ışıma yapar. Yani merkeze doğru yönlenen kütleçekim dalgaları aslında bu tekillik noktası civarında birleşik bir elektromanyetik kütleçekim alanının elektrik ve manyetik alan dalgalarının vektörel toplamı olarak kütleçekim dalgaları şeklinde ışıma yaptığını ifade etmektedir.

Maxwell kuramında aynı olgu, yeryüzünde iletken tellerle yapay olarak oluşturulabilirken, ayrı ayrı algılanırken; karadelik kütleçekim merkezinde otomatik ve doğal bir mekanizma olarak birleşik alan dalgaları şeklinde oluşmaktadır ve bize kütleçekimi kuvveti olarak etkiyen kuvvet, aslında bu 5. Boyut doğrultusunda oluşan elektrik ve manyetik alanların toplamından başka bir şey değildir. Atomik boyutlardaki parçacıkları da bir arada tutan ve Planck ölçeğinde oluşan bu sicim yapısı, makro ölçeklerde kütleçekim ve elektromanyetik alanları oluşturarak tüm evreni kaplamaktadır. Atomaltı parçacıkları ve birbiriyle çekim etkisi oluşturan cisimleri çok ince 10^{-33} cm. kalınlığında kareciklerden oluşan bir ağla birleştiren bu yapıların çeşitli formları ve birleştirme mekanizmaları aşağıdaki şekillerde verilmektedir. Birleşik alan teorisinde bu Planck ölçeğinde düşünülen sicim yapıları, önemli pratik kolaylıklar ve grafiksel bir anlatım tarzı sağlarlar.

Tüm evreni bir örümcek ağı gibi kaplayan bu sicim yapısı, 5. Boyutta oluşan tüm kütleçekimi ve elektro-manyetik dalgaları taşıyarak iletmektedir. Rezonans halinde sürekli titreşim halinde olan bu sicimsi yapıyı ağırlığı olan esir (ether) veya boşluk olarak adlandırabiliriz. Kütleçekimini oluşturan ağır atomlu maddeler de dahil tüm evreni kaplayan bu boşlukta kütleçekimsel elektromanyetik dalgaların hızı, tüm eylemsiz sistemlerden bağımsız olmak üzere $c = 3\times10^8$ m/sn. (ışık hızı)'dir. Bütün maddelerin ve atomların içinden geçen bu yapı dinamik olup, tekillik noktalarında (Karadelikler) içeri doğru huni şeklinde bükülerek uzay-zaman yapısını şekillendirir.

Birleşik Alan Teorisinin temel yapısına giriş açısından, teoriyi herhangi bir yüklü ve hareketli kütlenin Elektromanyetizmanın 5. boyut doğrultusundaki karadelik tekilliği faz uzayındaki göreceli elektrodinamik yapısındaki hareket yasalarından yola çıkarak türettiğimiz için, klasik elektrodinamiğin bizi ilgilendiren kısımlarını ve

5. boyuta genişletilen Einstein-Maxwell denklemlerinin birleşik alan teorisine geçiş doğrul-tusunda yeniden yorumlanmış şekillerini çalışmamız içerisinde zamanı geldikçe parçalar halinde almıştık ki, bu bölümde hepsini birden tekrar bir gözden geçirme ile birleştirerek birleşik alan teorisinin her iki hareketli yük koşulu altında da, yani elektrostatik ve elektrodinamik sonuç denklemlerini vereceğiz.

Sonuç denklemleri elde etmeden önce, konunun ***Elektrostatik*** ve ***Elektrodinamik*** olarak iki kısım halinde ayırıp inceleyeceğimiz ve birleşik alan teorisinin elektrodinamik temeli mahiyetinde olan ve kısaca özet olarak aşağıdaki "**SEKİZ TEOREM**" ve "**İKİ POSTÜLAT**" ile "**İKİ LEMMA**" altında özetlenen önemli sonuçlarını teorimiz açısından incelememiz mümkündür:

A-BİRLEŞİK ALAN TEORİSİNİN KOZMİK ELEKTRODİNAMİK TEMELLERİ:

"Birleşik Alan Teorisinin Elektrostatiğin Maxwell-Faraday Teorisi'nden Faydalandığı Temel Postülatları"

BİRLEŞİK ALAN TEORİSİNİN ELEKTROSTATİK KURAMI:

Birleşik Alan Teorisinde bu yöndeki elektrostatik yapı için kullanılan iki temel postülat ve bir bünye denklemi (Manyetik Ek-Yük-Akımı Eklenmiş Green-Gauss (Diverjans) Teoremi) şu şekildeki bir yapı üzerine kurgulanmıştır ki, şimdi bu elektrostatik yapının temellerini kısaca inceleyelim ve sonrasında manyetik yük bileşeni eklenmiş Green-Gauss-Diverjans denklemini elde ederek durgun kütle-yük halindeki elektrostatiğin temel maxwell kuramını 5-boyutlu Birleşik alan kuramı Elektrostatiğine ve daha sonrasında ise, dalga denklemlerini elde ederek Maddesel yük-kütlenin hareket halinde olması durumundaki Kütleçekim Elektro-dinamiğine genelleyeceğiz:

Maddesel Kütlenin Sürekli Ortam Modeli:

Bir maddesel cismin içinde alacağımız tamamen keyfi her hacim bu cismin kütlesinin bir kısmını içeriyorsa bu cisim bir sürekli ortam olarak nitelendirilebilir. Buna göre sürekli bir ortamın bir noktası etrafında keyfi, yani istediğimiz kadar küçük seçebileceğimiz bir Δv hacmini dikkate alırsak bu hacimde cismin bir Δm kütlesi bulunacaktır. Bu nokta civarında ortalama yoğunluk,

$$\rho_{ort} = \frac{\Delta m}{\Delta v} \quad (2.14)$$

olarak tanımlanır. Sürekli ortam varsayımına göre Δv ne kadar küçük olursa olsun, içinde kütle buluna-cağından yukarıdaki ifadenin $\Delta v \to 0$ için bir limiti olacaktır. Dolayısıyla, ortamın göz önüne alınan noktadaki yoğunluğu bu limit işleminin sonucu olarak,

$$\rho = \lim_{\Delta v \to 0} \frac{\Delta m}{\Delta v} = \frac{dm}{dv} \quad (2.15)$$

bulunur. Atomistik ölçeğe indiğimizde madde büyük ölçüde boşluklu bir yapı sergiler. Buna göre bir noktada tanımlanan yoğunluğun statik olarak anlamlı bir ortalamaya karşı gelebilmesi için Δv hacminin bir Δv^* kritik değerinden büyük olması gerekir. $\Delta v < \Delta v^*$ için bir noktada yoğunluk, Δv ye bağlı olarak, büyük çalkantılar gösterir (Bkz: Aşağıdaki şekil). Dolayısıyla Sürekli ortam modeli, sonlu bir hacimdeki parçacık sayısını sonsuz almaya eşdeğerdir. Buna göre cismin içinde alınan bir V hacminde bulunan kütle miktarı,

$$M = \int_V \rho dv \quad (2.16)$$

integrali ile hesaplanır.

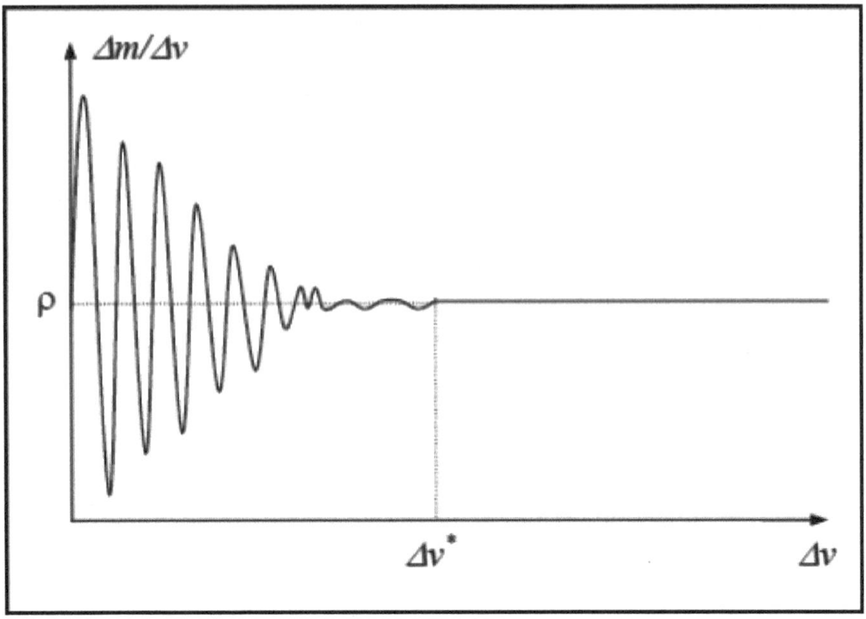

Figure 6: Maddesel kütlenin sürekli bir akışkan ortam yüzeyinde (örneğin 5. boyut doğrultusundaki bir karadelik tekillik yüzeyi civarında) Ortalama kütle yoğunluğunun değişimi. Grafiğe dikkat edilirse, kütle içeriğini barındıran diferansiyel hacim sıfıra giderken kütle yoğunluğu sonsuza yaklaşırken; hacim değişimi sonsuza gittiğinde limit ifadesi sıfır kütle yoğunluğuna, yani maddesel ortamın olmadığı boş uzaya yakınsar.

Maddesel Kütlenin Sürekli Ortam Hareketi:

Bir sürekli ortamın hareketini belirlemek için bu ortamı oluşturan, sonsuz sayıdaki bütün parçacıkların zamanla bulundukları uzaysal konumlarının belirlenmesi gerekir. Ortamın belli bir andaki konumunun tamamen bilindiği varsayılır, bu konum referans konumu olarak adlandırılır ve oluşturduğu hacimsel bölge V ile gösterilir. Ortamın referans konumunu belirli kılmak için bir X_1, X_2, X_3 kartezyen koordinat takımı seçilir. Ortamın bir parçacığı, şimdi referans konumunda işgal ettiği P noktasının yerini tanımlayan R yer vektörü, ya da eşdeğer olarak X_K (K = 1, 2, 3) koordinatlarıyla tamamen belirlenir. X_K koordinatlarına maddesel koordinatlar (Lagrange Koor-dinatları) adı verilir.

Sürekli bir ortamın hareketini belirlemek için referans konumundaki herhangi bir P maddesel noktasının t anında uzayda bulunduğu konumu, yani p noktasının yerini, belirlemek için x_1, x_2, x_3 kartezyen koordinat takımı seçilir (Bkz: Aşağıdaki şekil). Bu koordinat takımında *p* uzaysal noktası *r* yer vektörü, ya da x_k (k = 1, 2, 3) koordinatlarıyla belirlenir. Bu koordinatlara uzaysal koordinatlar (Euler koordinatları) adı verilir. Gerek duyulduğu takdirde maddesel ve uzaysal koordinatlar çakışık olarak seçilebilir.

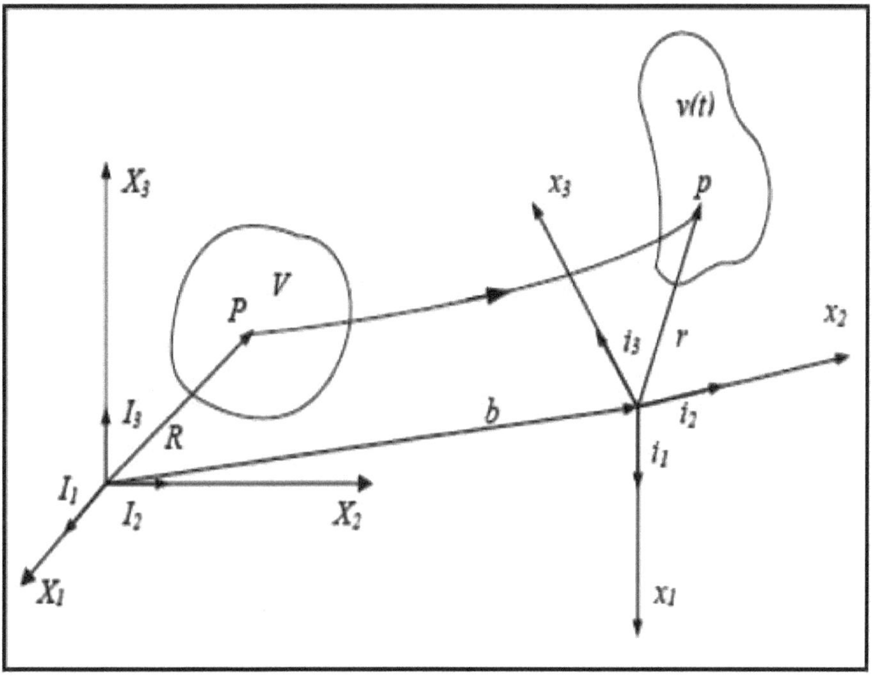

Figure 7: Maddesel kütlenin sürekli bir akışkan ortam yüzeyinde (örneğin 5. boyut doğrultusundaki bir karadelik tekillik yüzeyi civarında) oluşturduğu kütle aktarım mekanizmasının geometrik uzay-zaman diyagramı.

Şimdi, herhangi bir *t* anında her *P* parçacığının işgal ettiği *p* noktaları zamanla değişen bir *v(t)* bölgesini oluştursun. Bu bölge, ortamın *t* anındaki konumunu belirler. Buna göre, sürekli ortamın hareketi, her *P* noktasına bir *t* anında hangi *p* noktasının karşı geldiğini gösteren bir dönüşüm olarak tanımlanır. Böyle bir dönüşüm,

$$r = r(R,t), \quad x_k = x_k(X_K,t) \qquad (2.17)$$

sürekli bağıntıları yardımıyla tanımlanır.

Tersi söylenmedikçe, referans konumunun *t*=0 anına karşı geldiği kabul edilir. Sürekli ortamın hareketini tanımlayan bu dönüşümün, bir fiziksel harekete karşı gelebilmesi için, sürekli olması gerekir. Ayrıca, bu dönüşümün hacmi sonlu olan bir bölgeyi hacmi sıfır, ya da sonsuz bir bölgeye dönüştürmemesi için, dönüşümün *Jakobyeni* sıfırdan ve sonsuzdan farklı olması gerekir.

Yani, matematiksel olarak;

$$J(X,t)=\det(X_{k,K})=\begin{vmatrix} \frac{\partial x_1}{\partial X_1} & \frac{\partial x_1}{\partial X_2} & \frac{\partial x_1}{\partial X_3} \\ \frac{\partial x_2}{\partial X_1} & \frac{\partial x_2}{\partial X_2} & \frac{\partial x_2}{\partial X_3} \\ \frac{\partial x_3}{\partial X_1} & \frac{\partial x_3}{\partial X_2} & \frac{\partial x_3}{\partial X_3} \end{vmatrix} \neq 0,\infty \qquad (2.18)$$

şartının sağlanması gerekir. Bir *J(X,t)* fonksiyonunun mutlak değeri,

$$j(X,t)=\left|J(X,t)\right|=\left|\det(x_{k,K})\right|, \qquad 0\langle j\langle\infty \qquad (2.19)$$

olarak tanımlanır. Temel varsayımımız uyarınca $J \neq 0$ olduğundan *j* ile *J* arasındaki fark çoğu zaman pratik bakımdan ortadan kalkar. Kapalı fonksiyon uyarınca bu durum, yukarıdaki koşullar altında, jakobien dönüşü-münün sürekli bir tersinin olacağını ifade eder. Bu ilke uyarınca, bu dönüşümden,

$$R=R(r,t), \qquad X_K=X_K(x_k,t) \qquad (2.20)$$

olarak yazılabilir. Fiziksel olarak bu bağıntılar, seçilmiş, belli bir uzay noktasından çeşitli zamanlarda ortamın hangi parçacıklarının geçtiğini belirler ve *v(t)* uzaysal bölgeler ailesini tek bir *V* maddesel bölgesine dönüştürdüğünü öngörür. İşte bu da, az ilerki kısımda tekillik noktası mekanizması içerisindeki manyetik ve elektriksel yükler arasındaki tekil dönüşüme denk geldiği görülecektir.

B- TEKİLLİK NOKTASI DOĞRULTUSUNDA & CİVARINDA MADDESEL ŞEKİL DEĞİŞTİRME:

{Karadelik tekilliğinin maddesel çekim yoğunluğu nedeniyle 5. boyut doğrultusundaki maddesel şekillendirme etkisi ve uzay-zamanın aşırı eğrilmesi}

{Quantum Fluctutations on the Surface of the Matter}

POSTÜLAT I: Şimdi, buraya kadar temellerini incelediğimiz, maddesel ortamın herhangi bir sürekli yüzey üzerindeki hareketini, 5. boyuta nasıl genelleş-tirebileceğimiz konusunda bir model teşkil edecek olan Referans konumunda verilen bir *V* bölgesini dolduran bir sürekli ortamın belli bir *t*, örneğin t_1, anında *v(t)* uzay bölgesine dönüştüğünü ve bu sürekli dönüşümün verilen,

$$x_k = x_k(X_K, t), \quad veya \quad X_K = X_K(x_k, t) \quad (2.21)$$

hareket denklemlerinin *t* parametresinin t_1 değeriyle tamamen belirlenmiş olduğunu varsayalım. Dolayısıyla başlangıçtaki, yani referans konumundaki herhangi bir *P* parçacığı t_1 anında *p* uzay noktasına taşınmış olur. *P* ve *p* noktalarının yer vektörleri bu durumda,

$$R = X_K I_K, \qquad r = x_k i_k \quad (2.22)$$

ile verilir ve yukarıdaki iki bağıntı yardımıyla birbirlerine bağlanırlar (*Bkz: Yandaki şekil*). Buradan sonra, Einstein toplama uylaşımından yararlanılarak ve tekrarlanan iki indis üzerinde; 1'den 3'e kadar toplama yapılacağı kabul edilir. Uzaysal ve maddesel koordinat takımları arasındaki dönüşüm,

$$i_k = \lambda_{kK} I_K, \qquad I_K = \Lambda_{Kk} i_k \quad (2.23)$$

bağıntıları ile belirlenirse, λ *ve* Λ katsayı matrisleri birbirinin tersidir ve bu durumda,

$$\lambda_{kK} = i_k I_K, \qquad \Lambda_{Kk} = I_K . i_k \quad (2.24)$$

olarak tanımlanabilir. O halde, her iki koordinat takımı da dik olduğundan bu dönüşüm ortogonaldir. Yani,

$$\underline{\underline{\Lambda}} = \underline{\lambda}^{-1} = \lambda^T \quad veya \quad \Lambda_{Kk} = \lambda_{kK} \quad (2.25)$$

olarak yazılabilir. Λ_{Kk} matrisi λ_{kK} matrisinin transpozesi olarak tanımlanmıştır. Dolayısıyla bu katsayılar,

$$\lambda_{kK}\lambda_{lK} = \delta_{kl}, \qquad \lambda_{kK}\lambda_{kL} = \delta_{KL} \quad (2.26)$$

bağıntılarını gerçeklemek zorundadır. Burada δ_{kl} ve δ_{KL} büyüklükleri *Kronecker delta* olarak adlandırılır ve birim matrisi temsil eder. Yani iki indis birbirine eşitse 1, farklı ise 0 değerini alırlar. λ matrisi yardımıyla uzaysal koordinat takımında tanımlanmış bir vektörü kendisine paralel kalarak maddesel koordinat takımına kaydırabilir, ya da bu işlemin tersi yapabilir. Bu özellikler nedeniyle λ_{kK} katsayıları kaydırıcılar (Shifter) olarak adlandırılır.

Deformasyonu temsil etmek için, aşağıdaki şekilde *P* parçacığına çok yakın olan başka bir *P'* parçacığı göz önüne alınır. *P'*nün *P* ye göre konumunu sonsuz küçük *dR* vektörüyle belirlenir. *P'* maddesel noktası hareketle t_1 anında *p'* uzay noktasına taşınmış olur. *p'* noktasının *P'*nin görüntüsü olan *p* noktasına göre konumu da yine sonsuz küçük olan *dr* vektörüyle belirlenir. Bu vektörler maddesel ve uzaysal koordinat eksenleri üzerindeki bileşenleri cinsinden,

$$dR = dX_K I_K, \qquad dr = dx_k i_k \quad (2.27)$$

şeklinde diferansiyel olarak yazılabilir. Ayrıca, yukarıdaki tansör bağıntısında zamanın sabit olduğunu göz önünde tutularak diferansiyeli alınırsa,

$$dx_k = x_{k,K} dX_K, \qquad dX_K = X_{K,k} dx_k \quad (2.28)$$

ifadeleri elde edilir.

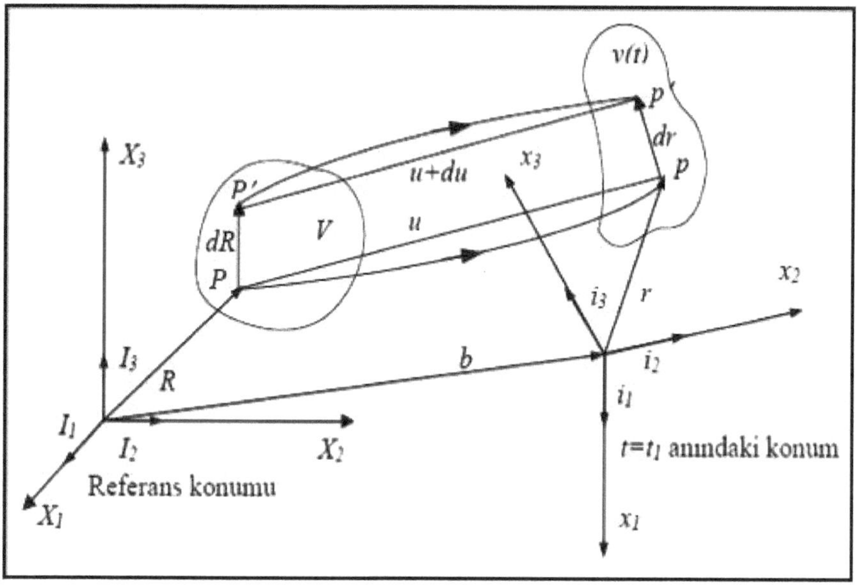

Figure 8: Sürekli ortamda belli bir andaki şekil değiştirme (*Şuhubi, 1994*)

Bir alt indisten önceki virgül o indisin belirttiği değişkene göre, kısmi türevini gösterir ve eşitliklerdeki $x_{k,K}$ ve $X_{K,k}$ ifadeleri aşağıdaki özdeşliklerdeki gibi tanımlanır:

$$x_{k,K} \equiv \frac{\partial x_k}{\partial X_K}, \qquad X_{K,k} \equiv \frac{\partial X_K}{\partial x_k} \quad (2.29)$$

Bir *P* parçacığında, örneğin t_1 anında, hesaplanmış $x_{k,K}$ büyüklüklerine o maddesel noktada ve o andaki şekil değiştirme gradyanı adı verilir ve boyutsuz *F* matrisi ile,

$$F(X,t_1) = \left[X_{k,K}\right] = \begin{vmatrix} \frac{\partial x_1}{\partial X_1} & \frac{\partial x_1}{\partial X_2} & \frac{\partial x_1}{\partial X_3} \\ \frac{\partial x_2}{\partial X_1} & \frac{\partial x_2}{\partial X_2} & \frac{\partial x_2}{\partial X_3} \\ \frac{\partial x_3}{\partial X_1} & \frac{\partial x_3}{\partial X_2} & \frac{\partial x_3}{\partial X_3} \end{vmatrix} \quad (2.30)$$

şeklinde gösterilir. Bu boyutsuz jakobien matrisinin, daha önceki 5-boyutlu relativitenin elektrodinamik maxwell-einstein denklem sonuçlarında da geçen Elektromanyetik tansör olduğunu kolayca gördünüz değil mi? Hatta biraz daha dikkat edilirse, 5. boyut doğrultusundaki tansör bileşenlerine ait kısmi türev terimleri, daha önce bahsettiğimiz Dirac-Pauli kütleçekim tansör matrisleriyle belirlenmekteydi.

Dolayısıyla, $j = |\det F| \neq 0$ olduğundan *F* matrisinin bir F^{-1} tersi vardır. Bu bağıntıları göz önüne alır ve belli bir anda kısmi türevin zincir kuralını uygularsak,

$$x_{k,K} X_{K,l} = \delta_{kl}, \qquad X_{K,k} x_{k,L} = \delta_{KL} \quad (2.31)$$

olarak yazılabilir. Buradan da,

$$\underline{\underline{F^{-1}}} = [X_{K,k}] \quad (2.32)$$

ifadesi elde edilir. Bir matrisin tersini hesaplamak için her elemanın yerine kofaktörünü koyarak oluştur-duğumuz matrisin transpozunu matrisin determinantına bölünmesi gerekir. Yani,

$$[X_{K,k}] = \frac{Kofaktör[x_{k,K}]}{J} \quad (2.33)$$

Bilindiği gibi, bir determinantı hesaplarken, bir satırdaki elemanları kofaktörleriyle çarpıp işaret kuralına uygun şekilde toplanır. Buna göre, determinantın açılımı o satırdaki elamanlara göre birinci derecedendir ve determinantın bir elemanına göre türevini alırsak bu elemanın kofaktörünü elde ederiz. Bu sonuç,

$$\frac{\partial J}{\partial x_{k,K}} = Kofaktör[x_{k,K}] = JX_{K,k} \Rightarrow \frac{\partial j}{\partial x_{k,K}} = jX_{K,k} \quad (2.34)$$

özdeşliğini verir. *dR* vektörünün boyu *dS*, *dr* vektörünün boyu ise *ds* ile gösterildiği taktirde, bu özdeşliği diferansiyel uzaklık ifadesini yazmak için kullanırsak;

$$dS^2 = dR.dR = dX_K dX_K, \qquad ds^2 = dr.dr = dx_k dx_k$$

(2.35)

şeklinde ifade edilir. Bu bağıntılarını kullanarak yukarıdaki ifadeleri yeniden yazarsak,

$$dS^2 = X_{K,k}X_{K,l}dx_k dx_l = c_{kl}dx_k dx_l,$$

$$ds^2 = x_{k,K}x_{k,L}dX_K dX_L = C_{KL}dX_K dX_L \quad (2.36)$$

şeklinde elde edilir. Burada *t* anında hesaplanmış bileşenleri;

$$C_{KL}(X,t) = x_{k,K}x_{k,L}, \qquad c_{kl}(x,t) = X_{K,k}X_{K,l} \quad (2.37)$$

ile verilen ifadeler sırasıyla Green ve Cauchy şekil değiştirme tansörleri veya matrisleri adını alır. Bu matrislerin simetrik olduğu ve,

$$C_{KL} = C_{LK}, \qquad c_{kl} = c_{lk} \quad (2.38)$$

bağıntılarının sağlandığı görülmektedir. *C* ve *c* büyüklüklerini, matrisin yanı sıra tansör olarak da nitelendirilmesinin nedeni, sırasıyla maddesel ve uzaysal koordinatları dönüştürüp, yeni koordinat takımlarına geçildiğinde bileşenlerinin belirli bir kurala göre değişmesidir. X_K koordinat eksenleri yine dik X'_K koordinat eksenlerine dönüştürülsün. Bu dönüşüm *Q* ortogonal matrisi yardımıyla gerçekleşir ve koordinat eksenleri arasında,

$$X'_K = Q_{KL}X_L, \qquad X_K = Q_{LK}X'_L \quad (2.39)$$

ilişkileri yazılabilir. Buna göre *C* tansörünün yeni koordinat takımındaki bileşenleri,

$$C'_{KL} = \frac{\partial x_k}{\partial X'_K}\frac{\partial x_k}{\partial X'_L} = \frac{\partial x_k}{\partial X_M}\frac{\partial X_M}{\partial X'_K}\frac{\partial x_k}{\partial X_N}\frac{\partial X_N}{\partial X'_L}$$

$$= Q_{KM}Q_{LN}x_{k,M}x_{k,N} = Q_{KM}Q_{LN}C_{MN} \quad (2.40)$$

şeklinde bulunur. Bu da C'nin ikinci mertebe bir maddesel tansör olduğunu gösterir. Burada yukarıdaki Cauchy bağıntısının Q ortogonal bir matris olmasa da, yani koordinatları dik olmayan bir takıma dönüş-türüldüğünde de, Q^T yerine Q^{-1} matrisini almak koşuluyla geçerli kalacağına dikkat edilmelidir. Green ve Cauchy teoremleri birlikte düşünüldüğünde ise, maddesel ortam için geçerli olan aşağıdaki sonuç tansör denklemlerine ulaşılabileceğini kolayca görebiliriz:

$$ds^2 = d\underline{x}^T d\underline{x} = d\underline{X}^T \underline{\underline{F}}^T \underline{\underline{F}} d\underline{X}$$

$$dS^2 = d\underline{X}^T d\underline{X} = d\underline{x}^T \underline{\underline{F}}^{T^{-1}} \underline{\underline{F}}^{-1} dx$$

$$\underline{\underline{C}} = \underline{\underline{F}}^T \underline{\underline{F}}, \qquad \underline{\underline{c}} = \underline{\underline{F}}^{T^{-1}} \underline{\underline{F}}^{-1}$$

$$\underline{\underline{c}}^{-1} = \underline{\underline{FF}}^T, \qquad \underline{\underline{C}}^{-1} = \underline{\underline{F}}^{-1} \underline{\underline{F}}^{-1^T} \tag{2.41}$$

Bu son elde ettiğimiz tansör denklemlerindeki $\underline{c^{-1}}$ ve $\underline{C^{-1}}$ tansörleri sırasıyla _Finger_ ve _Piola_ şekil değiştirme tansörleri olarak bilinir. Şimdi, sürekli maddesel ortamdaki yüklü bir partikül yoğunluğunun hareket denklemleri $r=r(R,t)$ şeklinde verilmesi yerine, P parçacığının u yer değiştirme vektörüne bağlı olarak ifade edildiğini varsayalım. Bu durumda, yer değiştirme vektörünü, $u = r - R + b$ olarak tanımlarız. Şimdi u vektörünü, $u=u_k i_k=U_K I_K$ şeklinde yazarak uzaysal ve maddesel bileşenleri belirlenir.

Şimdi bu hareket denklemlerinden yararlanarak uzaysal ve maddesel yer vektörlerini $r = r(X_K,t)$ ve $R = R(x_k,t)$ olarak ifade edilirse,

$$dr=C_K dX_K, \quad dR=c_k dx_k$$

olarak yazılabilir. Burada C_K ve c_k vektörleri,

$$C_K = \frac{\partial r}{\partial X_K} = x_{k,K} i_k, \qquad c_k = \frac{\partial R}{\partial x_k} = X_{K,k} I_K \tag{2.42}$$

olarak tanımlanmıştır. Bu vektörler cinsinden şekil değiştirme tansörleri,

$$C_{KL} = C_K . C_L, \qquad c_{kl} = c_k . c_l \quad (2.43)$$

olarak bulunur. Şimdi bu iki bağıntıdan hareketle,

$$C_K . C_L = x_{k,K} i_k . x_{l,L} i_l = x_{k,K} x_{l,L} \delta_{kl} = x_{k,K} x_{k,L} \quad (2.44)$$

bulunur ve benzer şekilde simetriden dolayı,

$$c_k . c_l = X_{K,k} I_K . X_{L,l} I_L = X_{K,k} X_{L,l} \delta_{KL} = X_{K,k} X_{K,l} \quad (2.45)$$

bağıntısı bulunur. C_K ve c_k vektörlerinin fiziksel anlamı tanımlardan açıkça görülmektedir. Şimdi bu iki ifadeye benzer olarak,

$$c^{-1}{}_k = x_{k,K} . I_K, \qquad C^{-1}{}_K = X_{K,k} . i_k \quad (2.46)$$

vektörleri tanımlanırda, bu durumda $c^{-1}{}_k$ vektörlerinin c_k vektörlerine karşıt olduğu, yani, $c^{-1}{}_k c_l = \delta_{kl}$ bağıntısını sağladıkları görülür. Dolayısıyla bu bağıntılardan hareketle de,

$c^{-1}{}_k . c_l = x_{k,K} I_K . X_{L,l} I_L = x_{k,K} X_{L,l} \delta_{KL} = x_{k,K} X_{K,l} = \delta_{kl}$ olarak bulunur.

Benzer şekilde $C^{-1}{}_K$ vektörlerinin de C_K vektörlerine karşıt olduğu ve

$$C^{-1}{}_K . C_L = \delta_{KL} \quad (2.47)$$

bağıntılarının sağlandığı gösterilebilir. Bu bağıntılar birlikte göz önünde tutulursa,

$$c^{-1}{}_{kl} = c^{-1}{}_k . c^{-1}{}_l, \qquad C^{-1}{}_{KL} = C^{-1}{}_K . C^{-1}{}_L \quad (2.48)$$

olarak yazılabilir. Sonuç olarak, c^{-1} ile c ve C^{-1} ile C tansörleri birbirlerinin tersleri olduğu için,

$$c^{-1}{}_{km}c_{ml} = \delta_{kl}, \qquad C^{-1}{}_{KM}C_{ML} = \delta_{KL} \quad (2.49)$$

bağıntılarının da geçerli olacağı açıktır. Cismin şekil değiştirmesinden söz edebilmek için, parçacıkları arasındaki uzaklığın hareketi sırasında değişmesi gerekmektedir. Ortamın iki parçacığı arasındaki uzaklığın değişmesi için $ds \neq dS$ olması gerektiğinden, ortamın bir noktasındaki şekil değiştirmenin ölçümü olarak $ds_2 - dS_2$ büyüklüğü seçilir. ds ve dS diferansiyel uzaklık bağıntıları yardımıyla,

$$ds^2 - dS^2 = 2E_{KL}dX_K dX_L = 2e_{kl}dx_k dx_l \quad (2.50)$$

olarak yazılabilir. Burada E_{KL} ve e_{kl} simetrik tansörleri,

$$E_{KL}(X,t) = \frac{1}{2}(C_{KL} - \delta_{KL}), \qquad e_{kl}(x,t) = \frac{1}{2}(\delta_{kl} - c_{kl}) \quad (2.51)$$

olarak tanımlanır ve sırasıyla maddesel (Lagrange) ve uzaysal (Euler) genleme tansörleri adını alır. Bu durumda, bir maddesel noktada E tansörünün değerini bildiğimiz takdirde, bu noktadan geçen sonsuz küçük dX_K maddesel vektörünün hareketi sırasında boyundaki değişim bu iki bağıntıyla belirlenebilir. Aynı boy değişimi, bu parçacığın t anındaki yerinde e tansörünün değeri yardımıyla da hesaplanabilir. Bu bağıntıları matris formunda yazacak olursak;

$$\underline{E} = \frac{1}{2}(\underline{\underline{C}} - \underline{I}), \qquad \underline{\underline{e}} = \frac{1}{2}(\underline{I} - \underline{\underline{c}}) \quad (2.52)$$

olarak yazılabilir. Burada, bağıntılardan yararlanılarak maddesel ve uzaysal genleme tansörlerinin,

$$e_{kl} = E_{KL}X_{K,k}X_{L,l}, \qquad E_{KL} = e_{kl}x_{k,K}x_{l,L} \quad (2.53)$$

eşitlikleriyle birbirlerine bağlandığı açıkça görülebilir. Bu durumda Cauchy bağıntılarına ilişkin C katsayı tansörlerine ilişkin yerdeğiştirme içeren tansör ifadeleri yer değiştirme vektörü cinsinden şöyle yazılabilir,

$$C_K = \frac{\partial R}{\partial X_K} + \frac{\partial u}{\partial X_K} = I_K + U_{L,K} I_L = (\delta_{LK} - U_{L,K}) I_L,$$

$$c_k = \frac{\partial r}{\partial x_k} - \frac{\partial u}{\partial x_k} = i_k - u_{l,k} i_l = (\delta_{lk} - u_{l,k}) i_l$$

sonucu elde edilir. (2.54)

C- TEKİLLİK NOKTASI DOĞRULTUSUNDA MADDESEL YER DEĞİŞTİRME (HAREKET):

{Karadelik tekilliğinin maddesel çekim yoğunluğu nedeniyle 5. boyut doğrultusundaki maddesel yer-değiştirme etkisi ve uzay-zamanın aşırı eğrilmesine bağlı yük-kütle hareketinin matematiksel olarak incelenmesi}

{Quantum Fluctational Deformations and Motions of the Matter on the Surface of the Singularity}

POSTÜLAT II: Tekillik noktası civarındaki Madde-sel şekil değiştirmeleri (deformasyonları) inceledikten sonra, şimdi de kısaca, 5. boyut doğrultusundaki maddesel plazma ortamının hareketi sırasında parçacık-lara ilişkin hız ve ivme gibi kinematik büyüklükler hesaplanacak ve daha genel olarak şekil değiştirme karakteristiklerinin zamanla değişim hızının nasıl ölçülebileceğini matematiksel olarak belirlemeye çalışa-cağız. Ortamın hareketini tanımlayan maddesel koordi-natlarla uzaysal koordinatlar arasındaki dönüşüm bağın-tısı, aşağıdaki gibi verilmiş olsun;

$$x_k = x_k(X_K, t), \qquad X \in v \qquad (2.55)$$

Bu bağıntı, belli bir kapalı *V hacim* bölgesindeki belli bir *X* parçacığı seçildiğinde *t* parametresine bağlı bir eğri çizeceğini gösterir. Sürekli ortamın hareketi sırasında *X* parçacığının izlediği yolu gösteren bu eğriye, göz önüne alınan parçacığın yörüngesi adı verilir. Aslında Yörünge bağıntısı, genel anlamda tüm ortamdaki maddesel parçacıklarının yörüngeler ailesini ortalama olarak tanımlamaktadır. Bunun için ilk olarak sürekli ortamın parçacıklarına bağlı bir fonksiyonun zamanla değişim hızını ölçmek gerekir. Sürekli ortama bağlı bir skaler, vektör ya da tansör değerli bir alan büyüklüğü $f_{\approx}(X,t)$ şeklinde verilebilir. Maddesel gösterilimde böyle bir fonksiyon, ilgili alan büyüklüğünün bir parçacıkta aldığı değerin bu parçacık yörüngesi üzerinde hareket ederken zamanla nasıl değiştiğini bize verir. Bu ifadesinin tersi $f_{\approx}$ fonksiyonunda kullanılırsa,

$$f[X(x,t),t] = f(x,t)$$ yazılabilir. (2.56)

$f_{\approx}(x,t)$ fonksiyonu göz önüne alınan alan büyüklüğünün uzaysal gösterilimi adını alır. Maddesel ve uzaysal gösterilimde bu fonksiyon aynı sembolle göstermesine karşın birbirine karşı gelen maddesel ve uzaysal noktalarda sayısal değerleri eşit olmakla beraber $f_{\approx}(X,t)$ ve $f_{\approx}(x,t)$ fonksiyonları tümüyle farklı fonksiyonlardır. Bir *x* uzay noktasında $f_{\approx}(x,t)$ fonksiyonu alan büyüklüğünün bu noktadan çeşitli zamanlarda geçen farklı parçacıklarda aldığı değerleri gösterir.

Uzaysal gösterilimden maddesel gösterilime geçiş,

$$f_{\approx}[X,t] = f_{\approx}[x(X,t),t]$$ (2.57)

dönüşümü yardımıyla sağlanır. Bir alan büyüklüğünün sürekli ortamın bir parçacığını izlerken zamana göre değişim hızı maddesel türev olarak tanımlanır (*Bkz: Aşağıdaki şekil*).

Eğer maddesel gösterilim kullanılıyorsa maddesel türev X_K koordinatlarını sabit tutarak zamana göre hesaplanan türev olduğundan;

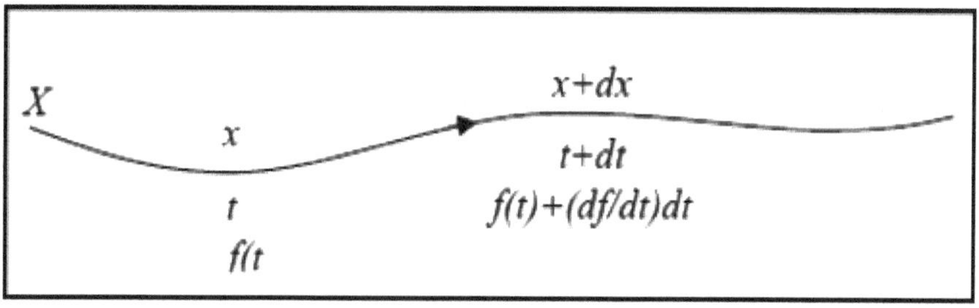

Figure 9 : Maddesel Türev'in geometrik anlamı (*Şuhubi, 1994*)

$$\frac{df_{\approx}}{dt} = \frac{\partial f_{\approx}(X,t)}{\partial t} = \dot{f}_{\approx} \qquad (2.58)$$

olarak yazılabilir. Uzaysal gösterilim kullanıldığında $f[X(x,t),t] = f(x,t)$ bağıntısını *X* değişkenlerini sabit tutarak *t* değişkenine göre türetirsek zincir kuralına göre,

$$\dot{f}_{\approx} = \frac{df_{\approx}}{dt} = \frac{\partial f_{\approx}[x(X,t),t]}{\partial t}\Big|_{X=Sbt}$$
$$= \frac{\partial f_{\approx}}{\partial t}\Big|_{X=Sbt} + \frac{\partial f_{\approx}}{\partial x_k}\frac{\partial x_k}{\partial t}\Big|_{X=Sbt} \qquad (2.59)$$

şeklinde elde ederiz. Bir parçacığın hızı *r(R,t)* yer vektörüne bağlı olarak,

$$v = \frac{dr}{dt} = \frac{\partial r(R,t)}{\partial t} = \frac{dx_k}{dt} i_k = \frac{\partial x_k}{\partial t} i_k \qquad (2.60)$$

veya bileşenleri cinsinden,

$$v_k(X,t) = \frac{dx_k}{dt} = \frac{\partial x_k}{\partial t}, \qquad v = v_k i_k \qquad (2.61)$$

şeklinde ifade edilebildiğine göre, uzaysal gösteri-limde $f_{\approx}$ alanının yukarıda verilen maddesel türevi,

$$\dot{f}_{\approx} = \frac{df_{\approx}}{dt} = \frac{\partial f_{\approx}}{\partial t} + \dot{f}_{\approx,k} v_k \quad (2.62)$$

olur. Bu ifadenin sağ tarafındaki ilk terim *x* koordinatları sabit tutularak zamana göre alınmış türev olduğundan yerel değişme hızını gösterir. İkinci terim ise, *t* anında *x* noktasında bulunan parçacığın hareketinden kaynaklandığı için konvektif değişme hızı adını alır.

Yay ve Hacim Elemanları üzerindeki Maddesel Türevin Geometrik Anlamı:

Referans konumunda bir *P* maddesel noktasından geçen sonsuz küçük bir *dS* yay elemanı ve bu elemanın *t* anındaki *ds* görüntüsü göz önüne alınırsa (Aşağıdaki şekildeki gibi):

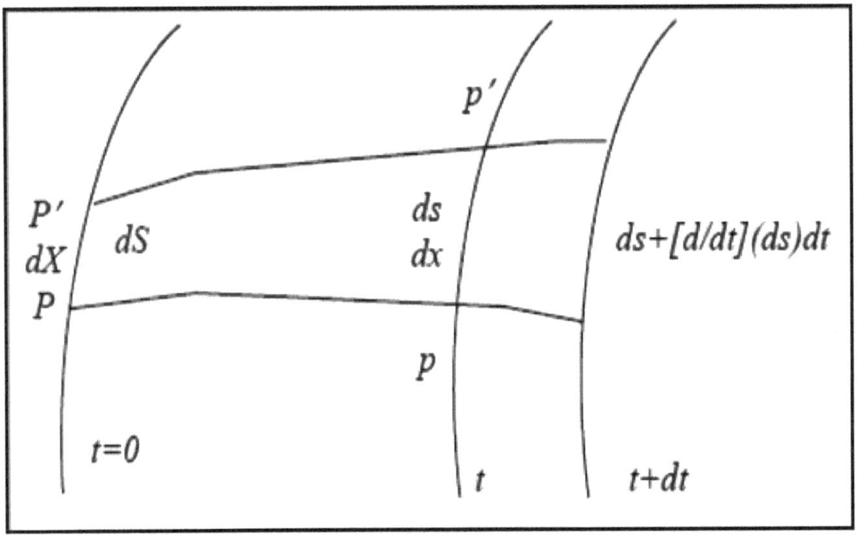

Figure 10: Yay elemanındaki diferansiyel değişimin geometrik anlamı (*Şuhubi, 1994*)

t anına sonsuz yakın *t+dt* anında bu elemandaki değişim maddesel türevin tanımına göre $ds + (\dot{ds})dt$ olur. *ds* yay elemanının maddesel türevini belirlemek amacıyla önce *p* noktasını *p'* noktasına birleştiren *dx* vektörünün maddesel türevi hesaplanmaya çalışılacak. Bu vektör referans konumundaki *dX* elemanter vektörünün hareket altında *t* anındaki görüntüsü olduğundan

$dx_k = x_{k,K} dX_K$ yazılabilir. dX_K bileşenleri zamana bağlı olmadığından türetmenin zincir kuralından uygun şekilde yararlanılarak,

$$\frac{d}{dt}(dx_k) = \frac{d}{dt}(x_{k,K} dX_K) = \frac{\partial}{\partial t}(x_{k,K}) dX_K$$
$$= \frac{\partial}{\partial X_K}\left(\frac{\partial x_k}{\partial t}\right) dX_K \qquad (2.63)$$
$$= v_{k,K} dX_K = v_{k,K} X_{K,l} dx_l = v_{k,l} dx_l$$

elde edilir. Dolayısıyla, $(\dot{dx_k}) = v_{k,l} dx_l$ yazılabilir. Burada üçüncü ve beşinci ifadelerde dX_K bileşenlerinin katsayılarını eşitlersek şekil değiştirme gradyanının maddesel türevi,

$$\frac{d}{dt}(x_{k,K}) = (\dot{x}_{k,K}) = v_{k,K} = v_{k,l} x_{l,K} \qquad (2.64)$$

olarak bulunur. Hız gradyanı tansörü,

$$\underline{L} = \nabla v, \qquad L_{kl} = v_{l,k} \qquad (2.65)$$

ile tanımlanırsa, bu iki bağıntı,

$$\underline{(\dot{d\underline{x}})} = \underline{L}^T d\underline{x}, \qquad \underline{\dot{F}} = \underline{L}^T \underline{F} \qquad (2.66)$$

şeklinde de ifade edilebilir. Hız gradyanı tansörünün simetrik ve antisimetrik kısımlarından oluşan iki yeni tansörü,

$$d_{kl} = \frac{1}{2}\left(v_{k,l} + v_{l,k}\right) = d_{lk}, \quad w_{kl} = \frac{1}{2}\left(v_{k,l} - v_{l,k}\right) = -w_{lk} \quad veya$$
$$\underline{\underline{d}} = \frac{1}{2}\left(\underline{L}^T + \underline{L}\right), \quad \underline{\underline{w}} = \frac{1}{2}\left(\underline{L}^T - \underline{L}\right), \quad \underline{L}^T = \underline{\underline{d}} + \underline{\underline{w}} \qquad (2.67)$$

bağıntılarıyla tanımlanır. *d* tansörüne şekil değiştirme hızı (bazen de genleme hızı) tansörü, *w* tansörüne ise spin veya çevri tansörü adı verilir. Şimdi daha önce tanımladığımız Jakobien matris tansörü ifadesinden yararlanarak önce,

$$\frac{dJ}{dt}=\frac{\partial J}{\partial x_{k,K}}\frac{d}{dt}(x_{k,K})=JX_{K,k}v_{k,l}x_{l,K}=Jv_{k,k} \tag{2.68}$$

şeklinde jakobyenin maddesel türevi elde edilir. Bir ortamın hacim elemanının değişme hızı, $dv = jdV$ olduğundan türetme ile,

$$\frac{d}{dt}(dv)=\frac{dj}{dt}dV \tag{2.69}$$

yazılabilir. jakobyenin maddesel türevinden faydalanılarak,

$$\frac{d}{dt}(dv)=jv_{k,k}dV=v_{k,k}dv=\nabla .vdv \tag{2.70}$$

olarak bulunur. Referans konumunda *V* hacmi hareketle *t* anında *v(t)* hacmine dönüşürse *v(t)* hacim integralinin maddesel türevi aşağıdaki şekilde hesaplanır:

$$\frac{d}{dt}\int_{v(t)}\underline{\phi}(x,t)dv=\frac{\partial}{\partial t}\int_{V}\underline{\Phi}(X,t)jdV=\int_{V}\frac{\partial}{\partial t}\left[j\underline{\Phi}(X,t)\right]dV$$

$$=\int_{v(t)}(\dot{j\underline{\phi}})j^{-1}dv=\int_{v(t)}\left(\frac{\partial}{\partial t}+\underline{\phi}v_{k,k}\right)dv$$

(2.71)

Maddesel türevin tanımından faydalanarak da bu ifade;

$$\frac{d}{dt}\int_{v(t)}\underline{\phi}dv=\int_{v(t)}\left(\frac{\partial\underline{\phi}}{\partial t}+\left(\underline{\phi}v_{k}\right)_{,k}\right)dv \tag{2.72}$$

şeklinde yazılabilir. *t'* ye göre kısmi türevi *x* değişkenleri sabit tutularak alındığı için bağıntıdaki sağ taraftaki ilk terimde türev ile integral operatörünün yeri değiştirilebilir. Son terim de Green – Gauss integral teoremi kullanılarak *v(t)* hacmini içine alan *S(t)* kapalı yüzeyi üzerindeki bir integrale dönüştürülürse,

$$\frac{d}{dt}\int_{v(t)} \underline{\phi} dv = \frac{\partial}{\partial t}\int_{v(t)} \underline{\phi} dv = \int_{S(t)} \underline{\phi} v_n da \qquad (2.73)$$

elde edilir. $v_n = v \cdot n$ *şeklinde* ortam hızının yüzeye dik bileşenidir. $\varphi \mathbf{v}_n$ büyüklüğüne φ alanının yüzey boyunca akısı adı verilir ve ortam hareketiyle bu fiziksel alanın *S(t)* yüzeyinin bir tarafından öteki tarafına bu yüzeyin birim alanı başına birim zamanda aktarılan kısmını gösterir.

Green – Gauss (Diverjans) Teoremi:

Doğa yasalarından sürekli ortamların hareketini yöneten denklemlerin çıkartılmasına olanak sağlayan bazı integral teoremlerinin genelleştirilmesi gerekir. Bilindiği gibi, bir *∂v* kapalı yüzeyi ile sınırlanmış *v* hacminde tanımlanmış vektör ya da tansör değerli sürekli bir fonksiyon için Green – Gauss veya diverjans teoremi olarak bilinen teorem bu alanın diverjansının hacim içindeki integralini normal bileşeninin yüzey üzerindeki integraline dönüştürür,

$$\int_{v} \underline{\nabla.\underline{\phi}} dv = \int_{\partial v} \underline{n.\phi} da \qquad (2.74)$$

GREEN-GAUSS (DİVERJANS) TEOREMİ

Burada *n* yüzeyin birim dış normalidir. φ bir vektör alanı olduğu takdirde yukarıdaki skaler denklemin anlamı açıktır. φ ikinci mertebe bir tansör alanı ise bu ifadenin içindeki terimle de vektör değerlidir ve,

$$\underline{\nabla.\underline{\phi}} = \underline{\phi}_{kl,k} i_l, \qquad n.\underline{\phi} = n_k \underline{\phi}_{kl} i_l \tag{2.75}$$

olarak tanımlanırlar.

Şimdi *v* bölgesinde hareketli de olabilen bir σ yüzeyi üzerinde φ tansör alanının süreksizlik göstermesi halinde diverjans teoreminin genelleştirilmiş şeklini elde etmeye çalışacağız. *v* hacmini iki parçaya ayıran σ yüzeyinin dış normalini keyfi olarak yönleyelim ve *v* bölgesini σ yüzeyinin dış normalinin yöneldiği tarafta kalan parçasını v^+, öteki parçasını ise *v*- ile gösterelim. $v = v^- \cup v^+$ olduğu açıktır. σ yüzeyi φ alanı için bir süreksizlik yüzeyi ise bu alan σ üzerindeki bir noktada, bu noktaya v^+ ya da v^- bölgeleri içinden yaklaşıldığına göre farklı değerler alır. Bu değerler sırasıyla φ^+ ve φ^- ile gösterilir (*Bkz: Aşağıdaki şekil*).

Bu süreksizlik bölgesinde tanımlı bir φ tansör alanının σ üzerindeki süreksizliğini ölçen sıçraması, $\|\underline{\phi}\| = \underline{\phi}^+ - \underline{\phi}^-$ olarak tanımlanır.

Doğal olarak bu büyüklük σ yüzeyinin koordinatlarının bir fonksiyonudur. φ alanı, $v^+ \cup \sigma$ kapalı yüzeyi ile sınırlanmış v^+ ve $v^- \cup \sigma$ kapalı yüzeyi ile sınırlanmış v^- bölgelerinde süreklidir. Dolayısıyla, bu bölgelerde Green – Gauss teoremi uygulanabilir. σ yüzeyinin bu anlamda dış normalinin v^+ için *–n* olduğuna dikkat edilirse,

$$\int_{v^+} \nabla.\underline{\phi} dv = \int_{\partial v^+} n.\underline{\phi} da - \int_{\sigma} n.\underline{\phi}^+ da,$$

$$\int_{v^-} \nabla.\underline{\phi} dv = \int_{\partial v^-} n.\underline{\phi} da + \int_{\sigma} n.\underline{\phi}^- da \tag{2.76}$$

biçiminde yazılabilir.

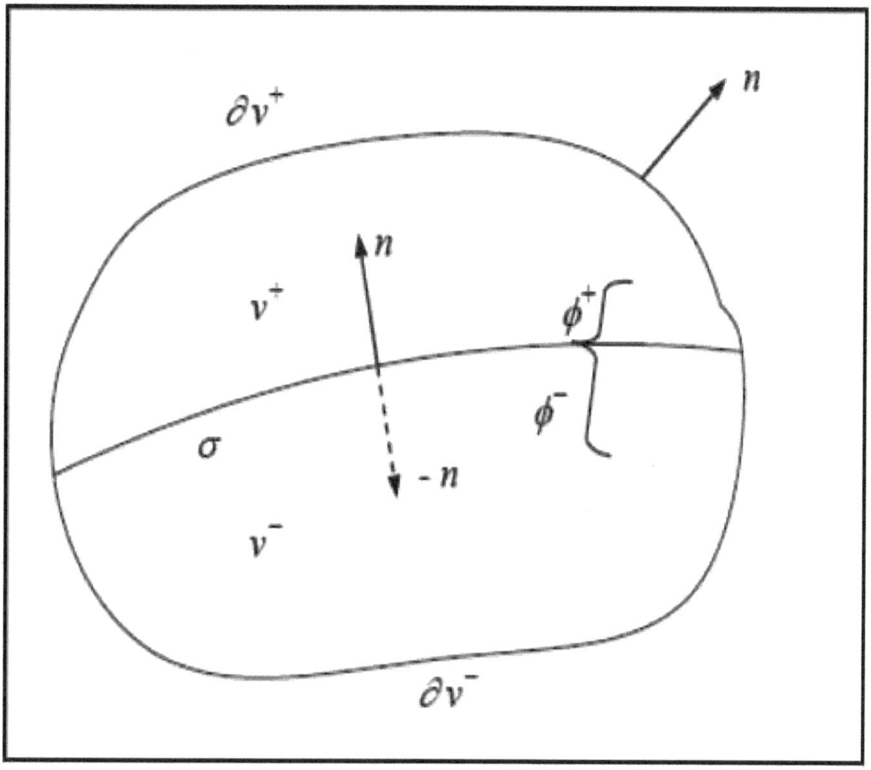

Figure 11: Süreksizlik içeren bir tekillik yüzeyindeki bir diferansiyel plazma yükü bölgesi (*Şuhubi, 1994*).

Bu iki ifade taraf tarafa toplanırsa genelleştirilmiş Green – Gauss teoremi,

$$\int_v \nabla.\underline{\phi}dv = \int_{\partial v} n.\underline{\phi}da - \int_\sigma n\left\|\underline{\phi}\right\|da \quad (2.77)$$

şeklinde elde edilir. Sürekli alanlar için σ yüzeyi üzerinde φ=0 olacağı için bu denklem $\int_v \nabla.\underline{\phi}dv = \int_{\partial v} n.\underline{\phi}da$ denklemine indirgenir.

Böylece, *v(t)* bölgesinin sürekli ortamda bir maddesel bölge olduğu kabul edilirse ve σ süreksizlik yüzeyinin de verilen bir *u* hızı ile hareket ettiği varsayılır. Amaç, denklemdeki φ tansör alanının σüzerinde süreksizlik gösterdiği hale genelleştirmektir.

Bunun için, kısmi türev operatörünü integralin içine sokarak $\frac{d}{dt}\int\limits_{v(t)}\underline{\phi}dv=\frac{\partial}{\partial t}\int\limits_{v(t)}\underline{\phi}dv=\int\limits_{S(t)}\underline{\phi}v_n da$ Green-Gauss denklemini φ alanının içinde sürekli v^+ ve v^- bölgelerine ayrı ayrı uygularsak,

$$\frac{d}{dt}\int\limits_{v^+(t)}\underline{\phi}dv=\int\limits_{v^+(t)}\frac{\partial.\underline{\phi}}{\partial t}dv+\int\limits_{\partial v^+(t)}\underline{\phi}v_n da-\int\limits_{\sigma(t)}\underline{\phi}^+u_n da,$$

$$\frac{d}{dt}\int\limits_{v^-(t)}\underline{\phi}dv=\int\limits_{v^-(t)}\frac{\partial\underline{\phi}}{\partial t}dv+\int\limits_{\partial v^-(t)}\underline{\phi}v_n da+\int\limits_{\sigma(t)}\underline{\phi}^-u_n da$$

(2.78)

elde edilir. Bu iki denklem taraf tarafa toplanırsa,

$$\frac{d}{dt}\int\limits_{v(t)}\underline{\phi}dv=\int\limits_{v(t)}\frac{\partial.\underline{\phi}}{\partial t}dv+\int\limits_{\partial v(t)}\underline{\phi}v_n da-\int\limits_{\sigma(t)}\left\|\underline{\phi}\right\|u_n da,$$

sonucu elde edilir (*Bkz: Aşağıdaki Figure-12*).

Burada $v_n=n_k v_k$ olduğuna dikkat edilerek süreksizlik yüzeyi içeren bir bölgede diverjans teoremini ifade eden $\int\limits_{v}\underline{\nabla.\phi}dv=\int\limits_{\partial v}n.\underline{\phi}da-\int\limits_{\sigma}n\left\|\underline{\phi}\right\|da$ denklemi kullanılırsa,

$$\int\limits_{\partial v(t)}\underline{\phi}v_n da=\int\limits_{\partial v(t)}n_k v_k\underline{\phi}da=\int\limits_{v(t)}\left(\underline{\phi}v_k\right)_{,k}dv+\int\limits_{\sigma(t)}n_k\left\|v_k\underline{\phi}\right\|da$$

yazılabilir. (2.79)

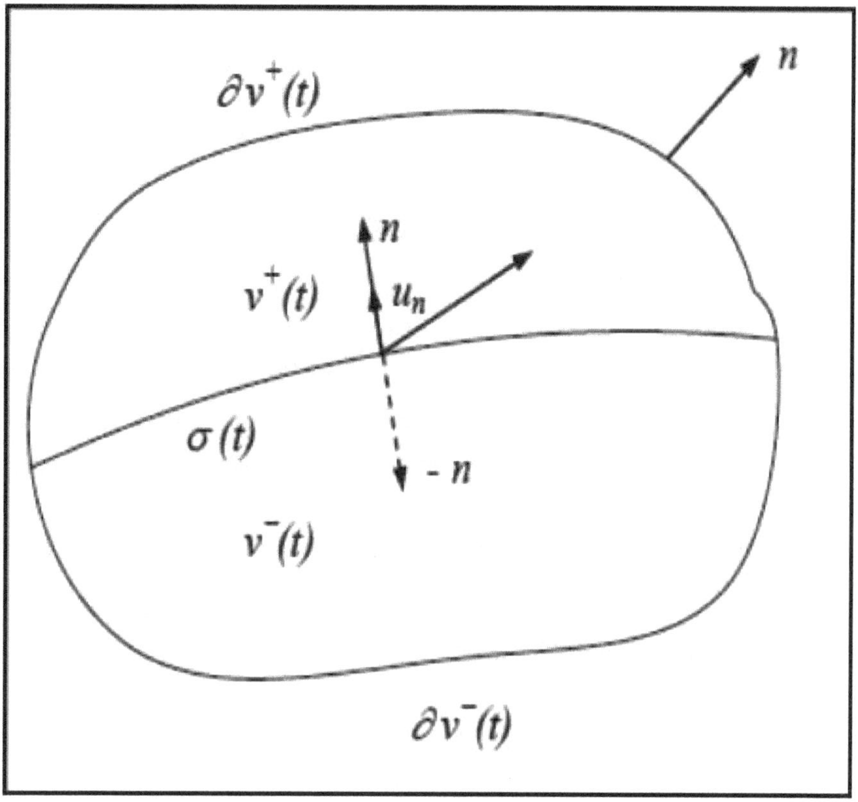

Figure 12: Hareketli yük içeren bir durumda tekillik yüzeyinde oluşan normal ve teğetsel kuvvetler (*Şuhubi, 1995*).

Bu ifade;

$$\frac{d}{dt}\int_{v(t)} \underline{\phi} dv = \int_{v(t)} \frac{\partial.\underline{\phi}}{\partial t} dv + \int_{\partial v(t)} \underline{\phi} v_n da - \int_{\sigma(t)} \left\| \underline{\phi} \right\| u_n da \qquad (2.80)$$

bağıntısına yerleştirilir, *v(t)* ve *σ(t)* bölgeleri üzerindeki integralleri bir araya toplanır ve *σ(t)* yüzeyinin u_n normal hızının süreksizlik gösteremeyeceğine dikkat edilirse sonuç olarak,

$$\frac{d}{dt}\int_{v(t)} \underline{\phi}\, dv = \int_{v(t)} \left(\frac{\partial . \underline{\phi}}{\partial t} + \left(\phi v_k\right)_{,k} \right) dv - \int_{\sigma(t)} \left\| U \underline{\phi} \right\| u_n da$$

$$= \int_{v(t)} \left(\frac{d\underline{\phi}}{dt} + \underline{\phi} v_{k,k} \right) dv - \int_{\sigma(t)} \left\| U \underline{\phi} \right\| da$$

GREEN-GAUSS (DİVERJANS) SÜREKSİZLİK DENKLEMİ

(2.81)

elde edilir. Deformasyon içeren bu süreksiz tekillik alanında elektrostatik alanın etkileşimi mikro düzeydeki kütle ve yük etkileşimlerinin bir sonucudur. Manyetik yükün fiziksel olarak tekilik noktası civarı gözlem-lenemediği için, varlığı pratik olarak kanıtlanamasa bile, Elektrik yükünün mevcudiyeti fiziğin temel postülat-larından biridir ve deneysel gözlemlerle kanıtlanmaktadır.

Elektrik akımının varlığı yüklerin hareketinden kaynaklanmaktadır. Modern fiziğe göre, malzeme temel partiküllerin bir bileşimidir ve bu partiküllerden bazıları partiküller arası kuvvetlerle birbirine bağlıyken bazıları da serbestçe hareket edebilirler. Bu temel partiküllerden bazıları kütleye ilaveten yük denilen başka bir özelliğe sahiptir. $e=1.6 \times 10^{-19}$ Coulomb ile ifade edilen elektronik yük, yükün mümkün olan en küçük kısmını temsil etmektedir. Herhangi bir uzaysal hacimde bulunan toplam yük elektronik yükün tam katmanlarından meydana gelmektedir. Bu çalışmada, sürekli ortam hipotezi gereğince yükün sonsuz bir şekilde bölüne-bileceği, ya da incelediğimiz mikro hacim elemanı ne kadar küçük olursa olsun yeterli sayıda yük içerdiği kabul edilecektir.

Maddenin, pozitif ve negatif olarak nitelendirilen iki farklı yük içerdiği düşünülmektedir. Deneysel gözlemler, izole edilmiş bir sistemde toplam yükün korunduğunu ifade eden hipotezi destekler. Sistem içerisinde pozitif bir yük miktarı meydana çıkar ve kaybolursa, buna eşit miktarda negatif yük miktarı açığa çıkar veya kaybolur. Böylece yükün cebirsel toplamı sabit kalır. Yük aynı zamanda serbest veya bağlı olarak da karakterize edilebilir. Serbest elektronlarla taşınan yükler ve bir atomun iç elektron kabuklarında yer alan negatif yükler serbest ve bağlı yüklere örnek olarak verilebilir (*Bu konuda ayrıca bkz: Eringen, 1963; 1972; Eringen ve Maugin, 1990*).

Eğer $V + S$ bölgesinde yük mutlak olarak sürekli ise, bir hacimsel yük yoğunluğu q ve bir yüzeysel yük yoğunluğu w mevcuttur. Böylece $V + S$ bölgesinde yer alan toplam yük aşağıdaki gibi birimsel olarak ifade edilebilir,

$$Q = \int_V q dV + \int_S w da \qquad [q] = \frac{Q}{L^3} \qquad [w] = \frac{Q}{L^2} \tag{2.82}$$

Yüklere sahip partiküller bir dış elektrik alana girdiği zaman yükleri ile orantılı bir şekilde belirli kuvvetlerin etkisi altında kalırlar. Ortamdaki serbest elektronlar bu dış kuvvetlerin etkisi ile harekete geçerler. Pozitif ve negatif yüklü bağlı partiküller ise, birbirlerine göre bağıl bir yer değiştirmeye uğrarlar. Bu şekilde gerinmiş olan malzemenin polarize olduğu kabul edilmektedir. Polarizasyon basit bir şekilde aşağıdaki gibi açıklanmaktadır. Malzeme başlangıçta, çekirdeği $+q_0$ yüküne sahip olan ve çekirdek etrafında hareket eden elektronları eşit miktarda $-q_0$ yüküne sahip olan atomlardan meydana gelmiş bir yapı olarak düşünülmektedir. Bu durumda, yüklerin efektif merkezleri çakışıktır. Malzeme bir elektrik alanın etkisinde kaldığı zaman, pozitif yükler negatif yüklere göre yer değiştirir. Bir V hacminin S yüzeyi boyunca toplam yük transferi,

$$Q = \int_S N q_0 d.da \tag{2.83}$$

şeklinde ifade edilir. Burada N birim hacimde polarize olan atomların sayısı d ise pozitif yüklerin negatif yüklere göre yer değiştirme vektörünü göstermektedir. V deki toplam bağlı yük orjinal olarak sıfır olduğundan, V de kalan toplam polarizasyon yükü Q_p aşağıdaki gibi ifade edilebilir,

$$Q_p = -\int_S N q_0 d.da = -\oint_S P.da = -\int_V \nabla.P dV,$$
$$q_p = -\nabla.P, \qquad burada \qquad P = N q_0 d \tag{2.84}$$

olarak Polarizasyon vektörü olarak bilinir.

LEMMA1- Elektrostatik alan konservatif olduğundan kapalı bir C – eğrisi üzerindeki sirkülasyonu sıfırdır (Faraday Yasasının özel hali):

$$\oint_G E.dx = 0 \qquad (2.85)$$

LEMMA2- Ortamın hacmi içindeki ve σ – süreksizlik yüzeyi üzerindeki serbest elektrik yükleri cismin içindeki ve yüzeydeki elektrik deplasman alanı oluşturur
(Gauss-Coulomb Yasası):

$$\oint_S D.da = \int_V q_f dV + \int_\sigma w_f da$$

$$D = \varepsilon_0 E + P \qquad (2.86)$$

şeklinde tanımlanmakta olup, ε_0 boşluğun elektriksel permitivitesi, *D* ortamın toplam deplasman akımı, *P* ise polarizasyon alanıdır. *P*, birim hacim başına elektrik dipol yoğunluğu olup bünye denklemi ile tayin edilmesi gereken bir alandır. İlerki bölümlerde daha iyi göreceğimiz gibi, bu alan rijid (katı) cisimlerde yalnız elektrik alanına bağlı olarak, şekil değiştirebilen cisimlerde ise aynı zamanda deformasyon alanına, yani bu kez ek bir deplasman akımı manyetik yükler içinde tanımlanacak ve böylece manyetik alana da bağlı olarak ek bir terim daha ortaya çıkacaktır. Bunun önemli maddenin sonucunda, Maxwell denklemlerini geniş-lemeye götüren bu ek terim, yani Genelleştirilmiş Stokes teoremi kullanılarak yukarıdaki ifadenin sol tarafındaki terim aşağıdaki gibi yazılabilir:

$$\int_C E.dx = \int_S n.(\nabla \times E)da + \int_r h.[\![E]\!]ds \qquad (2.87)$$

Genelleştirilmiş Greeen – Gauss Diverjans teoremi kullanılarak 2. postülattaki denklemin sol tarafındaki terim ise aşağıdaki gibi ifade edilmiştir:

$$\int_S D.nda = \int_V (\nabla.D)dV + \int_\sigma n.[\![D]\!]da \quad (2.88)$$

Şimdi bu denklem 1. postülattaki ifadede kullanılarak bilinen usullerle yerelleştirilirse aşağıdaki denklemler yazılabilir:

$$\begin{aligned} &V(t) \quad İçinde; \quad \nabla.D = q_f \\ &\sigma(t) \quad Üzerinde; \quad n.[\![D]\!] = w_f \end{aligned} \quad (2.89)$$

Ayrıca ortam ideal dielektrik kabul edilirse, hacimsel elektrik yük yoğunluğu $q_f = 0$ alınır ve son eşitliklerdeki denklemi tekillik yüzeyinin iç kısmında aşağıdaki gibi ifade edebiliriz:

$$\begin{aligned} &V(t) \quad İçinde; \quad \nabla.D = 0 \\ &V(t) \quad İçinde; \quad \nabla \times E = 0, \quad E = -\nabla\varphi \\ &\sigma(t) \quad Üzerinde; \quad n \times [\![E]\!] = 0 \end{aligned} \quad (2.90)$$

Buradaki φ potansiyel skalerdir ve Elektrostatik potansiyel olarak adlandırılır. φ'nin sonsuzdaki etkisi sıfırdır. Bir dielektrik ortamın lokal durumu kısmen polarizasyonun değeri ile karakterize edilebilir. Polari-zasyon, elektrik alanın bir fonksiyonudur. Böylece elastik bir dielektrik ortamın bağımsız durum değişkenlerinden biri olarak elektrik alan vektörü seçilebilir.

Lineer Momentum Denkliği:

Bu ilke, herhangi bir maddesel cismin toplam lineer momentumunun zamana göre değişme hızının, bu cismin üzerine etkiyen toplam kuvvete eşit olduğunu ifade eder. Sürekli ortamın bir *dm=ρdv* elemanter parçacığının hızı *v* ise elemanter momentum *vdm=ρ vdv* ve *t* anındaki toplam momentum,

$$P(t) = \int_{v(t)} \rho v dv \quad (2.91)$$

olur. Ortamın üzerine etkiyen toplam kuvvet *f* ise bu ilkeye göre,

$$f = \frac{dP}{dt} \quad ise \quad f = \frac{dP}{dt} = \frac{d}{dt}\int_{v(t)} \rho v dv \quad (2.92)$$

eşitliği geçerlidir.

Newton mekaniğinin temel varsayımları uyarınca, *F* yalnız cisme etkiyen dış kuvvetlerin toplamını gösterir. Bu kuvvet genellikle iki parçadan oluşur. Bunlardan biri herhangi bir fiziksel dış alanın madde ile etkileşimi nedeniyle ortamın parçacıklarına etkiyen, ortamda yayılı kütle kuvvetidir. Bu kuvvet cismin birim kütlesi başına *f* yoğunluğuyla verilebilir. Dış kuvvetlerin diğer parçası ortamın çevresiyle yüzeyi aracılığı ile etkileşiminden kaynaklanan, değme kuvveti türünden, yüzeyinde yayılı yüzey kuvvetlerinden oluşur. Bu kuvvet, birim dış normali *n* vektörü olan bir alan elemanına birim alanı başına etkiyen *t(n)* vektörü ile belirlenir. Bu çalışmada sürekli ortam olarak düşünülen, tekillik noktasında maddesel plazma ortamının Piezoelektrik özelliği olan ve elastik davranış gösteren bir malzeme gibi olduğu ve aşırı manyetizasyona sahip olduğu ele alınmıştır. Böylece bir malzemeye etkiyen dış kuvvetlerin toplamını gösteren *f* tanımlamalardan faydalanılarak,

$$f = \int_{v(t)} \left(\rho_m f^B + \rho_e f^E\right) dv + \int_{\partial v(t)} t_{(n)} da \quad (2.93)$$

şeklinde hacim içerisinde tanımlı olmak üzere iki parçaya ayrılarak yazılabilir. Bu denklemdeki *f* üç parçadan oluşur. Bunlardan ilk terimdeki ikisi; ρ_m ve ρ_e elektromanyetik yükleri tarafından oluşturulan f^B birim hacim başına etkiyen manyetik gövdesel (kütlesel) kuvvet ile ikinci terimdeki f^E birim hacim başına etkiyen elektrostatik gövdesel kuvvet yoğunluğu olup;

$$f^{E} = P.\nabla E,$$

$$f^{B} = M.\nabla B \quad (2.94)$$

şeklindedir. Üçüncüsü ise, $t_{(n)}$ şeklinde herhangi bir noktada yönelimi n normal vektörüyle belirlenmiş bir alan elemanına etkiyen gerilme vektörü olup, bu durumda lineer momentum denkliği, aşağıdaki gibi bir *integro-diferansiyel* denklemle kısmi toplam şeklinde ifade edilebilir:

$$\frac{d}{dt}\int_{V(t)} \rho v dv = \int_{v(t)} \left(\rho_m f^{B} + \rho_e f^{E}\right) dv + \oint_{\partial V(t)} n.t da \quad (2.95)$$

şeklinde yazılabilir. Bu durumda Lineer yük-momentum denkliğini alan sabitlerini belirleyen k bileşenini de içerecek şekilde genişletirsek;

$$\frac{d}{dt}\int_{V(t)} \rho v_{\kappa} dv = \int_{v(t)} \left(\rho_m f_{\kappa}^{B} + \rho_e f_{\kappa}^{E}\right) dv + \oint_{\partial V(t)} n_l . t_{lk} da$$

(2.96)

olarak ifade edilir. Bu bağıntının sol tarafındaki ifade yük yoğunluğu $\varphi = \rho\psi$ şeklinde bir potansiyel fonksiyonu olarak alınarak, ψ birim kütle başına herhangi bir alan bileşenini (kütleçekim, elektrik alan veya manyetik alan şeklinde)

$$\frac{d}{dt}\int_{V(t)} \rho\psi dv = \int_{v(t)} \rho\frac{d\psi}{dt} dv - \int_{\sigma(t)} U\rho[\![\psi]\!] da$$

formundaki bir korunumlu yük-momentum bağıntısında **ψ** yerine $\mathbf{v}_{\kappa}$ alınarak aşağıdaki gibi yazılırsa;

$$\frac{d}{dt}\int_{V(t)} \rho v_{\kappa} dv = \int_{v(t)} \rho\frac{dv_{\kappa}}{dt} dv - \int_{\sigma(t)} U\rho[\![v_{\kappa}]\!] da \quad (2.97)$$

ve denkleminin sağ tarafında yer alan yüzey integrali terimi Green – Gauss teoreminden faydalanılarak aşağıdaki gibi yazılabilir:

$$\int_{\partial V(t)} n_l t_{lk} da = \int_{v(t)} t_{lk,l} dv + \int_{\sigma(t)} n_l [\![t_{lk}]\!] da \qquad (2.98)$$

Şimdi, elde ettiğimiz son iki denklem,

$$\frac{d}{dt}\int_{V(t)} \rho v_\kappa dv = \int_{v(t)} \left(\rho_m f_\kappa{}^B + \rho_e f_\kappa{}^E\right) dv + \oint_{\partial V(t)} n_l . t_{lk} da$$

denkleminde yerine yazılıp, eşitliğin sağ tarafındaki ifadeler sol tarafa geçirilirse aşağıdaki denklem elde edilir;

$$\int_{V(t)} \left[\rho \dot{v}_\kappa - t_{lk,l} - \rho_m f_\kappa^B - \rho_e f_\kappa^E\right] dv$$

$$- \int_{\sigma(t)} [\![n_l t_{lk} + \rho v_\kappa U]\!] da = 0 \qquad (2.99)$$

Bu eşitliğinin sağlanabilmesi için integrandların sıfıra eşit olması gerekir. Bu durumda, aşağıdaki ifadeler yazılabilir;

$$V(t) \;\; \textit{İçinde;} \qquad \rho \dot{v}_\kappa = t_{lk,l} + \rho_m f_\kappa^B + \rho_e f_\kappa^E$$

$$\sigma(t) \;\; \textit{Üzerinde;} \qquad [\![n_l t_{lk} + \rho v_\kappa U]\!] = 0$$

ve denklemindeki 1. koşulda belirtilen $\dot{v}$ terimi, tekillik içeren 5. boyutlu sınır-teğet yüzeyin plazma ortamındaki maddesel elektrodinamik yük hareketinin ortalama ivmesi olarak adlandırılır ve bu durumda maddesel türevin tanımından aşağıdaki şekilde ifade edilir:

$$a = \dot{v} = \frac{dv}{dt} = \frac{\partial v}{\partial t} + v.\nabla v \qquad (2.100)$$

İşte bu önemli sonuç, birazdan göreceğimiz gibi, 5-boyutlu elektromanyetik kütleçekim denklemlerinde daha önceki bölümlerde isbat ettiğimiz gibi, özdeş olarak maddesel ortamdaki ivmeli elektrodinamik yapının birleşik bir alan kuvveti yapısında olduğunu toplamsal olarak iki yük bileşeninin, yani 2. bir ek olarak manyetik yük bileşeninin de maddesel plazma ortamında bulunması gerektiğini ortaya koymaktadır ve ilerleyen genişletilmiş dinamik maxwell denklemlerinden de göreceğimiz gibi, bu plazma yüklerinin Newton mekaniğinden Einstein relativitesine ve nihayetinde oradan da 5-boyutlu Einstein-Maxwell dinamik hareket denklemlerine genişletilmesi durumunda, her iki maddesel yük birimi de *v=c* yani ışık hızında titreşen bir birleşik elektromanyetik dalga hareketine dönüşecektir..

III- STATİK ALAN DENKLEMLERİ

Maxwell Denklemiyle verilen (*1*) numaralı $\vec{\nabla}.\vec{G} = -\rho\left(\frac{1}{\varepsilon_g} + \mu_g\right)$ Gravitasyon yasasını integral forma dönüştürürsek, Diverjans Teoreminden;

$$\oiint_S \left(\vec{\nabla}.\vec{G}\right).\hat{n}dS = \oiiint_V \rho\left(\frac{1}{\varepsilon_g} + \mu_g\right)dV$$ olur. (3.1)

Bu ifadedeki, sağ tarafta yer alan Gravitasyonel yük yoğunluğu ifadesinin ne anlama geldiğini biraz düşünürsek; bu yük yoğunluğunu oluşturan V hacmi içindeki bir $m_{iç}$ (iç kütle)'den bahsetmeliyiz. Bu durumda, sağ taraftaki ifade;

$$m_{iç} = \oiiint_V \rho_{Graviton} dV$$

olması gerektiğini Elektro-manyetik Teorideki yük teoreminden,

$$\left(Q_{iç} = \iiint_V \rho_{iletken} dV\right)$$

olduğunu biliyoruz.

Şimdi bu ifadeyi açarsak:

$$\oiiint_V \rho_{Graviton}\left(\frac{1}{\varepsilon_g}+\mu_g\right)dV=\left(\frac{1}{\varepsilon_g}+\mu_g\right)\underbrace{\oiiint_V \rho_{Graviton}dV}_{m_{iç}}$$

$$=\left(\frac{1}{\varepsilon_g}+\mu_g\right).m_{iç}$$ olarak bulunur. (3.2)

Buradaki $m_{iç}$=V hacmi içindeki kütleçekim yükünü (Graviton) oluşturan kütledir. Yani kısacası, her bir gökcisminin merkezinden belli bir yarıçap uzunluğunda alınmış V hacmi içerisindeki toplam yoğunlaşmış ve sıkıştırılmış bir manyetik kütledir. Şimdi Graviton yasasını yeniden düzenlersek;

$$\Rightarrow \oiint_S \frac{|\vec{G}|}{K}dS=m_{iç}\left(\frac{1}{\varepsilon_g}+\mu_g\right)$$

$$\Rightarrow |\vec{G}|.4\pi R^2=K.m_{iç}\left(\frac{1}{\varepsilon_g}+\mu_g\right) \qquad (3.3)$$

$$\Rightarrow \vec{G}=\frac{K\left(\frac{1}{\varepsilon_g}+\mu_g\right)}{4\pi}.\frac{m}{R^2} \qquad (Yeni\ Yerçekimi\ Yasası)$$

elde edilir.

Denklemdeki *K*=*Yeni Evrensel Kütleçekim Tansörü Birim Sabiti-dir.* Eski evrensel çekim sabitini $\left(G=\frac{2}{3}\times 10^{-10}\right)$, $\frac{K\left(\frac{1}{\varepsilon_g}+\mu_g\right)}{4\pi}$ ifadesine eşitlersek;

$$\frac{K\left(\overbrace{\frac{1}{\varepsilon_g}}^{1/1.19\exp 9} + \overbrace{\mu_g}^{\dot{I}hmal}\right)}{4\pi} = \frac{2}{3}\times 10^{-10}$$ ise $K=1$ (N.s²/kg.m)

olarak elde edilir. Yukarıdaki hesaplamadaki ihmal yapılırken, kütleçekim merkezindeki tekillik noktasında $\rho_{Graviton} \rangle\rangle \rho_{Elektron}$ olduğundan dolayı manyetik yük, elektrik yükünden çok büyük olduğu için elektriksel yük yoğunluğu ihmal edilirse;

$$\left|\vec{G}\right| \cong \frac{K\left(\frac{1}{\varepsilon_g} + \mu_g\right)}{4\pi}\frac{M}{R^2} \cong \frac{K}{4\pi\varepsilon_g}\frac{M}{R^2}$$ değerini kullanabiliriz.

(3.4)

Benzer şekilde Coulomb ve Ampere Yasaları için de K_E ve K_B renormalizasyon sabitlerini de bulursak;

Bunun için kuantum mekaniğinden yararlanarak iki Graviton ve iki Elektron dipolü arasındaki Elektrik, Manyetizma ve Kütleçekim Alan vektörlerinin toplam ifadesini yazarsak ve e^- yükü için $q=1{,}6\times10^{-19}$ C, g yükü için $g=66q=10^{-17}$ A-m ve e kütlesi için $m=9\times10^{-31}$ kg olarak bilindiği için atom yörüngesindeki bir e ve g için eşdeğer sicim diyagramlarının etkileşimi gösterilirse;

$$\vec{F}_G = \vec{F}_E + \vec{F}_B = \alpha\vec{E} + \beta\vec{B}$$

vektörel toplamı yazılırsa;

$$\left(\frac{K\left(\frac{1}{\varepsilon_g}+\mu_g\right)m^2}{4\pi R^2}\right)=\left(\frac{K_E Q^2}{4\pi\varepsilon_g R^2}\right)+\left(\frac{K_B\mu_g g^2}{4\pi R^2}\right) \quad (3.5.1)$$

eşitliği elde edilir.

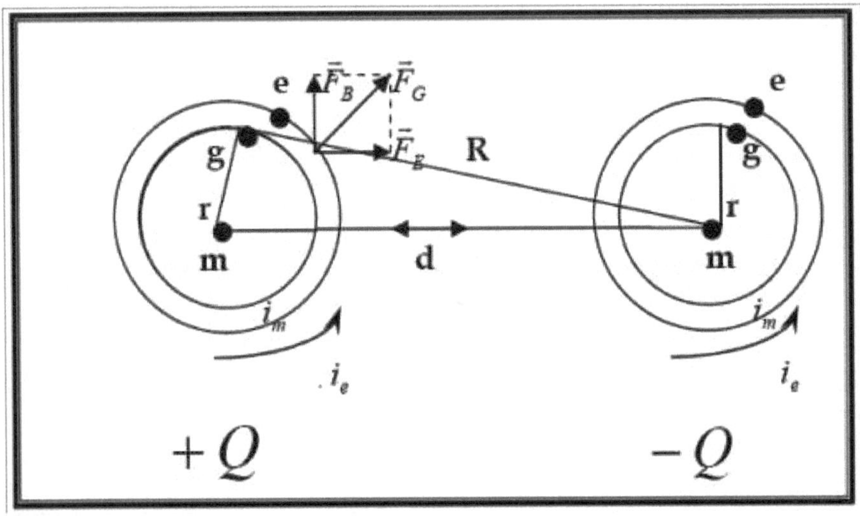

Figure 13: 5. Boyuta ilişkin tekillik yüzeyi civarındaki Atom yörüngesinde dolaşan iki elektron ve iki gravitonun birbirine uyguladığı çekim kuvvetleri (*Ukray, 2007*).

Yalnız burada yukarıdaki dik üçgendeki vektörel toplam alınırken, $R=d+2r$ ve $d\rangle\rangle r$ olduğu düşünülerek $R\cong d$ olarak alınmıştır. Ayrıca, diferansiyel manyetik yük akımı hesaplanırken de,

$m=i.a \Rightarrow dm=\frac{dq}{dt}.\pi r^2 \cong 66Q$ olarak alınmıştır. Alan vektörlerindeki düşey bileşenler simetriden dolayı birbirini götürdüğünden; tüm yükün ve kütlenin merkez-de toplandığını varsayarsak:

$$\left|\vec{F}_G\right| = \left|\vec{F}_E\right| + \left|\vec{F}_B\right|$$ ve $$\frac{\vec{E}}{\vec{B}} = c$$ (ışık hızı) olduğu için,

atom yörüngesindeki teğetsel hız:

$v.tg\theta \cong c$ yaklaşıklığı altında;

$$\frac{\left|\vec{F}_E\right|}{\left|\vec{F}_B\right|} = \frac{Q\vec{E}}{66Qv\vec{B}} = \frac{cQ}{66Qc} = \frac{1}{66}$$

(3.5.2) bağıntıları yazılabilir.

$$\vec{G} = \vec{E} + \vec{B} \Rightarrow \left[\frac{Km\left(\frac{1}{\varepsilon_g} + \mu_g\right)}{4\pi R^2}\right] = \left[\frac{K_E Q}{4\pi\varepsilon_g R^2}\right] + \left[\frac{K_B \mu_g g}{4\pi R^2}\right]$$

$$\Rightarrow \frac{Km}{4\pi\varepsilon_g R^2} + \frac{Km\mu_g}{4\pi R^2} = \frac{K_E Q}{4\pi\varepsilon_g R^2} + \frac{K_B \mu_g g}{4\pi R^2}$$

(3.5.3)

Şimdi elektron için bilinen değerleri kullanarak yukarıdaki (3.5.1) ve (3.5.2) denklemlerini çözersek K_E ve K_B sabitlerini bulmuş oluruz:

Şimdi, yukarıdaki ifadelerdeki, (3.5.3) denkleminde, $\frac{1}{4\pi R^2}$ 'li terimleri elersek yaklaşık olarak şu ifadeyi elde ederiz:

$$K_E = \frac{Km}{Q} \quad ve \quad K_B = \frac{Km}{66Q}$$

(3.5.4) olarak bulunur.

$$\frac{\vec{F}_E}{\vec{F}_B} = \frac{\left[\dfrac{K_E\left(1{,}6\times 10^{-19}\right)^2}{4\pi.8{,}85.10^{-12}R^2}\right]}{\left[\dfrac{K_B 4\pi.10^{-7}\left(10^{-17}\right)^2}{4\pi R^2}\right]} = \frac{1}{66}$$

ifadesinde de $\dfrac{1}{4\pi R^2}$'li terimleri elersek yaklaşık olarak:

$$\frac{K_E}{K_B(66)^2} = \frac{1}{66} \quad \Rightarrow K_E = 66K_B$$

(3.5.5) olarak bulunur.

Şimdi (3.5.3) ve (3.5.4) denklemleri birlikte çözülürse;

$$K_E = 6{,}66\times 10^{-14} \ (N.s^2 / C.m)$$
$$K_B = 1\times 10^{-15} \ (N.s^2 / A.m)$$

olarak hesaplanır. (3.5.6)

Elde ettiğimiz bu renormalizasyon sabitlerinin birbirine yakın değerlerde çıkması ise Kütleçekimi ve elektro-manyetizmanın birbirine yaklaşık olarak uyan ve diğer ayar alanlarını (*SU(1), SU(2)* gibi) da genel anlamda kapsayan iki yeni ayar alanı (*SU(3), SU(4),...*) gibi davrandığını göstermektedir.

NOT: Buradaki elektriksel yük ihmalinin neden yapıldığını düşünebilirsiniz. Bunun basit bir izahı şöyle olacaktır: Manyetizmanın çok yoğun olmadığı fiziksel dünyada elektromanyetik alan bileşenlerine ait statik yük durumundaki katsayıların aşağıdaki gibi çarpım işlemi ilginç bir şekilde elektron yükünün tam katlarına denk gelir. Bu kısım, dirac etkileşiminin bir sonucu olabilir ve gerçekten aşağıdaki hesaplamayı yaptığımızda yaklaşık elektron yükünün 6 katına denk gelir. Bu, bazı elektrostatik denklemlerde yük korunumu veya kuantalanması olarak karşımıza çıkar ki, bu durum elektromanyetizmanın ve korunumlu yüklerin $\mathbf{Q_e}$ ve $\mathbf{Q_m}$'nin kendi iç elektromanyetik yapısı içerisinde süpersimetrik süperdeğişken yükler, yani birinden diğerinin değerinin hesaplanabilmesi özelliğinden kaynaklanır. Örneğin, daha önce manyetik yükün değerini dirac denkleminden yararlanarak yaklaşık elektronun 66 katı kadar olduğunu bulmuştuk. İşte bu durum, karadelik tekilliği gibi bazı özel durumlarda bu süperdeğişim yasasının iç yapısından kaynaklanır ki, *Pertürbasyon, Adyabatik, Akı-Görüntü* gibi klasik veya, *Süpersicim* veya *M kuramı* gibi modern kuramlarda bu özellik ve madde partiküllerinin birbirine değişimi yoluyla hesaplanması yoluna gidilir.

Buna fizikte "**RENORMALİZASYON**" denir ve bizim burada yaptığımız da "**SABİT KATSAYI RE-NORMALİZASYONUDUR**". Şimdi, bu özel koşuldaki herhangi bir atom modelinin elektrostatik yük durumuna denk gelsin. Yine ilginçtir ki, bu özel koşuldaki atom manyetik yüklerin yoğunlaştığı bölgede çokça bulunan demir atomunun elektron dağılımına denk düşecektir. Bilindiği gibi, demirin atom numarası 26'dır ve son yörünge kabuğunda 4+2 şeklinde 6 elektron dolaşır ve demir atomlarının klasik elektrostatik şartlarında etrafındaki elektromanyetik alanın büyük bir kısmını bu dış kabuk elektronları meydana getirir. Bu konu, kuantum mekaniğine girdiği için şimdilik detayına girmeye gerek yok..

Şimdi, yaklaşık olarak tekillik noktası içermeyen tek bir demir atomu için, dirac elektrostatik manyetik moment denkleminden hareketle;

$$\frac{\varepsilon_0.\mu_0}{4\pi} = \frac{8.85\times10^{-12}.12.56\times10^{-7}}{4\pi} \cong 8\times10^{-19} \propto 6e^- \times f^{\pm}\left(\vec{E},\vec{B}\right) \qquad (3.6)$$

olarak yazılsın, yani elektromanyetik alan bileşenleri elektrostatik ortam sabitlerinin çarpımı fiziksel olarak elektronun yük değerinin yaklaşık 6 katı olarak değişsin ve bu elde etmek istediğimiz tekillik çözümü öncesi bir model atom niteliğinde olsun. Şimdi bu durumdan yararlanarak, ε_0, μ_0 cinsinden yazarsak (sağdaki elektriksel yüklerin toplamına sadece elektrik yük varlığında $Q_t = nQ_e$ diyelim); Şimdi yukarıda ele aldığımız 6. ve 7. adyabatik teoremlerinden hareketle bu manyetik tekillik içeren yüklü plazma ortamında, sabit bir kompaktizasyon meydana getiren elektromanyetik kütleçekim alanında J ve M sabit kaldığından;

$$\varepsilon_0(\rho_e) \equiv 4\pi n Q_e \mu_0 f^{\pm}(\vec{E},\vec{B}) \quad (3.7)$$

olarak tanımlansın. Buradaki f fonksiyonu elektro-manyetik birim yük tanımlamaları çerçevesinde birimler arasındaki orantı katsayısını sağlayan herhangi bir diferansiyel birim hacim başına düşen tekillik içeren plazma ortamının elektrostatik gövde (yapı) sabiti olsun. Eşitlik bu durumda, Yani tekillik noktasında yoğunlaşmış olan madde, örneğin dünyanın merkezi için çok yoğun sıcaklık ve basınç altındaki demir (Fe^{+2}) atomlarından oluştuğu için bunun demirin dış kabuğundaki elektro-statik 4-boyutlu uzay-zamandaki atom modeline denk geldiğini ve dış yörüngede toplam altı elektronun (4+2) şeklinde dağıldığını düşünelim. Eğer, şimdi bu modelimizi demir atomlarını tekillik noktası yakınına çektiğimizi düşünelim. Bu durumda, çok yoğun bir sıcaklık ve basınçta demir atomları yüksek bir manyetizasyon kazanacak ve elektrostatik denge elektrik alandan manyetik alana doğru kaymaya başlayacaktır.

Böylece, 5. boyutu ve manyetik yükleri içerecek şekilde elektromanyetik alan katsayılarını da içerecek şekilde modelimizi 5. boyuta, yani bu durumda kütleçekimini de içerecek şekilde genişletirsek ve manyetik yüklere **Q_M** dersek bu durumda dirac eşitliği (***K***, yeni evrensel statik kütleçekim sabitini göstermek üzere) yeniden belirlemek üzere; önceki kısımlarda *LEMMA1* ve *LEMMA2*'den elde ettiğimiz elektrostatik sonuçları manyetik yükleri de içerecek şekilde, bu tekillik yüzeyi üzerindeki tanımlanmış yük ve akım yoğunluklarına ve zamana göre ve alan bileşeni katsayılarını da içerecek şekilde yukarıdaki yük yoğunluğu ifadesini integral ifadesi şeklinde, yukarıda daha önce grafiksel olarak tanımladığımız diferansiyel tekillik yüzey birimi üzerinde Stokes teoreminden yararlanarak açarsak; Şimdi bu manyetik ayna yakınında, yani bu yüzey üzerinde, Elektromanyetik alan bileşenlerine ilişkin Yük yoğunlukları;

$$J = \int_a^b \rho_E v_{//} dv = sabit,$$

$$M = \int_a^b \rho_M v_{||} dv = sabit$$

(3.8)

şeklinde tanımlanmış olsun ve Elektrostatik yük durumunda Green-Gauss (Diverjans) denklemi;

$$\oint p dq = \oint m v_\perp r_L d\theta = 2\pi r_L m v_\perp = 2\pi \frac{m v_\perp^2}{\omega_c} = 4\pi \frac{m}{|q|} \mu$$

$$\frac{d}{dt} \int_{V(t)} \rho v_\kappa dv = \int_{v(t)} \left(\rho_m f_\kappa{}^B + \rho_e f_\kappa{}^E \right) dv + \oint_{\partial V(t)} n_l . t_{lk} da$$

(3.9)

$$\frac{\partial}{\partial t} \oiiint_{\Delta V} \vec{G} K \varepsilon_0 (\underbrace{\rho_E}_{\nabla . D} + \underbrace{\rho_M}_{\nabla . M}) dv$$

$$= \oiint_{\Delta S 0} \vec{\nabla} . (\vec{E} + \vec{B}) 4\pi (K_E + K_B)(n Q_E + m Q_M) \mu_0 ds$$

(3.10)

"MANYETİK EK YÜK AKIMI TERİMİ" EKLENMİŞ GREEN-GAUSS (DİVERJANS) TEOREMİ

şeklinde tanımlanmış olsun. Şimdi, İntegrandların Katsayıları eşitliğinden;

$$\frac{\partial}{\partial_{xyzt}} K \vec{G} \equiv \vec{\nabla}_{xyzt} . (K_E + K_B)(\vec{E} + \vec{B})$$

ve (3.11)

$$\varepsilon_0(\rho_E+\rho_M)\equiv 4\pi(nQ_E+mQ_M)\mu_0 \quad (3.12)$$

olur.

Şimdi, yük yoğunluklarını katsayının dışında bırakarak bulduğumuz bu ifadeyi yeni evrensel kütleçekim sabitini içeren $\vec{G}$ denkleminde yerine koyarsak;

$$\frac{K\mu_0\left(1+\dfrac{1}{4\pi\mu_0^2(nQ_E+mQ_M)}\right)}{4\pi} \quad (3.13)$$

elde edilerek; Şimdi, tekillik noktasında $Q_M \rangle\rangle Q_E$ olduğu için;

$$\frac{K\mu_0\left(1+\dfrac{1}{4\pi\mu_0^2(n\underbrace{Q_E}_{ihmal}+mQ_M)}\right)}{4\pi}\rightarrow\frac{K\mu_0\left(1+\dfrac{1}{4\pi\mu_0^2(mQ_M)}\right)}{4\pi}$$

(3.14)

ve Q_M değeri Q_E yanında aşırı büyük kaldığı için ($Q_M \rangle\rangle Q_E$); $1/Q_M$ değeri de limit durumda 1'in yanında çok küçük kalacağı için; bu terim de ihmal edilebilir ve böylece;

$$\rightarrow\frac{K\mu_0\left(1+\underbrace{\dfrac{1}{4\pi\mu_0^2(mQ_M)}}_{ihmal\,\approx\,0}\right)}{4\pi}$$

ve böylece; (3.15)

$$\frac{K\left(\frac{1}{\varepsilon_0}+\mu_0\right)}{4\pi} \cong \frac{K\mu_0}{4\pi}$$ olur.. (3.16)

Dolayısıyla, tekillik noktasındaki bu özel şartlarda aşırı yük içeren tekil elektromanyetizma yapısı otomatik olarak manyetik monopole indirgenmektedir ki, demir atomlarının çekirdek etrafındaki güçlü manyetik moment etkisi bu mekanizmayı otomatik olarak gerçekleştirir. Örneğin, dünyanın çok yoğun manyetizasyon içeren merkezi demir çekirdeği gibi..

IV- CONCLUSIONS

BİRLEŞİK ALAN TEORİSİ'NİN *"ADYABATİK DEĞİŞMEZ (İNVARİANT)"*, *"AKI-GÖRÜNTÜ TEOREMİ"* ile *"LARMOR TEOREMİ"* & *"LIENARD-WIECHERT POTANSİYELLERİ"*nden Faydalandığı Temel Postülatları

A- BİRLEŞİK ALAN TEORİSİNİN ELEKTROSTATİK KURAMI'NIN FİZİKSEL SONUÇLARI:

Teorem-1: Zamanla değişen B

Son olarak Birleşik alan teorisinde tanımlayacağımız, temel elektrodinamik denklemleri elde etmeden önce, 4-boyutlu uzay-zamanda manyetik alanın zamanla değiştiğini varsayalım. *Lorentz kuvveti* ***v*** hızına daima dik olduğundan yüklü parçacığa erke aktaramaz. Ancak, dış manyetik alanla ilişkili olan bir elektrik alan bulunur:

$$\nabla \times \boldsymbol{E} = -\dot{\boldsymbol{B}} \quad (4.1)$$

Bu elektrik alan yüklü parçacıkları ivmelendirebilir. Artık ***E*** ve ***B*** dış alanlarının tekdüze olduğu varsayımını bırakıyoruz. $\boldsymbol{v}_\perp = d\boldsymbol{l} / dt$ dikine hızı göstersin. ***l***, parçacığın yörüngesi boyunca alınmış olan bir uzunluk öğesi olsun (*bu incelemede* $v_{//}$ *boşlanacaktır*).

Yalnızca elektrik alanın etkisi altındaki bir yüklü parçacığın devinim eşitliğinin dik bileşeninin her iki yanını $\boldsymbol{v}_\perp$ ile *skaler* olarak çarpalım:

$$\frac{d}{dt}\left(\frac{1}{2} m v_\perp^2\right) = q\boldsymbol{E}.\boldsymbol{v}_\perp = q\boldsymbol{E}.\frac{d\boldsymbol{l}}{dt} \quad (4.2)$$

Larmor teoremine göre, Bir *Larmor yörüngesi* boyunca gerçekleşen değişikliği hesaplamak için bir *Larmor dönemi* boyunca integral almalıyız:

$$\delta\left(\frac{1}{2} m v_\perp^2\right) = \int_0^{2\pi/\omega_c} q\boldsymbol{E}.\frac{d\boldsymbol{l}}{dt} dt \quad (4.3)$$

Eğer manyetik alandaki değişim olabildiğince yavaşsa, zaman integrali yerine, tedirgin edilmemiş yörünge boyunca çizgi integrali alınabilir:

$$\delta\left(\frac{1}{2} m v_\perp^2\right) = \oint q\boldsymbol{E}.d\boldsymbol{l} = q\int_S (\nabla \times \boldsymbol{E}).d\boldsymbol{S} = -q\int_S \dot{\boldsymbol{B}}.d\boldsymbol{S} \quad (4.4)$$

Burada ***S*** *Larmor yörüngesi'nin* kapattığı yüzeydir. Yüzeyin yönü, sağ elin dört parmağı ***v*** hız vektörünün yönünde olmak üzere baş parmakca belirlenir. Plazmanın *diamanyetizmi* nedeniyle, ***B****.d**S*** iyonlar için negatif ($\boldsymbol{B}.d\boldsymbol{S}<0$), elektronlar içinse pozitiftir ($\boldsymbol{B}.d\boldsymbol{S}>0$). Bu durumda yukarıdaki eşitlik aşağıdaki gibi yazılabilir:

$$\delta\left(\frac{1}{2}mv_\perp^2\right)=\pm q\dot{B}\pi r_L^2$$

$$=\pm q\pi\dot{B}\frac{v_\perp^2}{\omega_c}\frac{m}{\pm qB}=\frac{\frac{1}{2}mv_\perp^2}{B}\frac{2\pi\dot{B}}{\omega_c} \quad (4.5)$$

$$\frac{2\pi\dot{B}}{\omega_c}=\frac{\dot{B}}{f_c} \quad (4.6)$$

niceliği bir *Larmor dönemi* süresinde manyetik alandaki değişimi, δB, simgeler. Böylece,

$$\delta\left(\frac{1}{2}mv_\perp^2\right)=\mu\,\delta B \quad (4.7)$$

olarak yazılabilir. Bu eşitliğin sol tarafı $\delta(\mu B)$ ye eşittir; bu durum bizi aşağıdaki önemli sonuca taşır:

$$\delta\mu = 0 \quad (4.8)$$

Teorem-2: Zaman değişimi olabildiğince yavaş olan manyetik alanlarda manyetik moment değişmezdir (invarianttır).

B manyetik alanının yeğinliği artar ve azalırken *Larmor yarıçapı* da büyür ve küçülür. Bu değişikliklere bağlı olarak parçacığın dikine erkesi de değişir. Parçacık ile manyetik alan arasındaki bu erke alış verişini $\delta\left(\frac{1}{2}mv_\perp^2\right)=\mu\,\delta B$ eşitliği betimler. *μ manyetik momentinin değişmezliği* aşağıda sunulacak olan bir teoremi kanıtlamamızda yardımcı olacaktır.

Teorem-3: Bir Larmor yörüngesi içinden geçen manyetik akı sabittir.

Φ manyetik akısı *BS* ile verilir. Burada $S = \pi r^2_L$ dir. Böylece,

$$\Phi = B\pi \frac{v_\perp^2}{\omega_c^2} = B\pi \frac{v_\perp^2 m^2}{q^2 B^2} = \frac{2\pi m}{q^2} \frac{\frac{1}{2} m v_\perp^2}{B} = \frac{2\pi m}{q^2} \mu \qquad (4.9)$$

Yukarıdaki bağıntıdan da açıkça görüldüğü gibi, eğer μ sabitse Φ de sabittir.

Plazmanın bu özelliğini kullanarak plazmanın ısıtılması gerçekleştirilir. Yönteme *adyabatik sıkıştırma (adiabatic compression)* denir. Aşağıda verilen şekil *adyabatik sıkıştırmanın* nasıl gerçekleştirildiğini gösterir. Başlangıçta plazma *A* ve *B* ile gösterilen manyetik aynalar arasına gönderilir. Daha sonra *A* ve *B coillerine* atmalar uygulayarak ***B*** manyetik alanının ve ona bağlı olarak da $v^2_\perp$'nin yükseltilmesi sağlanır. Böylece ısıtılan plazma, *A* noktasında gerçekleştirilen ek bir atma (*pulse*) ile C - *D* bölgesine aktarılır. *C - D* bölgesinde ayna oranı yükseltilmiştir (*Bkz: Yandaki Figure - 14*). Bazen üçüncü aşama da uygulanır. Yani, *C - D* bölgesindeki plazma, ayna oranı daha yüksek olan üçüncü bir bölgeye aktarılabilir. *Livermore California*'daki *Lawrence Radiation Laboratuvarında* bu tür aygıtlar başarılı bir biçimde kullanılmaktadır.

Teorem- 4: Adyabatik değişmezler.

Klasik mekanik bağlamında tanımlanmış olan etki integralini anımsayalım: $\oint pdq$. Dönemsel devinim içinde bulunan dinamik dizgelerde, bir dönem boyunca alınan bu integral devinim sabitidir. *p* ve *q* devinim boyunca yinelenen genelleştirilmiş momentum ve konsayılardır. Dizgeye uygulanan bir yavaş değişikliğin dönemsel devinimi bozduğunu düşünelim. Bu durumda devinim sabiti değişmez ancak yeni adıyla, *adyabatik değişmez* olarak anılır. "*Yavaş*" (slowly) sözcüğü, devinimin dönemiyle kıyaslandığında değişimin zaman ölçeğinin daha uzun olduğunu aşamalı bir şekilde anlatır.

Böylece, $\oint p\,dq$ integrali artık kapalı bir yörünge boyunca alınan integral olmaktan çıkmış olsa da, iyi tanımlanmış bir integraldir. *Adyabatik değişmezler* plazma fiziğinin önemli kavramlarıdır. Bu kavramlar yardımıyla çok karmaşık fiziksel süreçlere basit yanıtlar getirebiliriz. Herbiri değişik dönemsel devinime karşılık gelmek üzere üç *adyabatik değişmez* vardır.

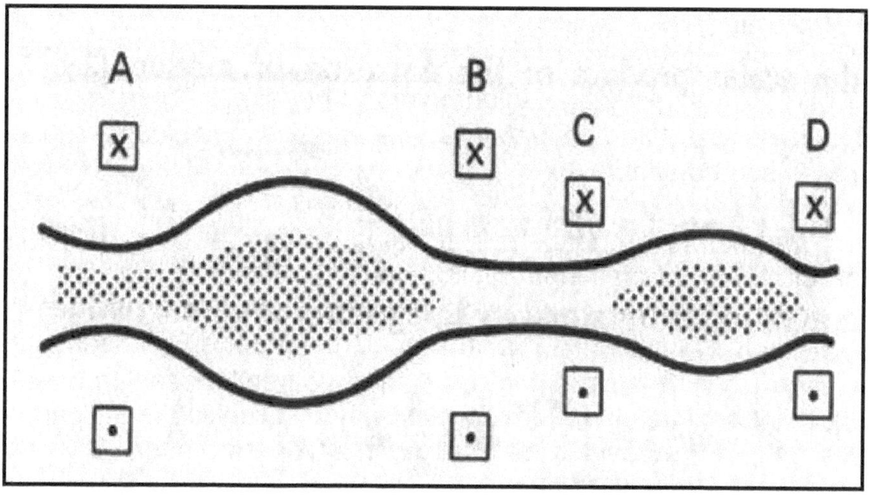

Figure 14: *İki aşamalı plazma adyabatik sıkıştırma aygıtının çizgesi (F.F. Chen, 1974).*

Teorem-5: Birinci adyabatik değişmez, µ

$\mu = \frac{\frac{1}{2} m v_\perp^2}{B}$ niceliğiyle daha önce tanışmıştık. *Manyetik moment* olarak tanımlanan bu nicelik, uzay ve zaman değişimleri olabildiğince yavaş olan manyetik alanlar içinde *değişmezliğini* korur. *Birinci adyabatik değişmezle* ilişkili olan çevrimsel devinim *Larmor* devinimidir. Eğer *p* yerine açısal momentumu, $mv_\perp r$, *dq* yerine de $d\theta$ konsayısını yazarsak, etki integrali aşağı-daki biçimine bürünür:

$$\oint p\,dq = \oint m v_\perp r_L \; d\theta = 2\pi r_L m v_\perp = 2\pi \frac{m v_\perp^2}{\omega_c} = 4\pi \frac{m}{|q|} \mu$$

(4.10)

Buradan şu sonuç çıkar: *m/q* değeri değişmedikçe μ devinim sabiti olarak kalır. Yukarıdaki incelemede μ niceliğinin değişmezliğini kanıtlarken $\omega/\omega_c << 1$ olduğunu varsaymıştık; burada ω, parçacığın **B** alanında "gördüğü" değişim oranıdır. $\omega/\omega_c \lesssim 1$ koşulu altında bile μ *manyetik momentinin değişmezliğine* ilişkin kanıtlar bulunmaktadır. Kuramcıların diliyle konuşacak olursak, "μ *manyetik momenti,* ω/ω_c seriye açılımının kaçıncı dereceden olursa olsun tüm terimleri için değişmezdir". Bu tümce, μ *manyetik momentinin* bir *Larmor dönemi* süresince **B** manyetik alanından daha sabit olduğunu anlatır.

Eğer, $\omega/\omega_c \lesssim 1$ koşulu sağlanmıyorsa, *adyabatik değiş-mezden* söz edemeyiz. Şimdi *adyabatik değişmezliğin* bozulduğu iki durumdan söz edelim.

(a) Manyetik pompalama. Plazmayı tuzaklamak için geliştirilmiş olan bir ayna geometrisinde **B** manyetik alanının yeğinliği sinüsoidal olarak değişiyorsa, parçacığın dikine hız bileşeninin genliği titreşim yapacaktır; ancak uzun erimde parçacık erke kazanamayacaktır. Eğer çarpışmalı bir plazmadan söz ediyorsak, μ nün değişmezliği bozulacak ve plazma ısıtılacaktır. Özellikle, eğer parçacık sıkıştırılma evresinde bir başka parçacıkla çarpışırsa, **B** ye dik yöndeki erkesinin bir bölümünü $v_{//}$ bileşenine aktarır ve aktarılan bu erke genişleme evresinde $v_\perp$ 'e geri dönmez.

(b) Cyclotron ısıtılması. *B* alanının ω_c frekansıyla titreştiğini düşünelim. *B* deki değişimin ortaya çıkardığı indüksiyon elektrik alanı, parçacıklardan bazılarıyla aynı evrede dönecektir. Böylece elektrik alan parçacıkların *Larmor devinimini* sürekli ivmelendirecektir. $\omega/\omega_c<<1$ koşulu bozulmuş, μ değişmezliğini yitirmiş ve plazma ısıtılmış olur.

Teorem- 6: İkinci adyabatik değişmez, J

İki manyetik ayna arasında tuzaklanmış olan bir yüklü parçacığı düşünelim. Bu parçacık, iki "ayna" arasında "yansıma frekansında" ileri geri dönemsel devinim yapar. Bu devinimin sabiti, $\oint mv_{//}\,ds$ ile verilir. Burada *ds, güdücü özeğin* manyetik alan çizgileri boyunca izlediği yolun birim öğesidir. Ancak, *güdücü özek* manyetik alan çizgilerine dik yönde sürüklendiğinden devinimi tam anlamıyla dönemsel değildir; bu nedenle devinim sabiti *adyabatik değişmeze* dönüşür. Buna *boylamsal adyabatik değişmez, J,* denir. *J,* manyetik aynalar arasındaki yarı dönem boyunca tanımlanmıştır (*Bkz: Aşağıdaki şekil*):

$$J = \int_a^b v_{//}\, ds \qquad (4.11)$$

Şimdi, zamanla değişmeyen ancak uzayda değişen bir manyetik alan içinde *J* niceliğinin değişmezliğini kanıtlayalım: bu sonuç, yavaş değişen manyetik alanlar için de doğrudur. Uzunca sürecek olan kanıtlama işine girişmeden önce *J*'nin değişmezliğiyle ilgili yararlı bir teoreme değinelim. Yer'in yakın komşuluğunda yapılan çok sayıdaki uydu deneyleri, yüklü parçacıkların Yer'in ayna türü manyetik alanı içinde tuzaklandığını göstermiştir. Bu parçacıklar, Yer'in çevresinde boylamlar boyunca sürüklenmeye uğrarlar (*Bkz: Aşağıdaki şekil*). Eğer manyetik alan kusursuz bir bakışıklığa sahip olsaydı, sürüklenen parçacıklar eninde sonunda aynı kuvvet çizgisine döneceklerdi.

Ancak, Yer'in manyetik alanı güneş rüzgarı ve daha birçok değişik etkinin altında kusursuz bakışıklığını yitirmiştir. Bu durumda, herhangi bir parçacık başlangıçtaki kuvvet çizgisine dönebilir mi?

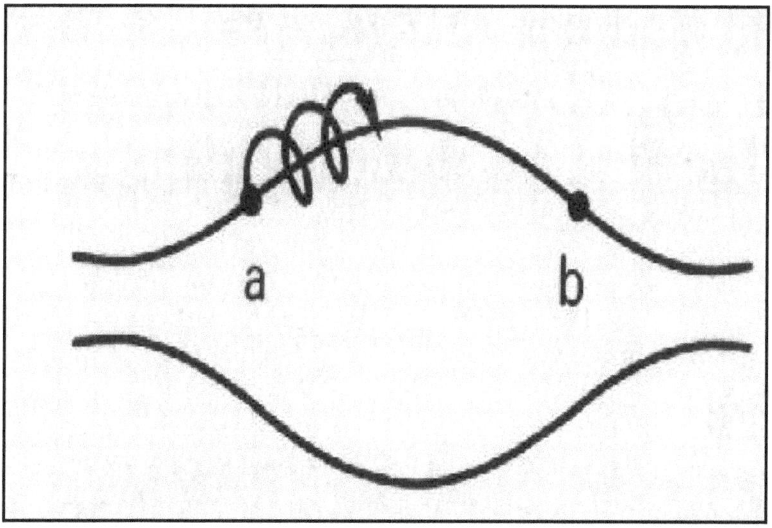

Figure 15: Bir manyetik ayna geometrisinde a ve b ayna noktaları arasında yansıyan parçacık *(F.F. Chen, 1974).*

Parçacığın erkesi korunduğundan ve manyetik ayna noktalarında $mv_{\perp}^{2}/2$'ye eşit olduğundan, μ'nün değişmezliği, $|B|$'nin ayna noktalarında aynı değere sahip olduğuna işaret eder. Ancak, bir dizi sürüklenmeden sonra kendini aynı boylamda bulan parçacık başka bir kuvvet çizgisi üzerinde ve değişik yükseklikte bulunabilir. Eğer *J* korunursa bu senaryo gerçekleşmez.

J'nin değişmezliğini kanıtlamak için önce $v_{//}\,\delta s$'nin değişmezliğini inceleyelim. Burada δs, **B** boyunca alınan yol uzunluğudur (Bkz: Aşağıdaki şekil). δs üzerinde bulunan bir parçacık, *güdücü özeği* sürüklenmeye uğradığından, Δt süresi sonunda kendisini $\delta s'$ üzerinde bulacaktır. $\delta s'$ yol öğesinin uzunluğu, $\delta s'$ nin uç noktalarından **B** ye çizilen dik düzlemlerle belirlenir. $\delta s'$ nin uzunluğu eğrilik yarıçapıyla orantılıdır:

$$\frac{\delta s}{R_c} = \frac{\delta s'}{R_c'} \qquad (4.12)$$

Bu orantıdan yola çıkarak aşağıdaki bağıntıyı yazabiliriz:

$$\frac{\delta s' - \delta s}{\Delta t\,\delta s} = \frac{R_c' - R_c}{\Delta t\,R_c} \qquad (4.13)$$

Fakat, *Güdücü özeğin (Eğrilik tansörü)* hızının göreli durumdaki "dikine" bileşeni aşağıdaki gibidir:

$$\boldsymbol{v}_{gö} \cdot \frac{\boldsymbol{R}_c}{R_c} = \frac{R_c' - R_c}{\Delta t} \qquad (4.14)$$

$$\delta\left(\frac{1}{2}mv_{\perp}^{2}\right) = \pm\, q\dot{B}\pi r_L^2 = \pm\, q\pi\dot{B}\,\frac{v_{\perp}^{2}}{\omega_c}\,\frac{m}{\pm qB} = \frac{\frac{1}{2}mv_{\perp}^{2}}{B}\,\frac{2\pi\dot{B}}{\omega_c}$$

(4.15)

eşitliğinden yola çıkarak, **göreli** durumda ***güdücü özeğin*** hız vektörünü,

$$\boldsymbol{v}_{gö} = \boldsymbol{v}_{\nabla B} + \boldsymbol{v}_R = \pm\frac{1}{2}v_\perp r_L\frac{\boldsymbol{B}\times\nabla\boldsymbol{B}}{B^2} + \frac{mv_{//}^2}{qB^2}\frac{\boldsymbol{R}_c\times\boldsymbol{B}}{R_c^2} \quad (4.16)$$

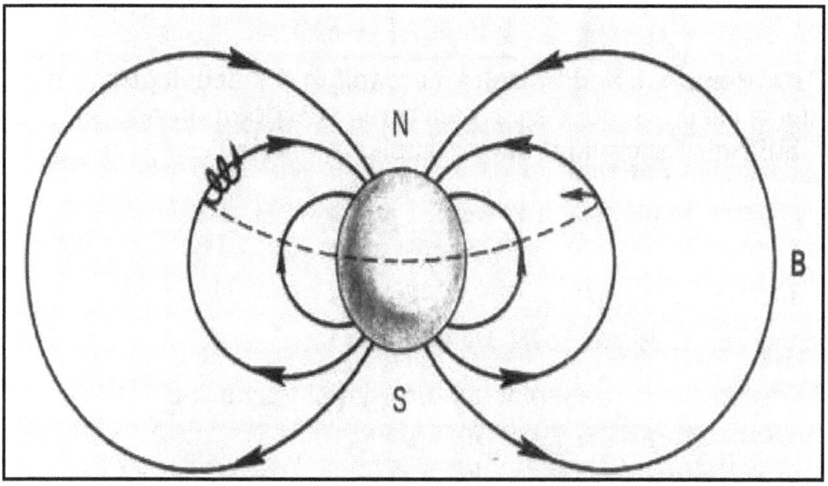

Figure 16: Yüklü parçacığın boylamlara dik yönde sürüklenmesi *(F.F. Chen, 1974).*

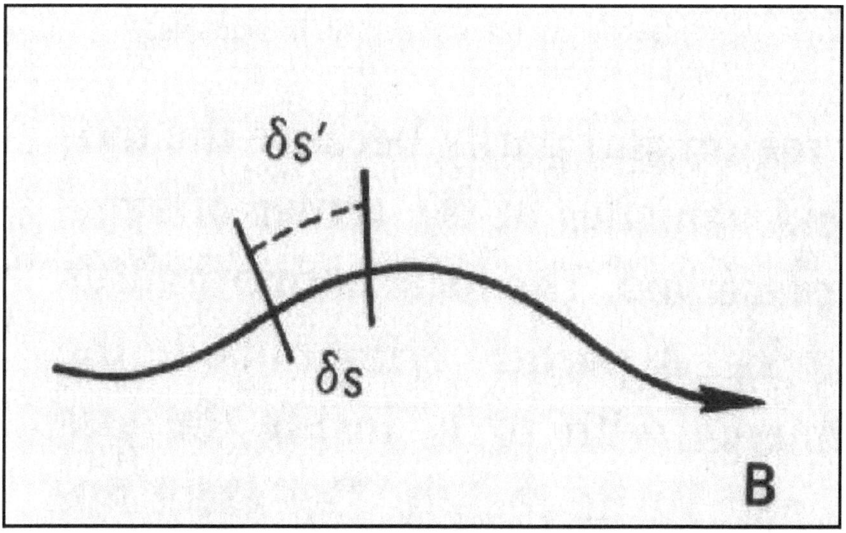

Figure 17: J'nin değişmezliğinin kanıtlanmasında kullanılan çizge *(F.F. Chen, 1974).*

şeklinde yazarız ve dikkat edersek bu eşitliğin ikinci teriminin $\boldsymbol{R}_c$ boyunca bileşeni yoktur. Böylece son yazdığımız üç eşitliği kullanarak güdücü özeğin dikine hız bileşenini aşağıdaki gibi yazabiliriz:

$$\frac{1}{\delta s}\frac{d}{dt}\delta s = \boldsymbol{v}_{g\breve{s}}.\frac{\boldsymbol{R}_c}{R_c^2} = \frac{1}{2}\frac{m}{q}\frac{v_\perp^2}{B^3}(\boldsymbol{B}\times\nabla B).\frac{\boldsymbol{R}_c}{R_c^2} \quad (4.17)$$

Yukarıda tanımlanan nicelik, parçacığın δs uzunluğunda gördüğü değişikliktir. Şimdi de parçacığın $v_{//}$'de gördüğü değişiklik oranını bulalım. Parçacığın koşut ve dikine erkeleri aşağıdaki gibi tanımlanmıştır:

$$W \equiv \frac{1}{2}mv_{//}^2 + \frac{1}{2}mv_\perp^2 = \frac{1}{2}mv_{//}^2 + \mu B \equiv W_{//} + W_\perp \quad (4.18)$$

Bu durumda $v_{//}$ bileşenini aşağıdaki gibi yazabiliriz:

$$v_{//} = \sqrt{\left[\left(\frac{2}{m}\right)(W-\mu B)\right]} \quad (4.19)$$

Burada W ve μ sabittir; yalnızca B değişir. Bu nedenle,

$$\frac{\dot{v}_{//}}{v_{//}} = -\frac{1}{2}\frac{\mu\dot{B}}{W-\mu B} = -\frac{1}{2}\frac{\mu\dot{B}}{W_{//}} = -\frac{\mu\dot{B}}{mv_{//}^2} \quad (4.20)$$

Yukarıdaki eşitlikte manyetik alanın zaman değişimi söz konusudur. Bu değişimi,

$$\dot{B} = \frac{dB}{d\boldsymbol{r}}.\frac{d\boldsymbol{r}}{dt} = \boldsymbol{v}_{g\ddot{o}}.\nabla\dot{B} = \frac{mv_{//}^2}{q}\frac{\boldsymbol{R}_c\times\boldsymbol{B}}{R_c^2B^2}.\nabla B \quad (4.21)$$

olarak yazabiliriz. Bu durumda eşitlik yeni biçimiyle,

$$\frac{\dot{v}_{//}}{v_{//}} = -\frac{\mu}{q}\frac{(\boldsymbol{R}_c \times \boldsymbol{B}).\nabla \boldsymbol{B}}{R_c^2 B^2} = -\frac{1}{2}\frac{\mu v_\perp^2}{q\, B}\frac{(\boldsymbol{B} \times \nabla \boldsymbol{B}).\boldsymbol{R}_c}{R_c^2 B^2} \qquad (4.22)$$

$v_{//}\delta s$ deki küçük (diferansiyel) değişiklik,

$$\frac{1}{v_{//}\,\delta s}\frac{d}{dt}\left(v_{//}\,\delta s\right) = \frac{1}{\delta s}\frac{d\delta s}{dt} + \frac{1}{v_{//}}\frac{dv_{//}}{dt} \qquad (4.23)$$

olarak yazılabilir.

Böylece,

$$\frac{1}{\delta s}\frac{d}{dt}\delta s = \boldsymbol{v}_{gö}\,.\frac{\boldsymbol{R}_c}{R_c^2} = \frac{1}{2}\frac{m}{q}\frac{v_\perp^2}{B^3}(\boldsymbol{B} \times \nabla B)\,.\frac{\boldsymbol{R}_c}{R_c^2}$$ ve

$$\frac{\dot{v}_{//}}{v_{//}} = -\frac{\mu}{q}\frac{(\boldsymbol{R}_c \times \boldsymbol{B}).\nabla \boldsymbol{B}}{R_c^2 B^2} = -\frac{1}{2}\frac{\mu v_\perp^2}{q\, B}\frac{(\boldsymbol{B} \times \nabla \boldsymbol{B}).\boldsymbol{R}_c}{R_c^2 B^2}$$

eşitliklerini birlikte ele aldığımızda,

$$\frac{1}{v_{//}\delta s}\frac{d}{dt}\left(v_{//}\delta s\right) = \frac{1}{\delta s}\frac{d\delta s}{dt} + \frac{1}{v_{//}}\frac{dv_{//}}{dt}$$ eşitliğindeki terimlerin birbirini sıfırladığını görürüz. Bu durumda, diferansiyel bir sabit hacim-akı bölgesinde;

$$\boldsymbol{v_{//}\,\delta s = sabit} \; (4.24)$$

olduğu görülür. Aslında son bağıntıya bakarak ***J=sabit*** sonucunu çıkaramayız. $v_{//}\delta s$ niceliğinin manyetik ayna noktaları arasında integralini alırsak, $\delta s'$ üzerindeki 5. boyut doğrultusundaki manyetik ayna (4-boyutlu uzay-zamana kodlanan holografi noktaları) dik kesen düzlemlerin kesim noktalarıyla çakışmayabilir. Bununla birlikte, böylesi bir uyuşmazlıktan kaynaklanan ***J yanılgısı boşlanabilecek denli küçüktür***, çünkü manyetik ayna noktaları yakınlarında *v* hızı hemen hemen sıfırdır. Manyetik ayna civarındaki bu sabit akı sonuçları, ilerki birleşik alan isbatlarımızda 5. boyut doğrultusundaki kütleçekimsel mercek etkisi yoğunlaş-masının dayanak noktasını oluşturan önemli bir sonuçtur.

Sonuç olarak,

$$J = \int_a^b v_{//} ds = sabit \qquad (4.25)$$

olduğunu kanıtlamış olduk.

J değişmezinin bozulmasına tipik bir örnek olarak *manyetik pompalamayı* gösterebiliriz. Şimdi bir manyetik ayna dizgesinin *coillerine* titreşimsel bir akım uyguladığımızı düşünelim. Bu düzenekte manyetik ayna noktaları birbirlerine doğru, parçacığın yansıma frekansında, yaklaşıp uzaklaşırlar. Eğer parçacığın yansıma frekansı, aynaların gidip gelme frekansına denkse, parçacık daima yaklaşan manyetik aynalar görecek ve $v_{//}$ bileşenini arttıracaktır. Bu durumda *J* korunmaz; çünkü ***B*** manyetik alanındaki değişimin zaman ölçeği, parçacığın yansıma frekansından küçük değildir.

Teorem- 7: Üçüncü adyabatik değişmez , Φ

Bu adyabatik değişmez, parçacığın güdücü özeğinin sürüklenmesinin üçüncü bir dönemsel devinime neden olacağını gösterir. Bu dönemsel devinimle ilişkili adyabatik değişmez, sürüklenme yüzeyinin içinde kalan toplam manyetik akıdır. ***B*** yavaşça değiştikçe parçacık belli bir kapalı yüzey üzerindeki konumunu korur. Bu yüzeyin içinden geçen toplam manyetik alan çizgi sayısı sabittir. Üçüncü adyabatik değişmezin korunumu ilkesi bozulursa, parçacıklar manyetik küreden özekteki gökcismine doğru *dikine sızma (radial diffusion)* gösterirler.

Teorem- 8: Yapay Işınım Kuşakları ve Dünyanın Manyetik Alanı

Çiftuçay (*dipole*) manyetik alana sahip gök cisimlerinin manyetikküreleri ışınım kuşakları içerir. Yer ve Jüpiter'in ışınım kuşaklarına sahip olduğu uydularla yapılan yerinde ölçümlerle saptanmıştır. Bu ışınım kuşakları, gezegenlerin manyetik alanlarıyla etkileşen kozmik kökenli parçacıklardır.

Yer'in manyetik alanının kaynağını tam olarak anlayabilmiş değiliz, ancak, Yer'in kendi dönme ekseni çevresinde dönmesine bağlı olarak Yer'in özeğindeki sıvı mağmada akımlar ortaya çıkar. Sıcak sıvı mağmada madde iyonlaşmış akışkan durumunda olduğundan plazma özellikleri sergiler. Diğer bir deyişle, kapalı devrelerde dolanan plazma akımları manyetik alan üretir ($\mu \boldsymbol{J} = \nabla \times \boldsymbol{B}$). Yer'in manyetik alan geometrisi ayrıntılarına dek incelenmiştir. Bu manyetik alanı dev bir çiftuçaya (dipole) benzetebiliriz. Yer'in dönme ekseniyle manyetik eksen arasında $11^0.5$ lik bir açı vardır. İşte bu önemli sonuçtan dolayı, Çiftuçayın özeği Yer'in özeğinden *400 km* denli kaymış durumdadır. Bu nedenle, Yer'de yüksek coğrafi enlemlere doğru gidildikçe manyetik alan yeğinliğinde artışlar gözlenir.

Aşağıdaki şekillerde gösterildiği gibi, Çiftuçay manyetik alanın kuvvet çizgileri Yer'in yakın komşuluğunda bir *manyetikkürenin* oluşmasını sağlar. Manyetikküre, güneş rüzgarının uyguladığı basınçla bozulmaya uğrar. Manyetikkürenin gündüz tarafı basık, gece tarafıysa gerilmiş biçimdedir. Gündüz tarafının Yer'e olan uzaklığını, manyetikkürenin manyetik basıncıyla güneş rüzgarının plazma basıncı arasındaki hidrodinamik denge koşulu belirler. Bu bölgeye "*manyetopoz*" denir. Yer manyetik alanının $B \sim B_0 / L^3$ yasasına uygun olarak değiştiğini varsayarsak, *manyetopozun* yeryüzüne olan uzaklığı $L=(10\text{-}12)^x R_{Yer}$ denlidir. Burada, B_0 manyetik alanın yeryüzeyindeki yeğinliğidir; B, L uzaklığındaki manyetik alan değeri; L de R_{Yer} cinsinden uzaklıktır.

Yer'in ışınım kuşaklarında tuzaklanmış olan elektrik yüklü parçacıkların erkeleri *100keV-100MeV* aralığında değişmektedir. Bu parçacıkların büyük çoğunluğu *1-10 MeV* erke aralıklarında bulunur.

Yer'in ışınım kuşakları *1958* yılında *Van Allen* ve *Vernov* tarafından bulunmuştur. Bu yıllarda fırlatılan ilk Sovyet ve Amerikan uyduları Yer'in ışınım kuşaklarını *serendip* olarak bulmuştur. Kozmik ışınların araştırılması amacıyla tasarlanmış olan bu uydularda *Geiger sayıcıları* bulunuyordu. O günlere dek yapılan balon ve meteoroloji roket gözlemlerinde bulunan *Geiger sayıcıları* Yer'den *100 km* yüksekliklere dek kozmik ışın yeğinlik değişimlerini en ince ayrıntısına değin saptamıştı. Balon ve roket gözlemlerinde, Yer atmosferinin koruyucu etkisinin azalmasına bağlı olarak kozmik ışın yeğinliğinin yükseklikle hızla arttığı sonra belli bir sabit değere ulaştığı gözlendi.

Uydular fırlatılmadan önce balon sonuçlarına benzer bir yeğinlik dağılımı bekleniyordu. Çünkü balonlardan daha yükseklere çıkan uyduların sözü edilen sabit kozmik ışın akısını ölçeceği sanılıyordu. Ancak uydulardaki *Geiger sayıcıları* kozmik ışın akısında ani artışlar gösterdi. Uyduların ölçtüğü akı balonlarınkinin 10^4 katına dek çıkıyordu. Önce ne olduğu anlaşılamadı. Daha sonra, uydunun yörüngesi bilindiğinden, kozmik ışın akısının zaman değişimi, kolaylıkla, ışınım akısının coğrafi konsayılarla değişimine çevrildi. Böylece Yer çevresinde halka biçiminde oluşmuş olan ışınım kuşaklarının varlığı sergilenmiş oldu. Uydunun ışınım kuşaklarına girmesiyle akıda artış, çıkmasıyla da azalış algılanıyordu. Uydulara konuşlandırılmış olan *Geiger sayıcılarının* pencereleri önüne yerleştirilen değişik kalınlıktaki süzgeçlerle ışınım kuşaklarındaki parçacıkların erke düzeyleri ölçüldü.

Aşağıdaki şekilde Amerikan uydularının ölçüm sonuçları gösterilmektedir. *A* grafiği Atlantik okyanusu üzerinde, *B* grafiği de Pasifik Okyanusu (Singapur) üzerindeki ölçüm sonuçlarını göstermektedir. *A* ve *B* grafiklerinin değişik yükseklikler göstermesinin nedeni, manyetik eksenin dönme ekseniyle $11^0.5$ derecelik açı yapması nedeniyle ortaya çıkan bakışıksızlıktır (asimetri).

İç ışınım kuşağının biçimi ve fiziksel parametreleri dış ışınım kuşağınınkine kıyasla daha kararlıdır. Değişik zamanlarda yapılan uydu ölçümleri iç ışınım kuşağının biçim ve parametrelerinin aşağı yukarı aynı olduğunu göstermiştir. Dış ışınım kuşağının biçim ve parametreleriyse zamanla değişmektedir.

Uyduların yaptığı yerinde ölçüm sonuçları iki ışınım kuşağının varlığını göstermiştir. Yer'e yakın olan *iç ışınım kuşağı,* uzak olana da *dış ışınım kuşağı* denir. İç ışınım kuşağının sınırlarının yeryüzüne olan uzaklıkları, *1000 km* ve *4500 km* dir. Dış ışınım kuşağındaki parçacıkların erkeleri daha yüksektir. Bu bölgenin sınırları da $L{\sim}3\ R_{Yer}$ ve $L{\sim}5\ R_{Yer}$ arasındadır

[Bkz: Aşağıdaki Şekil -18 ve -19].

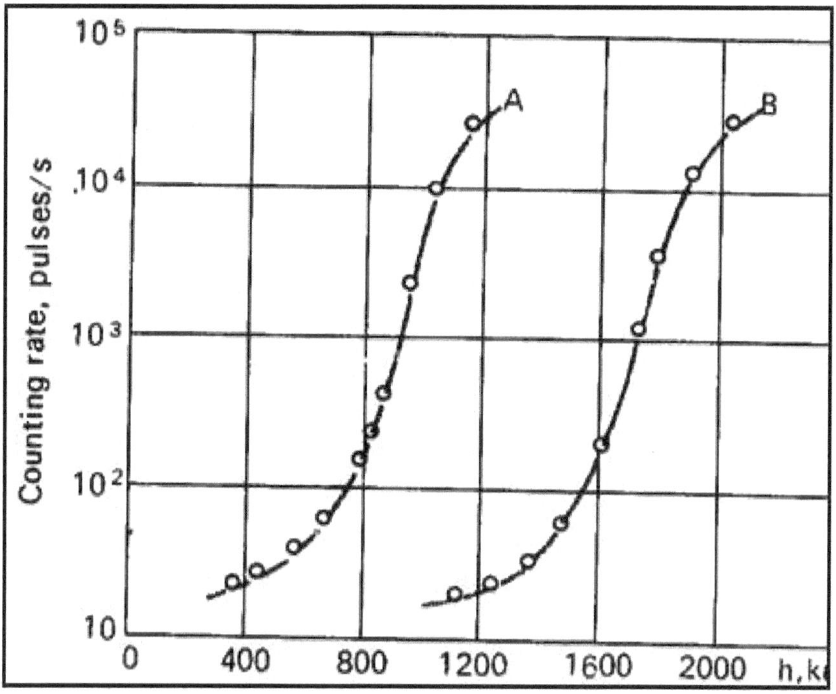

Figure 18: Bir uydudaki Geiger sayıcısının ölçtüğü kozmik ışın oranlarının yükseklikle (km olarak) değişimi. A- Atlantik Okyanusunun tam ortasında; B- Singapur üzerindeki ölçüm sonuçlarını göstermektedir *(L.A. Artsimovich & S.Yu Lukyanov, 1980).*

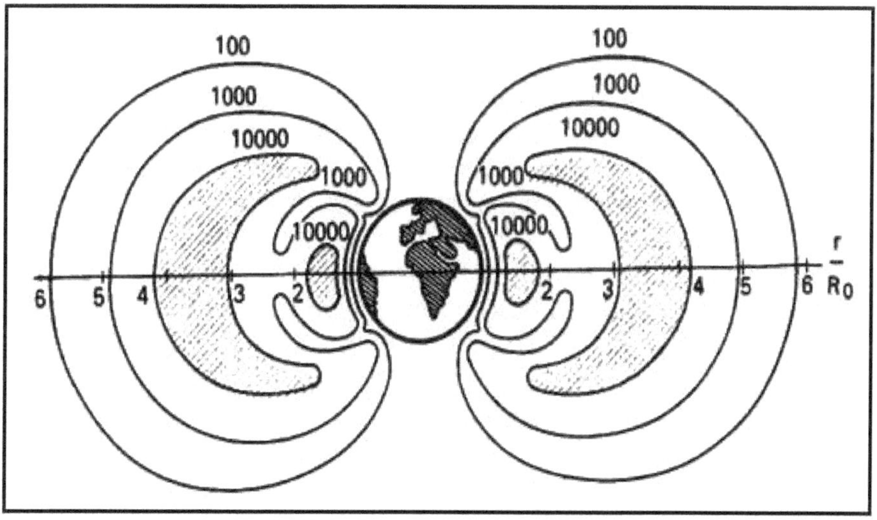

Figure 19: Yer'in doğal ışınım kuşakları. Rakamlar kozmik ışın yeğinlik oranlarını vermektedir *(L.A. Artsimovich & S.Yu Lukyanov, 1980).*

Uydu ölçümlerinden çıkan bir başka sonuç da şudur: ışınım kuşaklarında tuzaklanmış olan parçacıkların erkesi yükseklikle azalmaktadır. Bu beklenen bir sonuçtur. Çünkü yüksek erkeli parçacıkların tuzaklanabilmesi için manyetik alanın yeterince yeğin olması gerekmektedir.

Işınım kuşaklarının oluşumunu anladığımızı söyleye-meyiz. Ancak ışınım kuşaklarında süregelen süreçlere ilişkin modellerimiz iyi iş görmektedir. Yüksek erkeli proton ve elektronlardan oluşan iç ışınım kuşağı, Yer'in yakın komşuluğundaki uzayda devinen hızlı nötronların bozunması sonunda oluşmuştur. Yüksek erkeli kozmik ışın parçacıkları Yer atmosferinin üst kısımlarındaki (*~100 km*) *N* ve *O* atomlarıyla çarpışırlar. Bu çarpışma sonunda hızlı nötronlar üretilir. Süreçte kozmik ışın parçacığı başına *4* nötron üretilir. Daha sonra bu nötronlar bozunur ve bozunma sonunda proton, elektron ve nötrino ortaya çıkar. Lepton yükünün korunumu gereği, hafif parçacıklar çiftler biçiminde üretilir. Nötron bozunması sürecinde üretilen iki hafif parçacıktan biri olan nötrino yüksüz olduğundan ve çekirdek tepkime-lerine girmediğinden izini sürmek oldukça zordur. Bu bağlamda, "*üretilen nötrinolara ne olduğu?*" sorusuyla ilgilenmeyeceğiz ve ilerleyen kısımlarda bu mekaniz-manın da bir enerji döngüsü şekline "***M**anyetik **M**onopol **M**ekanizması*" olarak "***3M teoremi***" olarak adlan-dırdığımız 5. boyut tekilliğinde tuzaklandığını varsayacağız.

Özgür bir nötronun yarı ömrü *$\sim 10^3$ saniyedir.* Üretilen nötronların bir kısmı manyetikküre içinde bozunarak protonları ve elektronlar üretir. Elektrik yüklü parçacıklar olan proton ve elektronların ilk hızları *yitik konisine (loss cone)* girmediği sürece ışınım kuşaklarında tuzaklanırlar. Yitik koni içerisinde ise, nötron bozunmasının hemen ardı bir tekillik sürecinde bir proton bozunması denkleminin nadir de olsa gözlemlenebileceğini ve bu önemli sonuç doğrultusunda, evrendeki hiçbir maddi partikülün, *-proton da dahil-* kararlı bir yapıda olmadığı ve bunun sonucunda evrendeki toplam enerji miktarının korunumlu olmadığını ve tek yönlü kuvvetler doğrultusunda termodinamiğin II. Yasası doğrultusunda 5. boyut tekilliğindeki manyetik monopol mekanizmasına doğru akacak şekilde kararsız bir yapıya eğilimli olduğu sonucuna ulaşacağız.

Teorem- 9: Dünyanın Manyetik Alanının Biyolojik Sistemler ve Moleküller Üzerindeki Benzer Mekanizmaları ve Etkisi

Makalelerimiz boyunca, ele aldığımız hemen her bölümde birleşik alan teorisi çerçevesi içerisinde tanımladığımız kütleçekim alanının bir manyetik ek bileşene sahip olduğuna değinmiştik. Dolayısıyla aslında, dünyanın manyetik alanı da bu birleşik sabit kütleçekim alanının bir parçasıdır ve o da kütleçekim alanının elektromanyetik dalga yapısından kaynaklanan ve zamanla değişen bir özelliğe sahiptir.

İnsanoğlu doğanın alt sistemlerinden birini oluşturur. Bu nedenle, varlığımız doğa kanunlarının ortak bir sonucu olarak gelişmiştir. Yaşam için gerekli olan ve bizi uzayın zararlı etmenlerinden, radyasyonundan, elektrik yüklü parçacıklarından koruyan iki temel unsur atmosferle birlikte dünyamızın etrafını çeviren onun manyetik alanıdır. Yerin manyetik alanı şekilde görüldüğü gibi sıvı haldeki demir ve nikelden oluşan dış çekirdeğin (liquid outer core) katı haldeki iç çekirdek (solid inner core) etrafında dönmesiyle oluşur. Bu nedenle yerin manyetik alanı tıpkı yer merkezinde var sayılan büyük bir mıknatısın manyetik alanı gibidir. Bu manyetik alanının mıknatıs çubuğunda olduğu gibi kuzey ve güney kutbu mevcut olup, manyetik kuzey ile coğrafik kuzey arasında 11.6 derecelik bir sapma açısı vardır. Zaman ve mekan içerisinde değişken olan dünyamızın manyetik alanı her yerde aynı büyüklükte ve aynı doğrultuda bulunmaz. Ekvatorda manyetik alan şiddeti 25000 -30000 nT değerinde iken kutuplarda bu değer 60000- 65000 nT değerine ulaşır.

Manyetik alan manyetik materyallerden, jeolojik yapıdan, elektrik akımlarından kaynaklanabilir. Manyetik alan gücü birim akım gücü ile ifade edilir. Manyetik alan manyetik materyalleri itip çekebileceği gibi akımlar üzerinde etkileyici bir güce sahiptir. Örneğin, pusula iğnesi bulunduğu bölgenin manyetik alan etkinliğinde bir konum kazanır.

Biyolojik dokuların manyetik özelliği olmadığı kabul edilirse de ferromanyetik partikülleri (biyomanyetit) içerebileceği, bu nedenle canlıların manyetik alandan etkilendiği iddia edilmektedir. Hayvanlar üzerinde yapılan çalışmalar bazı hayvanların yerin manyetik alanına çok duyarlı olduklarını göstermiştir. Bu özellikleriyle göçmen canlılar binlerce km. uzaklıktaki hedeflerini kolaylıkla bulabilmektedirler. Ayrıca, Son yıllarda yapılan araştırmalar 500 nT'nin üzerindeki manyetik anomalilerin organizmanın kendisini yenilemesini yavaşlattığı, bağışıklık sistemini zayıflatarak çeşitli hastalıklara neden olduğunu ortaya koymuştur.

Yine biyolojik hücrelerin ve moleküllerin belirli düzey üzerindeki manyetik alandan ne şekilde etkilendiği ve sağlığımızı ne kadar etkilediği halen araştırma konusudur. Bununla birlikte, insan organizmasında da manyetik özelliği olan birleşik bir elektromanyetik alan kuvvetinin mikrobiyolojik bazı moleküler yapılarda da etkisini gösterdiğine işaret eden bazı yapılar bulunur. Örneğin aşağıdaki grafiklerde verilen ve organizmanın önemli bir protein molekülü olan *Hemoglobin* molekülünün merkezi çekirdeğinde de bir demir atomunun bulunması ve yine önemli bir bitkisel molekül olan *Klorofil*'in *merkezinde yer alan Magnezyum atomu*, manyetik alanın bu çeşit moleküler etkisinin olabileceğinin bir isbatıdır:

[*Bkz. Aşağıdaki şekiller, şekil-20*]

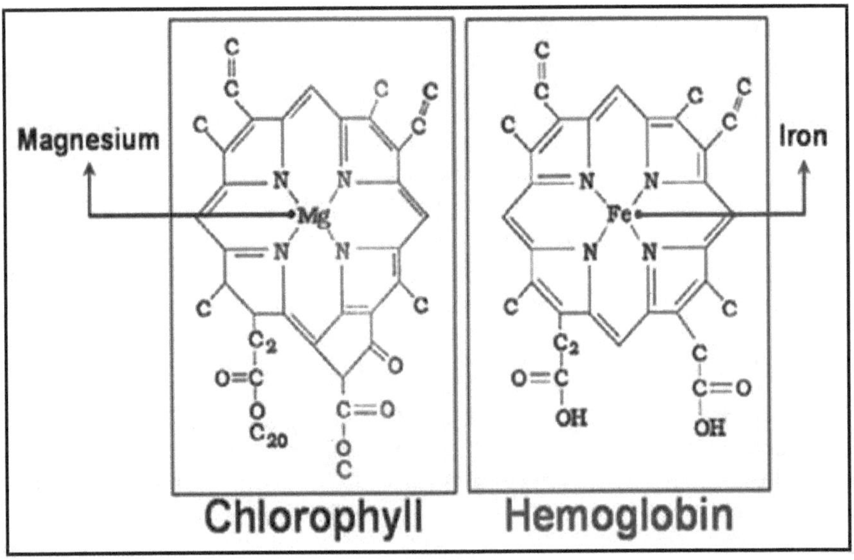

Figure 20: Bir bitkisel molekül olan *Klorofil*'in merkezinde yer alan Magnezyum atomu manyetik alanın bu çeşit moleküler etkisinin göstergesidir.

Dolayısıyla, buradan 5-boyutlu uzay-zaman doğrul-tusundaki tekillik mekanizmasının merkezine yakınlaştıkça *manyetik özelliğin arttığını* ve bu durumun biyomoleküler sistemlerde de işlediğinin bir kanıtıdır.

Einstein, konuyla ilgili makalesinin giriş kısmında, Brown hareketini tanımlarken, asıltı halindeki molekülün boyutlarını hesaplamakta kullanılan sıcaklık ve avagadro sayısına bağlı yeni bir hız-zaman denklemi geliştirdi:

$$\lambda_x = \sqrt{t} \times \sqrt{\frac{RT}{N}\frac{1}{3\pi kP}} \quad (4.26)$$

Atom ve moleküler yük dağılımını plazma içerisindeki moleküler ve atomik dağılım için bir temel neden olarak kabul eden birleşik alan teorisine göre ise, bu hareketin gerçek nedeni kütleçekim alanının atom ve moleküllere sıvı veya gaz ortam içerisinde kazandırdığı moleküler geometriden kaynaklandığını ve sıvı içindeki dağılımlarının kütleçekim alanı tarafından belirlenen bu geometrik düzenlemenin bir sonucu olduğunu öngörür.

Örneğin, ele aldığımız çözeltideki moleküller statik yük durumunda ise, elektromanyetik kütleçekim kanunlarının sonuç denklemleri olan elektrik alan, manyetik alan ve kütleçekim alanı denklemlerindeki *K*, K_E ve K_B sabitlerinin bulunması, atomlarda bulunan polarize yük durumuna şöyle açıklık getirmektedir:

Eğer, $\frac{\alpha K_E}{4\pi\varepsilon_0} \cong 6\times10^{-34}$ $\frac{\beta\mu_0 K_B}{4\pi} \cong 5\times10^{-36}$ moleküler polarizasyon katsayıları, Planck ölçeğine $(\hbar = 6{,}6\times10^{-34}m)$ yani Planck ölçeğindeki atomik boyutlara yaklaşmaktaysa ve $\vec{p} = \alpha\vec{E}$ ve $\vec{m} = \beta\vec{B}$ polarizasyon katsayısı denklemlerindeki $\alpha = 4\pi\varepsilon_0 r^3$ ve $\beta = \frac{e^2 r^2}{4m_e}$ katsayılarına yaklaşık olarak eşitlenirse; burada *r* atom yarıçapı, *e* elektrik yükü ve m_e elektronun kütlesi olmak üzere; atomik veya moleküler geometri molekülün uzaydaki büyüklüğünü atomların molekülü oluştururken oluşturacağı açısal dizilime göre değişecektir.

[*Bkz: Aşağıdaki şekiller, şekil-21 ve 22*]

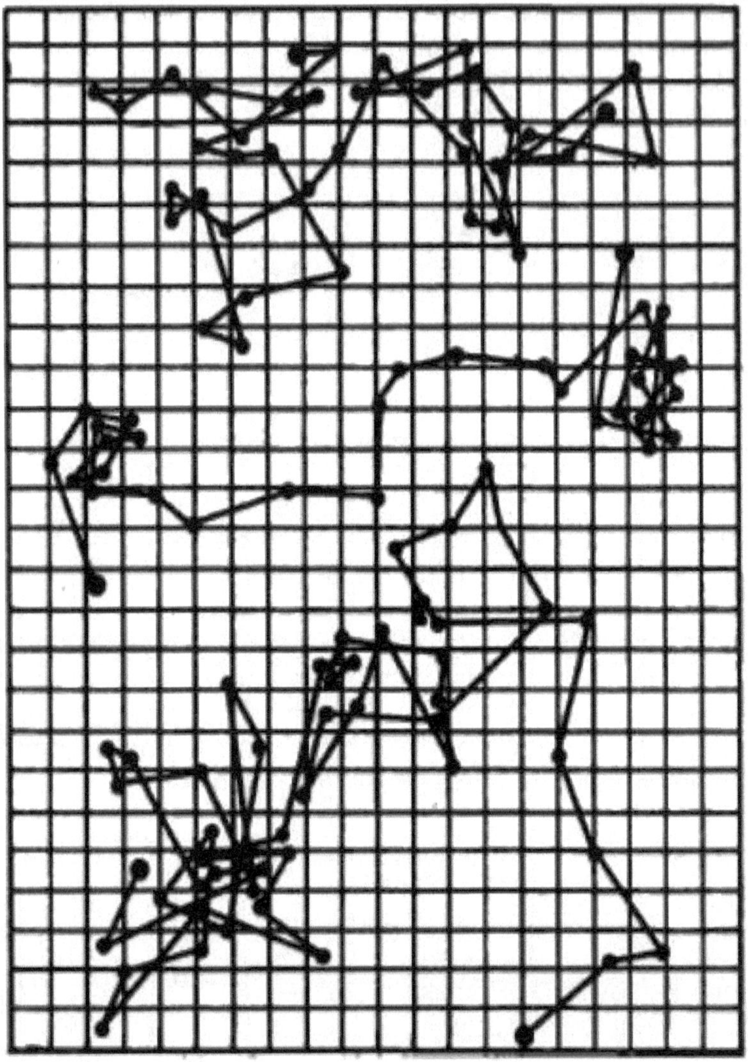

Figure 21: Brown hareketi sırasında, bir partikül veya molekülün sıvı içerisindeki rastgele hareket dağılım grafiği.

(Daha detaylı hesaplamalar için, Bkz: Makale-VI)

Table-1: Atomik Polarizabilite Katsayıları

(Tabloda α katsayı oranı $\times 10^{-30}$ m birimiyle verilmiştir)

Element:	**H**	**He**	**Li**	**Be**	**C**	**Ne**	**Na**	**Ar**	**K**
Katsayı:	0,66	0,21	12	9,3	1,5	0,4	27	1,6	34

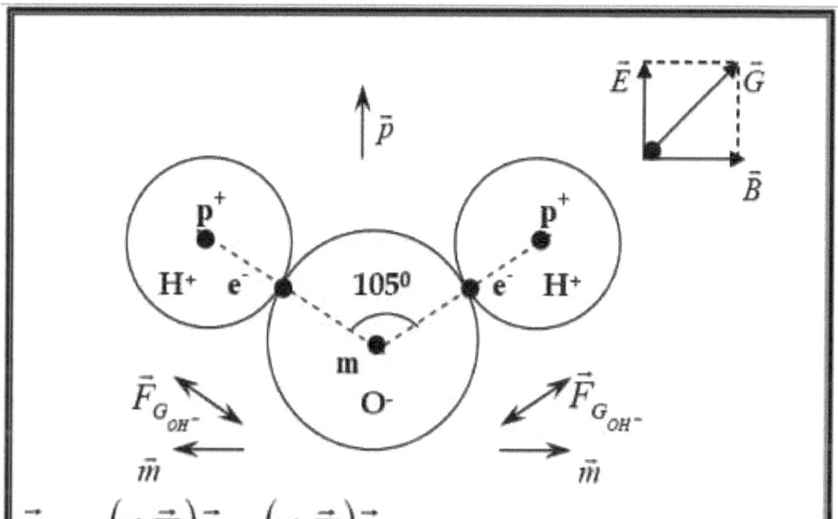

Figure 22: Su molekülünün (H_2O) polarizasyon yapısı ve atomlar arasındaki kütleçekim kuvvetleri (Ukray, 2007).

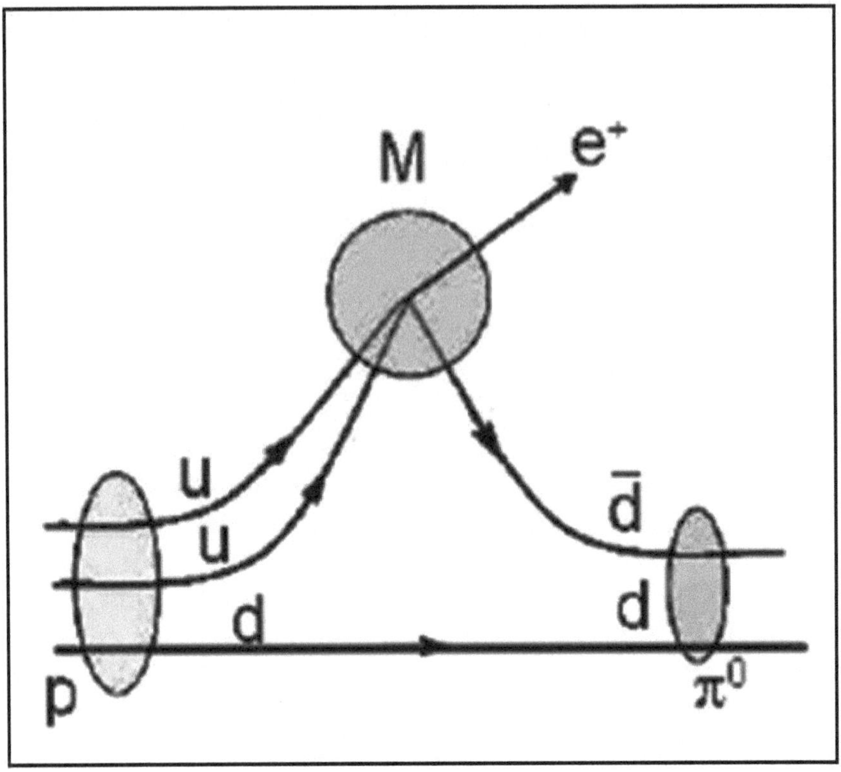

Figure 23: Manyetik Monopol'ün (MM) varlığı ve dolayısıyla burada ele aldığımız büyük birleştirme kuramımız için ("Kütleçekimi" ile "Elektromanyetik" kuvvet arasındaki bağlantı ile "Elektrozayıf" kuram ve "Güçlü Çekirdek" kuvveti arasındaki etkileşimi anlayabilmek için) bir diğer önemli deneysel kanıt ise, olası bir "Proton Bozunması" olayıdır. Yukarıdaki diyagramda, evrenin "Büyük Birleştirme" ölçeğine yakın ilk zamanlarından kalması gerekli olan böylesine bir bozunma; manyetik monopollerin enerji skalasının neden böylesine büyük, **E_M> 800 GeV** ve nadir gözlemlenmesi gereken bir olay olduğunu da açıklayabilecektir. Bununla birlikte, evrenin ilk anlarındaki hızlı ve üssel büyüme ve genleşme (enflasyoner genişleme kuramı) eğer anlaşılabilirse; bu manyetik ağır monopollerin neden kısa sürede yok olduklarını veya ağır bir enerji bariyeri ardına saklandıklarını da açıklayabilecektir. Fakat, buna rağmen, fiziksel partikül çarpıştırıcılarda bu ilk evrene ait koşulları test etmek için, $e^+e^- \rightarrow M\overline{M}$ şeklinde çok yüksek bir enerjide çarpıştırılan bir elektron-pozitron çiftinin böylesine, ağır bir manyetik monopol çiftini meydana getirmesi ön görülebilir. Evrenin ilk anlarında, evrenin kütle yoğunluğu $m_M \approx 10^{17} GeV$ civarında iken, bu manyetik monopoller uniform olarak evrene dağıldığı düşünülürse, enflasyonla birlikte genişlemeye bağlı sıcaklık düştüğünde, bu oran da azalmış olmalıdır. Bununla birlikte, galaksilerin yoğun merkezleri ile yoğunlaşmış yüksek sıcaklıktaki pulsar yıldızları, bu nevi monopol-

leri barındıra-bilecek iyi birer test aracı olduğunu düşündürmektedir. Ayrıca, böylesine bir bozunma tesbit edilebilirse; teorimiz boyunca ele aldığımız kütle indüklenmesi mekanizmasına da sağlam bir açıklama getirilebilecektir. Aşağıdaki denklemde böylesine, olası bir Manyetik Monopol-İndüklenmiş Proton bozunmasına ilişkin partikül etkileşimi denklemi verilmektedir:

$$M + p \rightarrow M + e^{+} + \pi^{0}$$

Görüldüğü gibi, moleküler geometri atomik bağların kütleçekimi tarafından belirlenen bir parametre olan (α) değerinin değişik değerlerinden hassas bir biçimde etkilenmektedir. Dolayısıyla bu etki, molekülün sıvı içerisindeki hareketinde esas bir etkendir ve önemli ölçüde kütleçekiminin elektromanyetik bir etkisinin doğal sonucudur. Yine bir başka örnek ise, moleküllerde bulunan kalıcı dipol momentidir. Örneğin, su molekü-lünde (H_2O) elektronlar, kütleçekimi fazla olan Oksijen molekülü civarında toplanırlar. Pozitif yükler ise, H_2 atomlarında polarize olurlar. Bu yüzden suyun dipol momenti büyüktür (yaklaşık 6×10^{-30} *C.m*) ve eritici özelliği buradan gelir.

Buradan, **"molekül içindeki atomların kütleçekimi kuvveti doğrultusunda polarize olacağı"** sonucunu çıkarabiliriz. Dolayısıyla, kütleçekim alanı doğrultu-sundaki molekülün alacağı bu yüzeysel topolojik şekil ise, molekülün sıvı bir ortam içerisindeki yüklü partiküllerin neden olduğu asıltı halindeki iyonlar arasındaki hareketini ve buna bağlı olarak da, molekülün plazma ortamı içerisindeki ortalama yol alma hızını önemli ölçüde etkileyecektir. Dolayısıyla, ard arda sıvı ortam oluşturacak şekilde su melekülleri birbirine bu şekilde bağlandıklarından, sılu ortama giren herhangi bir yüklü molekül atomları su moleküllerinin bu yönlenme-sinden etkilenerek uzayda bir konum ve hıza sahip olur ve dolayısıyla bu hareketi esnasındaki ortalama hızı;

$$\bar{v}_x = \frac{\omega\sqrt{t}}{2\pi} \times \sqrt{\frac{RT}{N}\frac{1}{3\pi kP}} \quad (4.27)$$

Burada **R**, gaz sabiti **N** sıvı içindeki hareketli moleküllerin mol (avagadro) sayısı, **T** mutlak sıcaklık, **k** sıvının akışkanlık (vizkozite) katsayısı, **P** hesaplanması istenen molekülün veya partikülün yarıçapı, $\bar{v}_x$ ise ortalama hızıdır. Böylece denklemdeki diğer değişkenler ölçülerek veya teorik değerleri bilindiğinde, yerine konarak molekülün boyutları (P) hesaplanabilir.

B- KURAMIN BAZI ÖNEMLİ ELEKTROSTATİK SONUÇLARI

Bununla birlikte, atomun pek çok alt partikülden oluştuğunun bulunmasıyla ve bir tekillik içerdiğini ön görmemiz durumunda, atomik boyutlardaki partikül boyutlarında ve ortalama hızları konusunda pek çok tartışma ortaya çıkmıştır. Özellikle, kuantum mekaniğinden sonra geliştirilen standart modele göre, bu alt partiküllerin boyutları ve hızlarıyla ilgili hesaplamaları yapmak için bu basit formüller yeterli değildi. Bu konuyla ve atomik düzeydeki alt partiküllerin ortalama hızlarının ne olacağına bu kısımda girmeyip, bununla ilgili geniş bir boyutsal partikül hesabını ve tasniflendirmesini, 5. makalemizin "*birleşik alan teorisinin sonuçları*" bölümün-de, detaylı olarak sonuç denklemler ve tablolar halinde vereceğiz..

Öncelikle, 6. makalede bu deneysel kanıtları ve kuramın, yani manyetik mopollerin varlığı durumunda doğadaki hangi yapılarda ve nasıl bir kanıt aranması gerektiği, matematiksel izahlarıyla (8 adet kuramsal problem üzerinde kurgulanan düşünce deneyi üzerinden) açıklanmaya çalışıldı, bunlara eklemeler de yapılabilir veya deneyler de yapılabilir (Bu yönde yapılan, örneğin manyetik monopolün deneysel olarak tesbit edilmesine ilişkin bazı düzenlemeler ve uygulamalar için okuyucu, çalışmanın sonunda belirtilen Reference [50], [51], [52], [53], [54], [55], [56], [60], [63] ve [64]'e başvurabilir) elbette ama bu deneyleri şimdilik düşünce deneyi olarak hayalimde canlandırarak kurguladım. Fakat bununla birlikte, buna göre, kuramın isbatı için şu üç gözlem yapılmalı (buna göre):

1- Nötron ve Pulsar yıldızlarının elektromanyetik tayfları analiz edilmeli, manyetik monopole işaret edebilecek bir kaynak ışıması veya elektrogravitik bir kütleçekim dalgası yayılması, bu yoğun manyetik / kütlesel yük çökmesinden kaynaklanmalıdır, bu doğrultuda, nötron yıldızları yani ömrü bitmekte olan çökmüş yıldızlar, kuramın testi için iyi birer araçtır..

2- Maxwell denklemlerinde yaptığım genişletme sonucunda, elektromanyetizma ile kütle-çekiminin birleşik bir dalga yapısında hareket etmesinden dolayı, atomların elektron yörün-gesindeki kararlı elektron geçişleri sırasında, kuantum mekaniğindeki schrödinger dalga denkleminde tünel süreci çözümleri (ki bunların bir kısmının özel çözümünü de yaptım fakat makalelere eklemedim) bu elektrogravitik ışınım çözümlerini verecek şekilde, sinüsel dalga çözümleri vermelidir. Buna göre, atomik iyonlaşma veya kuplaj sırasında, yükün de (manyetik veya elektriksel yük), kütle gibi hem çekim etkisi hem de manyetik özellik gösterdiği isbatlanabilirse, veya uzay zamanı eğdiği isbatlanabilirse, bu da kurama bir kanıt oluşturur.. Bu, ayrıca kuantum alan teorisine (QFT) girdiğinden, ayrıca tartışılması gereken bir konu..

a. Yüzyıllardır hep şu tartışıldı: Kütleçekimi neden hep çekimcidir yani hiç itmez, sürekli çeker. Bu, Newton'dan Einstein'a kadar açıklanamayan bir problem olageldi, oysa diğer temel kuvvetler iki yönlü yani daliteye sahiptir.

b. Bu noktada, bunu deneysel isbatı, bulduğum 1. maxwell denklemi olan graviton denklemindeki tansöre gelen ek bir (eksi) işaretli kütleçekim diverjans denklemiyle açıklığa kavuşuyor, ki, zaten - diverjansın – eksi - işareti merkeze doğru bir vektörel çekim olduğunu açıklıyordu, dolayısıyla kütlenin neden helezonik olarak merkeze (Ek bir 5. boyut denklemimin doğrultusunda) çekilmesi gerektiğini açıklıyor, bu gerçekten harika bir matematik sonuç, üstelik de gayet basit tek bir denklemle kütleçekiminin uzay-zamandaki yönünü tayin ediyor..

3- Ayrıca, H_2O yani su molekülündeki atomların bağ açılarındaki polarizasyonun neden hidroksit iyonları arasında 105 derecelik bilinen şeklini aldığı üzerinde bir düşünce deneyini bu yönde açıklarsak: Buna göre, atomların bu yönelişi rastgele değil, birleşik elektrogravitasyonel kuvvet doğrultusunda bir yönlenme var, buna dair Oxford Üniversitesi'nde, ince buz kristalleri üzerinde deneysel sonuçlardan elde edilmiş bir çalışma Reference [53]'de tartışılmıştır. Ayrıca, bu makalede bu yönde araştırmaların ve bulguların olduğunun bir deneysel kanıtı olarak, su molekülündeki atomların vektörel yönlen-mesi üzerinden bu olguyu açıkladığımızda, deneysel uygulamada da varsayımdan öte, vektörel bileşenlerin çekim kuvveti bileşenlerinin yatay, elektrik, düşey manyetik (elektrikten oldukça güçlü bir yönlenme) ve hipotenüs ise kütleçekim kuvveti doğrultusu şeklinde bir yönlenme ile molekülün hizalanmasını şekillendirdiğine açıklık getirmektedir.. Eğer, bu yönde moleküler deneyler ve biyokimyasal tayf analizi yapılırsa, bu birleşik alan kuvveti yapısının, diğer moleküler yapılarda da var olduğu gözlemlenebilir ki, bu yönde bazı karmaşık organik moleküler yapılarda da, örneğin *hemoglobin* veya *klorofil* gibi, var olduğu bu makalede verildi..

4- Kuramda, buraya kadar ele aldığımız kısımlar boyunca, bir diğer önemli tartışma ise, GALİLEO'nun kütlenin eylemsiz referans sistemlerinden bağımsız olarak eşit kütleli cisimlerin eşit sürelerde yeryüzüne ulaşması konusunda olmuştu, yani evrensel eylemsizlik ilkesinde bir problem olduğunu iddia etmiştik. Buna göre, dünyanın merkezi (5. kapalı boyuta bağlı) yoğunlaşmış tekillik noktası civarındaki Gravito-elektromanyetik kütleçekim ek bileşenine bağlı çekim etkisine bağlı olarak, metalik bir yapıya uygulayacağı çekim etkisinin; örneğin, bir taşla aynı kütledeki bir demirin eşit sürede yere düşmemesi gerektiğini iddia etmiştik ki, buna göre manyetik iletkenlik içeren bir malzemeye zamanda fark edilemeyecek kadar göreli bir ek bileşenden dolayı, daha yoğun bir kütleçekimsel elektromanyetik birleşik alan kuvveti etki edeceğinden dolayı, kronometrede fark edilemeyecek kadar bir düşme farkı meydana gelmelidir.

Fakat bununla birlikte ve düşünce mantığıyla daha da ileri giderek, çok daha büyük ölçekte bunun etkisini ölçmek mümkün hale gelecektir, nasıl diye düşünürsek? Şöyle ki: Diyebiliriz ki, merkürün güneşe doğru düşen yoğun bir demir/nikel karışıma sahip olan bir kütle olduğunu farz ettiğimizde, perihelion geçişi sırasındaki yalpalama etkisi, bu elektro-manyetik kütleçekiminden kaynaklanan ek bileşenin sonucudur.. Bunu, 1. makalede galata kulesinden atılan, elektromanyetik içeriği farklı fakat kütleleri eşit olan iki cisimden oluşan düşünce deneyi ile basitçe anlatmaya çalışmıştık..

Burada, ayrıca şimdi aklıma gelmeyen pek çok uygulaması var kuramın, mesela diğer bir güzel örnek de karadeliklerdeki yutulan madde miktarını, İNDÜKLENEN göreli bir elektromanyetik kütleçekim yapısıyla açıklıyor ki, bu kısmın matematiği biraz karmaşık, fakat kuramı çok daha iyi anlamak isteyen uzman okuyucu için, kuramın bel kemiği diyebilirim bu mekanizmaya. "KÜTLE İNDÜKLENMESİ" adını verdiğim ve kütlenin bu singularite içerisinde indüklenme mekanizması olarak tanımladığım bu etki sonucunda, burada ele aldığımız kurama göre, elektromanyetik yapı ile kütleçekimini göreli bir karadelik referans sisteminde, tekillik yüzeyinden içeriye doğru düşmekte olan bir madde miktarının indüklenmesi esnasında, iki ayrı kuvvet alanını aynı ölçeğe yakınsatarak (Newton mekaniği ve Einstein Görelilik etkisinden bir adım öte geçerek) birleştiriyor, buna AYNI ANDALIĞIN BİRLEŞİK EŞDEĞER İLKESİ adını verdim ki, bu da zaten bu 3. Makale-mizde tartışıldı..

Fakat tüm bu deneysel ipuçlarına rağmen, kuramın temeli sayılan MANYETİK MONOPOL'ün evrende gözlemlenmesinin kuramımın doğruluğu için en ÖNEMLİ kanıt olduğunu düşünüyorum..

***

DÖRDÜNCÜ BÖLÜM {PART-IV}

BİRLEŞİK ALAN TEORİSİNİN KOZMİK ELEKTRODİNAMİK TEMELLERİ VE SONUÇ DENKLEMLERİ

Cosmic Electrodynamical Principals & Result Equations of Unified Field Theory

ABSTRACT

—In this fourth study, we will obtain equivalents of the gravitational electromagnetic field equations for a moving (dynamic) charge or mass by applying the Relativity Theory after having obtained the Static field equations of the Unified field theory in the previous article. Before obtaining the dynamic field equations, we will benefit from the "delay time" *equations of Lienard-Wiechert* Potentials defined for dynamic charge and mass. Then, we will obtain the resulting field equations we seek. In addition, we will evidence and try to indicate that the solutions of field equations give both quant and wave structure solutions with mathematical proofs within the framework of specific and general relativity of our theory in this article.

I- INTRODUCTION

BİRLEŞİK ALAN TEORİSİNİN KOZMİK ELEKTRODİNAMİK TEMELLERİ VE SONUÇ DENKLEMLERİ:

{ELECTRODYNAMICAL PART} DİNAMİK ALAN DENKLEMLERİ

Önceki makalemizde, Birleşik alan kuramının Statik alan denklemlerini elde ettikten sonra şimdi de Relativite (Görelilik) Teorisini uygulayarak hareketli (Dinamik) bir yük veya kütle için bu kütleçekimsel elektromanyetik alan denklemlerinin eşdeğerlerini elde edelim. Dinamik alan denklemlerini elde etmeden önce *Lienard-Wiechert* Potansiyellerinin hareketli yük ve kütle için tanımlanan "gecikmeli zaman" denklemlerinden yararlanacağız. Daha sonra da istediğimiz sonuç alan denklemlerini elde edeceğiz.

Lienard-wiechert potansiyelleri

Belirli bir yörünge üzerinde hareket eden noktasal "q" yükünün elektromanyetik alanını hesaplamak istiyoruz. Yörünge şöyle belirlenmiş olsun; $\vec{\omega}(t) = q$ yükünün *t* anındaki konumu $V(\vec{r},t)$ ve $A(\vec{r},t)$ gecikmeli potansi-yelleri yükün *t* anındaki durumuna değil, sinyalin yükten yola çıktığı daha önceki bir t_r anındaki durumuna bağlı olacaklardır. Bu sinyal, ışık hızıyla yol alıp "P" noktasına t anında varmalıdır. Bu "*gecikmeli*" zaman şu denklemin çözümünden bulunur:

$$|\vec{r} - \vec{\omega}(t_r)| = c(t - t_r) \quad (1.1)$$

Bu ifadedeki sol taraf sinyalin aldığı yolu, sağ taraftaki $c(t-t_r)$ ise bu yolu gidiş süresini gösterir. $\vec{\omega}(t_r)$ değerine yükün gecikmeli konumu denir. Gecikmeli konumu P noktasına birleştiren vektörü $\vec{R}$ ile gösterirsek;

$$\vec{R} = \vec{r} - \vec{\omega}(t_r) \quad \text{olur. (1.2)}$$

Şimdi, herhangi bir yük dağılımı için, skaler potansiyel ifadesini yazarsak;

$$V(\vec{r},t) = \frac{1}{4\pi\varepsilon_r} \int \frac{\rho(\vec{r}\,',t_r)}{R} dv \quad (1.3)$$

Bu ifadedeki yük yoğunluğu integralini *gecikmeli hız* cinsinden yazarsak;

$$\int_V \rho(\vec{r}\,',t_r) dv = \frac{q}{\left(1 - \frac{\hat{R}.\vec{v}}{c}\right)} \quad \text{olur. (1.4)}$$

Burada $\vec{v}$ parçacığın t_r gecikmeli zamanındaki hızı ve *c* ışık hızıdır. Bu durumda, hareketli noktasal yükün skaler potansiyelini yazarsak;

$$V(\vec{r},t) = \frac{1}{4\pi\varepsilon_r} \frac{q}{\left(1 - \frac{\hat{R}.\vec{v}}{c}\right)R} \quad \text{olur. (1.5)}$$

Buna göre, vektör potansiyeli de şöyle yazılabilir;

$$A(\vec{r},t) = \frac{\mu_r}{4\pi} \frac{q\vec{v}}{\left(1 - \frac{\hat{R}.\vec{v}}{c}\right)R} = \frac{\vec{v}}{c^2} V(\vec{r},t) \quad \text{olur. (1.6)}$$

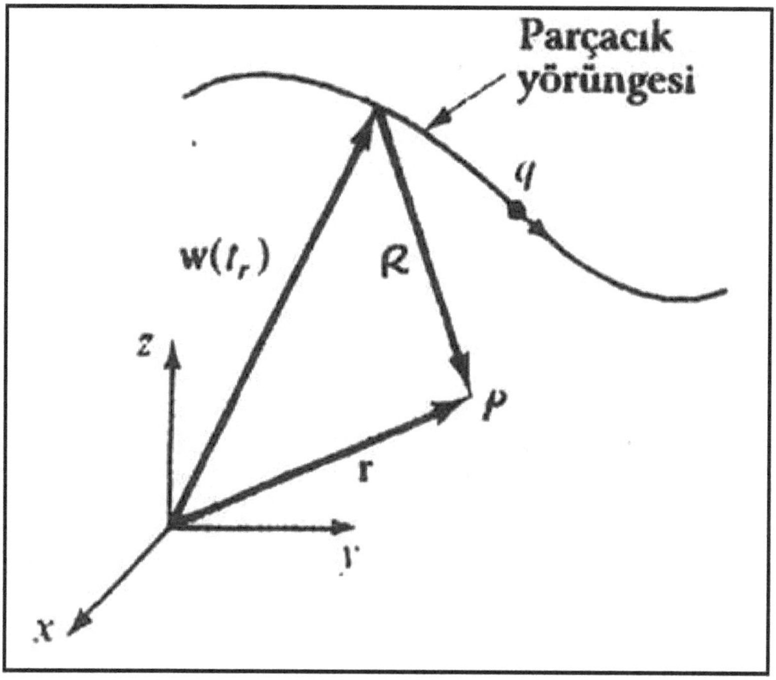

Figure 1: Parçacığın yörüngesi üzerindeki sicim parçası üzerindeki gecikmeli potansiyel vektörleri.

Yukarıdaki formüllere, hareketli noktasal yükün *Lienard-Wiechert Potansiyelleri* adı verilir. Şimdi hareketli noktasal yük için Kütleçekim-Elektromanyetik alan denklemlerini hesaplayacak durumdayız. Lienard-Wiechert Potansiyellerini şöyle yazalım;

$$V(\vec{r},t) = \frac{1}{4\pi\varepsilon_r} \frac{qc}{\left(Rc - \vec{R}.\vec{v}\right)},$$

$$A(\vec{r},t) = \frac{\vec{v}}{c^2} V\left(\vec{r},t\right). \qquad (1.7)$$

Alanları veren ifadeleri de yazarsak;

$$\vec{E} = -\vec{\nabla} V - \frac{\partial \vec{A}}{\partial t},$$

$$\vec{B} = \vec{\nabla} \times \vec{A}. \qquad (1.8)$$

Önce *V*'nin gradyanını alarak başlayalım;

$$\vec{\nabla} V = \frac{qc}{4\pi\varepsilon_r} \frac{-1}{\left(Rc - \vec{R}.\vec{v}\right)^2} \vec{\nabla}\left(Rc - \vec{R}.\vec{v}\right) \qquad (1.9)$$

$R = c\left(t - t_r\right)$ olduğundan, $\nabla R = -v\vec{\nabla} t_r$ olur.

Diğer diverjans ise;

$$\vec{\nabla}\left(\vec{R}.\vec{v}\right) = \left(\vec{R}.\vec{\nabla}\right)\vec{v} + \left(\vec{v}.\vec{\nabla}\right)\vec{R} + \vec{R} \times \left(\vec{\nabla} \times \vec{v}\right) + \vec{v} \times \left(\vec{\nabla} \times \vec{R}\right) \quad \text{olur. (1.10)}$$

Şimdi bu terimleri teker teker hesaplayalım:

$$\left(\vec{R}.\vec{\nabla}\right)\vec{v} = \left(R_x \frac{\partial}{\partial x} + R_y \frac{\partial}{\partial y} + R_z \frac{\partial}{\partial z}\right)\vec{v}(t_r)$$

$$= R_x \frac{\partial \vec{v}}{\partial t_r} \frac{\partial t_r}{\partial x} + R_y \frac{\partial \vec{v}}{\partial t_r} \frac{\partial t_r}{\partial y} + R_z \frac{\partial \vec{v}}{\partial t_r} \frac{\partial t_r}{\partial z} \qquad (1.11)$$

$$= \vec{a}\left(\vec{R}.\vec{\nabla} t_r\right)$$

Burada, $\vec{a} = \vec{v}$ olarak parçacığın gecikmeli zamandaki ivmesidir.

$$
\begin{aligned}
&\left(\vec{v}.\vec{\nabla}\right)\vec{R} = \left(\vec{v}.\vec{\nabla}\right)\vec{r} - \left(\vec{v}.\vec{\nabla}\right)\vec{\omega}, \\
&\left(\vec{v}.\vec{\nabla}\right)\vec{r} = \left(V_x \frac{\partial}{\partial x} + V_y \frac{\partial}{\partial y} + V_z \frac{\partial}{\partial z}\right)\left(x\hat{i} + y\hat{j} + z\hat{k}\right) \\
&= V_x\hat{i} + V_y\hat{j} + V_z\hat{k} = \vec{V}, \\
&\left(\vec{v}.\vec{\nabla}\right)\vec{\omega} = \vec{v}\left(\vec{v}.\vec{\nabla}t_r\right)
\end{aligned}
\qquad (1.12)
$$

olur. Benzer şekilde;

$$
\begin{aligned}
&\vec{\nabla}\times\vec{v} = \hat{i}\left(\frac{\partial v_z}{\partial y} - \frac{\partial v_y}{\partial z}\right) + \hat{j}\left(\frac{\partial v_x}{\partial z} - \frac{\partial v_z}{\partial x}\right) + \hat{k}\left(\frac{\partial v_y}{\partial x} - \frac{\partial v_x}{\partial y}\right) \\
&= \hat{i}\left(\frac{\partial v_z}{\partial t_r}\frac{\partial t_r}{\partial y} - \frac{\partial v_y}{\partial t_r}\frac{\partial t_r}{\partial z}\right) + \hat{j}\left(\frac{\partial v_x}{\partial t_r}\frac{\partial t_r}{\partial z} - \frac{\partial v_z}{\partial t_r}\frac{\partial t_r}{\partial x}\right) \\
&+ \hat{k}\left(\frac{\partial v_y}{\partial t_r}\frac{\partial t_r}{\partial x} - \frac{\partial v_x}{\partial t_r}\frac{\partial t_r}{\partial y}\right) = -\vec{a}\times\vec{\nabla}t_t
\end{aligned}
\qquad (1.13)
$$

olur.

Son terim olan $\vec{\nabla}\times\vec{R} = \vec{\nabla}\times\vec{r} - \vec{\nabla}\times\vec{\omega}$ ifadesinde;

$$
\begin{aligned}
&\vec{\nabla}\times\vec{r} = 0, \\
&\vec{\nabla}\times\vec{\omega} = -\left(\vec{v}\times\vec{\nabla}t_r\right)
\end{aligned}
$$

olur. (1.14)

Şimdi, tüm bunları birleştirirsek;

$$
\begin{aligned}
&\vec{\nabla}\left(\vec{R}.\vec{v}\right) = \vec{a}\left(\vec{R}.\vec{\nabla}t_r\right) + \vec{v} - \vec{v}\left(\vec{v}.\nabla t_r\right) \\
&- \vec{R}\times\left(\vec{a}\times\vec{\nabla}t_r\right) \\
&+ \vec{v}\times\left(\vec{v}\times\vec{\nabla}t_r\right) = \vec{v} + \left[\left(\vec{R}.\vec{a}\right) - v^2\right]\vec{\nabla}t_r
\end{aligned}
\qquad (1.15)
$$

olur.

Bu bulduğumuz ifadeyi $\vec{\nabla}V$ denkleminde yerine koyarsak;

$$\vec{\nabla}V = \frac{qc}{4\pi\varepsilon_r}\frac{1}{\left(Rc - \vec{R}.\vec{v}\right)^2}\times$$
$$\left[\vec{v} + \left[c^2 - v^2 + \left(\vec{R}.\vec{a}\right)\right]\vec{\nabla}t_r\right]$$ (1.16) olur.

Hesabı tamamlamak için $\vec{\nabla}t_r$ 'yi bilmemiz gerekiyor;

$$-c\vec{\nabla}t_r = \vec{\nabla}R = \vec{\nabla}\sqrt{\vec{R}.\vec{R}} = \frac{1}{2\sqrt{\vec{R}.\vec{R}}}\vec{\nabla}\left(\vec{R}.\vec{R}\right)$$
$$= \frac{\left(\vec{R}.\vec{\nabla}\right)\vec{R} + \vec{R}\times\left(\vec{\nabla}\times\vec{R}\right)}{R} = \frac{\vec{R} - \left(\vec{R}.\vec{v}\right)\vec{\nabla}t_r}{R}$$ (1.17) olur.

Buradan $\vec{\nabla}t_r$ 'yi çekersek;

$$\vec{\nabla}t_r = \frac{-\vec{R}}{\left(Rc - \vec{R}.\vec{v}\right)}$$ olur.

Bu sonucu da $\vec{\nabla}V$ ifadesinde yerine koyarsak;

$$\vec{\nabla}V = \frac{qc}{4\pi\varepsilon_r}\frac{\left(\vec{R}c - \vec{R}.\vec{v}\right)\vec{v} - \left[c^2 - v^2 + \left(\vec{R}.\vec{a}\right)\right]\vec{R}}{\left(Rc - \vec{R}.\vec{v}\right)^3} \quad (1.18)$$

ve aynı yöntemle;

$$\frac{\partial \vec{A}}{\partial t} = \frac{qc}{4\pi\varepsilon_r} \frac{\left(\vec{R}.c - R.\vec{v}\right)\left(-\vec{v} + \frac{R}{c}\vec{a}\right) + \frac{R}{c}\left[c^2 - v^2 + \left(\vec{R}.\vec{a}\right)\right]\vec{v}}{\left(Rc - \vec{R}.\vec{v}\right)^3} \quad (1.19)$$

olur. Bu iki ifadeyi bir araya getirdiğimizde $\vec{E}$ elektrik alanını buluruz:

$\vec{u} = K_E\left[c\hat{R} - \vec{v}\right]$ olarak bir vektör tanımlarsak;

$$\vec{E}(\vec{r},t) = \frac{K_E qR}{4\pi\varepsilon_r} \frac{\vec{u}\left(c^2 - v^2\right) + \vec{R}\times\left(\vec{u}\times\vec{a}\right)}{\left(\vec{R}.\vec{u}\right)^3}$$ (1.20) olarak yazılabilir.

Yük, kütleçekim alanında esire göre düzgün doğrusal hareket yapacağından (düşük hızlar için) bu formülde $\vec{a} = 0$ alınırsa;

$$\vec{E} = \frac{K_E q}{4\pi\varepsilon_r} \frac{\left(c^2 - v^2\right)}{\left(\vec{R}.\vec{u}\right)^3} R\vec{u}$$ olarak elde edilir (1.21)

Bu harekette konum vektörü $\vec{\omega} = \vec{v}t$ olduğundan;

$$R\vec{u} = c\vec{r} - R.\vec{v} = c\left(\vec{r} - \vec{v}t_r\right)$$
$$-c\left(t - t_r\right)\vec{v} = c\left(\vec{r} - \vec{v}t\right)$$ (1.22) olur.

$\left(Rc - \vec{R}.\vec{v}\right)$ ifadesi;

Elektrik Alan için, $Rc\sqrt{1-\frac{v^2}{c^2}\cos^2\theta}$ ve Manyetik Alan için, $Rc\sqrt{1-\frac{v^2}{c^2}\sin^2\theta}$ olarak yazılabileceğinden (Özel Görelilik teorisine göre) dolayı, yer değiştirme vektörü, $\vec{R}=\vec{r}-\vec{v}t$, Kütleçekim Alanı yönündeki birim vektör, $\hat{R}=\hat{R}\cos\theta\hat{i}+\hat{R}\sin\theta\hat{j}$ ve θ açısı, Elektrik Alan ile Manyetik Alan arasındaki Polarizasyon Açısı ($\vec{E}$, $\vec{B}$ ve $\vec{G}$ arasındaki açı) olmak üzere;

Elektrik alan ifadesi:

$$\vec{E}(\vec{r},t)=\frac{K_E Q}{4\pi\varepsilon_r}\frac{\hat{R}}{R^2}\frac{1}{\sqrt{\left(1-\frac{v^2}{c^2}\cos^2\theta\right)}} \quad (1.23)$$

olarak elde edilir. Benzer şekilde, Manyetik alan ifadesi:

$$\vec{B}(\vec{r},t)=\frac{K_B\mu_r g}{4\pi}\frac{\hat{R}}{R^2}\frac{1}{\sqrt{\left(1-\frac{v^2}{c^2}\sin^2\theta\right)}} \quad (1.24)$$

Ve son olarak Kütleçekim alan ifadesi:

$$\vec{G}(\vec{r},t)=\frac{K\left(\frac{1}{\varepsilon_g}+\mu_g\right)m}{4\pi}\frac{\hat{R}}{R^2}\frac{1}{\sqrt{\left(1-\frac{v^2}{c^2}\right)}} \quad (1.25)$$

olarak bulunur.

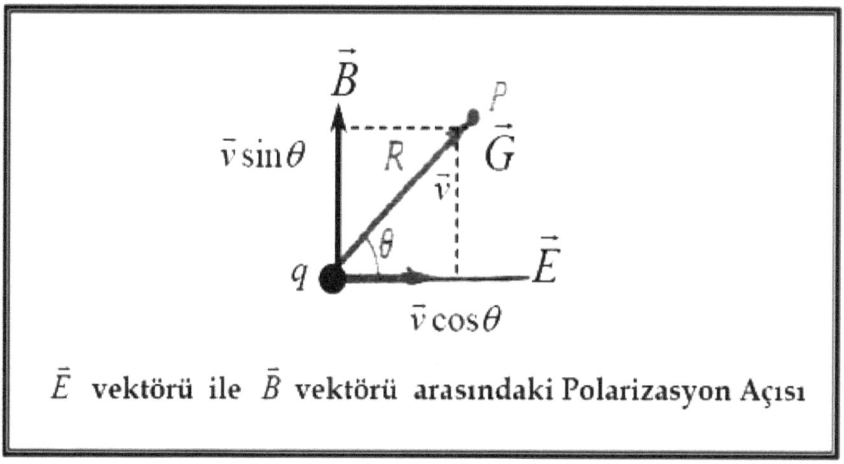

Figure 2: Elektrik alan vektörü ile Manyetik alan arasındaki polarizasyon açısı.

$\vec{E}$ alanı, parçacığın şimdiki konumunu P noktasına birleştiren $\hat{R}\cos\theta$ vektörü yönündedir. Çünkü sinyal gecikmeli konumdan gönderilmiştir. Aşağıdaki şekillerden de görüleceği gibi hareketli bir yükün elektrik alanı, harekete dik yönde yoğunlaşır.

Sonuç olarak, İleri ve geri yönlerde $\vec{E}$ Alanı, durgun yükün alanına kıyasla, $1/\sqrt{(1-v^2/c^2\cos^2\theta)}$ çarpanı kadar; $\vec{B}$ Alanı ise, harekete dik yönde, $1/\sqrt{(1-v^2/c^2\sin^2\theta)}$ çarpanı kadar azalmıştır.

$\vec{G}$ Alan çizgileri ise, yük çevresinde dolanımlı olurlar. Sonuç olarak, Kütleçekim Alanı çizgileri, paydadaki $1/\sqrt{(1-v^2/c^2)}$ çarpanından dolayı Göreli olarak, içeri doğru Helezonik olarak kıvrılarak dönen ve Genliği, Kütleçekim merkezine yakınlaştıkça azalan bir spiral eğrisi çizecektir.

Aşağıda, Elektrik, Manyetik ve Kütleçekimi Alan denklemlerine ait eğrilerin değişimi verilmektedir:

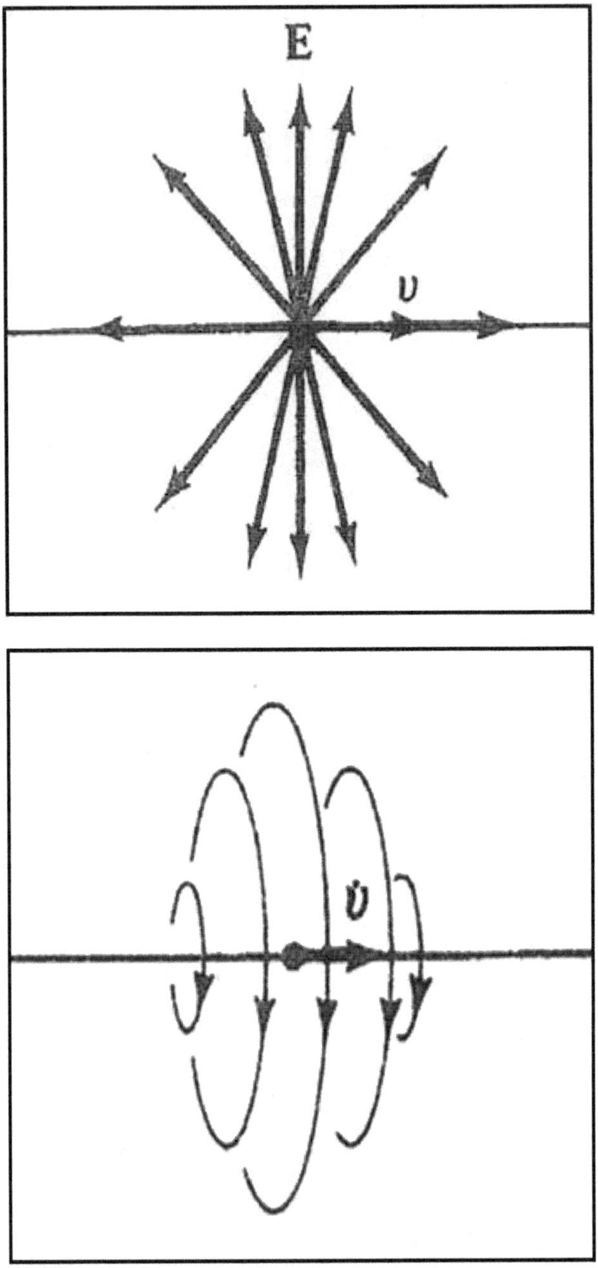

Figure 3: (Üstte) Elektrik Alan çizgileri (Altta) Manyetik Alan çizgileri

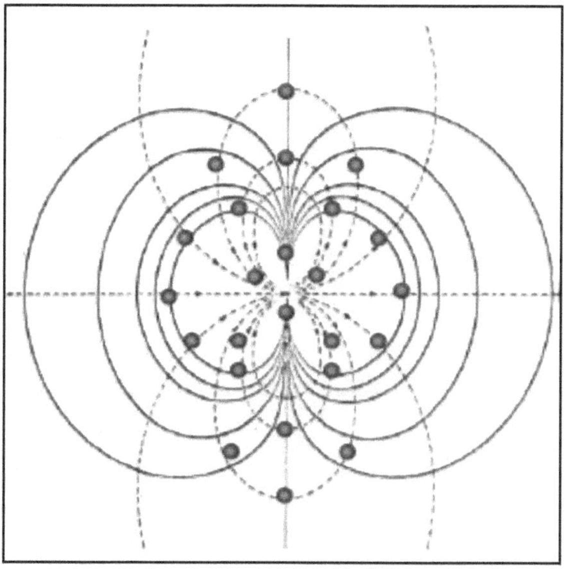

Figure 4: Hareketli yük için, θ açısına bağlı olarak Elektrik Alan (Üstteki şekildeki kesikli çizgiler), Manyetik Alan (Üstteki şekildeki düz çizgiler) ve Kütleçekim Alanına (Aşağıdaki şekil) ait Göreli Kuvvet Alanı Çizgilerinin değişimi. Her iki şekle de dikkat edilirse, $v = c$ (ışık hızı) olması durumunda, dinamik alan denklemleri, kaynağında (orjin noktası) sonsuz büyüklükte (çok yoğun bir kütle) bir manyetik monopol bulunduran Elektromanyetik Kütleçekim Dalga denklemlerine indirgen-mektedir (*Ukray, 2008*).

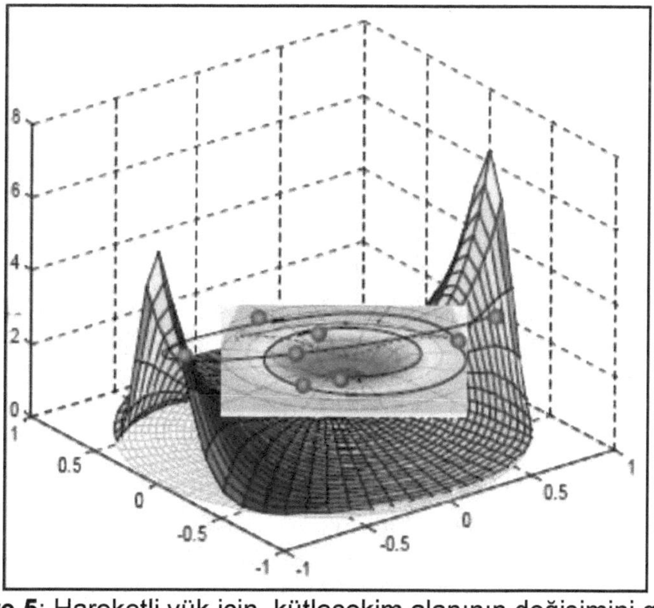

Figure 5: Hareketli yük için, kütleçekim alanının değişimini gösteren grafik (*Ukray, 2008*).

II- BİRLEŞİK ALAN TEORİSİ'NİN ELEKTROSTATİK SONUÇ DENKLEMLERİ & STATİK KÜTLEÇEKİMSEL BİRLEŞİK ALAN DENKLEMLERİ:

Böylece Elektromanyetizma ve Yerçekimi kanunlarını birleştirerek elde ettiğimiz alan denklemlerini toplu halde tablo halinde yeniden yazarsak;

ELEKTRİK ALAN	$\vec{E} = \frac{K_E}{4\pi\varepsilon_r}\frac{e_1e_2}{r^2}$	**COULOMB YASASI**
KÜTLE-ÇEKİM ALANI	$\vec{G} = \frac{K\left(\frac{1}{\varepsilon_g} + \mu_g\right)}{4\pi}\frac{m_1m_2}{r^2}$	**YERÇEKİM-YASASI**
MANYETİK ALAN	$\vec{B} = \frac{K_B\mu_r}{4\pi}\frac{g_1g_2}{r^2}$	**AMPERÉ YASASI**

Table -1: Burada, iki yoğunlaşmış kütlesel partikül için; ***e*** elektriksel yükü, ***m*** kütleyi ve ***g*** de manyetik yükü göstermektedir. Dikkat edilirse, her üç alan denkleminin de, $\left(\frac{1}{r^2}\right)$ ile ters orantılı bir bağlantısı olduğu açıkça görülür. Dolayısıyla, her üç ifadenin de aynı kaynağın veya birleşik bir teoremin birer parçaları gibi durmaktadır. Kütleçekimsel Gravitonların, Kütleçekimi etkisiyle oluşturdukları bu *Simetrik Alan Denklemleri* birleşik alan teorisinin diğer bir matematiksel ispatını göstermektedir. Ayrıca her üç ifadenin de μ ve ε'a bağlı olması, bu ispatı daha da güçlendirmektedir.

Çünkü $c = \frac{1}{\sqrt{\varepsilon_g\mu_g}}, \frac{1}{\sqrt{\varepsilon_r\mu_r}}$ (ışık hızı) olup, her üç denklem de Elektromanyetik dalga hızı olan ışık hızını vermektedir. Bu da, kâinattaki her Elektromanyetik veya Kütleçekimsel enerjinin ışık hızıyla gitmesi ilkesiyle çelişmemektedir. Dolayısıyla, Kütleçekimi dalgalarının ve ışığın hareket ettiği bu uzay-zaman eğrileri boyunca, boşluğun dielektrik ve manyetik geçirgenlikleri ışık hızı bağıntısını sağlamak zorundadır. Ayrıca Galaksilerin ve uyduları bulunan Yıldız sistemlerinin uzayda dağılmadan toplu halde bulunması ve hareketlerini bu şekilde korumaları helis biçimli burgaç bir yapıda (çekim alanında) hareket ettikleri tezini doğru-lamaktadır.

Gravitonların varlığını ve Kütleçekimi mekanizmasını matematiksel olarak ispatladıktan sonra şimdi Birleşik Alan Teoremine girebiliriz. Herhangi bir *V* kapalı hacminde bulunan $\rho_{Graviton}$ kütleçekim yoğunluğunun zamana bağlı değişiminin bir kütleçekim alanı oluşturduğunu bir önceki bölümde görmüştük. İşte bu oluşan indüklenmiş kütleçekim yoğunluğu da bir elektrik alan ve bir manyetik alan oluşturacaktır. Çünkü indüklenmiş bir elektromanyetik akı yoğunluğu nasıl bir elektrik alan veya indüklenmiş bir gerilim (akım), bir manyetik alan oluşturuyorsa; aynı şekilde bir karadelik merkezine yakın bir yerde sürekli artan bir kütle miktarı ve indüklenen kütle de oluşturduğu kütleçekimi alanının etrafında bir manyetik alan ve bir elektrik alan oluşturacaktır.

Yörüngenin helezonik olması ve rotasyonelinin alınabilmesi Maxwell'in Elektromanyetik Alan denklemleriyle de çelişmeyecektir ve oluşacak bu Birleşik Alan Dalgası da aynı ışık gibi *(v=c=3×10⁸ m/sn.)* hızıyla ilerleyecek ve yine $c = \frac{1}{\sqrt{\varepsilon_g \mu_g}} = 3\times10^8$ ifadesindeki gibi, *Elektromanyetik Dalga* hızıyla ilerleyecektir. Bu da optik kanunlarıyla da birleşen ve *Herşeyin Teorisini* veren bir sonuca ulaşmak anlamına gelmektedir. Yani şu önemli sonuç çıkmaktadır: Kütleçekimi dalgaları da ışık ve Elektromanyetik dalgalar gibi ışık hızında gitmekte ve Gravitonların sebep olduğu kütleçekimsel yük yoğunluğundan kaynaklanmaktadır.

Sonuç olarak şunu söyleyebiliriz:

Değişen bir kütleçekim yoğunluğu bir manyetik alan oluşturur (Dünyanın manyetik alanı gibi), değişen bir manyetik alan da bir elektrik alan oluşturur. Bulduğumuz bu sonuçları Maxwell denklemlerine uyarlarsak;

Maxwell denklemlerinin önceki formu şu şekildedir:

$$
\begin{aligned}
&(1)\ \hat{\nabla}.\vec{E}=\frac{\rho_{e^-}}{\varepsilon_r}, && \{Gauss\ yasası\} \\
&(2)\ \hat{\nabla}.\vec{B}=0, && \{Adı\ yok\} \\
&(3)\ \hat{\nabla}\times\vec{E}=-\frac{\partial\vec{B}}{\partial t}, && \{Faraday\ yasası\} \qquad (2.1) \\
&(4)\ \hat{\nabla}\times\vec{B}=\varepsilon_r\mu_r\frac{\partial\vec{E}}{\partial t}. && \{Ampere\ yasası\}
\end{aligned}
$$

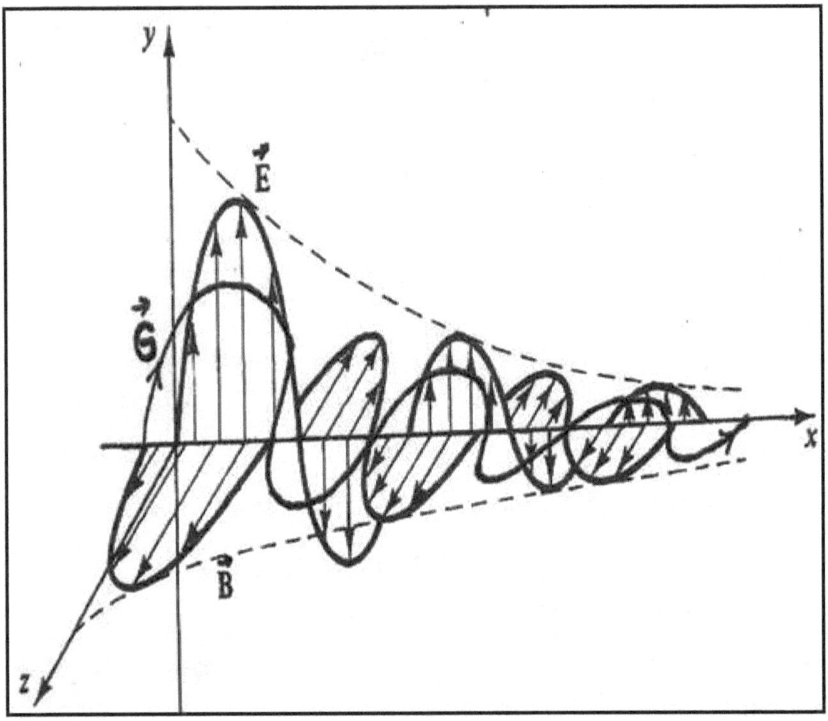

Figure 6: Elektromanyetik Gravitasyon Dalgasının Elektrik, Manyetik ve Kütleçekimi Alanı bileşenleri [Ukray, 2008].

Birleşik alan teoremini bu denklemlere uygularsak, vektörel olarak;

$\vec{G} = f(\vec{E} + \vec{B})$ olup, her iki tarafın rotasyonelini alırsak;

$$\Rightarrow \hat{\nabla} \times \vec{G} = \hat{\nabla} \times \vec{E} + \hat{\nabla} \times \vec{B},$$

$$\Rightarrow \hat{\nabla} \times \vec{G}_{em} = \mu_r\left(\vec{J}_e - \vec{M}_b\right) + \varepsilon_r\mu_r\left(\frac{\partial \vec{E}}{\partial t} - \frac{1}{\varepsilon_r\mu_r}\frac{\partial \vec{B}}{\partial t}\right), \qquad (2.2)$$

$$\Rightarrow \hat{\nabla} \times \vec{G}_{eg} = \mu_g\left(\vec{J}_g - \vec{M}_g\right) + \varepsilon_g\mu_g\left(\frac{\partial \vec{E}}{\partial t} - \frac{1}{\varepsilon_g\mu_g}\frac{\partial \vec{B}}{\partial t}\right).$$

Ve Tekillik Yüzeyinde; Merkezinde ise;

$$\hat{\nabla}.\vec{G} = \hat{\nabla}.\vec{E} + \hat{\nabla}.\vec{B},$$

$$\hat{\nabla}.\vec{G} = \frac{\rho_{e^-}}{\varepsilon_r} + \mu_r\rho_m = -\left(\frac{1}{\varepsilon_g} + \mu_g\right)\rho_{Graviton}. \qquad (2.3)$$

olur.

Buradaki $\rho_{Graviton}$=Gravitasyonel yük yoğunluğu ve $\vec{M}$ de bu yükün oluşturduğu manyetik akımdır. Yani, $\hat{\nabla}.\vec{M} = -\frac{\partial \rho_{Graviton}}{\partial t}$ olması dolayısıyla manyetik ve elektrik yükün her ikisi de bu durumda kuantalanmış olup, her ikisinin de kütleçekimsel kaynağı gravitonlardır. Bu elde ettiğimiz sonuçlarla Maxwell denklemleri $\vec{E}$ ve $\vec{B}$'ye göre simetrik hale gelmiş olur. Bu durumda Maxwell denklemlerinin son hali aşağıdaki gibi olur [Table-3]:

NOT: $\vec{G}$ çekim kuvvetinin, kütleçekim merkezine doğru yönlenebilmesi için ve çekim yasalarına uyması için $\hat{\nabla} \times \vec{G}$ ifadesinde $\vec{J} \langle \vec{M}$ ya da $\frac{\partial \vec{E}}{\partial t} \langle \frac{1}{\varepsilon_r\mu_r}\frac{\partial \vec{B}}{\partial t}$ olmalıdır. Ayrıca

$\hat{\nabla}.\vec{G} = -\left(\frac{1}{\varepsilon_g} + \mu_g\right)\rho$ şeklinde alınmalıdır. Çünkü böyle alınırsa matematiksel olarak diverjansın özelliğinden dolayı kütleçekim alanı, merkeze doğru çekim etkisi şeklinde yönlenmiş olur. Elektromanyetik Gravitasyon çekim dalgalarının genliği, kütleçekimi merkezine yaklaştıkça artacaktır:

Dolayısıyla Maxwell denklemlerinden elde edilecek dalga denkleminin katsayısında $\left|e^{-kr}\right|$ genlik çarpanı bulunmalıdır.

Örneğin *k=1* alınırsa;

R (yarıçap)	**r**=1 için,	$\left\lvert e^{-kr} \right\rvert$ (Genlik)	$\frac{1}{e}$
r (yarıçap)	**r**=2 için,	$\left\lvert e^{-kr} \right\rvert$ (Genlik)	$\frac{1}{e^2}$

Table -2: Yarıçapa bağlı elektromanyetik kütleçekim dalga genliklerinin değişimi.

Şeklinde olur. Dolayısıyla, yarıçap küçüldükçe çekim kuvveti de artar.

BİRLEŞİK ALAN TEORİSİNE GÖRE YENİDEN DÜZENLENMİŞ MAXWELL DENKLEMLERİ	DENKLEM İSMİ
(1) $\hat{\nabla}.\vec{G} = -\left(\frac{1}{\varepsilon_g} + \mu_g\right)\rho_g$	GRAVİTASYON YASASI
(2) $\hat{\nabla}.\vec{E} = \frac{\rho_e}{\varepsilon_r}$	GAUSS YASASI
(3) $\hat{\nabla}.\vec{B} = \mu_r \rho_m$	MANYETİZASYON YASASI
(4) $\hat{\nabla} \times \vec{E} = -\mu_r \vec{M} - \frac{\partial \vec{B}}{\partial t}$	FARADAY YASASI
(5) $\hat{\nabla} \times \vec{B} = \mu_r \vec{J} + \varepsilon_r \mu_r \frac{\partial \vec{E}}{\partial t}$	AMPÉRE YASASI
(6) $\hat{\nabla} \times \vec{G} = \mu_g\left(\vec{J} - \vec{M}\right) + \varepsilon_g \mu_g \left(\frac{\partial \vec{E}}{\partial t} - \frac{1}{\varepsilon_g \mu_g} \frac{\partial \vec{B}}{\partial t}\right)$	ELEKTRO-GRAVİTASYON YASASI

Table -3: Simetrik Maxwell Denklemlerinin toplu gösterimi.

III- DİNAMİK BİRLEŞİK ALAN-DALGA DENKLEMLERİ

BİRLEŞİK ALAN TEORİSİNİN ELEKTRO-DİNAMİK DALGA KURAMI:

a) Planck ölçeğindeki tek bir sicim halkasının dalga hareketi

BİRİNCİSİ: Planck ölçeğindeki tek bir sicim halkasının dalga hareketini belirler:

Eğer, Q_{μ}^{a} yük ve akım kaynağı tansörü yerine, herhangi bir partiküle ait kütle terimi gelirse bu durumda birleşik alan denklemi;

$$\left(\Box + m^2\right)\psi = 0$$

KLEİN-GORDON DENKLEMİ (3.1)

haline gelerek Dirac denklemine dönüşür. Bu durumda uzay-zamanın eğrilik tansörü, ***R=-kT*** olarak uzay zamanda titreşim yapan tek bir graviton titreşiminin dalga denklemi çözümüne denk gelir. Bu denklemi açtığımızda, sicim düzeyinde tüm alan bileşenlerinin ve bozon-fermion çiftlerinin elde edilebileceğini görebiliriz. Örneğin;

$$\psi = e^{-i\omega t + ikx} = e^{ik_{\mu}x^{\mu}} \quad (3.2)$$

$$-\partial_t^2\psi + \nabla^2\psi = m^2\psi \quad (3.3)$$

$$\frac{1}{c^2}\frac{\partial^2}{\partial t^2}\psi - \nabla^2\psi + \frac{m^2c^2}{\hbar^2}\psi = 0 \quad (3.4)$$

$$m^2 = \hbar^2 / 4c^2\left[(W_{\mu}^1)^2 + (W_{\mu}^2)^2\right],$$

$$m^2 = g^2\eta^2 / 2 \quad (3.5)$$

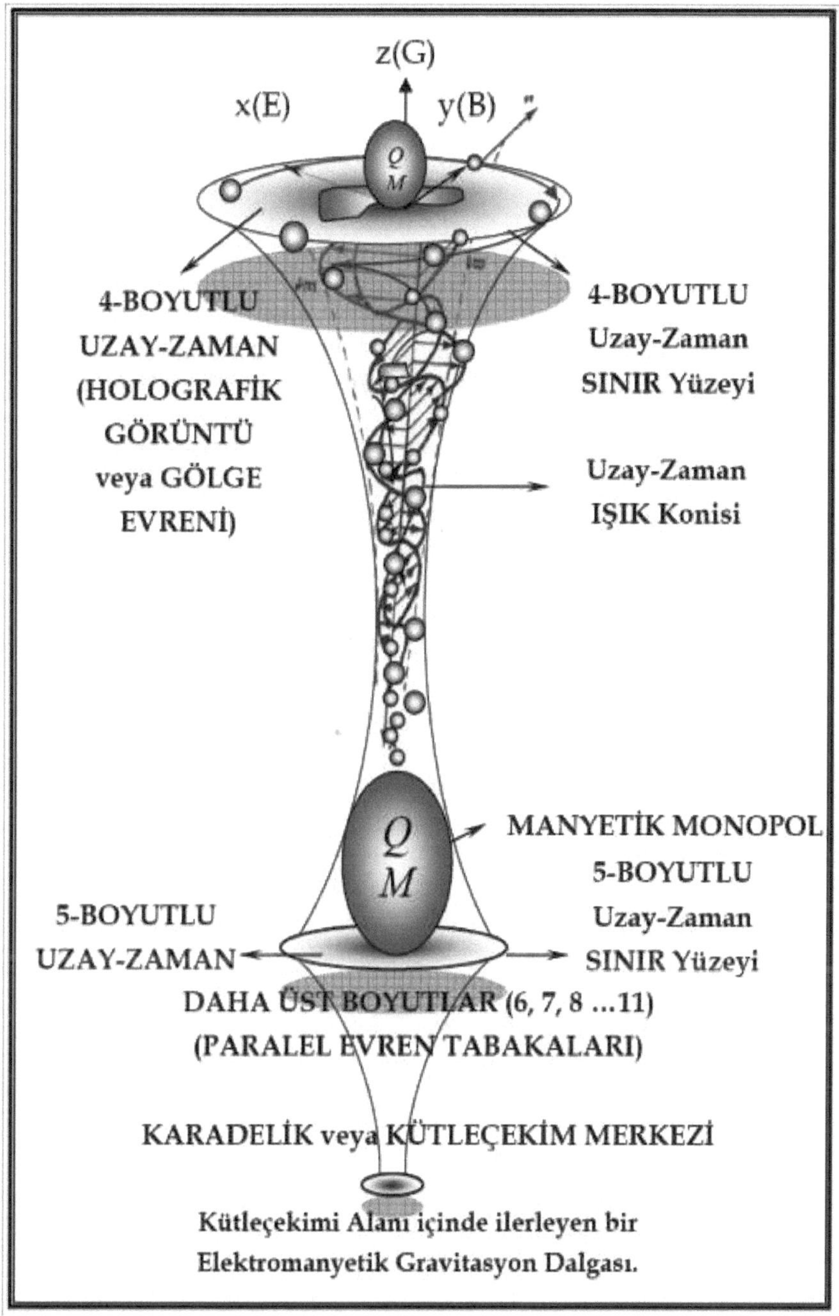

Figure 7: 5 ve 11. Boyutlar arasındaki paralel evrenlerin, 4-boyutlu uzay-zamana ait tekillik yüzeyi ile arasında gerçekleşen elektromanyetik kütleçekimsel etkinin, dalga-partikül etkileşimi şeklinde ve birleşik alan dalga formları halinde, bilinen evrene holografik olarak yansımasının temsili bir resmi (*Ukray, 2007*).

$$\Box W_{\mu}^{a} = RW_{\mu}^{a}, \qquad W_{\mu}^{a} = W^{(\pm)} q_{\mu}^{a},$$

$$Z_{\mu}^{a} = Z^{(0)} q_{\mu}^{a} \qquad (3.6)$$

$$L_1 = \frac{1}{4} g^2 \eta^2 \left[(W_{\mu}^{1})^2 + (W_{\mu}^{2})^2 \right] \qquad (3.7)$$

şeklinde **m** kütle birimi, elektromanyetik partiküller, manyetik monopol, **g** graviton **W** ve **Z** elektrozayıf vektör ara bozonları ile; **g**, gluon ve **η**, Higgs bozonu ($m_{\hbar}$) olmak üzere, zayıf, elektromanyetik ve kütleçekimi kuvvetlerini Güçlü çekirdek kuvvetine bağlayan Lagrange denklemleri ile (**L₁**);

$$p = -i\hbar\nabla \qquad (3.8)$$

$$-p_{\mu}p^{\mu} = E^2 - P^2 = \omega^2 - k^2 = -k_{\mu}k^{\mu} = m^2 \qquad (3.9)$$

$$\sqrt{(-i\hbar\nabla)^2 c^2 + m^2 c^4}\,\psi = i\hbar \frac{\partial}{\partial t}\psi \qquad (3.10)$$

$$\frac{p^2}{2m} = E, \qquad \frac{p^2}{2m}\psi = i\hbar\frac{\partial}{\partial t}\psi \qquad (3.11)$$

$$\sqrt{p^2 c^2 + m^2 c^4} = E$$

$$p^2 c^2 + m^2 c^4 = E^2 \qquad (3.12)$$

şeklinde Einstein'ın özel ve genel relativitesi ile;

$$D_{\mu}D^{\mu}\phi = -(\partial_t - ieA_0)^2\phi + (\partial_i - ieA_i)^2\phi = m^2\phi,$$

$$D_{\mu}D^{\mu}\phi + AF^{\mu\nu}D_{\mu}\phi D_{\nu}(D_{\alpha}D^{\alpha})\phi = 0 \qquad (3.13)$$

şeklinde özel olarak Elektromanyetizma veya;

$$\frac{-1}{\sqrt{-g}}\partial_\mu\left(g^{\mu\nu}\sqrt{-g}\partial_\nu\psi\right)+\frac{m^2c^2}{\hbar^2}=0,$$

$$=-g^{\mu\nu}\partial_\mu\partial_\nu\psi+g^{\mu\nu}\Gamma^\sigma{}_{\mu\nu}\partial_\sigma\psi+\frac{m^2c^2}{\hbar^2}\psi \quad (3.14)$$

şeklinde özel olarak Kütleçekim alanı elde edilebilir.

b) Planck ölçeğindeki Kütleçekim alanında titreşen gravitonun dalga hareketi

İKİNCİSİ: Kütleçekim alanında titreşen gravitonun dalga hareketini belirler

Eğer, Q^a_μ yük ve akım kaynağı tansörü yerine, e^a_μ kütleçekim metrik birim tansörü gelirse bu durumda birleşik alan denklemi;

$$(\square + kT)\, e^a_\mu = 0 \quad (3.15)$$

KÜTLEÇEKİM-DALGA DENKLEMİ

haline gelerek kütleçekim dalga denklemi çözümüne denk gelir. Bu durumda, uzay-zamanın eğriliğini belirleyen $g_{\mu\nu}$ kütleçekim tansörü, Φ kütleçekim skaler potansiyel alanı ve minkowsky 4-boyutlu uzay-zaman metriğinde, Γ GAMMA-DİRAC tansör matrisi olmak üzere;

$$\square\, G(x-x') = \Gamma(x-x') \quad (3.16)$$

$$G(t, x, y, z) = 1/(4\pi c)\phi(t)\Gamma(t^2-x^2-y^2-z^2) \quad (3.17)$$

denklemine göre uzay-zamanda titreşim yapan birden çok graviton titreşiminin dalga denklemi çözümüne denk gelir.

c) Planck ölçeğindeki Elektromanyetik alanda titreşen elektronun dalga hareketi

ÜÇÜNCÜSÜ: Elektromanyetik alanda titreşen elektronun dalga hareketini belirler

Eğer, Q_{μ}^{a} yük ve akım kaynağı tansörü yerine, A_{μ}^{a} elektromanyetik alan tansörü gelirse bu durumda birleşik alan denklemi;

$$(\Box + kT) A_{\mu}^{a} = 0 \quad (3.18)$$

ELEKTROMANYETİK-DALGA DENKLEMİ

haline gelerek elektromanyetik dalga denklemi çözümüne denk gelir. Bu denklem ise, biraz sonra daha detaylı bir çözümünü vereceğimiz üzere, *c* tüm eylemsiz sistemlere göre sabit olan ışık hızı olmak üzere;

$$\Box A = 0 \quad (3.19)$$

$$\Box_c u(x,t) = u_{tt} - c^2 u_{xx} = 0 \quad (3.20)$$

denklemine göre uzay-zamanda titreşim yapan elektro-manyetik bir dalganın hareketini belirler.

d) Planck ölçeğindeki Zayıf nükleer kuvvet alanında titreşim yapan bozonun dalga hareketi

DÖRDÜNCÜSÜ: Zayıf nükleer kuvvet alanında titreşim yapan bozonun dalga hareketini belirler

Eğer, Q_{μ}^{a} yük ve akım kaynağı tansörü yerine, W_{μ}^{a} zayıf çekirdek alan tansörü gelirse bu durumda birleşik alan denklemi;

$$(\Box + kT) W^{a}_{\mu} = 0 \quad (3.21)$$

ZAYIF ÇEKİRDEK-DALGA DENKLEMİ

haline gelerek zayıf çekirdek kuvvet alanına ait dalga denklemi çözümüne denk gelir ki, zayıf çekirdek kuvvetinin taşıyıcı partikülü olan W bozonunun artı, eksi ve yüksüz olmak üzere 3 versiyonu bu 4-vektör alanının dalga denklemi tarafından belirlenmiş olur.

e) Planck ölçeğindeki Güçlü çekirdek kuvvet alanında titreşim yapan gluonun dalga hareketi

BEŞİNCİSİ: Güçlü çekirdek kuvvet alanında titreşim yapan gluonun dalga hareketini belirler

Eğer, Q^{a}_{μ} yük ve akım kaynağı tansörü yerine, S^{a}_{μ} güçlü çekirdek alan tansörü gelirse bu durumda birleşik alan denklemi;

$$(\Box + kT) S^{a}_{\mu} = 0 \quad (3.22)$$

GÜÇLÜ ÇEKİRDEK-DALGA DENKLEMİ

haline gelerek güçlü çekirdek kuvvet alanına ait dalga denklemi çözümüne denk gelir ki, bunlar SU(3) 8'li grup simetrisine göre PAULİ-DİRAC matrisleriyle tanımlanan ve *q* kuarkının birleşik alan denklemlerinde hem kuantalı ve hem de dalgalı bir yapıda olduğunu ortaya koyan 3 adet renkli yük partikülüyle temsil edilir.

Dolayısıyla, gluon titreşimleri bu 3 kuarkın hareket denklemlerinin toplamı tarafından belirlen-mektedir. Bu denklemlerin önemli bir sonucu olarak gördük ki, aslında birleşik alan denklemleri gerekli yük ve akım kaynağı tansörlerinde gerekli değişiklikler yapılarak birbirinden türetilebilmektedir. Bu da bizi tüm alan denklemlerinin yukarıdaki gibi tek bir denklemle ifade edilebileceğini göstermektedir ki, bu sonuç makalemiz boyunca ele aldığımız konuların en önemli sonucudur. Dolayısıyla, aslında doğada parça parçaymış gibi görünen alan denklemlerini Planck ölçeğinde tek bir dalga denklemi yapısında birleştirdiğimizde, gerekli düzenlemelerin yapılarak diğer kuantumlu dalga bileşenlerinin bu tek denklemden türetilebileceğini açıkça görebiliriz.Aşağıdaki tabloda tüm bu sonuçlar grafik olarak daha detaylı bir şekilde gösterilmektedir:

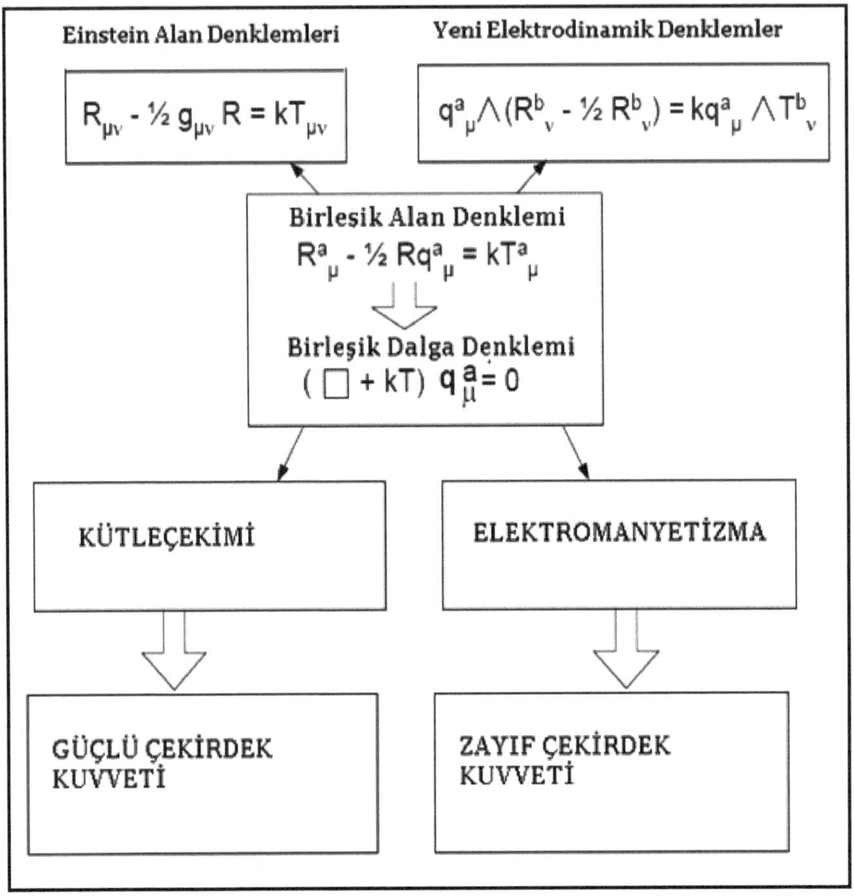

Figure 8: Temel kuvvet alanlarının birleşik alan denkleminden elde edilmesi (*Ukray, 2010*).

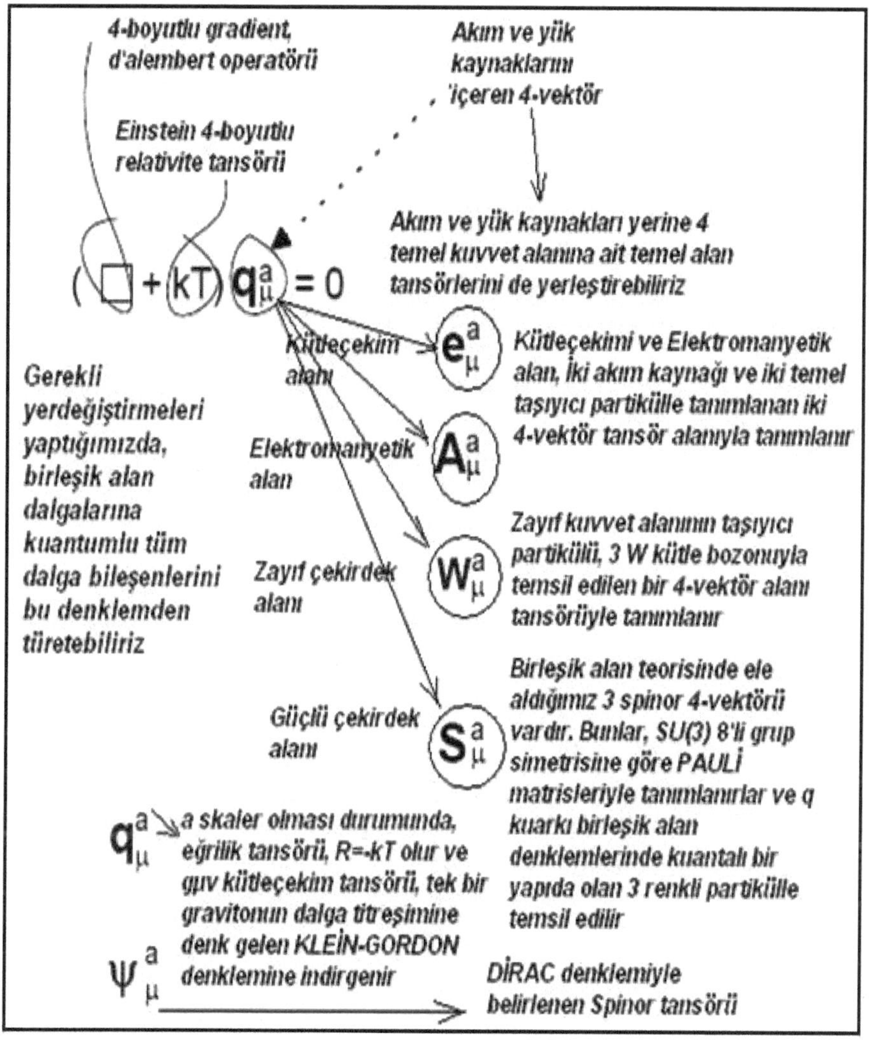

Figure 9: Tüm temel kuvvet alanlarının tek bir denklemle ifade edilmesi: Birleşik alan teorisinin dalga denklemleri, D'Alembert operatörünü içeren ve kaynak matrisi uygun bir şekilde değiştirilebilen tek bir denklemle yukarıdaki gibi ifade edilebilir (*Ukray, 2010*).

IV- CONCLUSIONS

BİRLEŞİK ALAN TEORİSİ'NİN *"GRAVİTON TEOREMİ"*'NDEN YARARLANARAK *'HARMONİK DALGA DENKLEMİ*'NİN ELDE EDİLMESİ & SONUÇLARI

Birleşik alan teorisinde, elektromanyetik yüklerin kuantalanmış olduğunun bulunmasıyla Relativite ve Kuantum teoremleri de birleşmektedir. Çünkü, manyetik ve kütleçekim alanının kaynağı olan gravitasyonel yük yoğunluğunun (Graviton yoğunluğu), hem elektro-manyetik dalga hem de parçacık özelliği gösterecek şekilde iki denklem üretmesi bizi bu sonuca götürmektedir. Nitekim, yukarıdaki birleşik alan dalga denkleminin çözümlerinden elde ettiğimiz ve elektro-gravitasyon kuramının kuantumlu yapısını belirleyen (1) no'lu simetrik Maxwell denklemi olan;

$$\vec{\nabla}.\vec{G}=\frac{\rho_e}{\varepsilon_r}+\mu_r\rho_m=-\left(\frac{1}{\varepsilon_g}+\mu_g\right)\rho_{Graviton} \quad (4.1)$$

denkleminde kütleçekim alanını oluşturan ρ graviton yük yoğunluğunun, "*Kuant*" halde olduğunu görebiliriz. (6) no'lu simetrik Maxwell denkleminde ise biraz sonra çözümünü yapacağımız gibi "*Elektromanyetik Dalga*" halindedir.

$$\vec{\nabla}\times\vec{G}=\mu_g\left(\vec{J}_g-\vec{K}_g\right)+\varepsilon_g\mu_g\left(\frac{\partial\vec{E}}{\partial t}-\frac{1}{\varepsilon_g\mu_g}\frac{\partial\vec{B}}{\partial t}\right) \quad (4.2)$$

$\vec{J}=0,\vec{K}=0$ veya $\vec{J}=\vec{K}$ olarak alınarak yüksüz ortamda $\vec{B}$'nin *y*-ekseni yönünde, $\vec{E}$'nin de *x*-ekseni yönünde değiştiğini düşünürsek;

$$\vec{\nabla} \times \vec{G} = \varepsilon_g \mu_g \left(\frac{\partial \vec{E}}{\partial t} - \frac{1}{\varepsilon_g \mu_g} \frac{\partial \vec{B}}{\partial t} \right)$$

kısmî diferansiyel denklemine göre her iki tarafın rotasyonelini alırsak:

$$\vec{\nabla} \times \left(\vec{\nabla} \times \vec{G} \right)_{(z,t)} = \varepsilon_g \mu_g \frac{\partial rot\vec{E}(x,t)}{\partial t} - \frac{\partial rot\vec{B}(y,t)}{\partial t} \quad (4.3)$$

Şimdi bu ifadeyi açıp sadeleştirdiğimizde (uygun terimler alınırsa);

$$\vec{\nabla} \times \left(\vec{\nabla} \times \vec{G} \right) = \vec{\nabla} \left(\vec{\nabla} . \vec{G} \right) - \vec{\nabla}^2 \vec{G} \quad (4.4)$$

olduğu düşünülürse ve bu ifadedeki $\vec{\nabla} . \vec{G}$'yi boş uzay için (yüksüz ortam) sıfır olarak alırsak;

$$\vec{\nabla} \times \left(\vec{\nabla} \times \vec{G}_{(z,t)} \right) = \vec{\nabla} \times \left(\vec{\nabla} \times \vec{E}_{(x,t)} \right) + \vec{\nabla} \times \left(\vec{\nabla} \times \vec{B}_{(y,,t)} \right)$$

$$= \vec{\nabla} \times \left(- \frac{\partial \vec{B}(y,t)}{\partial t} \right) + \vec{\nabla} \times \left(- \frac{\partial \vec{E}(x,t)}{\partial t} \right)$$

$$= - \frac{\partial}{\partial t} \left(\vec{\nabla} \times \vec{B}(y,t) \right) + \varepsilon_0 \mu_0 \frac{\partial}{\partial t} \left(\vec{\nabla} \times \vec{E}(x,t) \right) \quad \text{olur}$$

$$= -\varepsilon_0 \mu_0 \frac{\partial^2 \vec{E}(x,t)}{\partial t^2} - \varepsilon_0 \mu_0 \frac{\partial^2 \vec{B}(y,t)}{\partial t^2}$$

ve; (4.5)

$$\vec{\nabla} \times \left(\vec{\nabla} \times \vec{E}(x,t) \right) + \vec{\nabla} \times \left(\vec{\nabla} \times \vec{B}(y,t) \right)$$

$$= -\vec{\nabla}^2 \vec{G}_{(z,t)} = -\vec{\nabla}^2 \vec{E}_{(x,t)} - \vec{\nabla}^2 \vec{B}_{(y,t)} \quad (4.6)$$

olduğu düşünüldüğünde;

$$\vec{\nabla}^2\vec{G}_{(z,t)} = \varepsilon_0\mu_0 \frac{\partial^2 \vec{B}(y,t)}{\partial t^2} + \varepsilon_0\mu_0 \frac{\partial^2 \vec{E}(x,t)}{\partial t^2} \quad (4.7)$$

denklemi elde edilmiş olur. Böylece Elektromanyetik Kütle-çekim dalgasına ait, $\vec{E}$ ve $\vec{B}$'ye bağlı 2. derece kısmî diferansiyel denklemini elde etmiş oluruz. Bu denklemin çözümü ise;

$$\nabla^2 g = \frac{1}{v^2}\frac{\partial^2 b}{\partial t^2} + \frac{1}{v^2}\frac{\partial^2 e}{\partial t^2}$$

bağıntısıyla verilebilecek *z*-yönünde *v=c* ışık hızıyla ilerleyen sinüzoidal bir elektromanyetik dalganın hareketini belirler. Denklemin çözümüne girmeden önce, $\vec{E}$ ve $\vec{B}$'nin vektörel toplamının, $\vec{G}$'yi verdiği için $\vec{G}$'nin birer parçası olduğunu düşünürsek;

$$\nabla^2 g = \frac{1}{v^2}\frac{\partial^2 b(y,t)}{\partial t^2} + \frac{1}{v^2}\frac{\partial^2 e(x,t)}{\partial t^2} \quad (4.8)$$

(Denklemi zamandan bağımsız olarak ele alırsak)

$$\nabla^2 g = \frac{1}{v^2}\frac{\partial^2 b}{\partial y^2} + \frac{1}{v^2}\frac{\partial^2 e}{\partial x^2} \quad (4.9)$$

diferansiyel toplamından ve

$$\left(\frac{\partial g}{\partial y} = \frac{\partial b}{\partial y} \quad ve \quad \frac{\partial g}{\partial x} = \frac{\partial e}{\partial x} \right) \quad (4.10)$$

olduğu göz önüne alınırsa;

$$\nabla^2 g = \frac{1}{v^2}\frac{\partial^2 g}{\partial x^2} + \frac{1}{v^2}\frac{\partial^2 g}{\partial y^2}$$

kısmî diferansiyel toplamını elde ederiz. Bu denklem ise, beklediğimiz gibi kütleçekim yörünge eğrisine uygun olan eliptik tipte bir denklem olup "**LAPLACE Denklemi**" adını alır. Bu denklemi sağlayan *g(x,y)* fonksiyonlarına "**HARMONİK Fonksiyonlar**" denir. Çözümü ise, değişkenlere ayırma kuralıyla;

$g = f(x, y)$ şeklinde $X = X(x), \quad Y = Y(y)$ olarak;

$g = XY = X(x).Y(y)$ şeklinde bir çözümdür.

$$\frac{\partial g}{\partial x} = Y\frac{dX}{dx}, \quad \frac{\partial g}{\partial y} = X\frac{dY}{dy} \qquad (4.11)$$

$$\frac{\partial^2 g}{\partial x^2} = Y\frac{d^2X}{dx^2}, \quad \frac{\partial^2 g}{\partial y^2} = X\frac{d^2Y}{dy^2}$$ olup, (4.12)

$g = XY$ 'nin denklemi sağlama şartı;

$$Y\frac{d^2X}{dx^2} + X\frac{d^2Y}{dy^2} = 0$$ 'dır. (4.13)

Denklemin her iki tarafını *XY* çarpımına bölersek;

$$\frac{1}{X}\frac{d^2X}{dx^2} + \frac{1}{Y}\frac{d^2Y}{dy^2} = 0,$$

$$\frac{1}{X}\frac{d^2X}{dx^2} = -\frac{1}{Y}\frac{d^2Y}{dy^2}. \qquad (4.14)$$

Denklemleri elde edilir. $X = X(x), \quad Y = Y(y)$ olduğundan son denklemin birinci tarafı *y*'yi ve ikinci tarafı da *x*'i içermemektedir. O halde birbirine eşit olan bu iki ifade bir sabite eşit olmak zorundadır. O halde K^2 bir sabit olmak üzere;

$$\frac{1}{X}\frac{d^2X}{dx^2} = K^2 \quad \text{veya} \quad \frac{d^2X}{dx^2} - K^2X = 0, \qquad (4.15)$$

$$-\frac{1}{Y}\frac{d^2Y}{dy^2} = K^2 \quad \text{veya} \quad \frac{d^2Y}{dy^2} + K^2Y = 0. \qquad (4.16)$$

denklemlerine ulaşılır.

Bu denklemlerin çözümü ise;

$$X = C_1e^{kx} + C_2e^{-kx},$$

$$Y = a\cos ky + b\sin ky. \qquad (4.17)$$

olarak bulunur. O halde denklemin *g* çözümü:

$$g = XY = \left(C_1e^{kx} + C_2e^{-kx}\right)\left(a\cos ky + b\sin ky\right)$$ olur.
(4.18)

Bu çözümden;

$$g_1 = P.e^{kx}\sin ky, \; (4.19) \quad g_2 = G.e^{-kx}\sin ky \; (4.20)$$

$$g_3 = M.e^{kx}\cos ky, \; (4.21) \quad g_4 = N.e^{-kx}\cos ky. \; (4.22)$$

özel çözümleri elde edilir.

Bu çözümlerden ise, bizim dalga denklemine uyanı $g_2 = G.e^{-kx}\sin ky$ denklemidir.

Şimdi $\vec{G}(z,t)$ kütleçekimi alanı ifadesini, sınır koşullarını da ekleyerek bu denklemin formuna uyarlarsak;

$\vec{G}(z,t) = G.e^{-kx} \sin ky$ denklemi için sınır koşullar:

1)- $x \to \infty$ için $\left|\vec{G}\right| = 0,$ (4.23)

(*Kütleçekim merkezinden sonsuz uzaklıktaki bir mesafe için*),

2)- $x \to 0$ için $\left|\vec{G}\right| = \left|G_0\right|.$ (4.24)

(*Kütleçekim merkezine yakın, sabit ve büyük bir kütleçekimi*).

Laplace denklemi lineer bir denklem olduğu için, yani $G_1, G_2, G_2, \cdots$ fonksiyonları birer çözümse;

$G = \alpha_1 G_1 + \alpha_2 G_2 + \alpha_3 G_3 + \cdots$ kombinasyonu da Laplace Denklemini sağlar. Buradaki $\alpha_1, \alpha_2, \alpha_3$ keyfi sabitlerdir.

$$\nabla^2 G = \alpha_1 \nabla^2 G_1 + \alpha_2 \nabla^2 G_2 + \alpha_3 \nabla^2 G_3 + \cdots = 0\alpha_1 + 0\alpha_2 + \cdots = 0$$
(4.25)

Bu özellikten yararlanıp, ifadeyi toplam şeklinde yazarsak;

$$\vec{G}(x,y) = \sum_{h=1}^{\infty} G_k e^{-kx} \sin ky$$
olur. (4.26)

Bu ifade, ilk sınır koşulu olan $x \to \infty$ için $\left|\vec{G}\right| = 0,$ ifadesini sağlamaktadır. Şimdi G_k katsayılarını nasıl seçmeliyiz ki diğer sınır koşulunu da sağlayalım? Yani $x \to 0$ için $\left|\vec{G}\right| = \left|G_0\right|.$ olsun:

$$\vec{G}(0,y) = \sum_{k=1}^{\infty} G_k \sin ky = \vec{G}_0 = \vec{E}_0 \hat{i} + \vec{B}_0 \hat{j} = \vec{E}_0 \hat{i} + \frac{\vec{E}_0}{c} \hat{j}$$

olarak yazılabilir. Bu seri toplamı ise, "**FOURİER Sinüs**" serisidir.

G_k katsayılarını bulmak için her iki tarafı *sin(ny)* ile çarpıp *[0,π]* aralığında integralini alırsak, *n* bir tamsayı olmak üzere;

$$\sum_{k=1}^{\infty} G_k \int_0^{\pi} \sin ky \sin ny dy = \int_0^{\pi} \vec{G}_0 \sin ny dy \quad (4.27)$$

olarak bulunur.

Bu integralin değeri ise şudur:

$$\int_0^{\pi} \sin ky \sin ny dy = \begin{cases} 0 & (k \neq n) \\ \pi / 2 & (k = n) \end{cases} \quad (4.28)$$

Bu integral alınırken, *k=n* olan terimin dışındakilerin integrali sıfır olur. *k=n* için sol taraf $(\pi/2)G_n$ olacağından;

$$G_n = \frac{2}{\pi} \int_0^{\pi} \vec{G}_0 \sin ny dy$$

olarak bulunur. (4.29)

x=0 noktasında kütleçekim alanının G_0 olduğunu ve dalga denkleminden gelen bu ifadeyi de formüle eklersek;

$$G_n = \frac{2\vec{G}_0}{\pi} \int_0^{\pi} \sin ny dy = \frac{2G_0}{n\pi}(1 - \cos n\pi)$$

$$\begin{cases} 0 & (n \text{ çift}) \\ 4G_0 / n\pi & (n \text{ tek}) \end{cases} \quad (4.30)$$

olur ve komplike çözüm yazılır;

$$\vec{G}(x, y) = \frac{4\vec{G}_0}{n\pi} \sum_{k=0}^{\infty} \frac{1}{k} e^{-kx} \sin ky \quad (4.31)$$

Zaman boyutunu da denkleme eklersek **KÜTLE-ÇEKİMSEL DALGA DENKLEMİNİ** elde etmiş oluruz:

$$\vec{G}(x,y,t)=\frac{4\vec{G}_0}{n\pi}\sum_{k=0}^{\infty}\frac{1}{k}e^{-kx}\sin(ky-\omega t)$$
$$=\frac{4}{n\pi}(\vec{E}_0+\vec{B}_0)\sum_{k=0}^{\infty}\frac{1}{k}e^{-kx}\sin(ky-\omega t) \quad (4.32)$$

Bu sonsuz serinin de toplamı vardır ve şudur;

$$\vec{G}(x,y)=\frac{2\vec{G}_0}{\pi}Arc\tan\left(\frac{\sin y}{\sinh x}\right) \quad (4.33)$$

Şimdi, boş uzay için yukarıdaki denklemin limitini alıp, G_0 için sağlama yaparak genliğini, $|G_0|$'ı hesaplayalım:

$$\ell im_{x,y\to 0}\frac{2G_0}{\pi}Arc\tan\left(\frac{\sin y}{\sinh x}\right)=\frac{2G_0}{\pi}.\frac{\pi}{2}=G_0 \quad (4.34)$$

olarak x=0'daki değeri sağlamaktadır. Kütleçekim dalgasının ilerleme hızı:

(v) = $\frac{1}{\tan G_0}=\frac{E_0}{B_0}=c$ *(ışık hızı=3×10⁸ m/sn)* olmak üzere $|G_0|$ =*sabit* bir değer olmak üzere, kütleçekimi dalgasının içinde bulunduğu ortama göre değişmektedir. Şimdi boş uzayda $|G_0|$'ı hesaplamak üzere, Dünya yüzeyinden yaklaşık 25 bin km. uzaklıktaki (UYDU'ların bulunduğu bölge) bir mesafe için yerçekimi ivmesini hesaplarsak:

$$\left|\vec{G}\right| = \frac{K\left(\frac{1}{\varepsilon_g} + \mu_g\right)M}{4\pi R^2} = 0,381\ m/sn^2 \text{ ise; (4.35)}$$

$$\left|\vec{G}_0\right| = \left|\vec{G}(x_0, y_0)\right| = \left|\frac{2G_0}{\pi}\right| = \frac{2\left|G_0\right|}{\pi} = \frac{K\left(\frac{1}{\varepsilon_g} + \mu_g\right)M}{4\pi R^2}$$

$$= 0,381 \Rightarrow \left|G_0\right| = \frac{K\left(\frac{1}{\varepsilon_g} + \mu_g\right)M}{8R^2} \cong 0,6 \quad (4.36)$$

olarak bulunur. Yukarıdaki sonuçlara göre, Kütleçekim dalgası ve genlik katsayısına ait (*x*,*y*)'nin sınırlı bir değer aralığında;

$$\vec{G}(x, y) = \frac{2\vec{G}_0}{\pi} Arc\tan\left(\frac{\sin y}{\sinh x}\right) \quad (4.37)$$

olur.

$\left|G_0\right|$'ın değişimi aşağıdaki grafiklerde verilmektedir.

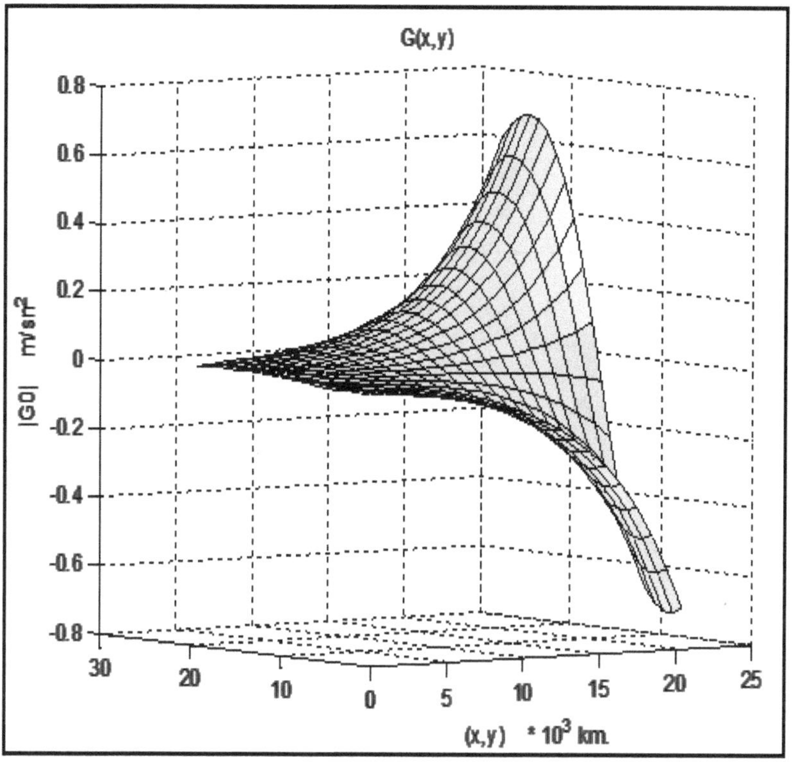

Figure 10: Kütleçekim Dalgasının, G(x,y) zamanla değişimi.

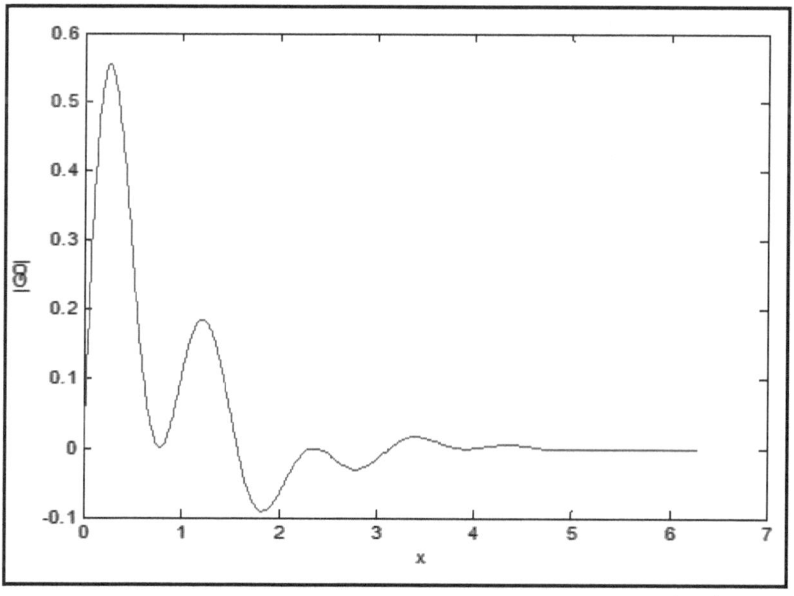

Figure 11: Kütleçekim Dalgasına ait genlik katsayısının, $|G_0|$ zamanla değişimi.

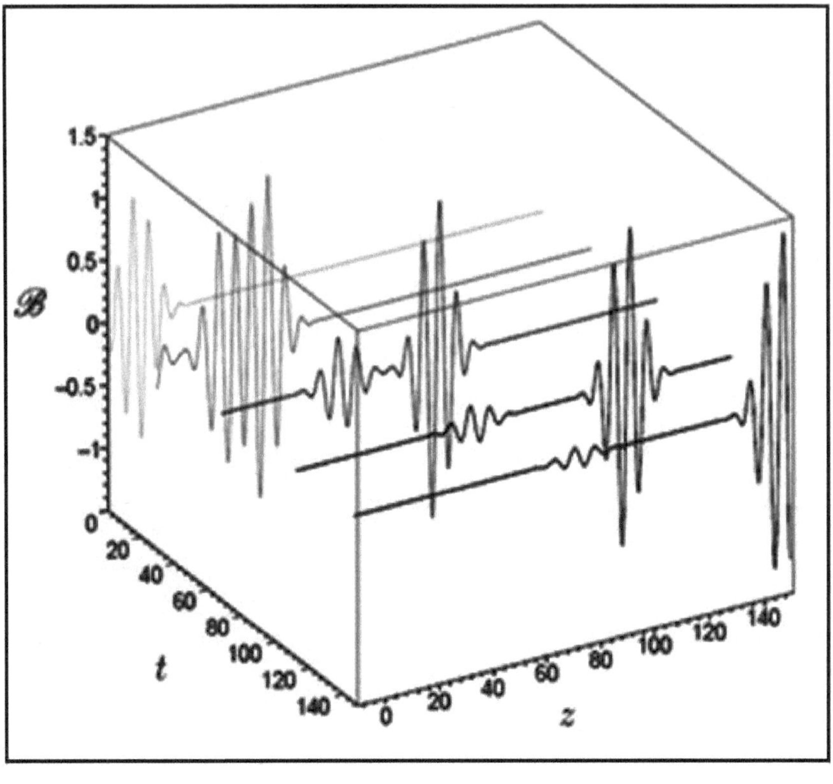

Figure 12: Kütleçekimin ($G_{z,t}$), Manyetik Bileşeni ($B_{z,t}$) alanı üzerindeki pertürbatif dalgalanmalar.

BEŞİNCİ BÖLÜM {PART-V}

KURAMIN GENEL SONUÇ DENKLEMLERİ & TANSÖR HESABI

General Results Equations & Tansor Calculus of Unified Field Theory

ABSTRACT

—In this fifth study, In our previous article, obtaining the equations of the dynamic field, Lienard-Wiechert Potentials and the mass of the moving charge is defined for the "delay time" we had used some wave equations. Then, the equations of the result we want, we will get here.. Today, Isaac Newton's third law, from Kepler (1642-1727) can be produced using the law of universal gravitation. However, the opposite has occurred. Kepler's law of universal gravitation, after that Newton's death in 1687 after 57 years, was published and produced its own law, Kepler's third law relied on. The third law is also of great importance in terms of the philosophy of science. Because every body movements so that the solar system will be described by the same rules that are set forth an important stage on the road to universal unification laws.

I- INTRODUCTION

A-BİRLEŞİK ALAN TEORİSİNİN GENEL SONUÇLARI:

{GENERAL RESULTS EQUATIONS &TANSOR CALCULUS OF UNIFIED FIELD THEORY}

1)- Uzay-zamanın 4-Boyutlu yapısının dışında bir 5. Boyut daha vardır. Bu 5. boyut helezon yaparak kıvrılmış ve saklı kalmıştır. Karadelik tekillikleri olarak karşımıza çıkan bu boyut Kütleçekimi, Manyetizma ve Elektrik Alanı gibi kuvvetlerin esas oluşturucusudur.

2)- Elektromanyetik kütleçekim dalgaları, boşlukta *c=ışık hızı* ile yayılmaktadır. Bu dalgaları oluşturan Gravitonlar kuantalanmış olup, bu durumda manyetik ve elektrik alanı da oluşturan bu yükler hem parçacık (kuant) hem de dalga özelliği göstermektedir. Bu durumda ışık gibi, elektro-manyetik kütleçekim dalgaları da herhangi bir referans sisteminden bağımsız olarak evrensel $c=3\times10^8$ *m/sn* hızıyla hareket eder. Bununla birlikte, "*Eylemsiz bir genel göreli Galile referans sistemindeki serbest düşen ivmeli bir eylemsizlik hareketinin denklemleri 4-boyutlu uzay-zamanda Newton hareket yasalarına genellenebilirken ve düşme süreleri arasındaki fark sadece kütle içeriğine bağlı kalırken*"; "*5-boyutlu uzay-zamanda kütleçekim alanının birleşik doğası gereği elektromanyetik bir bileşen içermesinden dolayı sadece kütle içeriğine değil, materyal içeriğine de bağlı olacaktır.*"

Bu durumda örneğin, aynı kütledeki bir demir kütle ile bir plastiğin düşme süreleri hissedilemeyecek ölçüde de olsa farklılık içerecek ve demir kütle gibi manyetizasyon kazanma özelliğine sahip materyaller daha hızlı serbest düşme etkisine maruz kalacağı için bunlara etkiyen kütleçekim etkisi, dünyanın aşırı manyetik demir çekirdeği gibi tekillik içeren manyetizasyon mekanizması sebebiyle bu tür cisimleri sadece kütle içeriğine bağımlı olmaksızın; materyal özelliklerini de hassas bir şekilde etkileyecek çekilde çekime uğratarak yeryüzüne daha kısa sürede ulaşmasını sağlayacaktır. Bu durum, bu yönüyle Galileo eylemsiz referans sisteminden ve dolayısıyla 4-boyutlu uzay-zamanda yazılan statik Newton ve Einstein kütleçekim denklemlerinden belirgin bir şekilde sapmayı öngörmekle birlikte, bu durumda kütleçekim alanının $\vec{G} = \frac{K\left(\frac{1}{\varepsilon_g} + \mu_g\right)}{4\pi} \frac{m_1 m_2}{r^2}$ şeklinde genel olarak ek bir statik manyetik alan bileşeni içermesi sebebiyle, örneğin bu basit serbest düşme hareketini daha büyük ölçeklere genellersek, bu durumda örneğin dünya ve merkür gezegenini güneş sisteminin 5. boyut doğrultusundaki tekillik noktasının odağında yer alan çekim merkezi olan Güneşe doğru düşmekte olan iki özdeş kütleli küre olarak kabul etseydik, merkürün daha yüksek sıcaklıktaki yoğun merkezi demir çekirdeğinden dolayı güneşe daha hızlı düşeceğini bu postülat doğrultusunda kabul edebilirdik.

Eğer, bu yönde dünya ve merkürden yörüngelerinin odak noktası olan güneşin etrafında tur atıp geri dönen ışın demetlerinin araştırılması ve görece farklı bir sürede ulaşmalarının tesbiti durumunda, bu düşünce deneyimizin doğru olduğunu olumlayan mantıksal bir öner-meyle karşılaşabilirdik. Fakat bu çeşit bir mantıksal deney için, birbirine yakın konumlarda olmaları sebebiyle Dünya ve Ay'ı Güneşe doğru düşen iki özdeş küre kabul edersek ve yörüngeleri üzerindeki orantısal dolanma sürelerini baz aldığımızda, güneş etrafındaki dolanma yörüngelerindeki birim zamandaki taradıkları (uzay-zamanda süpürdükleri) yüzey alanı eşit gibi görünmesine rağmen, hassas bir şekilde yörünge periyotlarını ayrı ayrı yeniden hesapladığımızda çok az bir fark da olsa indirgenmiş özdeş kütleleri arasında, merkezi çekirdeklerinin yoğunluk farkından kaynaklanan bu manyetizasyon etkisi sonucu, bu kez de dünyanın güneşe doğru ay'dan daha hızlı düşeceği sonucuna ulaşmalıyız. Çünkü bu önermedeki durumda, dünyanın merkezi çekirdeği ay'dan çok daha yoğun olacaktır. Bu genel çerçeve içerisinde, aynı yörünge üzerinde dolanan, aynı kütleli fakat farklı yoğunluktaki çekirdek materyali içeren gökcisimleri için yazılan Kepler hareket denklemleri yeniden gözden geçirilmelidir.

Bununla birlikte, yine serbest düşen iki özdeş kütle için yere düşme süreleri Galieo ve Newton için de hemen hemen aynı biçimde eşit olarak düşünülüyordu. Fakat burada bir noktayı gözden kaçırıyoruz ki, bu nokta günümüzde artık çok önemli ve ihmal edilemeyek bir etkisi olan bir uzaktan etki kuvvetidir. Dolayısıyla, o zamanlarda uzayın tekillik yönünde kendi üzerine kapanan bir beşinci bir ek boyutu hesaba katılmadan çekim etkisinin bu ihmal edilen yönü, kütleçekim kuramına dahil edildiğinde (Bu konuyla ilgili, 3. Makalemizde bu doğrultuda elde ettiğimiz yeni birtakım statik kütleçekim alan denklemleri bunun bir ön isbatıdır) çekim etkisinin elektromanyetik ek bir etkisi, yani ortada birleşik bir alan kuvveti söz konusu olduğunda eşit kütlelerin, örneğin yerküre üzerindeki yüksekçe bir yerden bırakılan *iki kütlenin eğer kütle içerikleri farklıysa* aynı kütlede olmalarına rağmen yere düşme sürelerinde, bu ek boyutun uzaktan etkime mekanizması dolayısıyla *aynı olmayacaktır*. Bu durum ise, evrensel olarak kabul edilen, Gelileo referans sisteminden belirgin bir sapmayı öngörecektir.

Oysa galile referans sistemine göre düşündüğümüzde, iki cismin aynı anda yere düşmesi gerekirken; burada ele aldığımız Elektromanyetik Kütleçekim Birleşik alan teorisine göre, çok küçük boyutlarda bir farklılık olduğundan, klasik gözlemle fark edilemeyen, fakat çok hassas bir ölçüm cihazıyla tesbit edilebilen bir süre farkı meydana gelecektir. Bu durumda, serbest düşmeyle gezegen hareketlerini özdeşleştirdiğimizde, özdeş kütleli iki gezegenin aynı yörünge periyodunda dolanmaları sırasında, kütleçekimsel çekirdek materyalinin yoğunluk farkı nedeniyle, yörünge hareketi sırasında farkedilmeyen fakat odak noktasına yaklaşıldığında kendini hissettirmeye başlayan ufak bir yalpalama hareketi yapacaktır ve bunun sonucunda çekim merkezine doğru daha kısa bir zaman aralığında düşme eğilimi gösterecek şekilde aniden ivmelenecektir ki, aslında bunun nedeni de iki gökcisminin manyetik çekirdeklerinin birbirine yaklaşmasıyla çekim etkisinin ani artışıdır. İşte, aslında genel göreliliğe göre Merkür gezegeninin güneş sistemindeki hareketi sırasındaki yalpalama etkisi bunun açık bir sonucudur.

3)- Fiziğin 4 temel kuvveti Planck ölçeğindeki bir manyetik monopol karadelik tekilliği noktasında tek bir ana kuvvet olarak birleşmektedir ki, evrenin ilk başlangıç anında (t=0) gerçekleşen BIG BANG (Büyük patlama) sırasında tüm bu kuvvetler bir aradayken evrenin sonraki zaman dilimlerinde soğumasıyla birlikte önce Elektromanyetizma ve Kütleçekimi olarak iki ana kuvvete ve daha sonra da Elektromanyetizma, Kütleçekimi, Güçlü nükleer kuvvet ve en sonunda da Zayıf nükleer kuvvetin ayrılmasıyla dört ana kuvvete ayrılmıştır. Her bir temel kuvvetin uzay-zamanda bir alan bileşeni bulunmaktadır ve bu alan bileşenleri toplam 12 Maxwell birleşik alan denklemiyle ifade edilecek şekilde, 12 skaler vektör alan potansiyelinin oluşturduğu tek bir yegane birleşik alan teorisi içerisinde ifade edilebilecek şekilde, uzay-zamanda dağılmış olarak bulunur. Fakat bu dağılım büyük ölçeklerde kütleçekiminin zayıf olarak kalmasına sebep olduğu için, temel birleşim denklemleri ancak evrenin ilk oluşum hali için veya o koşulları tekrar elde edebilecek ve evrenin ilk anlarından kapalı olarak büzülmüş olarak kalmış olan ekstra kapalı bir 5. boyut doğrultusunda yeniden elde edilebilir. Buna göre, elektromanyetizma ile çekirdek kuvvetlerinin ara birleşimi;

$F^{\mu\nu} = g^{\alpha\beta}\left(W^{\mu\nu} + S^{\mu\nu}\right)$ tansör $g_{\mu\nu}$ denklemiyle ifade edilirken; Elektromanyetizmayla kütleçekiminin ara birleşimi ise, eğer güçlü ve zayıf çekirdek kuvvetlerinin de kütleçekim alanına etkisini ilave edersek;

$$G^{\mu\nu} = g^{\mu\nu}\left(F^{\mu\nu} + K^{\mu\nu}\right) \quad (1.1)$$

$$G^{\mu\nu} - \frac{1}{4}\sqrt{\frac{\lambda_{\alpha\beta\mu\nu}}{\varepsilon_{\alpha\beta\mu\nu}}} g^{\mu\nu} g^{\alpha\beta} G_{\alpha\beta} = -\kappa T^{\mu\nu}_{\alpha\beta}$$

olmak üzere şeklinde bir tansör denklemiyle belirlenir. Burada ***K***, Newton kütleçekim sabitini göstermek üzere;

$\kappa = \dfrac{8\pi K}{c^2} = 1.87 \times 10^{-27}$ olarak Einstein kütleçekim sabiti ve

$\sqrt{\lambda / \varepsilon}$ maddesel ortamın dielektrik ve manyetik geçirgenliğine bağlı bir sabit bir katsayıdır. Eğer alan ifadelerinin tek bir ana kuvvet içerecek şekilde ifade edilmesi gerekirse;

$$T^{\mu\nu}_{\alpha\beta} = \left(g^{\alpha\beta} F^{\mu\nu} F_{\mu\nu} + g^{\mu\nu} G^{\mu\nu} G_{\mu\nu}\right)$$

şeklinde olacaktır ki, bu durumda tüm uzay-zamanda tanımlanmış olan alan ifadelerini içeren Einstein kütleçekim alanı denklemleri; $g^{\alpha\beta}$, $g^{\mu\nu}$ 4 temel alan bileşenine ait Fiziksel 5-Boyutlu metrik kütleçekim alan tansörleri;

$$T^{\mu\nu}_{\alpha\beta} = \frac{\Im^{\mu\nu}_{\alpha\beta}}{\sqrt{-g^{\alpha\beta} g^{\mu\nu}}}$$

, enerji kaynaklarını da içeren toplam 15 alan bileşenini gösteren Enerji-Momentum Tansörü; $\Re_{\mu\nu}$, Ricci tansörü; $\Re$, 5-boyutlu uzay-zamana ait skaler eğrilik tansörü;

$$M = \frac{m^{\mu\nu}_{\alpha\beta}}{\sqrt{-g^{\mu\nu} g^{\alpha\beta}}}$$

Kütle-Akım kaynağı tansörü ve ***Q*** manyetik monopol mekanizmasını meydana getiren temel kuvvetlere ait alan bileşenleri olmak üzere;

B- 5-BOYUTLU RELATİVİTE & BİRLEŞİK ALAN TEORİSİ GENEL TANSÖR DENKLEMLERİ;

1- $$\Im^{\mu\nu}_{\alpha\beta} = \frac{\partial m^{\mu\nu}_{\alpha\beta}}{\partial g_{\alpha\beta}} g^{\alpha\beta} - \frac{\partial m^{\alpha\beta}_{\mu\nu}}{\partial g_{\mu\nu}} g^{\mu\nu} \qquad (1.2)$$

$$\frac{\partial^2}{\partial_\nu \partial_\alpha}\left(g^{\alpha\beta} \frac{\partial \Im^{\mu\nu}_{\alpha\beta}}{\partial g^{\alpha\beta}_{\nu}} - g^{\mu\nu} \frac{\partial \Im^{\alpha\beta}_{\mu\nu}}{\partial g^{\mu\nu}_{\alpha}} \right) + \frac{1}{2} g_{\alpha\beta} g_{\mu\nu} \Im_{\alpha\beta} \Im_{\mu\nu}$$

2- $$= \left(\frac{\partial m^{\mu\nu}_{\alpha\beta}}{\partial g^{\alpha\beta}} g^{\alpha\beta} - \frac{\partial m^{\alpha\beta}_{\mu\nu}}{\partial g^{\mu\nu}} g^{\mu\nu} \right) \qquad (1.3)$$

3- $$T^{\mu\nu}_{\alpha\beta} = \Re^{\mu\nu}_{\alpha\beta} - \frac{1}{2} g_{\mu\nu} g_{\alpha\beta} \Re$$ (1.4)

$$\Re^{\mu\nu}_{\alpha\beta} - \frac{1}{2} g_{\mu\nu} g_{\alpha\beta} \Re =$$

4- $$T^{\mu\nu(I)}_{\alpha\beta} + T^{\mu\nu(II)}_{\alpha\beta} + T^{\mu\nu(III)}_{\alpha\beta} + T^{\mu\nu(IV)}_{\alpha\beta} + T^{\mu\nu(V)}_{\alpha\beta} + T^{\mu\nu(VI)}_{\alpha\beta}$$ (1.5)

5- $(\Box + k\, T^{\mu\nu}_{\alpha\beta})\, Q^{\mu\nu}_{\alpha\beta} = 0$ (1.6)

BİRLEŞİK ALAN DENKLEMLERİ

olarak ifade edilen toplam 5 temel denklemle gösterilebilir. Buna göre, altı adet parçalı enerji momentum tansörü ile belirlenen ve kütleçekim alan denklemlerini, 5-boyutlu uzay-zamandan 4-boyutlu uzay-zamana indirgeyen 12 adet maxwell denklemi, altısı elektro-zayıf kuvveti ve altısı da elektro-gravitasyon kuvvet alanını ifade etmek üzere, 4 temel kuvvet alanının 5-boyutlu uzay-zamandan 4-boyutlu uzay-zamana indirgeyen holografik izdüşüm denklemlerini oluşturacaktır. Buna göre, Elektromanyetizmanın da kuantalanmasıyla MAXWELL Denklemleri simetrik hale gelmektedir. Bu denklemlere göre Kütleçekim Alanı $(\vec{G})$, Elektrik Alan $(\vec{E})$ ve Manyetik Alanın $(\vec{B})$ vektörel toplamı;

$$G_{\mu\nu} G^{\mu\nu} = g^{\mu\nu} \left(E_{\mu\nu} E^{\mu\nu} + B_{\mu\nu} B^{\mu\nu} \right)$$ olmaktadır. (1.7)

BİRLEŞİK ALAN TEOREMİ

4)- Mikro ölçekte, atomaltı yükleri yörüngede toplu halde tutan ve makro ölçekte de, Yıldız ve Galaksi sistemlerini toplu halde bir arada tutup dağılmamasını sağlayan, 5. boyutta oluşan bu helezonik burgaç şeklindeki kütleçekimi yapısıdır. Bu yüzden, birleşik alan teorisi düz Öklid veya Eğri Riemann uzayı yerine, girintili-çıkıntılı bir yapısı olan ve merkezinde manyetik monopollerin bulunduğu helezonik bir uzay-zaman yapısını öngörür. Dolayısıyla, birleşik alan kuvvetlerinin toplamını oluşturan bu elektromanyetik kütleçekim alanı mutlaka helezonik bir yapıda uzay-zamanı eğmektedir ki; bu mekanizmanın ODAK NOKTASINDA ise, mutlaka bir KARADELİK TEKİLLİĞİ bulunmalıdır.

5)- Statik yük durumunda elektromanyetik kütleçekim kanunlarının sonuç denklemleri olan elektrik alan, manyetik alan ve kütleçekim alanı denklemlerindeki *K*, K_E ve K_B sabitlerinin bulunması, atomlarda bulunan polarize yük durumuna açıklık getirmektedir.

Nitekim; $\frac{\alpha K_E}{4\pi\varepsilon_0} \cong 6\times10^{-34}$ $\frac{\beta\mu_0 K_B}{4\pi} \cong 5\times10^{-36}$ değerleri, Planck ölçeğine $(\hbar = 6{,}6\times10^{-34} m)$ yani atomik boyutlara yaklaşmakta ve $\vec{p} = \alpha\vec{E}$ ve $\vec{m} = \beta\vec{B}$ polarizasyon katsayısı denklemlerindeki $\alpha = 4\pi\varepsilon_0 r^3$ ve $\beta = \frac{e^2 r^2}{4m_e}$ katsayılarına yaklaşık olarak eşit olmaktadır.

Burada *r* atom yarıçapı, *e* elektrik yükü ve m_e elektronun kütlesidir. Çeşitli element atomları için (α) sabit değerleri yandaki tabloda verilmiştir:

Buna bir başka örnek de moleküllerde bulunan kalıcı dipol momentidir. Örneğin, su molekülünde (H_2O) elektronlar, kütleçekimi fazla olan Oksijen molekülü civarında toplanırlar. Pozitif yükler ise, H_2 atomlarında polarize olurlar. Bu yüzden suyun dipol momenti büyüktür (yaklaşık 6×10^{-30} *C.m*) ve eritici özelliği buradan gelir. Buradan, molekül içindeki atomların kütleçekimi kuvveti doğrultusunda polarize olacağı sonucunu çıkarabiliriz.

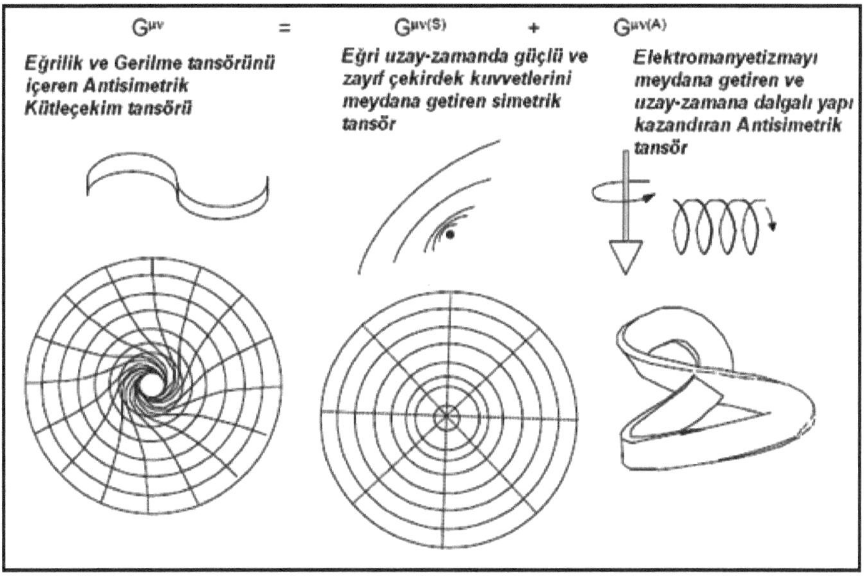

Figure 1: Birleşik alan uzayında, Güçlü (S) ve Zayıf kuvvet (W) ila Elektromanyetik (E) ve Kütleçekimsel (G) kuvvetlerin uzay zaman etkileri ve deformasyonunu gösteren bir grafik.

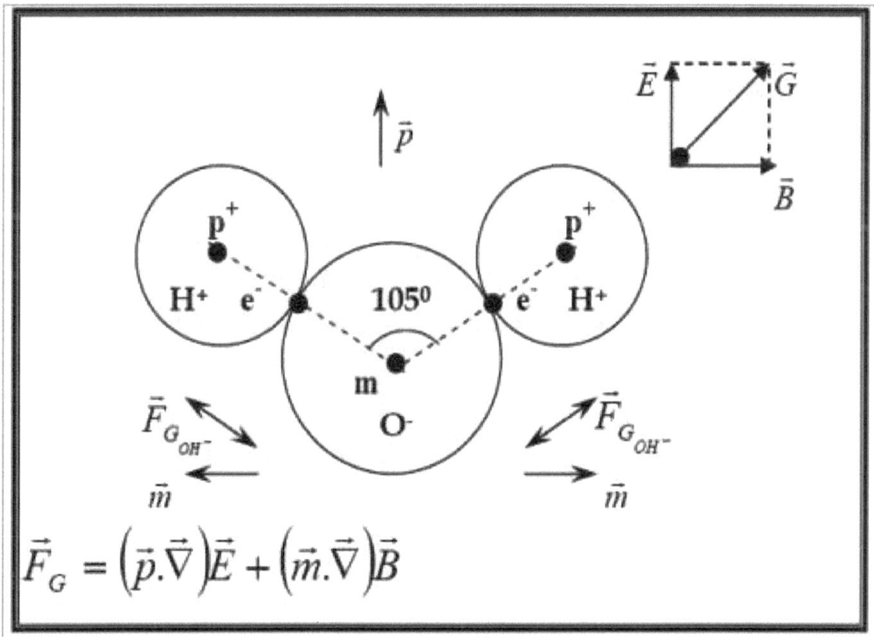

Figure 2: Su molekülünün (H_2O) polarizasyon yapısı ve atomlar arasındaki kütleçekim kuvvetleri.

Tablo-1: Atomik Polarizabilite Katsayıları

(Tabloda α katsayı oranı $\times 10^{-30}$ m birimiyle verilmiştir)

Element:	H	He	Li	Be	C	Ne	Na	Ar	K
Katsayı:	0,66	0,21	12	9,3	1,5	0,4	27	1,6	34

Ayrıca, alan ifadelerini $r \to 0$ ve $r \to \infty$ limit durumlarında incelersek;

$$\left|\vec{E}\right| = \lim_{r\to 0}\left(\frac{K_E}{4\pi\varepsilon_r}\frac{Q}{r^2}\right) = \infty,$$

$$\left|\vec{B}\right| = \lim_{r\to 0}\left(\frac{K_B\mu_r}{4\pi}\frac{i}{r^2}\right) = \infty, \qquad (1.8)$$

$$\left|\vec{G}\right| = \lim_{r\to 0}\left(\frac{K(\frac{1}{\varepsilon_g}+\mu_g)}{4\pi}\frac{m}{r^2}\right) = \infty.$$

$$\left|\vec{E}\right| = \lim_{r\to \infty}\left(\frac{K_E}{4\pi\varepsilon_r}\frac{Q}{r^2}\right) = 0,$$

$$\left|\vec{B}\right| = \lim_{r\to \infty}\left(\frac{K_B\mu_r}{4\pi}\frac{i}{r^2}\right) = 0, \qquad (1.9)$$

$$\left|\vec{G}\right| = \lim_{r\to \infty}\left(\frac{K(\frac{1}{\varepsilon_g}+\mu_g)}{4\pi}\frac{m}{r^2}\right) = 0.$$

Elektrik alan, manyetik alan ve kütleçekim alanının bir küresel kaynağın merkezinde neden tekillik ürettiğini (∞ büyüklükte bir değer vermesi) buluruz. Çünkü, her üçünü de oluşturan kütleçekiminin merkezinde yer alan karadelik, bu tekilliği oluşturmaktadır. Alan çizgileri, uzayın sınırına kadar ulaşmakta ve $r \to \infty$ yaklaşıklığı yapıldığında azalarak (sıfır değerine düşerek) sona ermektedir. Aşağıdaki şekilden bu durum daha iyi anlaşılabilir:

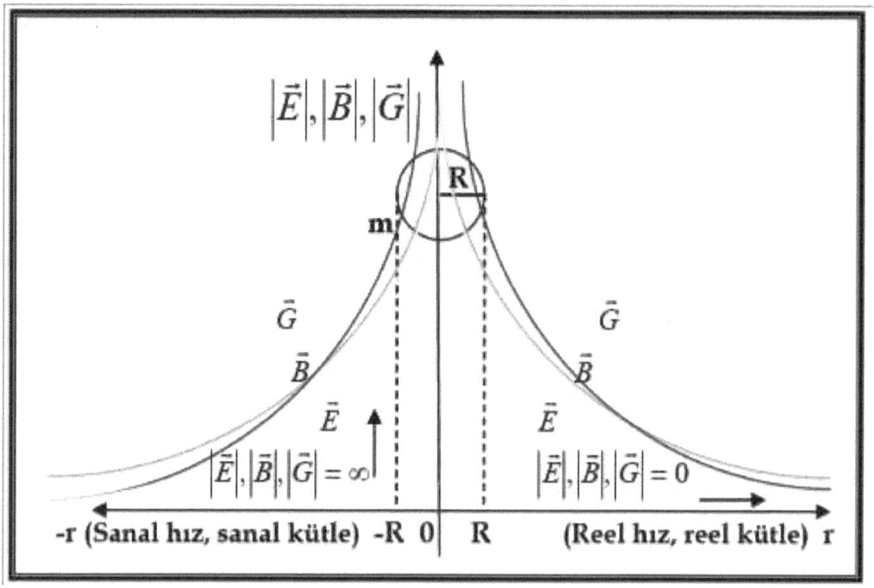

Figure 3: Küresel bir kaynağın etrafında oluşan Alan şiddetlerinin merkezden uzaklığa göre değişimi.

II- BİRLEŞİK ALAN TEORİSİ'NİN IŞIK HIZINA BAĞLI SONUÇLARI VE PARTİKÜL HIZ DİYAGRAMLARI

Böylece Elektromanyetizma ve Yerçekimi kanunlarını birleştirerek elde ettiğimiz alan denklemlerini toplu halde tablo halinde yeniden yazarsak;

Dinamik yük durumunda, elektromanyetik kütleçekim kanunlarının sonuç denklemleri ise, ışık hızı civarında ve ışık hızının tam ve kesirli katları şeklindeki partikül hareketlerine açıklık getirmektedir. Bu önemli sonucun en önemli sonucuna göre ise, evrendeki mutlak hız ışık hızı değildir. Eğer, elektromanyetik alan ifadelerini ve bazı temel partiküllerin (burada elektron, müon ve nötrinoyu örnek olarak vereceğiz) hız-kütle dağılım grafiğini göreli durumda, yani ışık hızına (***c***) yaklaşılan ve geçilen durumda incelediğimizde ise, aşağıdaki şekildeki gibi bir uzay-zaman çizgisi elde ederiz. Yalnız burada önemli bir nokta var ki, altını çizmeden geçemeyeceğiz; Einstein'a göre evrendeki mutlak sınır hız ışık hızı olmakta ve tüm cisimler maksimum bu sınır hıza kadar ulaşabilmektedir. Oysa, biz Birleşik alan teorisinin tansör denklemlerinde, manyetik monopolün sınır teğet yüzeyi üzerinde, yani tekillik noktasının merkezi civarında yaptığımız incelemeler sonucunda gördük ki, kütle sonsuza yaklaşacak kadar hızlı ve ani bir artış göstermektedir. Örneğin, ***Higgs bozonu*** için hesapladığımız kütle değerleri gibi.

İşte, bu önemli sonuç bizi şuna götürmektedir ki; kainatta kütlenini sınırlı olmaması gibi hızın da sınırlı kalmayacağı istisnaları içeren tekillik noktaları bulunmaktadır ve herhangi bir partikül (çok hızlı haraket eden nötrinolar veya müonlar, kaonlar gibi) bizi evrenin ilk büyük patlama anındaki kapalı boyutlardan oluşan enerji skalasına götürdüğü gibi, bu kapalı ekstra boyutlara ait tünel etkisinin merkezine yaklaştığında, kütle-hız grafiği ışık hızını aşan değerler alacak şekilde kuantalı olmak zorunda olacaktır. Bu ilginç ve klasik fiziği alt üst eden durum, aşağıdaki kütle-hız grafiklerinden de daha iyi anlaşılabilir.

$$\left|\vec{E}\right|_{göreli} = \lim_{v\to c}\left(\frac{K_E}{4\pi\varepsilon_r}\frac{Q'}{t^2\sqrt{1-\dfrac{v^2}{c^2}}}\right) = \infty,$$

$$\left|\vec{B}\right|_{göreli} = \lim_{v\to c}\left(\frac{K_B\mu_r}{4\pi}\frac{i'}{t^2\sqrt{1-\dfrac{v^2}{c^2}}}\right) = \infty, \qquad (2.1)$$

$$\left|\vec{G}\right|_{göreli} = \lim_{v\to c}\left(\frac{K(\dfrac{1}{\varepsilon_g}+\mu_g)}{4\pi}\frac{m'}{t^2\sqrt{1-\dfrac{v^2}{c^2}}}\right) = \infty.$$

$$E_{Nötrino}=\left(\frac{m_{nötrino}c^{2}}{\sqrt{1-\frac{(2c)^{2}}{c^{2}}}}\right)=\frac{m_{nötrino}c^{2}}{\sqrt{3}i}\approx -10^{17}\,jeV$$

$$(5.\ boyut\ doğ.\ sanal-anti\ enerji) \qquad (2.2)$$

$$E_{Kaon}=\left(\frac{m_{\kappa}c^{2}}{\sqrt{1-\frac{(1.2c)^{2}}{c^{2}}}}\right)=\frac{m_{\kappa}c^{2}}{0.66i}\approx -10^{26}\,jeV \qquad (2.3)$$

$$(5.\ boyut\ doğ.\ sanal-anti\ enerji)$$

$$E_{Muon}=\left(\frac{m_{\mu}c^{2}}{\sqrt{1-\frac{(1c)^{2}}{c^{2}}}}\right)=\frac{m_{\mu}c^{2}}{0}\approx \infty$$

$$(4.\ boyut\ doğ.\ sonsuz-anti\ enerji) \qquad (2.4)$$

Dikkat edilirse, birleşik alan teorisine göre, tüm kuantumlu partiküller bu durumda, ışık hızı duvarının tamsayı veya kesirli katlarına ulaşabilme durumuna göre de hızlarına göre ışık hızının katları cinsinden hızlarına göre kuantalanabileceği görülmektedir. Bu durum ise, klasik fiziğin alışılagelmiş göreli yasalarını alt üst ettiği gibi; partiküllerin neden sadece spin değerlerinin (yani kendi ekseni etrafında dönmesiyle oluşan açısal momentumun kuantalanabilmesine rağmen, bir tünel etkisi ile lineer hızlandırılması sırasında kuantala-namaması) kuantalı olup da elektrodinamik hareketinini kuantalanamaması sorununa da tam bir çözüm getirmektedir ki, buna göre tüm partiküller ışık hızı duvarına yakın hareket edenler (elektron, proton veya müon gibi) ile ışık hızı duvarını aşan partiküller (nötrino veya kaon gibi v.b.) olmak üzere lineer hıza ilişkin spin değeri l_{s1}=± *c*, ± ½ *c*, ± ¼ *c* gibi veya l_{s2}= ±*1.2 c*, ±*2c*, ±*4c* gibi ışık hızının tam veya kesirli katları olarak standart modele göre modifiye ettiğimizde iki ana grup halinde (L-SU(1) SU(2) ve L-SU(2) SU(3)) kuantalanabileceğini ortaya koyar ve öngörür..

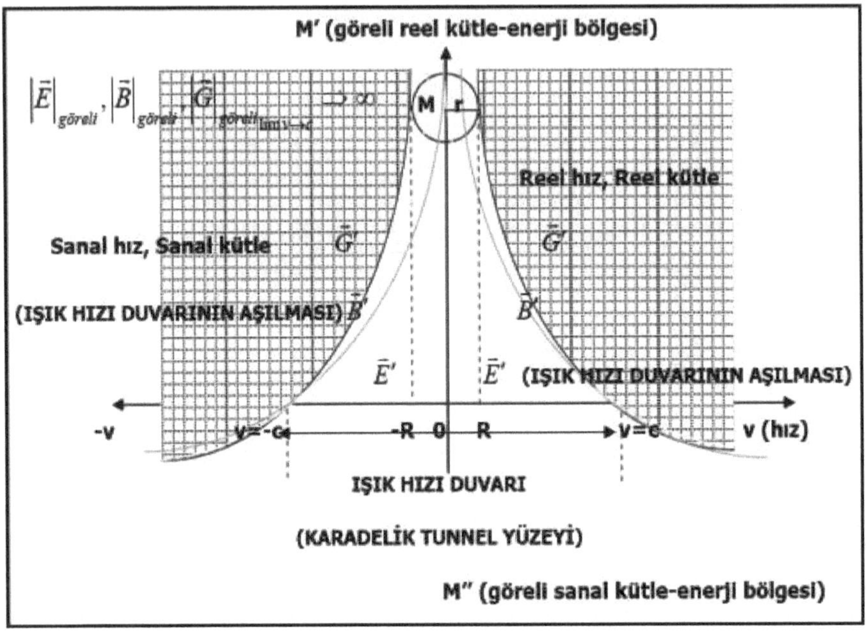

Figure 4: Karadelik tünel etkisi civarında oluşan Alan şiddetlerinin merkezden uzaklığa göre değişimi.

NOT: *Karadelik tünel etkisi civarında ışık hızı duvarına kadar hızlandırılan bazı örnek partiküllerin (burada dikkat edilirse, bazı sub-atomik partiküller örneğin nötrino ışık hızının 2 katına ve kaon 1.2 katına, ışık hızı duvarına temas etmeden ulaşabilmektedir) ışık hızı duvarını aşması durumunda elde edilen enerji değerleri görülmektedir. Buradaki partiküllerin enerji değerleri gerçek ölçülen değerleri olmayıp, fikir yürütmek için seçilen bazı kararsız partüllerin yaklaşık enerji değerleridir.*

Partikül Adı	Simgesi	Kütle (MeV)	Yük ($\times e^-$)	Hız ($\times c$)	Quantum Rengi(N_c)	Grup
Açısal Spin grubu: 1, Lineer spin grubu: ls1 Vektör Ara Bozonları						
Foton	γ	0	0	+1	1 (kararlı)	L-SU(1)SU(2)
Elektrozayıf Kuvvet Vektör Ara Bozonları	Z^0	~100.000	0	+1	1(kararsız)	L-SU(1)SU(2)
	W^+	<100.000	+1	+1	1(kararsız)	L-SU(1)SU(2)
	W^-	<100.000	-1	-1	1(kararsız)	L-SU(1)SU(2)
Gluon	A_s	~0	0	+1	8 (kararlı)	L-SU(1)SU(2)
Açısal Spin grubu: 0,±1,2 Lineer Spin: ls2 Quantum Kütleçekim Bozonları						
Higgs Alanı (Mekaniz-ması) Ara Kütleçekim Bozonları	H^0 χ Y D F B	>300.000 >3.000 >10.000 <2.000 ~2.000 >5.000	0 0,1,2 0,1,2 0,±1 ±1 0,±1	±4 ±4 ±4 ±3 ±3 ±3	1(kararsız) 1(kararsız) 1(kararsız) 1(kararsız) 1(kararsız) 1(kararsız)	L-SU(2)SU(3) .. ..
Açısal Spin grubu: 1/2 Lineer Spin grubu: ls2 Quarklar						
Yukarı (I)	u	~5	2/3	+3	3(kararsız)	L-SU(2)SU(3)
Aşağı (I)	d	~10	-1/3	+3	3(kararsız)	L-SU(2)SU(3)
Tılsımlı (II)	c	~1.600	2/3	+3	3(kararsız)	L-SU(2)SU(3)
Acayip (II)	s	~180	-1/3	+3	3(kararsız)	L-SU(2)SU(3)
Üst (III)	t	~180.000	2/3	+3	3(kararsız)	L-SU(2)SU(3)
Alt (III)	b	~5.000	-1/3	+3	3(kararsız)	L-SU(2)SU(3)
Açısal Spin grubu: 1/2 Lineer Spin grubu: ls1 Leptonlar (L=1, B=0, S=0)						
Elektron Pozitron Müon Tau	e^- e^+ μ τ	~0.5 ~-0.5 ~105.66 ~1.800	-1 +1 -1 -1	+1 -1 +1 +1	1(kararlı) 1(kararsız) 1(kararlı) 1(kararlı)	L-SU(1)SU(2) L-SU(1)SU(2) L-SU(1)SU(2) L-SU(1)SU(2)
Açısal Spin grubu: 1/2 Lineer Spin grubu: ls2 Leptonlar (L=1, B=0, S=0)						
e-nötrinosu μ-nötrinosu τ nötrinosu	υ_e υ_μ υ_τ	~0 ~0 ~0	0 0 0	+2 +2 +2	1(kararlı) 1(kararlı) 1(kararlı)	L-SU(2)SU(3) L-SU(2)SU(3) L-SU(2)SU(3)
Açısal Spin grubu: 1/2 Lineer Spin grubu: ls1 Baryonlar (L=0, B=1, S=0)						
Proton	p	~940	+1	+1	1 (kararlı)	L-SU(1)SU(2)
Açısal Spin grubu: 1/2 Lineer Spin grubu: ls2 Baryonlar (L=0, B=1, S=0,-1,-2)						

Nötron	n	~940	0	+3/2	1(kararsız)	L-SU(2)SU(3)
Lambda	Λ	~1.100	0	+3/2	1(kararsız)	L-SU(2)SU(3)
Sigma	$\Sigma^{0,\pm}$	~1.200	0, ±1	+3/2 +3/2	1(kararsız)	L-SU(2)SU(3)
Ksi	$\Xi^{0,-}$	~1.300	0,-1	+3/2	1(kararsız	L-SU(2)SU(3)
Omega	Ω^{-}	~1.700	-1	+3/2	1(kararsız)	L-SU(2)SU(3)
Açısal Spin grubu: 0 Lineer Spin grubu: ls2 Mezonlar (L=0, B=0, S=0,±1)						
Pion	$\pi^{0,\pm}$	~140	0,±1	1.4	1(kararsız)	L-SU(2)SU(3)
Kaon	$\kappa^{\pm}$	~500	±1	1.2	1(kararsız)	L-SU(2)SU(3)
K	$K^{kısa}_{uzun}$	~500	0	1.6	1(kararsız)	L-SU(2)SU(3)
Eta	η	~540	0	1.8	1(kararsız)	L-SU(2)SU(3)
Açısal Spin grubu: 2 Lineer Spin: ls1 Elektromanyetik Kütleçekim Bozonları						
Graviton	g	~2.76	0	±5	1(kararlı)	L-SU(1)SU(3)
Açısal Spin grubu: 2 Lineer Spin: ls2 Elektromanyetik Kütleçekim Bozonları						
Manyeton	m	>500.000	±66	±5	1(kararsız)	L-SU(2)SU(3)

TABLO 2*: Standart Modelin birleşik alan teorisi doğrultusunda genişletilmesiyle elde edilen (L-SU(1)SU(2)SU(3)) Modeline göre oluşturulan, temel sub-atomik partiküllere ait yeni spin ve kütle değerlerinin yaklaşık bir sınıflandırılmasını gösteren tablo.

***NOT**[1]: Tablodaki bazı değerler deneylerle doğrulansa da, bazı değerleri yaklaşık olarak spin değerine benzeterek vermekteyiz. Buradan yola çıkarak, hangi partiküllerin ışık hızını geçebileceği ve hangilerinin ışık hızı sınır değerinde sabit kalması gerektiği esas çıkartmamız gereken önemli sonuç olmalıdır.

***NOT**[2]: Partikül hız ifadelerindeki (-) değerler sanal hızları, yani 5. boyut doğrultusundaki antimaddeyi gösterir. B ve L, partikülün quantum sayıları ile S, acayiplik değerini gösterir.

Önceki makalelerimizde tüm temel sub-atomik partiküllerin kararlı ve kararsız olmak üzere iki ana sınıfa ayrılabileceğini göstermiştik. Buna göre, tüm kararsız parçacıklar tünel etkisine maruz kalacağı için mutlaka ışık hızından hızlı hareket etmek zorundadırlar ve kuantumlu hız durumları ikinci grup lineer spin değeri (l_{s2}) ile temsil edilir. Bu durumda, Kararlı partiküllerin hızı ise, ışık hızı duvarı ile sınırlandırılmaktadır ve birinci grup lineer spin değeri ile (l_{s1}) temsil edilirler. Yukarıdaki tabloda şimdiye kadar dedektörlerde gözlemlenebilen ve tanımlanan bazı temel partiküllere ait kütle, yük spin değeri ile partikülün ulaşabileceği maksimum hız değerleri tahmini olarak verilmektedir:

Buna göre, Evrendeki Galaktik ölçeklerdeki karadelik tekillikleri ile Quantum ölçeklerindeki mini atomik karadelik tekilliklerindeki (*mini black holes*), evrendeki en yüksek hızın ışık hızı (c) olması kuralı ve sınırı ihlal edilmekte ve Planck ölçeğine yakınlaşan mesafelerde hareket eden sub-atomik partiküllerin hız sınırı ışık hızı duvarını aşarak, tünelin diğer tarafına (5. boyut) ışık hızı duvarına uğramaksızın geçebilmektedirler. Bu durumu daha iyi anlamak için aşağıdaki grafiğe bakalım:

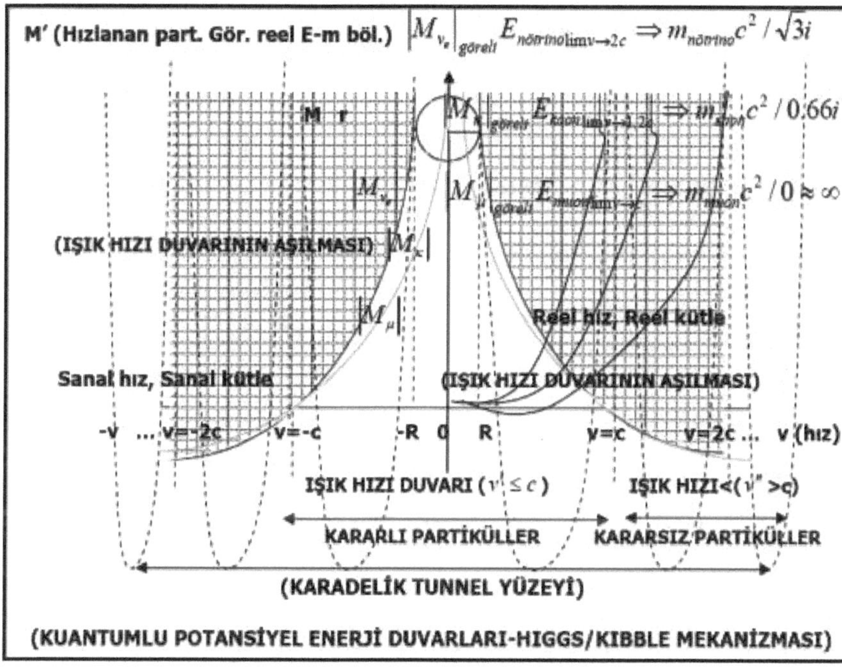

Figure 5: Karadelik tünel etkisi civarında ışık hızı duvarına kadar hızlandırılan bazı örnek partiküllerin (burada dikkat edilirse, bazı sub-atomik partiküller örneğin nötrino ışık hızının 2 katına ve kaon 1.2 katına, ışık hızı duvarına temas etmeden ulaşabilmektedir) ışık hızı duvarını nasıl aşabildikleri temsili olarak şematize edilmektedir. Buradaki partiküllerin hız değerleri gerçek ölçülen değerleri olmayıp, fikir yürütmek için seçilen bazı kararsız partüllerin yaklaşık hız değerleridir. Gerçek hız değerlerini hesaplanmak isteyen okuyucu atom altı partiküllerin göreli durumdaki QED (Quantum Elektro Dinamik) denklemlerini kullanarak bu hızları hesaplayabilir. Tabi bu durumda, kararsız partiküllerin hız değerlerinin hesaplan-masında belirsizlik ilkesi işin içine girecektir. Bu da hızın veya konumun aynı atomik yörüngeler içerisinde kestirilemeyeceği anlamına

gelmektedir. Örneğin, elektronun birinci Bohr yörüngesindeki hızı: $e^2 / \kappa\hbar \cong 1 \Rightarrow 2.187 \times 10^6 \ m/s$ olurken; radial olarak elektronu atom yarıçapının çekirdeğine doğru 100 katı kadar daha yakın bir mesafeden geçerkenki bir mesafede, eliptik yörüngede alacağı hız değeri ışık hızına yaklaşarak:

$$e^2 / \kappa\hbar \cong 100 \Rightarrow 2.187 \times 10^8 \ m/s \ \approx 0.7c$$

olur.

Bu da bize göstermektedir ki, kararlı partiküller eliptik yörüngelerinin odak noktalarına yaklaşırken hızlanarak ışık hızına yaklaşırlar, ama tam ulaşamadan örneğin elektron gibi yörünge hareketlerine devam ederlerken; kararsız partiküller ise, odak noktasındaki tünele doğru yutulup başka bir partiküle bozunmadan hemen önce ya ışık hızına ulaşırlar veya bu potansiyel hız duvarına değmeden ışık hızını geçerek 5. boyuta atlayıp geçerler.

Örneğin, bir muon 800 m uzunluğundaki dairesel bir siklotron hızlandırıcısında ekranda iz bırakıp kaybolduğunda muonun ömrünün $2 \times 10^{-6} s$ olduğunu gözönüne aldığımızda spiral yörün-gesi üzerindeki ortalama hızının:

$$v = \frac{800m}{2 \times 10^{-6}} = 4 \times 10^8 \ m/s \ \approx 1.3c$$

olduğunu kolaylıkla bulabiliriz.

Ayrıca kararsız partikül kütleleri $E^2 - p^2c^2 = m^2c^4$ sonuç kleingordon denkleminden yararlanarak da hesaplanabilir. Yalnız, partikülün enerjisi biliniyorsa momentumdan hızı veya kütlesi biliniyor fakat enerjisi bilinmiyorsa momentum ifadesi konarak yine Enerji ifadesinden hızı hesaplanabilir. Klasik uygulamalarda, siklotron hızlandırıcılarında;

$$\frac{m_1 v_1}{\sqrt{1 - \frac{v_1^2}{c^2}}} + \frac{m_2 v_2}{\sqrt{1 - \frac{v_2^2}{c^2}}} = \frac{m_3 v_3}{\sqrt{1 - \frac{v_3^2}{c^2}}} + \frac{m_4 v_4}{\sqrt{1 - \frac{v_4^2}{c^2}}}$$

şeklindeki göreli durumdaki momentumun korunumu kanunundan, partiküllerin çarpışmadan sonraki elde edilen enerji ifadelerinden, kütlesi ve momentum veya enerji değeri bilinen partiküllerin değeri denklemde yerine konarak bilinmeyen X gibi bir partikülün hızı veya kütlesi hesaplanabilir (*Ukray, 2011*).

Örneğin, bazı gözlemlenemeyen nötrinolar ve quarklar için bu hız değerini yukarıdaki örnek grafikte *1,2c* veya *2c* şeklinde ışık hızının katları şeklinde ışık hızı sınırını aşarak, bu noktadan sonra Einstein'ın 4-boyutlu genel relativitesindeki ışık hızının evrendeki sınır hız duvarı ilkesi olduğunu ileri sürdüğü hipotezini geçersiz kılmaktadır. Dolayısıyla, bu noktadan sonra ışık hızının mutlaklığından değil de; onun da göreceli ve atomik veya galaktik boyutlardaki birleşik alan hareket yasalarına göre belirlenebilen ve en önemlisi de; tamsayı ve kesirli katları olabilecek şekilde (1,2c; 2c, 3c, 4c,...) Quantalı olması gerektiği sonucuna ulaşılır. Bu durum ise, görecelik kavramının 5. boyut doğrultusunda, 4-boyutlu bildiğimiz uzay-zaman kavramlarından farklı olarak, anlamını yitireceğini ve bildiğimiz anlamdaki 5-duyu organının algı hislerinin ötesindeki paralel bir evrene açılan kapılarla iletişim ve matematiksel bağlantıları sağlayan holografik 5-boyutlu parallel evren doğrultusundaki hıza ve kütle değerlerine bağlı olarak fizik yasalarını yeniden gözden geçirmemizi zorunlu kılmakta; daha çok Quantum mekaniğine göre açıklanabilen belirsizlik ilkesiyle ifade edilebileceğini ve evrende bu noktadan sonra mutlak değere sahip olabilen herhangi bir fiziksel niceliğin (ışık da dahil olmak üzere) olamayacağı anlamına gelir.

Şimdi, yukarıda kısaca anlattığımız bu durumu matematiksel olarak daha iyi anlamak için işlemlerimizi bir adım daha ileri götürelim ve Birleşik alan teorisinin belki de en önemli bu sonucunu elde etmek üzere, Belirsizlik ilkesini bu maksimum spin hız denklemleri cinsinden yeniden düzenleyelim ve belirsizlik ilkesinin evren için anlamını bu maksimum hız kavramı ekseninde yeniden yorumlayalım;

Hatırlarlarsak belirsizlik ilkesinin klasik kuantum mekaniği için ifadesi;

$$\Delta x.\Delta P \geq \hbar \quad (2.5)$$

idi ki, bu ifade bize kuantum mekaniğinin planck ölçeğine ulaşmadan önceki minimum alt sınırlarını belirlemektedir. Bu ifadeden anlaşıldığına göre, bir partikülün hızını veya konumunu ve/veya kütle değerlerini aynı anda belirleyemeyiz. Bu ise, ya kütlenin önceden ölçülüp denklemlerde yerine konarak partikülün hızının belirlenmesini veya tersinin yapılarak hızının dedektörlerle (Örneğin, CERN'de yapıldığı gibi) ölçülerek kütle ve enerji değerinin belirlenmesiyle elde edilebilir. Oysa ki, biz evrendeki hız ve kütle değerlerine ilişkin maksimum sınırları aramaktayız ki, bu durumda evrenin ilk başlangıç anlarındaki yüksek enerji seviyesini dedektörlerle tesbit etmenin imkansız olmasından dolayı (ki bunu test edecek bir dedektörün yaklaşık çapı samanyolu galaksisi kadar olacaktır) bu durumda, tümdengelimci bir yaklaşımla evrenin matematiksel olarak davranışını belirlemeli ve buna göre maksimum hız değerini veya kütle değerini belirlemeliyiz.

Şimdi herhangi bir partikül için evrensel Planck enerji eşiği ifadesini yazarsak;

$$E = \hbar \upsilon \equiv \frac{\hbar c}{\lambda} \quad (2.6)$$

E, burada partikülün *joule.sn* veya *elektron.volt* (*eV*) olarak enerji eşdeğerliğini ve *v* de partikülün yörünge doğrultu-sundaki titreşiminin sayısını (frekansını) ve λ titreşim mesafesini (dalgaboyunu) vermektedir. Şimdi bu ifadeyi belirsizlik ilkesine ve aradığımız maksimum hız spin değeri cinsinden yeniden düzenlersek;

$\omega = 2\pi\upsilon$ ve $\omega = \dfrac{2\pi r}{T}$ olduğu hatırlanırsa; (2.7)

$\omega = \dfrac{\upsilon}{r}$ ve $\upsilon = \dfrac{v}{2\pi r}$ olarak elde edilir ki buradaki v değeri partikülün hızı olduğuna göre ve biz de maksimum hızı aradığımız için buna $\mathbf{v_{max}}$ diyelim. Bu durumda, partikülün tekillik noktası civarındaki tünel boyunca yapacağı ivmeli hızlanma hareketindeki radial olarak planck ölçeğine ulaşıncaya kadar ki zamana **Δt** dersek, bu durumda ışık hızının kuantalanmış katları cinsinden yarıçap (**r**) denklemini;

$$r = l_s . c . \Delta t \quad (2.8)$$

Ve sonuç olarak maksimum hız sınırında planck enerji eşiği;

$$E = \frac{\hbar}{2\pi}\underbrace{\left(\frac{v_{max}}{c}\right)}_{l_s}\frac{1}{\Delta t}$$

olarak yazılabilir. (2.9)

Şimdi bu ifadeyi, Belirsizlik ilkesi cinsinden yeniden düzenlersek;

$$E = \frac{l_s}{2\pi}\frac{\hbar}{\Delta t} \Rightarrow \Delta m.(\Delta v)^2 = \frac{l_s}{2\pi}\frac{\hbar}{\Delta t} \Rightarrow \quad (2.10)$$

$$\Delta P.\Delta v.\Delta t = \frac{l_s}{2\pi}\hbar \Rightarrow \Delta P.\Delta x \geq \frac{l_s}{2\pi}\hbar \quad (2.11)$$

olarak yine belirsizlik ilkesini elde ettik ki, bu durumda **l_s** değeri kuantum düzeydeki planck ölçeğinde yer alan partikülün alacağı maksimum hızı belirleyen, çizgisel hıza bağlı yörünge üzerindeki hareketin spiral çizerek tünelin 5. boyut doğrultusunda diğer ucuna kadar ulaşacağı (***Δt***) zamanı içerisindeki, yani partikülün yaşama ömrü içindeki açısal spin değerini verecektir. Denklemin sağ tarafı evrensel durumda planck sabitine eşit olması dolayısıyla, planck sabitinin katsayısını 1'e eşitlememiz gerekeceğinden;

$$\frac{l_s}{2\pi} \equiv 1 \Rightarrow \quad l_s = 2\pi$$ veya $l_s = 6.2831$ olarak elde edilir.

Bu durumda, kainattaki 5. boyut doğrultusundaki ulaşılabilen maksimum partikül hız sınırı;

$$l_s = \frac{v_{max}}{c} \Rightarrow \frac{v_{max}}{c} = 2\pi \Rightarrow \quad (2.12)$$

$$v_{max} = 2\pi c = 6.2831c \Rightarrow$$

$$v_{max} \cong 19 \times 10^8 \; m/sn.$$

olarak bulunur.

Peki partiküle ait enerji ifadesinden Belirsizlik ilkesine ve oradan da maksimum hız denklemine nasıl geçebildik. Bilindiği gibi, bu denklemler partikül fiziğinde ayrı ayrı fiziksel durumlar için hesaplanmaktadır. Örneğin, enerji ifadesi bir elektron veya fotonun planck enerji eşiğindeki frekansını veya dalgaboyunu ölçmek için, belirsizlik ilkesi ise elektronun atom yörüngesindeki konum veya hızını saptamak için kullanılır. Oysa ki, biz bu iki yapıyı birleştirerek yeni bir sınır koşul altında evrensel bir maksimum hız sınırı elde ettik. Bu durum aslında kuantum mekaniğinin temel ilkelerinin atomaltı düzeylerde eşdeğerlik ilkesine göre çalışmasına, yani bir partikülün kütlesini veya enerjisini hesaplamakla; onun hızını veya konumunu eşzamanlı olarak belirle-yebilmemiz anlamına gelmesinden kaynaklanmaktadır. Belirsizlik ilkesinin bu yeni anlamına göre bu ifade şu anlama gelir:

Bir partikülün enerjisini biliyorsanız hızını ve kütlesini aynı anda hesaplayamazsınız, yani momentumunu da bilmeniz gerekir veya momentumunu biliyorsanız hızını ve konumunu aynı anda aynı anda hesaplayamazsınız, yani kütlesini de bilmeniz gerekir. Dolayısıyla, alan denklemlerinde metrik interval tansör bileşenleri yazılırken hız, zaman veya konum boyutları bu şekilde bir ayrıma gidilerek ayrı ayrı yazılır ve biz bu denklemlerin birinden partikülle ilgili bir değişkeni elde ettiğimizde diğer denklemin içinde de bu parametrik ifade varsa buradan hareketle diğer bileşenleri daha kolay hesaplarız. Bunun için ayrı tansörlerde ortak çarpan olarak geçen bir ifadeye, örneğin $\boldsymbol{K^2}$ gibi bir parametrik değer vererek hesaplamaları kolaylaştırırız. Bu durumu daha iyi anlamak için ve aynı zamanda yukarıda elde ettiğimiz ışık hızına ait quantalı hız spini denklemlerine bir uygulama olması için, şimdi ışık hızı cinsinden 5-boyutlu metrik tansörü yeniden tanımlayalım ve gerçekten yine bu aynı sonuçlara ulaşıp ulaşamayacağımızı test edelim.

Işık hızına bağlı herhangi bir ivmeli göreli hareket durumunda, Metrik tansör ve ekstra boyuta bağlı eğrisel koordinat bileşenleri aşağıdaki gibi tansör denklemi olarak tanımlanmış olsun;

$$g_{ik} = \begin{pmatrix} -1 & 0 & 0 & a \\ 0 & -1 & 0 & b \\ 0 & 0 & -1 & c \\ -a & -b & -c & d \end{pmatrix}, \qquad d = 1 + a^2 + b^2 + c^2 \tag{2.13}$$

$$a = i\chi_{,x}, \quad b = i\chi_{,y}, \quad c = i\chi_{,z},$$
$$i = \sqrt{-1}, \quad \chi_{,xx} + \chi_{,yy} + \chi_{,zz} = 0 \quad (2.14)$$

$$s_{ik} = \sqrt{d}\begin{pmatrix} -1 & 0 & 0 & 0 \\ 0 & -1 & 0 & 0 \\ 0 & 0 & -1 & 0 \\ 0 & 0 & 0 & 1 \end{pmatrix}$$
$$-\frac{1}{\sqrt{d}}\begin{pmatrix} \chi_{,x}\chi_{,x} & \chi_{,x}\chi_{,y} & \chi_{,x}\chi_{,z} & 0 \\ \chi_{,x}\chi_{,y} & \chi_{,y}\chi_{y} & \chi_{,y}\chi_{,z} & 0 \\ \chi_{,x}\chi_{,z} & \chi_{,y}\chi_{,z} & \chi_{,z}\chi_{,z} & 0 \\ 0 & 0 & 0 & 0 \end{pmatrix} \quad (2.15)$$

$$ds^2 = s_{ik}dx^i dx^k = -\sqrt{d}\left(dx^2 + dy^2 + dz^2 - dt^2\right) - \frac{1}{\sqrt{d}}(d\chi)^2$$

(2.16)

göreli durumda, kütleçekim alanında elektromanyetik alan bileşenleri ve fermionlar ile bozonların tümü ışık hızının katları şeklinde titreşeceği için ve $r = dx^1$ şeklinde radyal yönde tekillik noktasına göre hızlanan bir partikül hareketini varsaydığımız için ve yarıçapı da $I = \frac{\kappa}{\sqrt{1+\kappa^2}}$ ışık hızına bağlı metrik interval cinsinden yeniden diferansiyel formda yazarsak (K, burada f(c) şeklinde ışık hızına bağlı bir metrik interval sabitini göstersin);

0<φ<2π aralığında metrik uzaklık ifadesi radyal olarak şu şekilde olacaktır;

$$ds^2 = \sqrt{1+\kappa^2}\left(-dr^2 - dz^2 - r^2 d\varphi^2 + dt^2\right) + \frac{\kappa^2}{\sqrt{1+\kappa^2}}\left(\frac{zdr - rdz}{r^2 + z^2}\right)^2$$

(2.17)

Bu durumda merkeze yakınlaşan partikül $r = 0, \quad z = sabit$ ko-ordinat noktasında göreli olarak şöyle bir diferansiyel birim uzaklıkla tanımlanırsa, yani;

$$\left(ds^2 = v_{göreli}^{\ 2} dt^2 = f\left(\frac{v_{\max.}^{\ 2}}{\sqrt{1 - \frac{v^2}{c^2}}} \right) dt^2 \right) \quad (2.18)$$

şeklinde. Partikül, manyetik monopolün tekillik yüzeyine (küresel membrane manifold yüzeyi) spin yaparak, yani z-ekseni etrafında dönerek yakınlaşacağı için bu diferansiyel metrik ifadenin çözümü lineer durumda, yarıçap sıfıra yaklaşırken ($\lim_{r \to 0} F = \kappa^2$ şeklinde) partikülün hareketi tünel boyunca (r=0 noktasında, yani Tünelin merkezinde) yok olana kadar sonlu bir yol izleyeceği için ve bu durumda ulaşacağı bir mutlak maksimum hız olacağı için;

Bu 5-boyutlu metrik birim uzaklık için Diferansiyel denklemin bir özel çözümü;

$$d\ell = \left(-s_{11} + \frac{(s_{12})^2}{s_{22}} \right)^{1/2} dx^1 \quad (2.19)$$

şeklinde bir ifade olacaktır. Bu durumda, partikülün birim yerdeğiştirmesi R, birim zamandaki ışık hızı tur sayısı (δ) cinsinden tansörel olarak yazılırsa;

$$s_{11} = i^2, \quad s_{22} = r^2, \quad s_{12} = \delta$$

$$\Re = 2\pi\sqrt{1 - \frac{\delta^2}{r^2}} \quad (2.20)$$

Bu ifade ise z=0 ve r=0 sınır koşulunda;

$$\Re = 2\pi\sqrt{1+\kappa^2} \quad (2.21)$$

olarak partikülün birim zamanda tekillik noktasına ulaşma hızını verecektir ki, K^2 1'in yanında çok çok büyük kalacağı için, yani diferansiyel denklemin özel çözümü altında incelediğimiz newton mekaniğini aşan çok yüksek hızlarda 1'i ihmal edersek;

$$\Re = 2\pi\kappa \quad (2.22)$$

denklemi elde edilir ki, buradan hareketle başta tanımladığımız metrik interval sabitinin aslında ışık hızı olduğunu kabul ettiğimiz özel koşul altında ($\kappa = c$); $\Re = f(c).t$ şeklinde bu denklemi yeniden yazarsak;

$$\Re = 2\pi ct$$

$$\delta / r \rightarrow l_s = 2\pi \Rightarrow v_{\max.} = 2\pi c \quad (2.23)$$

denklemi elde edilir ki, bu denkleminde az önce elde ettiğimiz maksimum hız denklemiyle gerçekten de aynı olduğu görülmektedir. Yani, partikülün tünel doğrultusunda yapacağı spinli spiral hareketin maksimum hızı yine **2πc**'ye eşit olmaktadır. Bu hız, bir varlığın veya partikülün, 4-Boyutlu uzay zamanı kapsayan evrende ulaşabileceği en yüksek, maksimum hızdır.

Örneğin, Higgs alanı için $F^2 = -\frac{2\mu^2}{\lambda}$ şeklinde bir alan tansörü tanımladığımızda, kütlesi $M_H = \sqrt{\lambda}F$ olan Higgs partikülünün,

$$A_a^{(\alpha)} = a_{a(\beta)}^{b(\alpha)} \eta_b r^{(\beta)} A(r), \qquad \phi^{(\alpha)} = r^{(\alpha)} \phi(r)$$

olarak tanımlanan skaler potansiyel alanında hareket ettiğini varsaydığımızda, bu durumda metrik diferansiyel uzaklık ifadesini şöyle tanımlarsak;

$$F_{\theta\phi}^{(x)} = -Q(v)\sin^2\theta\cos\phi$$
$$F_{\theta\phi}^{(y)} = Q(v)\sin^2\theta\sin\phi$$
$$F_{\theta\phi}^{(z)} = -Q(v)\sin\theta\sin\phi \qquad (2.24)$$

silindirik koordinat sistemi bileşenleri olmak üzere, Elektromanyetik bileşenin çözümü bu durumda, ışık hızı cinsinden partikülün hızı $f(c) = \beta$ ve $\beta = \mu^4/\lambda$ olmak üzere;

$$T_b^a = \begin{pmatrix} -\frac{Q^2(v)}{r^4}+\beta & 0 & 0 & 0 \\ 0 & -\frac{Q^2(v)}{r^4}+\beta & 0 & 0 \\ 0 & 0 & \frac{Q^2(v)}{r^4}+\beta & 0 \\ 0 & 0 & 0 & \frac{Q^2(v)}{r^4}+\beta \end{pmatrix} \qquad (2.25)$$

olmak üzere toplam enerji momentum tansörü;

$$T_{ab}^G = 2\begin{bmatrix} g^{mn}F_{am}^{(\alpha)}F_{bn}^{(\alpha)} - \frac{1}{4}g_{ab}F_m^{(\alpha)}F_n^{(\alpha)} + (D_a\phi^{(\alpha)})(D_b\phi^{(\alpha)}) \\ -\frac{1}{2}g_{ab}g^{mn}(D_m\phi^{(\alpha)})(D_n\phi^{(\alpha)}) \\ -g_{ab}\left(\frac{1}{2}\mu^2(\phi^{(\alpha)}\phi_{(\alpha)}) + \frac{\lambda}{8}(\phi^{(\alpha)}\phi_{(\alpha)})^2\right) \end{bmatrix}$$

(2.26)

$$T_{ab}^N = \varphi(v,r)l_a l_b$$
$$T_{ab} = T_{ab}^G + T_{ab}^N \qquad (2.27)$$

Burada $l_a = \delta_a^0, \quad l_a l^a = 0$ olmak üzere, yukarıdaki tansör denklemin Einstein alan denklemleri çözümü;

$$\varphi = -\frac{1}{r}\frac{\partial f(v,r)}{\partial v},$$

$$\frac{1}{r}\frac{\partial f(v,r)}{\partial r^2} - \frac{1}{r^2} + \frac{f(v,r)}{r^2} = -\frac{Q^2(v)}{r^4} + \beta,$$

$$\frac{1}{2}\frac{\partial^2 f(v,r)}{\partial r^2} + \frac{1}{r}\frac{\partial f(v,r)}{\partial r} = \frac{Q^2(v)}{r^4} + \beta \qquad (2.28)$$

şekline indirgenerek son iki denklemi birlikte çözdüğümüzde konuma ve hıza bağımlı kütle ve yük fonksiyonu;

$$f(v,r) = 1 - \frac{2M(v)}{r} + \frac{Q^2(v)}{r^2} + \beta\frac{r^2}{3} \qquad (2.29)$$

şeklinde elde edilir. Bu durumda 5-boyultu metrik diferansiyel uzaklık ifadesi;

$$ds^2 = -\left(1 - \frac{2M(v)}{r} + \frac{Q^2(v)}{r^2} + \beta\frac{r^2}{3}\right)dv^2 + 2dvdr + r^2 d\Omega^2$$

(2.30)

şeklinde olacaktır.

Yukarıdaki fonksiyondan da görüldüğü gibi Higgs alanı içindeki partikülün hızını daha önce Higgs partikülünün kütle değerinin yaklaşık $M_\chi \approx 870\ MeV$ olarak hesaplanan değerinden yola çıkarak, planck ölçeğinine yaklaşılırken maksimum hızını limit durumda (toplam yük yoğunluğu sıfır, yani elektromanyetik yük yoğunluğu içermeyen (Q=0) vakum uzayı sınır koşullarında ve kara delik sınır teğet yüzeyine limit olarak yaklaşılması durumunda ($r \to r_G$) hesaplarsak;

$$1-\frac{2M(v)}{(r/r_G)}+\beta\frac{(r/r_G)^2}{3}=0$$

$$\beta(r)=\frac{2M(v)}{(r/r_G)^3} \qquad (2.31)$$

$$\ell im_{r\to r_G}\,\beta(r)\to\frac{2}{3}\times\frac{8.7\times10^8}{1}\approx 2c \qquad (2.32)$$

olarak bulunur.

Buradan hareketle bu sınır-teğet yüzeyde Higgs bozonuna ait elektromanyetik alan bileşenleri;

$\beta=\frac{\mu^4}{\lambda}$ ve klasik elektrodinamikte $\lambda\to c^2$ olduğundan, Higgs bozonu için;

$$\mu^4\approx 2c^3\to\mu\approx 2.7\times10^6=1eM\ H/m^{-1}$$

$$F_{ab}=\frac{\phi_{(\alpha)}}{|\phi|}F_{ab}^{(\alpha)}-\frac{1}{e}\varepsilon_{(\alpha)(\beta)(\gamma)}\frac{\phi^{(\alpha)}}{|\phi|}\left(D_a\phi^{(\beta)}\right)\left(D_b\phi^{(\gamma)}\right)$$

$$F_{ab}=-\varepsilon_{ab(\alpha)}\frac{r^{(\alpha)}}{r^3} \qquad (2.33)$$

$$A(r)=-\frac{1}{er^2},\quad A_a^{(\alpha)}=\varepsilon_{a(\beta)}^{b(\alpha)}\eta_b\frac{r^{(\beta)}}{r}\frac{1}{er}$$

$$\phi^{(\alpha)}=\frac{r^{(\alpha)}}{r}F\quad \phi(r)=\frac{F}{r}$$

$$\vec{B}(r)=\mu Q\frac{\vec{r}}{r^3},\quad Q(v)=\frac{1}{e} \qquad (2.34)$$

şeklinde değişecektir. Demek ki, buradan anlıyoruz ki, madde tekillik sınır-teğet yüzeyini geçtiğinde (5. boyuta) ışık hızı sınırını aşmaktadır.

Dikkat edersek, bizim yukarıdaki elde ettiğimiz standart modelin genişletilmiş tablosunda yer alan en yüksek partikül hızı olan *Graviton* için elde ettiğimiz **5c** hızı idi ki, bu da elde ettiğimiz bu belirsizlik ilkesi sonucuyla uyum göstermektedir. Örneğin, kütleçekim potansiyel alanına ilişkin yazılan

Poissson denklemine;

$$\nabla^2\varphi - \lambda\varphi = \underbrace{4\pi\kappa}_{f(2\pi c)}\rho_g$$

veya kütleçekim alanının Dinamik yük durumunda elde edilen ifadesine;

$$\vec{G}(\vec{r},t) = \underbrace{\frac{\kappa\left(\dfrac{1}{\varepsilon_g}+\mu_g\right)m}{4\pi\sqrt{\left(1-\dfrac{{v'}_{\max}^{2}}{c^2}\right)}}}_{f(2\pi c)}\frac{\hat{r}}{r^2} \qquad (2.35)$$

veya 4-boyutlu Kein-Gordon denkleminin kütleçekim alanında Graviton titreşimlerine ilişkin dalga denklemine;

$$G(t,x,y,z) = \frac{\kappa}{\underbrace{4\pi c}_{f(2\pi c)}}\phi(t)\Gamma\left(t^2 - x^2 - y^2 - z^2\right) \qquad (2.36)$$

baktığımızda evrendeki bu maksimum hızın yine "**2πc**" değerine yakınsadığını açıkça görmekteyiz. Aslında, elde ettiğimiz bu beşinci sonucun Birleşik Alan Teorisinin en önemli bir diğer sonucu olduğunu söyleyebiliriz.

Peki bu önemli sonuç bize neyi ifade edecektir? Aslında, bu sonuçlara göre, 4 boyutun üstündeki kapalı uzay-zaman boyutlarına geçiş yapıldıkça, yaklaşık olarak daha çok ışık hızının 2'nin katları şeklinde aşıldığını öngörmektedir bu elde ettiğimiz son denklemler. Örneğin, bazı kararsız atomaltı partiküller bu sonuca göre ışık hızını 2'nin katları (2×n) şeklinde aşmalıdırlar.

III- BİRLEŞİK ALAN TEORİSİNİN ELEKTRODİNAMİK & KÜTLEÇEKİMSEL ENERJİ KURAMI:

POYNTING MANYETİK İNDÜKLENME YASASI VE GRAVİTASYONEL TRANSFORMASYON YASASI

6)- Einstein'ın ünlü enerji ifadesindeki $E = \left(\dfrac{mc^2}{\sqrt{1 - \dfrac{v^2}{c^2}}} \right)$ hıza bağımlı relativistik kütlenin, bir karadelik merkezindeki birim zamandaki değişimini sınırlandırılmış bir V kapalı hacmi içinde indüklenen kütle yoğunluğu enerjisi cinsinden yazarsak;

$$\frac{d\phi}{dt} = -L\frac{di_Q}{dt} = \varepsilon_1 \text{ , } \oint_{(L)} \vec{E}.d\ell = M\frac{di_m}{dt} = \varepsilon_2$$ ve

$\varepsilon_1 = \varepsilon_2$, $\phi_M = \iint \vec{B}dS$, $M = L$ olmak üzere kütle aktarım diskine ait özindüksiyon katsayıları (*L* ve *M*), kapasite (*C*) ve dönme açısal hızını (ω) ifade etmek üzere;

$$L = \frac{N^2}{4\pi\varepsilon_r}\ln\left(a^2 / R^2\right), \qquad C = \frac{4\pi\varepsilon_r}{N^2\ln\left(\frac{a^2}{R^2}\right)},$$

$$M = \frac{\mu_r N^2}{4\pi}\ln\left(a^2 / R^2\right), \quad \omega = \frac{v}{R} = \frac{1}{\sqrt{LC}}.$$

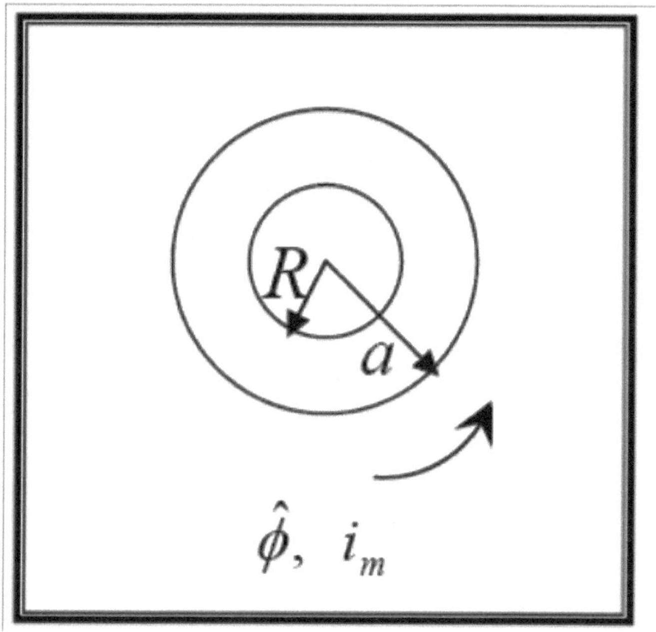

Figure 6: Schwarzschild Karadelik-Kütle aktarım Diski.

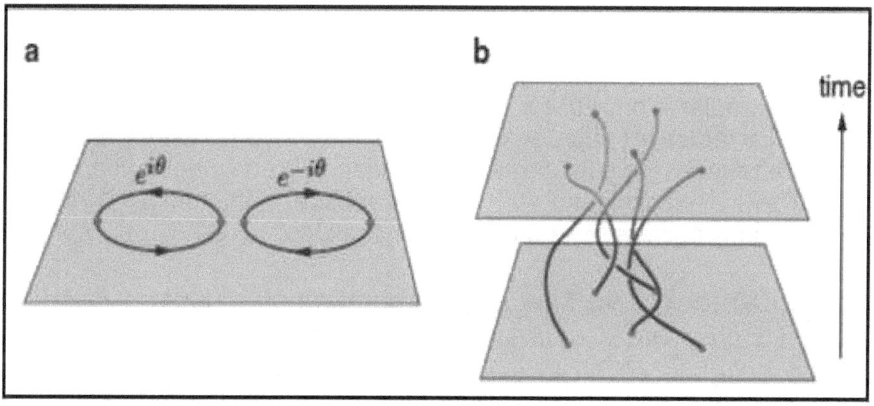

Figure 7:

a)- Birleşik alan teorisine göre kapalı 4-boyutlu uzay zamanda dolanımlı iki manyetik yükün oluşturacağı düzlemsel alan yüzeyi dairesel halka şeklinde iken;

b)- Çoklu partiküllerin ortaya çıktığı kuantum durumunda 5-boyutlu uzay-zamanda alan bileşenlerinin uzaydaki dağılımı kütleçekim alanı doğrultusunda yönlenecektir.

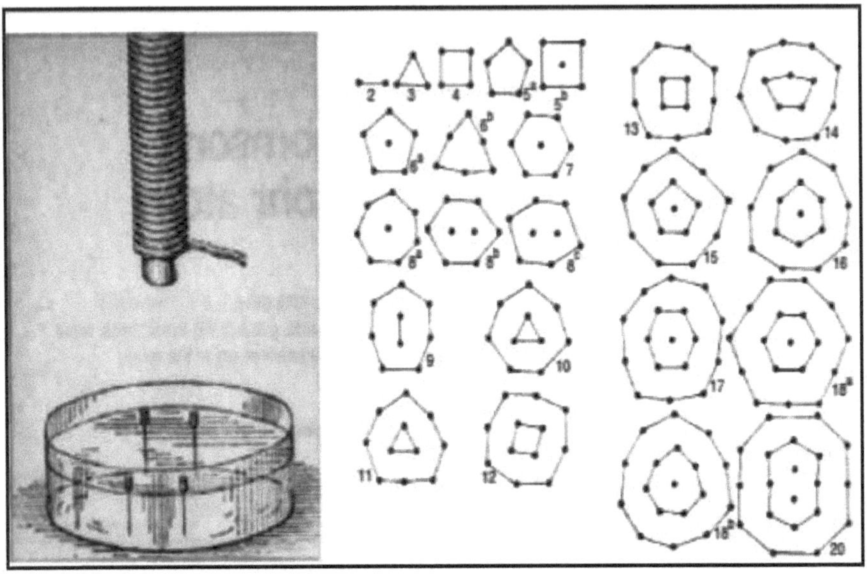

Figure 8:

a)- Benzer şekilde atom çekirdeği etrafındaki elektronlar da yörünge sayısı ve üzerindeki elektron dağılımına bağlı olarak manyetik monopol etrafında birinci şekildeki gibi bir elektrik alan meydana getirirken (Burada atomun merkezinde yer alan tekillik noktasındaki manyetik monopol mekanizması bir bobin ile ve atom yüzeyindeki orbitallerde dolaşan elektron çiftleri ise iletken demir çivilerle tasvir edilmektedir);

b)- Elektronlar atom yüzeyi üzerinde L ve M açısal momentumlarının kesirli veya tamsayı katları şeklinde bir özindüksiyon oluşturarak tekillik noktası etrafında düzgün olarak sıralanırlar (Burada, elektronları atom yüzeyi üzerinde maksimum 10^{-12} m yarıçapından minimum 10^{-15} m yarıçapına kadar dağılım gösterdikleri farz edilmektedir).

Bu ifadelerdeki *L* ve *M* açısal momentumunu oluşturan özindüksiyon katsayıları ve *C* kapasitansı aşağıdaki integral denklemleriyle ifade edilebilecek bir Graviton (Elektromanyetik kütleçekim dalgasını taşıyan en küçük parçacık) yoğunluğu oluşturacaktır.

Bu ifadelerdeki *a=kütle aktarım diskinin yarıçapı*, *R_0=Karadelik Eğrilik Yarıçapı* ve *R=Schwarzschild Yarıçapı* olmak üzere, Schwarzschild yarıçaplı halkayı sonsuz (*N*) sarımlı bir Sicim (Selenoid) olarak düşünürsek (Aşağıdaki şekilde verildiği gibi) Q_e, elektrik yükü ve Q_m, manyetik yük olmak üzere; $Q = Q_e + Q_m$ olarak Disk yüzeyindeki toplam yük ve alan ifadeleri:

$$\sum_{S\ yüzeyinin\ kesiti} Q_e = N^2 Q_e = \frac{1}{2}\iint \sigma_e dS$$

$$Q_m = N^2 R_0^2 \quad (3.1)$$

ve kapalı bir yüzey için $\phi = \frac{1}{2}\sum Q$ olduğu için ortalama relatif manyetik ve dielektrik geçirgenlikler $\mu_r = \mu_0 x$ ve $\varepsilon_r = \varepsilon_0 r$ olmak üzere Akı-Görüntü Teorisine ve Gauss teoremine göre tekillik noktasındaki Q yükünün kütle aktarım diski üzerindeki elektrik ve manyetik alanı, sonsuz geniş bir düzlemin hasıl ettiği alan;

$\vec{E} = \frac{N^2}{2\varepsilon_r} Q_e$ ve $\vec{B} = \frac{\mu_r N^2}{2} Q_m$ gibi olacaktır.

Şimdi Poynting Teoremine göre bu kütle aktarım diski yüzeyinde kaybedilen enerji yoğunluğunu hesaplarsak:

$\vec{S} = \frac{1}{\mu_0}\left(\vec{E} \times \vec{B}\right)$ veya

$$\vec{G} = \vec{E} + \vec{B} \Rightarrow G^2 = \vec{E}^2 + \vec{B}^2 + 2\vec{E}\vec{B} \quad (3.2)$$

olmak üzere integral formda bu ifadeyi açarsak;

$$-\iint_{(S)} \vec{S}\cdot\hat{n}dS = \oiiint_{(V)} \left(\vec{\nabla}\cdot\vec{S}\right)dV$$

$$= \frac{d}{dt}\iiint_{(V)} \overbrace{\left(U_E + U_B - U_G\right)dV}^{} = \frac{1}{2}\iiint_{(V)}\left(\varepsilon_0\vec{E}^2 + \frac{1}{\mu_0}\vec{B}^2\right)dV \qquad (3.3)$$

$$-\frac{1}{2}\iiint_{(V)}\left(mv^2 (= \frac{mc^2}{\sqrt{1-\frac{v^2}{c^2}}})\right)dV$$

GENİŞLETİLMİŞ POYNTİNG TEOREMİ
{Ukray,2007}

elde edilir. Birleşik Alan Teorisine göre yeniden düzenlediğimiz ve POYNTİNG Teoremi olarak bilinen bu denklem, belirli bir *V* kapalı hacmi içindeki *m* kütlesinin, kapalı bir *S* yüzeyi içinden Karadelik Kütleçekim Merkezine (TÜNEL) doğru ilerlerken, Elektromanyetik Kütleçekim Dalgası yayarak Enerjiye dönüşeceğini öngörür. Bunun sonucunu tersten düşünürsek, yani bu işlemin tersini yaparsak Elektromanyetik Enerjinin de Kütleye çevrilerek bir yerden bir yere nakledilebileceğini (KÜTLE TRANSFERİ) öngörebiliriz.

Bu kütleçekimi dalgası, Einstein'ın 4-Boyutlu relativitesi ve MAXWELL'in simetrik elektromanyetik denklemleriyle birlikte modelize edildiğinde "ELEKTRO-MANYETİZMANIN BEŞİNCİ BOYUTUN BİR UZANTISI" olduğu sonucu çıkmaktadır. 4-Boyutlu uzay-zamanda "ELEKTRİK ALAN" tabii bir sonuçtur fakat 5-Boyutlu uzay-zamanda "MANYETİZMA", sadece beşinci boyutun bir etkisidir. Manyetizma gizemli bir olay olup, teorisi iyice bilinen ELEKTRİK ALANIN beşinci boyutla birleşmesi sonucu SINIRDA ortaya çıkmaktadır.

Kuantum yüklerin oluşturduğu kütleçekimi olarak da adlandırabileceğimiz bu olgu, Schwarzschild GEOMETRİSİ ve Kaluza RELATİVİTESİ ile birlikte MAXWELL Denklemlerinin; MANYETİZMANIN, bir üst sonucu olduğunu göstermektedir. Bu yapı, açıklanması güç olan KARADELİK TEKİLLİĞİNDEKİ Kuantum Kütleçekimi Teoremini, bir elektromanyetizma yapısı ile açıklar.

7)- BEŞİNCİ BOYUT, evrenin kayıp düzlemidir ve Planck ölçeğinde saklıdır. Evrenin büyük patlamayla açılması sırasında 4-Boyutun açılmasının tersine beşinci boyut, HELİS (SPİRAL) çizerek burgaç şeklinde yuvarlatılmış olup, açılmamıştır. Dolayısıyla bu burgaç hareketini yapan her cisim, Beşinci Boyutun ve KARADELİK TEKİLLİĞİNİN habercisidir.

Buna göre, $\vec{G}$ Kütleçekim alanını göstermek üzere bu tekilliğin, sonsuz küçük hacimli bir sınır yüzeyinde oluşturduğu kütleçekim alanının en genel ifadesi ve kuramın en önemli kütleçekim denklemlerinden birisi olan, aşağıdaki "GRAVİTASYONEL TRANSFORMASYON" denklemiyle integral formda şu şekilde verilebilir:

$$\frac{\oint_{(L)} \vec{G}.\hat{n}dS}{\oiiint_{(V)} \vec{\nabla}.\left(\vec{\nabla}\times\vec{G}\right)_{(\Delta V)} dV} = K\ (Sabit) \qquad (3.4)$$

GRAVİTASYONEL TRANSFORMASYON TEOREMİ {Ukray, 2007}

Bu denklem, $\vec{G}$ kütleçekim alanının cismin S yüzeyinden geçirdiği akı yoğunluğunun, tekillik (ΔV) noktasındaki çizgisel integraline eşit olduğunu belirtir. Tüm kütlenin kütleçekimi merkezindeki tekillikte toplandığını farzeden bu denkleme göre Graviton yoğunluğu;

$$\rho_{Graviton} = \frac{\vec{\nabla}.\left(\vec{\nabla} \times \vec{G}\right)_{(\Delta V)}}{\left(\frac{1}{\varepsilon_g} + \mu_g\right)}$$ olacaktır. Yani, hem Rotasyonele

ve hem de Diverjansa bağlı olan bu Graviton yoğunluğu ise, helezonik bir kütleçekim alanını oluşturacaktır. Bu helezon, kütleçekim merkezinden uzaklaştıkça açılacak ve uzayın uzak bölgeleri için düz çizgiye yaklaşacaktır. Bu yüzden Dünya yüzeyinde kütleçekim alanı çizgileri düz olarak algılanmaktadır.

IV- OTHER CONCLUSIONS

BİRLEŞİK ALAN TEORİSİ'NİN *"EVRENSEL"* VE *"KOZMODİNAMİK"* & *"TERMODİNAMİK"* SONUÇLARI

8)- BİRLEŞİK ALAN TEORİSİ, belirli bir yarıçapta (Schwarzschild Yarıçapında) kütle aktarım diski barındıran ve çökmekte olan Yıdız çiftleri (PULSAR) ve büyük kütleli yıldızların çökmesi sonucu oluşan çok hızlı dönen NÖTRON Yıldızlarının yaydıkları "RADYO SİNYALLERİNİ" açıklamaktadır. İşte bu radyo sinyalleri aslında elektrik alan ve manyetizmanın birleşimi olan Kütleçekimsel Elektro-manyetik (Birleşik Alan) dalgalarından başka bir şey değildir. Bu radyo sinyallerinin frekansı ise;

$$\omega = \frac{v}{R} = \frac{1}{\sqrt{LC}}$$ bağıntısına göre;

$$2\pi f = \frac{c}{\sqrt{\varepsilon_r \mu_r}} \Rightarrow f = \frac{c}{2\pi\sqrt{\varepsilon_r \mu_r}} \qquad (4.1)$$

olur. Dönme miktarı ışık hızına ulaştığında ise yarıçap;

$$\frac{c}{R} = \frac{c}{\sqrt{\varepsilon_r \mu_r}} \Rightarrow R = \sqrt{\varepsilon_r \mu_r} \qquad (4.2)$$

olur. Buradaki ε_r ve μ_r kütle aktarım diskindeki maddenin elektrik ve manyetik geçirgenliğidir. Bu durumda kütle aktarım diskinin Entropi formülü:

$$S = \frac{Akc^3}{4\hbar G}$$ olur. (4.3)

KARADELİK ENTROPİ TEOREMİ [Hawking]

Burada *A*, diskin alanı olup değeri $A = \pi\left(a^2 - R^2\right)$ ve buradan da elektromanyetik radyasyonun sıcaklığı ise:

$$T = \frac{\hbar c^3}{8\pi kGM} \qquad (4.4)$$

ELEKTROMANYETİK ENTROPİ TEOREMİ
[Hawking]

olarak belirlenir.

Buradaki *k=Boltzman sabiti*'dir. Karadelik tarafından yutulan kütlenin artması veya kütle aktarım diskinin daha hızlı dönmesi bu sinyallerin gücünü (yani kütleçekimini) daha da arttırmakta ve etkisini evrenin uzak noktalarına kadar hissettirmektedir. Bu karadelik üzerindeki çöküş sürecinin nihai noktası ise, Planck ölçeğinde bir karadelik tekilliği olacaktır. Stephen HAWKİNG'in bulduğu bu zayıf ışınım, kütleçekim alanının uzayın kapanan boyutu doğrultusundaki (Saklı 5. BOYUT) bileşenidir ve MAXWELL yasalarının uyduğu kurallara tamamen uymaktadır!

Yani aslında Elektromanyetizma, bu kapanan boyuttaki Kütleçekimi alanıdır. Ayrıca Elektromanyetik Alan ve Kütleçekim Alanı, birbirlerine göre Simetrik Alanlar olup, Uzay ve Zaman Boyutları gibi t*ersinirdirler*. Dolayısıyla bu durumu tersinden düşündüğümüzde Kütleçekim Alanı, Elektromanyetik Alanın depolanmış bir şekli olduğu gibi; Elektromanyetik Enerji de, Kütleçekim Enerjisinin depolanmış bir şeklidir. Çünkü önceki makalelerde dönmekte olan bir kütle aktarım diskinin elektromanyetik alan indüklediğini; karadelik tekilliğinde yer alan bir manyetik monopolün de kütleçekim alanı oluşturduğunu bulmuştuk ve altıncı sonuçta da, ikisinin arasındaki ilişkiyi belirleyen POYNTİNG TEOREMİ'yle de, Elektromanyetik enerji ile Kütleçekim Enerjisi arasındaki ilişkiyi belirleyen integral denklemi ifadesini elde etmiştik.

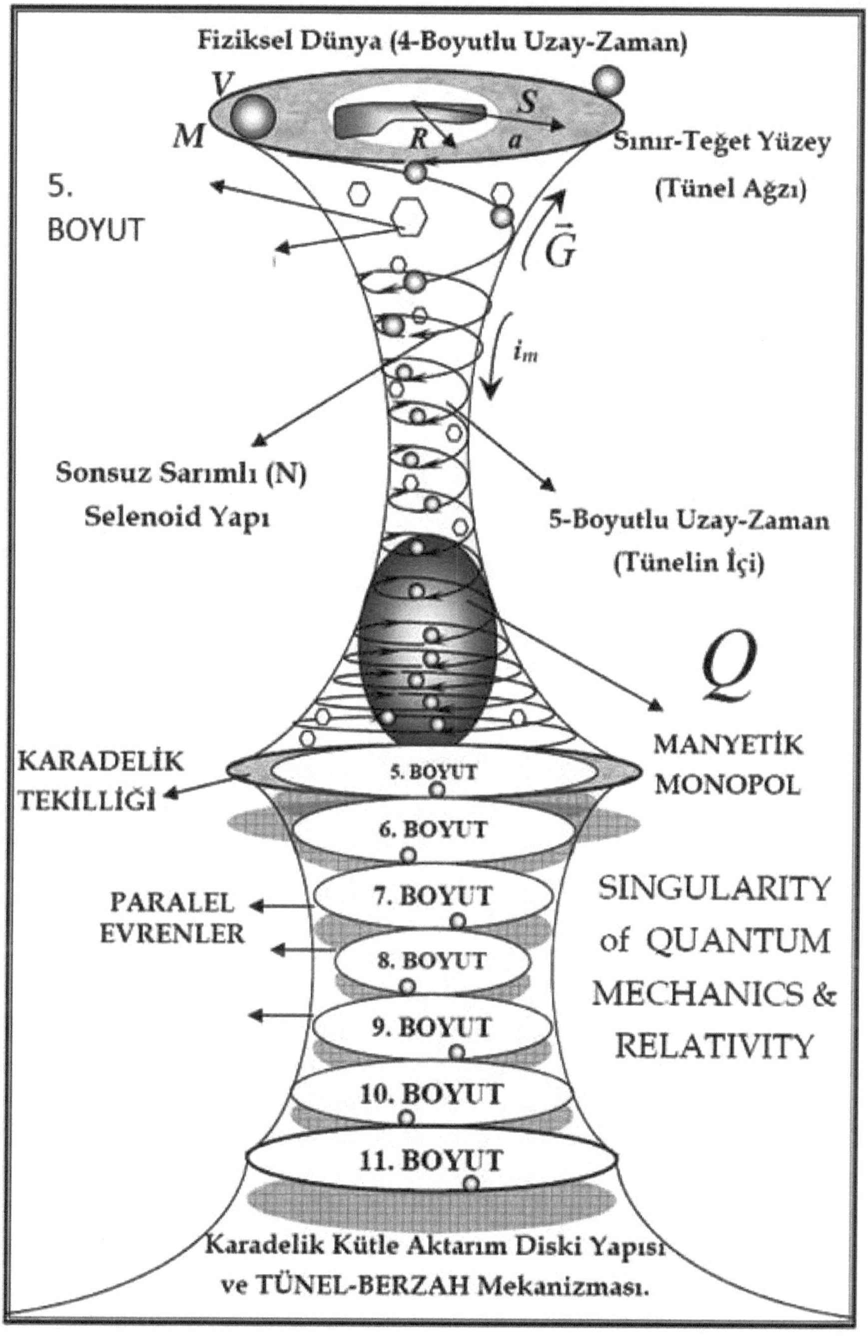

Figure 9: Paralel evrenler arasındaki 11. boyuta kadar olan boyut geçiş noktalarındaki KARADELİK TEKİLLİKLERİ'ni gösteren sonsuz sarımlı bobin şeklindeki SELENOİD SİCİM MODELİ Diyagramı (*Ukray, 2007*).

9)- Birleşik alan teorisinde tüm parçacıklar (Büyük cisimlerin molekülleri ve atomaltı parçacıklar da dahil) birbirine sicim denen ağ yapılı halka şeklinde iplikçiklerle bağlanmıştır. Bu yapının en küçük ölçekli birimi, Planck ölçeğinde ($\pi R_{\hbar}^2 = 6{,}6 \times 10^{-34}\ m^2$ alana sahip) bir karadelik tekilliğini oluşturan sicim halkasıdır. Tüm atomların çekirdeğinin merkezinde ve büyük ölçekte Gökcisimlerinin de merkezlerinde bulunan bu değişik türden karadelikler, kütleçekimi ve elektromanyetizma gibi saklı boyutların oluşturduğu kuvvetlerin de kaynağıdır.

Böylece, aşağıdaki şekilde gösterildiği gibi, bu sicim ağlarının atomik boyutlarda kuantum mekaniğine göre tanımlanan S gibi kapalı bir uzay-zaman bölgesindeki iki elektron bulutunun yaklaşmasıyla, dalga fonksiyonları birleşerek; örneğin H_2 gibi bir molekül ve küçük moleküllerin yine benzer mantıkla birleşmesi sonucu büyük moleküllerin oluşması sağlanır. Örneğin, C_1 ve C_2 olarak verilen kapalı alan bölgelerinde dalga fonksiyonları tanımlı (yani kuantum mekaniğine göre elektron bulundurma olasılık dağılım fonksiyonlarının integrali 1'e yakın olan) iki elektron bulutunun birleşmesiyle $\hbar c / 2e$ gibi bir quantum akı yoğunluğu meydana gelir ve böylece bu elektron çiftinin birlikte bir dairesel indüklenmiş akım oluşturmasıyla,

$$B_i = \frac{1}{2}\varepsilon_{ijk}F_{jk} = \frac{1}{2}\varepsilon_{ijk}\left(\partial_j A_k - \partial_k A_j - i\left[A_j, A_k\right]\right) = -\frac{\hbar R_i}{2R^4}(r.\sigma)$$

(4.5)

şeklinde bir vektörel manyetik alan yoğunluğu meydana gelerek iki atomun dalga fonksiyonları birleşir ve daha kararlı bir dalga fonksiyonu olan (daha düşük bir potansiyel enerjiye sahip olan) farklı bir molekül atomu meydana gelmiş olur.

Kuantum mekaniğinin Bohm atomik modeli yaklaşımına göre ise, atomik yörünge üzerindeki elektronun dalga denklemleri;

$$\frac{\partial S}{\partial t} + \frac{(\nabla S)^2}{2m} - \frac{\hbar}{2m}\frac{\nabla^2 R}{R} + V = 0$$

$$\frac{\partial R^2}{\partial t} + \nabla . \left(R^2 \frac{\nabla S}{m} \right) = 0$$

(4.6)

ve bu durumda elektronların hareketini Newton yasasına şöyle indirgeyebiliriz;

$$m\frac{dv}{dt} = -\nabla(V) \quad (4.7)$$

Bu durumda, toplam dalga fonksiyonu;

$$Q = -\frac{\hbar^2}{2m}\frac{\nabla^2 R}{R}$$ olmak üzere, (4.8)

$$m\frac{dv}{dt} = -\nabla(V + Q) - \nabla(Q)$$

şeklinde eliptik yörüngesel bir dağılıma sahip olacaktır. Buradaki Q elektronun kuantum potansiyel enerjisidir.

Bu durumda,

Molekülün toplam enerjisi=
Kinetik enerjisi + Kuantum Potansiyel enerjisi + Klasik Potansiyel enerjisi

olarak yazılabilir.

Bu halka yapılı sicim ağı yapısının, düğüm noktalarında temel parçacıklar (Elektron, Kuark, Hadron, Lepton, Mezon, Pion v.b.) bulunmakta olup birbirleriyle etkileşimini bu sicimlerin titreşimleri (Tension-Relaxation) vasıtasıyla yapmaktadırlar. Bu atomaltı parçacıkların kuantum mekaniksel yörünge denklemi ise;

$$\alpha = \frac{2\pi\hbar cn}{R_{AB}^2} \quad (4.9)$$

KUANTUM KÜTLEÇEKİMSEL SPİN TEOREMİ {Ukray, 2008}

Karadelik kütleçekim açısal spin denklemiyle belirlenir.

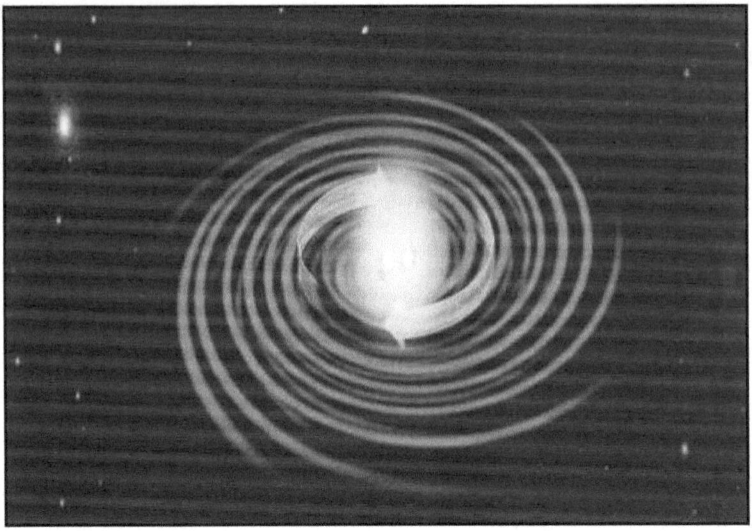

Figure 10: Birbirine yaklaşarak Spiral çizen yoğun iki NÖTRON Yıldızı kompakt bir BİRLEŞİK ÇİFT YILDIZ yıldız sistemi oluşturarak birlikte hareket ediyor: Artık, birleşik bir alan kaynağı her iki yıldız sistemini de tek bir yıldız sistemi gibi hareket ettirmektedir.

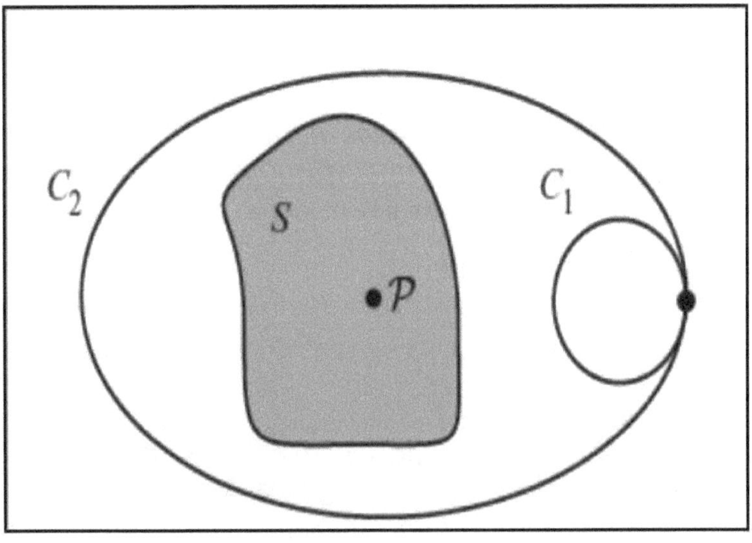

Figure 11: İki ELEKTRON bulutunun (C_1 ve C_2) birbirine yaklaşmasıyla yeni bir MOLEKÜL (S) oluşuyor: Yukarıdaki büyük ölçekli yıldız sistemi ile kuantum ölçeklerindeki elektron sistemi örneklerine bakıldığında, aralarında büyük bir benzerlik olduğu ve ayrıca Bohm yaklaşıklığının Newton mekaniğine indirgenmesiyle, her iki sisteme de uygulanabildiği açıkça görülmektedir. Bu da bize, her iki doğa yasasının da birleşik bir kuantum kütleçekimi alan yapısı içerisinde açıklabilmesinin mümkün olabileceğini göstermektedir (*Ukray, 2010*).

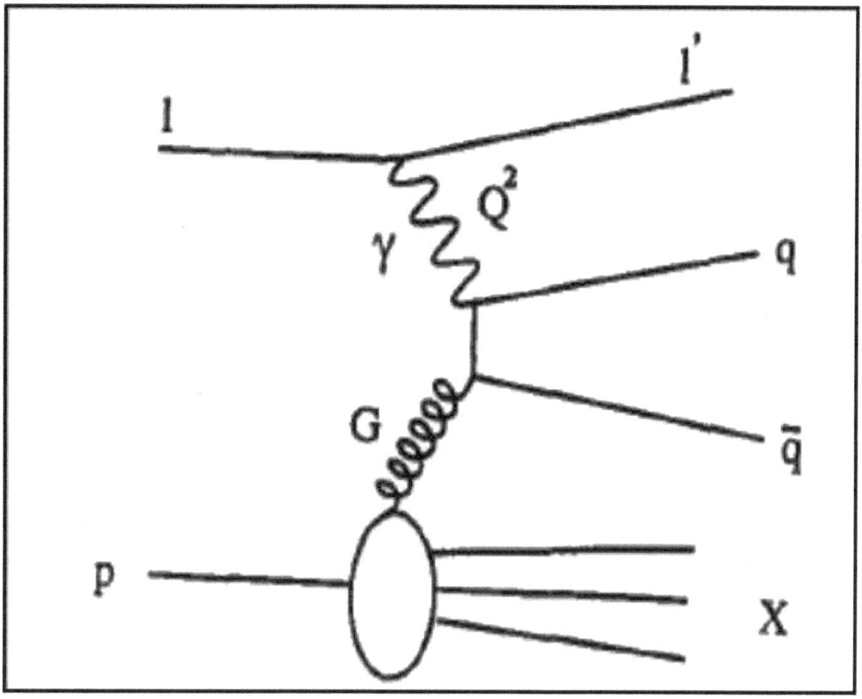

Figure 12: Bir başka atomik birleşim mekanizması yaklaşımı: Bir FOTON ve bir GRAVİTON çarpışarak manyetik monopol mekanizması ile İKİ QUARK'a ve graviton tekrar POZİTRON ile etkileşerek bir başka mekanizma ile HİGGS bozonuna dönüştürülüyor. Doğada gözlemleyemediğimiz bu atomaltı etkileşim, sadece kapalı 5. boyut doğrultusundaki tünel etkisi sonucu meydana gelebilecek bir olgu olduğu için, bu etkileşimi gözlemleyebilecek herhangi bir partikül hızlandırıcısı yeterli enerjiye (yaklaşık 1 milyon MeV veya 1 Tera eV düzeyi) ulaşamadığı için henüz geliştirilememiştir (*Ukray, 2010*).

10)- 5-BOYUTLU RELATİVİTE'de bir karadelik tekilliğindeki düşük yoğunluklu Graviton yoğunluğunun, büyük bir Gökcismi üzerinde kuvvetli bir kütleçekimi alanı oluşturması; yoğunluğun $\frac{M}{R^3}$ ile orantılı olması, karadelik Schwarzschild yarıçapının ise $R = \frac{GM}{c^2}$ ile orantılı olması ve sonuç olarak yoğunluğun $\frac{1}{M^2}$ ile orantılı olmasıyla açıklanır. Çünkü kütlesi (M), Güneşin kütlesinin yaklaşık bir milyon katı olan bir karadeliğin yoğunluğunun; göreceli olarak düşük, yaklaşık olarak havanın yoğunluğuna eşit;

$$\left(\rho_{Graviton} = \left(\frac{1+\varepsilon_0 \mu_0}{\varepsilon_0} \right)^{-2} \right)$$

olduğu anlamına gelir. Fakat yarıçap, Planck ölçeğine yaklaştığında doğal olarak yoğunluk da artacaktır. Bu hesap bir anlamda Hawking'in KARADELİK BUHARLAŞMASI tezi ile de pararlel bir fikir vermektedir. Fakat, gerçekte Schwarzschild yarıçapı, atomik boyutlardaki bir karadelik için

Compton dalgaboyuna $\left(\lambda = \frac{\hbar}{mc} \right)$ eşit olup,

$$\frac{\hbar}{mc} = \frac{Gm}{c^2} = R$$

eşitliğinden Schwarzschild yarıçapı 10^{-32} *cm* olarak bulunur. Bu mesafede var olan bir parçacık, 5-Boyutlu relativite teorisinin uygulanabildiği en küçük ölçek ve en yüksek yoğunluktaki parçacığa eşdeğerdir. Yani, varoluşu başlatan büyük patlama, bu yoğunluktaki bir karadelik yarıçapında bulunan bir H_2 (Hidrojen) atomunu öngörmektedir. Eğer böyle bir yoğunlukta ve ölçekte bir parçacığın teorik olarak ispatı yapılabilirse, evrenin en eski ve en yüksek yoğunluğa sahip olduğu durumu elde edebiliriz. Evren, Planck ölçeğinde bir H_2 atomuyla başladığı gibi yine Planck ölçeğinde bir karadelik tekilliğinde bulunan tek hidrojen atomuna çökebilir ve böylece başlangıç koşullarındaki bir durumda sona ermiş olur..

11)- Sonuç olarak, 5-Boyutlu Birleşik Alan Teorisinin, fiziğin temel kuvvetlerini mükemmel bir biçimde birleştirdiğini söyleyebiliriz. Buna göre,

1- **Elektromanyetik kuvvet,**
2- **Kütleçekimi kuvveti,**
3- **Nükleer zayıf kuvvet,**
4- **Güçlü çekirdek kuvveti.**

olarak bilinen 4 temel kuvvetten elektromanyetizma ve kütleçekimi 5. Boyutta birleşerek kütleçekimsel elektro-manyetik dalgalarını oluşturmaktadır. Peki zayıf kuvvet olarak bilinen kütleçekimi ona göre güçlü olan elektromanyetizma ve çekirdek kuvveti ile nasıl birleşebilmektedir? Bunu açıklamak için şöyle bir örnek verirsek: Bir siklotron hızlandırıcısında bir elektron ve bir pozitronun aynı anda ve yan yana hızlandırıldığını düşünelim. İkisinin hızı da ışık hızına yaklaştığında e^- ve e^+, birer kütleçekim alanı merkezine (Manyetik Monopol veya Karadelik gibi) dönüşecek ve birbirine etki ettikleri elektromanyetik ve çekirdek kuvvetleri hızla artacaktır. Düşük hızda birbirine fazla bir çekim kuvveti uygulamazken ışık hızına yaklaştıklarında bu hissedilecek ve birbirine çarparak yok edeceklerdir ve sonuç olarak daha büyük kütleli bir tekillik noktası oluşturacaklardır.

Evrenin en paradoksal bir tekillik noktası olan bir karadelik civarında, bu temel birleşmeyi yapabildiğimizi düşünürsek bu tekillik noktasını, modelimizi üzerine bina ettiğimiz bir laboratuar olarak da düşünebiliriz. 11-Boyutlu sicim teoremini de (3 Boyutu uzay, 2 Boyutu zamanın süperzar yapısı ve geriye kalan 6 Boyut da içeri kıvrılarak kapanan saklı boyutlar olmak üzere) teorimize eklediğimizde, atomaltı parçacıkları bir arada tutan güçlü çekirdek kuvveti ve etkileşimlerini inceleyen nükleer kuvvet de bu tekillik noktasında birleşik alan teorisine eklenmekte; manyetik ve elektrik yükler de kuantum mekaniğine göre kuantalanıp, Maxwell denklemlerinde gösterilebilmektedir.

Birleşik alan teorisi, ayrıca atomaltı ve makrokozmos evrendeki galaktik yapıların yörüngelerini açıklarken, Planck ölçeğinde gerçekleşen spiral şeklindeki kütleçekim alanının; genel ölçekte Gezegen ve Yıldız (Galaksi) sistemlerinin yörünge hareketlerine de uygulanabileceğini öngörmekte ve bu yörüngelerin de aynı geometrik simetriye sahip olduğunu ortaya koymaktadır.

Nitekim, aşağıdaki şekillerden de görüldüğü gibi; Cismi yörüngede tutan etken olan, $\vec{F}_T$ teğetsel kuvvetinin bir ELİPS çizdiğini görürüz. Bu yörüngenin odağında ise bir karadelik tekilliği mutlaka bulunmalıdır. Çünkü yörünge denkleminin çözümünde, $\vec{F}_G$ (Çekim kuvveti) $\vec{F}_M$ (Merkezkaç kuvvetini) dengeleyerek yörüngeye eliptik bir şekil vererek yörünge periyodu (T) ile yarıçap (R) arasındaki T^2/R^3=Sabit bağıntısını sağlamaktadır. Yörüngeye bu şekli veren kuvvet ise, kütleçekim alanının (Dalgalarının) ELİPTİK SİNÜZOİDAL dalgalar olmasıdır.

Daha önce elde ettiğimiz kütleçekim alanının dalga çözümlerinden bunu elde etmiştik. Çekim alanının bu yapısı, örneğin Dünya ile Ay arasındaki GEL-GİT etkisine de açıklık getirir. Nitekim yukarıdaki birinci şekli incelersek $\vec{G} = \vec{G}_{Min}$ olduğunda ([**0-T/2**] aralığında), denizler çekilir; $\vec{G} = \vec{G}_{Max}$ olduğunda ise ([**T/2-T**] aralığında), denizler periyodik olarak yükselir [Bkz: Şekil-14].

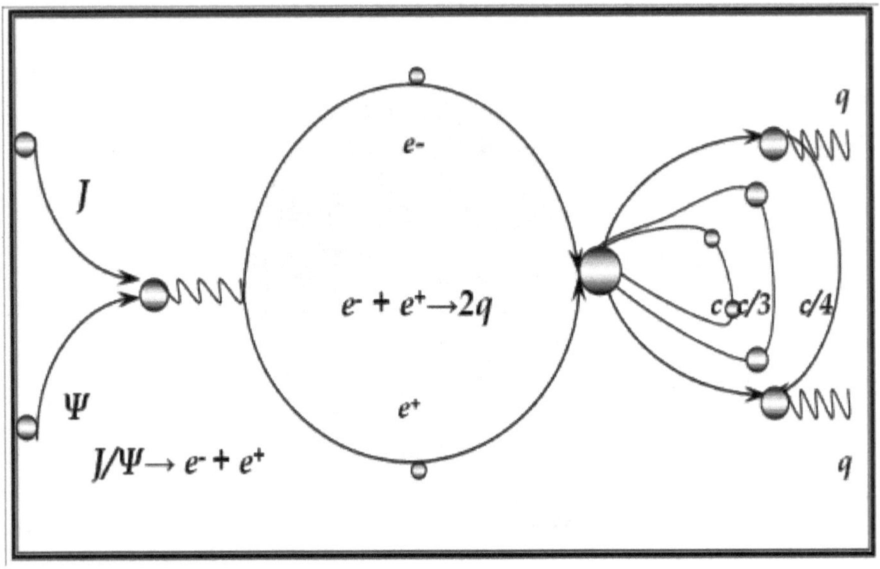

Figure 13: Birleşik alan kuvvetinin temel partikülünü elde etmek için, kullanılacak olan bir siklotron hızlandırıcısının çapı, yaklaşık olarak Samanyolu galaksisinin büyüklüğü kadar olacaktır. Bu durumda, çarpıştırılan bir Elektron (**e**$^-$) ve bir Pozitronun (**e**$^+$), bir Siklotron hızlandırıcısında kademe kademe ışık hızına kadar hızlandırılarak çarpıştırılıp iki Kuarka (q) bozunması ve daha sonrasında Higg bozonu (**ℵ**) ile Graviton (**g**) elde edilmelidir (*Ukray, 2007*).

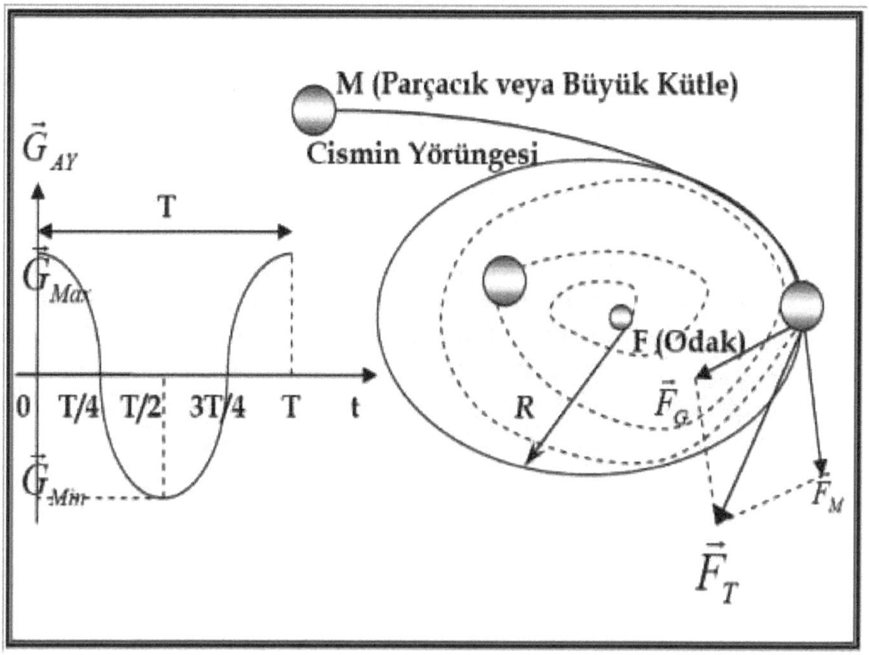

Figure 14: AY'ın yörünge periyodunda oluşan GEL-GİT etkisi ve bir cismi ELİPTİK yörüngede tutan NORMAL ve TEĞETSEL kuvvetler (*Ukray, 2007*).

Sonuç olarak, tüm bu genel görünümün, yani Birleşik alan teorisinde ele aldığımız teorik olguları ve karmaşık gibi görünen evrenin genel ve basit bir matematiksel açıklamasını **ON YEDİ** genel sonuç maddesi halinde özetlemek istersek:

1)- Kütleçekim alanı, elektromanyetik alanla tekillik noktasında birleşiktir, kuvvetli bir elektromanyetizmadan kaynaklanmaktadır ve aslında kütleçekim alanının esas oluşturucusu bu güçlü elektromanyetik etkidir,

2)- Tüm gök cisimleri aslında merkezinde dev bir karadelik tekilliğinin (5. boyuta açılan) bulunduğu dev birer mıknatıs gibi davranmaktadır (nötron yıldızları ve pulsarların bunun isbatı olduğu teorinin kanıtları bölümünde mevcuttur),

3)- Aynı zamanda atomda da merkez noktasında yer alan miniblackholes'ların bulunduğu ve bu durumda atom modelinin yeniden belirlenmesinin zorunlu olduğu (ki, buna göre yaklaşık bir atom modeli önceki makalemizin içerisinde vardır),

4)- Tüm atomik yörüngelerin helezonik olanlar kararsız ve eliptik olanaların ise kararlı partiküllere ait olmak üzere iki ana grupta toplanması gerektiği (tüm bu sınıflandırma ve partikül tipine göre kararlı ve kararsız yörüngeler bir sonraki makelemizde ele alınacaktır),

5)- Birleşik alan kuramına giden ana yolun sayın Behram Kurşunoğlu'nun 1950'li yıllarda Einstein'a da sunduğu gibi kuantum boyutunda tanımlanan manyetik monopol mekanizmasından geçtiği (ki o bu yüklerin orbitron'lar olduğunu teorisinde ortaya koyar; bu makalede bunların aslında planck ölçeğindeki manyetik yükler olması gerektiğini ve Einstein'ın alan denklem-lerini 5-boyutlu uzay zamana genişleterek denklemlerde gösterildi -*Q ile sembolize edilirler*-) ve bu monopol mekanizmasının bilinen ve şimdiye kadar deneysel olarak saptanmaya çalışılan Higgs bozonunda kütle olarak çok daha büyük olması gerektiği (birleşik alan teorisi bu kütle değerinini sonsuza yakın çıktığını öngörür ve standart modelin 5. boyuta genişletilmesiyle elde edilen ışık hızı duvarına kadar hızlanabilen kararlı partiküller ile ışık hızını aşan kararsız partiküllerin lineer hız spin değerlerine göre ayrımı da yine makale içerisinde içerisinde tablo halinde verilmiştir),

6)- Manyetik monopollerin yük değerinin elektronun yaklaşık 66 katı kadar olması gerektiğini (Bohr ve Dirac atom modeli temel alınarak),

7)- Birleşik alan teorisine göre, Graviton tam olarak yüksüz bir partikül değildir, buna göre hesaplanan kütlesinin; 2,76 MeV olması gerektiği,

8)- Ayrıca, birleşik alan teorisine gözlemlenebilen evrende uzay-zaman **3+1 (t)** şeklinde **4b-boyutlu** değil; bunun yerine **iki boyutlu hiperbolik** bir yapıdaki zamanı içeren (ki zaman da bu durumda **(t'=f(u,v))** şeklinde Laplace denklemlerinden hareketle titreşim yapabilen bir elektromanyetik dalgaya indirgenebilmektedir) **3+2 (t')** şeklinde **5-boyutlu** bir uzay-zaman yapısına sahip olduğu,

9)- Birleşik alan teorisi evren için; 8'i kapalı olmak üzere toplam 3+8 **(t")** şeklinde 11-boyutlu kapalı bir uzay-zaman modelini öngörür. t" burada 8 şeklinde çörek şeklinde kıvrılmış olan ve planck ölçeğinde yer alan en temel D-zar, yani brane-world'dür. Ve tüm sicim parçaları bu D-zarın yüzeyinin elektromanyetik dalgalar yaratan partikül titreşimlerinin oluşturduğu bir deniz olarak düşünülebilir. Bu durumda büyük partiküllerin oluşumu, bu elektromanyetik sicim titreşimlerinin birleşimine ve daha büyük kütleli cisimleri oluşturmasına denk düşecektir. Zaten son zamanda en çok kabul gören fizik kuramı olan M kuramının da bu görüşü desteklediği,

10)- Evrenin, 5-Boyutlu kütleçekimsel elektromanyetik alanların ve 2-Boyutlu Hiperbolik-Lobachevsky tipli semer yapıya sahip Süper-Zar zaman yapısının oluşturduğu 11-Boyutlu Süper-Sicimlerden oluşan Bozon ağ yapısı (Gravitonların taşıdığı, Süper-Simetriye ve bir kütleye sahip boşluk [ether veya esir]) üzerine bina edilmiş titreşen Sinüsoidal-Spiral madde dalgaları olan Fermion'lardan (atomaltı parçacıklar ve atomların birleşmesinden oluşan moleküler yapılar) oluştuğunu, 2) Tüm bu yapının, uzay-zamanın bütün bölgesini boş yer kalmayacak şekilde (Planck ölçeğinde 10^{-33} cm aralık-larla) kaplamasıyla oluştuğunu,

11)- Birleşik alan teorisine göre, ayrık duran evrenin sınır-teğet yüzeyi üzerindeki çift Quasarların kendi ekseni etrafındaki dönüş hızlarının ışık hızına yaklaşması durumunda, Evrenin yakın bir gelecekte büyük karadelik tekilliklerinin birleşmesiyle hızlı ve eksponensiyal bir çöküşe geçmesinini mümkün olabileceği, ve bunun da tüm evrenin sonunu getirebileğini (7. ve son makalemizde bu tür bir genişleyen evren kuramı senaryosunu matematiksel olarak ortaya koyacağız),

12)- Evrenin, 5-Boyutlu kütleçekimsel elektroman-yetik alanların ve 2-Boyutlu Hiperbolik-Lobachevsky tipli semer yapıya sahip Süper-Zar zaman yapısının oluşturduğu 11-Boyutlu Süper-Sicimlerden oluşan **Bozon** ağ yapısı (Gravitonların taşıdığı, Süper-Simetriye ve bir kütleye sahip boşluk [*ether* veya *esir*]) üzerine bina edilmiş titreşen Sinüsoidal-Spiral madde dalgaları olan **Fermion**'lardan (atomaltı parçacıklar ve atomların birleşmesinden oluşan moleküler yapılar) oluştuğunu,

13)- Tüm bu yapının, uzay-zamanın bütün bölgesini boş yer kalmayacak şekilde (Planck ölçeğinde 10^{-33} *cm* aralıklarla) kaplamasıyla oluştuğunu,

14)- Bununla birlikte, tüm evreni fizik yasaları çerçevesinde modelleyebilecek tek bir son teori olmadığını,

15)- Özellikle, Antropik ilke (yani evrenin alacağı topolojik şekillerin çeşitliliği ve ileride oluşturabileceği termodinamik ısı denge yönü ile evrenin genişleme hızına bağlı deformasyonlar ve evrendeki başlangıç entropisine bağlı hassas ayarlamalar) gereğince

Evreni fizik yasalarıyla (yeni eklenen kuramlarla) daha iyi açıklayan birtakım kuramlar olacağını,

16)- Fakat, tüm yapıyı detaylarıyla açıklayabilecek bir her şeyin teorisini elde etmenin oldukça zor göründüğünü,

17)- Fakat, bununla birlikte evrenin yapısını genel olarak açıklayabilecek yardımcı kuramların bizlere onun yapısını ve davranışını kestirebilmede kolaylık sağlayacağını (M teorisi, Süpersicim kuramı, Quantum mekaniği veya Genel Relativite ve en nihayetinde hepsini bir çatı altında toplayacak olan Birleşik Alan kuramı arayışları) bunlardan sayılabileceğini;

Özet olarak öngörür.. .

* * *

ALTINCI BÖLÜM {PART-VI}

KURAMIN FİZİKSEL İSPATLARI & UYGULAMALARI

The Physical Proofs & Applications of Unified Field Theory in the Material world

ABSTRACT

—In this sixth study, Bu makalemizde, Birleşik Alan Teorisinin bir önceki makalemizde ele aldığımız genel sonuçları doğrul-tusunda, birer uygulaması sayılabilecek, DÖRT Fiziksel örnek, DÖRT Problem ve sonuç denklem niteliğindeki, DÖRT POSTÜLAT'tan oluşan toplam SEKİZ uygulama üzerinde durup, bazı önemli sonuçları elde edeceğiz. Bulduğumuz bu sonuçlar ise, yüzyıllardır bilim adamları ve fizikçilerin uğraştıkları temel problemlerden bazılarına farklı bir alternatif çözüm getirecektir.

I- INTRODUCTION

BİRLEŞİK ALAN TEORİSİNİN FİZİKSEL İSPATLARI & UYGULAMALARI:

{PHYSICAL APPLICATIONS & PROOFS OF THE UNIFIED FIELD THEORY}

The Physical Proofs & Applications

Bu makalemizde, Birleşik Alan Teorisinin bir önceki makalemizde ele aldığımız genel sonuçları doğrultusunda, birer uygulaması sayılabilecek, **DÖRT Fiziksel örnek**, **DÖRT Problem** ve sonuç denklem niteliğindeki, **DÖRT POSTÜLAT**'tan oluşan toplam SEKİZ uygulama üzerinde durup, bazı önemli sonuçları elde edeceğiz. Bulduğumuz bu sonuçlar ise, yüzyıllardır bilim adamları ve fizikçilerin uğraştıkları temel problemlerden bazılarına farklı bir alternatif çözüm getirecektir.

Bunlardan;

A- BİRİNCİSİ: KÜTLEÇEKİM ALANININ YAPISI:

KÜTLEÇEKİM ALANININ HELEZONİK BİR YAPIDA OLMASI VE LAVABODAN AKAN SUYUN NEDEN BURGAÇ YAPARAK AKTIĞI ÜZERİNE

POSTÜLAT I: Dünya üzerinde lavabodan boşalttı-ğımız su neden helezonlar çizerek akmaktadır. Kuzey ve Güney yarımküredeki burgaç (kıvrılma) yönünün ters yönde olmasıyla açıklanabilir. Yani kuzey yarımkürede sağdan sola kıvrılarak dünyanın merkezine yönelen Kütleçekimi Dalgaları; güney yarımkürede ters yönde, soldan sağa doğru kıvrılarak merkeze yönelmektedir.

İşte bu da ancak, kütleçekimsel elektromanyetik dalgaların, teorimizi üzerine inşa ettiğimiz uzay-zaman yapısı olan Helical–Helis (Helezonik) yapıda olması ve Dünya yüzeyindeki katı ve sıvı tüm cisimleri bu şekli almaya zorlayarak çekime uğrattığının bir göstergesidir. Katı ve yekpare bir cismi bu şekilde düşmeye yönlendiren kütleçekim dalgası, cismin moleküllerini ayrıştırıp burgaç haline getiremez. Fakat sıvı ve akışkan bir maddenin molekülleri daha zayıf bağlara sahip olduğu için çekim dalgaları sıvı bir durgun kütlenin yere düşmesinde ona bu helezonik şekli verebilmektedir. Ayrıca bazı deniz kabukları ve yeryüzünde fosilleri bulunan bazı canlı kalıntılarında ve canlılarda bulunan bazı hücre yapılarında (DNA gibi) da bu helezonik şeklin bulunması kütleçekimi dalgalarının bu cisimleri yüzyıllardır şekillendirmesi sonucu oluşmaktadır. Çekime karşı koyamayan bu yapılar, mecburen kütle-çekimsel (Gravitasyonel) dalgaların yapısını almaktadır.

Aşağıdaki grafiklerde bu helezonik şekilleri daha iyi görebiliriz:

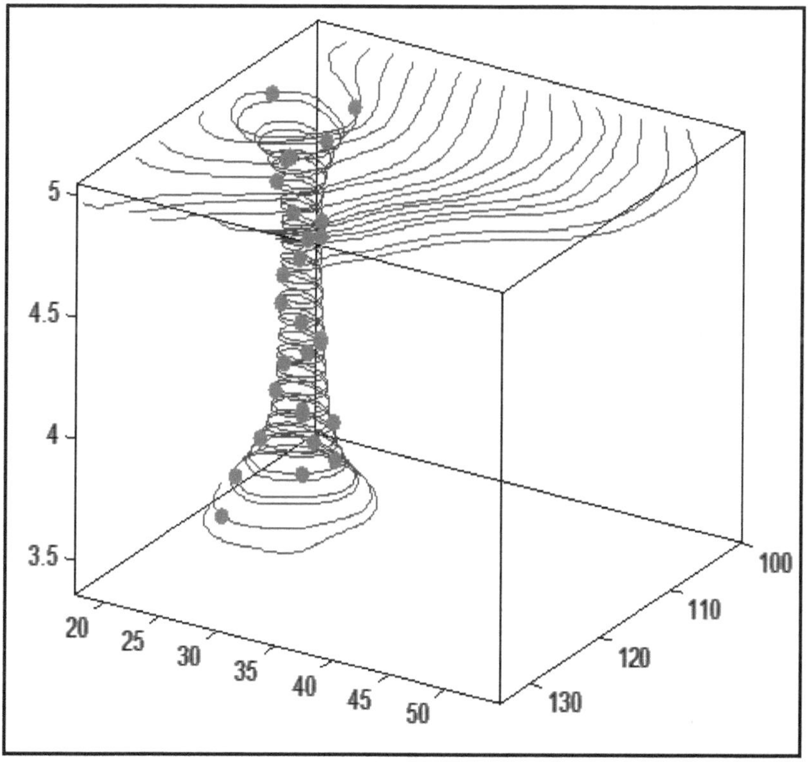

Figure 1: Kütleçekim Alanı içinde düşen katı bir madde helezonik bir yörünge çizer. Dünya yüzeyi yakınlarında bu kütleçekim kuvveti çizgileri, Newton çekim yasalarına yakınsadığında düz olarak algılanırken; büyük ölçeklerde incelendiğinde kütleçekiminin aslında spiral şeklinde olduğu

açığa çıkar. Helezonik Kütleçekim alanının etkisi sonucu, düşmekte olan bir su kütlesi durgun bir kütleye göre burgaç hareketi yapar (örneğin lavabodan akmakta olan su gibi). Benzer şekilde, bir kasırga hortumu da güçlü kütleçekimi etkisiyle helezon çizer.

Figure 2: Çocukken deniz kenarında bulup oyun oynadığımız bazı deniz kabukları veya bazı spiral Galaksilerde veya DNA'da bulunan spiral yapı, kütleçekimi alanının evrenin ilk oluşumunda daha etkin bir kuvvet olduğunun göstergesidir. Bu yüzden, helezonik kütleçekim alanında binlerce yıl içerisinde şekillenen bu yapılar, kütleçekimci dalgaların helezonik yapısına uyum göstermiştir.

B- İKİNCİSİ: DÜNYANIN MANYETİK ALANI:

DÜNYANIN MANYETİK ALANI VE PUSULADA MEYDANA GELEN SAPMA ÜZERİNE

Kütleçekim dalgasının vektörel yapısından dolayı, Dünyanın Kuzey-Güney kutupları arasında yer alan manyetik alanın yönü coğrafî Kuzey-Güney kutup noktaları çizgisiyle belli bir açı oluşturur. Pusula ibresinde yaklaşık olarak 15^0'lik bir sapma açısına neden olan bu olayın açıklaması ise, Kütleçekimi alanı ve yerin manyetik alanı arasındaki faz açısı (*β*)'dır. Çünkü her ikisi de aynı düzlemde yer alan manyetik alan ve kütleçekim alanı arasındaki bu *β* açısını aşağıdaki şekilden hesaplarsak:

Aşağıdaki Şekil 3'deki O noktasındaki Coğrafi konuma göre, *β* açısı $\left[0, \frac{\pi}{2}\right]$ arasında değişik değerler alacaktır;

$$\left|\vec{G}\right| = \sqrt{\left|\vec{E}\right|^2 + \left|\vec{B}\right|^2}$$ ve $$tg\beta = \frac{\left|\vec{E}\right|}{\left|\vec{B}\right|}$$ olup, buradan;

$$\beta = tg^{-1}\left(\frac{\left|\vec{E}\right|}{\left|\vec{B}\right|}\right)$$ olarak bulunur.

Bu açı, yeryüzünün değişik coğrafi koordinatlarında belirli değerler verir. Fakat biri *Atlantik Okyanusunda* diğeri ise *Arabistan Yarımadasının* olduğu bölgeden geçmek üzere iki Coğrafi boylam çizgisi üzerinde sıfır değerini vermektedir. Bunu da şöyle açıklayabiliriz: bu çizgilerin bulunduğu bölgelerde Elektrik alan şiddetinin değeri sıfıra çok yakın yani yok denecek kadar az olmaktadır. Pusulada meydana gelen değişimi ibreyi saptıran bir bobin teli ve bir *q* yüküyle incelersek; Pusula iğnesinin bağlı olduğu bobin teli içindeki herhangi bir *q* yüküne etkiyen toplam YENİ LORENTZ kuvveti yazılırsa:

$$\vec{F}_{Toplam} = \left(q\vec{E} + g.\vec{v} \times \vec{B}\right) = m_q.\vec{G} \quad \text{(2.1) olur.}$$

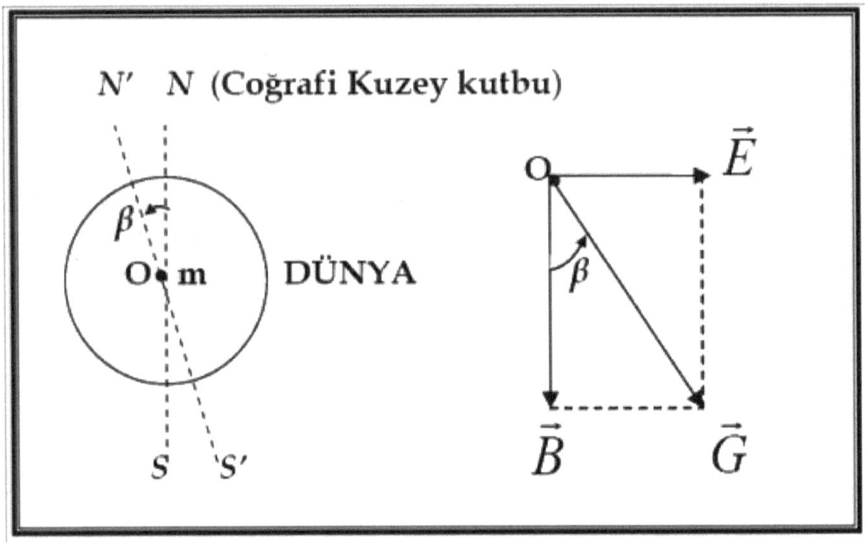

Figure 3: *N'*→(Manyetik Kuzey kutbu), *N*→(Coğrafi Kuzey kutbu); *S'*→(Manyetik Güney kutbu), *S*→(Coğrafi Güney kutbu) Yerin Manyetik alanı ve pusulada meydana getirdiği sapma açısı (*β*).

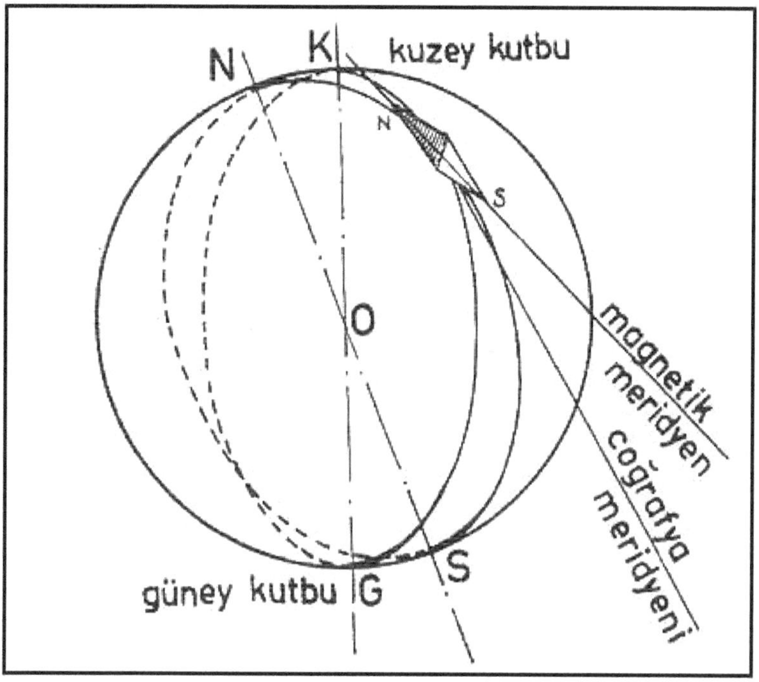

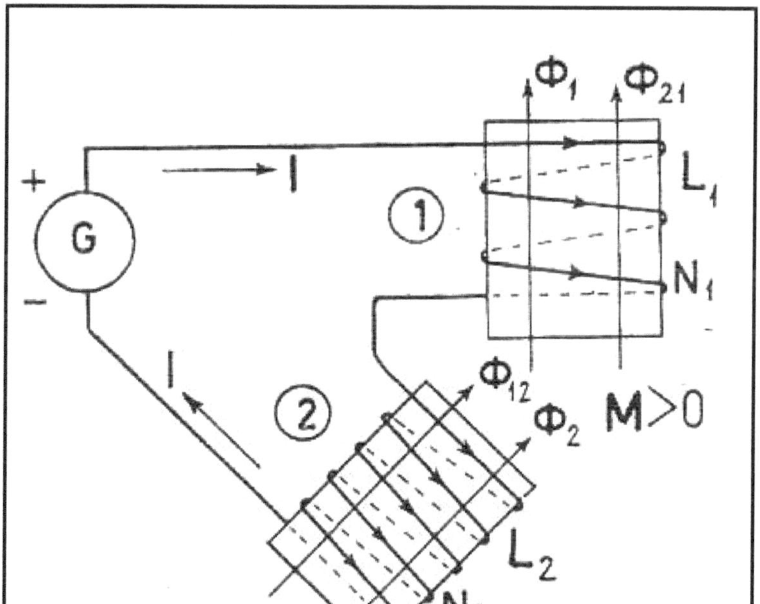

Figure 4: Pusula bobininin yapısı ve pusulada meydana gelen sapma açısı (β).

Yük, iletken bobin teli içinde Elektrik alan yönünde hızlanmaya çalışacağı için $\vec{v} \times \vec{B}$ vektörel çarpımı yükü yukarı hareket etmeye zorlayacaktır. Fakat Yüke etki eden toplam kuvvet, aşağıdaki ikinci şekilde olduğu gibi helezonik bir kavis (sikloid eğrisi) şeklinde yükü hareket ettirecektir.

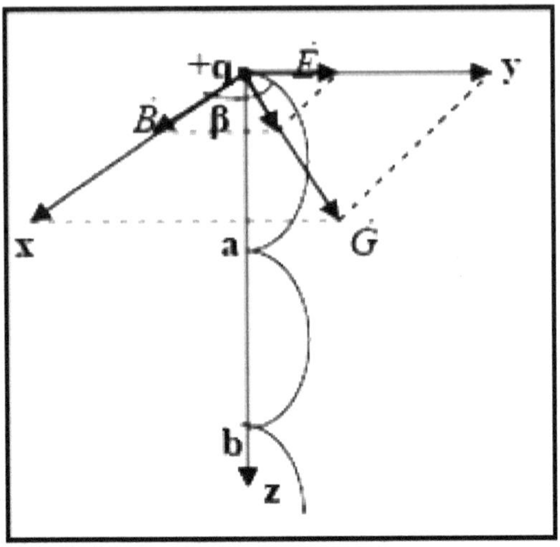

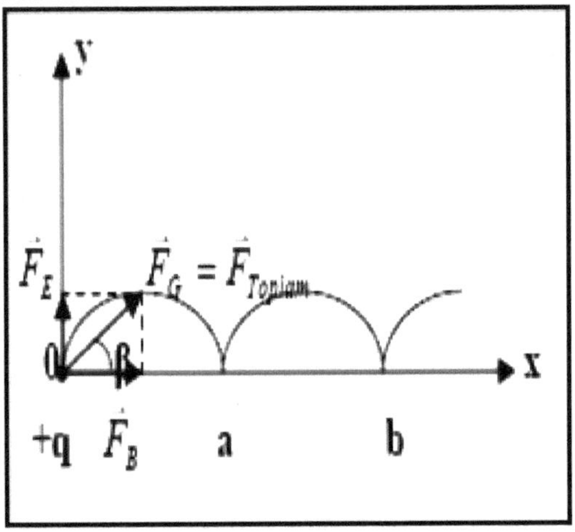

Figure 5: Yüke etkiyen $\vec{F}_G = \vec{F}_{Toplam}$ toplam Kuvveti ve yükün izlediği yörünge.

Bobin içinde, *q*'nun $\vec{F}_{Toplam}$ yönündeki oluşturacağı akım $\vec{B}$'nin pusulada aşağıdaki şekildeki gibi sola doğru yönlenmesine neden olacaktır. Bu durum ise, pusulayı şekildeki gibi saptıracaktır.

Yerin manyetik alanının helezonik yapısına bir diğer örnek de *Manyetik kutuplanma* ve *Bloch duvarı* yapısıdır. Eğer yapay bir mıknatıs oluşturursanız bir uç N olarak kutuplanırken diğer kutup, S olacaktır. Fakat bu ters kutuplanma bir uçtan diğerine geçerken aşağıdaki şekildeki gibi bir değişim izler:

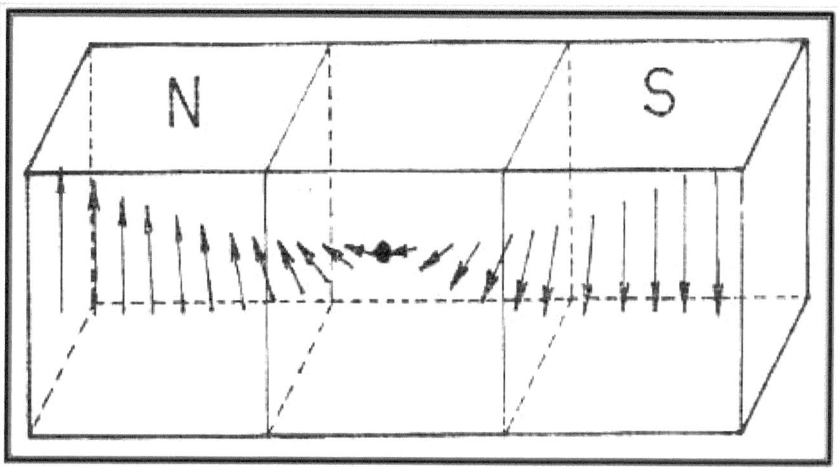

Figure 6: Süper iletken yapılarda Manyetik Kutupların oluşumu ve yapısı.

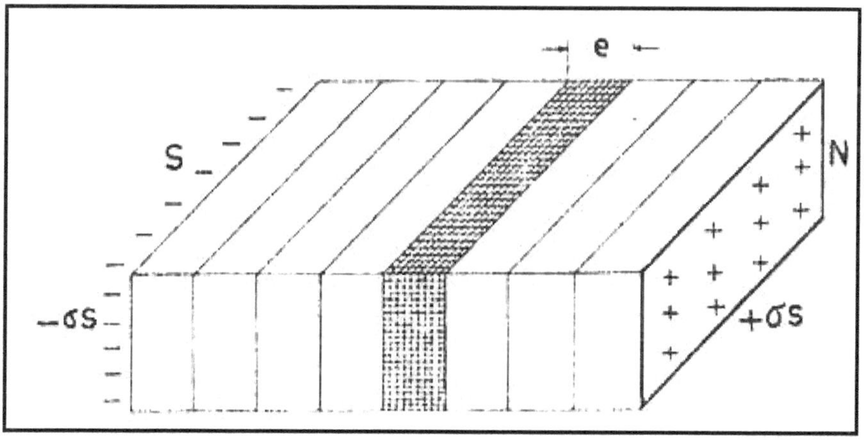

Figure 7: Manyetik Kutupların oluşumu ve Bloch Duvarı yapısı.

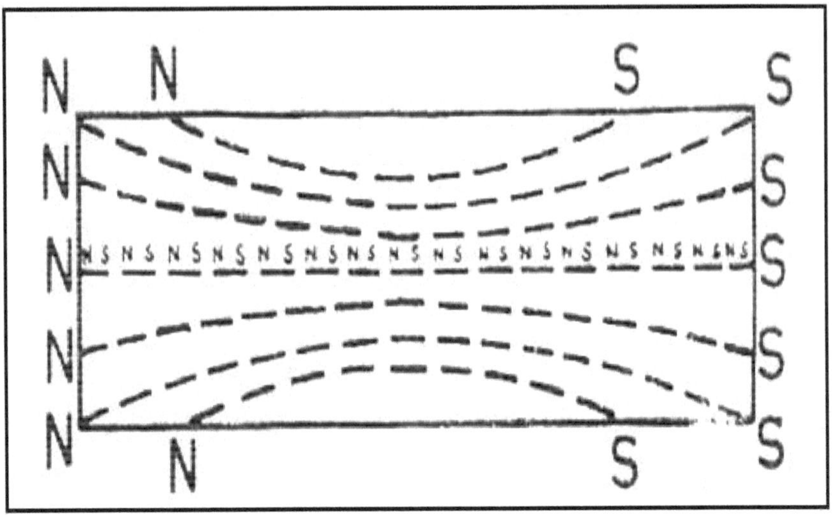

Figure 8: Diferansiyel Manyetik kutupların oluşumu ve yapısı.

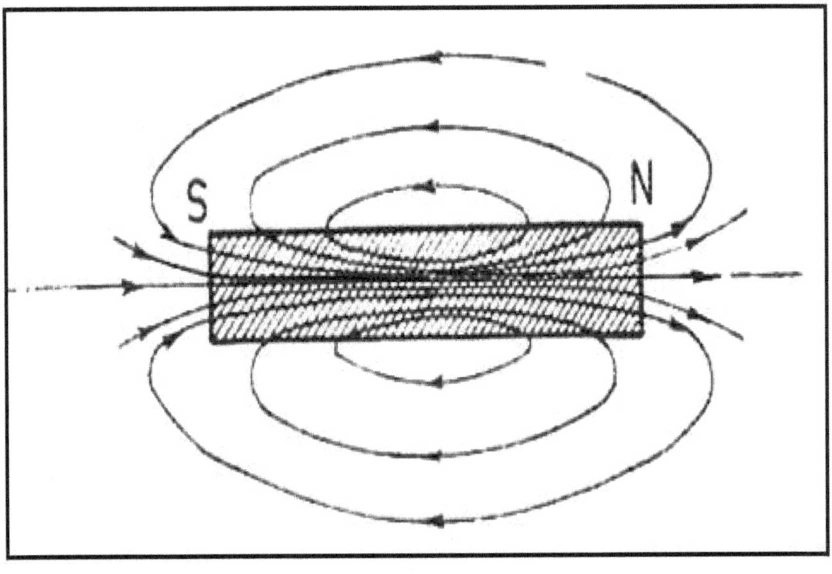

Figure 9: Manyetik Alan çizgilerinin oluşumu ve yapısı. Diferansiyel manyetik kutupların toplamı iletken çevresinde çizgisel bir manyetik alan oluşturur. Bu çizgisel manyetik alanlar diferansiyel manyetik kutupların yoplamından meydana gelmiştir.

F. Bloch tarafından ortaya atıldığı için Bloch duvarı da denen bu yapıda, manyetik yükler bir kutup duvarından geçerek zıt mıknatıslanmış öteki duvara girişte manyetik moment vektörlerini döndürerek ters mıknatıslanma meydana getirirler. Fakat bu dönüş, birdenbire değil yukarıdaki şekilde görüldüğü gibi yavaş yavaş ve helis çizerek meydana gelir ve aynı zamanda, sanki mıknatısın merkezinde bir fiziksel kaynak varmış gibi, Manyetik Moment vektörleri merkezden duvarlara doğru yönlenmektedir. Süper iletkenlerdeki ve Elektro-manyetizmadaki bu yapılar da 5-Boyutlu Relativitedeki manyetik yük teorisini ispatlamaktadır.

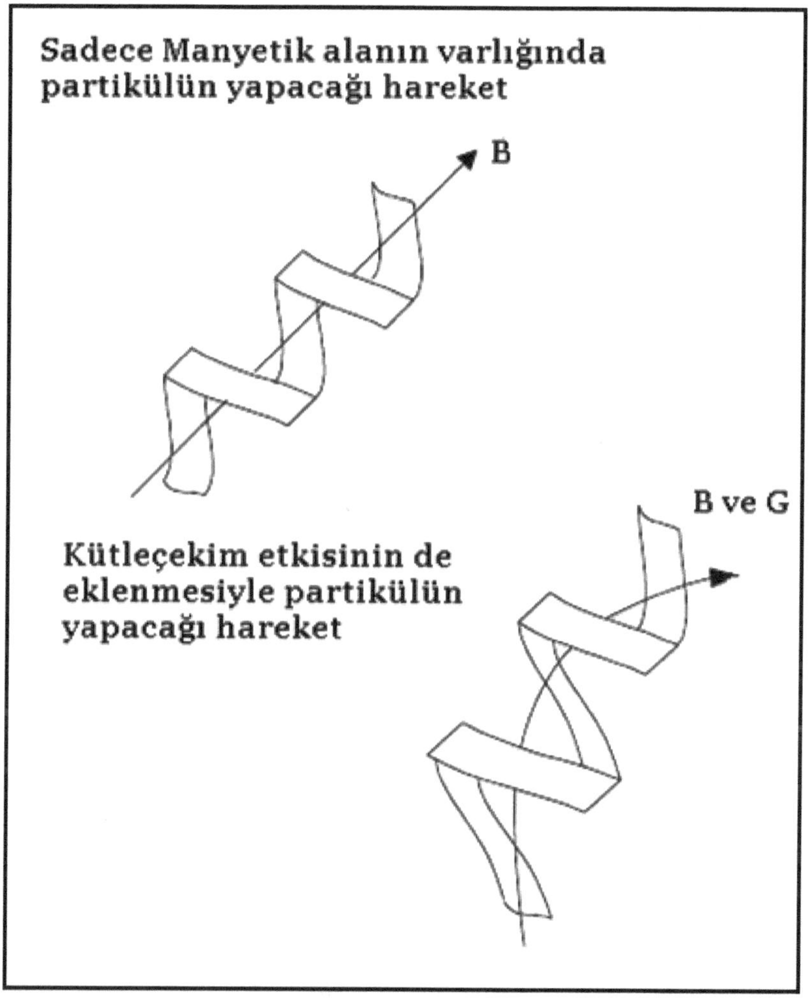

Figure 10: Yüke etkiyen $\vec{F}_G = m_q.\vec{G}$ çekim Kuvvetinin 3-Boyutlu gösterimi. Bormalde yük sadece manyetik alanın etkisinde sikloid hareketi yapması gerekirken, kütleçekiminin de etkisiyle uzay-zamanda helezonik bir yay çizer (*Ukray, 2011*).

C- ÜÇÜNCÜSÜ: PULSAR YILDIZLARI:

PULSAR YILDIZLARININ İDEAL BİR DİPOL GİBİ DAVRANMASI ÜZERİNE

Günümüzde yapılan Astronomik gözlemlere göre, çok hızlı dönen (saniyede 10^3 devir gibi çok yüksek bir ω açısal hızıyla) kompakt disk yıldız çiftlerinden oluşan PULSAR'larda oluşan çok güçlü manyetik alanlar, yörüngenin odak ($\pm f$) noktalarında bulunan karadelik tekillikleri civarında bulunan ve birbirinin etrafında dönmekte olan (Aynen, Einstein alan denklemlerinin Schwarzschild çözümlerinde yer alan ve birbirinin etrafında dönmekte olan Kaluza-Klein $\pm Q$ manyetik yükleri gibi) bir çift manyetik yük (Q_m) gibi davranan fiziksel mekanizmaya benzemektedir. Dolayısıyla bu mekanizma, kütleçekim alanının fiziksel olarak nasıl oluştuğu konusunda büyük bir ipucudur. Çünkü bu yapı, ideal bir elektromanyetik dalga kaynağı olan fiziksel bir dipol gibi davranmaktadır ve aslında kütleçekiminin güçlü bir elektromanyetizmadan kaynaklandığının açık bir göstergesidir.

Birbirinin yörüngesine giren iki eş yıldız sistemi, bir Pulsar Yıldızını oluşturur ve artık bundan sonra bu yıldızlar birbirlerinin etrafında büyük bir açısal hızla dönmeye başlarlar. Bu yıldızlar, aynı zamanda mükemmel bir astronomik saat olarak da kullanılır. Çünkü yörünge üzerindeki periyotları çok küçüktür ve adeta elektronik bir mikrodalga frekans üreteci gibi çalışan bir atom saatine benzer şekilde, hassas astronomik ölçümler yapmaya elverişlidir. Aşağıdaki şekilde birbirinin etrafında dönen bir pulsar yıldız çiftine ait yörünge eğrisi verilmektedir:

Bir pulsar yörüngesi, helezonik bir sarmal çizen ve zamanla birbirine yaklaşan iki eşdeğer kütleli yıldızı öngörür. Bu yörünge sistemi, odak noktalarından birisinde iki yıldızın eşdeğer kütlesine eşit bir kütle içeren bir kütle merkezi etrafında dönen elipsoidal bir çift yörüngeden meydana gelir. Yörünge eğrilerine dikkat edersek bu sistem, Birleşik Alan Teorisinde ele aldığımız, karadelik tekilliğindeki Planck ölçeğinde oluşan ve birbirinin etrafında dönen bir çift manyetik monopolden oluşan $\pm Q$ manyetik yük sisteminden meydana gelen yapıya oldukça benzemektedir. Dolayısıyla buradan yola çıkarak, benzeşen bu yörüngelerin aslında bütün cisimlerin aynı kuvvet alanında ve aynı yasalara uygun olarak hareket ettiklerini söyleyebiliriz ve buradan da, Birleşik Alan Teorisinin evrende gerçekleşen bütün genel geçerli yasalar için doğrulandığının bir ispatı olduğunu söyleyebiliriz. Özellikle Pulsar yıldızlarının yaydığı çok yüksek frakanslı Elektromanyetik Kütleçekim Dalgaları, 5-Boyutlu Kütleçekim Alan Denklemlerinin çok güzel bir ispatını oluşturmaktadır. Dolayısıyla tüm bu deneysel sonuçlar da, tüm evrenin (Büyük gökcisimleri de dahil olmak üzere) belirli bir frekansta titreşen Elektromanyetik Kütleçekim Dalgalarından oluştuğu düşüncesini doğrulamaktadır.

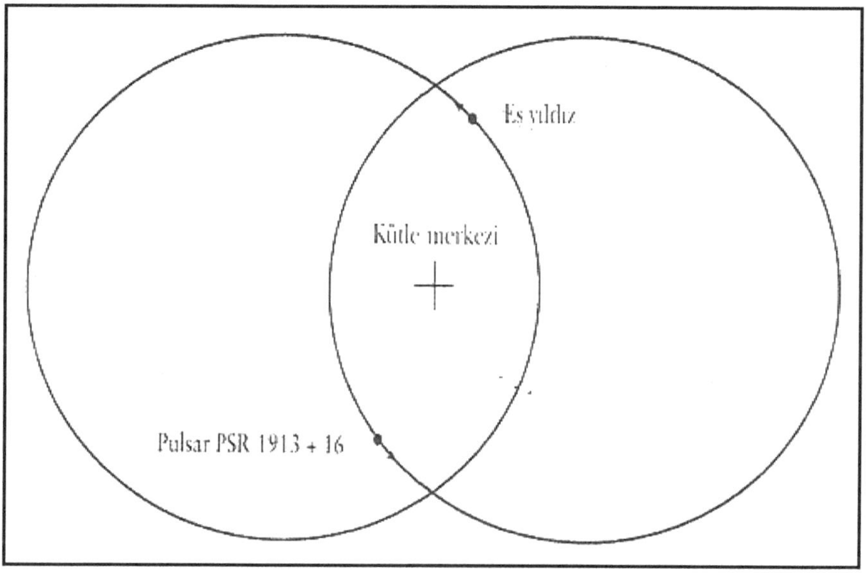

Figure 11: PSR 1913 Pulsarının yörüngesi.

Aşağıdaki İdeal bir Dipole ait manyetik alan çizgileriyle yukarıdaki yörünge eğrisine ait çizgileri ve bir alttaki resimde yer alan pulsarın etrafında oluşan manyetik alan çizgilerini karşılaştırırsak bu durumu daha iyi anlayabiliriz:

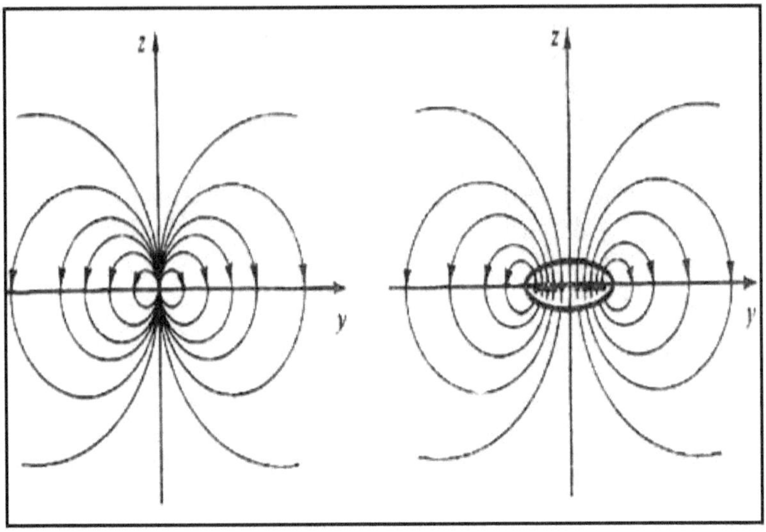

Figure 12: İdeal bir dipolün (soldaki) ve Fiziksel bir dipolün (sağdaki) Manyetik alanı.

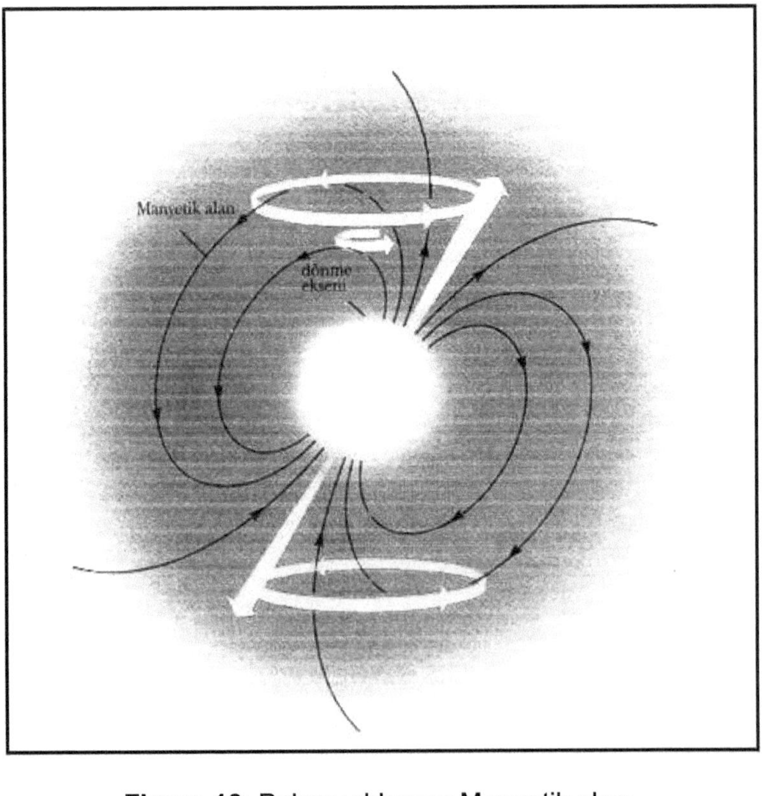

Figure 13: Pulsar yıldızının Manyetik alanı.

D- DÖRDÜNCÜSÜ: NÖTRON YILDIZLARI:

NÖTRON YILDIZLARININ YÜZEYİNDE OLUŞAN GÜÇLÜ MANYETİK ALANLAR ÜZERİNE

Nötron Yıldızları olarak bilinen ve çökmek üzere olan dev yıldızlar, son aşamasına gelmiş yıldızların küçük bir hacimde büyük bir kütlenin yoğunlaşmasıyla oluşturduğu ve Beyaz Cüce olarak bilinen yapılardır. Bu yıldızlar, olağanüstü güçlü bir çekim alanına rağmen çok küçük bir hacme (yaklaşık küçük bir kasaba kadar) sahiptir. İşte bu yıldızların yapısı üzerinde, son zamanlarda yapılan detaylı araştırmalar sonucunda, yüzeyinde çok büyük bir manyetik alanın oluştuğu gözlenmiştir. Böylesine büyük bir manyetik alan ve kütleçekiminin küçük bir hacimde bir arada bulunmaları ise, kütleçekiminin güçlü bir manyetik alanın etkisi sonucunda oluştuğu düşüncesinin bir başka mükemmel ispatıdır.

Yapılan gözlemlere göre, *R=10 km* yarıçapındaki bir nötron yıldızının yüzeyi üzerinde $\vec{B} = 10^8 T$ değerinde bir manyetik alan gözlenmiştir. Şimdi bu verilerden ve diverjans teoreminden yararlanarak nötron yıldızının yüzeyi üzerindeki manyetik yük yoğunluğunu hesap-larsak:

$$\nabla.\vec{B} = \mu_0 \rho_m \quad \Rightarrow \vec{B} = \mu_0 \oiiint_{\Delta V} \rho_m dV$$

$$\Rightarrow \rho_m \frac{4\pi 10^{-7} 4\pi R}{3} = 10^8 \qquad (2.2)$$

$$\Rightarrow \rho_m \cong 20 \ Manyeton / m^3$$

olarak bulunur.

Dolayısıyla böyle küçük bir hacim yüzeyinde böylesine büyük bir manyetik yük yoğunluğunun bulunması, nötron yıldızlarının yüzeyi üzerinde oluşan bu manyetik yük yoğunluğunun, merkezdeki tekillik noktasında daha büyük bir oranda bulunduğunun mate-matiksel bir ispatıdır ve artık bu boyutlarda manyetik yüklerin gözlemlenmeye başlandığının bir işaretidir.

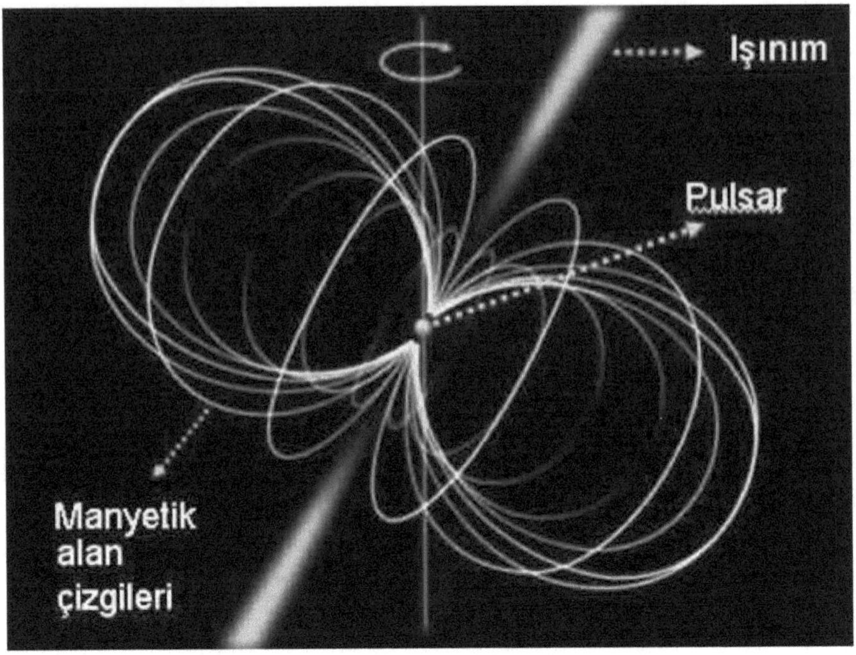

Figure 14: Bir nötron yıldızının yapısı ve yaydığı Elektromanyetik Kütleçekim Dalgaları.

E- BEŞİNCİSİ: ELEKTRİK ALAN UYGULAMASI:

KÜTLEÇEKİMİ ETKİSİNDEKİ ELEKTRON VE GRAVİTONLARIN YÖRÜNGELERİ ÜZERİNE

Şimdi elektronun atom çevresinde dolandığı alan civarındaki birim elektrik alanı hesaplarsak, yani $\vec{E}=1\ C/m^2$ değerini veren alan ifadesini yazarsak:

$$\vec{E}=\frac{K_E}{(4\pi\varepsilon_0)}\frac{Q}{r^2}=\frac{4\times10^{-15}\times1{,}6.10^{-19}}{(4\pi.8{,}85.10^{-12})r^2}=1(N/C) \quad (2.3)$$

ise elektronun dolaştığı alan;

$S = \pi r^2 = 0{,}2 \times 10^{-24} m^2$ olarak bulunur. Bu değer ise, $\hbar$ Planck ölçeği olan $r_\hbar \cong 1{,}5 \times 10^{-17} m$ yarıçaplı dairesel alanın yaklaşık $c=3\times10^8$ katıdır. Yani Planck ölçeğinin bu kadar katı büyüklükte bir alanda dolaşan birim yük (elektron), uzayda $1\ (C/m^2)$'lik bir birim Elektrik Alan oluşturmaktadır. Burada Planck ölçeği ($\hbar$), alan olarak alınırken; $6{,}6\times10^{-34}\ m^2$'lik bir kesit alana sahip ($r_\hbar$ yarıçaplı) dairesel (**A**=$2\pi r_\hbar = \hbar$) bir sicim parçası baz alınmıştır. Bunu (Elektronun taradığı yüzey alanını) grafiksel olarak gösterirsek; elektron ve gravitonların α açısı ve yarıçapa (r) bağlı değişimi aşağıdaki şekildeki gibi olacaktır:

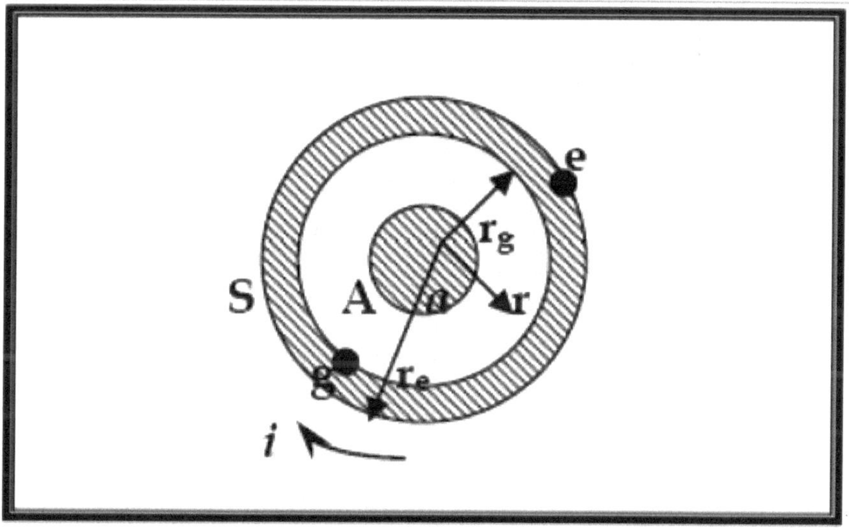

Figure 15: Elektron ve Gravitonların atom yörüngesi üzerinde taradığı alan (S, A)

Elektron yarıçapı ($r_e=r.c$) şeklinde ışık hızının tam katı olarak değişmesi durumunda, yukarıdaki şekildeki elektronun taradığı yüzey alanını hesaplarsak:

$A = \pi\left(r_\hbar^2\right) = 6{,}6 \times 10^{-34} m^2$ (Planck ölçeğindeki birim alan) ise, taralı alan:

$$S=\left(\frac{\alpha}{2\pi}\right).\pi r^2=\pi\left(r_\hbar^2\right).c \quad (2.4)$$

olur. Yani radyal yönde ve ışık hızında merkeze doğru yaklaşan *e*, *(r)* yarıçapından Planck ölçeğine ($r_\hbar$) ulaşana kadar $1\left(C/m^2\right)$'lik bir birim elektrik alanı oluşturacaktır. Her bir yörünge için, farklı tur sayısı ve dolayısıyla farklı *α* değerleri üretilecektir.

Yani, $r^2.\left(\frac{\alpha}{360}\right)=\left(r_\hbar^2\right).c$ *(sabit)* denklemine göre bir eğri çizecektir. Buradan, elektronun bu aralıkta aldığı spin (dönme) değerinden yararlanarak *e* yarıçapını hesaplarsak:

$\frac{n\hbar}{2\pi}=\frac{Q}{4\pi\varepsilon_0}=\frac{\pi r_e^2}{2\pi}$ eşitliği $n=\frac{1}{2}$ için çözülürse;

$r_e\cong10^{-17}m$ olarak bulunur. Benzer yöntemle, Graviton yarıçapı da bulunursa:

n=2 için, $\frac{n\hbar}{2\pi}=\frac{\mu_0 G}{4\pi}=\frac{\pi r_g^2}{2\pi}$ eşitliği çözülürse;

$r_g\cong2\times10^{-17}m$ olarak bulunur.

Bu bulduğumuz sonuçları yorumlarsak: Elektronlar ve Gravitonlar için fiziksel olarak gözlemlenebilen Planck yarıçapından daha küçük boyutları incelemek için günümüz teknolojisi yeterli değildir ve çok büyük hızlandırıcılar gerektirir. Fakat bu hesapladığımız yarıçap değerleri, Planck ölçeğine inmeden ve çok büyük boyutlu hızlandırıcılara gerek duymadan atomik partiküllerin incelenebilmesine olanak tanımaktadır. Bu da 5-Boyutlu Relativitenin Fiziksel dünyaya uygulanabilir olduğunun bir ispatıdır. Gerçekten de elde ettiğimiz bu ideal ölçeklerin, varlığı yakın bir zamanda gözlemlenen protonun temel alt parçacıkları olan kuarkların yarıçapına denk geldiğini görürüz. Gerçekte ise, elektronların yarıçapı bu değerden *10^4-10^5* kat daha büyüktür; gravitonların yarıçapı ise, *10^4-10^5* kat daha küçüktür. Fakat *10^{-17} m* mertebesindeki atom ölçeklerine, günümüz teknolojisiyle ulaşabiliriz. Dolayısıyla bu ölçek, inceleyebileceğimiz en küçük ölçek olan Planck ölçeğiyle atomik ölçek arasında bir yaklaşıklık ve ölçek dönüşümü yapmamızı sağlayacaktır. Şimdi atom yörüngesinde dönmekte olan bir elektronun ve bir gravitonun Planck ölçeğine (yani çekirdeğin merkezine) doğru bir kütleçekimi alanı etkisinde düşmesi durumunda yörüngenin; yarıçap (*r*), *α* açısı ve spin değerine (*n*) göre nasıl bir yörünge izleyeceğini düşünelim. Aşağıdaki şekilleri incelersek $r \rightarrow r_\hbar$ olması (yani atom yarıçapının Planck ölçeğine yaklaşması) durumunda elektronun veya farklı bir spin değerine sahip herhangi bir parçacığın (Graviton) taradığı alan için açısal spin denklemini şöyle yazabiliriz:

$$S = \left(\pi r^2\right).\frac{\alpha}{360} = c.\left(\pi r_\hbar^2\right)n$$

olarak yazılırsa; (2.5)

$$\left(c = \frac{1}{\sqrt{\varepsilon_0 \mu_0}} = \frac{1}{\sqrt{\varepsilon_g \mu_g}}\right)$$

olmak üzere;

$$\alpha = \frac{\left(2\pi\hbar c\right).n}{r_{AB}^2} = \left(\frac{2\pi\hbar}{\sqrt{\varepsilon_g \mu_g}}\right)\frac{n}{r_{AB}^2}$$

$$\left(2\pi\hbar c\right) = sabit \quad (2.6)$$

ATOMİK KARADELİK KÜTLEÇEKİM YARIÇAPI

denklemi yazılabilir veya;

$$r_{AB}^2.\alpha = 2\pi n\hbar c \ (sabit\ ) \quad (2.7)$$

olarak atomik boyutlar için, *Karadelik kütleçekim yarıçapı denklemi* elde edilir. Hatırlarsak Graviton (Kütleçekimsel yük taşıyıcısı) için spin değeri *n*=2 idi. Bu durumda yarıçap denklemi $r_{AB}^2.\alpha = 4\pi\hbar c\ (sabit)$ olur.

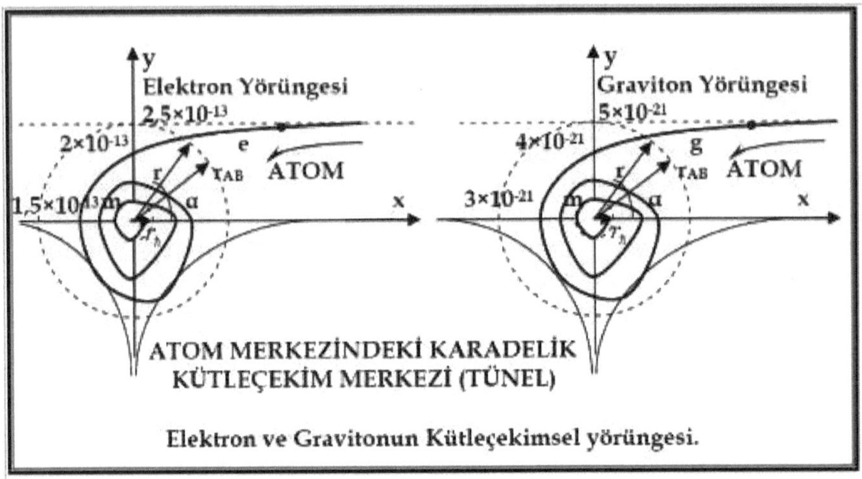

Figure 16: Tünel sürecinde, Elektron ve Gravitona ait kütleçekimsel yörünge eğrisi

Elektron için, spin değeri *n*=1/2 olduğu için aynı denklem $r_{AB}^2.\alpha = \pi\hbar c\ (sabit)$ olur. Bu iki yörünge denklemi ise, beklediğimiz sonuç olan helis biçimli burgaç hareketinin denklemleridir. Yani elektronları yörüngede tutan kuvvet, onları merkeze doğru bu şekilde bir yörünge çizerek çekmeye zorlarken; açısal momentum, kütleçekimini dengeleyerek yörüngeyi yukarıdaki şekillerde kesikli çizgilerle gösterilen daire üzerinde tutmaktadır. Yani yörünge, atomun merkezine yakınlaştıkça *Hiperbolik Spiral* (Kütleçekimi Eğrisi) çizecektir.

Bu sonuç ise, daha önce bulduğumuz alan denklem-lerinin yapısıyla birlikte düşünüldüğünde kütleçekimi eğrisinin; atomik boyutlarda da gökcisimlerinin kütleçekimiyle, örneğin spiral yapıdaki galaksiler gibi, bir benzerlik gösterdiğinin belirtisidir ki, aslında bu yapı birleşik alan teorisine göre temel düzeyde evrenin başlangıç anından kalan kapalı boyutların spiral bir şekilde kıvrılmasının bir sonucudur. Dolayısıyla, evrenin başlangıç anlarından kalan bir galaksiye (örneğin, quasarlar gibi) veya dünyadaki canlılığın başlangıcından kalan bir canlıya (örneğin, nautilus gibi) baktığınızda bu geometrik eğriyi görebilirsiniz.

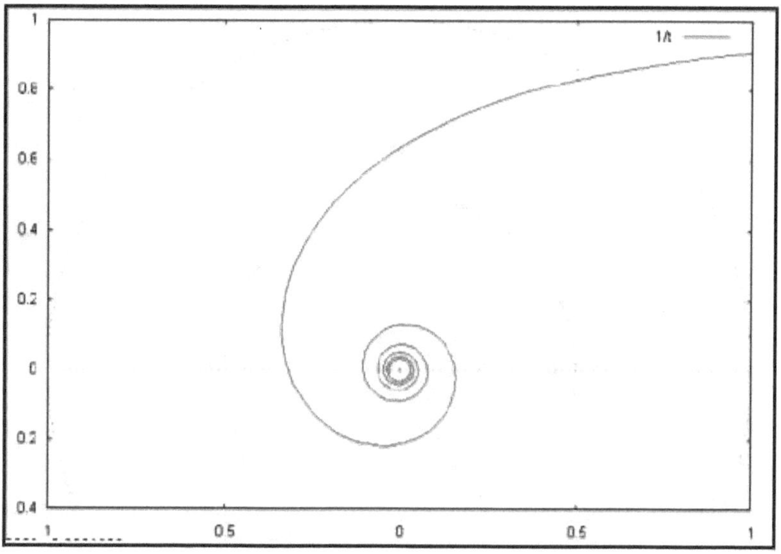

Figure 17: Hiperbolik spiral eğrisi.

Figure 18: Güneşin manyetik alanı. Görüldüğü gibi, güneşin manyetik alanının helezonik olması, manyetik alanın kütleçekim alanında hiperbolik spiral bir yapı kazandığını isbatlamaktadır. Bu da, makro ve mikro ölçekteki kütleçekimi alanı yapısının benzerlik gösterdiğini kanıtlamaktadır.

Figure 19: Hiperbolik spiral şeklini almış bir alçak basınç alanının uzaydan çekilmiş görüntüsü.

Şimdi, tüm bu sonuçları hayalimizde şöyle canlandırabilirsiniz: Planck ölçeğinde $\left(r_{\hbar} = 1{,}5 \times 10^{-17} m\right)$ kesitinde, yani dolanım alanı $\hbar = \pi r_{\hbar}^2 \; m^2$ olan *6,6×10*$^{-34}$ *m*^{2}'lik bir kesit alana sahip bir sicimi, helezon şeklinde kıvırarak toplam alanı $\hbar$ 'yı verecek şekilde olan helezonik bir sicim düşünün. Şimdi bu dairesel kesit alanı oluşturan sicimin bir tünel gibi atomun merkezinden, **e** ve **g**'ların bulunduğu yarıçapa kadar kıvrılarak ulaştığını, **e** ve **g**'ların bu tünel içinde hareket ettiklerini hayalinizde canlandırın. Heisenberg'in belirsizlik ilkesine göre, **e** ve **g**'ların hangi anda bu helezonun hangi bölümünde bulunacağı kesin olarak belirlenemez. Ancak ortalama bulunma olasılıkları bu tünelin bir bölgesi olsun. Şimdi parçacıklar kütleçekiminin etkisiyle sicim üzerinde hareket ederlerken (yani $r \rightarrow r_{\hbar}$ olarak Planck ölçeğine yaklaşılması durumunda) yukarıdaki şekillerde verildiği gibi bir yörünge izleyeceklerdir. Bu durumu, bir *SİKLOTRON* hızlandırıcısı içerisinde hareket eden parçacıklar gibi de düşünebilirsiniz. Parçacıklar kütle merkezine yaklaşırken ışık hızına ulaşacaktır ve tam merkezde ise bir *TEKİLLİK* noktası mutlaka bulunmalıdır. Çünkü

$$\frac{m_{e,g}c^2}{\sqrt{1-\frac{v^2}{c^2}}}$$

ifadesine göre; göreli kütle, *v=c* olması durumunda sonsuza gitmektedir.

Bu sonuç, *e* ve *g*'ların atomun merkezinde bulunan tekillik (bir nevî Karadelik) noktası civarındaki hareketinin ortalama olarak bir helezon çizdiğini fakat bu eğrinin bitiş noktası merkeze ulaşmadan *dairesel* veya *eliptik* bir yörüngede tutularak dengede kaldıklarını göstermektedir. Parçacıkların başka bir *e* ve *g*'la çarpışması durumunda ise, yörüngenin dengesi bozulacak ve kütleçekimi merkezkaç kuvvete baskın çıkarak parçacığı tekillik noktasına doğru çekecektir. Bu etki, ısı veya radyoaktif etki yoluyla da yapılabilir.

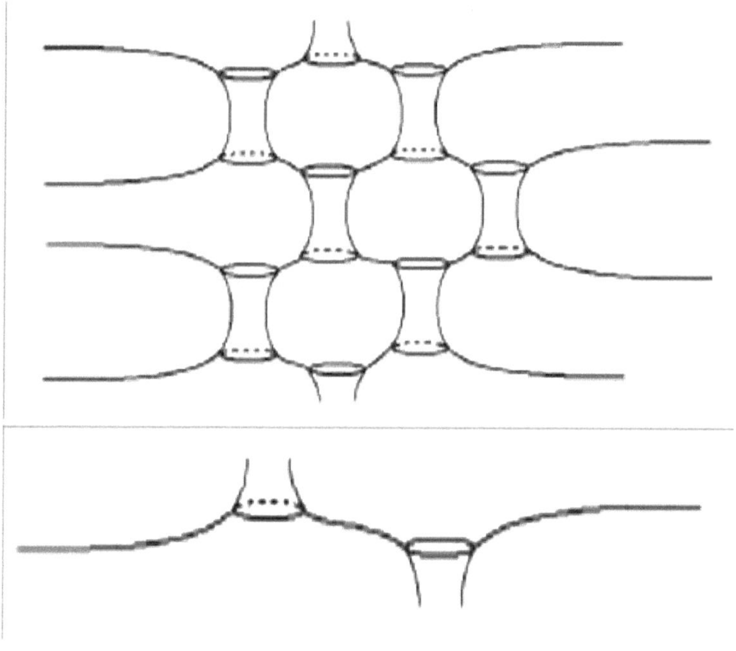

Figure 20: Sicim parçaları, uzay-zamanın delik olduğu noktalarda birleşirse, deliklerle dolu bir uzay-zaman yapısı meydana gelir ki, bu durumda her bir delik; bir tekillik noktasına tekabül eden bir manyetik monopol mekanizmasına denk gelecektir.

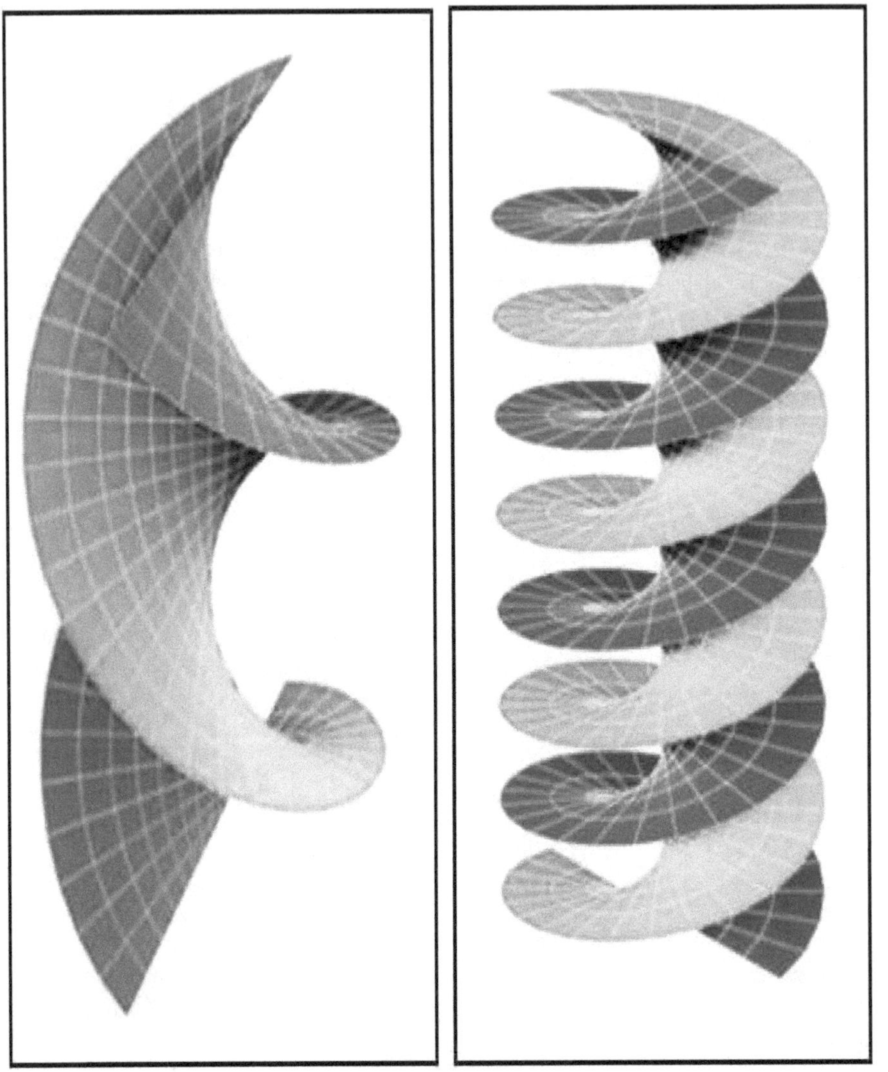

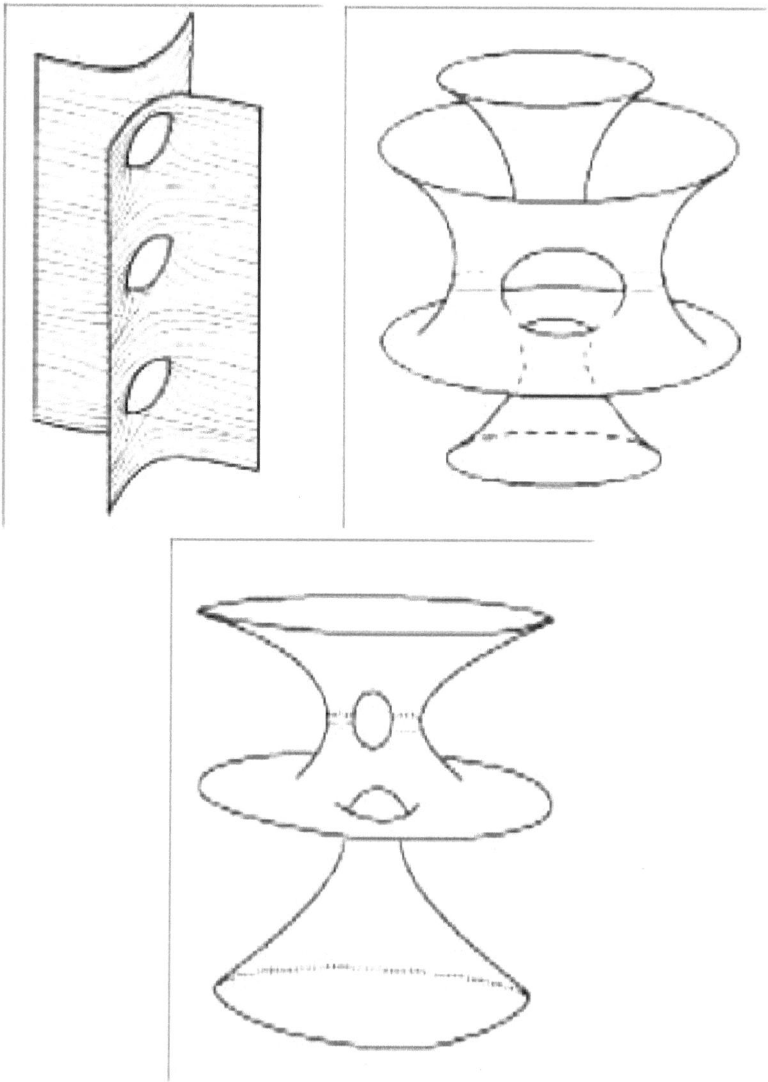

$$t = \log(\cosh x) - \log(\cosh y),$$

$$ds^2 = 2dxdy\frac{\sinh x \sinh y}{\cosh x \cosh y} + \frac{dx^2}{\cosh^2 x} + \frac{dy^2}{\cosh^2 y} + dz^2 + dw^2.$$

Figure 21: Scherk'e göre helezonik manifold yüzeyi ve diferansiyel metrik uzaklık ifadesi. Dikkat edilirse, ayrık durumdaki helezonik sicim kıvrımları tekillik noktasında birleşerek tek bir yüzey alanına dönüşmektedir ve yüzey üzerinde deliklerle gösterilen ve periyodik olarak tekrar eden tekillikler vardır. Biz birleşik alan teorisinde, bu tekilliklerin manyetik monopoller ağına denk geldiğini öngörmüştük. Uzay-zamanın geniş ölçekli boyutlarında düz bir zar yüzeyi gibi algılanan dokusu, aslında küçük ölçeklere inildikçe yüzey alanını minimuma indirecek deliklerden oluştuğu görülür.

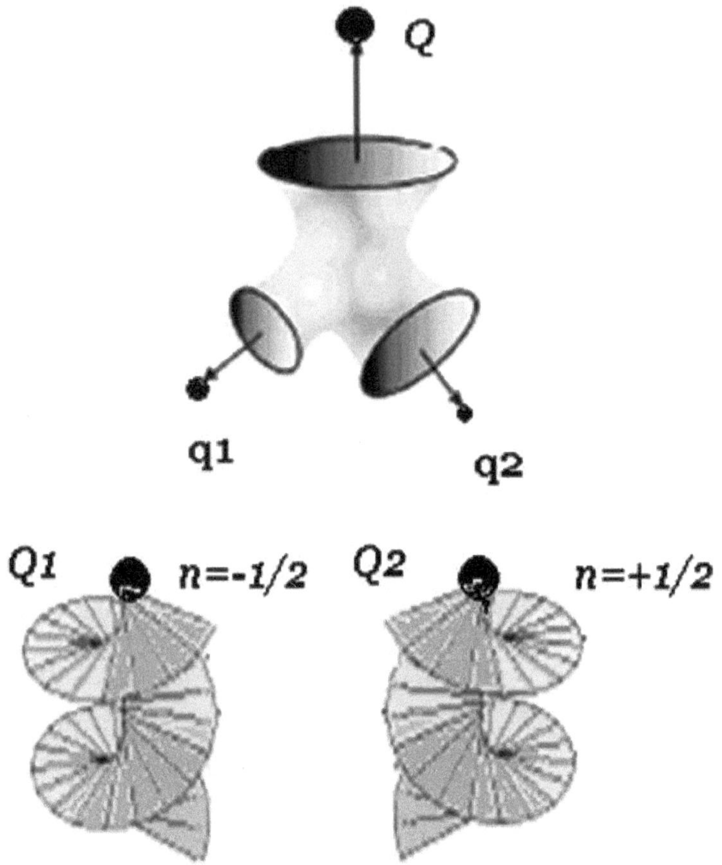

Figure 22: Tabiattaki partiküllerin ve alan bileşenlerinin, örneğin spin gibi sağ ve sola dönecek şekilde meyilli olması aslında uzay-zamanın yapısının bir sonucudur. Yukarıdaki şekilde, bir sicim parçasıyla gösterilen bir akı tüpü içerisinden geçen alan bileşenleri tek bir bileşenin toplamını oluşturuyor (soldaki şekil). Zıt yönlerde yönelen helezonik uzay zaman yüzeyi zıt işaretli iki farklı spine sahip partikülü meydana getiriyor (sağdaki şekil).

F- ALTINCISI: MANYETİK ALAN UYGULAMASI:

KÜTLEÇEKİMİ MERKEZİNDEKİ MANYETİK YÜK YOĞUNLUĞU $(\rho_{Graviton})$ ÜZERİNE

Planck ölçeğine göre, Gravitonun atom çevresinde dolaştığı dairesel yarıçapı hesaplarsak;

$$\pi r^2 = 6{,}6\times10^{-34}m^2 \Rightarrow r = 1{,}5\times10^{-17}m$$ olur.

Şimdi, manyetik alan ifadesini bu yarıçapta dolaşan birim manyetik yük için hesaplarsak;

$$\vec{B} = \frac{K_B\mu_0 g}{4\pi r^2} = \frac{6.4\pi.10^7.10^{-17}.10^{-17}}{4\pi.2{,}1.10^{-34}} \quad (2.8)$$

olur ve buradan, $\vec{B} \cong 3\times10^{-7}\,w/m^2$ olarak bulunur.

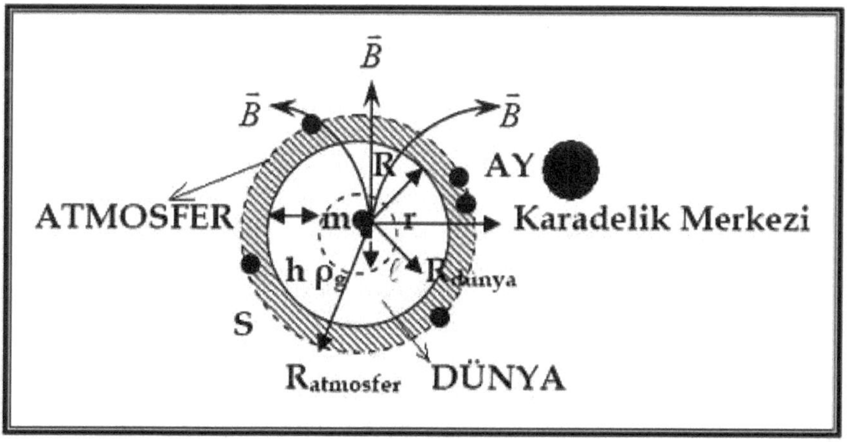

Figure 23: Karadelik kütleçekim merkezindeki Manyetik yükün Dünya yüzeyi yakınlarındaki oluşturduğu Manyetik Alan.

Şimdi, bu manyetik alanın, karadelik tünelinin en uç noktasında yani Planck ölçeğinde dairesel bir yörünge üzerinde oluştuğunu (noktasal manyetik bir kaynak gibi) düşünürsek ve bu manyetik alan şiddetinin yeryüzünde oluşturacağı $\vec{H}$ (yerin manyetik alanı) alan şiddetini hesaplayalım. Bilindiği gibi $\vec{B}$ manyetik alanı, boşluğun permeansı olan μ_0'a bölünürse, $\vec{H}$ (fiziksel uygulamalarda genellikle bu değer kullanılır) elde edilir. Şimdi Planck ölçeğine göre düşünüp bu alan şiddetinin yerin yarıçapı boyunca $(R \cong 6350km)$ sabit kaldığını veya çok az değiştiğini varsayalım $\frac{\vec{B}}{\mu_0}$ ve μ_0 oranını hesaplayalım; Merkezdeki manyetik yükün Dünya yüzeyinde (S) oluşturacağı akı yoğunluğu:

$\vec{H} = \frac{\vec{B}}{\mu_0}$ ve $\frac{\vec{E}}{\vec{B}} = c$ olduğu için

$\vec{E} \cong 90 \; C/m^2$ ve

$$\vec{H} = \frac{3.10^{-7}}{4\pi.10^{-7}} \cong 2{,}5.10^{-3}$$ olur. (2.9)

Şimdi $\oint_L \vec{H}.d\ell = \oiint_S \frac{\partial \vec{D}}{\partial t} \hat{n}.dS$ bağıntısından;

$$2\pi.\ell.\vec{H} = \varepsilon_0 \vec{E}.4\pi r^2$$

$$\ell.2{,}5.10^{-3} = 8{,}85.10^{-12}.9.10.2.(6{,}35)^2.10^{12} \Rightarrow \quad (2.10)$$

$$\ell = 26 \times 10^6 m = 26000km$$

olarak bulunur. Bu uzunluğu veren yarıçapı hesaplarsak;

$$2\pi R = 26000 \Rightarrow$$

$$R \cong 4000km \quad (2.11)$$

olarak hesaplanır. Bu sonuca göre, *h=(R-r)=(6350-4000)=2350 km*'ye varan bir yer altı mesafesine kadar bu manyetik birim yükün etkisi görülmektedir. Eğer Planck ölçeğinin içinde çok büyük ve noktasal bir manyetik yük yoğunluğunun olduğunu farzedersek, manyetik alan ve kütleçekiminin tek bir kaynaktan çıkarak yüzeye nüfuz ettiğini söyleyebiliriz. Çünkü bu durumda $\vec{B}$, *g* manyetik yükünün değeriyle orantılı olarak artacak ve etki alanı uzayın sınırlarına kadar uzayabilecektir. Ve ancak $r \to \infty$ durumunda etkisi sıfırlanacaktır. Bu ise, bütün Gravitonların kütleçekim merkezinden uzayın sınırına kadar sicimler (iplikçikler) halinde ve Planck ölçeğinde sıralanmalarıyla açıklanabilir. Bu sicimlerin yoğunluğu ise, karadelik kütle aktarım diski yüzeyindeki manyetik alan çizgisi (dolayısıyla $\vec{B}$'nin değeriyle) orantılı olacaktır.

Daha önce, dünya yüzeyi için manyetik yük yoğunluğunun $\rho_g = 4\times10^{-7}\, Graviton/m^3$ olduğunu bulmuştuk. Buradan dünya yüzeyindeki bu yük yoğunluğunu oluşturacak manyetik yük miktarını hesaplarsak bu durumu daha iyi anlayabiliriz. Bilindiği gibi Planck ölçeğindeki manyetik yükün dünya yüzeyi için oluşturduğu akı yoğunluğu ifadesi:

$$\iint_S \vec{B}.\hat{n}dS = \oiiint_V \rho_g dV$$

(Graviton Yasasından);

$$4\pi R^2 \frac{K_B \mu_r g}{4\pi r^2} = 4\times10^{-7}\frac{4\pi R^3}{3}\left(\underbrace{\frac{1}{\varepsilon_g}}_{\text{İhmal}} + \mu_g\right)$$ ise,

$$g = \frac{16.10^{-7}.(6{,}35).10^{6}.4\pi.10^{-7}.(6{,}6).10^{-34}}{3.6.10^{-17}.4\pi.10^{-7}} \cong 4\times10^{-10}\, Graviton$$

(2.12)

olarak bulunur.

Görüldüğü gibi, tekillik merkezine yaklaşıldıkça graviton yoğunluğu exponansiyel olarak artmaktadır. Alan denklemlerinde, merkezdeki elektrik yük miktarını ihmal ederek kütleçekimi yasasını yazarsak:

$$f(\vec{G}) = f(\vec{E}+\vec{B}) \Rightarrow \frac{Km\left(\frac{1}{\varepsilon_g}+\mu_g\right)}{4\pi R^2} = \frac{K_B\mu_r g}{4\pi R^2} + \underbrace{\frac{K_E Q}{4\pi\varepsilon_r R^2}}_{İhmal}$$

(2.13)

ifadesinden yaklaşık olarak, bu yük yoğunluğu etkisinin Gauss teoremi ve katı açıların özelliğinden yararlanarak dünya yüzeyine kadar etkisinin aynı kaldığını düşünürsek, dünya merkezindeki tekillik noktasındaki yük miktarı, Dünya yüzeyinin manyetik alan şiddeti yaklaşık olarak $10^{-6}\, w/m^2$ alınırsa;

$$\vec{\nabla}.\vec{B} = \mu_g \rho_{Graviton} \Rightarrow \vec{B} = \frac{K_B\mu_r g}{4\pi R^2} = 10^{-6} \Rightarrow g \cong 6\times 10^{50}\, Graviton$$

(2.14)

olarak bulunur. Fakat, dünyanın Fe-Ni karışımlı çekirdeğinin manyetik geçirgenliği çok yüksek olduğu için bu değer gerçekte *10^6-10^{12}* kat daha büyük olmalıdır. Bu sonuçlardan, manyetik yük yoğunluğunun neden kütleçekim merkezine yaklaşıldıkça exponensiyel bir şekilde arttığının sebebi anlaşılır. Merkezdeki bu exponensiyel artış, kütleçekimi etkisinin niçin uzayın uzak noktalarına kadar devam ettiğini açıklamaktadır. Dolayısıyla kütleçekimi ve manyetizma etkisini oluşturan bu gravitasyonel manyetik yükün (*Manyetik Monopol*), kütleçekim merkezindeki tekillikte toplandığı sonucunu çıkarabiliriz. Bu çok yoğun Q_m manyetik yükünün Dünya yüzeyinde fiziksel olarak tespit edilememesinin sebebi de budur. Şimdi, merkezdeki toplam kuvveti yazarsak;

$$\vec{F}_G = \vec{F}_E + \vec{F}_B \Rightarrow m\vec{G} = g\vec{B} + \underbrace{Q\vec{E}}_{İhmal} \quad (2.15)$$

ise ve $\vec{F}_B = 10^{42}$ olarak alınırsa ve elektrik yükü de ihmal edilirse;

$$10^{25}\vec{G} = 10^{42} \Rightarrow$$

$$\vec{G} = 10^{17}\, m/sn^2 \quad (2.16)$$

olur. Görüldüğü gibi, merkeze yaklaştıkça çekim ivmesi de manyetik kuvvete bağlı olarak artmaktadır. Buna göre, dünyanın merkezindeki Planck ölçeğindeki birim yükün (Q_m) manyetik kuvveti:

$$\vec{F}_B = g\vec{B} = 3\times10^{-7}\times6\times10^{50} \Rightarrow \vec{F}_B \cong 1{,}8\times10^{42}\,\frac{w}{Graviton.m^2}$$

(2.17) olacaktır.

G- YEDİNCİSİ: KÜTLEÇEKİM ALANI UYGULAMASI:

π SAYISI VE EVRENSEL KÜTLEÇEKİM SABİTİ ÜZERİNE [GRAVİTATİONAL TRANSFORMATİON]

Dünyanın kütleçekimi alanını, dünya yüzeyi için hesaplarsak;

$$\vec{G} = \frac{K\left(\frac{1}{\varepsilon_g} + \mu_g\right)M}{4\pi R^2} \cong 9{,}81\; m/sn^2 \quad (2.18)$$

olduğunu bilmekteyiz. Şimdi *π (3,14..)* sayısının karesini alırsak:

$\pi^2 \cong 9{,}85$ olduğunu görürüz.

Şimdi ilginç bir sonuç çıktı. Çünkü Pi'nin karesi yaklaşık olarak Dünyanın çekim ivmesine eşittir. İşte bu yaklaşık eşitliği kullanarak çekim ivmesini bildiğimiz üç gökcismi için (Dünya, Ay ve Güneş için) farklı birer matematiksel kütleçekimi ifadesi bulmaya çalışalım. $\vec{G}$ ifadesini yeniden yazıp diferansiyel yüzey integrali formuna çevirerek, S Dünya yüzeyi için birim yüzeye etkiyen $\vec{F}_g$ yerçekimi kuvvetini çizgisel integral formunda yazarsak;

$S = r\theta = \pi r^2$ ve $\ell = 2\pi R$ olduğu için $d\ell = 2\pi r dr$ ve

$$dS = 2\pi r dr d\theta$$

yazılabilir.

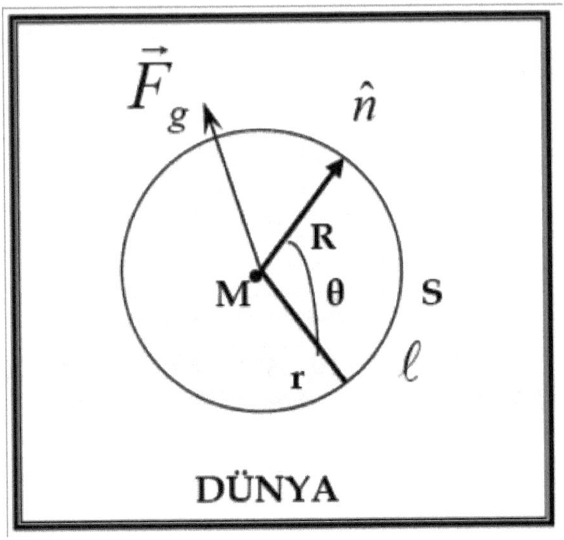

Figure 24: Dünya yüzeyi için yarıçap ve kütleçekim kuvveti vektörleri.

Stokes Teoreminden;

$$\oiint_S \vec{F}_g . \hat{n} dS = \oint_L \vec{F}_g . d\ell \qquad (2.19)$$

integralindeki sağ taraftaki integral ifadesini;

$$\vec{F} = m\vec{G} \Rightarrow \quad \vec{F} = m\left(\frac{KM\left(\dfrac{1}{\varepsilon_g} + \mu_g\right)}{4\pi R^2} \right) = \pi^2 m \qquad (2.20)$$

şeklinde yerçekimi kuvvetini oluşturacak şekilde düzenlersek:

$$\vec{G} = \frac{KM\left(\frac{1}{\varepsilon_g} + \mu_g\right)}{4\pi R^2} = \pi^2$$

$$\Rightarrow \frac{KM\left(\frac{1}{\varepsilon_g} + \mu_g\right)}{4\pi} = \pi^2 R^2 = (\pi R)^2 = \left(\frac{\ell}{2}\right)^2 \qquad (2.21)$$

şeklinde yazabiliriz.

Her iki tarafın diferansiyelini alırsak;

$d\vec{F} = m d\vec{G} = (m).2\pi r dr$ olur. Şimdi, integral ifadesini bu şekilde düzenlersek;

$$\vec{G} = \oiint_S \frac{KM\left(\frac{1}{\varepsilon_g} + \mu_g\right)}{4\pi R^2} dS = \oint_L \ell d\ell \qquad (2.22)$$

(STOKES Teoreminden)

$$\vec{G} = \int_0^{2\pi R}\int_0 \frac{KM\left(\frac{1}{\varepsilon_g} + \mu_g\right)}{4\pi R^2} dS = \int_0^{2\pi R} (2\pi r) dr \text{ olur.} \qquad (2.23)$$

Evrensel çekim sabiti $\frac{K\left(\frac{1}{\varepsilon_g} + \mu_g\right)}{4\pi} = G$ olduğu için Kütleçekim sabiti için şu integral denklemi elde ederiz:

$$G=\frac{\oint_{2\pi R}\frac{1}{2}\ell d\ell}{M}=\frac{K\left(\frac{1}{\varepsilon_g}+\mu_g\right)}{4\pi}\qquad(Sabit)$$

(2.24)

Bu çizgisel integral, bir Gökcisminin *çevresi* ve *kütlesine* bağlı kütleçekim sabitini veren genel bir denklemdir. Fakat örneğimizde, sadece Dünya için bu eşitlik sağlandığından, bu ifadeyi yüzeysel integrale çevirip diğer özel çözümleri (GÜNEŞ ve AY için) de elde edersek;

$$(1)\ G=\frac{\frac{1}{2}\int_{\theta_1=0}^{\theta_2=2\pi}\int_{r=0}^{R_{DÜNYA}}2\pi r dr d\theta}{M_{DÜNYA}}$$

(2.25)

sonucu elde edilir.

Burada θ açısı Dünya için, $\theta=2\pi\left(360^0\right)$ alınmıştır. Şimdi Ay için benzer ifadeyi bulursak;

$\vec{G}_{AY}=\frac{\vec{G}_{DÜNYA}}{6}$ olduğu için $\theta=\frac{2\pi}{6}=\frac{\pi}{3}$ alınmalıdır.

$$(2)\ G=\frac{\frac{1}{2}\int_{\theta_1=0}^{\theta_2=\pi/3}\int_{r=0}^{R_{AY}}2\pi r dr d\theta}{M_{AY}}$$

(2.26)

sonucu elde edilir.

Burada θ açısı Gezegen ve Uydular için Radyan olarak alınmıştır. Yani $\theta = 2\pi(360^0)$ alınmıştır. Şimdi benzer integral ifadesini Güneş için hesaplarsak, Güneşin çekim ivmesi Dünyanın yaklaşık 28 katı olduğu bilindiği için buradan yola çıkarak:

$$\vec{G}_{GÜNEŞ} = \vec{G}_{DÜNYA} \times 28 \cong 275 \ \ m/sn^2$$ bulunur.

Şimdi 275 sayısını π'nin formunda yazarsak;

$$275 = \pi^5 - \pi^3$$ olduğunu buluruz. Bunu da açarsak:

$$\left.\begin{array}{l} \pi^5 \cong 306 = 1{,}7 \times 180^0 \\ \pi^3 \cong 31 = 0{,}17 \times 180^0 \end{array}\right\} \pi^5 - \pi^3 = 306 - 31 = 275$$

olarak alınabilir.

Bu durumda $\theta = [0{,}17\pi; 1{,}7\pi]$ arasında değişecektir. Fakat burada θ derece olarak alındığından ve $\theta = \pi.D^0$ olduğundan $d\theta = \pi.dD^0$ ve $dD^0 = \frac{1}{\pi} d\theta$ olarak alınır. Bu durumda, Güneş için kütleçekimi integrali:

$$(3)\ G = \frac{\frac{1}{\pi} \int_{\theta_1 = \frac{17\pi}{100}}^{\theta_2 = \frac{17\pi}{10}} \int_{r=0}^{r=R_{GÜNEŞ}} 2\pi r dr d\theta}{M_{GÜNEŞ}}$$

(2.27)

olarak elde edilir.

Şimdi, Her üç Gökcismine ait θ diyagramlarını çizersek;

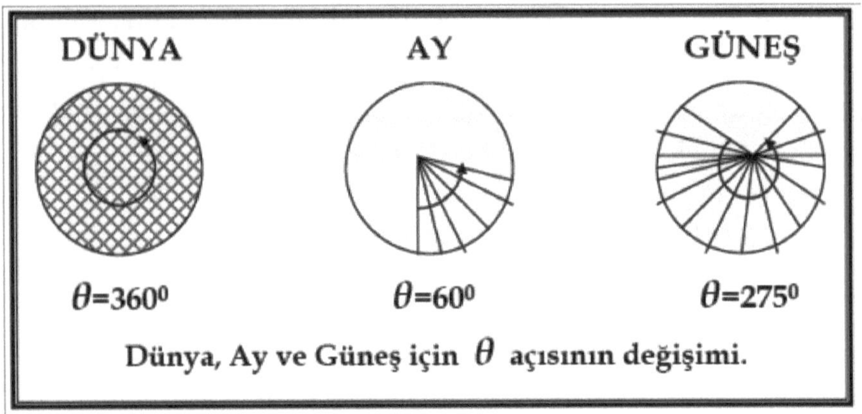

Figure 25: Dünya, Ay ve Güneş için θ açısının değişimi (*Ukray, 2007*).

Bulunan bu integral ifadeleri sadece verilen bu *sınır koşullarında* geçerli olup, dikkat edilirse kütleçekim sabiti ifadeleri R (yarıçap)'dan bağımsızdır ve sadece θ'ya bağlıdır. Kütleçekimi sabitinin, π ile ilişkili olan başka integral ifadeleri de bulunabilir. Fakat sınır koşulunun (θ_1 ve θ_2) bulunabilmesi için Gökcismine ait Kütle ve Yarıçap değerleri bilinmelidir. Fakat kütle bilinmiyor ve cismin büyüklüğü (yarıçap) biliniyorsa (Örneğin bu bir Gezegen ise) θ için bir yaklaşıklık yapılarak birinci integralden kütle hesaplanabilir.

Pi sayısının, az önce de gördüğümüz gibi sadece evrensel çekim sabiti ile değil, başka evrensel sabitlerle de ilişkisi vardır. Buna bir örnek verecek olursak; c=Işık hızı=3×10^8 *m/sn* olarak bildiğimiz elektromanyetik kütleçekim dalga hızının da bu sabitle ilişkisi vardır. Bunu incelemek için aşağıdaki seri toplamını alırsak;

$$c = \pi^{17}\left(1 + \frac{1}{2\pi^2} + \frac{1}{4\pi^4} + \frac{1}{6\pi^6} + \cdots + \frac{1}{2n.\pi^{2n}}\right)$$

$$= \sum_{n=1}^{\infty} \pi^{17}\left[1 + \frac{1}{2n}\left(\frac{1}{\pi^2}\right)^n\right]$$

(2.28)

ayrıca bu serinin değerini doğada pek çok yapıda birleşik alan kuramının bir matematiksel göstergesi olan, ALTIN ORAN

$\left(\phi = \dfrac{1+\sqrt{5}}{2} = 1{,}618\right)$ sayısı ve π sayısı cinsinden de ifade edebiliriz (**NOT**: Bu, Doğadaki herhangi bir matematiksel birleşim bağlantısına skaler ölçekte küçük ve güzel bir örnektir. Fakat bu yönde daha detaylı ve kapsamlı bir fiziksel isbat için matematiksel bir teorem geliştirilebilir.):

$$c = \pi^{17}.\left(\frac{\phi}{\pi - \phi}\right)$$

ve sonuç olarak;

(2.29)

$c \cong 2{,}998 \times 10^{8}$ olarak yaklaşık olarak *c=Işık hızı=3×10⁸ m/s* değerini elde ederiz. Peki bu hesaplamaları neden yaptık? Çünkü, bunlar bize gösteriyor ki, nasıl ki doğadaki temel kuvvetler arasında bir bağlantı ve evrenin başlangıç anlarına gidildikçe bir birleşme gözleniyorsa, doğadaki temel sabitler arasında da ortak bir paydada birleşen bağıntılar mevcuttur. Biz burada bu bağıntının var olabileceğine ilişkin basit birkaç zihin jimnastiği yapmış olduk ki, kuşkusuz daha bunlar gibi pek çok bağıntı da elde edilebilir. Şimdi, bulduğumuz bu sonuçları karşılaştırıp, $G = \dfrac{\oint \vec{G} d\ell}{M}$ çizgisel integral formülünün anlamını Diverjans ve Stokes teoremlerinin birleşimi olan bir yapıyla yorumlayalım:

POSTÜLAT II: Bildiğimiz gibi herhangi bir *ΔS* sonsuz küçük akı çevrimi boyunca (bu akı çevrimi, kütleçekiminin kaynağı olan Gravitonların oluşturduğu kütleçekim merkezindeki Karadelik yüzeyi olarak düşünülürse), *ΔS* diferansiyel yüzeyinde oluşan *Δm* kütle değişiminin oluşturacağı kütleçekim kuvveti akı çizgilerinin, *S* yüzeyinden (Dünya yüzeyi) geçireceği toplam kütleçekimi alan çizgisi akı yoğunluğu Stokes Teoremine göre:

$$rot\vec{G} = \lim_{\Delta S \to 0} \left(\frac{\oint \vec{G}.dL}{\Delta S} \hat{n} \right) = \vec{\nabla} \times \vec{G}$$

(2.30)

ve buradan hareketle; *ΔS→dS* alarak bu limit ifadesinin integral formunu yazarsak:

$$\oint_{(\ell)} \vec{G}.d\ell = \oiint_{S} \left(\vec{\nabla} \times \vec{G} \right) . \hat{n} dS$$

(2.31)

STOKES TEOREMİ

şeklinde Stokes Teoremini elde ederiz.

Diverjans Teoremine göre ise;

$$div\vec{G} = \lim_{\Delta V \to 0} \left(\frac{\oint \vec{G}.\hat{n} dS}{\Delta V} \right) = \vec{\nabla} . \vec{G}$$

(2.32)

ve buradan hareketle; *ΔV→dV* alarak bu limit ifadesinin integral formunu yazarsak:

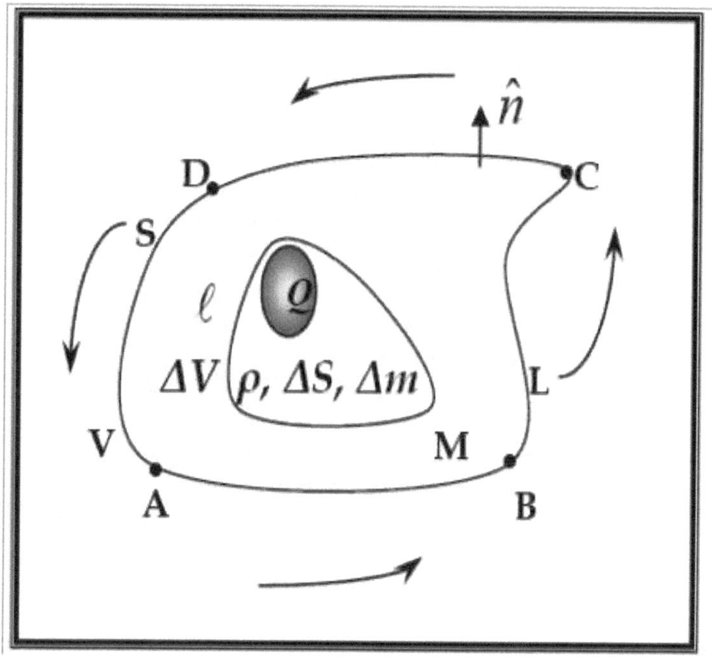

Figure 26: Sonsuz küçük bir ABCD Karadelik Kütleçekim Akısı çevrimi boyunca kütle değişimi (*Ukray, 2007*).

$$\oiint_S \vec{G}.\hat{n}dS = \oiiint_V \left(\vec{\nabla}.\vec{G}\right)dV$$

$$= \left(\frac{1}{\varepsilon_g} + \mu_g\right) \oiiint_V \rho_{Graviton} dV \quad (2.33)$$

DİVERJANS TEOREMİ

şeklinde Diverjans Teoremi elde edilir. Şimdi Diverjans Teoreminin rotasyonelini alırsak:

$$div\left(rot\vec{G}\right) = \ell im_{\Delta V \to 0}\left(\frac{\iint rot\vec{G}.\hat{n}dS}{\Delta V}\right) = \vec{\nabla}.\left(\vec{\nabla} \times \vec{G}\right)$$

(2.34)

ve buradan hareketle; *ΔV→ρdV* alarak bu limit ifadesinin integral formunu yazarsak:

$$\oiint_S \left(\vec{\nabla} \times \vec{G}\right).\hat{n}dS = \oint_L \vec{G}.dL$$

ve,

(2.35)

$$\vec{G} = \vec{G}_1\hat{i} + \vec{G}_2\hat{j} = \vec{E}\hat{i} + \vec{B}\hat{j}$$

olarak ifade edilebildiği için,

$$\left(\vec{\nabla}.\vec{G} = \frac{\partial\vec{E}}{\partial x} + \frac{\partial\vec{B}}{\partial y}\right)$$

şeklinde <u>*GREEN* TEOREMİ'nden</u> hareketle;

$$\oiint_S \left(\vec{\nabla} \times G\right).\hat{n}dS = \oint_L \vec{G}.\hat{n}dS$$

(2.36)

integral ifadesini yukarıdaki ifadede yerine koyarsak:

$$\oint_{(L)} \vec{G}.\hat{n}dS = K \oiiint_{(V)} \vec{\nabla}.\left(\vec{\nabla} \times \vec{G}\right)_{(\Delta V)} dV$$

(2.37)

ifadesi elde edilir. Şimdi bu ifadeyi de,

$$m = \oiiint_V \rho_{Graviton} dV,$$

$$\left(\frac{1}{\varepsilon_g} + \mu_g \right) \rho_{Graviton} = \vec{\nabla}.\left(\vec{\nabla} \times \vec{G} \right)_{\Delta V},$$

$$G = \frac{K\left(\frac{1}{\varepsilon_g} + \mu_g \right)}{4\pi}.$$

2.38)

olmak üzere düzenlersek:

$$\frac{\oint_{(L)} \vec{G}.\hat{n}dS}{\oiiint_{(V)} \vec{\nabla}.\left(\vec{\nabla} \times \vec{G} \right)_{\Delta V} dV} = K\left(sabit \right)$$

(2.39)

KÜTLEÇEKİM TRANSFORMASYONU TEOREMİ {Ukray, 2007}

Denklemiyle verilen; **"GRAVITATIONAL TRANSFORMATION"** veya "**REFLEXIVITY GRAVITATION**" veya "**KARADELİK ÖNME-DOLAP TEORİSİ**" olarak da adlandırdığım; **Kütleçekim Yasası** elde edilir. Bu sonuç denklem ise bize kütleçekim alanının uzay-zamanı şekillendirmesiyle ilgili çok önemli bir sonucu ifade etmektedir:

Kütleçekim merkezinde bulunan bir Karadelik merkezinde oluşan Kütleçekim Alanının (*Δm* kütlesinin değişimiyle), V hacmi boyunca oluşturacağı rotasyonelinin (dönme miktarı) diverjansı (dışarıya doğru yayılımı); $\vec{G}$ kütleçekim alanının, S yüzeyi boyunca alınan çizgisel integraline eşittir.

Yani bu da, $\left(\vec{\nabla}.(\vec{\nabla} \times \vec{G}) \neq 0\right)$ olmasının, bu tekillik noktasında kütleçekim alanının hem rotasyonelinin ve hem de diverjansının olduğu anlamına gelmektedir. Dolayısıyla, Green ve Stokes teoremlerinin birleşi-minden elde ettiğimiz bu sonuç ise bize, kütleçekim alanının *hem dönme hem de uzaklaşma, yani burgaç* (helezonik) şeklinde bir eğilim gösterdiğinin matema-tiksel olarak şık bir ispatını vermektedir ki, bu denklem eserimiz boyunca ele aldığımız Birleşik alan teorisi denklemlerinin en önemlilerinden birisidir..

NOT: Bu durum sadece bu tekillik noktasında (kaynak noktası) geçerli olup, normal fiziksel uygulamalarda herhangi bir $\vec{F}$ kuvveti için, $\vec{\nabla}.\left(\vec{\nabla} \times \vec{F}\right)$'nin her zaman sıfır olduğu zaten bilinmektedir. Hacim integrali alınırken de cismin tüm kütlesinin merkezde toplandığı (*ΔV* hacmi içinde) varsayılmalıdır.

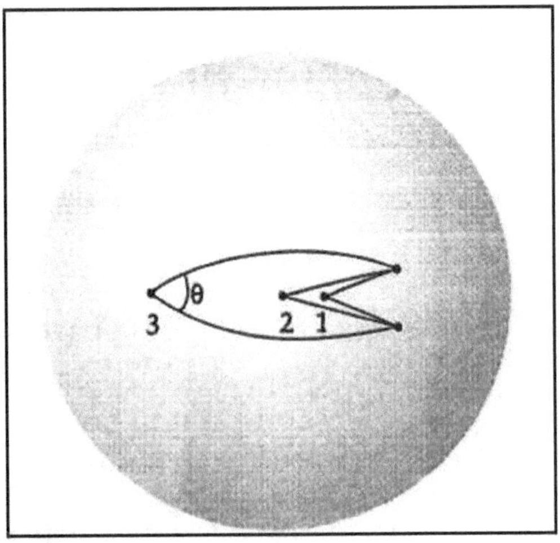

Figure 27: Bir küresel gökcismi üzerindeki iki sabit nokta arasındaki göreli uzaklık gözlemcinin θ açısına bağlı olarak değişir. Bu uygulamada θ açısı, Dünya için 360^0; Ay için 60^0 ve Güneş için 275^0 olarak alınmıştır. 5-Boyutlu Relativiteye göre bu açı, ışık ışınlarının kürenin eğrisel yüzeyi üzerinde bükülmesinden de etkilenir (Gravitational Helical Bending).

POSTÜLAT III: Eğer, kütleçekim alanı potansiyelinin Φ gibi bir skalerle belirlendiğini ve kütlenin uzay-zamanda düzgün bir şekilde dağıldığını düşünürsek, κ evrensel kütleçekim sabiti ve $\lambda = \dfrac{1}{\left(\dfrac{1}{\varepsilon_g} + \mu_g\right)}$ olmak üzere ortamın elektriksel ve manyetik geçirgenlik katsayısını ifade etmek üzere, Poisson denkleminden;

$$\nabla^2 \phi - \lambda \phi = 4\pi\kappa\rho_g ,$$

$$\phi = -\frac{4\pi\kappa}{\lambda}\rho_g \qquad (2.40)$$

olarak Newton'un evrensel kütleçekim yasası elde edilir. Bu durumda kütleçekim alanı denklemleri göreli ve statik durumda;

$$G_{\mu\nu} - \lambda g_{\mu\nu} = -\kappa\left(T_{\mu\nu} - \frac{1}{2} g_{\mu\nu} T\right),$$

$$G + 4\lambda = 0 \qquad (2.41)$$

şeklinde Newton genel kütleçekim yasasına yakınsayacaktır. Peki şimdi bu ilke neyi ifade etmektedir? Bu denklem bize, bir karadelik tekilliğinin olay ufku civarında, içerisine aktarılan birim kütlenin zamanla değişiminin (artıp-azalmasının), ışık hızı limitinde bir elektromanyetik kütleçekim dalgası üreteceğini ve gravitonlar tarafından uzaya yayılacağını ifade etmektedir.

$\hat{\nabla}.\vec{E} = \dfrac{\rho_e}{\varepsilon_r}$ ve $\hat{\nabla}.\vec{B} = \mu_r.\rho_m$ olduğu hatırlanırsa bu denklem bize, kütleçekimi içinde birim hacimde meydana gelen graviton yoğunluğu değişiminin (azalmanın) sonucu bir manyetik alan ve bu manyetik alan değişiminin sonucu da buna dik bir elektrik alan oluşturacağını ifade eder. Dolayısıyla, tekillik noktası civarında yutulan birim kütlenin enerjiye dönüşmesiyle, bu enerjinin bir miktarının gravitonlar tarafından elektromanyetik kütleçekim dalgaları olarak uzaya salınmasını ifade eder. Aslında, "*Hawking Işını-*

mı" olarak bildiğimiz "*Karadelik Buharlaşması"* kavramı da bir anlamda bu ilkeyi ifade etmektedir. Göreli durumda, ışık hızı limitinde bir karadelik tekilliği civarında ise bu iki alan, bir elektromanyetik dalga oluşumunu vererek merkezden dışarı doğru bir ışıma yapar. Yani merkeze doğru yönlenen kütleçekim dalgaları aslında bu tekillik noktası civarında birleşik bir elektromanyetik kütleçekim alanının elektrik ve manyetik alan dalgalarının vektörel toplamı olarak kütleçekim dalgaları şeklinde ışıma yaptığını ifade etmektedir. Maxwell kuramında aynı olgu, yeryüzünde iletken tellerle yapay olarak oluşturulabilirken, ayrı ayrı algılanırken; karadelik kütleçekim merkezinde otomatik ve doğal bir mekanizma olarak birleşik alan dalgaları şeklinde oluşmaktadır ve bize kütleçekimi kuvveti olarak etkiyen kuvvet extra (5. Boyut) yönündeki teğet-yüzey bileşeni bildiğimiz anlamdaki 4-boyutlu holografik uzay-zamanı meydana getirir.

Tüm evreni bir örümcek ağı gibi kaplayan bu sicim yapısı, 5. Boyutta oluşan tüm kütleçekimi ve elektro-manyetik dalgaları taşıyarak iletmektedir. Rezonans halinde sürekli titreşim halinde olan bu sicimsi yapıyı ağırlığı olan esir (ether) veya boşluk olarak adlandırabiliriz. Kütleçekimini oluşturan ağır atomlu maddeler de dahil tüm evreni kaplayan bu boşlukta kütleçekimsel elektromanyetik dalgaların hızı, tüm eylemsiz sistemlerden bağımsız olmak üzere $c = 3\times10^8$ m/sn. (ışık hızı) 'dir. Bütün maddelerin ve atomların içinden geçen bu yapı dinamik olup, tekillik noktalarında (Karadelikler) içeri doğru huni şeklinde bükülerek uzay-zaman yapısını şekillendirir.

H-SEKİZİNCİSİ: KUANTUM MEKANİKSEL MOLEKÜLER YÜK KURAMI UYGULAMASI:

{MOLEKÜLLERİN PLAZMA İÇERİSİNDEKİ ELEKTRODİNAMİK YÜK KURAMI VE BROWN HAREKETİ'NİN 5. BOYUT DOĞRULTUSUNDAKİ KÜTLEÇEKİMSEL VE TERMODİNAMİK NEDENLERİ ÜZERİNE}

Brown hareketi, ilk kez İskoç botanist **Robert Brown (1773-1858)** tarafından incelenmiş ve tanımlanmış, yüklü partiküllerin bir plazma ortamı içerisindeki asıltı halindeki temel hareket kuramlarını inceleyen ve sıvı ya da gaz ortamdaki düzenli olmayan moleküler hareketleri inceleyen bir fizik kuramıdır.

Kurama en iyi yaklaşım, 1905 yılında Einstein tarafından "*Brown hareketinin asıltı halindeki patiküller için moleküler boyutların yeniden belirlenmesinde kullanılması*" isimli makale ile getirilmişti, fakat yine de Brown hareketinin gerçek nedenleri üzerinde soru işaretleri bulunmaktaydı ki, sonraki yıllarda kuantum mekaniğinin geliştirilmesiyle moleküler boyutların yeni-den belirlenmesine ilişkin farklı metodlar geliştirildi.

(Örneğin, *Heisenberg'in boyut matrisleri hesabı gibi* vb.)

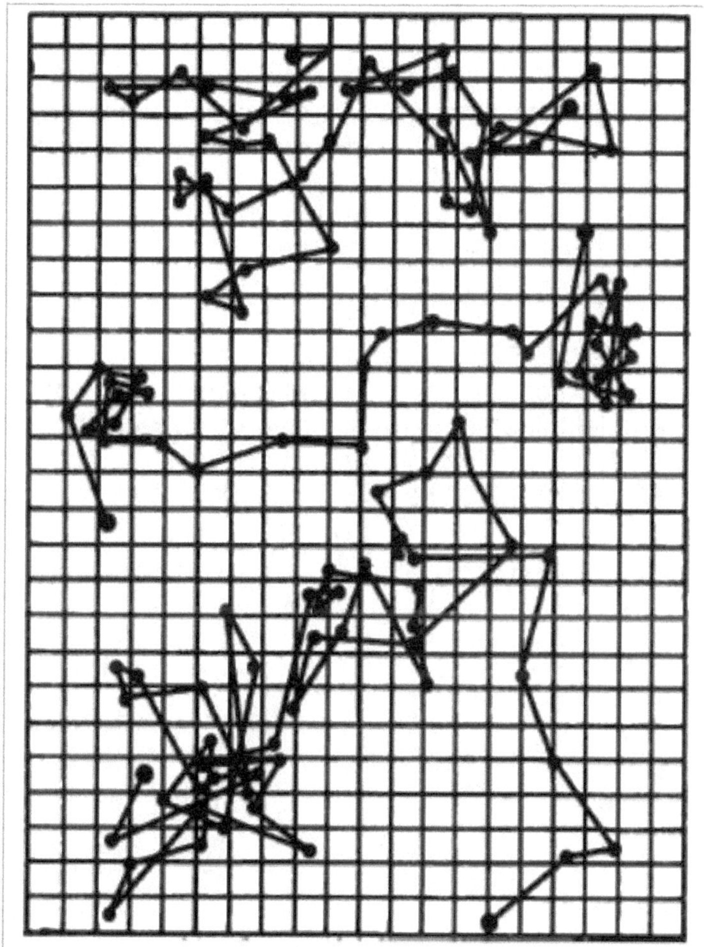

Figure 28: Brown hareketi sırasında, bir partikül veya molekülün sıvı içerisindeki rastgele hareket dağılım grafiği.

POSTÜLAT IV: Einstein, makalesinin giriş kısmında, Brown hareketini tanımlarken, asıltı halindeki molekülün boyutlarını hesaplamakta kullanılan sıcaklık ve avagadro sayısına bağlı yeni bir hız-zaman denklemi geliştirdi:

$$\lambda_x = \sqrt{t} \times \sqrt{\frac{RT}{N}\frac{1}{3\pi kP}} \tag{2.42}$$

Atom ve moleküler yük dağılımını plazma içerisindeki moleküler ve atomik dağılım için bir temel neden olarak kabul eden birleşik alan teorisine göre ise, bu hareketin gerçek nedeni kütleçekim alanının atom ve moleküllere sıvı veya gaz ortam içerisinde kazandırdığı moleküler geometriden kaynaklandığını ve sıvı içindeki dağılım-larının kütleçekim alanı tarafından belirlenen bu geometrik düzenlemenin bir sonucu olduğunu öngörür.

Örneğin, ele aldığımız çözeltideki moleküller statik yük durumunda ise, elektromanyetik kütleçekim kanunlarının sonuç denklemleri olan elektrik alan, manyetik alan ve kütleçekim alanı denklemlerindeki *K*, K_E ve K_B sabitlerinin bulunması, atomlarda bulunan polarize yük durumuna şöyle açıklık getirmektedir:

Eğer, $\dfrac{\alpha K_E}{4\pi\varepsilon_0} \cong 6\times10^{-34}$ $\dfrac{\beta\mu_0 K_B}{4\pi} \cong 5\times10^{-36}$ moleküler polarizasyon katsayıları, Planck ölçeğine $\left(\hbar = 6{,}6\times10^{-34} m\right)$ yani Planck ölçeğindeki atomik boyutlara yaklaşmaktaysa ve $\vec{p} = \alpha\vec{E}$ ve $\vec{m} = \beta\vec{B}$ polarizasyon katsayısı denklemlerindeki $\alpha = 4\pi\varepsilon_0 r^3$ ve $\beta = \dfrac{e^2 r^2}{4m_e}$ katsayılarına yaklaşık olarak eşitlenirse; burada *r* atom yarıçapı, *e* elektrik yükü ve m_e elektronun kütlesi olmak üzere; atomik veya moleküler geometri molekülün uzaydaki büyüklüğünü atomların molekülü oluştururken oluşturacağı açısal dizilime göre değişecektir. Söz gelimi, çeşitli element atomları için (α) sabit değerleri aşağıdaki tabloda verilmiş olsun:

Table-1: Atomik Polarizabilite Katsayıları

(Tabloda α katsayı oranı $\times 10^{-30}$ m birimiyle verilmiştir)

Element:	H	He	Li	Be	C	Ne	Na	Ar	K
Katsayı:	0,66	0,21	12	9,3	1,5	0,4	27	1,6	34

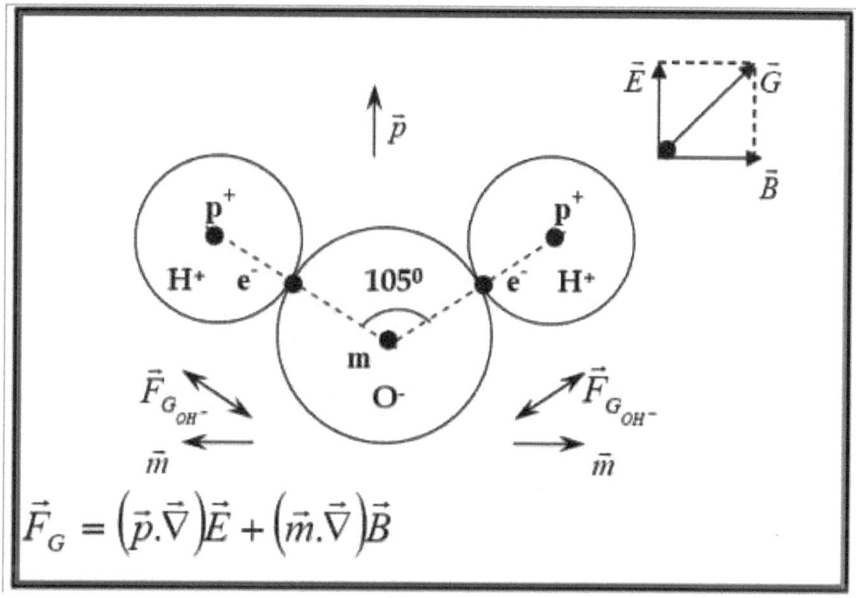

Figure 29: Su molekülünün (H_2O) polarizasyon yapısı ve atomlar arasındaki kütleçekim kuvvetleri (*Ukray, 2007*).

Görüldüğü gibi, moleküler geometri atomik bağların kütleçekimi tarafından belirlenen bir parametre olan (α) değerinin değişik değerlerinden hassas bir biçimde etkilenmektedir. Dolayısıyla bu etki, molekülün sıvı içerisindeki hareketinde esas bir etkendir ve önemli ölçüde kütleçekiminin elektromanyetik bir etkisinin doğal sonucudur. Yine bir başka örnek ise, moleküllerde bulunan kalıcı dipol momentidir. Örneğin, su molekülünde (H_2O) elektronlar, kütleçekimi fazla olan Oksijen molekülü civarında toplanırlar. Pozitif yükler ise, H_2 atomlarında polarize olurlar. Bu yüzden suyun dipol momenti büyüktür (yaklaşık *6×10^{-30} C.m*) ve eritici özelliği buradan gelir. Buradan, **"Molekül içindeki atomların, kütleçekimi kuvveti doğrultusunda –5. Boyut yönünde ve Tekillik noktasına doğ-**

ru- polarize olacağı" sonucunu çıkarabiliriz. Dolayısıyla, kütleçekim alanı doğrultusundaki molekülün alacağı bu yüzeysel topolojik şekil ise, molekülün sıvı bir ortam içerisindeki yüklü partiküllerin neden olduğu asıltı halindeki iyonlar arasındaki hareketini ve buna bağlı olarak da, molekülün plazma ortamı içerisindeki ortalama yol alma hızını önemli ölçüde etkileyecektir. Dolayısıyla, ard arda sıvı ortam oluşturacak şekilde su melekülleri birbirine bu şekilde bağlandıklarından, sılu ortama giren herhangi bir yüklü molekül atomları su moleküllerinin bu yönlenmesinden etkilenerek uzayda bir konum ve hıza sahip olur ve dolayısıyla bu hareketi esnasındaki ortalama hızı;

$$\bar{v}_x = \frac{\omega\sqrt{t}}{2\pi} \times \sqrt{\frac{RT}{N}\frac{1}{3\pi kP}}$$

(2.43)

Burada **R**, gaz sabiti **N** sıvı içindeki hareketli moleküllerin mol (avagadro) sayısı, **T** mutlak sıcaklık, **k** sıvının akışkanlık (vizkozite) katsayısı, **P** hesaplanması istenen molekülün veya partikülün yarıçapı, $\bar{v}_x$ ise ortalama hızıdır. Böylece denklemdeki diğer değişkenler ölçülerek veya teorik değerleri bilindiğinde, yerine konarak molekülün boyutları (P) hesaplanabilir. Bununla birlikte atomun pek çok alt partikülden oluştuğunun bulunmasıyla, atomik boyutlardaki partikül boyutlarında ve ortalama hızları konusunda pek çok tartışma ortaya çıkmıştır. Özellikle, kuantum mekaniğinden sonra geliştirilen standart modele göre bu alt partiküllerin boyutları ve hızlarıyla ilgili hesaplamaları yapmak için bu basit formüller yeterli değildi. Bu konuyla ve atomik düzeydeki alt partiküllerin ortalama hızlarının ne olacağına bu kısımda girmeyip, bununla ilgili geniş bir boyutsal partikül hesabını ve tasniflendirmesini kitabımızın son bölümündeki "*birleşik alan teorisinin sonuçları*" bölümünde detaylı olarak sonuç denklemler ve tablolar halinde vereceğiz.

Bu mekanizma kuantum mekaniği düzeyinde de benzer şekilde işlediği için diğer element atomları veya atomaltı partiküller için yüzlerce benzer model oluşturarak yeniden moleküler boyut belirleme ve her seferinde tanımlanmış kütleçekimi ve temel elektromanyetik alan bileşenleri için yeni ***K*** değerleri hesaplamaya gerek yoktur. Çünkü temel düzeyde, burada örnek olarak verdiğimiz evrenin başlangıç anında sadece Hidrojen atomu için yaptığımız katsayı hesabını, çok sonradan çekirdekte meydana gelen, örneğin

Demir atomları için de yaptığımızda, temelde aynı tekillik mekanizması işlediğinden sonuçta değişenen bir şey olmadığını gördük ki, yani her iki durumda da alan bileşenlerinin ve katsayılarının (invariant) kaldığını bulmuş olduk ki, bu farklı atomlar için diğer özellikler farklı iken evrensel *K* sabitleri ortak olarak aynı çıkması zaten beklediğimiz bir sonuçtu.

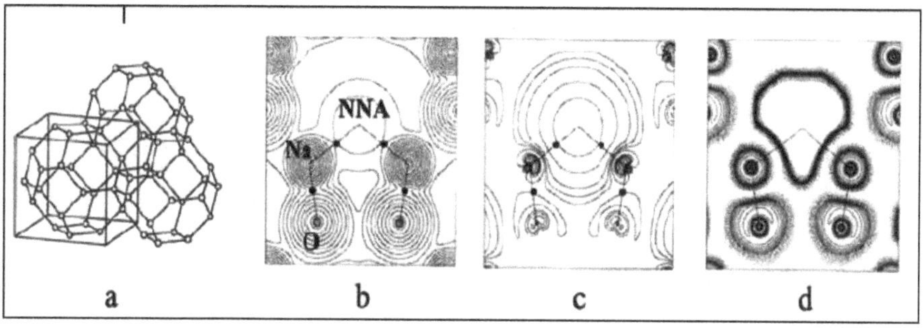

Figure 30: Değişik uzaklık ölçeklerinde tanımlanmış faz uzayları kuantum mekaniği ölçeklerine inildiğinde hesaplamalar yapmak için kolaylı sağlar. Örneğin, yukarıdaki grafiklerde verildiği gibi, Farklı ölçeklerdeki bu moleküler faz uzayları:

a) 3-boyutlu, **b)** 4-boyutlu, **c)** 5-boyutlu veya **d)** 6-boyutlu bir uzay-zamanda tanımlanmış atom veya molekül modelleri için gittikçe küçülen bir ölçek genişlemesi sağlar. Örneğin biz, birazdan örnek vereceğimiz moleküler modellemeler için 4 ve 5-boyutlu faz uzaylarını kullanacağız.

Örneğin, bu sefer yapı olarak birbirine benzeyen iki molekülü (CO ve CO_2) ele alalım ve aşağıdaki atomik yük yoğunluğuna bağlı herhangi bir tekillik noktası içeren bir Birleşik Alan uzayında ise, atomik yük dağılımları tekillik sınır-teğet yüzeyi üzerinde bir toplam yük yoğunluğu meydana getireceği için, katı açı teorisinden hareketle bu birleşik alan faz uzayındaki toplam ortalama yük değeri;

Ψ, birleşik alan kuvvetine ait skaler alan potansiyel fonksiyonu olmak üzere;

$$O(\Omega) = \left\langle \hat{O} \right\rangle_{\Omega} = \frac{N}{2} \int_{\Omega} dr \int d\tau' \left[\Psi^* \hat{O} \Psi + (\hat{O}\Psi)^* \Psi \right]$$

$$N(\Omega) = \int_{\Omega} \rho(r) dr$$

$$N(\Omega) = \sum_i \left[\left\langle \Psi_i(r) \middle| \Psi_i(r) \right\rangle_{\Omega}^{\alpha} + \left\langle \Psi_i(r) \middle| \Psi_i(r) \right\rangle_{\Omega}^{\beta} \right]$$

(2.44)

ve atomik elektrik ve manyetik yük ile çekirdek yükleri arasındaki ilişki;

$$q(\Omega) = Z_{\Omega} - N(\Omega) \tag{2.45}$$

şeklinde olur. Buna göre, atomik kütlenin büyük bir kısmı toplam volümün yaklaşık 1000'de biri kadar bir mesafedeki faz uzayında $(\rho(r) = 0.001)$ yoğunlaşır ve bu faz uzayındaki yöründe üzerindeki dönmeye bağlı hızına bağlı kuantum mekaniksel açısal enerji schrödinger dalga denklemiyle belirlenirken,

$$K(\Omega) = -\frac{\hbar^2}{4m} N \int_{\Omega} dr \int d\tau' \left[\Psi \nabla^2 \Psi^* + \Psi^* \nabla^2 \Psi \right] \tag{2.46}$$

ve bunu dengeleyen birleşik alan kuvvetinin çekim enerjisi ise;

$$G(\Omega) = \frac{\hbar^2}{2m} N \int_{\Omega} dr \int d\tau \nabla_i \Psi^* . \nabla_i \Psi \tag{2.47}$$

denklemiyle belirlenir ve iki enerji arasındaki ilişki Laplace denklemini kullanarak aşağıdaki gibi tansörel olarak yazılabilir;

$$L(\Omega) = K(\Omega) - G(\Omega)$$

$$= -\frac{\hbar^2}{4m} \int_{\Omega} \left[\nabla^2 \rho(r) \right] dr$$

$$= -\frac{\hbar^2}{4m} \int \nabla \rho(r) . n(r) dS(\Omega, r) = 0$$

(2.48)

Buna göre, yukarıdaki eşitliklere baktığımızda genel olarak tekillik noktası civarındaki hareketli yüklerin oluşturduğu toplam enerji yoğunluğu ifadesi korunumludur ve birim katı açı yüzeyine giren net enerji harcanan veya çıkan net enerjiye eşit olmak zorundadır;

$$K(r) = -\frac{\hbar^2}{4m} N \int_\Omega \int d\tau' \left[\Psi \nabla^2 \Psi^* + \Psi^* \nabla^2 \Psi \right]$$

veya

$$K(r) = G(r) - \frac{\hbar^2}{4m} \nabla^2 \rho(r)$$

(2.49)

şeklinde olur.

Not: Bununla birlikte, bazı özel durumlarda, örneğin bir karadelik veya bir tünel (wormhole) etkisinin tekillik faz-uzayı içerisinde, bu korunum yasası sakınımlı olmayacaktır, yani bu kez yutulan enerji miktarı yayınlanan miktarı geçer; yani, **T>>W** olması durumunda bu faz uzayında;

$$G_\Omega = \sum_{\Lambda=1}^{N_b(\Omega)} G_\Omega(\Omega \mid \Lambda)$$

$$W_1(\Omega) = \sum_{\Lambda=1}^{N_b(\Omega)} \left[R_\Omega - R_b(\Omega \mid \Lambda) \right] \bullet G_\Omega(\Omega \mid \Lambda)$$

$$E_1(\Omega) = -T(\Omega) + W_1(\Omega)$$

$$= -T(\Omega) + \sum_{\Lambda=1}^{N_b(\Omega)} \left[R_\Omega - R_b(\Omega \mid \Lambda) \right] \bullet G_\Omega(\Omega \mid \Lambda)$$

(2.50)

Enerji Eşitliği bu özel koşul altında geçerli olur.

Buna göre, molekülün bu yük yoğunluğuna bağlı kazanacağı toplam manyetik dipol momentinin gradienti manyetik alanı azaltacak şekilde;

$$\chi = [\nabla_B m]_{B=0} = \begin{bmatrix} i(\partial m/\partial B_x)+ \\ j(\partial m/\partial B_y)+k(\partial m/\partial B_z) \end{bmatrix}_{B=0} = m^B$$

$$\chi = (1/2c)\int (r-R_0)\times J^B(r)dr$$

$$J^B(r) = [\nabla_B J(r)]_{B=0} = \begin{bmatrix} i(\partial J(r)/\partial B_x)+ \\ j(\partial J(r)/\partial B_y)+k(\partial J(r)/\partial B_z) \end{bmatrix}_{B=0}$$

$$J^{(1)}(r) = J^B(r)\bullet B$$

(2.51)

şeklinde elektronların dönmesiyle oluşan manyetik alandan kaynaklanan bir elektriksel akım yoğunluğu indükleyecek ve nihayetinde bu iki akımın oluşturduğu E ve B alanları birleşik alan yönünde vektörel olarak birleşerek;

$$\chi = \sum_{\Omega=1}^{N_a} m^B(\Omega) = \sum_{\Omega=1}^{N_a} \{m_p{}^B(\Omega) + m_c{}^B(\Omega)\}$$

$$= \sum_{\Omega=1}^{N_a} \chi_p(\Omega) + \chi_c(\Omega) = \sum_{\Omega=1}^{N_a} \chi(\Omega)$$

(2.52)

$$|Q| = \sqrt{\frac{2}{3}(Q_{xx}^2 + Q_{yy}^2 + Q_{zz}^2)}$$

$$= \sqrt{\frac{2}{3}(\wp_{xx}^2 + \wp_{yy}^2 + \wp_{zz}^2}$$

$$\rho(r) = \sum_{g,1}\sum_{\mu,\nu} p_{\mu,\nu}^{g-1}\chi_\mu^g(r)\chi_\nu^1(r)$$

(2.53)

şeklindeki Tansör Denklemleri Quadratik (4×4) yük yoğunlukları tansör denklemlerini belirlemek üzere;

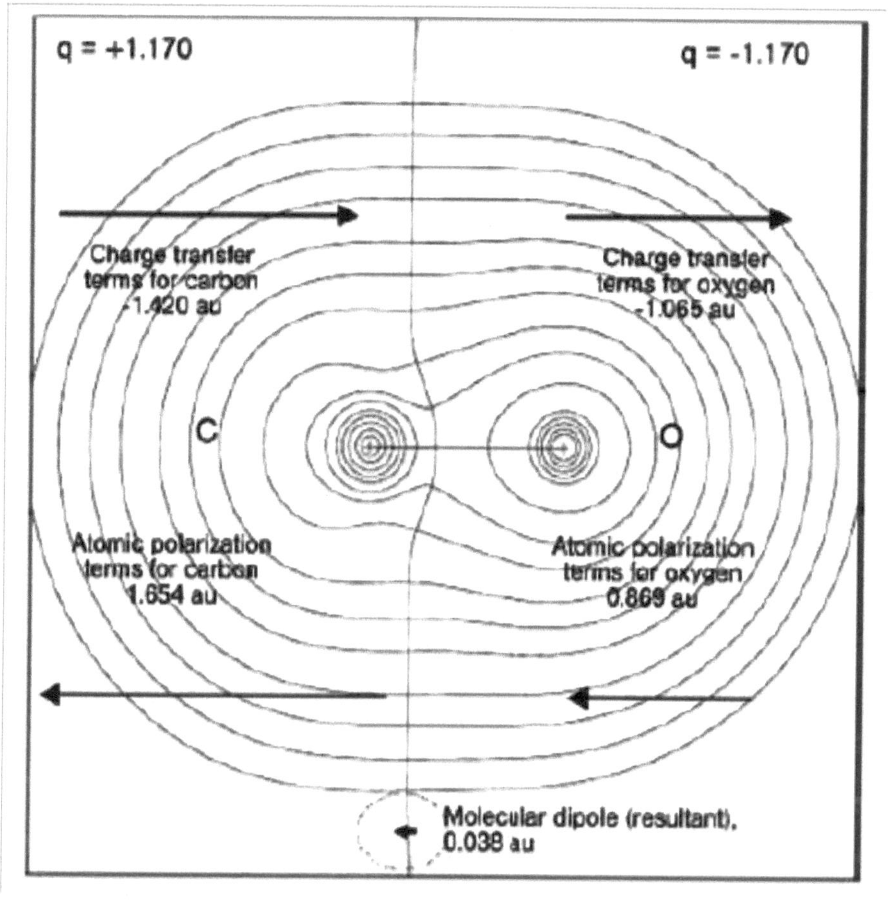

Figure 31: Tekillik noktasında bir birleşik alan faz uzayı içeren bir moleküler yapının (burada CO-Karbonmonoksit molekülü örnek verilmektedir) birleşik alan kuvveti çizgileri ve alan uzayı içerisindeki atomların tekillik noktası civarındaki yerleşimi ve yük yoğunluğu dağılımı grafiği. Grafiğe dikkat edilirse, yük yoğunluğunun enerji dağılımının hareket yönü kuvvet alanında bir spiral çizerek tekillik noktası civarında yoğunlaşmaktadır.

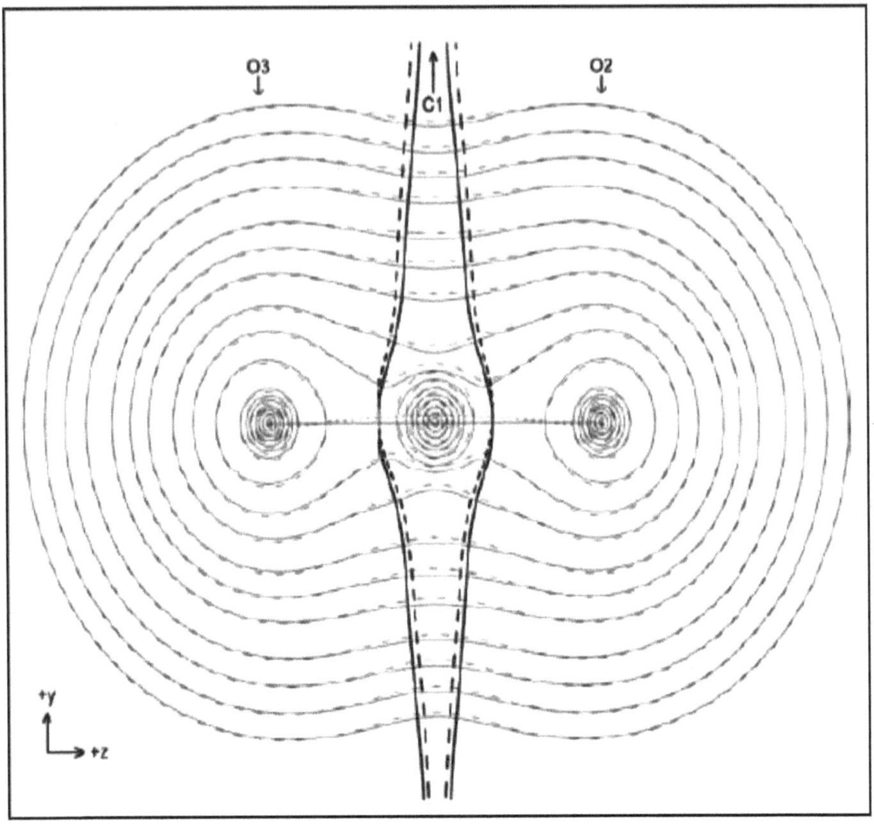

Figure 32: CO_2 molekülü için tekillik noktası civarındaki toplam yük yoğunluğu her üç atomun sahip olduğu yük yoğunluğunu gösterecek şekilde değişimi ve birleşik alan kuvveti çizgilerinin dağılımını gösteren bir grafik. Grafiğe dikkat edilirse, tekillik noktası C atomu yönünde polarize olmuştur ve bu durumda birleşik alan kuvveti moleküldeki C-O bağları düzlemi yönünde (-yz düzlemine paralel olarak) yönlenmektedir.

$$Q(\Omega) = -(1/4\pi)\oint \begin{matrix} (\Omega \mid r) \bullet E(r) \\ +(\Omega \mid r) \bullet B(r) dS \end{matrix}$$

$$= +(1/4\pi) \sum_{\Lambda=1}^{N_b(\Omega)} (\Omega \mid r) \bullet G(r) dS$$

(2.54)

$$J_1(x) = \underbrace{f(x)\frac{1}{1+e^{E(x-a)/c}}}_{f(E)} + \underbrace{g(x)\frac{1}{1+e^{-B(x-b)/c}}}_{f(B)}$$

(2.55)

$$EP(r) = \sum_i \frac{Z_i}{|r-R_i|} - \int \frac{\rho(r')dr'}{|r-r'|}$$

(2.56)

Şeklinde Elektromanyetik yük, akım ve alan-enerji bileşenlerini oluştururken,

$$K(r) = -\left(\Psi^*\nabla^2\Psi + \Psi\nabla^2\Psi^*\right)$$
$$G(r) = -\nabla\Psi^*.\nabla\Psi$$

(2.57)

Şeklinde birleşik kütleçekim alanını ve

$$L(r) = -\frac{\hbar^2}{4m}\nabla^2\rho(r) = K(r) - G(r)$$

(2.58)

Şeklinde yük yoğunluğu cinsinden Relativistik Laplasiyen Enerji yoğunluğu denklemi verir. Bu durumda tekillik noktası tarafından belli bir zaman aralığı içerisinde yutulan enerji miktarı, Quadratik yük yoğunluğu tansörü cinsinden herhangi bir (t_1-t_2) zaman aralığındaki diferansiyel akı yüzeyi üzerindeki enerji değişimi elektromanyetik alan çarpanı katsayılarını hesaba katmadan basitçe yazılırsa;

$$W_{12} = \int_{t_1}^{t_2} \Im(\ddot{Q}, \ddot{q}; \dot{Q}, \dot{q}; t)dt$$

(2.59)

şeklinde değişecektir. Aşağıdaki grafikte, verilen molekül sistemindeki gibi G'ye ilişkin –yz yönünde polarize olmuş bir birleşik alan dalgası (elektromanyetik kütleçekim dalgası) meydana getirecektir. Şekil 33'den görüldüğü gibi, eğer konum vektörü tekillik noktasının uzağında ise, manyetik yükler ihmal edilebilecek kadar küçük olur ve toplam elektromanyetik alan elektronlar tarafından meydana getirilirken; tekillik noktası civarında –y ekseni yönündeki B, E'nin yanında çok büyük kalacağı için birleşik alan kuvveti çizgileri –*yz* düzlemi yönünde yönlenerek molekülün C-O moleküllerarası bağlarını kütleçekim kuvveti yönünde, yani birleşik alan kuvveti yönünde yönlenmiştir:

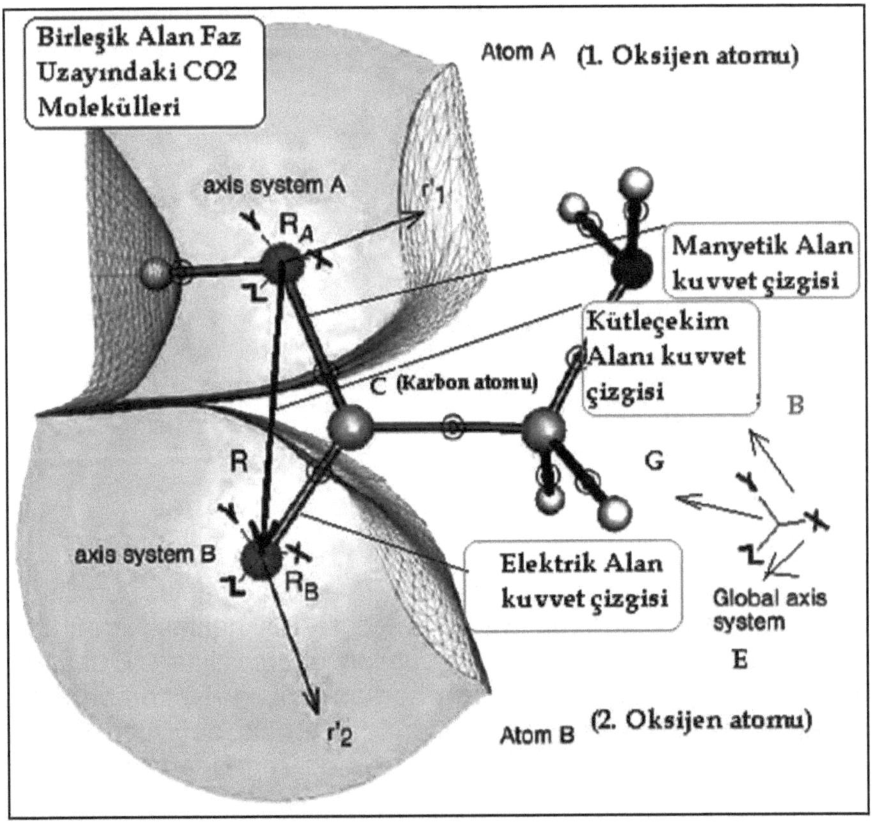

Figure 33: CO_2 Molekülünde Birleşik alan kuvvet çizgilerinin Atomal dağılımı.

Yine aşağıdaki grafikte de **BF_3** molekülünün yük yoğunluğuna bağlı enerji değişimi ve birleşik alan kuvveti çizgileri görülmektedir. Soldaki grafik (a) tekillik noktası civarındaki 4-boyutlu uzay-zamanda elektron ve manyetik yük yoğunluğuna ilişkin elektromanyetik kuvvet alanı - yani E ve B alanı çizgileri – iç içe halkalar şeklinde gradient vektör alanı çizgilerinin değişimini göstermektedir.

Dikkat edilirse, elektrik alan sıfır potansiyel çizgileri ile manyetik alan sıfır kuvvet alanı çizgileri dik kesişirler ve gittikçe küçülerek iç içe dairesel kontur yüzeyleri olarak tekillik noktasına doğru sıklaşırlarken; birleşik alan kuvveti -yani G alanı çizgileri- şeklin merkezinde yer alan iç içe sıklaşan spiral çizgileri şeklinde 5-boyutlu uzay-zaman doğrultusunda sağdaki grafikte görüldüğü gibi (b) molekül atomlarını tekillik noktası yüzeyi normaline göre dik doğrultuda (*şekilde n(r) vektörü yönünde*) polarize olmaktadır.

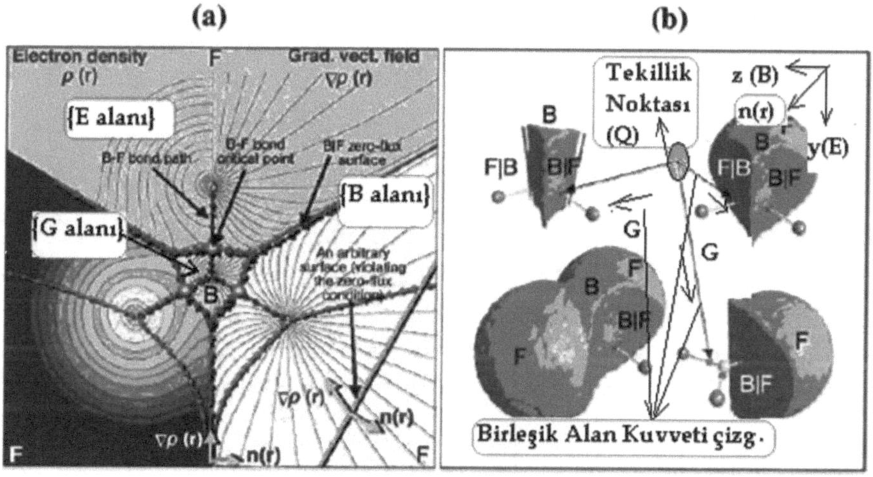

Figure 34: Eğer, yukarıda kısaca anlattığımız bu atomik veya moleküler yük dağılımını manyetik yükleri ve manyetik dipole momentlerini de içerecek şekilde birleşik alan teorisine göre genişletirsek, bu durumda elektromanyetik yük tansörünü daha önce tanımla-dığımız Pauli-Dirac (n=4×4) faz uzayı matrisleri cinsinden tanımlarsak ve çekirkek yüklerini de eklersek elektromanyetik kütleçekim alan bileşenleri ile çekirdek kuvvetlerine ait alan tansörü bileşenlerine, yani toplamı olan birleşik alan kuvvetine kaynaklık yapan toplam yük yoğunluğu aşağıdaki gibi tansörel olarak tanımlanabilir;

$$Q(\Omega)=\begin{pmatrix} Q_{xx} & Q_{xy} & Q_{xz} \\ Q_{yx} & Q_{yy} & Q_{yz} \\ Q_{zx} & Q_{zy} & Q_{zz} \end{pmatrix}$$

$$=-\frac{e}{2}\begin{pmatrix} \int_{\Omega}(3x_{\Omega}^{2}-r_{\Omega})\rho(r)dr & 3\int_{\Omega}x_{\Omega}y_{\Omega}\rho(r)dr & 3\int_{\Omega}x_{\Omega}z_{\Omega}\rho(r)dr \\ 3\int_{\Omega}y_{\Omega}x_{\Omega}\rho(r)dr & \int_{\Omega}(3y_{\Omega}^{2}-r_{\Omega})\rho(r)dr & \int_{\Omega}y_{\Omega}z_{\Omega}\rho(r)dr \\ 3\int_{\Omega}z_{\Omega}x_{\Omega}\rho(r)dr & \int_{\Omega}z_{\Omega}y_{\Omega}\rho(r)dr & \int_{\Omega}(3z_{\Omega}^{2}-r_{\Omega})\rho(r)dr \end{pmatrix}$$

(2.60)

$$Q(\Omega)=\begin{pmatrix} \mu_x \\ \mu_y \\ \mu_z \end{pmatrix}=\begin{pmatrix} -e\int_{\Omega}x\rho(r)dr \\ -e\int_{\Omega}y\rho(r)dr \\ -e\int_{\Omega}z\rho(r)dr \end{pmatrix}\equiv -e\int r_{\Omega}\rho(r)dr$$

$$|\mu(\Omega)|=\sqrt{\mu_x^2+\mu_y^2+\mu_z^2}$$

(2.61)

Örnek olarak, söz gelimi muon için manyetik dipol momenti değeri yaklaşık deneysel olarak;

$$|\mu(\Omega)|_{exp.}=233\ 184\ 600\ (1680)\times 10^{-11}$$

iken, teorik olarak öngörülen değeri;

$$|\mu(\Omega)|_{theo.}=233\ 183\ 478\ (308)\times 10^{-11}$$ 'dir.

(2.62)

$$l_p = \sqrt{\frac{\hbar G}{c^3}} \approx 1.62 \times 10^{-33} cm,$$

$$t_p = \sqrt{\frac{\hbar G}{c^5}} \approx 5.40 \times 10^{-44} s,$$

$$m_p = \sqrt{\frac{\hbar c}{G}} \approx 2.17 \times 10^{-5} g$$

$$\approx 1.22 \times 10^{19} GeV / c^2$$

(2.63)

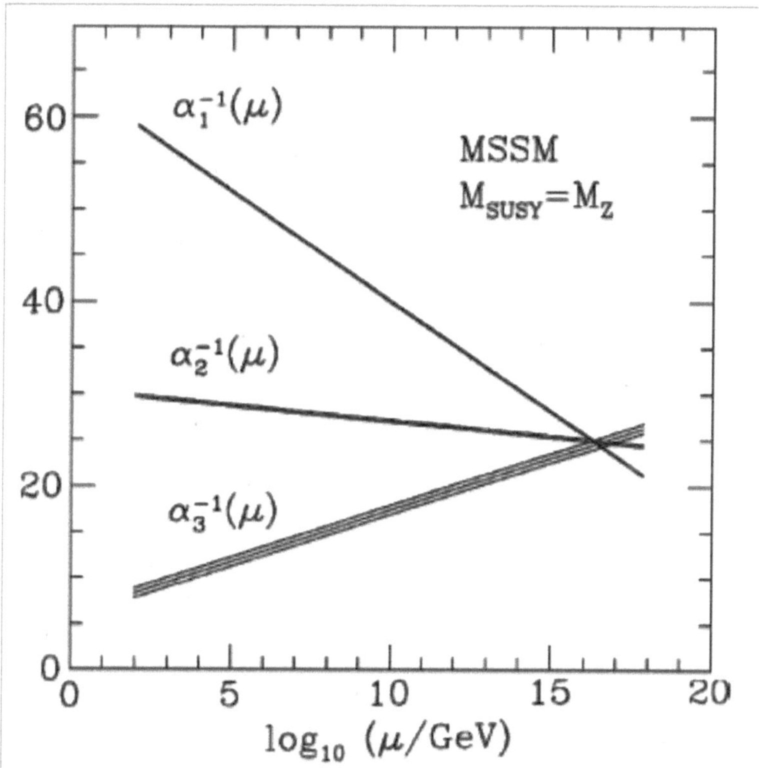

Figure 35: Birleşik alan kuvvetinin temel birleşme düzeyine yaklaşıldığında manyetik dipole momentinin temel kuvvetlere ait (E, B ve G) atomik yapı sabitlerine bağlı MSSM-SUSY logaritmik değişim mekanizması. Grafikten de görüldüğü gibi, süpersimetrik partikül çiftlerine ait dipole momentleri yaklaşık 1-20 TeV civarı arasındaki bir bölgede bir birleşim mekaniz-masını öngörmektedir. Bu temel birleşim seviyesindeki bir gravitasyonel sicim titreşimine ait planck enerji skalasına ait sınır değerleri:

ve bu durumda, Kütleçekimsel ince yapı sabiti ise:

$$\alpha_g = \frac{Gm_{pr}^2}{\hbar c} = \left(\frac{m_{pr}}{m_P}\right)^2 \approx 5.91 \times 10^{-39} \tag{2.64}$$

şeklinde değişir.

Burada m_{pr} proton kütlesi ve m_P planck kütlesidir.

NOT: Buradaki örnek modelimizde tüm yüklerin kuantum renginin temel düzeydeki 3 kuark tarafından belirlendiğini varsaydık. Dolayısıyla tam simetrik bir yük dağılımı durumunda atomik nötral yük yoğunluğu yine korunur, yani matematiksel olarak;

$$\int_\Omega x_\Omega^2 \rho(r)dr = \int_\Omega y_\Omega^2 \rho(r)dr$$

$$\int_\Omega z_\Omega^2 \rho(r)dr = \frac{1}{3}\int_\Omega r_\Omega^2 \rho(r)dr \tag{2.65}$$

ve $Q_{xx} = Q_{yy} = Q_{zz} \equiv 0$ olur. (2.66)

***

YEDİNCİ BÖLÜM {PART-VII}

BİRLEŞİK ALAN TEORİSİNE GÖRE YENİ EVREN MODELİ

The New Cosmological Model & Mathematical Conditions of Unified Field Theory for the Critical Values of Inflationary Universe

ABSTRACT

—In this Last study, From the first moments of the universe, to far away, but the unified field theory of elementary particles predicted by the pair creation of an ideal environment to study and artificially created and is very well-equipped as in a laboratory. To define the temperature of the universe in this period, in degrees, usually (home) should switch to energy units as shown later chapter. This is because the mass of particles conventionally, according to the formula **$E=mc^2$**, or exponentially decreases in the form of $E=A.f(e^{-Kx})$ and relatively will be expressed in terms of the energy that is equivalent in this paper.

İ- INTRODUCTION

"UKRAY" BİRLEŞİK ALAN TEORİSİNE GÖRE YENİ EVREN MODELİ:

BAŞLANGIÇ ANINDAN GÜNÜMÜZE KADAR EVRENİN EVRİMSEL GEÇMİŞİNE MATEMATİKSEL OLARAK KISACA BAKIŞ:

Evrenin ilk anları, çok uzak olmakla birlikte, Birleşik Alan Teorisinin öngördüğü temel parçacık çiftlerinin yaratılmasını incelemek için ideal bir ortam ve yapay olarak oluşturulmuş ve çok iyi donanımlı bir laboratuar gibidir. Bu dönemlerdeki evrenin sıcaklığını tanımlamak için, derece biriminden genellikle (eV) olarak gösterilen enerji birimine geçmek gerekir. Bunun nedeni, parçacık kütlelerinin geleneksel olarak, $E=mc^2$ formülüne göre, eşdeğer oldukları enerji cinsinden ifade edilmesidir. Örneğin, elektronun kütlesi yarım milyon elektron volttur (0,5 MeV). Hem parçacık hızlandırıcılarında hem de evrenin ilk dönemlerinde elektron-pozitron çiftleri 1 MeV sıcaklıkta (10 Milyar derece Kelvin'e eşdeğer bir sıcaklık) kendiliklerinden ortaya çıkarlar. Bu sıcaklık, evren henüz bir saniye yaşındayken vardı.

Evren yaşlandıkça ve sıcaklığı bu eşik değerin altına düştükçe parçacık yaratılması süreci kendiliğinden durdu ve o zamana kadar yaratılmış olanlar yok olarak ışınıma dönüştüler. Bugünkü evrende bulunan elektronlar, teorimizin bu son makalesinin ilerleyen bölüm-lerindeki kütleçekim denklemlerinde de göreceğimiz gibi, hiçbir zaman pozitronlarla çift olarak yaratılmadılar. Elektronlar maddî evrene yansıtılarak atomun yapısında yer alırken; pozitronlar 5. Boyut doğrultusundaki tünelin diğer ucunda, karadelik tekilliğinde kaldılar. Dolayısıyla bu parçacık çiftlerinin yeniden oluşturulması, ancak hızlandırıcılarda gerçekleştirilen çok yüksek enerjili parçacık çarpışmaları sonucunda elde edilebilir hale geldi.

Daha ağır olan protonun kütlesi ise, yaklaşık 1 Milyar elektron volttur (1 GeV). Proton-Antiproton çiftleri, 2 GeV'dan daha yüksek sıcaklıklarda ki, bu büyük patlamadan yalnızca saniyenin milyonda biri kadar sonraki bir süreyi kapsıyor, yaratıldılar. Daha yüksek sıcaklıklarda, normal koşullarda çok kısa ömürlü olan daha egzotik parçacıklar yaratılırlar. Evren, ilk dönemlerinde mezon ve antimezonlarla, kuark ve antikuarklarla, graviton ve antigravitonlarla kaynıyordu. Dolayısıyla, büyük patlamadan yalnızca on milyarda bir saniye sonrasına karşılık gelen 100 GeV sıcaklığında ışınım alanıyla termal denge içinde olan 100'den fazla parçacık ve karşı parçacık vardı. Evrenin ilk oluşmaya başladığı, büyük patlama anında ise, yaklaşık 496 parçacık ve karşı parçacık bir arada bulunuyordu.

Evrenin ilk dönemlerinde parçacıklar, hem kuvvetli Elektromanyetik alanlar veya yüksek enerjili ışınım, hem de kuvvetli Kütleçekim alanları etkisi altındaydı ve bu iki temel kuvvet, diğer kuvvetler olan Zayıf ve Güçlü Nükleer kuvveti oluşturan Çekirdek kuvveti alanlarından daha güçlü bir haldeydi. Bu dönemde oluşan yüksek sıcaklıktaki çok yoğun madde kütlesi, parçacık ve karşı parçacıklara ilave olarak, onlara eşik eden Elektro-manyetik Kütleçekim Dalgalarından oluşuyordu ve bu kuvvet alanı madde parçacıklarını uzay-zamanda hareket ettiriyordu. Dolayısıyla evrenin ilk anlarında, bu iki kuvvetli alana benzeyen fakat daha zayıf bir halde olan alan çiftleri de mevcuttu. Elektromanyetik Kütle-çekim alanından sonraki en kuvvetli alan çifti, Zayıf ve Güçlü Nükleer alan çiftinden oluşan Çekirdek kuvveti alanıydı.

Evrenin ilk anlarında, 5-Boyutlu Relativite uyarınca elde edilen Kütleçekim alan denklemlerinden de elde edilebilen tüm bu alan çiftleri, çiftler halinde ve pek çok sayıda bulunabiliyorken, evrenin soğuması ve alan çiftlerinin enerji mertebelerinin birbirinden uzaklaş-masıyla birlikte iki temel alan çiftinden oluşan dört temel kuvvet, evrendeki maddeler arasındaki dengeyi ve yasaları oluştururken; zayıf kalan diğer kuvvet alanları, 5. Boyut arkasındaki tünele (Karadelik tekilliği) veya 5'ten fazla uzay-zaman boyutlarının arkasına büzülerek etkinliğini kaybetti.

Bu saklı alanların etkinliğini müşahede edebilmemiz için çok daha yüksek bir enerji (2 GeV'dan fazla) gerekeceğinden parçacık hızlandırıcılarında bile elde edilmeleri çok zor hale geldi. Bununla birlikte, evrenin ilk anlarına ilişkin bilgi içeriği bulunabilecek çok uzak galaksiler olan Kuasarlardan gelen ışınımın ve kozmik mikrodalga arka alan ışınımının tayf analizlerinden bu saklı kalan alanlar hakkında da bilgi edinebiliriz.

II- MADDENİN TEKİLLİK NOKTALARI: MİNİ (ATOMİK) KARADELİKLER ÜZERİNE

Yoğun kütleçekimi alanlarında parçacıkların nasıl yaratıldığını anlamak için, parçacıkların aynı zamanda dalga gibi davrandıklarını göz önüne almalıyız. Bu, aynı zamanda elektron mikroskobunun da çalışma ilkesidir. Elektron mikroskobunda ışık dalgaları yerine dalga gibi davranan elektronlar kullanılır. Yüksek momentuma ve buna paralel olarak yüksek $\Delta P=m.\Delta v$ belirsizliğine sahip olan elektronlar, parçacıkların konumlarının normal ışığa oranla çok küçük bir Δx belirsizliği ile saptanmasını sağlarlar. Santimetrenin on milyarda biri ölçeğinde elektronlar, parçacıktan çok dalga gibi davranırlar. Kütlesi m olan ve c ışık hızıyla hareket eden bir elektronun dalgaboyu, belirsizlik ilkesine göre $\Delta x = \hbar / mc$ biçiminde yazılabilir. Bu dalgaboyuna *Compton Dalgaboyu* denir. Büyük patlamanın ilk anlarının bazı modellerinde, zamanla değişen çok güçlü kütleçekim alanlarında parçacıklara özdeş olan dalgalar oluşabilir ve bu dalgalar parçacıklara eşlik ederler. Dolayısıyla tüm parçacıklar aynı anda hem dalga, hem de partikül olarak var olabilirler. Eğer bir parçacık partikül olma özelliğini kaybederek, bir tekillik noktası tarafından yutulursa bu esnada kendisine eşlik eden Dalga, parçacığın kendi dalga boyunda ve Elektro-manyetik Dalga formunda bir ışınım olarak yayılır ve bu da parçacığın partikül olma özelliğinin yok olduğunun bir işareti anlamına gelir. Dolayısıyla, evrenin ilk dönem-lerine doğru yaptığımız bu zihinsel yolculuğu devam ettirirsek, parçacık ve alan çiftlerinin ilk yaratılması gereken enerji miktarı aşırı derecede yükselecektir ve bu da, tüm maddeyi içeren bu çok yoğun kütlenin çok kısa bir zaman aralığında yaratılmasını gerektirir. Sonuçta bu çok kısa zaman dilimi, limit durumda sonsuz bir enerji gerektireceğinden evrenin ilk yaratılış anı için bu çok kısa zaman aralığını, Belirsizlik ilkesine göre ışık hızı limitinde hesaplarsak;

$$\Delta t = \lim_{\Delta v \to c}\left(\frac{\Delta x.\Delta P}{\Delta E}\right) = \frac{\hbar}{\Delta m.c^2 / \sqrt{1-\frac{(\Delta v)^2}{c^2}}} = \frac{6{,}66.10^{-34}}{\infty} = 0$$

BAŞLANGIÇ TEKİLLİĞİ TEOREMİ

(2.1)

olarak buluruz.

Bu denklemin üç tane önemli sonucu vardır:

BİRİNCİSİ:

Evrenin Yoktan Yaratılması (BIG BANG ETKİSİ)

Bu denklemden çıkaracağımız ilk ve en önemli sonuç şudur: Evrenin ilk anlarında tüm parçacıkların çok yoğun bir kütle halinde bir arada olduğunu kabul edersek, tüm parçacıklar, henüz partikül haline gelmedikleri için dalga formunda olmalıdırlar ve elektromanyetik kütleçekim alanını meydana getiren dalgaların üzerinde hareket ettiklerinden ışık hızında hareket etmeleri gerekir. Eğer tüm parçacıkların ve alanların yaratılması yeterince yüksek bir enerji gerektiriyorsa, çok erken bir dönemde yaratılmış olmalıdırlar ve çok erken bir dönemdeki yaratılış, çok kısa bir zaman diliminde yaratılan parçacıkların ışık hızındaki enerjisini sonsuz yapmaktadır. Bu durumun tersini düşünürsek bu kez de, sonsuz enerjili (*ΔE*) ve çok küçük kütleli (*Δm*) bu parçacıkların çok kısa bir zaman diliminde (*Δt*) yaratılmış olmaları gerektiği sonucuna ulaşırız ki, eğer tüm parçacıklar bu şekilde yaratıldıysa, onların toplamından oluşan tüm evren de bu şekilde yaratılmış olmalıydı. Dolayısıyla sonuç olarak, yukarıda ışık hızı sınırında incelediğimiz limit duruma göre, tüm evren *Δt=0* anında yaratılmış olmalıdır. İşte bu çok büyük bir sonuçtur. Bu sonuç bize, tüm evrenin sıfırdan, yani YOKTAN BİR VARLIK KAZANDIĞINI Matematiksel olarak ispatlamaktadır. Entropik olarak Big Bang her ne kadar sonsuz bir enerji paketi veya sıfır kütleli ve sıfır zaman sahip bir tekillik (singularity) içerse de, evrenin genişlemesinin hemen ilk anlarında bu sonsuz gibi duran ilk enerjinin eksponensiyel bir şekilde hızla azalması gerektiğini, ilerleyen kısımdaki genişleyen evren modelimizde, matematiksel olarak ortaya koyaca-ğız. Eğer kapalı boyutlarla birlikte bu tekillik de, diğer atomal veya galaktik yapılara genişlemeyle birlikte aktarılmışsa, -ki bu çalışmada bunun 5. ve sonraki 11. Boyuta kadar olan kısmının *miniblackholes*'lar şeklinde kalıntılar bıraktığını zaten öngörmüştük- bu tekillikler evrenin genişlemeyle birlikte, kesinlikle diğer tüm bileşenlerinin merkezinde de yer almalıdır..

İKİNCİSİ:

Maddenin Küçük Zaman Dilimlerinde Yok Olması

Bu denklemin başka bir sonucu daha vardır: Maddenin ışık hızında hareket eden atomik ölçeklerine inildiğinde bu ölçeklerde, ışık hızında hareket eden elektronlar, kuarklar, gravitonlar ve hemen hemen bütün elektromanyetik ışınımlar, ışık da dahil olmak üzere, birim zaman aralıklarındaki yer değiştirmelerinin (konumlarının) momentumlarıyla çarpımının enerjilerine oranı sıfıra eşit olmaktadır. Limit durumda sıfıra giden bu ifade, aslında parçacığın yörüngesi üzerindeki birim zamandaki var oluş süresini de belirlemekte ve çok küçük diferansiyel yer değiştirmeler için, bu var oluş süresi sıfıra gitmekte, yani bir nevî parçacıklar ışık hızındaki çok küçük yer değiştirmeler için yok gibi olmaktadır. Bu konu, biraz da kuantum mekaniğinin derinliğine inen belirsizlik ilkesiyle örtüşmekte ve bu ilkeye göre savunulan, tünel süreciyle alakalı parçacığın yörünge üzerindeki konumuyla hızının çarpımının belirsiz kalacağı ve kesin olarak yörüngesinin tespit edilemeyeceği görüşüyle de kuantum mekaniksel olarak da uyuşmaktadır. Yalnız ne var ki, burada elde ettiğimiz sonuç, bir farklılık içerir: Parçacıklar, ışık hızındaki hareketleri sırasında yalnızca belirsiz olarak kalmamakta, adeta çok kısa yörünge parçacıklarındaki diferansiyel yer değiştirmeler incelendiğinde var oluş süreleri de sıfıra gitmekte ve dolayısıyla parçacıklar bu kısa zaman dilimi içerisinde yok gibi olmaktadırlar. Aşağıdaki grafikte (şekil-1) verilen, bir parçacığın yörüngesi üzerindeki temsilî hareketini incelersek yukarıda anlatılmaya çalışılan bu durumu daha iyi anlayabiliriz.

ÜÇÜNCÜSÜ:

Maddeyi Oluşturan Kararlı Atomların Daha Sonradan Yaratılması

Evren, yaklaşık 15 Milyar yıl yaşında olduğuna göre, yukarıda elde ettiğimiz Başlangıç Tekilliği Denklemini kullanarak, Planck ölçeğinde var olabilecek en düşük kütle yoğunluğunun birim hacimdeki (ΔV) değerini hesaplayalım ve buradan hareket ederek atomun şu andaki bilinen yoğunluğuyla bir orantı kurarak, maddeyi oluşturan ilk kararlı atomların başlangıç tekilliğinden ne kadar süre sonra yaratıldığını hesaplayalım:

$$\Delta t = \frac{\hbar}{\Delta m.c^2 / \sqrt{1 - \frac{(\Delta v)^2}{c^2}}} \Rightarrow \lim_{\Delta v \to 0} \left(\frac{\hbar}{\Delta m.c^2 / \sqrt{1 - \frac{(\Delta v)^2}{c^2}}} \right) = \frac{\hbar}{\Delta m.c^2}$$

$$\frac{6,66.10^{-34}}{\Delta m.9.10^{16}} \cong 4.10^{17} \quad \Rightarrow \Delta m \cong 1,66.10^{-68} \ kg$$

$$\Delta V \cong 1 \ m^3 \Rightarrow \Delta m.\Delta V \cong 1,66.10^{-68} \ kg.m^3$$

(2.2)

olarak bulunur.

Şimdi, başlangıçta evrenin ilkel Hidrojen atomlarının birleşmesinden oluştuğunu düşündüğümüzde, atomun (H_2 Atomu için) bilinen kütle yoğunluğunu hesaplarsak;

$$\Delta r \cong 10^{-12} \ m \quad \Rightarrow \Delta V \cong 4.\pi.\left(\frac{(\Delta r)^3}{3} \right) \cong 4.10^{-36} \ m^3,$$

$$\Delta m \cong 9.10^{-31} \ kg \ \Rightarrow \ \Delta m.\Delta V \cong 3,66.10^{-66} \ kg.m^3$$

(2.3)

olarak bulunur.

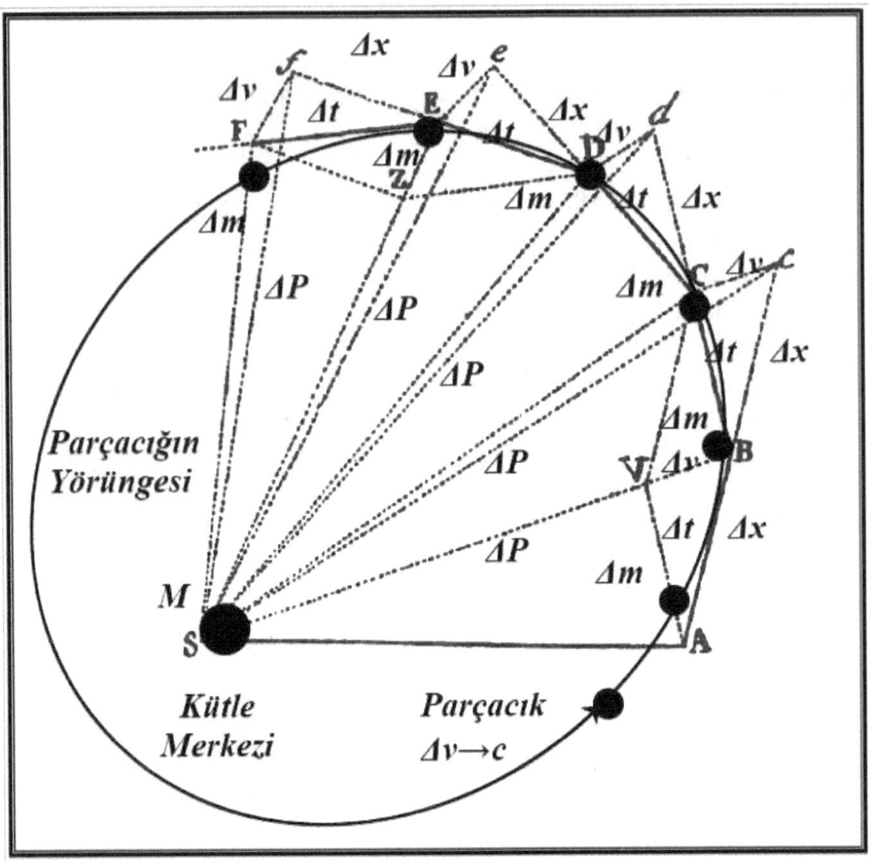

Figure 1: Parçacığın yörüngesi üzerinde taradığı alanı, birbirinden ayrık gibi duran diferansiyel yerdeğiştirmelerden oluşan çok küçük (*Δx*) parçalara ayırdığımızda (Yörüngenin, *ABCDEF* yolundan oluşan parçası gibi) ve parçacığın (*Δm*) kütlesinin, yörüngenin her bir parçasından geçtiği diferansiyel zamanı *(Δt)* ile gösterirsek; yörüngenin kütleçekim merkezi (*M*) etrafındaki sabit merkezcil hızının ışık hızına yaklaşması durumunda (*Δv→c*), parçacığın bu diferansiyel yerdeğiştirmelerin toplamından oluşan yörüngesi boyunca, katettiği mesafenin parçacığın momentumuyla çarpımının yörünge etrafında dolaşırken sahip olduğu kinetik enerjisine *(ΔE)* oranı ki, bu oran limit durumda *(Δt)* süresine eşit olur, sıfıra gitmektedir (*Ukray, 2009*).

Bu iki sonuç arasında bir orantı kurarak H_2 atomunun başlangıçtan kaç yıl sonra şu anki yoğunluğuna ve kararlılığına ulaştığını hesaplarsak;

$$\Delta t = \frac{3,66.10^{-66}}{1,66.10^{-68}} \cong 225$$

$$\Rightarrow \quad t = \frac{15.10^{9} \; y\imath\ell}{\Delta t} \cong 66,66.10^{6} \; y\imath\ell \qquad (2.4)$$

olarak bulunur. Bu sonuç bize gösteriyor ki Evren, yaklaşık olarak 66 Milyon Yıl yaşında iken kararlı atomların yoğunluğu, şimdiki değeri olan $3,66.10^{-66}\ kg.m^{3}$ değerine eşitti ki, bu dönemdeki bu kritik yoğunluk şu andaki atomik kütle yoğunluğu değerine çok yakındır. Dolayısıyla ilk kararlı atomların ve elementlerin, evrenin ilk yaratıldığı başlangıç anından yaklaşık 66 milyon yıl sonra oluştuğunu söyleyebiliriz.

MADDENİN TEKİLLİK NOKTALARI: MİNİ (ATOMİK) KARADELİKLER

Günümüz fiziğinin en büyük keşiflerinden birisi de maddenin büyük bir kütle yoğunluğu şeklinde içeri çökmesiyle oluşan tekillik noktalaları, yani karadeliklerdir. Işığı dahi yansıtmayarak soğurabilen bu tekillik noktaları evrenin her tarafında bulunmaktadır. Hatta son zamanlarda yapılan araştırmalara göre maddenin yapıtaşları olan, atomların içerisinde bile bu tekillik noktaları bulunabilir. Burada ele aldığımız bu kuram, Birleşik Alan Teorisi, zaten kendi bütünsel yapısı içerisinde zaten bu fikri öngörmekle birlikte, doğanın bazı temel kuvvet alanlarıyla (Örneğin, Kütleçekimi ve Güçlü Nükleer kuvvet gibi) bu tekilliklerle sıkı bir ilişkisi olduğunu ve tüm kuvvetlerin nihâi birleşme noktasının bu mekanizmanın içerisinde gerçekleştirilebileceğini öngörür. Einstein'dan çok önce, 1799 yılında Pierre de Laplace eğer yörüngesi üzerinde dolaşan bir cismin, kütleçekim merkezinden kurtulma hızı ışık hızını geçerse, bu cisimden kurtulmanın hiçbir şekilde mümkün olamayacağını ileri sürmüştü. İşte Laplace'ın yaklaşık 200 sene önce öngördüğü bu cisimler, fizikçi John Wheeler tarafından verilen adlarıyla Karadeliklerdir. Bir karadelikte o kadar yoğun bir kütle, o kadar küçük bir hacimden oluşan bir Uzay-Zaman bölgesi içerisine sıkışmıştır ki, burada oluşan kütleçekim kuvveti evrendeki en büyük hıza sahip olan niceliği, yani ışığı dahi içerisine hapsedebilir.

Günümüzde evrende tespit edilen karadelikler, kütleleri güneşin kütlesinin 50 katından daha büyük yıldızların ölümü sonucunda; güneşin kütlesinin 10^6-10^9 katı madde içeren daha büyük kütleli karadelikler ise, galaksilerin merkezlerinde oluşmaktadır. Bu olağanüstü büyük kütleli karadeliklerin kuasarların gücünü sağlayan enerji kaynakları olduğu tahmin ediliyor. Kütleleri güneşinkinden çok daha küçük olan karadeliklere ise, mini karadelikler adı veriliyor. Eğer böyle karadeliklerin varlığı tespit edilebilirse ki, Birleşik Alan Teorisi bu mini karadeliklerin varlığını öngörmektedir, evrenin ilk yaratıldığı başlangıç dönemlerinden kalmış olmalıdır, çünkü günümüzdeki astrofiziksel süreçler yalnızca kütleleri güneşinkinden çok daha büyük olanların varlığını ispatlamış durumdadır. Dolayısıyla aşırı yüksek enerjilerde, atomun Planck ölceğindeki derinliğine indiğimizde, evrenin ilk dönemlerinden kalma bir yapıtaşı ile karşılaşabiliriz ve bu en küçük yapıtaşı ise, teorik olarak Planck ölçeğinde yer alması gereken mini bir karadelik olmalıdır. Birleşik Alan Teorisi, bu mini karadelikleri Atomun tekillik noktasında bulunan Manyetik Monopol Mekanizması olarak tasvir eder ve bu mekanizmanın en küçük partikülünü ise, Graviton olarak öngörür. Kütlesi M ve yarıçapı R olan bir cisimden kurtulma hızı neyi ifade eder? Bir kuyudan aşağıya bırakılan taş örneğinde olduğu gibi, kütle çekim alanı içinde düştükçe enerji kazanır ve gittikçe hızlanır. Kütleçekim alanından kurtulabilmek için taşın kinetik enerjisi olarak tanımlanan ilk hareket enerjisinin, kütleçekim potansiyel enerjisi adı verilen, taşın kütleçekim alanı içinde düşerken kazanacağı enerjiden büyük olması gerekir. Yani matematiksel olarak:

$$\frac{1}{2}mv^2 \cong \frac{mc^2}{\sqrt{1-\frac{v^2}{c^2}}} \geq \frac{GMm}{R_{AKD}}$$

$$c >> v \Rightarrow \quad R_{Karadelik} \geq \frac{GM}{c^2} \qquad (2.5)$$

ASTRONOMİK KARADELİK TEOREMİ

İşte, içinden hiçbir şeyin kaçamayacağı *Karadelik yarıçapı* budur. Küresel bir karadelik durumunda buna, *Schwarzschild yarıçapı* denir. Güneş kütlesine sahip bir karadelik için bu yarıçap, yaklaşık bir kilometre ya da güneş yarıçapının yaklaşık yüz binde birinden daha küçük bir sayıya eşittir. Bu durum aynen, atomun toplam hacminin çekirdeğinin hacmine olan oranına eşittir. Dolayısıyla buradan şu sonucu da çıkarabiliriz, büyük ölçekteki karadelik mekanizması ile atomik ölçekteki karadelik mekanizması hemen hemen eşit orantılara sahiptir ve birbirine benzemektedir.

Karadeliklerin güçlü kütleçekim alanları, boşluğu oluşturan esirin kendi kendisini yok etmesi olarak yorumlanabilecek bir olaya da neden olur. Olay ufku olarak adlandırılan, ışığın bile hapsedildiği yüzeyin yakınlarında parçacık dalgalanmaları ortaya çıkar ve bu ortam içerisinde yoğun bir elektriksel yük yoğunluğuyla birlikte güçlü bir elektromanyetik ışıma gözlemlenir. Dolayısıyla böyle bir ışıma, yeni parçacık çiftleri ve elektrik yükleri oluşturur. Bu çiftlerden birisi (Antiparçacık veya yük) karadeliğe düşerken; diğeri kurtulur ve bu ışıma yoluyla evrene aktarılır. Karadeliklerin Sınır-Teğet yüzeyinin eğriliği (R_{AKD}) ne kadar fazla ise, bu ışıma gücü o kadar fazla olur. Karadeliğin yarıçapı, kütlesiyle doğru orantılı olacağından, küçük karadeliklerde kütle daha fazladır ve sonuç olarak bu eğrilik daha fazladır.

Eğer, mini karadelikler gerçekten varsa, bunlar maddenin yaratılması sırasındaki ilk tekillik noktasındaki veya ondan hemen sonraki durumunda ortaya çıkmış olmalıdırlar. Ne yazık ki bu şekildeki sınır koşullarını tanımlayan bir kuantum kütleçekimi teorisi yapılamamıştır. Eğer yapılmış olsaydı, Birleşik Alan Teorisinin bu tekilliklerin varlığını niçin öngördüğünü daha iyi anlayabilirdik. Fakat biz bu çalışmamızda, böyle bir teorinin yapılması durumunda hangi tür temel parçacıkların ve ne tür bir karadelik mekanizmasının işlev göreceğini, biraz tümdengelimci bir yaklaşımla tanımlayarak, 5-Boyutlu Relativite üzerinden bu tekillik teorisini tanımlayarak birleşik alan teorisine geçmemiz gerektiğini tümdengelimci bir yaklaşımla (Sicim kuramında olduğu gibi) öngörmüş olduk.

Böylelikle, ayrı bir Kuantum Kütleçekimi teorisi oluş-turmaya çalışmadık. Fakat şunu da gözden kaçırmamamız gerekir ki, tam bir Birleşik Alan Teorisi oluşturmak için böyle bir teorinin varlığı mutlaka gereklidir. Bu yönde yapılan çalışmalar oldukça detaylı ve yoğun bir şekilde sürmesine rağmen henüz tam bir fikir birliğine varılamamıştır. Fakat yukarıda da değindiğimiz gibi, kendiliğinden gerçekleşen bir proton bozunması deneyiyle bu teori iyi bir şekilde tanımlanabilir. Böyle bir durumda hangi tür bir tepkimenin gerçekleceği ve bu durumda kuantum kütleçekimi teorisinin hangi fiziksel modele yakınsa-yacağı, ilerleyen zamanlarda yapılacak olan bir kuantum kütleçekimi kuramı ile tartışılabilir.. Bu şekilde oluşturulacak bir kuantum kütleçekimi teorisi, kütleçekim teorisindeki kuantum etkileri kapsamalı ve çok temel değişikliklerin yapılmasını gerektirmelidir.

Böyle bir teoride; madde, bir temel parçacık, örneğin proton, karadelik olma sınırına gelecek ölçüde sıkıştırıldığından, en son biçimini almış ve bir tekillik noktasına çökmüş olur. Biz bu Birleşik Alan Teorisinde biz bu çöken toplam maddenin oluşturacağı temel güçlü kuvvet parçacığının, Manyetik monopoller (Manyeton) olduğunu varsaydık. Bu durumda tekillik noktasındaki bu manyetik monopollerin oluşturacağı, kütleçekim kuvveti-nin temel kuvvet taşıyıcısı olan Graviton'ların Planck ölçeğindeki Compton dalgaboyu, Schwarzschild kara-delik yarıçapına eşit olacaktır. Bu durumda Planck ölçeğindeki karadelik yarıçapı denklemi:

$$R_{KKD}^{2}.\theta \geq 2\pi n\hbar c, \quad R_{Karadelik} = \lambda_{Compton} = \frac{\hbar}{mc}$$

$$\omega = R_{KKD}.\frac{d\theta}{dt} \Rightarrow R_{KKD} \geq \sqrt{\frac{2\pi n\hbar c}{\left(1-\frac{\omega^{2}}{c^{2}}\right)}},$$

$$\Rightarrow R_{Karadelik} \geq \sqrt{\frac{2\pi n\hbar c}{\theta}}.$$

KUANTUM KARADELİK TEOREMİ (2.6)

olarak bulunur. Bu denklemdeki "θ", parçacığın tekillik noktası etrafındaki *açısal dönme miktarı*, "ω" parçacığın tekillik noktası etrafındaki açısal hızı ve "n" parçacığın *spinidir.* "R_{KKD}" ise, kuantum ölçeklerdeki Sınır-Teğet yüzeyine ait eğrilik yarıçapıdır.

Eğer, böyle bir parçacık teorisi yapabilirsek, evrenin en yüksek yoğunluğuna sahip olduğu madde varlığının en eski durumunu elde edebiliriz. Planck ölçeğindeki en küçük parçacığı oluşturabilmek için, kuantum teorisinden bildiğimiz en küçük uzunluk ölçeğini, yani Compton dalgaboyunu ($\hbar / mc$) seçer ve bunu kütleçekim teorisinde tanımlanan belirli bir kütlenin en küçük uzunluk ölçeğine, yani Schwarzschild yarıçapına (GM / c^2) eşitleriz. Bu karşılaştırma ile, Planck kütlesi (m_p) olarak bilinen ve $m = (\hbar c / G)^{1/2}$ şeklinde tanımlanan kütle ölçeğini tanımlar ki, bunun da değeri yaklaşık olarak 10^{-5} gramdır. Dikkat edersek, ele aldığımız ölçekler çok küçük olmasına rağmen Planck kütlesi, deneysel olarak parçacık hızlandırıcılarında tespit edilebilecek bir ölçekte yer almaktadır.

İşte 5- Boyutlu Relativite bu noktada, yani Planck ölçeğine inmeden de deneysel olarak bu kütlenin gözlemlenebileceğini öngörür. Dolayısıyla parçacık hızlandırıcılarında tespit edilebilecek olan çok ağır bir partikül, yani diğer partiküllerle karşılaştırıldığında göreceli olarak çok ağır olan bir kütle, eşdeğer olarak Planck kütlesine, yani kuantum kütleçekiminin uygulana-bileceği en küçük partiküle eşit olabilir. Planck kütlesi, klasik kütleçekim teorisinin uygulanabileceği en küçük ölçek ve en yüksek yoğunluklardaki parçacığa eşdeğerdir. Bu ölçek kozmolojik olarak, *10^{19} GeV*'luk bir enerji ölçeği, *10^{-33} cm* değerinde bir uzunluk ölçeği ve *10^{-43} s* değerinde bir zaman ölçeğini tanımlar. Fakat az önce de değindiğimiz gibi, 5-Boyutlu Relativite bu ölçeklere inilmeden de, örneğin *10^{9} GeV, 10^{-17} cm* ve *10^{-21} s* ölçeklerinde de, temel kuvvetlere ait büyük birleşmenin gerçekleştirilebileceğini öngörür.

Bununla birlikte, daha yüksek yoğunluklara, daha kısa ölçeklere ve kozmik zamanın daha eski anlarına ulaşabilmek için bir kuantum kütleçekimi teorisi mutlaka gereklidir. Her ne kadar geliştirilme aşamasında iseler de, böyle bir kuantum kütleçekimi teorisi henüz yapılamamıştır. Her ne kadar buna yaklaşan bir teori Süper-Sicim (Superstring) adıyla anılmakta ise de, bu teori, her biri atom altı parçacıkları ya da onların etkileşimlerinin tüm kombinasyonlarını temsil eden, 10 ile 26 boyut arasında değişen bir Uzay-Zamanı öngörür. Böyle bir Uzay-Zaman ise, yalnızca Planck ölçeğinde var olabilir. Bu extra boyutları hepsi, içeriye doğru helezon şeklinde kıvrılmış olup, yalnızca 4- Boyutlu Uzay-Zamanın dışına çıkıldığında ulaşılabilir. İşte, bu durumda, deneysel aletlerin kuramı test etmesi ne yazık ki, zorlaşıyor ve evrenin en eski durumuna ulaşabileceğimiz Uzay-Zaman ölçekleri bu saklı boyutlarda gizlenmiş durumdadır.

III- EVRENİN YÜKSEK BOYUTLU (KAPALI BOYUTLARA BAĞLI) MİMARİSİ & SİMETRİNİN MEYDANA GELMESİ

A- EVRENİN 5-BOYUTLU MİMARİSİ & SİMETRİNİN MEYDANA GELMESİ

5-Boyutlu Einstein Kütleçekim alan denklemlerinde tanımlanan ve Birleşik Alan Teorisinde temel birleşmeyi gerçekleştiren *v(r)* skaler vektör alanı, toplam 12 vektör alanı potansiyelinden oluşur. Bu potansiyellerden altısı, elektromanyetizmayla kütleçekimini birleştiren elektro-gravitasyonel kuvvet alanı taşıyıcıları olan, m^-, m^+, m^0, g^-, g^0 *ve* g^+'lar tarafından belirlenirken; diğer altısı, elektromanyetizma ile çekirdek kuvvetlerini birleştiren ve Yang-Mills alan denklemleriyle tanımlanan elektrozayıf kuvvet alanı taşıyıcıları olan w^+, w^0, w^-, e^+, e^0 ve e^-'lar tarafından belirlenir.

Dolayısıyla *v(r)* skaler vektör alanını oluşturan bu 12 skaler vektör alanı potansiyeli, $6 \otimes 6 \otimes 6 \otimes 6$ $\left(1^4 \cdot 2^4 \cdot 3^4\right)$ şeklinde 4 temel kuvvet alanı $6 \oplus 6 \oplus 6 \oplus 6$ şeklinde bir simetrik ayar grubunda bulunur ki, bu çalışmaya göre evrendeki bu büyük ayar simetrisidir. Dolayısıyla, temel kuvvetlere ilişkin alan bileşenleri de birbirleri içerisinde simetriktir ve bu simetri Maxwell denklemleriyle tanımlanan kuvvet alanları ve yük taşıyıcıları için de geçerlidir. Böylece Birleşik Alan Teorisi, temel yük ve Alan bileşenlerine göre altılı bir simetri içermektedir: 6 simetrik Elektrogravitasyonel vektör potansiyeli, 6 simetrik Elektrozayıf vektör potansiyeli; 6 simetrik Elektrogravitasyonel yük taşıyıcısı, 6 simetrik Elektrozayıf yük taşıyıcısı ve hepsini tek bir denklem sisteminde ifade eden 2x6=12 simetrik Maxwell denklemi.

Gerçekten de, hissedebildiğimiz 4-Boyutlu uzay-zaman 5-Boyutlu uzay-zamanın bir holografisi ve yansıma şeklindeki bir görüntüsüdür. 5- Boyutlu uzay-zamanın sınır-teğet yüzeyine ait zar yüzeyinin zarfı, dokunarak geçtiği bölümünü oluşturan 4-Boyutlu uzay-zaman içerisinde yaşadığımız evren yüzeyini oluşturur. Aşağıdaki şekildeki evren modelinde de tasvir edildiği gibi, bu yüzeyin içerisi boş olmayıp, 5. ve farklı bir uzay-zaman boyutu ile doldurulmuştur. Helezonik kıvrımlar yaparak Planck ölçeğinde saklı duran bu gizli boyut, evrenin kayıp düzlemi olan 5. Boyutunu ve iç yüzeyini oluşturur.

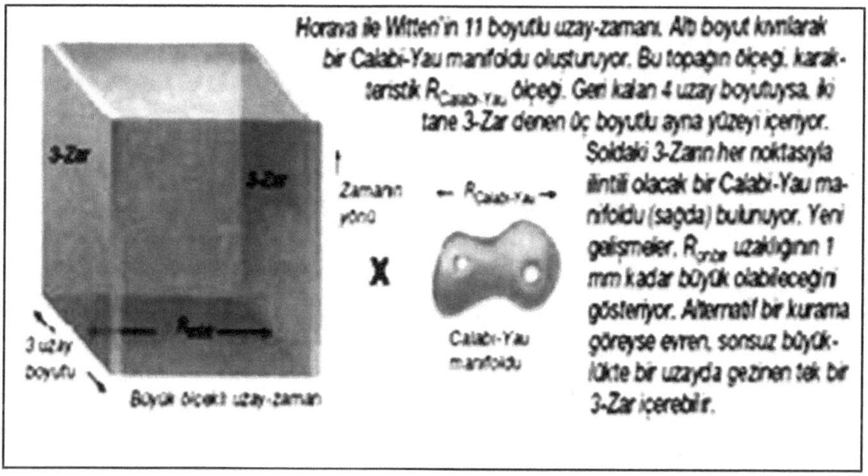

Figure 2: 2x3 şeklinde zar kıvrılmalarını öngören Calabi-Yau sicim manifoldu modeli.

B-EVRENİN 11-BOYUTLU MİMARİSİ & SİMETRİNİN KIRILMASI

Peki, 5-Boyutlu Uzay-Zaman yapısı yukarıdaki gibi bir şekil oluşturuyorsa, geriye kalan 6 boyut nasıl bir yapı sergilemektedir? Geriye kalan bu altı boyut (6, 7, 8, 9, 10 ve 11. Boyutlar), Süpersicimler şeklinde ikişer ikişer birbirinin üzerine dolanarak 2x3=6 şeklinde bir yapıda, her biri tıpkı 2- Boyutlu hiperbolik zaman yüzeylerinde olduğu gibi, helezonik hiperboller şeklinde ve iki boyutlu bu zar yüzeylerinin toplam 6 tane yüzey elemanı oluşturacak şekilde birbirlerinin üzerine sıkıca sarılmasıyla oluşmuştur. Dolayısıyla bu saklı 6 boyut, kendi içerisinde ayrı bir 6'lı simetri içerecek şekilde bina edilmiştir.

Bu simetriyi şu şekilde de basitçe izah edebiliriz: Nasıl ki zaman boyutu, 4. ve 5. boyutların birleşmesiyle hiperbolik bir zar yüzeyi oluşturuyorsa; işte bunun gibi 6. ve 7. boyutların birleşmesiyle helezon şeklinde oluşan bu zar yüzeyi yukarıda tanımladığımız 6 yüzeyden oluşan uzay-zaman kübünün bir yüzeyini oluşturur. Geriye kalan diğer boyutlar olan, 8. ve 9. boyutlar birleşerek helezonik zar yüzeyinin diğer yüzünü oluşturur. Ve nihayet 10. ve 11. boyutlar da zarın kalan diğer iki yüzeyini oluşturur.

İşte bu 2x3=6 tane helezonik zar yüzeyi, tıpkı *xyz* koordinat sisteminde *xz, yz* ve *xy* yüzeylerinin bir hacim elemanının karşılıklı yüzeylerini oluşturması gibi; bu yüksek boyutlu zar yüzeyleri de helezonik bir şekilde ikişer ikişer kıvrılarak, 3-Boyutlu bir Uzay-Zaman hacmi gibi 11- Boyutlu hacimsel bir topolojik yüzey oluştururlar. Dikkat edilmesi gereken önemli olan bir nokta da, üst boyutlardaki Sicim yapısının teker teker değil de çiftler halinde kıvrılması ve hacimsel bir yüzey tanımlayacak şekilde bir yapı sergilemesidir. Aşağıdaki şekillerde 5 ve daha yüksek ve en nihayetinde 11-Boyutta oluşan bu 2 ve 6 Boyutlu Sicim yapısını ve kıvrılmalarını gösteren temsilî resimler verilmektedir:

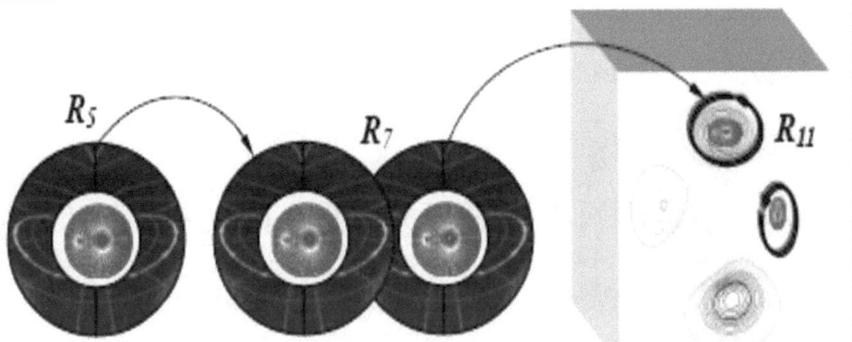

5- Boyutlu (soldaki), 7- Boyutlu (ortadaki) ve
11- Boyutlu Uzay-Zamanda Sicim yapısı (sağdaki).

Figure 3: 2x3 şeklinde zar kıvrılmalarını öngören 11-boyutlu Birleşik alan teorisi modeli (Ukray, 2011).

Peki, 11 boyutun üzerinde uzay-zaman boyutları, mesela bir 12. boyut var mıdır? Aslında böyle bir boyut olsaydı tüm evren toplam 12-Boyutlu olurdu ve durumda evrenin neden 6'lı bir simetri içerdiğini açıklayabilirdik. Fakat 11-Boyutlu Riemann uzayının kapalı ve sonlu bir evreni öngörmesi sebebiyle, böyle bir uzay-zaman boyutu teorik olarak mümkün değildir.

Eğer böyle bir 12. boyut varsa bile bildiğimiz anlamdaki 11-Boyutlu uzay-zaman matematiğiyle inceleyemeyeceğimiz için, metafizik bir anlam kazanarak bildiğimiz anlamdaki fizik yasalarıyla ifade edilemez. Fakat bununla birlikte böyle bir boyut, çok yüksek düzeyli bir matematiksel model geliştirilerek öngörülebilir. Fakat fiziksel olarak öngörülemez..

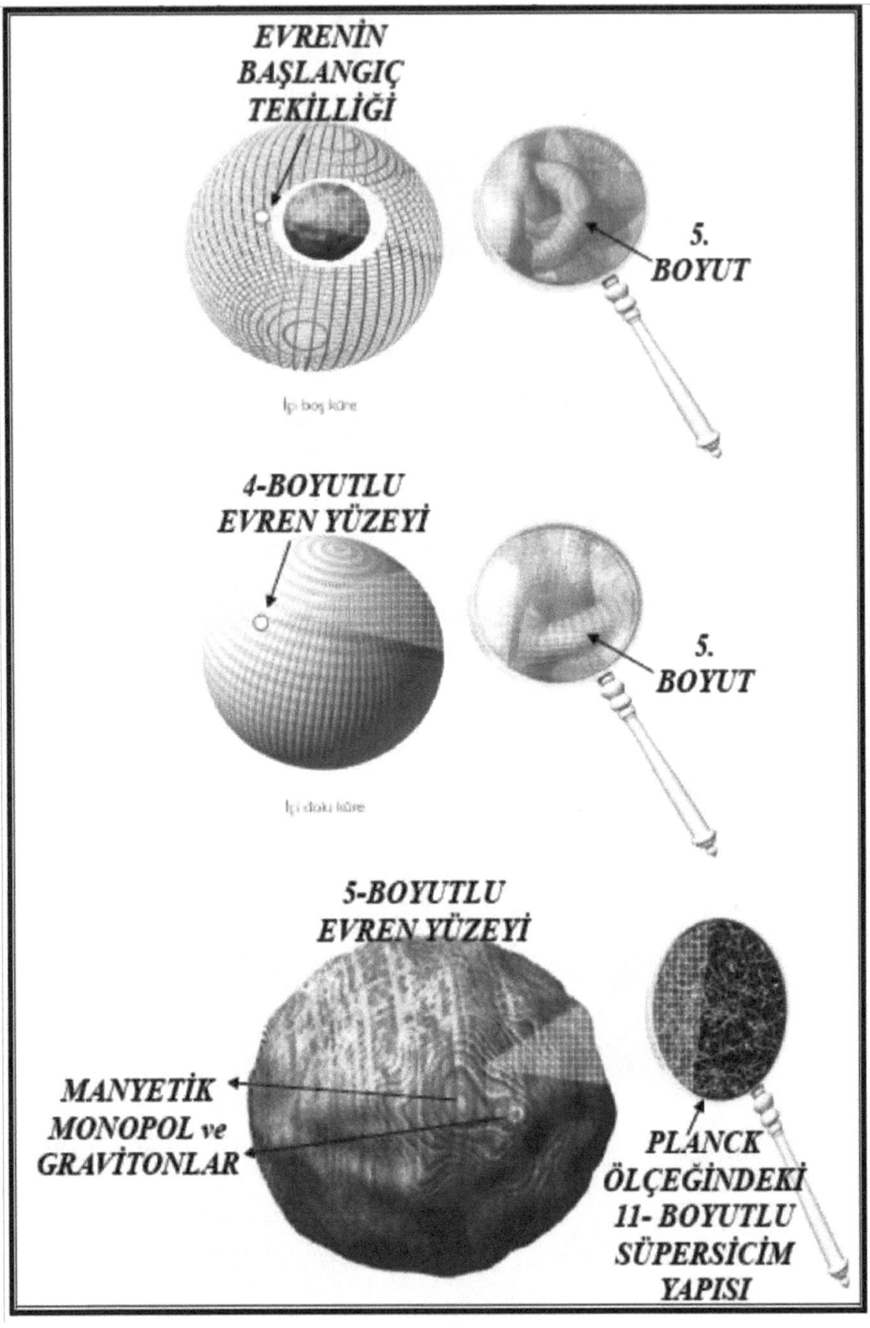

Figure 4: (Üstteki resim) Evrenin 5-Boyutlu Mimarisinin temsilî bir resmi: Evrenin genişlemesiyle birlikte 5-Boyutlu Uzay-Zaman yüzeyi üzerinde deformasyonlar oluşur ve bunlar 4-Boyutlu uzay-zamana aktarılır.

IV- GENİŞLEMEYE BAĞLI YENİ BİR MATEMATİKSEL EVREN KOZMOLOJİSİ MODELİ OLUŞTURMAK ÜZERİNE:

Evrenin 11-Boyutlu yapısının matematiksel bir mode-lini oluşturabilmemize rağmen, fizik yasalarıyla evrenin geleceği hakkında bir tahminde bulunmak ve ilerki dönemlerde, sürekli genişleyen bu 11- Boyutlu uzay-zaman yüzeyi üzerinde etkili olan, termodinamik ısı denge yönü ve evrenin genişleme hızı gibi etkenlere bağlı olarak ifade edebileceğimiz matematiksel bir kütleçekim kuramı yoktur. Bununla birlikte, karadelik-lerdeki madde miktarının değişimi, evrenin yakın geleceği ve kaderi konusunda bazı ipuçları verebilir. Örneğin, ilerleyen zamanlarda karadeliklerde yutulmakta olan madde miktarının e^x şeklinde üstel bir artış göstermesinin tespit edilmesi durumunda, evrenin hızlı bir yok oluş sürecine girdiği ve toplam termodinamik sıcaklığın mutlak sıfıra doğru düşmeye başladığı şeklinde bir sonuç ortaya çıkabilir.

Aslında, elimizdeki teknolojik imkanlarla bu sürecin gidişatı hakkında bazı ipuçları elde etmek mümkündür. Örneğin, her yıl düzenli periyotlarla karadelik tekilliklerinin yüzeyi üzerindeki yutulan madde miktarının ölçülmesi ve üstel bir artış gösterip göstermediğinin incelenmesiyle, evrenin yakın geleceği hakkında bir tablo oluşturabiliriz. Aslında, 1900'lü yılların başlarında değişime uğrayan ve uzay-zamanı dolduran tüm madde parçacıklarının QUANT (KUANT) denen çok küçük atomaltı parçacıklardan oluştuğunu öngören Q-DönemI Fiziği olan Kuantum Mekaniği, yerini bir sonraki dönemde, yani 2000'li yılların başlarında R-Dönemi Fiziği olarak adlandırılan ve tüm Uzay-Zamanın, Elektro-manyetik Kütleçekim Dalga titreşimlerinden oluştuğunu varsayan 11-Boyutlu Riemann Uzay-Zaman Geometrisine dayalı Membrane (Süpersicim Zar Yüzeyi) Dinamiğine bırakmaktadır. Evrenin kozmolojik yapısını inceleyen matematiksel pek çok ipucunun elde edildiği Süpersicim Kuramları, Yeni Fizik çağında bu yönde elde edilen pek çok veriyi haklı çıkarmaktadır. Özellikle, son yıllarda gündeme oturan karadeliklerin, tam bir matematiksel modelini oluşturabilirsek bu konuda daha kesin bilgilere ulaşabiliriz.

İşte, karadeliklerdeki madde dinamiğine ilişkin, aşağıda oluşturacağımız basit bir matematiksel model bu süreci anlayabilmemiz için yüzeysel bir bakış açısı sağlayacaktır. Yapacağımız hesaplamalarda klasik kütleçekim ifadesine evrenin genişlemesiyle ilgili ek bir terim ekleyerek, bir karadelik tekillik durumundaki kütleçekim kuvvetinin ve yutulan madde miktarının basit bir analizini yapacağız ve yapacağımız bu analiz sonucunda kütleçekimi, evrendeki madde miktarı ve evrenin genişleme hızı arasında bir bağlantı kurarak elde edeceğimiz sonuçlar çerçevesinde, evrenin gelece-ği hakkında bazı yorumlar yapacağız.

Şimdi, Kütleçekim alanına ait potansiyel ifadesinin, kütle ve zamana bağlı olarak içeri çökmekte olan bir karadelik tekilliğinde şu şekilde bir fonksiyonla tanımlandığını varsayalım:

$$f\left(\vec{g}(r,t)\right) = m r_0^2 e^{\frac{GMR(t)H(t)}{r(t)}} \tag{4.1}$$

Bu ifadedeki *m*, karadelik tekilliği tarafından yutulan kütle miktarını; *M*, karadelik tekillik merkezinde topaklanan maddenin kütlesini; *G*, evrensel kütleçekim sabitini; *H(t)*, Hubble sabitini; r_0, karadelik tekillik noktasının eğrilik yarıçapını; *r(t)*, karadelik sınır-teğet yüzeyinin eğrilik yarıçapını; *R(t)*, karadelik sınır-teğet yüzeyinin Schwarzschild yarıçapını; *f*, karadelik sınır-teğet yüzeyi üzerindeki kütleçekim kuvvetinin zamana ve evrenin genişlemesine bağlı fonksiyonunu belirtmektedir.

Dikkat edersek, bu ifade üstel bir fonksiyon olup, seriye açıldığı zaman sabit ivmeli bir kütleçekim alanında, $f\left(\vec{g}(r,t)\right) = \dfrac{GMm}{r^2(t)}$ olarak Newton'un evrensel kütleçekim kuvvetine; ışık hızına yaklaşılan göreli kütleçekim alanında da,

$$f\left(\vec{g}(r,t)\right) = \frac{GMmc^2}{r^2(t)\sqrt{1-\dfrac{v^2}{c^2}}}$$

olarak Einstein'ın genel göreli kütleçekim kuvvetine yakınsar. Ayrıca tanımladığımız bu kütleçekim alanına ait potansiyel fonksiyon, tüm skaler vektör alanı potansiyellerini içerisinde barındıran ve 5-Boyutlu metrik diferansiyel uzaklık ifadesi olarak tanımlanan;

$$ds^2 = e^{2v(r)}dt^2 - r_0^2 e^{2\psi(r)-2v(r)}\left(d\chi - \omega(r)dt\right)^2 - dr^2 - \beta^2(r)\left(d\theta^2 + \sin^2\theta d\varphi^2\right)$$

Metrik Diferansiyel ifadesindeki,

$$f\left(\psi(r), \omega(r)\right) = r_0^2 e^{2\psi(r)-2v(r)}\left(d\chi - \omega(r)dt\right)^2$$

(4.2)

5-Boyutlu Metrik potansiyel fonksiyonu bileşenine çok benzemektedir. Dolayısıyla oluşturacağımız bu matema-tiksel evren modeli, evrenin 5-Boyutlu yüzeyinin potansiyel enerji değişimini belirleyecektir. İlerleyen kısımlarda göreceğimiz gibi, bu fonksiyondaki $2\psi(r)-2v(r)$, evrenin genişlemesiyle oluşan kinetik enerji ile buna karşı direnen kütleçekim enerjisinin oluşturduğu potansiyel enerji farkını,

$$\Delta E = \frac{1}{2}mr^2(t)\left(H^2(t) - \frac{8\pi\rho G}{3}\right)$$

; *ω(r)* ise, 5-Boyutlu yüzeyin zamana bağlı açısal hızını belirleyen Hubble sabiti, *H(t)* olarak evrenin genişleme hızını belirlemektedir. Evren genişledikçe bu nicelik sabit kalmalıdır. Eğer ΔE negatif olursa, evrenin yüzeyinde bulunan hiçbir galaksi sonsuza kaçamaz, çünkü çok büyük uzaklıklarda potansiyel kütleçekim enerjisi kinetik enerjiyi dengeleyerek toplam enerji sabit kalır. Eğer, bu ifadeyi sınır koşulu olan sıfıra eşitlersek evrende bulunan madde miktarının kozmik yoğunluğunu elde etmiş oluruz. Bu durumda kozmik yoğunluk;

$$\Delta E = 0 \quad \Rightarrow \left(H^2(t) - \frac{8\pi\rho G}{3}\right) = 0,$$

$$\Rightarrow \rho_{kozmik} = \frac{3H^2(t)}{8\pi G} r^3(t)$$

(4.3)

olarak bulunur. Şimdi, bu vektör potansiyeli ifadesinin evren çapında etklili olduğunu varsayarak, bu potansiyel kütleçekim alanının evren yüzeyi üzerinde tanımlanan yüzey integralini alalım ve evrenin parametrelerinin zamana ve yukarıda tanımladığımız enerji ve skaler kütleçekim alanı potansiyeline bağlı olarak nasıl değiştiğini inceleyelim:

$$f\left(\vec{g}(r,t)\right) = \oiint_{S_{evren}} m r_0^2 e^{\frac{GMR(t)H(t)}{r(t)}} dS \tag{4.4}$$

Evrenin sınır-teğet yüzeyindeki çok büyük kütleli bir Karadelik kütle aktarım diski yüzeyindeki kütle yoğunluğunun, evrenin kozmik yoğunluğuna eşit olduğunu varsayarsak, bu durumda Hubble sabiti zamana bağlı olarak kütle yoğunluğu cinsinden;

$$\frac{1}{2}H^2(t) \rightarrow \frac{4\pi}{3}G\rho(t),$$

$$\Rightarrow H(t) = \sqrt{\frac{8\pi G\rho(t)}{3}} \tag{4.5}$$

şeklinde değişir.

Şimdi, bu Hubble sabiti ifadesini yukarıdaki yüzey integralinde yerine koyarak, yüzey integralini seriye açıp stokes teoreminden yararlanarak hacim integraline çevirirsek ve bizim için önemli olan ilk üç terimi alırsak;

$$f\left(\vec{g}(r,t)\right) = \oiiint_{V_{evren}} m r_0^2 \left[1 + \frac{GMR(t)}{r(t)}\left(\frac{8\pi G\rho(t)}{3}\right)^{\frac{1}{2}} + \frac{1}{2}\left(\frac{GMR(t)}{r(t)}\right)^2\left(\frac{8\pi G\rho(t)}{3}\right) + \cdots\right] dV \tag{4.6}$$

Bu ifadeye dikkat edilirse, sonsuz terimden oluşan bir seri integral toplamı şeklindedir. Dolayısıyla karadelik yüzeyinde yutulan toplam enerjinin topaklar halinde, yani kuantalanmış bir biçimde farklı enerji seviyelerinde olduğunu öngörür. Dolayısıyla maddenin bu şekilde bir tekillik ve topaklanma mekanizması oluşturabilmesi için, belirli bir kritik yoğunluğa ulaşması gerekmektedir. Astrofizikte "*Jeans Kütlesi*" olarak bilinen bu kritik kütle yoğunluğu, bildiğimiz anlamdaki galaksilerin ve toplu bir halde bulunan büyük kütleli yıldız sistemlerinin oluşması şartını meydana getirir. Eğer tekillik noktasına topak-lanan kütle yoğunluğu, bu kritik Jeans kütle yoğunluğuna ulaşamazsa bir yıldız sistemi veya galaksi oluşamaz. Bir madde topaklanmasının kütleçekimine bağlı olarak böyle bir sistem oluşturması için, kütleçekim potansiyel enerjisinin iç ısısal enerjiyi aşması gerekir. *r* yarıçaplı ve *M* kütleli bir topağın kütleçekim potansiyel enerjisini olan $P.E. = \frac{GM^2}{r}$ ifadesi, iç basıncı *P* olan $I.E. = \Pr^3$ potansiyel ısı enerjisinden büyük olmalıdır. O halde; $\frac{GM^2}{r} \rangle\rangle \Pr^3$ olursa topaklanmaya izin vardır. Kütleyi, kütle yoğunluğu cinsinden ifade ederek bu ifadede yerine koyarsak; $M = \frac{4\pi}{3}\rho(t)r^3$ olur ve dolayısıyla topaklanma şartı, $GM^2 \rangle\rangle P\left(\frac{3M}{4\pi\rho(t)}\right)^{\frac{4}{3}}$ olur ve bu ifadenin de sınır koşulunu yazarsak Jeans Kütlesi ifadesini elde etmiş oluruz:

$$M_{Jeans} \geq \left(\frac{P}{G}\right)^{\frac{3}{2}}\left(\frac{3}{4\pi\rho(t)}\right)^2 \quad (4.7)$$

RAYLEİGH-JEANS TEOREMİ

İşte, elde ettiğimiz bu ifadede, minimum topaklanma şartını veren kütleye Jeans Kütlesi *(M_{jeans})* veya kritik kütle *(M_{kritik})* ve bu kütleyi oluşturan minimum kütle yoğunluğuna *(ρ_{jeans})* veya kritik kütle yoğunluğu *(ρ_{kritik})* denir.

Şimdi, yukarıdaki seri toplamı şeklindeki kütleçekim alanına ait hacim integraline geri dönelim ve yukarıda elde ettiğimiz kritik yoğunluk cinsinden evrenin basit bir parametrik analizini yapalım. Bu ifadedeki zamana bağlı parametrik değişkenleri şu şekilde tanımlayalım ve bu parametrik ifadelerin kritik kütle yoğunluğuna bağlı olarak sınır koşullarını belirleyerek, bu sınır koşulları altında topaklanması gereken kritik kütle miktarlarını belirleyelim.

Bu koşullar aşağıdaki dört durumla belirlenir:

BİRİNCİSİ:

$\left(\frac{8\pi G\rho(t)}{3}\right)=\alpha$ ve $\left(\frac{MGR(t)}{r(t)}\right)=\beta$ olarak tanımlarsak, $\alpha \langle\langle 1$ olması durumunda, karadelikte yutulan kütle yoğunluğu; $\rho_{kritik} \leq \left(\frac{3}{8\pi G}\right)$ olur ve karadeliğin içerdiği madde miktarı kritik yoğunluğa ulaşamadığı için hacim integrali ifadesindeki ilk terimden sonraki bütün terimler sıfıra gider ve kütleçekim ifadesi, sabit ve dönmeyen bir karadelik tekilliğine yakınsar. Bu şekildeki bir sistemin kritik kütle yoğunluğu $\rho_{kritik} \leq \left(\frac{3}{8\pi G}\right) \cong 10^{10}$ olacağı için bu büyüklükteki bir kütle içeren sistem, bir galaksi oluşturamaz. Bununla birlikte sabit hızla dönen büyük yıldız sistemlerini oluşturabilir. Örneğin güneşin 1-10^4 katı büyüklükteki bir kütleye eşdeğer olan ve sabit hızla dönen bir karadelik tekilliği etrafında oluşmuş takımyıldızları oluşturabilir.

İKİNCİSİ:

$\alpha \rangle\rangle 1$ olması durumunda, karadelikte yutulan kütle yoğunluğu; $\rho_{kritik} \geq \left(\frac{3}{8\pi G}\right)$ olur ve karadeliğin içerdiği madde miktarı kritik yoğunluğa ulaştığı için hacim integrali ifadesindeki ilk iki terim ihmal edilebilir ve yaklaşık olarak kütleçekim ifadesi, yüzeyi üzerinde değişken ve artan miktarda bir kütle yoğunluğuna sahip ve dönmekte olan bir karadelik tekilliğine yakınsar. Bu şekildeki bir sistemin kritik kütle yoğunluğu $\rho_{kritik} \geq \left(\frac{3}{8\pi G} \right) \cong 10^{10}$ olacağı için bu büyüklükteki bir kütle içeren sistem, bir galaksi oluşturabilir. Bu durumda, büyüklüğü içinde bulunduğumuz Samanyolu galaksisinin 1-10^4 katı büyüklükteki bir kütleye eşdeğer olan ve değişken (ivmeli) bir hızla dönen bir karadelik tekilliği etrafında oluşmuş büyük galaksileri oluşturabilir. Örneğin, kütlesi güneş büyüklüğünde olan bir karadelik tekilliği için, kritik kütle yoğunluğu değerini hesaplarsak; $\rho_{kritik} \geq \left(\frac{3}{8\pi G} \right)$ ise, her iki tarafı güneşin kütlesi *(M_θ)* ile çarparsak; $M_\theta \rho_{kritik} \geq \left(\frac{3}{8\pi G} \right) M_\theta \quad \Rightarrow M_{kritik} \cong 10^{10} M_\theta$ olarak bulunur. Bulduğumuz bu değer, yaklaşık olarak Samanyolu galaksisinin ortalama kritik kütle yoğunluğudur. Dolayısıyla Gökadamızın karadelik tekilliği noktasındaki kütle miktarı yaklaşık 10^{10} güneş kütlesi kadardır. İlginçtir ki, bu değer galaksimizin tekillik noktası dışında yer alan yıldız sistemlerinden oluşan madde topaklanmasının toplam kütlesi olan 10^5 *M_θ'nın*, yani 100.000 güneş kütlesinin 100.000 katı kadardır. Dolayısıyla buradan yola çıkarak galaksimizin yarıçapının da, yaklaşık olarak güneşin yarıçapının 10^{10} katı olduğunu söyleyebiliriz.

ÜÇÜNCÜSÜ:

Eğer $\beta \rangle\rangle 1$ ise, bu durumda; $\left(\frac{R(t)}{r(t)} \right) \geq \left(\frac{1}{GM} \right)$ olur ve karadeliğin eğrilik yarıçapı, kütle aktarım diskinden yeterince büyük kalmadığı için karadelik yüzeyinde kaybedilen enerji, sistemin durgun kütle enerjisine eşittir.

Bu durumda $M_{kritik} \cong \oiiint_V m dV \cong \left(\frac{4\pi m R^3(t)}{3} \right)$ olarak alınabilir. Böyle bir sistem, kütlesi güneşin 1-10^4 katı küçüklüğündeki yıldız, gezegen ve gökcisimlerini ve küçük çaptaki yıldız sistemleri için geçerli bir sınır koşul oluşturur. Fakat bununla beraber galaksi ölçeğindeki karadelik tekillikleri için uygun çözümü vermez.

DÖRDÜNCÜSÜ:

Eğer $\beta\langle\langle 1$ ise, bu durumda; $\left(\frac{R(t)}{r(t)}\right)\leq\left(\frac{1}{GM}\right)$ olur ve karadeliğin eğrilik yarıçapı, kütle aktarım diskinden aşırı derecede büyük kalacağı için, karadelik içerisindeki kritik kütle çok çok büyük miktarlardadır ve tekillik noktasına yakınsayan kütle üstel bir artış göstererek çok küçük bir hacim içerisinde toplanmıştır. Evrende böylesine büyük bir karadelik tekilliği gözlenmemesine rağmen evrenin sınır-teğet yüzeyinde yer alan ve KUASAR olarak bilinen çok büyük kütleli gökadalar bu çeşit karadelik tekilliklerini barındırıyor olabilir. Eğer, evrende böyle büyük kütleli tekillik noktaları varsa büyük patlamanın ilk anlarından kalmış demektir ve bunların eğrilik yarıçapı da yaklaşık olarak evrenin yarıçapına eşittir. Hacim integralindeki serinin üçüncü terimini, böyle bir sistem için inceleyerek bu ifadedeki kütle terimini dışarı çekecek olursak;

$$f\left(\vec{g}(r,t)\right)=\oiiint_{V_{evren}} m r_0^2\left[\frac{1}{2}\left(\frac{GMR(t)}{r(t)}\right)^2\left(\frac{8\pi G\rho(t)}{3}\right)\right]dV$$

$$M_{kritik}\cong\frac{1}{2}\frac{8\pi GM_{kritik}^2\rho_{kritik}}{3r^3(t)},$$

$$\Rightarrow M_{kritik}\cong\frac{3r^3(t)}{4\pi G\rho_{kritik}} \qquad (4.8)$$

olur. İşte, bu son bulduğumuz denklem çok büyük çaplı karadelikler için geçerli olduğundan dolayı yaklaşık olarak evrenin kritik kütle yoğunluğuna eşdeğer bir ifadedir. Bu denkleme göre, karadeliğin eğrilik yarıçapı çok arttığında içerdiği kütle miktarı ve yoğunluğu da, $r^3(t)$ ile doğru orantılı olarak artar; fakat sınır-teğet yüzeyi üzerindeki kritik kütle yoğunluğu ters orantılı olarak azalacaktır. Dolayısıyla, karadelik tarafından yutulan madde miktarı ne kadar çok olursa, bu yüzey üzerinde gözlenen kütlesel yük yoğunluğu ve dolayısıyla bu yüklerin yayacağı kütleçekim dalgaları da o denli azalacaktır. İşte büyük karadeliklerin yakınları civarında kütleçekimi dalgalarının hissedilmemesinin ve bu yüzden de kütleçekim kuvvetinin bu tekillik noktası yakınında zayıf kuvvet olarak algılanmasının sebebi budur. Eğer atomik ölçeklerdeki küçük bir madde miktarını içeren mini bir karadelik için, bu yük yoğunluğunu hesaplarsak ki, oluşturduğumuz manyetik monopol modeli için bunun yaklaşık bir hesabını yapmıştık, güçlü bir kütleçekim alanının varlığını ispatlayan çekimci elektromanyetik kütleçekim dalgalarını gözlemleyebilecektik. Dolayısıyla buradan şu sonucu çıkarabiliriz, kütleçekim kuvveti çok küçük ölçeklere inildikçe ve çok büyük ölçeklere çıkıldıkça etkisini daha çok hissettirmektedir.

Bu durumda, bu karadelik çözümlerinin aşağıdaki gibi **DÖRT** önemli sonucu olacaktır:

BİRİNCİSİ:

Galaktik ölçeklerdeki çoğu karadelik, büyük miktarlarda kütle içerdikleri için, karadelik yüzeyinde oluşan bu kütleçekim dalgasını bazen gözlemleyemeyiz; fakat bununla birlikte zayıf bir ışınım şeklinde tekillik yüzeyinde bir elektromanyetik kütleçekim dalgası ya-ya-cağını ve bu dalganın frekans tayfının da evrenin uzak köşelerindeki kuasarlar için üstel bir şekilde kırmızıya kayacağını söyleyebiliriz.

Bu çekimci dalgaların frekansı ise;

$$\omega^2(r) \equiv H^2(t) \quad \Rightarrow f(r) \propto \frac{H(t)}{2\pi}$$

şeklinde değişen aşırı derecede düşük bir frekansa denk düşecektir.

İKİNCİSİ:

Eğer bu kuasarın hızı ışık hızına ulaşırsa bu durumda kütleçekim dalgalarının frekansı,

$$f(r) \propto \frac{c}{2\pi r_{evren}} \propto \frac{c}{S_{evren}}$$

ışığın 5-Boyutlu evren yüzeyi üzerinde katettiği tur sayısına eşit olacaktır. c ve r_{evren} değerlerini bu denklemde yerine koyarak bu kütleçekim dalgalarının yaklaşık frekansını hesaplarsak;

$$f(r) \cong \frac{c}{2\pi r_{evren}} \cong \frac{3.10^5}{2\pi.1,5.10^{23}} \cong 3.10^{-19}\ Hz \tag{4.9}$$

olarak bulunur.

ÜÇÜNCÜSÜ:

Eğer, evrendeki çok uzak bir ışık kaynağından, örneğin bir kuasardan gelen elektromanyetik radyasyon tayfını incelersek, bu cisimlerin tekillik noktaları civarında topaklanmış olan çok büyük miktarlarda kütle içerdiklerini ve merkezlerindeki bu tekillik noktalarının benzeri kuasarlarla birleşmesi sonucunda çok daha büyük, hatta evrendeki tüm madde içeriğini yutabilecek çapta karadeliklerin oluşabileceğini öngörebiliriz. İşte oluşacak bu nevî karadeliklerin çekimci gücü tüm evren hacmini kapsar ve evrenin sonunu, yani kıyameti getirebilir. Eğer, bu tip kuasar birleşmeleri gözlemlenebilirse, evrenin ilk yaratılış dönemlerinden kalmış olan bu tekillik noktalarının nihâi bir çöküşle tüm evreni içerisine çekerek çökertebileceği ispatlanmış olur. Bu dev karadeliklerin yaydıkları kütleçekim dalgasına ait tayf analizleri, bizlere evrenin başlangıç anındaki kritik kütle yoğunluğu ve kütleçekimsel yük yoğunluklarının hesaplanmasında da ipuçları verebilir. Ayrıca, yukarıda değindiğimiz dördüncü tip karadelik sınıfına düşen bu tekillikler için kütle ve yoğunluk değerlerini yerine koyarak eğrilik yarıçapları da hesaplanabilir. Fakat, genel olarak az önce de değindiğimiz gibi, kabaca bu tip bir hesaplamanın sonucunda elde edeceğimiz sonuç, yaklaşık olarak evrenin yarıçapına eşit olacaktır ki, bu da bizi evrensel karadelik teoreminin aşağıda verilen en önemli sonucuna götürecektir.

DÖRDÜNCÜSÜ:

Eğer, tüm evreni eşmerkezli ve çok düzgün bir küre olarak kabul edersek evrenin yaklaşık yarıçapını, $v_{kaçma} = r_{evren} H(t)$ denkleminden bulabiliriz. Eğer buradaki kaçış hızı, kuasarlar için yaklaşık olarak ışık hızına eşitse, bu durumda;

$$v_{kaçma} \cong c \quad \Rightarrow c \cong rH(t)$$

$$\Rightarrow \lim_{v_{kaçma} \to c} \left(\frac{1}{H(t)} \right) \Rightarrow \frac{r_{evren}}{c} \cong t_{evren} \qquad (4.10)$$

olarak alınabilir ve bu durumda Hubble sabiti zaman birimi olarak evrenin yaşını belirler.

Eğer, evrenin **15 milyar yıl** yaşında olduğunu varsayarsak, evrenin yarıçapı;

$r_{evren} \cong 5.10^{17}.3.10^{5} \cong 1{,}5.10^{23}\ km$ olarak bulunur. Benzer hesaplamayı Samanyolu galaksisi için yaparsak; $r_{samanyolu} \cong 7.10^{15}\ km$ veya ***700 Işık Yılı*** veya ***200 Parsek*** olarak bulunur. Yine benzer bir yaklaşımla, r_G evrenin statik yarıçapı, m_0 durgun kütlesi ve $\aleph$ evrenin zamana bağlı genişlemesiyle değişen izafi yarıçapı olmak üzere;

$$m_u = m_0 = \sqrt{\frac{\hbar c}{G}}, \quad \alpha_G = r_G = \frac{G m_0}{c^2},$$

$$m_U \ddot{\aleph} + \frac{m_U c^2}{r_G^2} \aleph = m_U \ddot{\aleph} + \frac{m_U c^2}{\left(\dfrac{G m_U}{c^2}\right)^2} \aleph = 0 \qquad (4.11)$$

İkinci dereceden diferansiyel kütleçekim alan denklemini çözersek, bu durumda evrenin yarıçapı;

$$r_0 = \frac{m_U}{Q} = \frac{m_U}{\dfrac{c^3}{4\pi G}} = \frac{2\times 10^{54} kg}{\left(\dfrac{c^3}{4\pi G}\right)} \qquad (4.12)$$

$$= 1{,}97 \times 10^{12}\ Iş.\ yıl$$

olarak bulunur.

Ayrıca, evrenin genişlemesini ifade eden;

$$\aleph = \left(r_G + \frac{m_U c}{Q} \right) - \frac{m_U c}{Q} \cos\left(\frac{2\pi t}{\frac{2\pi r_G}{c}} \right) =$$

$$\left(\frac{2Gm_U}{c^2} + \frac{m_U c}{\left(\frac{c^3}{4\pi G} \right)} \right) - \frac{m_U c}{\frac{c^3}{4\pi G}} \cos\left(\frac{2\pi t}{\frac{2\pi G m_U}{c^3}} \right)$$

(4.13)

Diferansiyel denkleminden de Hubble sabiti;

$$H = \frac{\dot{\aleph}}{t(Mpc)} = \frac{4\pi c \times 10^{-3} \sin\left(\frac{2\pi t}{\frac{2\pi G m_U}{c^3}} \right) \frac{km}{sn}}{t(Mpc)} \Rightarrow$$

$$H_0 = 76{,}8 \ \frac{km}{sn.Mpc}$$

(4.14)

olarak bulunur. Yapılan ölçümlerde ise, Hubble sabitinin yaklaşık olarak $H_0 = 80 \pm 17 \ \frac{km}{sn.Mpc}$ olduğu ortaya konulmuştur.

Kütleçekim alan denklemlerinde, evrenin kozmik yoğunluğu ise;

$$\rho_U(t) = \frac{m_U(t)}{V(t)} = \frac{m_U(t)}{\frac{4}{3}\pi\aleph(t)^3}$$

$$= \frac{\frac{m_U}{2}\left(1+\cos\left(\frac{2\pi t}{\frac{2\pi G m_U}{c^3}}\right)\right)}{\frac{4}{3}\pi\left(\left(\frac{2Gm_U}{c^2}+\frac{\frac{m_U c}{c^3}}{4\pi G}\right)-\frac{\frac{m_U c}{c^3}}{4\pi G}\cos\left(\frac{2\pi t}{\frac{2\pi G m_U}{c^3}}\right)\right)^3} \Rightarrow$$

$$\rho_U = 1{,}7\times 10^{-32}\ \frac{g}{cm^3}$$

(4.15)

olarak bulunur ki, bu da gösteriyor ki, çoğunluğu boşluk olan evrendeki toplam madde miktarı evrenin toplam yoğunluğunu havayla yaklaşık aynı değere getirmektedir.

Evrenin sahip olduğu toplam sıcaklık ise, Stefan-Boltzman yasasına göre;

$$T_U(t) = \left(\frac{1}{1 + \frac{Gm_U(t)}{c^2 \aleph(t)}} \right) \left[\frac{R_U(t)}{e\sigma} \right]^{\frac{1}{4}}$$

$$= \left(\frac{1}{1 + \frac{Gm_U(t)}{c^2 \aleph(t)}} \right) \left[\frac{\frac{P_U(t)}{4\pi \aleph(t)^2}}{e\sigma} \right]^{\frac{1}{4}} \quad (4.16)$$

olarak yaklaşık $T_U = 2{,}7\ K$ değerindedir.

Şimdi, tüm bu elde ettiğimiz tüm bu önemli sonuçları birleştirelim ve evrenin kozmik yoğunluğu ile kritik yoğunluğunu karşılaştırarak, evrenin yapısı hakkında genel bir yorumlama yapalım. İlk önce, buradan şöyle bir sonuç çıkarabiliriz ki, tüm bu parametrik yasalar birbiriyle ve alan denklemleriyle bağlantılı bir şekilde bulunmaktadır. Söz gelimi, evrenin ilk genişlemesi anlarında tüm parametrik fiziksel değişkenleri alan denklemlerinden elde edebileceğimizi gösterir ki, bu da bize evrenin ilk anlarında tek bir birleşik alan denkleminden tüm bu değişken parametrelerin elde edilebileceğini ve evrenin daha sonraki soğuma sürecine ilişkin tüm durumların kestirilebileceğini matematiksel olarak öngörür.

Bildiğimiz gibi evren genişlemektedir ve en sonunda bu genişlemenin durması ve bunu bir büzülmenin ve ardından içerisine çökmesinin bir sınır şartı vardır. Evrenin içerdiği kozmik kütle ile kritik kütle arasında belirli bir denge vardır ve genişleyen bir evrende bu dengeyi sağlayan tek etken kütleçekim kuvvetidir. Eğer kütleçekimiyle genişleme miktarı arasında aşırı bir fark oluşursa, evren bir dengesizlik ve kararsızlığa doğru sürüklenir. İşte kozmik kütle ile kritik kütle arasındaki bir sınır koşul, evrenin bu denge yapısını etkiler. Eğer, kozmik kütle kritik kütleden büyük olursa evren, sürekli genişleyemeyecek ve bir noktadan sonra çöküşe geçerek kapalı ve sonlu bir yapı sergileyecektir. Yok eğer, kritik kütle, kozmik kütleden büyükse bu durumda da evren açık ve sonsuz olacak ve sonsuza kadar genişlemesine devam edecektir.

İşte, bu sınır koşulunu analiz etmek için basit bir matematiksel hesap yapalım ve kozmik kütle ile kritik kütleyi karşılaştırarak evrenin bu iki durumdan hangisine uyduğunu tespit edelim. Az önce elde ettiğimiz gibi;

$$M_{kozmik} \cong \frac{3H^2(t)}{8\pi G\rho_{kozmik}} r^3(t)$$ ve (4.17)

$$M_{kritik} \cong \frac{3r^3(t)}{4\pi G\rho_{kritik}}$$ idi. (4.18)

Şimdi bu iki kütle yoğunluğunu karşılaştırırsak;

$$M_{kozmik} \cong \frac{3H^2(t)r^3(t)}{8\pi G\rho_{kozmik}} \overset{?}{\geq}$$ (4.19)

$$M_{kritik} \cong \frac{3r^3(t)}{4\pi G\rho_{kritik}}$$ (4.20)

$$\Omega = \frac{\rho_{kozmik}}{\rho_{kritik}} \overset{\forall}{\rangle} \frac{H^2(t)}{2} \equiv \frac{\omega^2(r)}{2} \quad \left(1 \langle k \langle \sqrt{2}\right)$$ (4.21)

"FRİDMANN-DE SİTTER-LEMAİTRE" KAPALI VE SONLU EVREN TEOREMİ

olarak bulunur. Bu bulduğumuz sonuç çok ilginçtir. Zira H(t) ne olursa olsun, ister negatif isterse pozitif, $H(t)\rangle\sqrt{2}$ olması durumunda daima kozmik yoğunluk kritik yoğunluktan büyük olacaktır. Bu durumda evren kapalı ve sonlu olup mutlaka içerisine çökmek zorundadır. Bununla birlikte, evren sürekli genişlediğine göre, $H(t)\langle\sqrt{2}$ olamayacağı için 5-Boyutlu eğrilik tansörü sabiti; $k = r_0^2\omega^2(r)\rangle 1$ olur ve bu durumda evren mutlaka kapalı ve sonlu olmak zorundadır. Dolayısıyla evren şu anda, bu iki sınır koşul arasında dengede tutularak ne içeri çökmekte ve ne de sonsuza kadar genişlemektedir. Dolayısıyla bu durumda evren, $1\langle k\langle\sqrt{2}$ değerleri arasında biraz genişleyip daha sonra da içerisine çekilerek ve aynen bir kalp atışında olduğu gibi zonklamalar şeklindeki sinüzoidal bir yüzey genişlemesi ve daralması şeklindeki devinimlerle ayakta durmaktadır. Bu durumda eğer *k* sabiti, $\sqrt{2}$'den büyük bir değere ulaşırsa, yani evrendeki kütleçekim potansiyel enerjisi genişleme kinetik enerjisine baskın gelirse, evren çöküşe geçmeye başlayacaktır.

Gerçekten de başta evren yüzeyi için tanımladığımız;

$$f\left(\vec{g}(r,t)\right) = mr_0^2 e^{\frac{GMR(t)H(t)}{r(t)}}$$

şeklinde bir fonksiyona göre değişen üstel bir ifade içerdiğini düşündüğümüzde, kütle yoğunluğuna ilişkin elde ettiğimiz bu orantı sonucunun akla yatkın olduğunu düşünebiliriz. Eğer evrenin kozmik yoğunluğu bu sınır değere ulaşırsa, evreni içerisine çökertebilecek bir karadelik birleşmesi mekanizmasını tetikleyebilir ve böyle bir sonuç da evrenin sonu anlamına gelir. Eğer evrenin genişleme hızını belirleyen H(t) Hubble sabiti, çok hızlı bir üstel artışa ulaşırsa $v_{kaçış}=H(t)R(t)$ bağıntısına göre;

$$H(t) = \frac{v_{kaçma}}{R(t)}$$

olacağı için, evren yüzeyindeki kuasarlardan oluşan galaksilerin uzaklaşma hızındaki büyük bir üstel artış meydana gelir (Örneğin, ışık hızı sınırına gelinmesi gibi) ve tüm evrendeki kozmik madde yoğunluğunun çok büyük bir değere ulaşmasına neden olur ve böylesine büyük bir değere (∞'a yakın bir değer) ulaşan çok yoğun bir madde topaklanması da evrenin merkezinde yer alan ve çok büyük bir çekim gücüne sahip olan dev bir karadelik mekanizması oluşturabilir ve bu durumda tüm evren bu tekillik noktasına doğru çökerek tamamen yok olabilir. Dolayısıyla evrenin kaderiyle ilgili her şey, uzak galaksilerdeki kuasar dediğimiz çok büyük kütleli galaksilerin frekans spektrumlarındaki kırmızıya kayma miktarının aşırı bir artış gösterip göstermediğine bağlıdır. Eğer bu galaksilerin $v_{kaçış}$ hızları, ışık hızı sınırına ulaşırsa evrenin kendi oluşturduğu dev bir tekillik noktasına çökmesi an meselesi olacaktır. Dolayısıyla evren yüzeyindeki üstel bir ivmeye sahip bir kaçış hızı herhangi bir Δt süresi içerisinde ışık hızı sınırına ulaşırsa;

$$v_{kaçma} = H(t)R(t) \quad \Rightarrow$$

$$f\left(\vec{g}(r,t)\right) = \oint_{S_{evren}} m r_0^2 e^{\frac{GMH(t)R(t)}{r(t)}} dt \qquad (4.22)$$

İntegral denkleminin ışık hızı limitindeki göreli ifadesine göre aşağıdaki gibi olur;

$$\lim_{v_{kaçma} \to c} \left(f(\vec{g}(r,t)) = \frac{m r_0^2 G M_{evren} c^2}{r^2(t)\sqrt{1 - \frac{v_{kaçma}^2}{c^2}}} . \Delta t \right) \qquad (4.23)$$

$$\Rightarrow f\left(\vec{g}(r,t)\right)=\frac{mr_0^2 GM_{evren}}{0}\underbrace{\left(\frac{c}{r(t)}\right)}_{H^2(t)=\omega^2(r)}{}^2 .\Delta t=\infty$$

EVRENSEL KARADELİK TEOREMİ

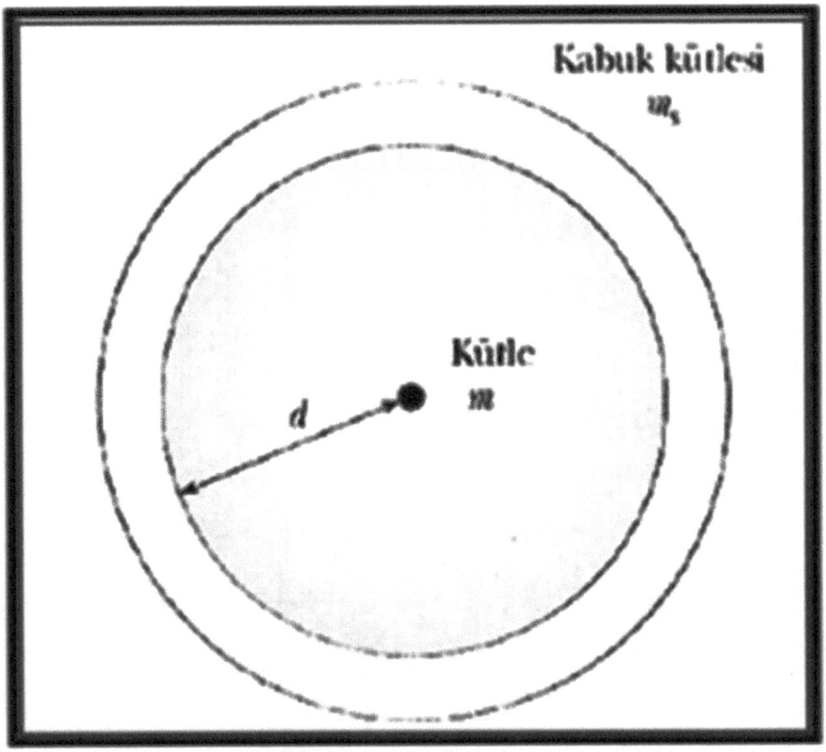

Figure 5: Evren, bir gözlemcinin çevresinde yer alan ve sürekli genişlemekte olan iç içe geçmiş kabuklar şeklinde yorumlanabilir.

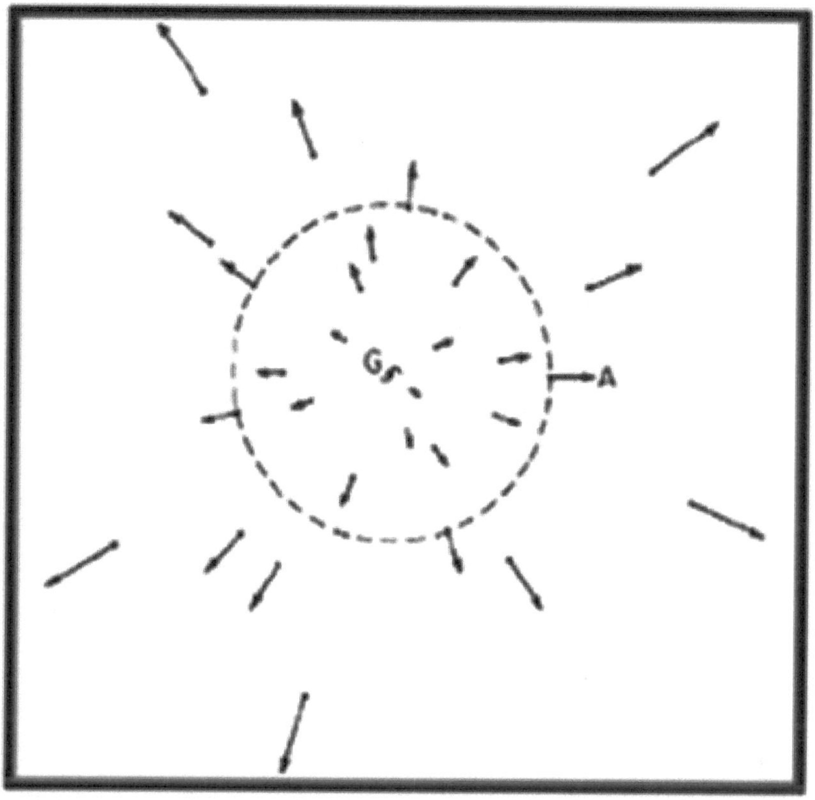

Figure 6: (Yandaki şekil) Birkhoff Teoremine göre evrenin genişlemesi: Birkaç gökada, verilen bir G gökadasına göre şekilde görüldüğü gibi bağıl hızlarla hareket etsinler. Bu hız dağılımı oklarla gösterilmiştir. Hubble yasasına uygun olarak, bu hızlar G'den olan uzaklıkla orantılı olarak artar. Birkhoff Teoremine göre, bir A gökadasının G'ye göre hareketini hesaplamak için, yalnız G çevresinde ve A'dan geçen kesikli çizgiyle sınırlı kürenin içindeki maddeyi hesaba katmak yeterlidir. Eğer A, G'den aşırı derecede uzak değilse, küre içindeki maddenin kütleçekim alanı sistemin ortalama kütleçekim alanına eşit olacaktır. Bu durumda A'nın hareketi, Newton Mekaniğinin kuralları ile hesaplanabilir.

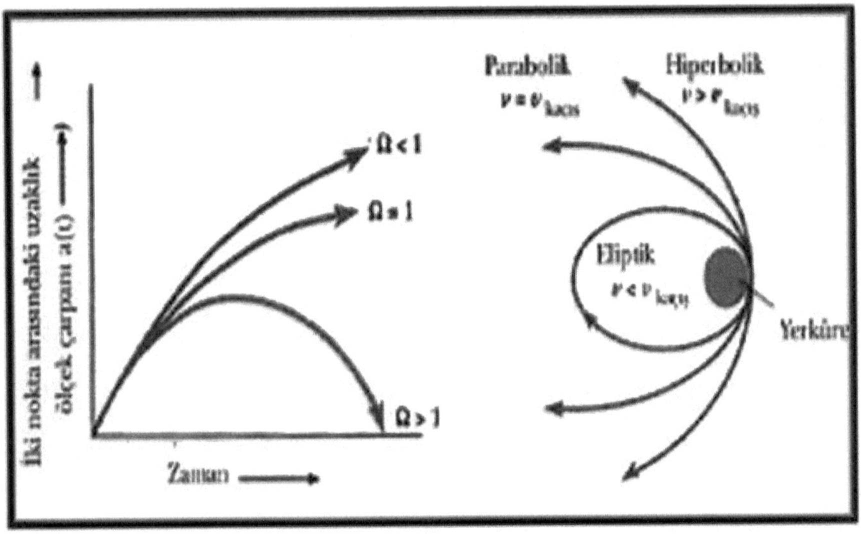

Figure 7: Dünyadan fırlatılan bir roketin geleceği nasıl ilk fırlatma hızına bağlıysa, evrenin geleceği de gerçek yoğunluğu olan kozmik yoğunluğunun kritik yoğunluğuna oranını belirleyen Ω sabitine bağlıdır.

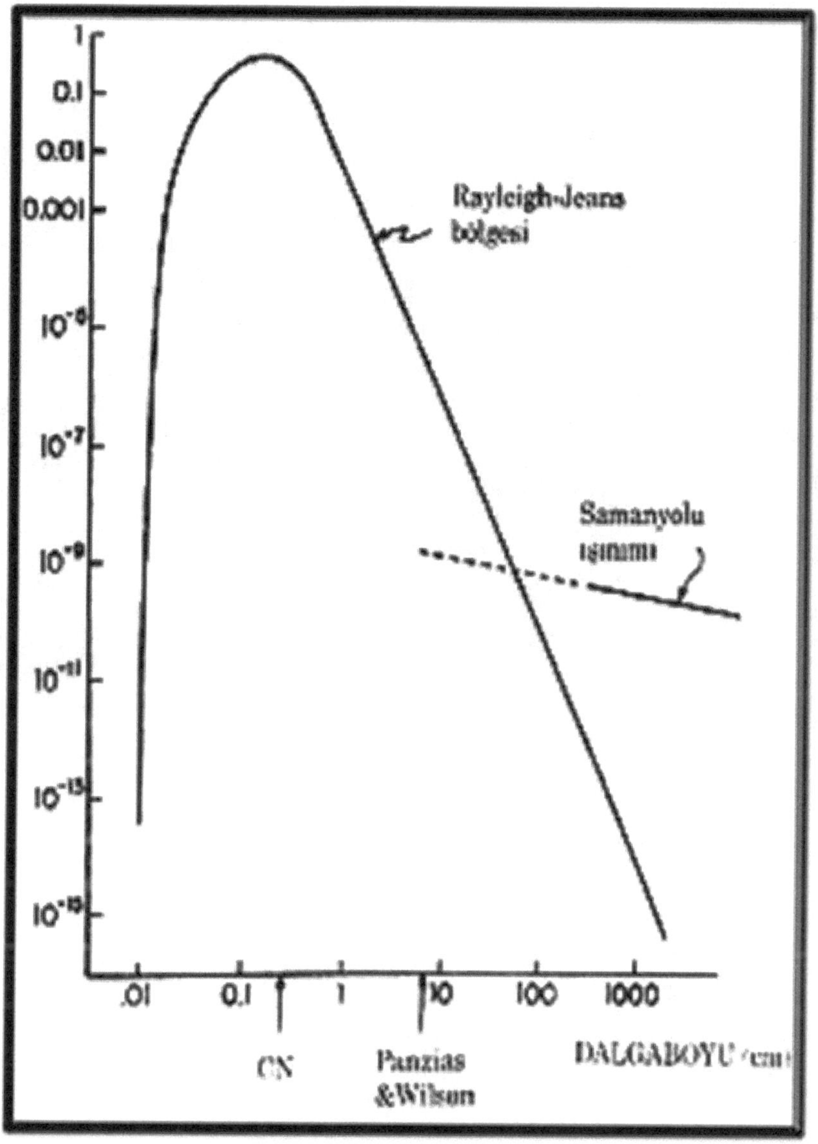

Figure 8: (Üstteki grafik) Planck dağılımı grafiği: Galaksilerin oluşma bölgesini belirleyen bu eğrinin sınırladığı alan, Rayleigh-Jeans bölgesi olarak adlandırılır ve kütlesi kritik yoğunluktan büyük olan galaksilerin oluşması için gerekli minimum kütle yoğunluğunun miktarını belirler. Evrendeki boşluk enerjisi ve madde yoğunluğu, uzak süpernovalardan, kozmik mikrodalga fon radyasyonundan ve maddenin evrendeki dağılımından elde edilen astronomik gözlemlerle, oldukça iyi bir şekilde tahmin edilebilir ve elde edilen bu sonuçlar üzerinden yapılan hesaplamalarla evrenin kritik yoğunluğu ve kozmik yoğunluğu arasındaki ilişki yaklaşık olarak belirlenebilir.

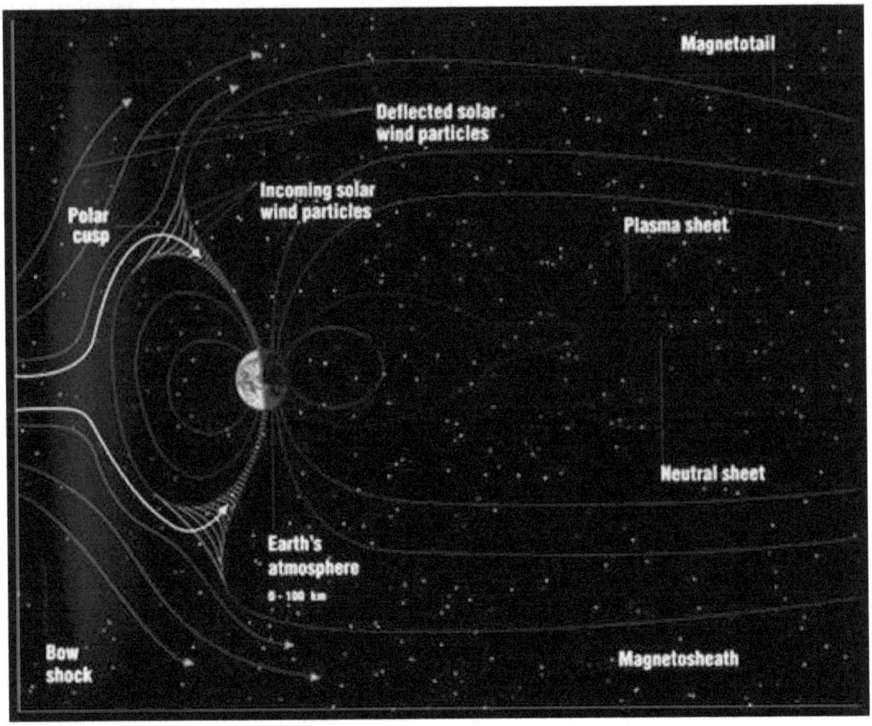

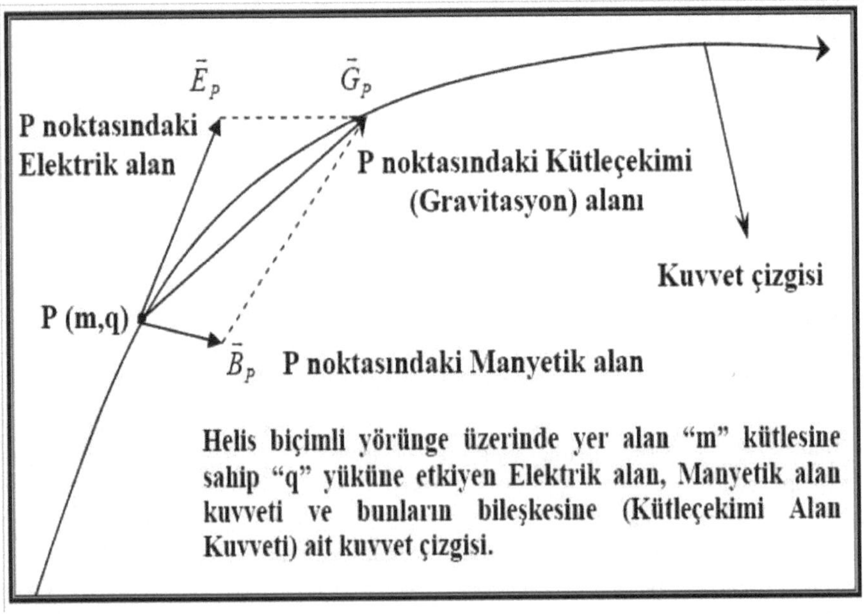

Figure 9: Dünyanın elektromanyetik kütleçekim alanı aslında, çekirdek merkezine doğru helezonik bir yapı izleyerek çekim mekanizmasını oluşturur. Yukarıdaki iki şekilde de net olarak uzaydan görüldüğü gibi, yatay elipsoid ailesi elektrik alanı temsil ederken, düşey çizgi aileleri manyetik

alanı temsil eder ve ikisinin helezonik birleşimi elektromanyetik kütleçekim dalgalarını meydana getirir. Üstteki, birleşik alana ait kuvvet alanı çizgileriyle ifade edildiğinde, bu elektromanyetik alan çizgileri aslında kütleçekimsel elektromanyetik yapıda, birleşik olan ve dünyanın merkezi tekilliğinden itibaren uzaya yayılarak spiral yapıda yönlenen alan çizgilerinin devamıdır.

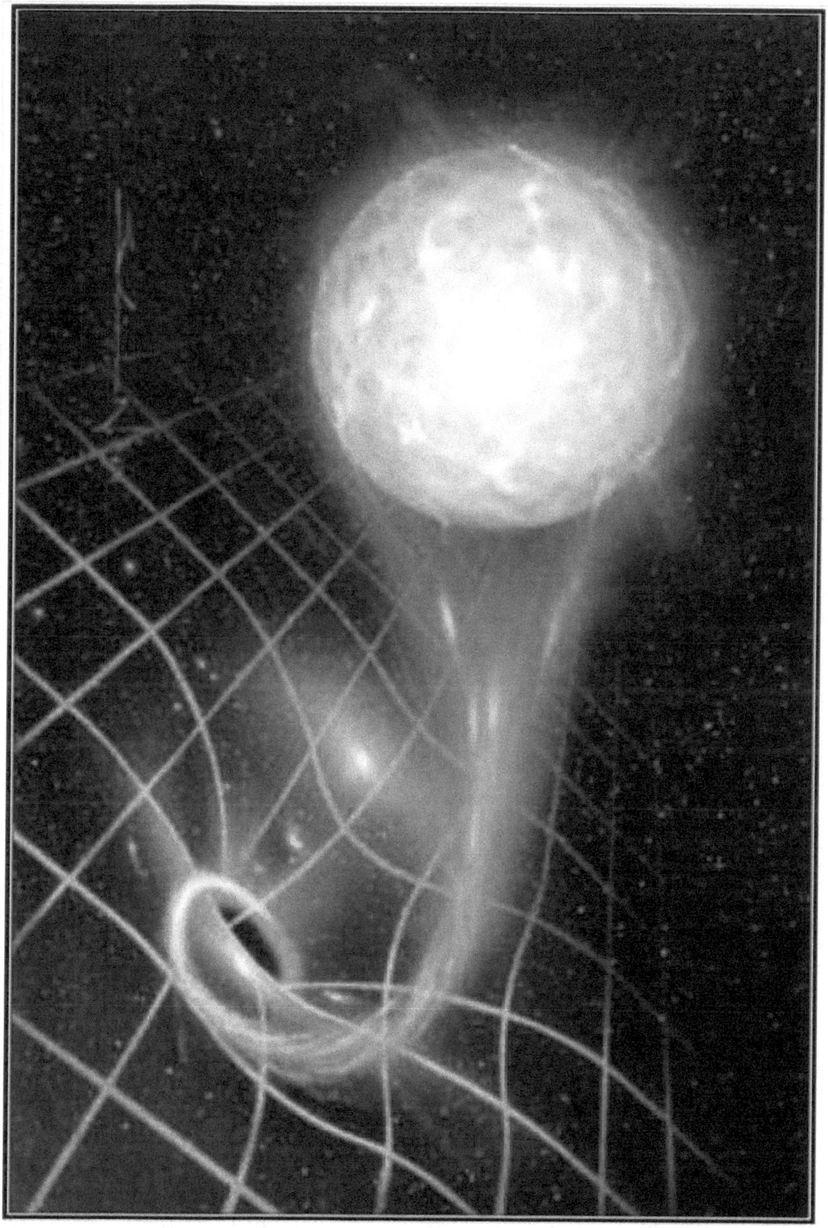

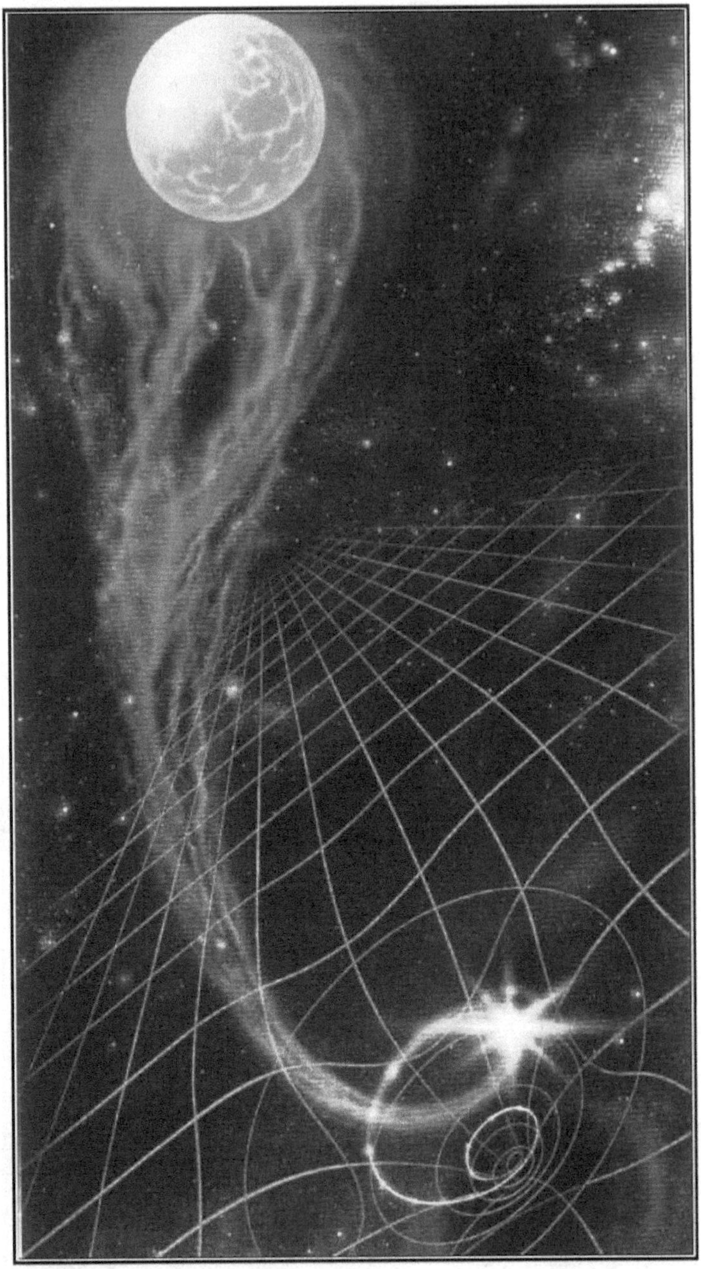

Figure 10: BİRLEŞİK ALAN KURAMININ OLUŞTURUL-MASINDA KULLANDIĞIM, İLK HAYALİ ÇİZİM VE DÜŞÜNCE DENEYİ'NİN FANTASTİK BİR RESMİ:

GENEL GÖRELİLİK İLE BU KURAMDA ELE ALINAN UZAY-ZAMAN GEOMETRİSİ FARKINI FELSEFİ OLARAK ANLATAN TASLAK BİR ÇİZİM {Ukray, 2000}

* Genel Göreliliğe göre, çok yoğun kütleli cisimler, uzay-zamanı eğerek Parabolik çukur ve tümsekler meydana getirir (soldaki resim).

** Birleşik alan teorisine göre ise, uzay-zamanın bu eğriliğinin gerçek sebebi kütleçekim alanının Helezonik yapısından kaynaklanır ve uzay-zamanın her bölgesi, bir üst boyuttaki (5. boyut) merkezinde çok ağır kütleli bir manyetik monopol mekanizması ağının yer aldığı karadelik tekillikleri tarafından kuşatılmıştır (sağdaki resim).

* * * * *

Kuramımızı burada noktalarken; Doğadaki Birleşik Alan yapısının varlığına ilişkin şu ALTI kutsal metinle sonlandırmak istiyorum. Bu BÜYÜK birleştirme çabaları adına; bunların üçü DOĞU dünyasından, üçü de BATI dünyasından seçilmiştir:

- **TANRI, her şeyi ölçüyle yaratmıştır: Ağırlık, Sayı ve Uzunluk.**
  {Sir Isaac NEWTON}

- **"İlim Çin'de de olsa, O'nu alınız."**
  {MUHAMMED} {İslam peygamberi}

- **Çağlar boyunca, insanlar Tanrı'nın krallığını yerde ve gökyüzünde aradılar, onu en büyük yerlerde zannettiler; fakat yanıldılar, çünkü o aslında en küçük zannedilen şeyin içerisinde saklıydı.. {K. M. UKRAY}**

- "וַיֹּאמֶר אֱלֹהִים, יְהִי אוֹר; וַיְהִי-אוֹר"

  "και είπεν ο Θεός γενηθήτω φως και εγένετο φως"

  "Tanrı ışık olsun dedi ve ışık oldu."

  {Kitatab-ı mukaddes, Yaratılış-3}

- **"Karanlıkta olup da, aydınlığa (ışığa) çıkmayacak hiçbir şey yoktur.."**

{İSA, İncil}

- **TANRI, (Başlangıçta) *göklerle* yer, birbiriyle bitişik iken (Big Bang anında, -Birleşik Alan Kuvveti- hakimken), onları ayırdı (Simetri Kırılması -4 Kuvvetin ayrılması-) ve her canlı şeyi sudan (Tekil HİDROJEN Atomundan) yarattı.**

{KUR'AN, Enbiya-30. Ayet}

"TEORİNİN SONU"

~ END OF THE THEORY ~

KİTABIN ÖNCEKİ VERSİYONU OLAN, İÇİNDE FİZİK TERİMLERİ SÖZLÜĞÜ, 100 SORULUK BİR BİRLEŞİK ALAN KURAMI DENEME TESTİ VE PEK ÇOK UZAY-ZAMAN GRAFİKLERİ OLAN:

BİRLEŞİK ALAN TEORİSİ-II

KİTABIMA BURADAN ÜCRETSİZ ULAŞABİLİRSİNİZ

https://drive.google.com/drive/folders/16MbQagrTP0kT6KFtlKAwsheSlnQ13oKT

EK-I UZAY-ZAMAN GRAFİĞİ-I DÜNYA VE ATMOSFER

(5-BOYUTLU UZAY-ZAMAN)

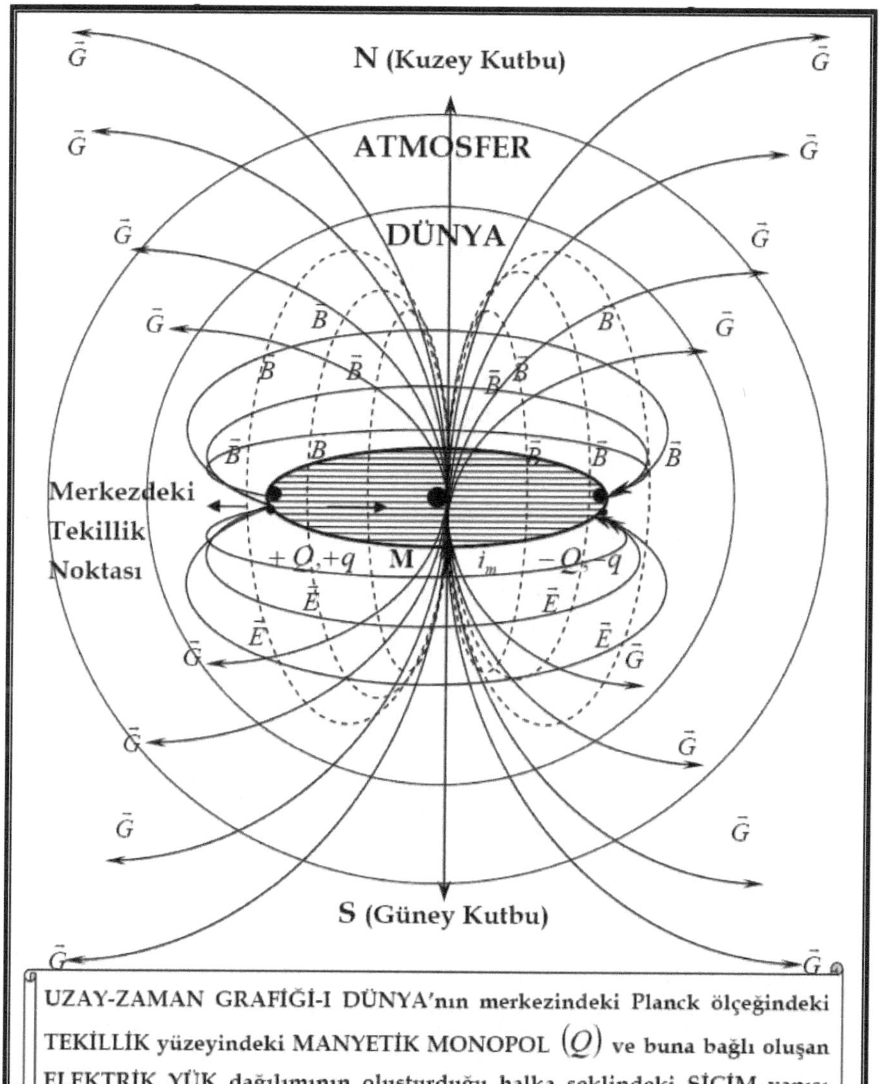

UZAY-ZAMAN GRAFİĞİ-I DÜNYA'nın merkezindeki Planck ölçeğindeki TEKİLLİK yüzeyindeki MANYETİK MONOPOL (Q) ve buna bağlı oluşan ELEKTRİK YÜK dağılımının oluşturduğu halka şeklindeki SİCİM yapısı üzerindeki YÜZEY AKIMI ve bunun oluşturduğu MANYETİK ALAN ($\vec{B}$), ELEKTRİK ALAN ($\vec{E}$) ve KÜTLEÇEKİM ALANI ($\vec{G}$) çizgilerinin değişimi.

EK-II UZAY-ZAMAN GRAFİĞİ-II DÜNYA MERKEZLİ PARALEL EVRENLER MODELİ, ARŞ-I AZAM VE KÜRSÎ

(11-BOYUTLU UZAY-ZAMAN)

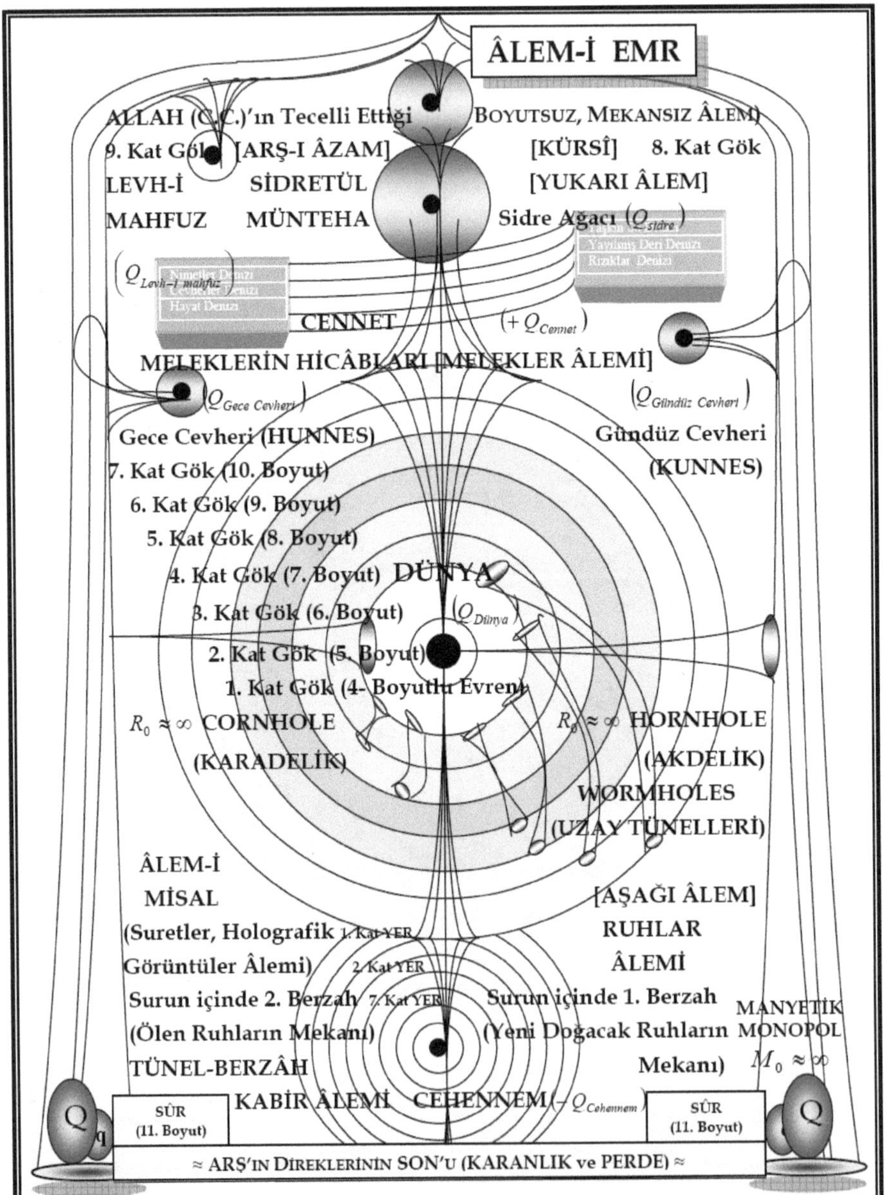

MATEMATİKSEL EK-I:

TEORİNİN MATEMATİKSEL TEMELLERİ

VEKTÖR CEBİRİ

Bir önceki kısımda ele alınan vektörler herhangi bir koordinat sistemine gerek duyulmaksızın yazılmıştı. Oysa pratikte, bir x,y,z kartezyen (dik) koordinat sistemi seçilip vektörler bileşenleriyle yazılır. Aşağıdaki şekilde gösterildiği gibi, x,y,z- eksenlerine paralel birim vektörler sırasıyla $\hat{i}, \hat{j}$ ve $\hat{k}$ olsun. Herhangi bir $\vec{A}$ vektörü bu bileşenler cinsinden şöyle ifade edilebilir:

$$\vec{A} = A_x\hat{i} + A_y\hat{j} + A_z\hat{k}$$

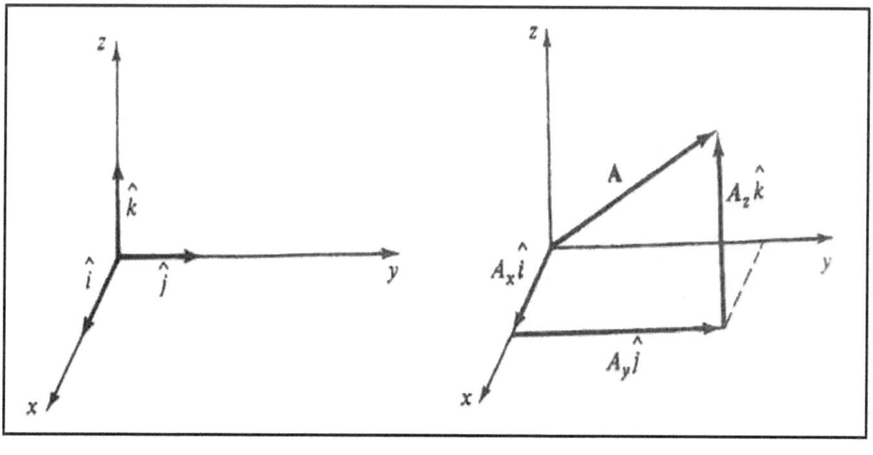

Figure 11: Kartezyen koordinat sisteminde bileşenleri cinsinden bir vektörün gösterilimi.

A_x, A_y ve A_z sayılarına $\vec{A}$ vektörünün bileşenleri denir. Geometrik yoruma göre bileşenler, vektörün her üç koordinat ekseni doğrultusundaki izdüşümleri olurlar. Şimdi, daha önce tanımlanan toplama ve çarpım işlemlerini bu bileşenler cinsinden yazarsak:

i)
$$\begin{aligned}\vec{A}+\vec{B} &= (A_x\hat{i}+A_y\hat{j}+A_z\hat{k})+(B_x\hat{i}+B_y\hat{j}+B_z\hat{k}) \\ &= (A_x+B_x)\hat{i}+(A_y+B_y)\hat{j}+(A_z+B_z)\hat{k}\end{aligned}$$

ii)
$$\begin{aligned}\alpha\vec{A} &= \alpha(A_x\hat{i}+A_y\hat{j}+A_z\hat{k}) \\ &= (\alpha A_x)\hat{i}+(\alpha A_y)\hat{j}+(\alpha A_z)\hat{k}\end{aligned}$$

iii)
$$\begin{aligned}\vec{A}.\vec{B} &= (A_x\hat{i}+A_y\hat{j}+A_z\hat{k}).(B_x\hat{i}+B_y\hat{j}+B_z\hat{k}) \\ &= A_x.B_x+A_y.B_y+A_z.B_z\end{aligned}$$

iv)
$$\vec{A}\times\vec{B} = \begin{vmatrix}\hat{i} & \hat{j} & \hat{k} \\ A_x & A_y & A_z \\ B_x & B_y & B_z\end{vmatrix} =$$

$$(A_xB_z - A_zB_y)\hat{i}+(A_zB_x - A_xB_z)\hat{j}+(A_xB_y - A_yB_x)\hat{k}$$

şeklinde hesaplanabilir.

VEKTÖRLERDE KOORDİNAT DÖNÜŞÜMÜ

Bir sistemdeki vektör bileşenlerini diğer sistemdekine dönüştürmenin belirli kuralları vardır. Örneğin x,y,z sistemine göre, ortak x = x′ ekseni etrafında Φ açısıyla döndürülmüş olan bir x′, y′, z′ sistemi düşünelim. Aşağıdaki şekle göre, yz-düzlemindeki bir $\vec{A}$ vektörünün x, y, z sistemindeki bileşenleri:

$A_y = A\cos\theta$, $A_z = A\sin\theta$ olur.

Diğer x′, y′, z′ sisteminde ise;

$A'_y = A\cos\theta' = A\cos(\theta-\Phi)$

$= A\cos(\cos\theta\cos\Phi+\sin\theta\sin\Phi)=\cos\Phi A_y+\sin\Phi A_z$

$A'_z = A\sin\theta' = A\sin(\theta-\Phi)=A\cos(\sin\theta\cos\Phi-\cos\theta\sin\Phi)$

$=-\sin\Phi A_y+\cos\Phi A_z$

olur.

Bu sonucu matris gösteriminde şöyle ifade edebiliriz:

$$\begin{pmatrix} A'_y \\ A'_z \end{pmatrix} = \begin{pmatrix} \cos\Phi & \sin\Phi \\ -\sin\Phi & \cos\Phi \end{pmatrix} \begin{pmatrix} A_y \\ A_z \end{pmatrix}$$

Daha genel olarak, üç boyutta herhangi bir eksen etrafında dönmenin dönüşüm ifadesi:

$$\begin{pmatrix} A_x' \\ A_y' \\ A_z' \end{pmatrix} = \begin{pmatrix} R_{xx} & R_{xy} & R_{xz} \\ R_{yx} & R_{yy} & R_{yz} \\ R_{zx} & R_{zy} & R_{zz} \end{pmatrix} \begin{pmatrix} A_x \\ A_y \\ A_z \end{pmatrix}$$

şeklinde olur. Veya daha kısa olarak yazmak istersek:

$$A_i' = \sum_{j=1}^{3} R_{ij} A_j$$ olur.

Burada 1,2,3 indisleri sırasıyla x,y,z yerine geçer.

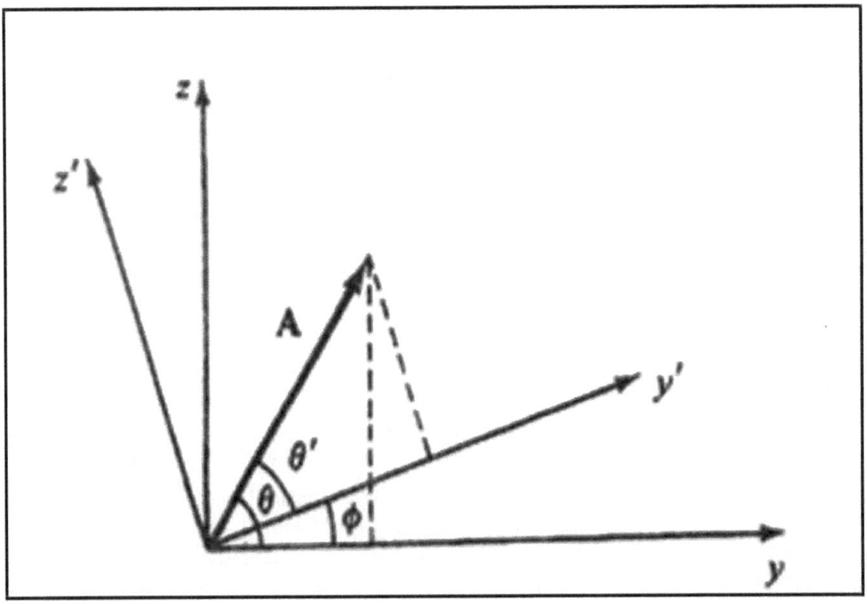

Figure 12: Farklı iki koordinat sisteminin dönüşümü.

EĞRİSEL KOORDİNATLARDA VEKTÖR HESABI

Bu kısımda, vektör diferansiyel hesabının üç temel toreminin ispatı verilecektir. Eğrisel (u,v,w) koordinatlarında *Gradyan*, *Diverjans*, *Rotasyonel* ve *Laplasyenin*, her koordinat sisteminde (Kartezyen, Küresel, Silindirik veya daha başka koordinatlarda) bulunmasına yarayacak ifadeleri çıkaracağız.

NOTASYON

Uzayda bir nokta (u,v,w) koordinatları verilmekle belirtilmiş olsun. Bu, kartezyen koordinatlarda (x,y,z), küresel koordinatlarda (r,θ,Φ), veya silindirik koordinatlarda (r,Φ,z) olabilir. Bu koordinat sisteminin *ortogonal* (dik) olduğunu varsayacağız; yani her bir koordinatın artış yönünde seçilen $\hat{u}, \hat{v}, \hat{w}$ birim vektörleri birbirine dik olacaklardır. Dikkat edilirse, kartezyen koordinatlar dışında birim vektörler *konumun fonksiyonu* olurlar. Verilen bir noktadaki küçük bir yerdeğiştirme vektörü, bu $\hat{u}, \hat{v}, \hat{w}$ birim vektörleri ile (u,v,w) konumundan itibaren küçük (du, dv, dw) artışları cinsinden daima ifade edilebilir:

$$d\vec{l} = f du\hat{u} + g dv\hat{v} + h dw\hat{w}$$

Burada *f, g* ve *h* her koordinat sistemine özgü ve konuma bağlı birer fonksiyondur. Örneğin, kartezyen koordinatlarda *f=g=h=1*, küresel koordinatlarda *f=1, g=r, h=rsinθ* ve silindirik koordinatlarda *f=h=1, g=r* olur. Daha sonra görüleceği gibi, bu üç fonksiyon bir koordinat sistemi hakkında bilmek istediğimiz her şeyi verirler.

KOORDİNAT DÖNÜŞÜMLERİ

Kartezyen koordinatlar sisteminin koordinatları (x, y, z)'yi, ortogonal koordinatlar sistemi (u, v, w)'nın terimleri cinsinden;

$$x = x(u, v, w)$$

$$y = y(u, v, w)$$

$$z = z(u, v, w)$$

şeklinde ifade edebiliriz.

Aşağıdaki şekilde ortogonal koordinat sistemi verilmektedir:

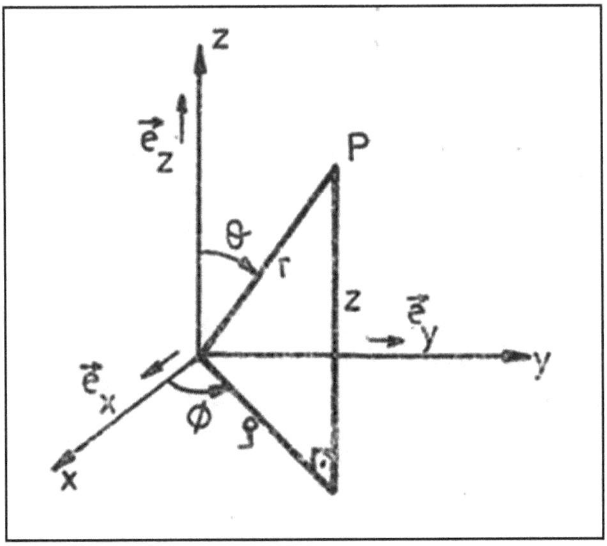

Figure 13: Kartezyen, silindirik ve küresel koordinatlar sistemi

Ortogonal koordinatlar sisteminin metrik katsayıları ve birim vektörlerini hesaplarsak:

Kartezyen koordinatlar sisteminde konum vektörü:

$\vec{r} = x\hat{i} + y\hat{j} + z\hat{k}$ şeklindedir. Ortogonal koordinat sisteminin koordinatları (u, v, w)'nın fonksiyonu olarak konum vektörü:

$\vec{r} = \vec{r}(u, v, w)$ olarak yazılabilir.

Bu durumda metrik katsayılar:

$f=\left\|\frac{\partial\vec{r}}{\partial u}\right\|,\ g=\left\|\frac{\partial\vec{r}}{\partial v}\right\|,\ h=\left\|\frac{\partial\vec{r}}{\partial w}\right\|$ olarak tanımlanabilir.

Bu durumda bir ortogonal sistemin birim vektörleri:

$\hat{u}=\frac{1}{f}\frac{\partial\vec{r}}{\partial u},\ \hat{v}=\frac{1}{g}\frac{\partial\vec{r}}{\partial v},\ \hat{w}=\frac{1}{h}\frac{\partial\vec{r}}{\partial w}$ şeklinde ifade edilebilir.

Dairesel silindirik koordinatlar sisteminde,

x=ρcosΦ, y=ρsinΦ, z=z olmak üzere, konum vektörü:

$\vec{r}=\rho\cos\phi\hat{i}+\rho\sin\phi\hat{j}+z\hat{k}$ olarak ifade edilebilir. Konum vektörünün bu koordinatlar sisteminin, koordinatlarına göre türevleri:

$\frac{\partial\vec{r}}{\partial\rho}=\cos\phi\hat{i}+\sin\phi\hat{j}\quad\frac{\partial\vec{r}}{\partial\phi}=-\rho\sin\phi\hat{i}+\cos\phi\hat{j}$ ve

$$\frac{\partial\vec{r}}{\partial z}=\hat{k}$$

olup, dairesel silindirik koordinatların metrik katsayıları:

$f=\left\|\frac{\partial\vec{r}}{\partial\rho}\right\|=1 \quad g=\left\|\frac{\partial\vec{r}}{\partial\phi}\right\|=\rho \quad h=\left\|\frac{\partial\vec{r}}{\partial z}\right\|=1$ ve kartezyen koordinatlar sisteminin birim vektörleri cinsinden birim vektörleri:

$$\hat{\rho}=\frac{\partial\vec{r}}{\partial\rho}=\cos\phi\hat{i}+\sin\phi\hat{j}$$

$$\hat{\phi}=\frac{1}{\rho}\frac{\partial\vec{r}}{\partial\phi}=-\sin\phi\hat{i}+\cos\phi\hat{j}$$

$\hat{z}=\frac{\partial\vec{r}}{\partial z}=\hat{k}$ şeklinde elde edilebilir.

Küresel koordinat sisteminde;

ρ=rsinθ, z=rcosθ olduğundan,

x = rsinθcosΦ

y = rsinθsinΦ

z = rcosθ'dır.

Bu koordinatlar sisteminde konum vektörü:

$$\vec{r}=r\sin\theta\cos\phi\hat{i}+r\sin\theta\sin\phi\hat{j}+r\cos\theta\hat{k}$$

olarak ifade edilerek, (r, θ, Φ) koordinatlarına göre konum vektörünün kısmî türevleri:

$$\frac{\partial\vec{r}}{\partial r}=\sin\theta\cos\phi\hat{i}+\sin\theta\sin\phi\hat{j}+\cos\theta\hat{k}$$

$$\frac{\partial \vec{r}}{\partial \theta} = r\cos\theta\cos\phi\hat{i} + r\cos\theta\sin\phi\hat{j} - r\sin\theta\hat{k}$$

$$\frac{\partial \vec{r}}{\partial \phi} = -r\sin\theta\sin\phi\hat{i} + r\sin\theta\cos\phi\hat{j}$$

şeklinde bulunur. Küresel koordinatlar sisteminin metrik katsayıları:

$$f = \left\|\frac{\partial \vec{r}}{\partial r}\right\| = 1 \quad g = \left\|\frac{\partial \vec{r}}{\partial \theta}\right\| = r \quad h = \left\|\frac{\partial \vec{r}}{\partial \phi}\right\| = r\sin\theta$$ ve

kartezyen koordinatlar sisteminin birim vektörleri cinsinden, birim vektörleri:

$$\hat{r} = \frac{\partial \vec{r}}{\partial r} = \sin\theta\cos\phi\hat{i} + \sin\theta\sin\phi\hat{j} + \cos\theta\hat{k}$$

$$\hat{\theta} = \frac{1}{r}\frac{\partial \vec{r}}{\partial \theta} = \cos\theta\cos\phi\hat{i} + \cos\theta\sin\phi\hat{j} - \sin\theta\hat{k}$$

$$\hat{\phi} = \frac{1}{r\sin\theta}\frac{\partial \vec{r}}{\partial \phi} = -\sin\phi\hat{i} + \cos\phi\hat{j}$$

şeklinde elde edilir.

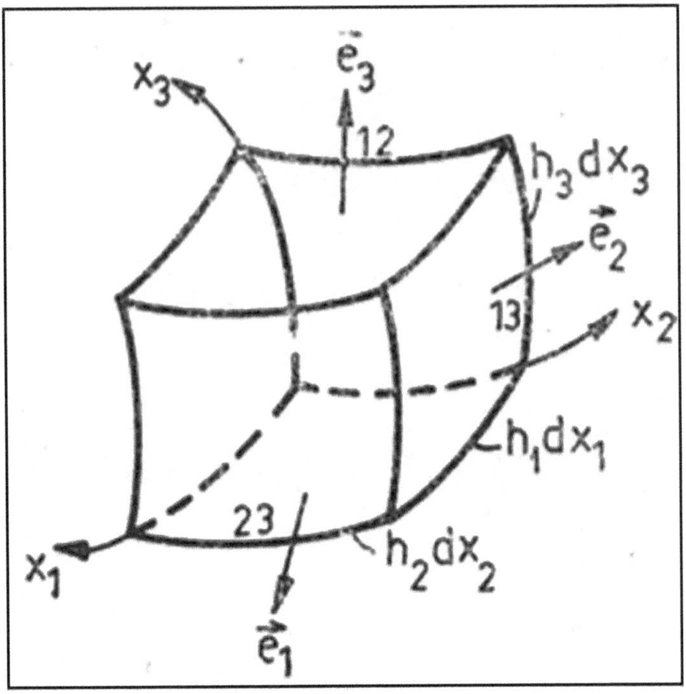

Figure 14: Ortogonal koordinatlar sisteminde hacim elemanı.

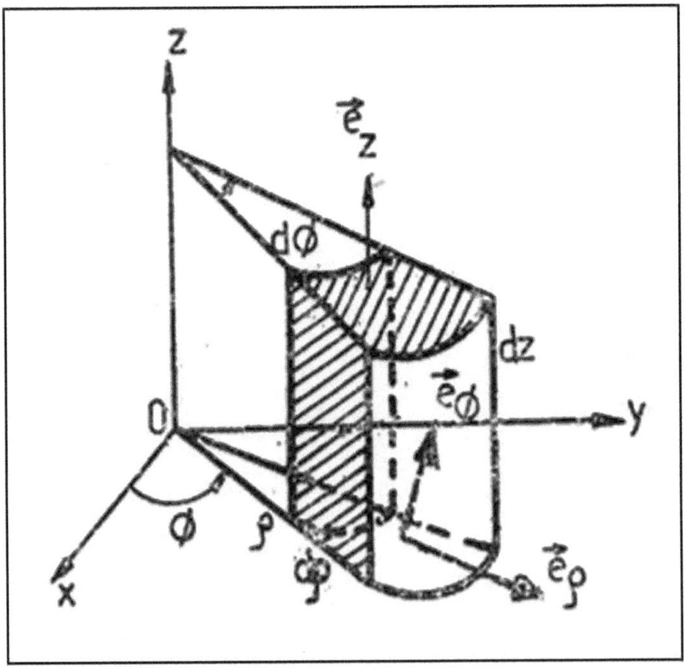

Figure 15: Dairesel silindirik koordinatlar sisteminde hacim elemanı.

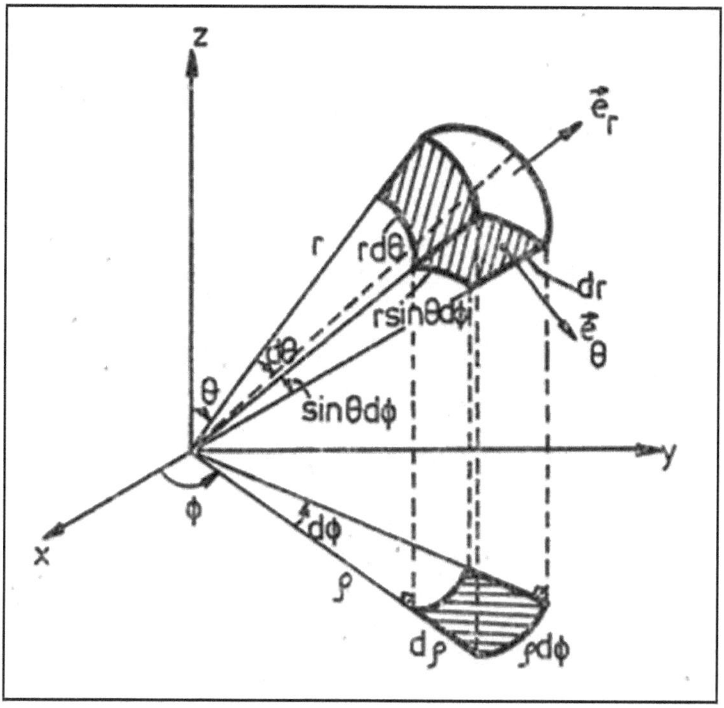

Figure 16: Küresel koordinatlar sisteminde hacim elemanı.

EĞRİSEL KOORDİNATLARDA GRADYAN, Dİ-VERJANS, ROTASYONEL VE LAPLASYEN

GRADYAN

(u, v, w) noktasından (u+du, v+dv, w+dw) noktasına küçük bir diferansiyel yerdeğiştirme sonucu, skaler bir t(u, v, w) fonksiyonundaki artış, zincir kuralına göre:

$$dt = \frac{\partial t}{\partial u} du + \frac{\partial t}{\partial v} dv + \frac{\partial t}{\partial w} dw$$

Bu ifadeyi bir skaler çarpım şeklinde yazabiliriz:

$$dt = \vec{\nabla} t . d\vec{l} = (\vec{\nabla} t)_u f du + (\vec{\nabla} t)_v g dv + (\vec{\nabla} t)_w h dw$$

Bu ifadenin doğru olabilmesi için,

$(\vec{\nabla}t)_u = \dfrac{1}{f}\dfrac{\partial t}{\partial u}$ $(\vec{\nabla}t)_v = \dfrac{1}{g}\dfrac{\partial t}{\partial v}$ $(\vec{\nabla}t)_w = \dfrac{1}{h}\dfrac{\partial t}{\partial w}$ olarak seçilmelidir.

O halde, *skaler t* fonksiyonunun ***gradyanı*** şöyle tanımlanır:

$$\vec{\nabla}t = \frac{1}{f}\frac{\partial t}{\partial u}\hat{u} + \frac{1}{g}\frac{\partial t}{\partial v}\hat{v} + \frac{1}{h}\frac{\partial t}{\partial w}\hat{w}$$

Böylece, istediğimiz koordinat sisteminin *f, g, h* fonksiyonları alınarak kartezyen, küresel ve silindirik koordinatlarda gradyan ifadesini yazabiliriz:

Kartezyen koordinat sisteminde "NABLA" operatörü,

$\vec{\nabla} = \dfrac{\partial}{\partial x}i + \dfrac{\partial}{\partial y}\hat{j} + \dfrac{\partial}{\partial z}\hat{k}$ olarak tanımlanmak üzere üzerine etki ettiği fonksiyon üzerinde tanımlanan bir operatördür. Bu tanımlamaya göre kartezyen koordinatlardaki gradyan ifadesi:

$$\vec{\nabla}t = \frac{\partial t}{\partial x}\hat{i} + \frac{\partial t}{\partial y}\hat{j} + \frac{\partial t}{\partial z}\hat{k}$$

Silindirik koordinatlardaki gradyan ifadesi:

$$\vec{\nabla}t = \frac{\partial t}{\partial r}\hat{r} + \frac{1}{r}\frac{\partial t}{\partial \phi}\hat{\phi} + \frac{\partial t}{\partial z}\hat{z}$$

Küresel koordinatlardaki gradyan ifadesi:

$\vec{\nabla}t = \dfrac{\partial t}{\partial r}\hat{r} + \dfrac{1}{r}\dfrac{\partial t}{\partial \theta}\hat{\theta} + \dfrac{1}{r\sin\theta}\dfrac{\partial t}{\partial \phi}\hat{\phi}$ olarak tanımlanır.

Geometrik yorumlarına gelince; $\vec{\nabla}t$ gradyanı, *t* fonksiyonundaki *maksimum artış yönünde* bir vektördür. $|\vec{\nabla}t|$ büyüklüğü ise, bu maksimum artış yönünde *t*'nin eğimini verir. $\vec{\nabla}t = 0$ olması ise bu noktanın bir eğer noktası (maksimum veya minimum noktası) olduğuna işaret eder. Aşağıdaki şekle göre, bir a noktasından diğer bir b noktasına gidildiğinde *t* fonksiyonundaki toplam artış şöyle olur:

$$t(b) - t(a) = \int_a^b dt = \int_a^b (\vec{\nabla}).d\vec{l}$$

Bu ifade, gradyanın temel teoremidir.

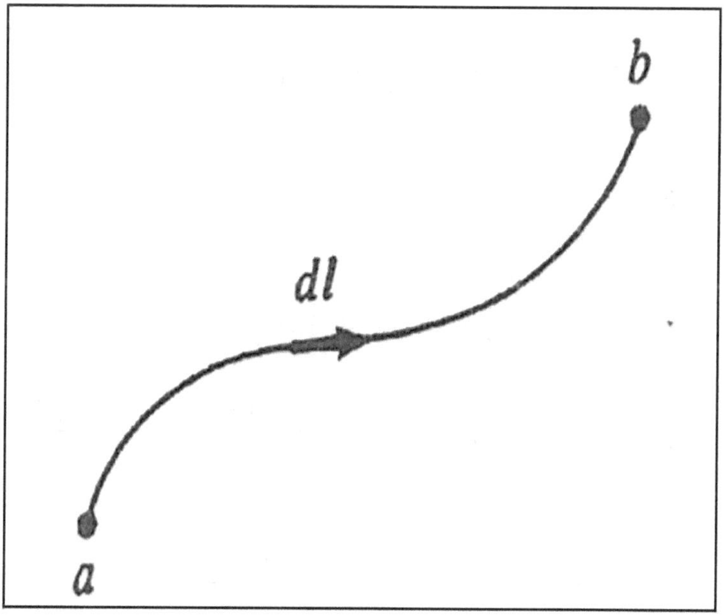

Figure 17: Gradyanın tanımlandığı integral, a'dan b'ye gidilen yoldan bağımsızdır, yani sadece integralin uç değerlerine bağlıdır.

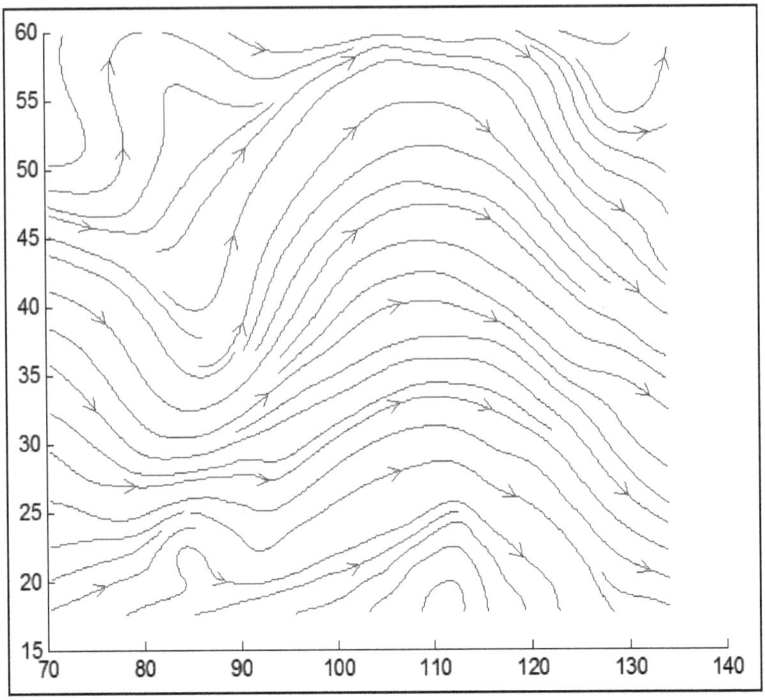

Figure 18: Yukarıda verilen vektör alanında x=[90,110] bölgesinde Gradyan pozitif, x=110 noktası için sıfır ve x=[110,130] bölgesinde negatiftir.

DİVERJANS

Şimdi şöyle bir vektör fonksiyonu tanımlayalım:

$$\vec{V}(u,v,w) = V_u\hat{u} + V_v\hat{v} + V_w\hat{w}$$

(u,v,w) noktasında her bir koordinatı sonsuz küçük arttırarak elde ettiğimiz prizma hacmini saran aşağıdaki şekildeki gibi bir *kapalı yüzeyi* göz önüne alalım. Bu yüzey üzerinde $\oint \vec{V}.d\vec{a}$ integralini hesaplamak istiyoruz. Koordinat sistemi ortogonal olduğundan, prizmanın sonsuz küçük *(fdu), (gdv)* ve *(hdw)* kenarları birbirine dik olacaktır. O halde, hacim:

$d\tau = (fgh)dudvdw$ olur.

Prizmanın *ön* yüzünde,

$$d\vec{a} = -(gdv)(hdw)\hat{u} = -(gh)dvdw\hat{u}$$

olduğundan, bu yüzde integrandın değeri şöyle olur:

$$\vec{V}.d\vec{a} = -(ghV_u)dvdw$$

Arka yüzeyde ise, işaret değişir ve bu kez *(ghV_u)* integrandının u'daki değil, u+du'daki değeri alınmalıdır. Diferansiyeli alınabilen her F(u) fonksiyonu için;

$F(u + du) - F(u) = \frac{dF}{du}du$ olduğundan, ön ve arka yüzeyin integrale toplam katkısı şöyle olacaktır:

$$\left[\frac{\partial}{\partial u}(ghV_u)\right]dudvdw = \frac{1}{fgh}\frac{\partial}{\partial u}(ghV_u)d\tau$$

benzer şekilde, sol ve sağ yüzeylerin toplam katkısı:

$\frac{1}{fgh}\frac{\partial}{\partial v}(fhV_v)d\tau$ son olarak, alt ve üst yüzeylerin toplam katkısı:

$\frac{1}{fgh}\frac{\partial}{\partial w}(fgV_w)d\tau$ olur. O halde, toplam yüzey integrali yazılabilir;

$$\oint \vec{V}.d\vec{a} = \frac{1}{fgh}\left[\frac{\partial}{\partial u}(ghV_u) + \frac{\partial}{\partial v}(fhV_v) + \frac{\partial}{\partial w}(fgV_w)\right]d\tau$$

V, Bu durumda, *$d\tau$* hacim elemanının *önündeki katsayı* eğrisel koordinatlarda *diverjansın* tanımıdır:

$$\vec{\nabla}.\vec{V} = \frac{1}{fgh}\left[\frac{\partial}{\partial u}(ghV_u) + \frac{\partial}{\partial v}(fhV_v) + \frac{\partial}{\partial w}(fgV_w)\right]$$

Bu tanımlamaya göre kartezyen koordinatlardaki diverjans ifadesi:

$$\vec{\nabla}.\vec{V} = \left[\frac{\partial}{\partial x}(V_x) + \frac{\partial}{\partial y}(V_y) + \frac{\partial}{\partial z}(V_z) \right]$$

Silindirik koordinatlardaki diverjans ifadesi:

$$\vec{\nabla}.\vec{V} = \left[\frac{1}{r}\frac{\partial}{\partial r}(rV_r) + \frac{1}{r}\frac{\partial}{\partial \phi}(V_\phi) + \frac{\partial}{\partial z}(V_z) \right]$$

Küresel koordinatlardaki diverjans ifadesi:

$$\vec{\nabla}.\vec{V} = \left[\frac{1}{r^2}\frac{\partial}{\partial r}(r^2 V_r) + \frac{1}{r\sin\theta}\frac{\partial}{\partial \theta}(\sin\theta V_\theta) + \frac{1}{r\sin\theta}\frac{\partial}{\partial \phi}(V_\phi) \right]$$

olarak tanımlanır.

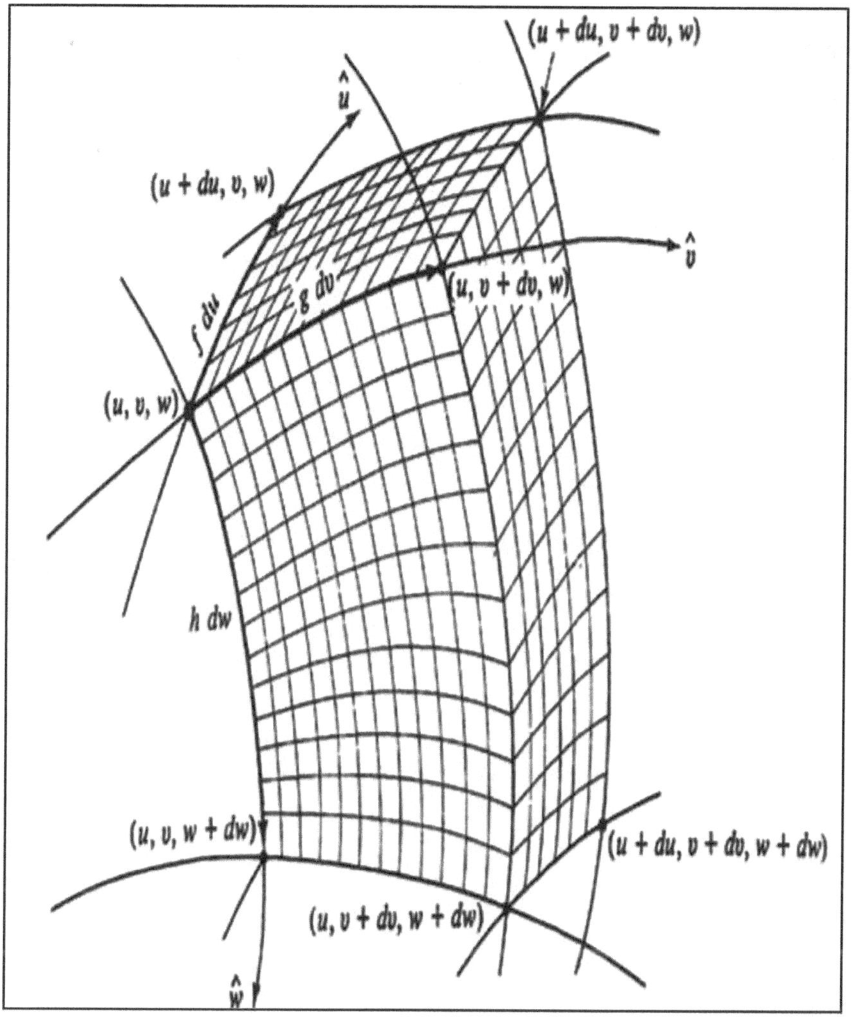

Figure 19: Ortogonal koordinat sisteminde Diverjansın tanımlandığı prizma yüzeyi.

Geometrik yorumuna gelince $\vec{\nabla}.\vec{V}$ diverjansı, $\vec{V}$ vektör çizgilerinin ne kadar *ıraksadığının* yada *yakınsadığının* bir ölçüsüdür. Iraksama dışarı doğru ise $\vec{\nabla}.\vec{V}$ *pozitif* olur ve bu noktada bir *fiziksel kaynak* vardır. Iraksama içeri doğru ise, $\vec{\nabla}.\vec{V}$ *negatif* olur ve bu noktada bir *fiziksel kuyu* olduğu anlamına gelir.

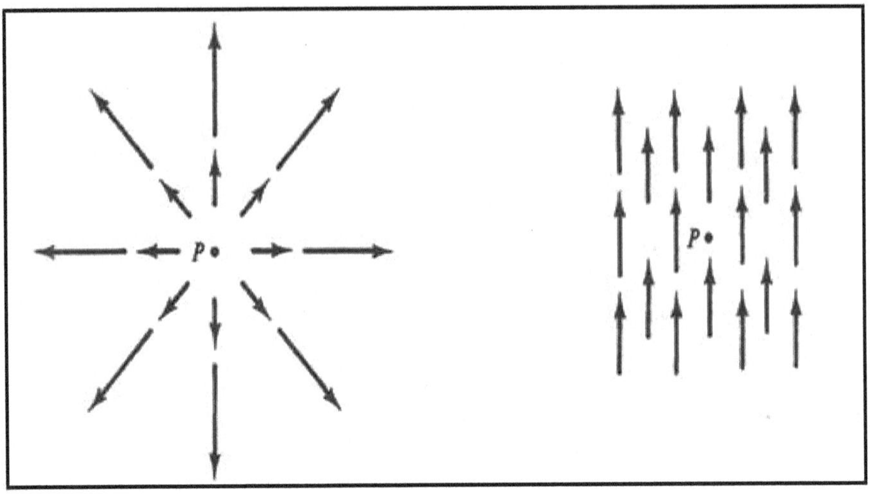

Figure 20: Bir vektör alanındaki P noktası için, birinci şekilde Diverjans pozitif, ikinci şekilde sıfırdır.

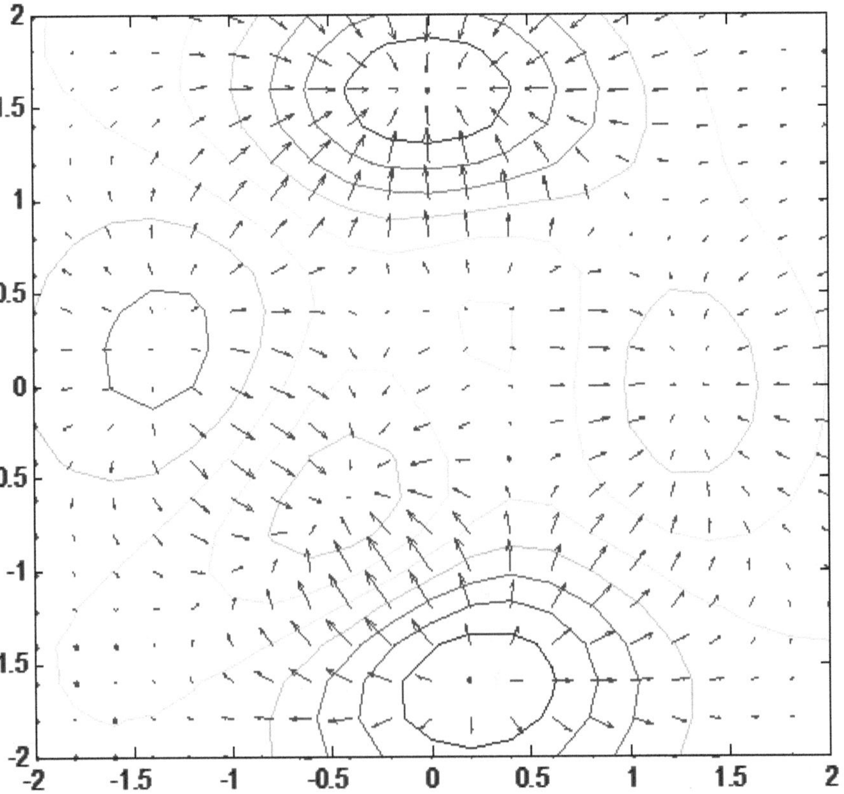

Figure 21: Bir vektör alanında Diverjansın tanımı.

ROTASYONEL

Aşağıdaki şekilde şöyle bir kapalı eğri oluşturulmuştur: Bir (*u, v, w*) noktasından başlanıp w koordinatı sabit tutulmuş, *u* ve *v* koordinatları sonsuz küçük miktarlarda artırılarak dikdörtgen bir çerçeve elde edilmiştir. Bu kapalı eğri üzerinde şöyle bir integrali ele alalım:

$$\oint \vec{V} d\vec{l}$$

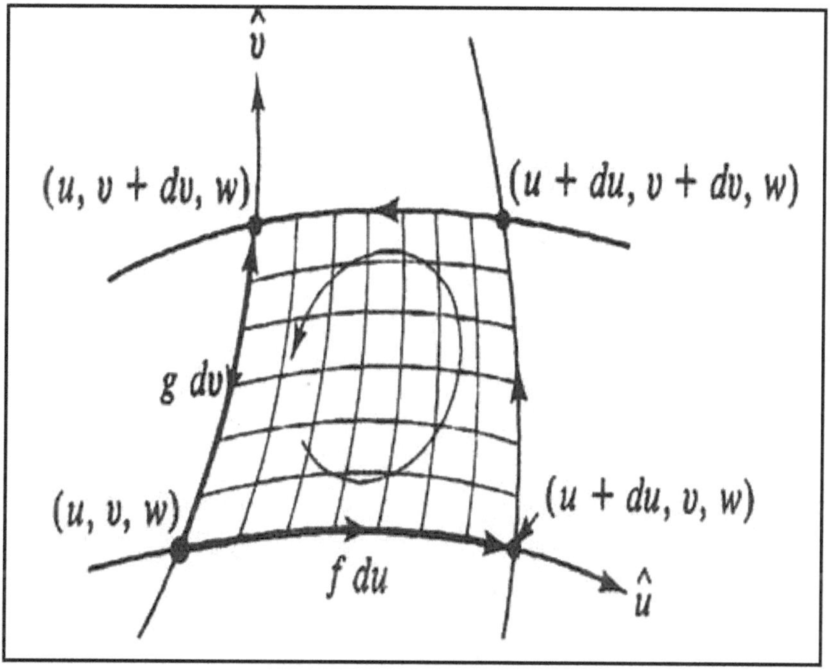

Figure 22: Rotasyonelin tanımlandığı kapalı eğri.

Kenarları sonsuz küçük olduğundan, bu dikdörtgenin alan elemanı:

$d\vec{a} = (fdu)(gdv)\hat{w} = (fg)dudv\hat{w}$ olur.

Eğrinin alt kenarındaki uzunluk elemanı:

$d\vec{l} = fdu\hat{u}$ ve bu kenarın integrale katkısı:

$\vec{V}.d\vec{l} = (fV_u)du$ olur. Üst kenarda işaret değişir ve (fV_u) terimi *(v+dv)* değerinde hesaplanır. Bu iki kenar birlikte alındığında,

$$\left[-(fV_u)_{v+dv} + (fV_u)_v\right]du = -\left[\frac{\partial}{\partial v}(fV_u)\right]dudv \text{ olur.}$$

Benzer şekilde sağ ve sol kenarların birlikte katkısı bulunursa:

$$\left[\frac{\partial}{\partial u}(gV_v)\right]dudv$$

Böylece eğrisel integrale toplam katkı yazılabilir:

$$\oint \vec{V}d\vec{l} = \left[\frac{\partial}{\partial u}(gV_v) - \frac{\partial}{\partial v}(fV_u)\right]dudv$$

$$= \frac{1}{fg}\left[\frac{\partial}{\partial u}(fV_v) - \frac{\partial}{\partial v}(fV_u\right]\hat{w}.d\vec{a}$$

Sağ tarafta $d\vec{a}$'nın katsayısı $\vec{V}$'nin rotasyonelinin w bileşenini tanımlar. Diğer *u* ve *v* bileşenleri de benzer şekilde tanımlanırsa, rotasyonel vektörü şöyle olur:

$$\vec{\nabla} \times \vec{V} = \frac{1}{gh}\left[\frac{\partial}{\partial v}(hV_w) - \frac{\partial}{\partial w}(gV_v)\right]\hat{u}$$

$$+\frac{1}{fh}\left[\frac{\partial}{\partial w}(fV_u) - \frac{\partial}{\partial u}(hV_w)\right]\hat{v}$$

$$+\frac{1}{fg}\left[\frac{\partial}{\partial u}(gV_v) - \frac{\partial}{\partial v}(fV_u)\right]\hat{w}$$

Bu tanımlamaya göre, kartezyen koordinatlardaki rotasyonel ifadesi:

$$\vec{\nabla}\times\vec{V} = \left[\frac{\partial}{\partial y}(V_z) - \frac{\partial}{\partial z}(V_y)\right]\hat{i}$$

$$+\left[\frac{\partial}{\partial z}(V_x) - \frac{\partial}{\partial x}(V_z)\right]\hat{j}$$

$$+\left[\frac{\partial}{\partial x}(V_y) - \frac{\partial}{\partial y}(V_x)\right]\hat{k}$$

Silindirik koordinatlardaki rotasyonel ifadesi:

$$\vec{\nabla}\times\vec{V} = \left[\frac{1}{r}\frac{\partial}{\partial \phi}(V_z) - \frac{\partial}{\partial z}(V_\phi)\right]\hat{r}$$

$$+\left[\frac{\partial}{\partial z}(V_r) - \frac{\partial}{\partial r}(V_z)\right]\hat{\phi}$$

$$+\frac{1}{r}\left[\frac{\partial}{\partial r}(rV_\phi) - \frac{\partial}{\partial \phi}(V_r)\right]\hat{z}$$

Küresel koordinatlardaki rotasyonel ifadesi:

$$\vec{\nabla}\times\vec{V} = \frac{1}{r\sin\theta}\left[\frac{\partial}{\partial r}(\sin\theta V_\phi) - \frac{\partial}{\partial \phi}(V_\theta)\right]\hat{r}$$

$$+\frac{1}{r}\left[\frac{1}{\sin\theta}\frac{\partial}{\partial \phi}(V_r) - \frac{\partial}{\partial r}(rV_\phi)\right]\hat{\theta}$$

olarak tanımlanır.

$$+\frac{1}{r}\left[\frac{\partial}{\partial r}(rV_\theta) - \frac{\partial}{\partial \theta}(V_r)\right]\hat{\phi}$$

Geometrik yoruma gelince $\vec{\nabla}\times\vec{V}$ rotasyoneli, $\vec{V}$ vektörünün bir nokta etrafında *dolanış miktarının* bir ölçüsüdür. *Pozitif* rotasyonel olan noktada dolanım *dışarı doğru* olurken; *negatif* rotasyonelin olduğu noktada dolanım *merkeze doğru* artacaktır.

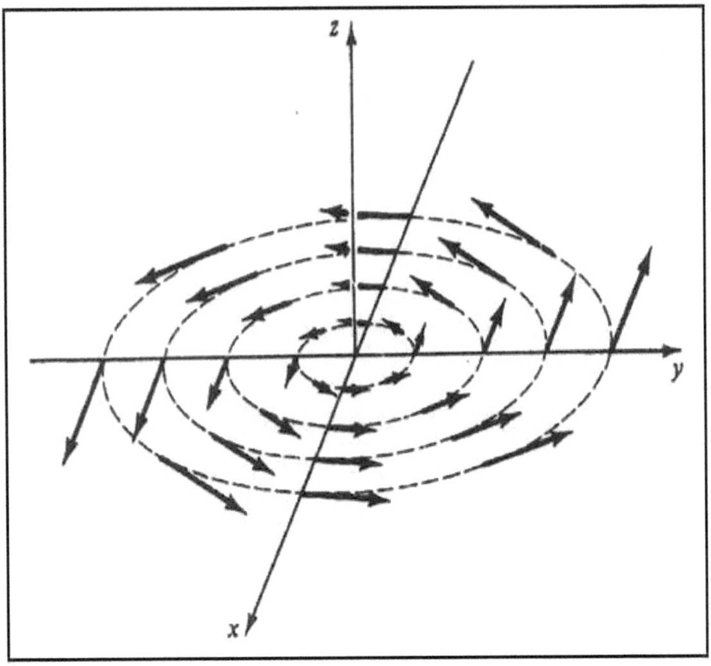

Figure 23: Rotasyoneli pozitif olan bir vektör alanı.

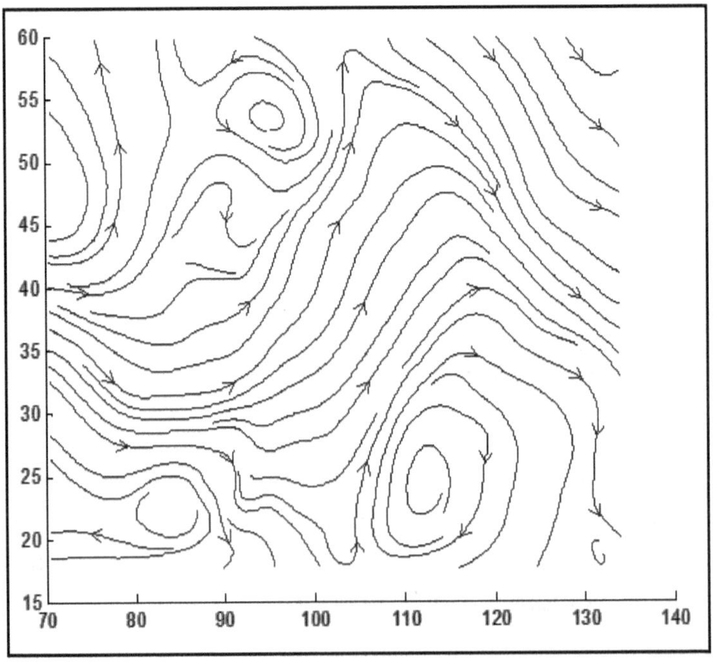

Figure 24: Bir vektör alanında Rotasyonelin tanımı.

LAPLASYEN

Skaler bir fonksiyonun Laplasyeni "*gradyanın diverjansı*" olarak tanımlanır. Buna göre, daha önce elde ettiğimiz gradyan ve diverjans tanımlarını kullanarak genel formül bulunur:

$$\nabla^2 t = \frac{1}{fgh}\left[\begin{matrix} \frac{\partial}{\partial u}(\frac{gh}{f}\frac{\partial t}{\partial u}) + \frac{\partial}{\partial v}(\frac{fh}{g}\frac{\partial t}{\partial v}) \\ + \frac{\partial}{\partial w}(\frac{fg}{h}\frac{\partial t}{\partial w}) \end{matrix}\right]$$

Yine benzer şekilde katsayıları kullanarak, kartezyen, küresel ve silindirik koordinatlarda Laplasyen ifadelerini bulabiliriz:

Kartezyen koordinatlardaki laplasyen ifadesi:

$$\nabla^2 t = \frac{\partial^2 t}{\partial x^2} + \frac{\partial^2 t}{\partial y^2} + \frac{\partial^2 t}{\partial z^2}$$

Silindirik koordinatlardaki laplasyen ifadesi:

$$\nabla^2 t = \left[\frac{1}{r}\frac{\partial}{\partial r}(r\frac{\partial t}{\partial r}) + \frac{1}{r^2}\frac{\partial^2 t}{\partial \phi^2} + \frac{\partial^2 t}{\partial z^2}\right]$$

Küresel koordinatlardaki laplasyen ifadesi:

$$\nabla^2 t = \left[\begin{matrix} \frac{1}{r^2}\frac{\partial}{\partial r}(r^2\frac{\partial t}{\partial r}) + \frac{1}{r^2 \sin\theta}\frac{\partial}{\partial \theta}(\sin\theta\frac{\partial t}{\partial \theta}) \\ + \frac{1}{r^2 \sin^2\theta}\frac{\partial^2 t}{\partial \phi^2} \end{matrix}\right]$$

olarak tanımlanır.

Geometrik yorumuna gelince; $\nabla^2 t$ Laplasyeni, $\vec{V}$ vektör çizgilerinin fiziksel bir kuyuya ya da fiziksel bir kaynağa ne kadar *ıraksadığının* ya da *yakınsadığının* bir ölçüsüdür. Yüzey üzerinde; yakınsama yukarı doğru ise, $\nabla^2 t$ *pozitif* olur ve bu noktada bir *fiziksel kaynak* vardır; ıraksama aşağı doğru ise, $\nabla^2 t$ *negatif* olur ve bu noktada bir *fiziksel kuyu* olduğu anlamına gelir.

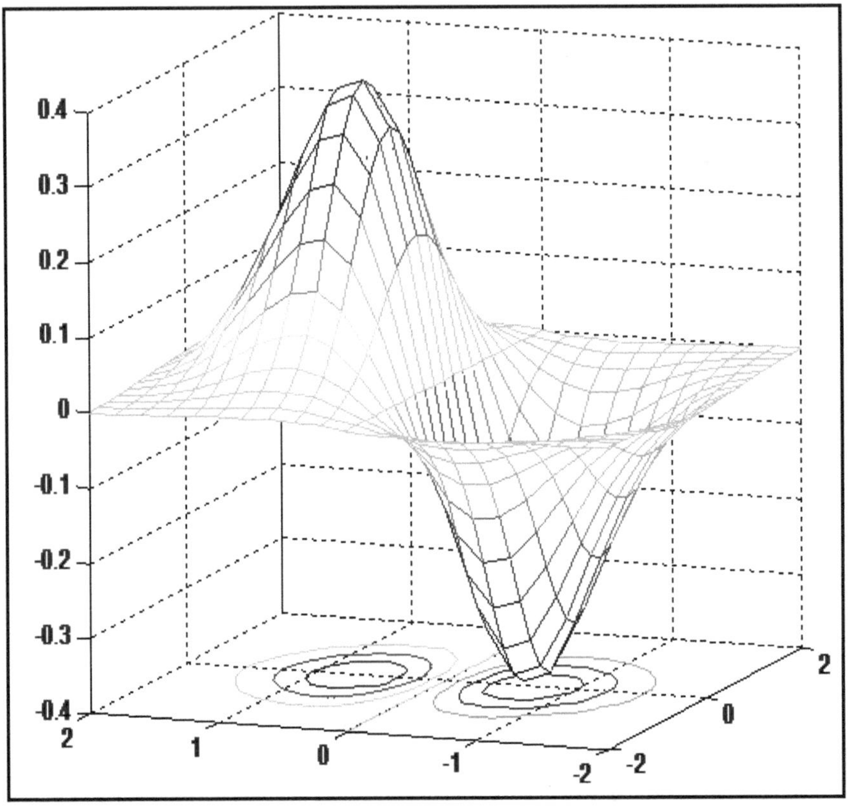

Figure 25: Bir vektör alanında Laplasyenin tanımı.

Nabla $(\vec{\nabla})$ operatörüyle yapılacak diğer bazı işlemlerde aşağıdaki özdeşlikler, vektörel işlemlerde olduğu gibi geçerlidir:

$$\vec{\nabla}(f+g)=\vec{\nabla}f+\vec{\nabla}g \quad \vec{\nabla}.(\vec{A}+\vec{B})=(\vec{\nabla}.\vec{A})+(\vec{\nabla}.B)$$

$$\vec{\nabla}\times(\vec{A}+B)=(\vec{\nabla}\times\vec{A})+(\vec{\nabla}\times\vec{B})\quad \vec{\nabla}(kf)=k\vec{\nabla}f$$

$$\vec{\nabla}.(k.\vec{A})=k(\vec{\nabla}.\vec{A})\quad \vec{\nabla}\times(k\vec{A})=k(\vec{\nabla}\times\vec{A})$$

$\vec{\nabla}$ kullanarak, *ikinci türevlere* ait özdeşlikler ise aşağıdaki gibi tanımlanır:

1. Gradyanın Diverjansı:

$$\vec{\nabla}.(\vec{\nabla}t)=(\frac{\partial}{\partial x}i+\frac{\partial}{\partial y}\hat{j}+\frac{\partial}{\partial z}\hat{k}).\,(\frac{\partial t}{\partial x}i+\frac{\partial t}{\partial y}\hat{j}+\frac{\partial t}{\partial z}\hat{k})$$

$$=\nabla^2 t=\frac{\partial^2 t}{\partial x^2}+\frac{\partial^2 t}{\partial y^2}+\frac{\partial^2 t}{\partial z^2}$$

Bu büyüklük, $\nabla^2 t$ ile gösterilir ve az önce ifade edildiği gibi *t'nin Laplasyeni* adını alır.

2. Gradyanın Rotasyoneli: $\vec{\nabla}\times(\vec{\nabla}t)$

$\vec{\nabla}\times(\vec{\nabla}t)=0$ yani gradyanın rotasyoneli özdeş olarak sıfırdır.

3. Rotasyonelin Diverjansı: $\vec{\nabla}.(\vec{\nabla}\times\vec{V})$

Rotasyonelin diverjansı da özdeş olarak sıfırdır, yani;

$\vec{\nabla}.(\vec{\nabla}\times\vec{V})=0$ olur.

DİFERANSİYEL VE İNTEGRAL HESAP

DİFERANSİYEL HESAP

X bağımsız değişkeni, bilinmeyen *y=f(x)* fonksiyonu ve bu fonksiyonun $y', y'', y''', \cdots, y^{(n)}$ türevleri arasındaki bir bağıntıya *diferansiyel denklem* denir. Böyle bir denklem, sembolik olarak;

$F(x, y, y', y'', \ldots, y^{(n)}) = 0$ veya,

$F(x, y, \frac{dy}{dx}, \frac{d^2y}{dx^2}, \ldots, \frac{d^ny}{dx^n}) = 0$ şeklinde gösterilir.

y=f(x) fonksiyonu, tek değişkenli bir fonksiyon ise denkleme *adi diferansiyel denklem* denir. Birkaç bağımsız değişkenli fonksiyonla bu fonksiyonun belirli bir mertebeye kadar kısmî türevleri ve bağımsız değişkenler arasındaki bir bağıntıya *kısmî diferansiyel denklem* denir.

$$\frac{dy}{dx} - y = \sin x \quad \text{ve} \quad \frac{\partial^2 z}{\partial x \partial y} + P(x, y)\frac{\partial z}{\partial x} = Q(x, y)$$

denklemlerinden birincisi adi diferansiyel denkleme, ikincisi ise kısmî türevli denkleme örnektir. Bir diferansiyel denklemi özdeş olarak sağlayan her *y = f(x)* fonksiyonuna diferansiyel denklemin *çözümü* veya *integrali* denir. Bir diferansiyel denklemi çözmek demek, türevleri ile birlikte diferansiyel denklemde yerlerine konulduğu zaman, denklemi özdeş olarak sağlayan bütün fonksiyonları bulmak demektir. Diferansiyel denklemlerin çözümleri genel, özel ve tekil olmak üzere üç türlüdür. *n.* mertebeden bir diferansiyel denklemin genel çözümü, sayıca daha aşağı düşürülemeyen *n* tane keyfi sabit içerir. Özel çözümler, genel çözümlerden bu sabitlere değerler verilerek elde edilebilir.

İNTEGRAL HESAP

Tek değişkenli bir fonksiyonun *integralini* alalım:

Diferansiyel *f(x)* fonksiyonuna ait bu ifade *temel* integral teoremine göre:

$$\int_a^b \left(\frac{df}{dx}\right) = f(b) - f(a)$$

veya bu ifadeyi de şöyle yazabiliriz:

$$\int_a^b F(x)dx = f(b) - f(a)$$ olur ve burada $$\left(\frac{df}{dx}\right) = F(x)$$

olur. Temel integral hesap *F(x)*'in integralini nasıl alacağınızı şöyle söyler:

Türevi *F(x)*'e eşit olan bir *f(x)* fonksiyonu bulunmasını gerektirir. Bunun geometrik yorumu ise, *[a,b]* aralığında *x*'in *dx* kadar artış göstermesi durumunda (yani $x' = x + dx$); *f(x)*'deki artışın $df = \left(\frac{df}{dx}\right)dx$ olması anlamına gelir. Diğer bir deyişle, bir fonksiyondaki artış iki türlü bulunabilir: ya uç değerleri arasındaki farkı alırsınız, veya adım adım gidip her adımdaki küçük artışları toplarsınız.

Her iki sonuç da <u>aynıdır</u>.

İNTEGRAL TEOREMLERİ

STOKES TEOREMİ

Bir S yüzeyi üzerinde C kapalı eğrisi olsun. Sürekli türevleri olan bir $\vec{F}$ vektörünün S yüzeyi üzerinden integrali, S yüzeyi içinde kapalı bir C eğrisi üzerinden $\vec{F}$ vektörünün integraline eşittir.

$$\oiint_S (\vec{\nabla} \times \vec{F}).\vec{n}ds = \oint_C \vec{F}.d\ell$$

Stokes teoreminden, bir $\vec{F}$ vektörünün rotasyoneli;

$$(\vec{\nabla} \times \vec{F}) = \lim_{\Delta S \to 0} \left(\frac{\oint_C \vec{F} d\ell}{\Delta S} \right)$$

şeklinde ifade edilebilir [DİVERJANS TEOREMİ]

Bir V hacmi, S kapalı yüzeyi ile sınırlı bir hacim olsun. Sürekli türevleri olan bir $\vec{F}$ vektörünün diverjansının hacim integrali, bu hacmi sınırlayan yüzey üzerinden $\vec{F}$'nin integraline eşittir.

$$\iiint_V (\vec{\nabla}.\vec{F})dv = \oiint_S \vec{F}.\vec{n}ds$$

Diverjans teoreminden, bir $\vec{F}$ vektörünün diverjansı:

$$(\vec{\nabla}.\vec{F}) = \underset{\Delta V \to 0}{\ell im}\left(\frac{\oiint\limits_{S} \vec{F}.\vec{n}ds}{\Delta V}\right)$$

şeklinde ifade edilebilir [GREEN TEOREMİ]

$\vec{F} = M\hat{i} + N\hat{j}$ olarak verilen ve $(\vec{\nabla} \times \vec{F}).\vec{n} = \dfrac{\partial N}{\partial x} - \dfrac{\partial M}{\partial y}$

şeklinde ifade edilebilen bir vektör fonksiyonu varsa, stokes teoreminden:

$\oint\limits_{C} \vec{F}.d\ell = \oiint\limits_{S} (\vec{\nabla} \times \vec{F}).\vec{n}ds$ yazılabilir ve bu ifadede yukarıda

tanımlanan vektör fonksiyonunu yerine koyarsak:

$$\oint\limits_{C} (Mdx + Ndy) = \oiint\limits_{S} \left(\frac{\partial N}{\partial x} - \frac{\partial M}{\partial y}\right) dxdy$$

olarak bulunur.

TANSÖR HESABI

TANSÖREL ANALİZ

Genel olarak N-Boyutlu uzayda, pratik olarak gösterimde kolaylık sağlamak için tansörler kullanılır. Tansör hesabı, genel relativite, diferansiyel geometri, elektromanyetik teori vs. geniş bir kullanım alanına sahiptir. Üç boyutlu bir uzayda, bir nokta üç sayı ile ifade edilir. Örneğin kartezyen koordinat sisteminde (x,y,z), silindirik koordinat sisteminde (ρ,Φ,z) ve küresel koordinat sisteminde (r,θ,Φ) olarak gösterilir. N-boyutlu bir uzayda $(x^1,x^2,....x^N)$, bu koordinat sisteminin bir noktasıdır.

N- boyutlu uzayda, bir koordinat sisteminin koordinatları $(x^1,x^2,....x^N)$ ve diğer koordinat sisteminin koordinatları $\left(\bar{x}^1,\bar{x}^2,\cdots\bar{x}^N\right)$ olmak üzere, koordinat dönüşümleri:

$$\bar{x}^1 = \bar{x}^1\,(x^1,x^2,....x^N)$$

$$\bar{x}^2 = \bar{x}^2\,(x^1,x^2,....x^N)$$

$$\vdots \quad \vdots$$

$$\bar{x}^N = \bar{x}^N\,(x^1,x^2,....x^N) \text{ ve}$$

$$x^1 = x^1\left(\bar{x}^1,\bar{x}^2,\cdots\bar{x}^N\right)$$

$$x^2 = x^2\left(\bar{x}^1,\bar{x}^2,\cdots\bar{x}^N\right)$$

$$\vdots \quad \vdots$$

$$x^N = x^N\left(\bar{x}^1,\bar{x}^2,\cdots\bar{x}^N\right)$$ şeklinde ifade edilebilir.

N-Boyutlu uzayda bir koordinat sistemindeki bileşenler, $(x^1, x^2, \ldots x^N)$; diğer bir koordinat sistemindeki bileşenler $\left(\bar{x}^1, \bar{x}^2, \cdots \bar{x}^N\right)$ olduğuna göre dönüşüm denklemleri, p=1,2,N ve

$\bar{a}^{pq} = \dfrac{\partial \bar{x}^p}{\partial x^q}$ olmak üzere;

$\bar{A}^P = \sum_{q=1}^{N} \bar{a}^{Pq} A^q$ ve kısaca $\bar{A}^P = \bar{a}^{Pq} A^q$ olarak yazılabilir.

Bu dönüşümler, birinci dereceden ***kontravariant*** tansörün tanımıdır.

Yine ***kovariant*** birinci dereceden tansör, $a^{Pq} = \dfrac{\partial x^q}{\partial \bar{x}^p}$ olmak üzere;

$\bar{A}_p = \sum_{q=1}^{N} a^{pq} A_q$ dönüşümü ile tanımlanır ve kısaca $\bar{A}_p = a^{pq} A_q$ olarak ifade edilebilir. A^p, A_p'ler birinci mertebeden tansör bileşenleri olarak adlandırılırlar. Üç boyutlu uzayda birinci mertebeden tansörler bir vektör olarak matris denklemi olarak:

$A^k \stackrel{\Delta}{=} \begin{bmatrix} A^1 \\ A^2 \\ A^3 \end{bmatrix}$ ve $A_k \stackrel{\Delta}{=} \begin{bmatrix} A_1 \\ A_2 \\ A_3 \end{bmatrix}$ şeklinde ifade edilebilir.

İkinci dereceden *kontravariant bir tansör,*

$$\bar{A}^{pn} = \sum_{q=1}^{N} \sum_{m=1}^{N} \bar{a}^{pq} \bar{a}^{nm} \bar{A}^{qm}$$

ve *kovariant bir tansör,*

$$\overline{A}_{pn} = \sum_{q=1}^{N}\sum_{m=1}^{N} a^{pq} a^{nm} A_{qm}$$ dönüşümleri ile tanımlanır ve

kısaca;

$$\overline{A}^{pn} = \overline{a}^{pq}\overline{a}^{nm} A^{qm}$$ ve

$$\overline{A}_{pn} = a^{pq} a^{nm} A_{qm}$$

şeklinde ifade edilebilirler.

A^{pn}, A_{pn}'ler ikinci mertebeden tansör bileşenleri olarak adlandırılırlar.

Üç boyutlu uzayda ise, kontravariant tansör bileşeni:

$$A^{pq} \overset{\Delta}{=} \begin{bmatrix} A^{11} & A^{12} & A^{13} \\ A^{21} & A^{22} & A^{23} \\ A^{31} & A^{32} & A^{33} \end{bmatrix}$$ ve kovariant tansör bileşeni:

$$A_{pq} \overset{\Delta}{=} \begin{bmatrix} A_{11} & A_{12} & A_{13} \\ A_{21} & A_{22} & A_{23} \\ A_{31} & A_{32} & A_{33} \end{bmatrix}$$ şeklinde ifade edilebilir.

METRİK TANSÖR

N- boyutlu uzayda uzunluk elemanının karesi:

$$(d\ell)^2 = \sum_{p=1}^{N}\sum_{p=1}^{N} g_{pq}dx^p dx^q$$ veya kısaca;

$$(d\ell)^2 = g_{pq}dx^p dx^q$$ olarak tanımlanır.

Burada g_{pq}'ya *metrik tansör* denir. Üç boyutlu uzayda metrik tansör:

$$g_{pq} \stackrel{\Delta}{=} \begin{bmatrix} g_{11} & g_{12} & g_{13} \\ g_{21} & g_{22} & g_{23} \\ g_{31} & g_{32} & g_{33} \end{bmatrix}$$

şeklinde bir kare matris olarak ifade edilebilir. Kütleçekim alan tönsörünün temel bileşenlerinden birisidir. Ortogonal koordinatlar sisteminde metrik tansörün diyagonal elemanlarının dışındakiler sıfırdır. g_{pq} metrik tansörün eşleniği olan g^{pq} tansörü, üç boyutlu uzayda $g_{pq}=g$ metrik tansörün tersi olup, $g^{pq}=g^{-1}$ şeklinde ifade edilebilir. Burada $g=det\,(g)$'dir.

Dairesel silindirik koordinat sisteminde uzunluk elemanının karesi;

$$(d\ell)^2 = (d\rho)^2 + (\rho d\phi)^2 + (dz)^2$$ 'dir.

Burada metrik tansör:

$$g_{pq} \stackrel{\Delta}{=} \begin{bmatrix} 1 & 0 & 0 \\ 0 & \rho^2 & 0 \\ 0 & 0 & 1 \end{bmatrix}$$ olup, eşleniği:

$$g^{pq} \stackrel{\Delta}{=} \begin{bmatrix} 1 & 0 & 0 \\ 0 & 1/\rho^2 & 0 \\ 0 & 0 & 1 \end{bmatrix}$$ olarak bulunur.

Yine benzer yöntemle küresel koordinat sisteminde uzunluk elemanının karesi:

$(d\ell)^2 = (dr)^2 + (rd\theta)^2 + (r\sin\theta d\phi)^2$ 'dir.

Buradan metrik tansör:

$$g_{pq} \stackrel{\Delta}{=} \begin{bmatrix} 1 & 0 & 0 \\ 0 & r^2 & 0 \\ 0 & 0 & r^2\sin^2\theta \end{bmatrix}$$ olup, eşleniği:

$$g^{pq} \stackrel{\Delta}{=} \begin{bmatrix} 1 & 0 & 0 \\ 0 & 1/r^2 & 0 \\ 0 & 0 & 1/r^2\sin^2\theta \end{bmatrix}$$

olarak bulunur.

Bu durumda, üç boyutlu uzayda ortogonal koordinatlar sisteminin koordinatlarını $\left(A_x^1, A_x^2, A_x^3\right)$ bulduğumuz bu metrik tansör bileşenleri cinsinden kontravariant ve kovariant tansör bileşenleri olarak *(A^p, A_q)* yazarsak:

$$A_x^1 = \sqrt{g_{11}}A^1 = \frac{A_1}{\sqrt{g_{11}}}$$

$$A_x^2 = \sqrt{g_{22}}A^2 = \frac{A_2}{\sqrt{g_{22}}}$$

şeklinde ifade edilir.

$$A_x^3 = \sqrt{g_{33}}A^3 = \frac{A_3}{\sqrt{g_{33}}}$$

Dairesel silindirik koordinat sisteminin koordinatlarının birinci mertebeden A^p tansör bileşenleri cinsinden ifadesi:

$$x^1 = \rho, x^2 = \phi, x^3 = z$$

ve metrik tansörün determinantı $g=\rho^2$ olmak üzere,

$$A_\rho = A^1, A_\phi = \rho A^2, A_z = A^3$$ olur.

Yine küresel koordinat sistemi koordinatlarının birinci mertebeden A^p tansör bileşenleri cinsinden ifadesi:

$$x^1 = r, x^2 = \theta, x^3 = \phi$$

ve metrik tansörün determinantı $g = r^4 sin^2\theta$ olmak üzere,

$$A_r = A^1, A_\theta = rA^2, A_\phi = r\sin\theta A^3$$ olur.

Bu çıkarttığımız ifadeler ve tansör bileşenleri ilerki bölümlerde çok işimize yarayacak ve elektrik alan, manyetik alan ve kütleçekim alanına ait enerji-momentum tansör bileşenlerinin ifade edilmesinde kullanılacaktır.

Belirli İntegral ve kapalı bir eğri altında kalan alanın hesabı

1- f and h x-y koordinat sisteminde sürekli fonksiyonlar olmak üzere, g(x)=f(f(x), h(x) her x değeri için f(x)≥h(x) olmak üzere g(x)'in [x_1, x_2] aralığındaki belirli integrali aşağıdaki verilen taralı alanı verir:

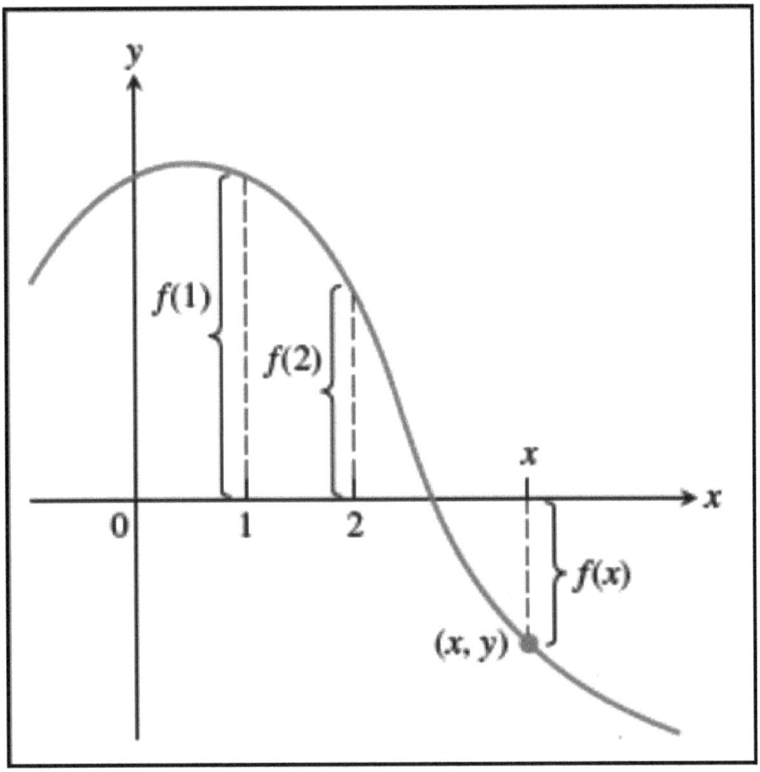

Figure 26: Taralı alan = $\int_{x_1}^{x_2}[f(x)]dx$

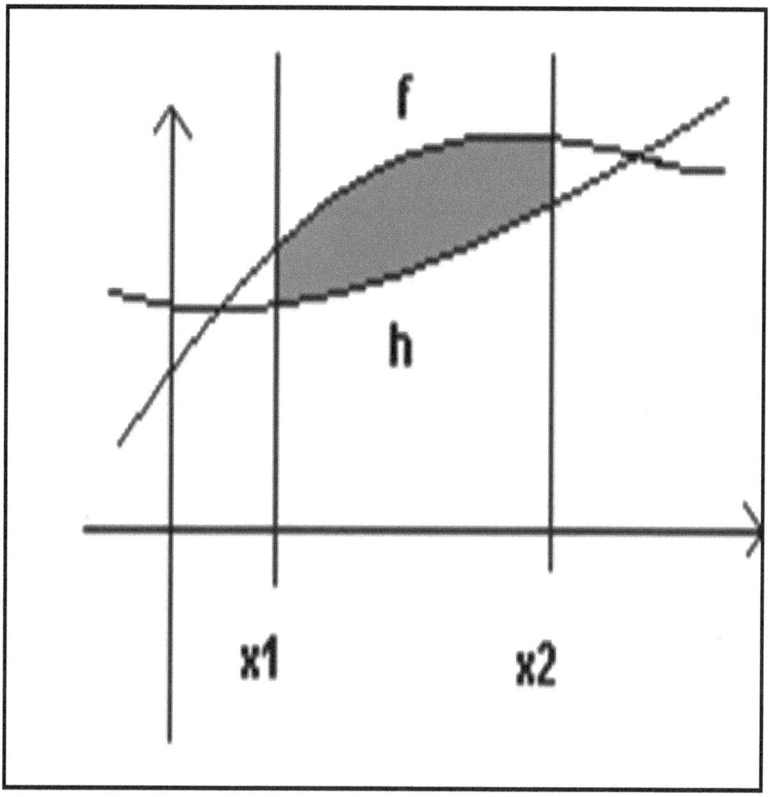

Figure 27: Taralı Alan= $\int_{x_1}^{x_2} [f(x) - h(x)]dx$

2- z ve x, z(y)> x(y) şeklinde bir sürekli fonksiyonla belirlenen iki parametre ise, [y_1, y_2] aralığındaki her y değeri için g(y)=f[z(y), (x(y)] fonksiyonunun değeri aşağıda verilen taralı alanı verir:

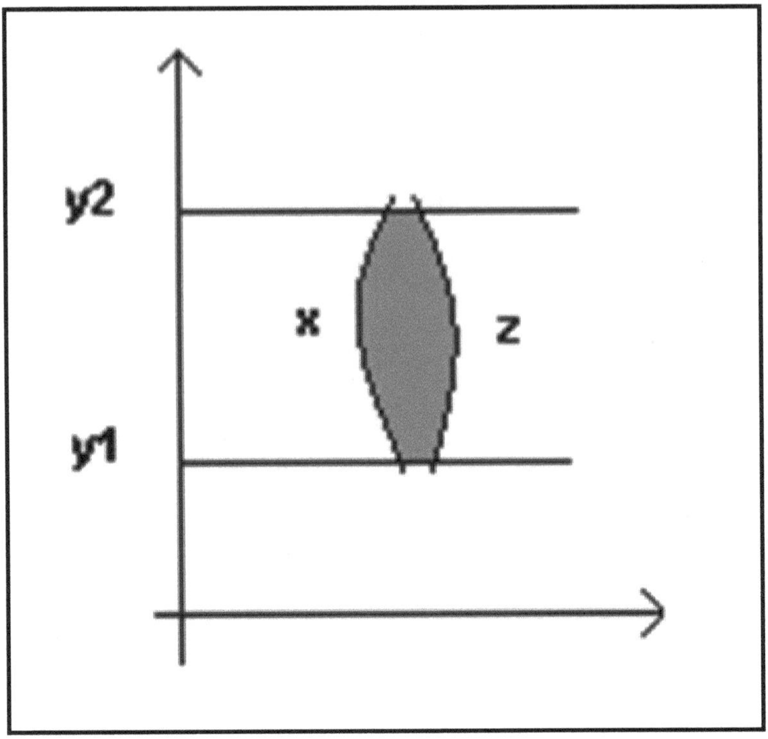

Figure 27: Taralı alan = $\int_{y_1}^{y_2} [z(y) - x(y)]dy$

Çizgisel İntegral

$$\int_a^b \vec{A}.d\vec{\ell}, \int_a^b \vec{A}_x.d\ell, \int \vec{f}.d\vec{\ell}$$

integralleri a noktası ile b noktasını birleştiren belirli bir eğri boyunca hesaplanırlar ve bu nedenle "*çizgisel integral*" adını alırlar.

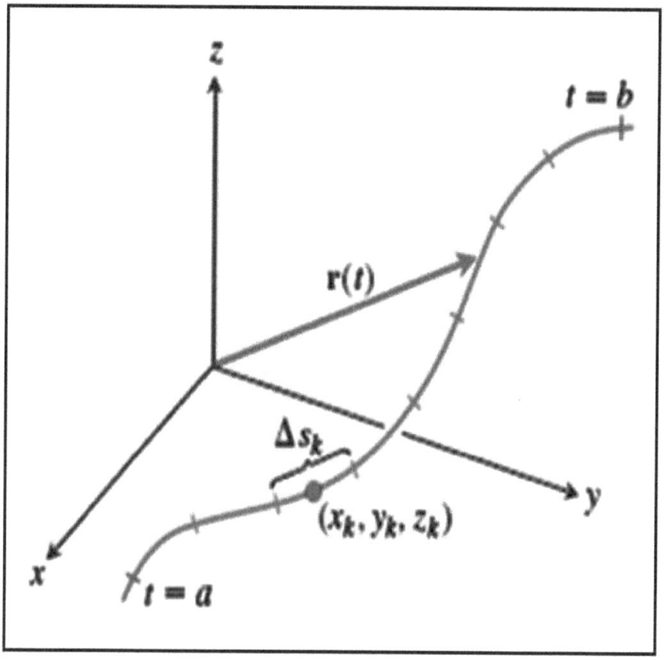

Figure 28

Bu integrallerden ilki elektromanyetizma için, ikincisi ve üçüncüsü ise, kütleçekim kuramı için özellikle önemlidir; Örneğin, $\vec{E}$ elektrostatik alanı içindeki Q yükünü a noktasından b noktasına taşımak için yapılan iş;

$$W = Q\int_a^b \vec{E}.d\vec{\ell}$$

olarak hesaplanır. Bu integralin hesaplanabilmesi için çizgisel integralin; $\vec{E}$ ve a ile b'ye birleştiren eğri (yani $d\vec{\ell}$) koordinatlarının bilinen fonksiyonları olması gerekir. Çizgisel integralde a ve b noktaları aynı ise, bu durumda integral kapalı bir yörünge boyunca alınmış olur ve;

$$\oint \vec{A}.d\vec{\ell}$$

olarak temsil edilir. Özel durumda, bir $\vec{A}$ vektör alanının herhangi bir kapalı yol boyunca çizgisel integrali sıfır ise, bu vektör alanına "*korunumlu alan*" adı verilir. Korunumlu bir alanda çizgisel integral yola bağımlı olmayıp, sadece integralin uç değerleri arasındaki farka bağlıdır:

$$\int_A^B F.dr = f(B) - f(A)$$

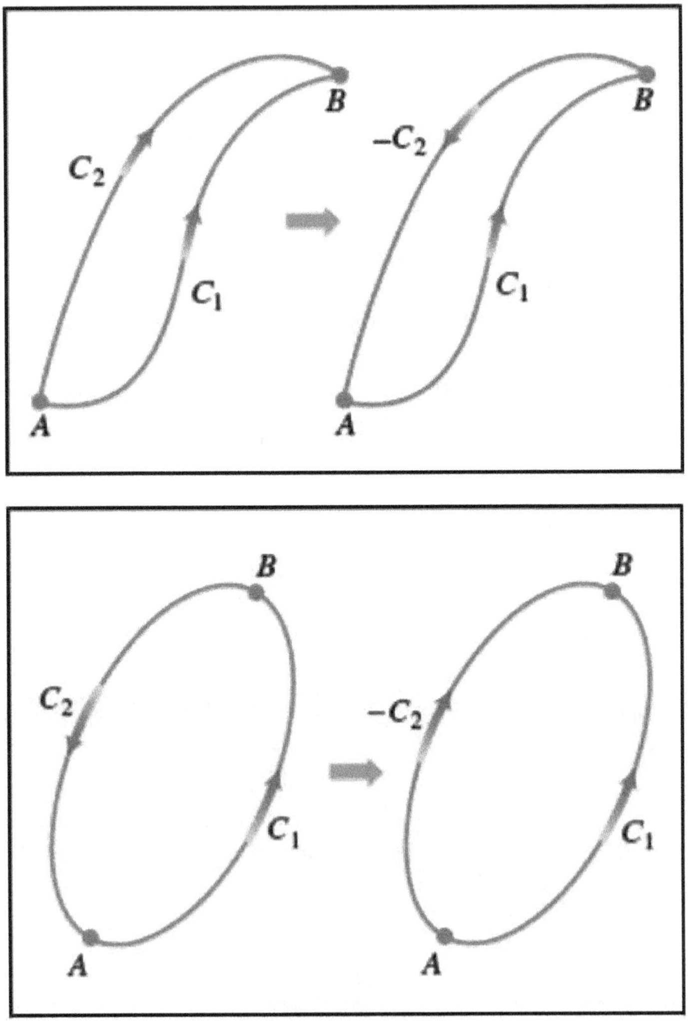

Figure 29

Green teoremine göre, sakınımlı alanlar (Elektrik ve Manyetizma gibi), toplam bir alan bileşeninin (Kütleçekim alanı gibi) parçaları ise; kapalı bir yüzey üzerindeki toplam akı değişimi sıfır olacağı için;

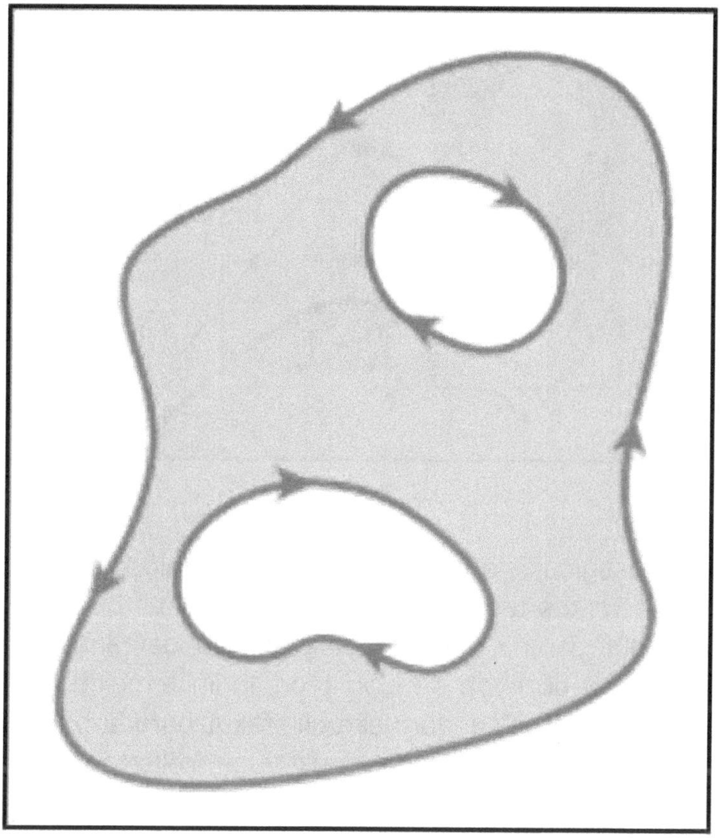

$$\oint_C F.nds = \oint_C Mdy - Ndx = \oiint_R \left(\frac{\partial M}{\partial x} - \frac{\partial N}{\partial y} \right) dx\,dy$$

Yukarıdaki şekildeki gibi, iki adet tekillik noktası oluşturur ki, kapalı bir vektör alanı havuzu içerisinde elektro-manyetizmayla kütleçekiminin birleşimini öngören bu yapının, Birleşik alan denklemlerinde kütleçekim alanının, Green teoremi doğrultusunda bu çeşit bir birleşik alan kuvveti şeklinde davrandığını gösterir. Ayrıca, Galaktik ölçeklerde Green teoreminin çözümleri birbiri etrafında dönen Karadelik ve Akdelik çözümlerine denk gelir. Benzer bir yaklaşımı, Stokes Teoremi de vermekte olup, onu burada vermedik.

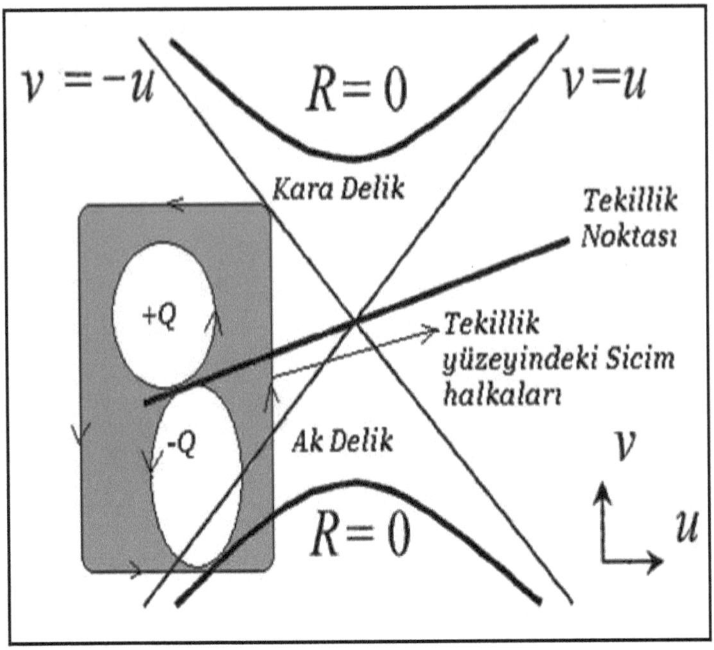

Figure 30

Dolayısıyla, aşağıdaki formülasyonlardan da anlaşılıyor ki, Green, Diverjans ve Stokes teoremleri birbiriyle bağlantılı bir yapı oluşturup, tek bir birleşik ana teoremin parçaları gibi davranmaktadır. Bu da matematiksel düzeyde de alan teorilerinin temelde birleşik bir yapısı olduğu fikrini düşündürmektedir, fakat burada bunun matematiksel isbatına girmedik. İsteyen okuyucu, çalışmamızın içerisindeki bu temel teoremlerin birbiriyle olan bağlantılarını inceleyebilir.

Green Teoremi'nin 3-boyutlu genelleştirilmesi üç teoremi benzer bir yapıya dönüştürmektedir

Green teoreminin normal formu

$$\oint_C \mathbf{F}\cdot\mathbf{n}\,ds = \iint_R \nabla\cdot\mathbf{F}\,dA$$

Diverjans teoremi

$$\iint_S \mathbf{F}\cdot\mathbf{n}\,d\sigma = \iiint_D \nabla\cdot\mathbf{F}\,dV$$

Tanjantsal (Yüzeye normal) Green teoremi

$$\oint_C \mathbf{F}\cdot d\mathbf{r} = \iint_R \nabla\times\mathbf{F}\cdot\mathbf{k}\,dA$$

Stokes teoremi

$$\oint_C \mathbf{F}\cdot d\mathbf{r} = \iint_S \nabla\times\mathbf{F}\cdot\mathbf{n}\,d\sigma$$

Yüzey ve Hacim İntegralleri

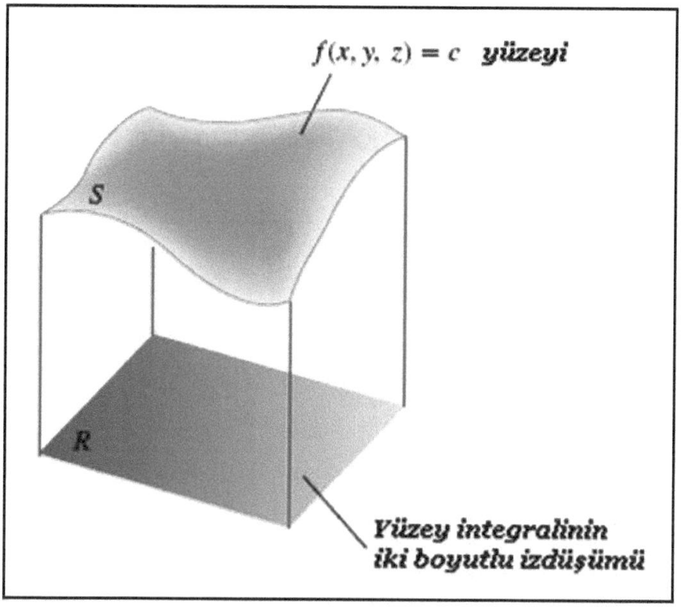

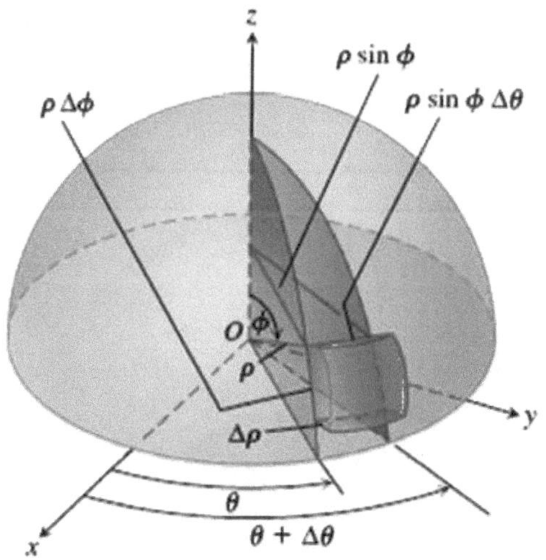

Küresel koordinat sisteminde diferansiyel Hacim elemanı

$$dV = d\rho \cdot \rho\, d\phi \cdot \rho \sin\phi\, d\theta$$
$$= \rho^2 \sin\phi\, d\rho\, d\phi\, d\theta.$$

Bazı fonksiyonların yüzey integralleri bildiğimiz nesnelere benzeyen şekiller verir. Bir örnek: *Lemniskat* $(\rho = 2\sin\phi)$ ve *Kardioid (Kalp)* eğrisinin $(\rho = 1-\cos\phi)$ kendi ekseni etrafında döndürülmesi *Kabak* ve *Elma* şekillerini meydana getirir. İlginçtir ki, -Newton'un başına düşen!- elmanın şeklini belirleyen yüzey alanı, katı bir cismin eylemsizlik momentine ilişkin üç katlı hacim integraline denk gelir.

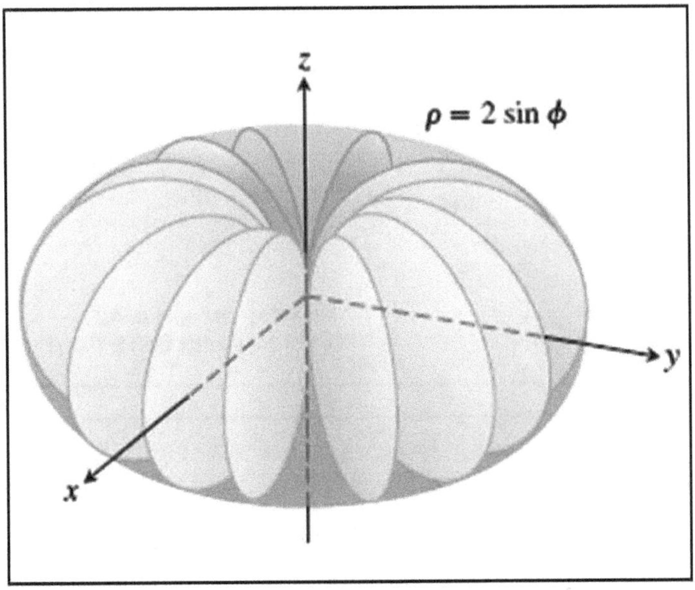

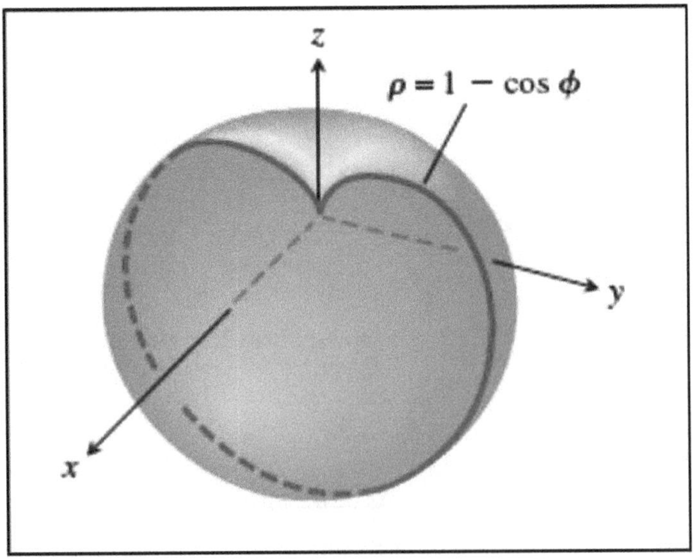

$\vec{A}$ vektör alanını ve şekilde görülen S yüzeyini göz önüne alalım. S yüzeyini δS_1, δS_2, ..., δS_n gibi küçük parçalara ayıralım. Her bir yüzey parçasının bulunduğu yerde $\vec{A}$ vektör alanının "ortalama" değerini $\vec{A}_1$, $\vec{A}_2$, ... $\vec{A}_n$ ile gösterilim ve her bir δS_k yüzeyinde dik birim vektör $\vec{u}_k$, δS_k'nın dışına doğru pozitif alınır.

$\sum \hat{u}_i \vec{A}_i . \delta S_i \cong \vec{A}$ vektör alanının S yüzeyi üzerindeki akışlı toplamını hesaplar ve $\delta S_i \rightarrow$ D limitini alırsak yüzey integrali kavramına ulaşırız:

$$\int \vec{A}.\hat{n}dS = \lim_{\delta S_i \rightarrow u_i} \sum \hat{n}_i \vec{A}_i . dS_i$$

Genel olarak sonsuz küçük yüzey elemanı,

$$d\overline{S} = \hat{n}dS$$

olarak tanımlanır, böylece yüzey integrali,

$$\int \vec{A}.d\vec{S}$$

şeklinde yazılır ve S yüzeyi kapalı bir yüzey ise,

$$\oint \vec{A}.d\vec{S}$$

şeklinde gösterilir, burada $d\overline{S}$ her yerde yüzeyin içinden dışına doğru yöneltilmiştir. Böyle bir integrali hesaplayabilmek için $\vec{A}$ ve $d\overline{S}$'yi açık fonksiyonel formda ifade edebilmeliyiz. İki değişken üzerinden hesaplanan integrallere çift hatlı integraller adı verilir. Genel olarak,

$\int \vec{A}.d\vec{S}$: A'nın S yüzeyi üzerinden akışını ifade eden çift katlı integraldir.

$\oint \vec{A}.d\vec{S}$, $\oiint_S \vec{A}dS$ olarak kapalı yüzey boyunca yüzey integrali (Çift katlı integral)

$\oint \vec{A}.d\vec{\ell}$, $\oint_L \vec{A}dL$ olarak kapalı yol boyunca çizgi integrali (Tek katlı integral)

$\oint \vec{A}.d\vec{V}$, $\oiiint_V \vec{A}dV$ olarak kapalı hacim boyunca hacim integrali (Üç katlı integral) olarak tanımlanır.

Hacim integralinde dϑ uzayın V gibi bir kapalı bölgesinde tanımlanan sonsuz küçük bir diferansiyel hacim elemanıdır (Örneğin, Kartezyen koordinatlarda dϑ= dx.dy.dz'dir). Hacim integralleri, üç katlı integrallerdir ve Birleşik alan teorisinde yük veya kütle yoğunluklarının hesaplanmasında kullanılırlar.

Katı Açılar ve Akı Teorisi

Elektromanyetizmada çoğu zaman bir vektör alanının bir yüzey üzerinde akısını hesaplama gerekir. $d\overline{S}$ yüzey elemanı üzerinde $\vec{A}$ alanının akısı $\vec{A}\,.\,d\overline{S}$ olarak tanımlıdır ve sonlu bir S yüzeyi üzerinde $\vec{A}$'nın oluşturduğu yüzey akısı;

$$\ell im_{n\to\infty} S_n = \iint_R f(r,\theta)dA$$

$$A = \frac{1}{2}\theta r^2, \qquad \phi = \int \vec{A} dS$$

$$\ell im_{n\to\infty} S_n = \iint_R f(r,\theta)rdrd\theta$$

$$\iint_R f(r,\theta)dA = \int_{\theta=\alpha}^{\theta=\beta} \int_{r=g_1(\theta)}^{r=g_2(\theta)} f(r,\theta)rdrd\theta$$

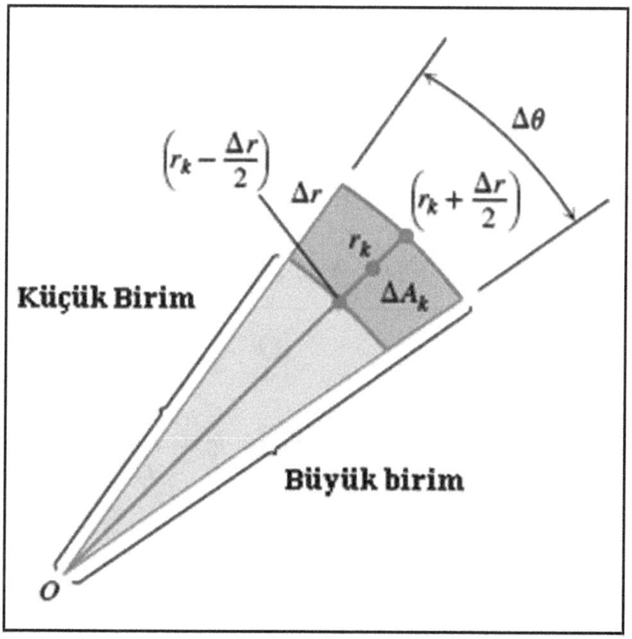

Figure 31

olarak sonsuz küçük diferansiyel artışların toplamı olarak hesaplanır. Burada $d\overline{S}$ 'nin yönü yukarıda tanımlandığı gibi yüzeyin içinden dışına ve dik doğrultudadır.

Diferansiyel Hesap

$\vec{u}$ vektör alanının *t* skaler değişkeninin sürekli fonksiyonu olsun. bu şekilde *t* değiştikçe $\vec{u}$ da değişecektir ve örneğin $\vec{u}$, P noktasının yer vektörü ise, *t* değiştikçe P noktası uzayda sürekli bir eğri üzerinde hareket edecektir. C sürekli ve çizgisel integrali alınabilen bir vektör fonksiyonunu göstermek üzere, *t=t* noktasında *t=t+δt* kadar diferansiyel (sonsuz küçük) bir artımın meydana geldiğini düşünürsek;

Analiz kuramında benzer şekilde d$\vec{u}$ /dt türevi, δ*t*→ *D* limitinde δ$\vec{u}$ /*δt*'nin alacağı değer olarak tanımlanır;

$$\frac{d\vec{u}}{dt} = \lim_{\delta t \to u} \frac{\delta\vec{u}}{\delta t}$$

$$= \lim_{\delta t \to u} \frac{\left(\vec{i}\,\delta u_x + \vec{j}\,\delta u_y + \vec{k}\,\delta u_z\right)}{\delta t}$$

$$= \vec{i}\,\frac{du_x}{dt} + \vec{j}\,\frac{du_y}{dt} + \vec{k}\,\frac{du_z}{dt}$$

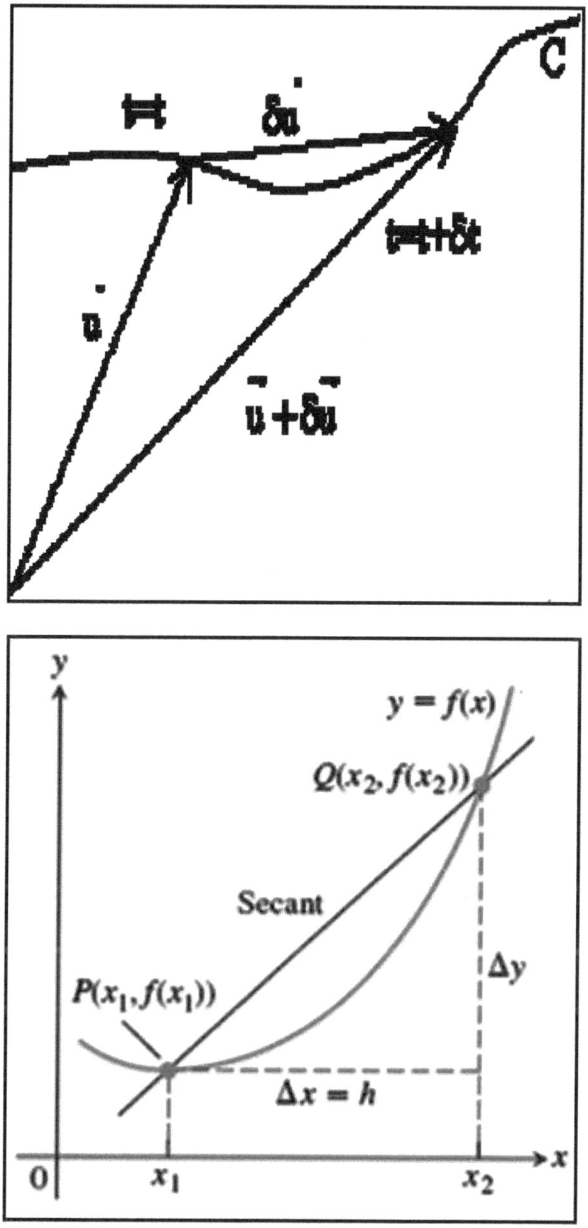

Figure 32

böylece bir vektörün türevi bileşenlerinin türevleri cinsinden ifade edilir. Diferansiyel alma için bilinen kurallar burada da geçerlidir:

$$\frac{d}{dt}\left(\vec{u}\ +\vec{v}\right)=\frac{d\vec{u}}{dt}+\frac{d\vec{v}}{dt}$$

$$\frac{d}{dt}(a\vec{u})=a\frac{d\vec{u}}{dt}$$

$$\frac{d}{dt}(\vec{f}\vec{u})=\frac{d\vec{f}}{dt}\vec{u}+\vec{f}\frac{d\vec{u}}{dt}$$

$$\frac{d}{dt}(\vec{u}.\vec{v})=\frac{d\vec{u}}{dt}\vec{v}+\frac{d\vec{v}}{dt}\vec{u}$$

$$\frac{d}{dt}(\vec{u}\times\vec{v})=\vec{u}\times\frac{d\vec{u}}{dt}+\vec{v}\times\frac{d\vec{v}}{dt}$$

Diferansiyel hesabın zincir kuralı:

$$\frac{\partial F(x,t)}{\partial t}=\frac{\partial F(x,t)}{\partial x}\frac{\partial x(t)}{\partial t}$$

$$\frac{\partial F(x,y,z,t)}{\partial t}=\frac{\partial F}{\partial t}\frac{\partial t}{\partial x}+\frac{\partial F}{\partial t}\frac{\partial t}{\partial y}+\frac{\partial F}{\partial t}\frac{\partial t}{\partial z}$$

$$=\frac{\partial F(x,y,z,t)}{\partial x}\frac{\partial x(t)}{\partial t}+\frac{\partial F(x,y,z,t)}{\partial y}\frac{\partial y(t)}{\partial t}$$

$$+\frac{\partial F(x,y,z,t)}{\partial z}\frac{\partial z(t)}{\partial t}$$

Vektör Hesabı

Gradient

f(x, y, z) bir skaler alan olsun ve (x, y, z) noktasından sonsuz küçük vektör, $d\vec{\ell} = \vec{i}\,d_x + \vec{j}\,d_y + \vec{k}\,d_z$ olmak üzere eğri üzerinde df kadar ayrıldığımızda f(x, y, z)'nin nasıl değiştiğin bilmek istediğimizi düşünelim. Temel analiz kuramına göre,

$$df = \left(\frac{\partial f}{\partial x}\right)d_x + \left(\frac{\partial f}{\partial y}\right)d_y + \left(\frac{\partial f}{\partial z}\right)d_z$$

olduğunu biliyoruz. df ifadesinin $d\vec{\ell}$ ile belli bir $\vec{A}$ vektörünün skaler çarpım olarak yazabiliriz, $df = \vec{A}.d\vec{\ell}$. Yukarıdaki iki df bağıntısını kıyaslarsak,

$$\vec{A} = \frac{\partial f}{\partial x}\vec{i} + \frac{\partial f}{\partial y}\vec{j} + \frac{\partial f}{\partial z}\vec{k}$$

olduğunu görürüz. Fonksiyonun herhangi bir aralıkta artış veya azalış gösterip göstermemesine göre Gradyan herhangi bir noktada, aşağıdaki grafikte belirtildiği gibi, pozitif veya negatif olabilir.

$\vec{A}$ vektöründe "*f'nin gradienti*" adı verilir ve gradient operatörü $\vec{\nabla}$ (veya "del")

$$\vec{\nabla} = \vec{i}\,\frac{\partial}{\partial x} + \vec{j}\,\frac{\partial}{\partial y} + \vec{k}\,\frac{\partial}{\partial z}$$

şeklinde tanımlanmak üzere $\vec{\nabla} f$ şeklinde yazılır. Bu durumda, df diferansiyeli;

$$df = \vec{\nabla} f . d\vec{\ell}$$

olarak yazılır, buradan $\vec{\nabla} f$ 'nin, büyüklük ve doğrultusu f'nin en büyük uzaysal değişim hızına eşit olan bir vektör olduğunu görürüz. Bu yüzden $\vec{\nabla} f$, f'nin daha büyük değerlerine doğru yönelmiş bir vektör operatörünü tanımlamaktadır.

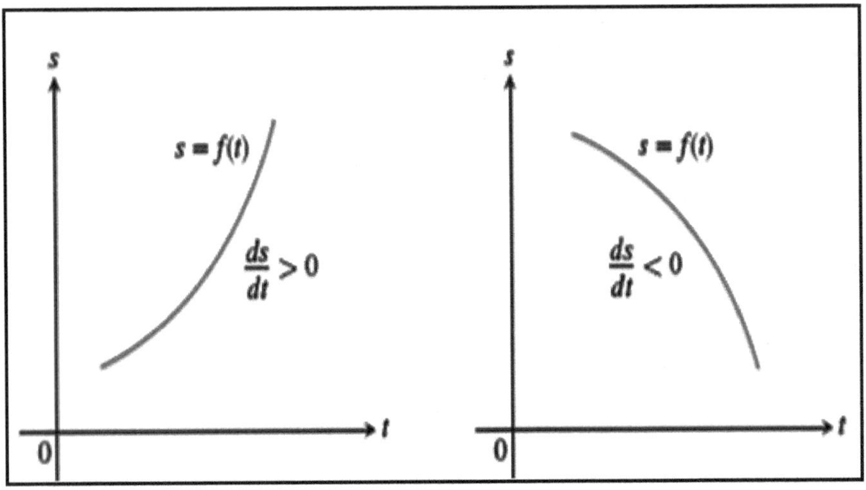

Figure 33

Bazı temel gradient özdeşlikleri:

$$\nabla(kf) = k\nabla f$$
$$\nabla(f+g) = \nabla f + \nabla g$$
$$\nabla(f-g) = \nabla f - \nabla g$$
$$\nabla(fg) = f\nabla g + g\nabla f$$
$$\nabla\left(\frac{f}{g}\right) = \frac{g\nabla f - f\nabla g}{g^2}$$

DİVERJANS TEOREMİ (GAUSS YASASI)

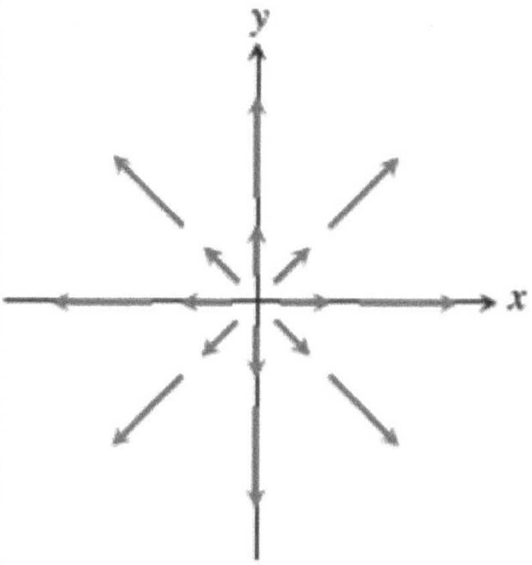

Diverjansı pozitif olan bir vektör alanı

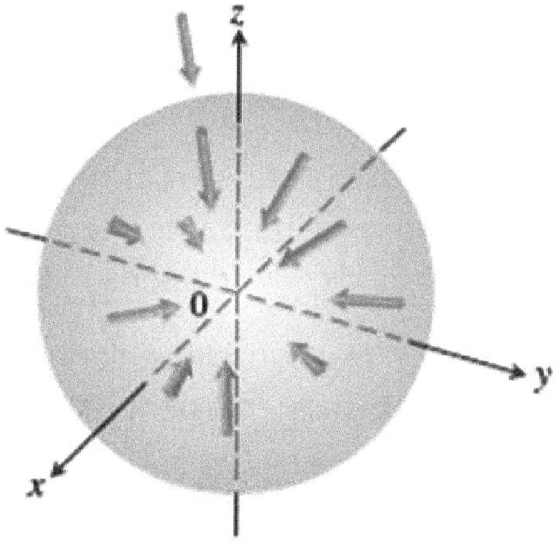

Kütleçekim alanının Diverjansı

Figure 34

Aşağıdaki şekilde, $\vec{A}$ vektör alanının S yüzeyi üzerinden akısının,

$$\int_S \vec{A}.d\vec{S}$$

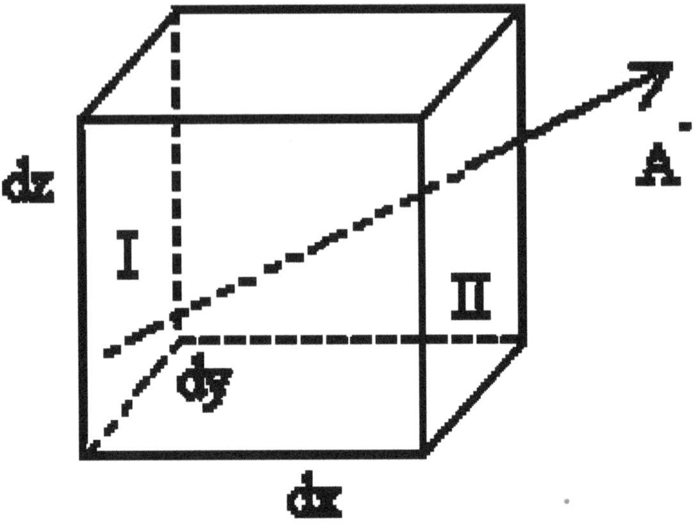

Figure 35

olarak hesaplanacağını düşünürsek, akının hesabı için aşağıda gösterilecek değişik bir yöntem daha vardır. (x, y, z) noktasını içine alacak şekilde yerleştirilmiş dx, dy, dz sonsuz küçük hacim elemanını göz önüne alalım. $\vec{A}$ alanının bileşenlerinin x, y, z koordinatlarının fonksiyonları olarak belirlendiklerini varsayalım ve I ve II yüzeyleri boyunca $\vec{A}$'nın akısının hesaplayalım. Sağ yüz üzerinde A_x üç değeri bu yüz üzerindeki ortalama değerdir, böylece dışarı doğru akı,

$$d\phi_R = \left(A_x + \frac{\partial A_x}{\partial_x} \cdot \frac{dv}{2} \right) dydz$$

sol yüzdeki akı içeri doğrudur:

$$d\phi_L = -\left(A_x - \frac{\partial A_x}{\partial_x} . \frac{dx}{2} \right) dydz$$

böylece bu iki yüzden geçen toplam dışarı doğru akı $(\delta A_x/\delta_x)$ dx.dy.dz'ye eşit olur. Benzer şekilde, küpün diğer yüzleri üzerinden geçen toplam dışarı doğru akıları hesaplar ve toplarsak;

$$\phi = \int_S \left(\frac{\partial A_x}{\partial_x} + \frac{\partial A_y}{\partial_y} + \frac{\partial A_z}{\partial_z} \right) dxdydz$$

Buluruz.

Sonsuz küçük hacim elemanı içinde,

$$\left(\frac{\partial A_x}{\partial_x} + \frac{\partial A_y}{\partial_y} + \frac{dA_z}{\partial_z} \right)$$

büyüklüğü, birim hacim başına dışarı doğru toplam akıyı verir ve (x, y, z) noktasında $\vec{A}$ vektör alanının diverjansı adını alır. Bu büyüklük , div $\vec{A}$ olarak veya $\vec{\nabla}$ operatörü kullanılarak,

$$div\vec{A} = \vec{\nabla}.\vec{A} = \left(\frac{\partial A_x}{\partial_x} + \frac{\partial A_y}{\partial_y} + \frac{\partial A_z}{\partial_z} \right)$$

skaler olarak yazılmış olur. Bu vektör alanının diverjansı skaler bir büyüklüktür. Bu hesaba sonsuz küçük hacim elemanından sonlu bir hacme genellemek için, sonlu hacmi sonsuz küçük hacim elemanlarına bölmek ve bunlar üzerinde toplam almak gerekir. Birbirlerine bitişik yüzeylerde bir hacim elemanı için bu akı değerinin bir parçası dışarı doğru; diğer için ise, içeri doğru olur ve bütün hacim üzerinden alınan toplamda bu katkılar birbirlerini yok edeceklerinden yalnızca dış yüzey üzerinden dışarı doğru akı elde edilir ve sonuç;

$$\phi_{Top} = \int_V \vec{\nabla}.\vec{A} d\tau$$

olarak bulunur.

Yukarıda verilen akı tanımı ile;

$$\int_V \vec{\nabla}.\vec{A} d\tau = \oint_S \vec{A}.d\vec{S}$$

yazılabilir. Bu eşitlik "*Diverjans Teoremi*"nin ifadesidir. Eşitliğin sağ yanındaki integral, kapalı S yüzeyi boyunca; soldaki hacim integrali ise, S ile sınırlı hacim üzerinden alınacaktır.

ROTASYONEL VE STOKES TEOREMİ

P(x,y), herhangi bir sürekli vektör alanına ait bir fonksiyonu tanımlasın.

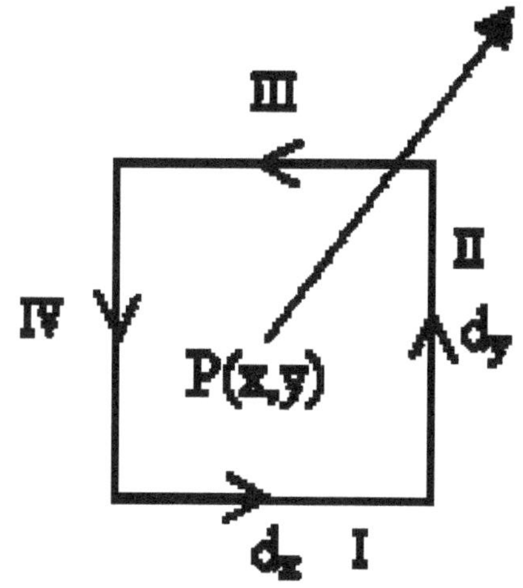

Bundan önce $\int \vec{A}.d\vec{\ell}$ çizgisel integral kavramını tanımlamıştık ve kapalı bir yörünge boyunca çizgisel integrali sıfır olan korunumlu vektör alanı kavramını vermiştik. Şimdi bir $\vec{A}$ vektör alanının yukarıdaki gibi herhangi bir kapalı yol boyunca çizgisel integralini hesaplamaya çalışalım. Basitlik için kapalı yörünge olarak xy, düzlemi içinde sonsuz küçük dC yolunu alırsak, böylece I-III ve II-IV karşılıklı diferansiyel akım elemanlarının toplamı:

$$\oint_{dC} \vec{A}.d\vec{\ell} = \oint A_x dx + \oint A_y dy$$

şeklinde ifade edilebilir.

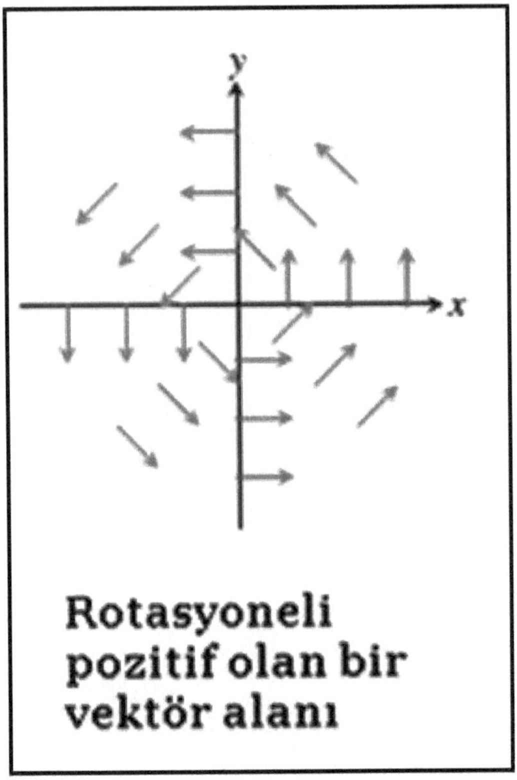
y
x
Rotasyoneli
pozitif olan bir
vektör alanı

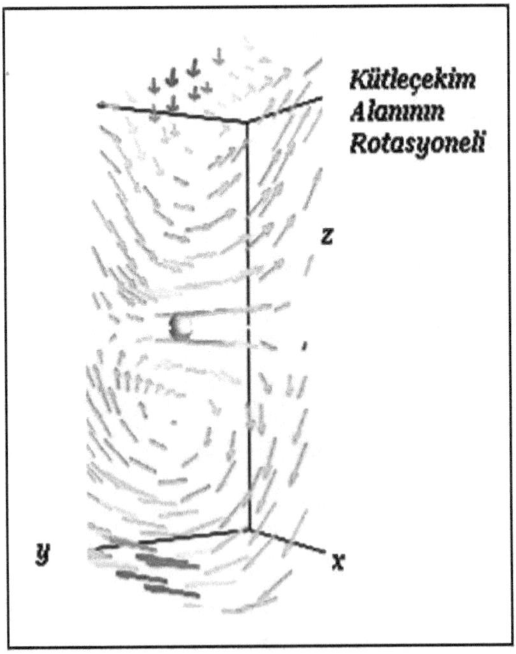
Kütleçekim
Alanının
Rotasyoneli
z
y
x

Figure 36-37

Yukarıdaki verilen çizgisel integral ifadesine benzer şekilde buradaki integralleri,

$$\oint_{dC} \vec{A}_x.dx\left(A_x - \frac{\partial A_x}{\partial_y}.\frac{d_y}{2}\right)d_x - \left(A_x + \frac{\partial A_x}{\partial_y}.\frac{d_y}{2}\right)d_x$$

olarak hesaplayabiliriz ki, iki parantez içindeki işaret farkı alt ve üst parçalarda çizgi elemanlarının ters işaretli oluşundan kaynaklanmaktadır. Sonuç olarak,

$$\oint_{dC} \vec{A}_x.dx = -\left(\frac{\partial A_x}{\partial_y}\right)d_x d_y$$

bulunur, benzer şekilde,

$$\oint_{dC} \vec{A}_y.dy = \left(\frac{\partial A_y}{\partial_x}\right)d_x d_y$$

ve her iki integrali toplarsak,

$$\oint_{dC} \vec{A}.d\vec{\ell} = \left(\frac{\partial A_y}{\partial_x} - \frac{\partial A_x}{\partial_y}\right)dx\,dy$$

sonucuna varırız.

Elde edilen sonuç yalnızca çizgisel integral alırken eğer üzerinde dolaşma yönünün sağ el kuralıyla belirlenmesine bağlı olacaktır. Çizgisel integrallerin hesabı standart gereği sağ el kuralına göre yapılır.

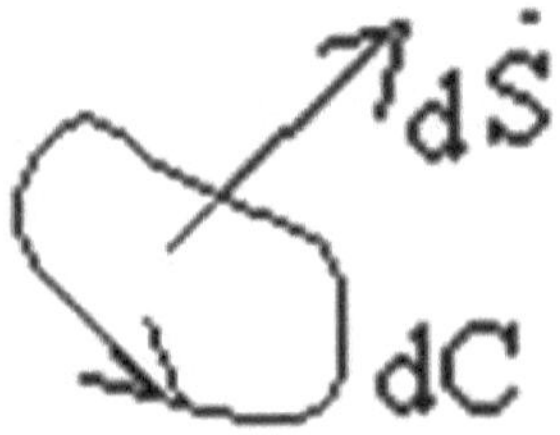

Figure 38

$\delta A_y/\delta_x - \delta A_x/\delta_y$, $\vec{A}$'nın rotasyoneli olarak isimlendirilen $\vec{\nabla} \times \vec{A}$ vektörünün 2. bileşenidir. Üç boyutlu uzayda sonsuz küçük değeri, eğri boyunca hesaplamak için yukarıdaki sonuç, genel olarak;

$$\oint_{dC} \vec{A}.d\vec{\ell} = \left(\vec{\nabla} \times \vec{A}\right) d\vec{S}$$

şekline girer ki, buradaki $d\overline{S}$ sonsuz küçük eğri ile sınırlı yüzey elemanıdır ve yönü sağ el kuralıyla belirlenir. Sonlu bir eğri boyunca integral almak için bu eğriyi sonsuz küçük kapalı halkalar ağına böler ve rotasyonelin fiziksel anlamını tanımlar ki, bunlar üzerinden toplam alırsak, bitişik eğriler üzerinde dönüş yönleri farklı nedeniyle toplamlar sıfır olacağından yalnızca dış eğri boyunca çizgisel integral elde edilir:

$$\oint_{C} \vec{A}.d\vec{\ell} = \int_{S} \left(\vec{\nabla} \times \vec{A}\right) d\vec{S}$$

Bu eşitlik "Stokes teoremi"nin ifadesidir.

LAPLASYEN

Bazı skaler alanların gradientinin diverjansı elektro-magnetizmada ve kütleçekim alanının hesaplanmasında (genel olarak pek çok fen bilimi ve mühendislik alanında kullanılan bir operatördür) önemli bir rol oynar.

$$\vec{\nabla}\phi = \left(\vec{i}\,\frac{\partial\phi}{\partial_x} + \vec{j}\,\frac{\partial\phi}{\partial_y} + \vec{k}\,\frac{\partial\phi}{\partial_z} \right)$$

olduğu için dik Kartezyen koordinatlarda,

$$\vec{\nabla}.(\vec{\nabla}\phi) = \vec{\nabla}^2\phi = \left(\frac{\partial^2\phi}{\partial^2_x} + \frac{\partial^2\phi}{\partial^2_y} + \frac{\partial^2\phi}{\partial^2_z} \right)$$

gibidir. $\vec{\nabla}^2$ operatörüne "*Laplasiyen*" adı verilir. Çoğu uygulamalarda dik kartezyen koordinatlar yerine diğer koordinat sistemleri, örneğin silindirik veya küresel koordinat sistemlerini kullanmak, açısal veya simetrik bileşenlerin birbirini götürmesi için bir avantaj sağlar. Bir koordinat sisteminden diğerine geçiş ilke olarak basittir ancak ekstra yorucu hesaplamalar gerektirir. Birleşik alan teorisinde sık kullanılan bazı diferansiyel ifadelerin kartezyen, silindirik ve küresel koordinatlardaki ifadeleri aşağıda verilmektedir.

Kartezyen koordinat sisteminde:

$$\vec{\nabla}^2\phi = div(grad\phi) = \vec{\nabla}.(\vec{\nabla}\phi)$$

$$= \frac{\partial^2\phi}{\partial_x^2} + \frac{\partial^2\phi}{\partial_y^2} + \frac{\partial^2\phi}{\partial_z^2}$$

$$= \frac{\partial}{\partial x}\left(\frac{\partial\phi}{\partial x}\right) + \frac{\partial}{\partial y}\left(\frac{\partial\phi}{\partial y}\right) + \frac{\partial}{\partial z}\left(\frac{\partial\phi}{\partial z}\right)$$

Küresel koordinat sisteminde:

$$\vec{\nabla}^2 t = \frac{1}{r^2}\frac{\partial}{\partial r}\left(r^2\frac{\partial t}{\partial r}\right) + \frac{1}{r^2 \sin\theta}\frac{\partial}{\partial\theta}\left(\sin\theta\frac{\partial t}{\partial\theta}\right)$$

$$+ \frac{1}{r^2\sin^2\theta}\frac{\partial^2 t}{\partial\phi^2}$$

Silindirik koordinat sisteminde:

$$\vec{\nabla}^2 t = \frac{1}{r}\frac{\partial}{\partial r}\left(r\frac{\partial t}{\partial r}\right) + \frac{1}{r^2}\frac{\partial^2 t}{\partial\phi^2} + \frac{\partial^2 t}{\partial z^2}$$

Tansör gösterimi:

$$\vec{\nabla}^2 T = T_{,kk}$$

KORUNUMLU ALANLAR

Herhangi bir kapalı C eğrisi boyunca,

$$\oint_C \vec{A}.d\vec{\ell} = 0$$

şartını sağlayan alanlara "*korunumlu vektör alanı*" denir. Stokes teoremini kullanarak,

$$\oint_C \vec{A}.d\vec{\ell} = \int_S \left(\vec{\nabla} \times \vec{A}\right) d\vec{S} = 0$$

olacağını söyleyebiliriz. Burada C eğrisi bütünüyle keyfi olduğundan sonucun daima sıfır çıkması için sağ taraftaki integral sıfır olmalıdır: $\vec{\nabla} \times A = 0$.

Dolayısıyla, herhangi bir korunumlu $\vec{A}$ alanı için $\vec{\nabla} \times A = 0$ olur.

Herhangi bir türevlenebilir skaler alan için, özdeşlik olarak $\vec{\nabla} \times (\vec{\nabla}\phi) = 0$'dır. Bu nedenle korunumlu olarak $\vec{A}$ vektör alanı, skaler bir alanın gradienti olarak yazılabilir: $\vec{A} = \vec{\nabla}\phi$, böylece $\vec{\nabla} \times A = 0$ eşitliği otomatik olarak sağlanır. İntegralin sonucu bir sabit içereceğinden, φ skaler alanında daima bir sabit belirsizliği vardır.

Korunumlu $\vec{A}$ alanı için aşağıdaki özellikler geçerlidir:

1. Herhangi bir kapalı C eğrisi $\oint_C \vec{A}.d\vec{\ell} = 0$ 'dır.

2. Uzayın her noktasında $\vec{\nabla} \times A = 0$ 'dır.

3. $\vec{A} = \vec{\nabla}\phi$ olacak şekilde ϕ herhangi bir skaler alanı bulunabilir.

VEKTÖR ÖZDEŞLİKLERİ

Aşağıda listelenen vektör özdeşlikleri birleşik alan teorisinde sıkça kullanılmaktadır. Özdeşliklerin hepsi sağ ve sol yanları açılıp benzer terimler kıyaslanarak ispatlanabilirler. Aşağıdaki özdeşliklerinde $\vec{A}$ ve $\vec{B}$ vektör alanları, V ve W skaler alanlar olsun.

1) $\vec{\nabla}.\left(\vec{A} + \vec{B}\right) = \vec{\nabla}.\vec{A} + \nabla.\vec{B}$

2) $\vec{\nabla}.\left(V + W\right) = \vec{\nabla}V + \vec{\nabla}W$

3) $\vec{\nabla} \times \left(\vec{A} + \vec{B}\right) = \vec{\nabla} \times \vec{A} + \nabla \times \vec{B}$

4) $\vec{\nabla}.\left(V.\vec{A}\right) = \vec{A}.\vec{\nabla}V + V\vec{\nabla}.\vec{A}$

5) $\vec{\nabla}\left(VW\right) = V\vec{\nabla}W + W\vec{\nabla}V$

6) $\vec{\nabla} \times \left(V\vec{A}\right) = \vec{\nabla}V \times \vec{A} + V\vec{\nabla} \times \vec{A}$

7) $$\vec{\nabla}.\left(\vec{A}\times\vec{B}\right)=\vec{B}.\vec{\nabla}\times\vec{A}-\vec{A}.\vec{\nabla}\times\vec{B}$$

8) $$\vec{\nabla}\left(\vec{A}.\vec{B}\right)=\left(\vec{A}\times\vec{\nabla}\right)\vec{B}+\left(\vec{B}.\vec{\nabla}\right)\vec{A}$$
$$+A\times\left(\vec{\nabla}\times\vec{B}\right)+\vec{B}\times\left(\vec{\nabla}\times\vec{A}\right)$$

9) $$\vec{\nabla}\times\left(\vec{A}\times\vec{B}\right)=\left(\vec{A}\vec{\nabla}\right)\vec{B}-\left(\vec{B}\vec{\nabla}\right)\vec{A}$$
$$+\left(\vec{B}.\vec{\nabla}\right)\vec{A}-\left(\vec{A}.\vec{\nabla}\right)\vec{B}$$

10) $$\vec{\nabla}.\left(\nabla\times\vec{A}\right)\equiv 0$$

11) $$\vec{\nabla}\times\left(\vec{\nabla}V\right)\equiv 0$$

12) $$\vec{\nabla}\times\left(\vec{\nabla}\times\vec{A}\right)=\vec{\nabla}\left(\vec{\nabla}.\vec{A}\right)-\vec{\nabla}^2\vec{A}$$

MATEMATİKSEL EK-II:

TEORİNİN GEOMETRİK TEMELLERİ

EUKLEİDES (ÖKLİD) VE LOBACHEVSKY GEOMETRİSİ

Eukleides geometrisi, klasik *geometri* olarak öğrendiklerimizden başka bir şey değildir. Ancak pek çok insan Eukleides kuramının, fizik kuramından çok bir matematik kuramı olduğunu düşünür. Kuşkusuz aynı zamanda bir matematik kuramıdır ama kesinlikle yegane *matematiksel geometri* değildir. Yaşadığımız dünyanın fiziksel uzayını çok doğru olarak tanımlar fakat bu mantıksal bir zorunluluk değildir, fiziksel dünyanın *gözlemlenen* özelliğidir.

Aslında Lobachevsky geometrisi (veya Hiperbolik geometri) olarak tanınan ve birçok bakımdan Eukleides geometrisine benzemekle birlikte bazı ince ayrıntılar yönünden farklı bir geometridir. Örneğin, bildiğimiz gibi bir üçgenin iç açılarının toplamı daima 180^0'dir. Bu, Eukleides geometrisine göre böyledir. Lobachevsky geometrisinde ise, bir üçgenin iç açılarının toplamı daima 180^0'den *küçüktür*. İkisinin arasındaki fark üçgenin alanı ile orantılıdır.

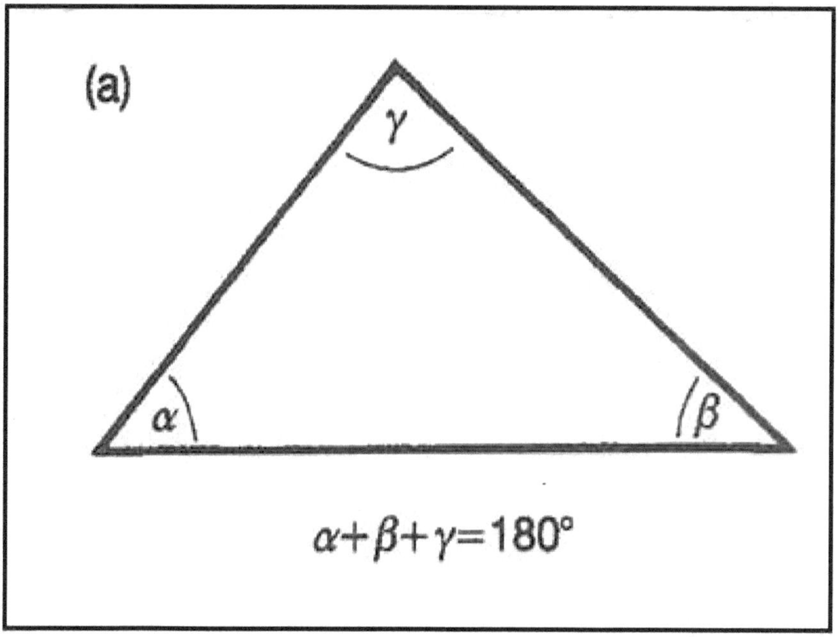

Figure 39: Eukleides geometrisinde bir üçgen.

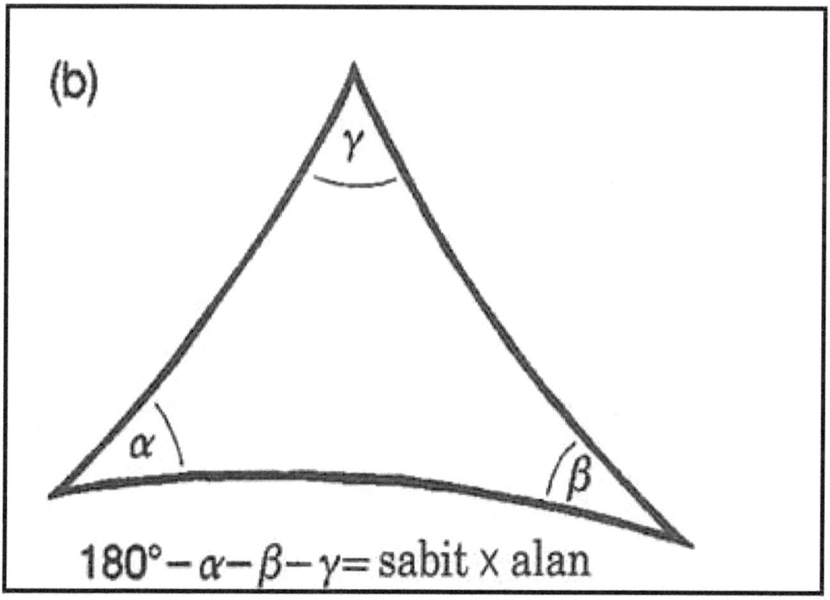

Figure 40: Lobachevsky geometrisinde bir üçgen.

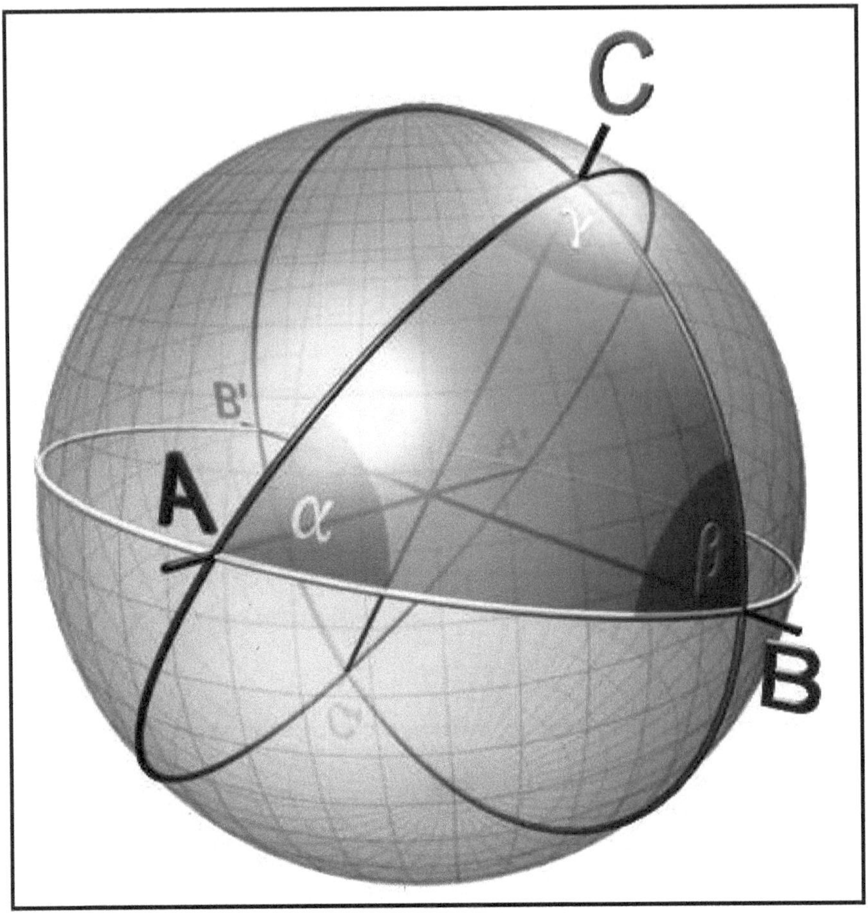

Figure 41: Riemann geometrisinde bir küre yüzeyi.

Lobachevsky'nin geometrisinin, kozmolojik ölçekte uzayı daha iyi modelize ettiği düşünülebilir. Ancak, bir üçgenin iç açılarındaki eksiklik ile alanı arasındaki *oransal değişmez değerin* son derece küçük olması gerektiğinden; Eukleides geometrisi, herhangi bir normal ölçekte gerçek uzay geometrisinin mükemmel (ideal) bir benzerini oluşturabilir. Gerçekte, Einstein'ın genel görelilik kuramı, uzayın geometrisinin Eukleides geometrisinden Lobachevsky geometrisine doğru saptığını anlatmaktadır.

MİNKOWSKY GEOMETRİSİ VE EİNSTEİN'IN ÖZEL GÖRELİLİK KURAMI

Maxwell denklemlerince sağlanan görelilik ilkesi, diğer adıyla *özel görelilik*, kavranması oldukça zor olan bir kuram olup; ilk bakışta, içinde yaşadığımız dünyanın gerçek nitelikleri olarak kabullenilmesi güç, önseziden uzak pek çok nitelik taşımaktadır. Aslında, özel göreliliğe son derece kendine özgü görüşleri olan Rus asıllı Alman matematikçi **Hermann Minkowsky**'nin (**1864-1909**) 1908'de bulduğu ek bir öğe olmaksızın doğru dürüst bir anlam verilemez. Minkowsky, **Einstein**'ın (**1879-1955**) hocasıydı. Temel nitelikte yeni görüşü, uzayla zamanı birbirinden ayrılmaz bir bütün olarak ele alması ve *dört boyutlu bir uzay-zaman* olarak nitelendirmesiydi.

Bir uzay-zaman şemasında, şemadaki her nokta bir olayı temsil eder. Başka bir deyişle, her nokta sadece bir an için varolur ve bu nedenle uzaydaki bir noktanın anlık bir varlığı vardır. Şemanın tümü geçmişi, şimdiki hali ve geleceği ile bütün tarihi gösterir. Bir parçacık zaman içerisinde sürekli olduğu için bir noktayla değil, parçacığın *dünya çizgisi* adı verilen bir eğriyle temsil edilir. Parçacık ivmesiz hareket ediyorsa *doğrusal*, ivmeli hareket ediyorsa *eğrisel* olan bu çizgi parçacığın varlığının tüm tarihçesini belirler. Görelilik kuramının önemli bir niteliği, hiçbir maddesel parçacığın ışık hızından daha hızlı hareket edememesidir. Evrenin yaratılış anındaki patlamadan (**BİG BANG**) çıkan tüm maddesel parçacıklar ışığın gerisinde kalmalıdırlar. Bunun uzay-zaman cinsinden anlamı, patlamadan çıkan parçacıkların dünya çizgilerinin *ışık konisi* içinde kaldıklarıdır. Bu özellikler uzay-zamanın her noktasında geçerli olmalıdır. Bu noktalardaki ışık konilerinin oluşturduğu küme, uzay-zamanın Minkowsky geometrisinin bir parçasını oluşturmaktadır. Üç boyutlu Eukleides geometrisinde, bir noktanın merkeze olan 'r' uzaklığı, standart kartezyen koordinatları cinsinden:

$r^2 = x^2 + y^2 + z^2$ ifadesiyle verilir. Bu ifadenin iki boyutlu hali, bildiğimiz Pythagoras (Pisagor) teoreminden ibarettir. Üç buyutlu Minkowsky geometrisi için, bir işaret farkıyla aynı ifadeyi yeniden yazarsak:

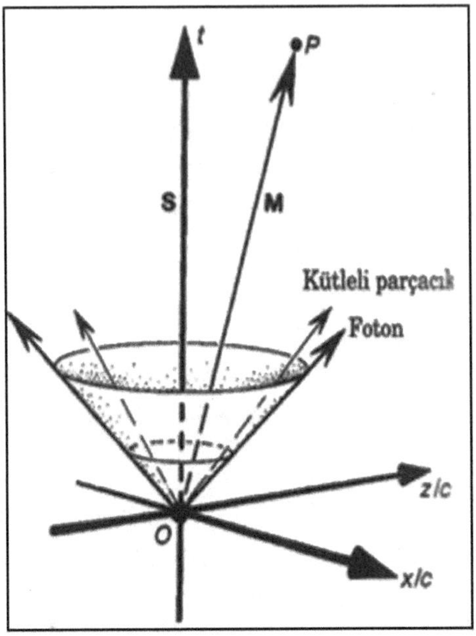

Figure 42

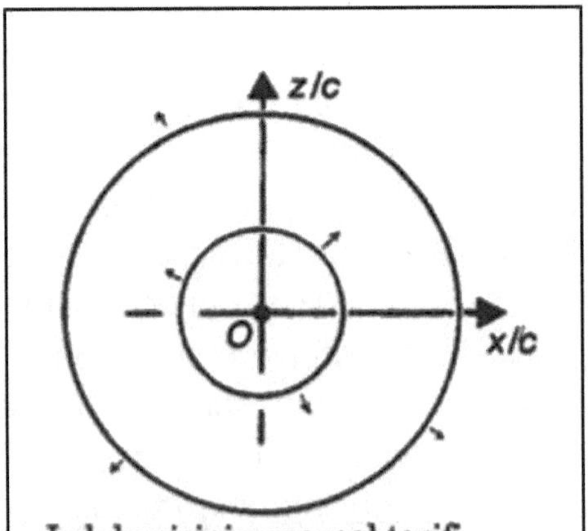

Işık konisinin uzaysal tarifi

Figure 43: Minkowsky uzay-zamanında, bir ışık konisi; '0' ile gösterilen uzay zaman merkezindeki bir patlamadan sonra ışık yayılımının tarihçesini tanımlar.

$s^2 = t^2 - \left(\frac{x}{c}\right)^2 - \left(\frac{z}{c}\right)^2$ ifadesiyle verilir. Bu ifadenin de 4-boyutlu Minkowsky geometrisi için eşdeğeri:

$$s^2 = t^2 - \left(\frac{x}{c}\right)^2 - \left(\frac{y}{c}\right)^2 - \left(\frac{z}{c}\right)^2$$ şeklinde olur.

Bu ifadedeki 'uzaklık' niceliği olan *s*'nin fiziksel anlamı, parçacığın O ve P olayları arasında yaşadığı zaman aralığıdır. Başka bir deyişle parçacık, son derece duyarlı bir saatle donatılı olsaydı, O ve P olaylarında bu saatin kaydedeceği zamanlar arasındaki fark tam olarak '*s*' değerine eşit olurdu. Hareketli bir gözlemci için (O merkezinden sabit hızla uzaklaşan) '*doğru*' süre ölçümü, özel göreliliğe göre *s* niceliği tarafından sağlanır.

Yukarıdaki formüle göre (*x/c*), (*y/c*) ve (*z/c*) terimlerinin tümü sıfır olmadığı sürece s^2, t^2'den küçük olacaktır. Farklı koordinat sistemlerinde birbirine göre bağıl hareket halindeki olaylar arasındaki zaman (*t*) ile kıyaslandığında saatin *"geri kalmasını"* sağlayacaktır. Fakat bu hareketin hızı *c*'den çok daha küçükse, bu durumda *s* ve *t* hemen hemen aynı değeri alacaklardır ve bu da *"hareket halindeki saatlerin neden geri kaldıklarının"* doğrudan farkına varamamamızın nedenini açıklayacaktır.

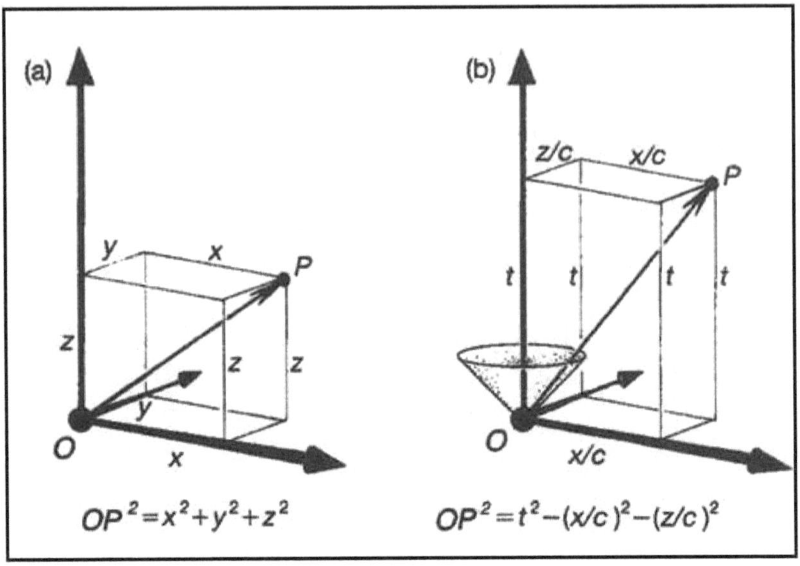

Figure 44: Uzaklık ölçümlerinin bir karşılaştırılması:

a) Eukleides geometrisinde uzaklık, b) Minkowsky geometrisinde uzaklık

(Uzaklık, bu durumda geçen zaman anlamındadır.)

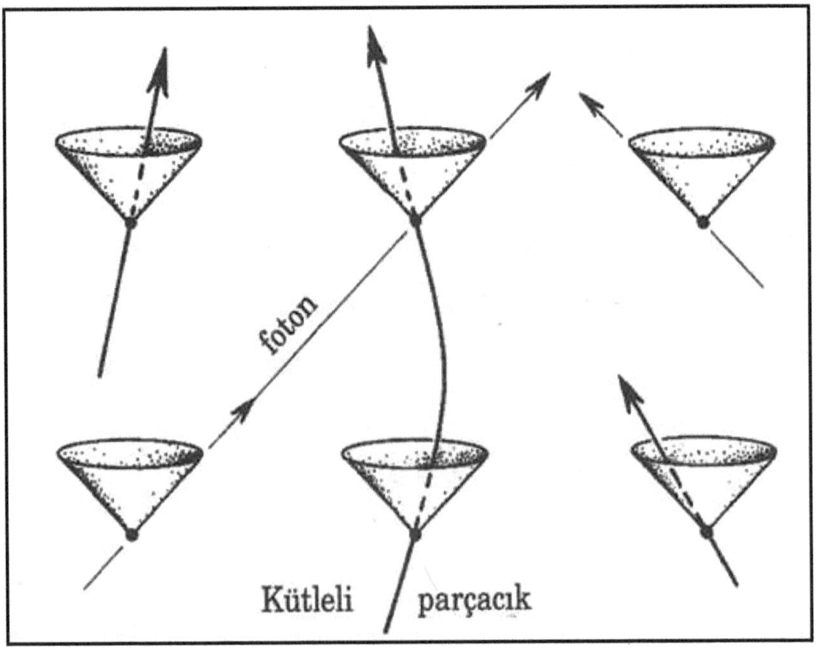

Figure 45: Minkowsky geometrisinin bir resmi.

5- BOYUTLU KALUZA GEOMETRİSİ

Daha önce Minkowsky geometrisi için bulduğumuz '*s*' uzaklık niceliğinin ifadesini, 5-Boyutlu *Kaluza geometrisi* için küresel koordinatlar (*r, θ, Φ*) cinsinden yazarsak:

$$|OP|^2 = s^2 = r^2\left(\cosh^2 \xi t^2 - \xi^2 - \theta^2 - \sin^2 \theta\phi^2\right)$$ elde edilir.

Burada ξ ile gösterilen nicelik ilave edilen 5. boyutun metrik bileşenidir. **Thomas KALUZA** tarafından 1919 yılında keşfedilen bu üst boyutta hareket eden parçacıkların ışık konileri, Minkowsky geometrisine benzer yalnız burada koni hiperbolik bir eğime sahip (coshξ bileşeninden dolayı) olacaktır.

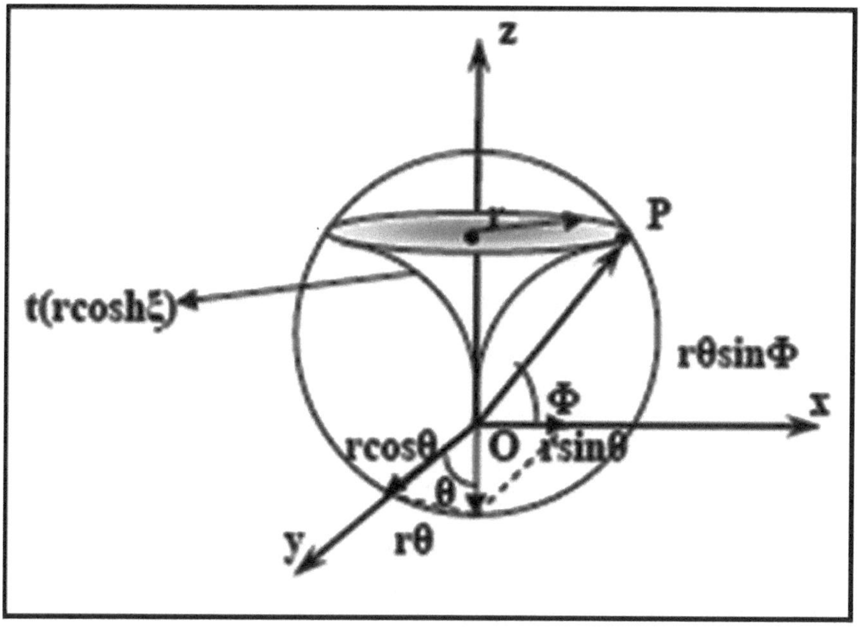

Figure 46: Küresel koordinat sisteminde (r, θ,Φ) 5-boyutlu KALUZA geometrisinin temsilî resmi.

İşte, bizim bu çalışmada teorik altyapısını oluşturacağımız 5-Boyutlu Relativitenin temeli bu *hiperbolik ışık konisinin* sınır yüzeyindeki geometrik bileşenlerin bir incelemesi olacaktır. Çünkü bu ışık konisinin iç kısmı, başka bir uzay (5. Boyut) olup; bu 5. boyutun *zarfı* veya sınırı bizim içinde bulunduğumuz 4-Boyutlu uzay-zamanı oluşturmaktadır.

Kısacası, 4-Boyutlu uzay-zaman eğriliğinin matematiksel ifadesi *5-Boyutlu eğrilik tansörü* ile verilmektedir. Daha sonraki bölümlerde bu tansörün de (kütleçekim alanı için kullanılan çözümlerinde) bileşenleri olduğunu göreceğiz. 'S' uzaklık niceliği bu durumda şu hale gelecektir:

$$|OP|^2 = s^2 = e^{2\nu(r)}t^2 - r_0^2 e^{2\psi(r)-2\nu(r)}\left(\xi + w(r)t - n\cos\theta\phi\right)^2$$
$$-r^2 - a(r)\left(\theta^2 + \sin^2\theta\phi^2\right)$$

ve teorinin ilerleyen kısımlarında, bu 5-Boyutlu uzaklık ifadesinin kütleçekimi alanı için çözümlerinin, 4-Boyutlu uzay-zamanda yazılan **v(r), ψ(r), w(r)** ve **a(r)**'ye ait **EİNSTEİN DENKLEMLERİ** olduğunu görmüş ve bu denklemlerin sınır yüzeyde yapılan çözümlerinin, **MAXWELL DENKLEMLERİ** ile aynı yapıda olan *Kütleçekim Alanına* eşit olduğunu bulmuştuk.

KURAM'DA KULLANILAN YÜZEY, HACİM VE TOPOLOJİK GEOMETRİK BAĞINTI & ŞEKİLLER İLE ORTOGONAL KOORDİNAT SİSTEMLERİ

Geometrik Özdeşlikler

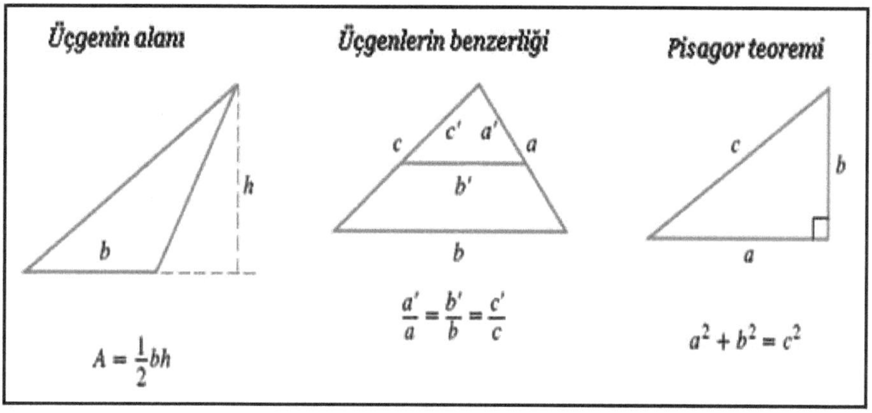

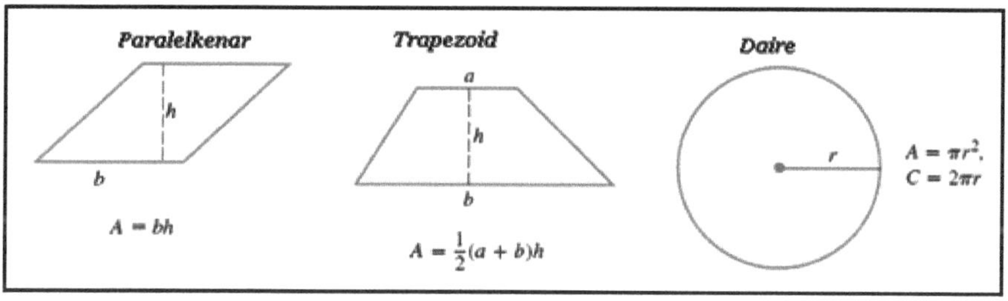

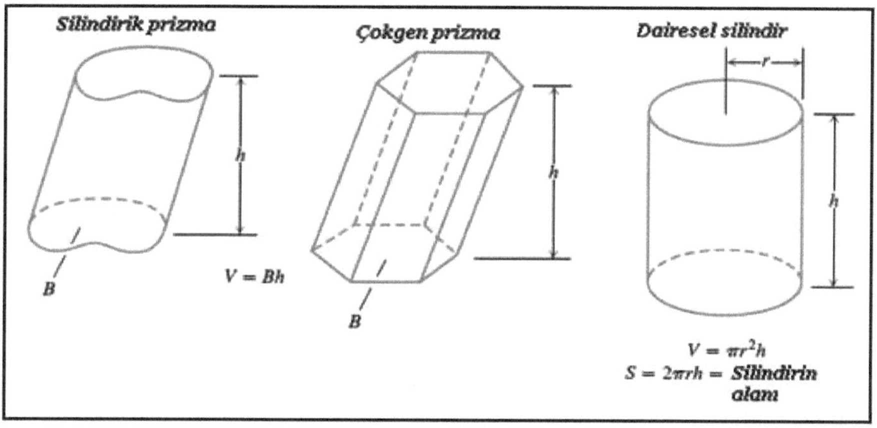

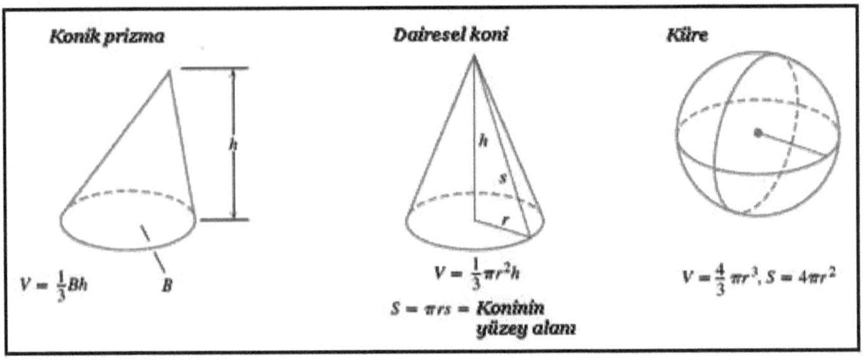

Geometrik Eğriler

Basit eğri ailesi

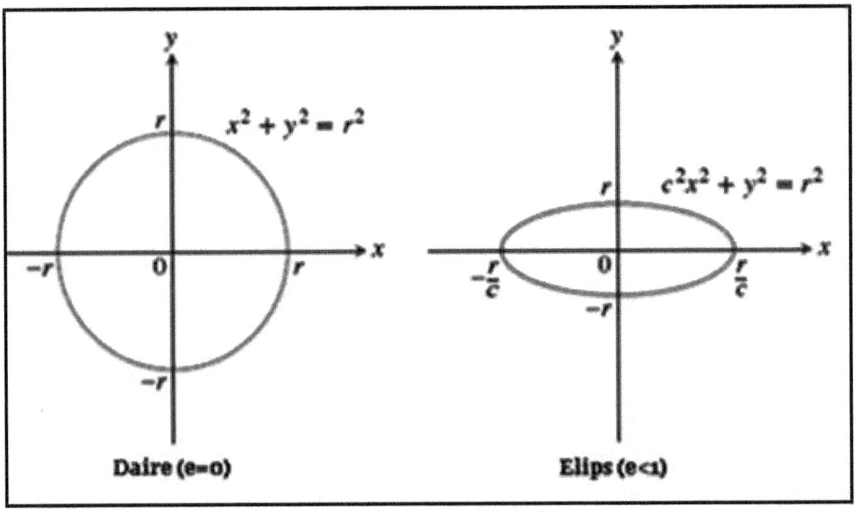

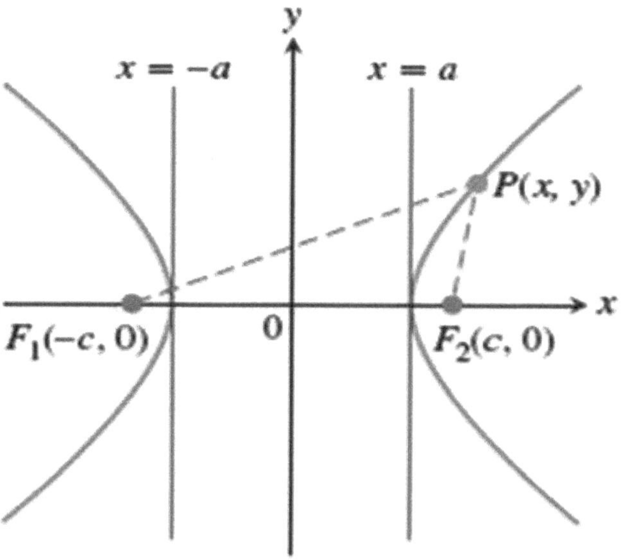

Hiperbol (e>1)

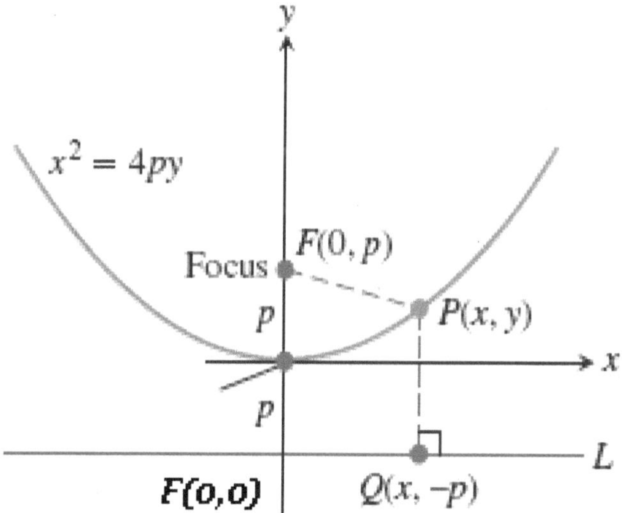

Parabol (e=1)

Komplex eğri ailesi

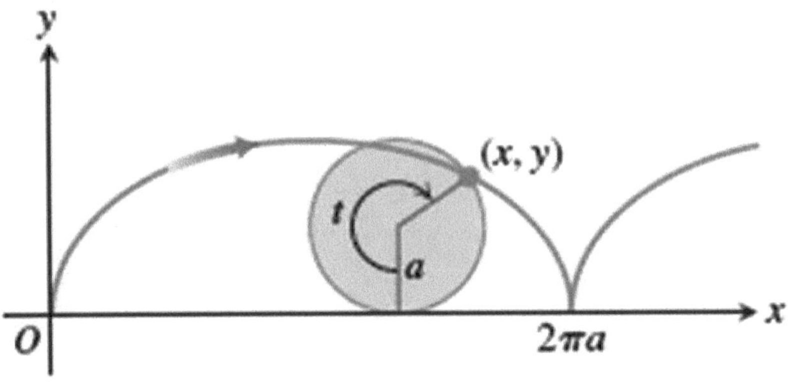

Sikloid

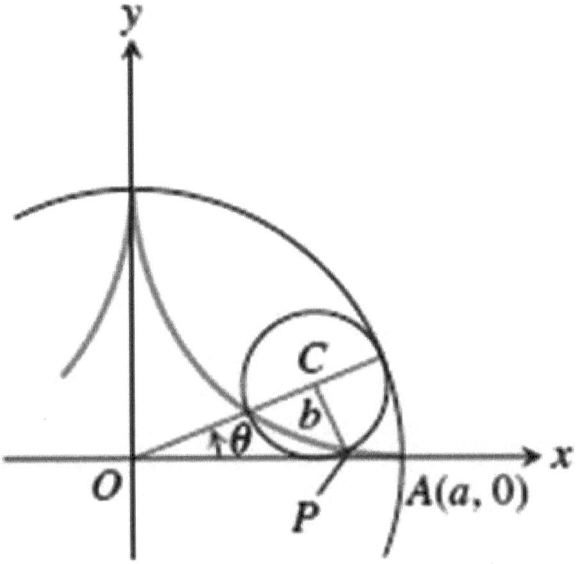

Hiposikloid

Trigonometrik eğri ailesi

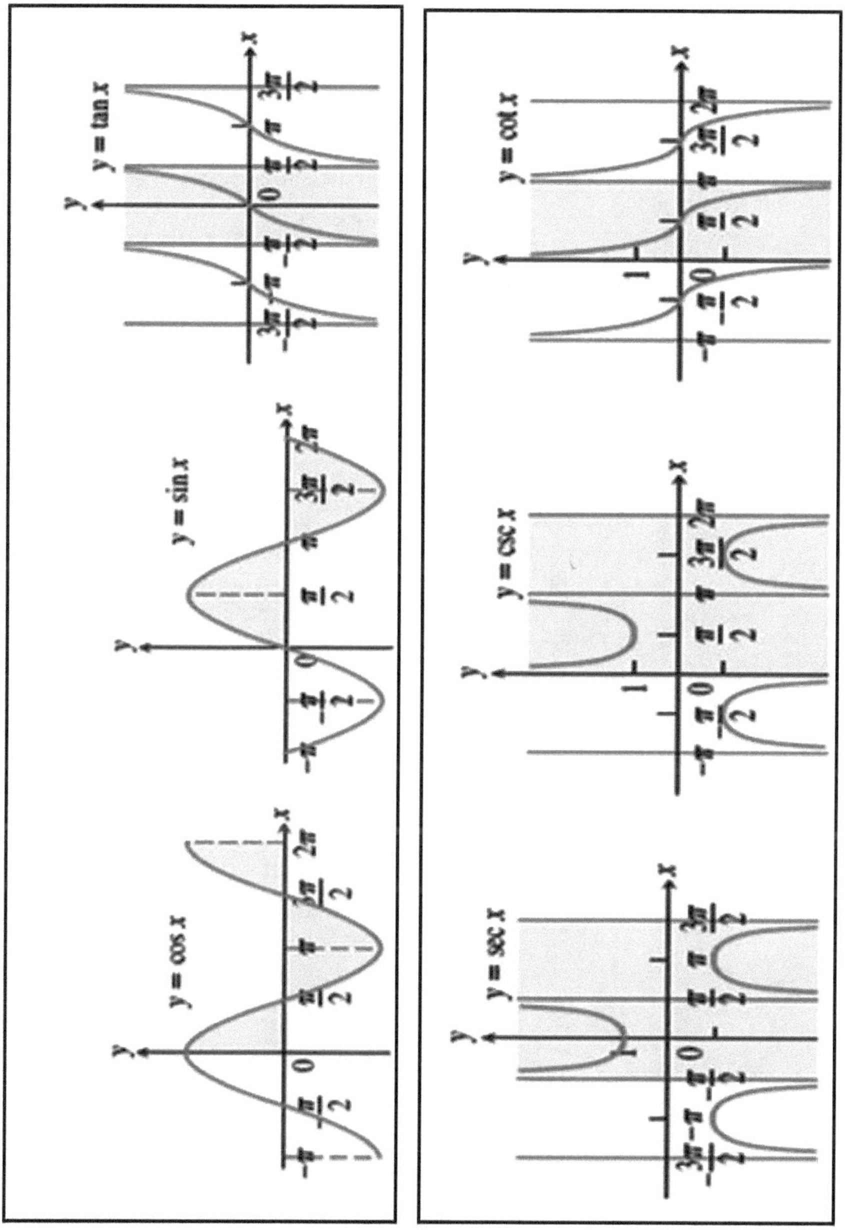

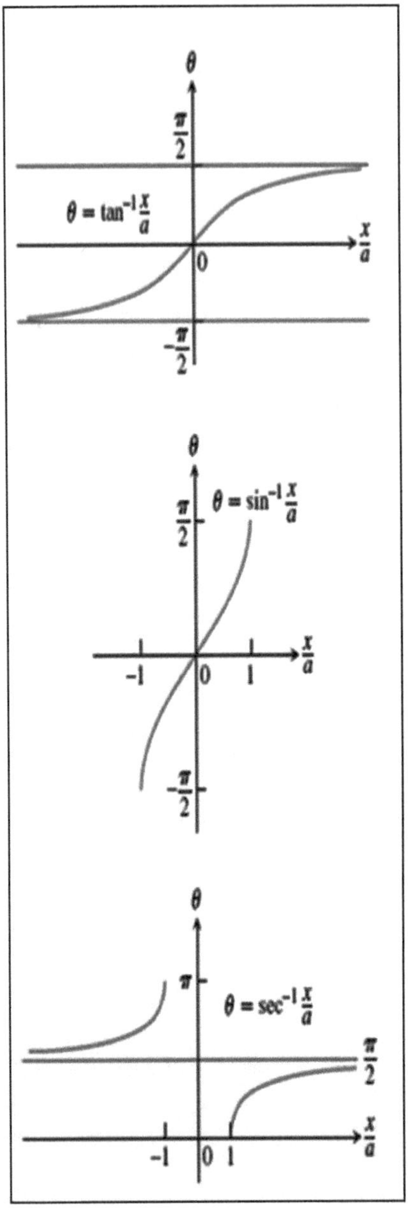

$$\sinh x = \frac{e^{x} - e^{-x}}{2}$$

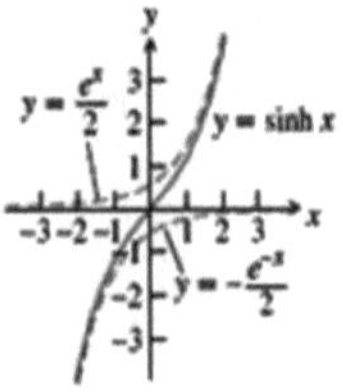

$$\cosh x = \frac{e^{x} + e^{-x}}{2}$$

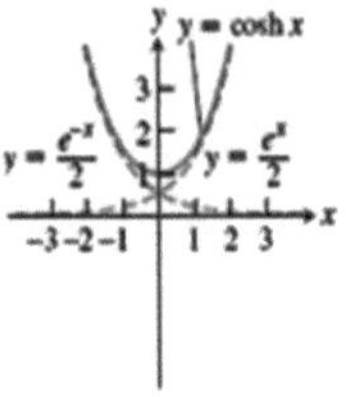

$$\tanh x = \frac{\sinh x}{\cosh x} = \frac{e^{x} - e^{-x}}{e^{x} + e^{-x}}$$

$$\coth x = \frac{\cosh x}{\sinh x} = \frac{e^{x} + e^{-x}}{e^{x} - e^{-x}}$$

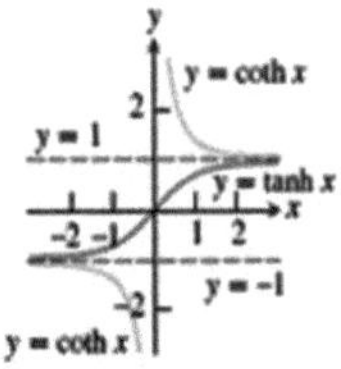

(c)

$$\operatorname{sech} x = \frac{1}{\cosh x} = \frac{2}{e^{x} + e^{-x}}$$

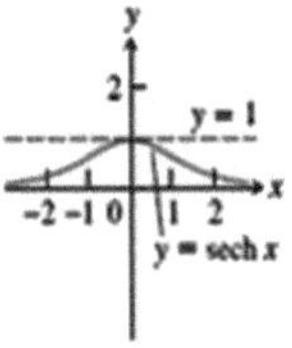

$$\operatorname{csch} x = \frac{1}{\sinh x} = \frac{2}{e^{x} - e^{-x}}$$

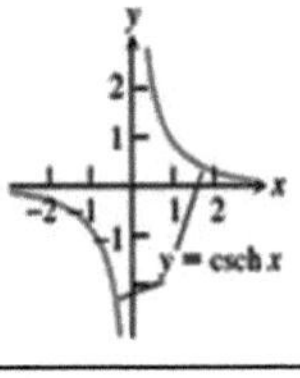

Katı Yüzeyler ve Hacimlerinin Hesaplanması

$$V = \int_a^b A(x)dx,$$

$$A(x) = \pi(radius)^2 = \pi[R(x)]^2,$$

$$V = \int_a^b A(x)dx = \int_a^b \pi[R(x)]^2 dx,$$

$$V = \int_{-a}^{a} A(x)dx = \int_{-a}^{a} \pi(a^2 - x^2)dx = \pi\left[a^2x - \frac{x^3}{3}\right]_{-a}^{a} = \frac{4}{3}\pi a^3$$

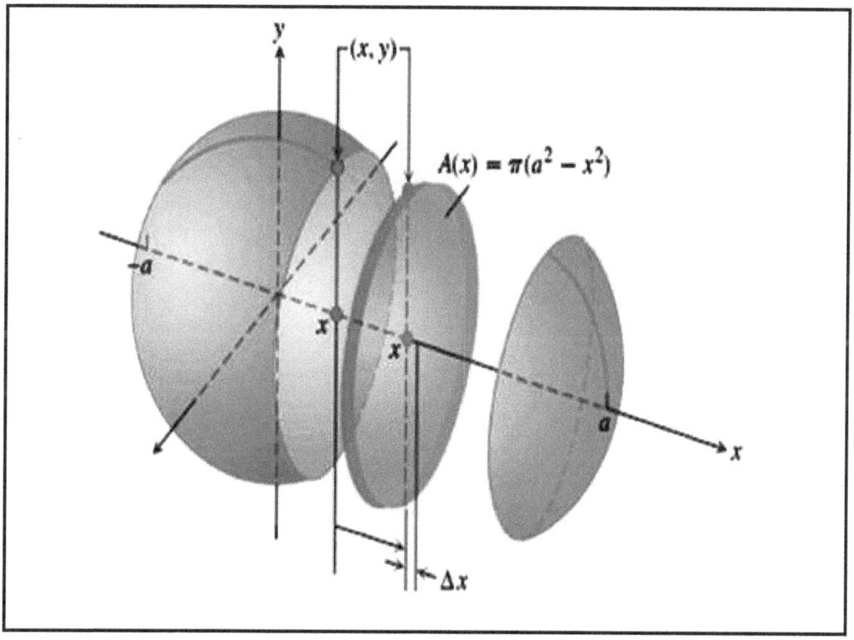

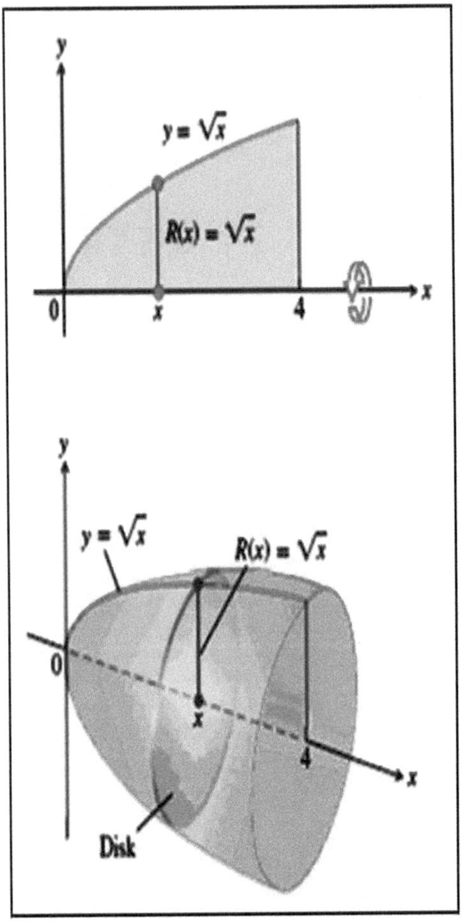
y
y = √x
R(x) = √x
0
x
4
x
y
y = √x
R(x) = √x
0
x
4
x
Disk

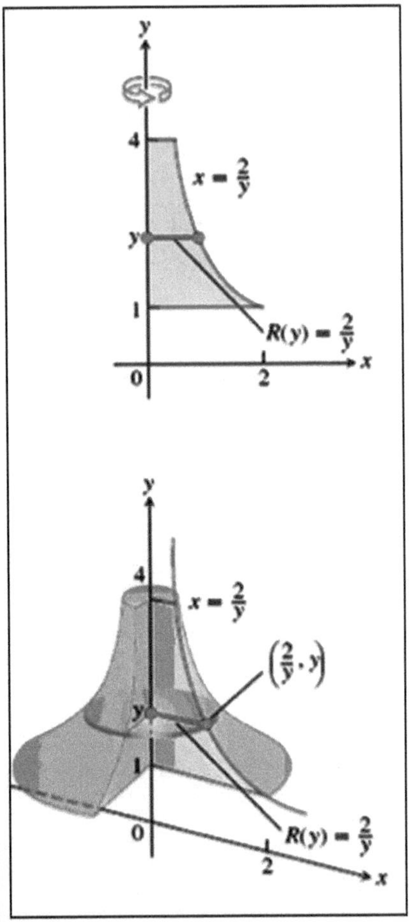
y
4
x = 2/y
y
1
R(y) = 2/y
0
2
x
y
4
x = 2/y
(2/y, y)
y
1
0
R(y) = 2/y
2
x

3-BOYUTLU KATI YÜZEYLER

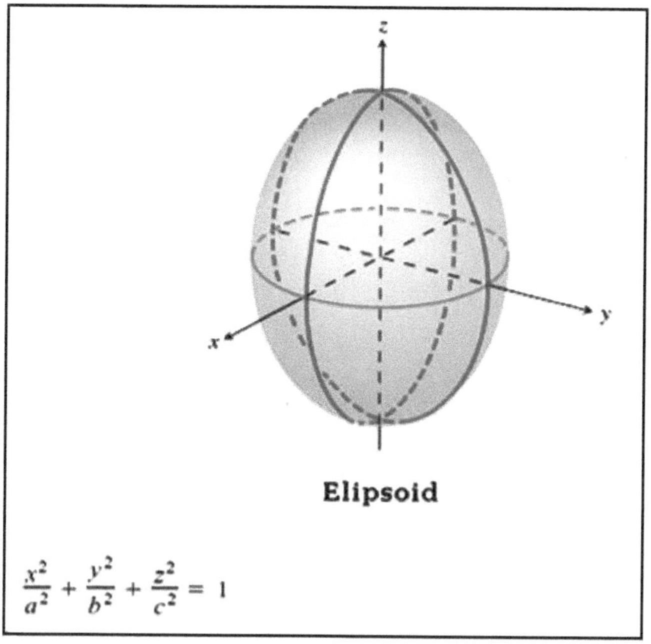

Figure 47: Elipsoidal uzay yapısı

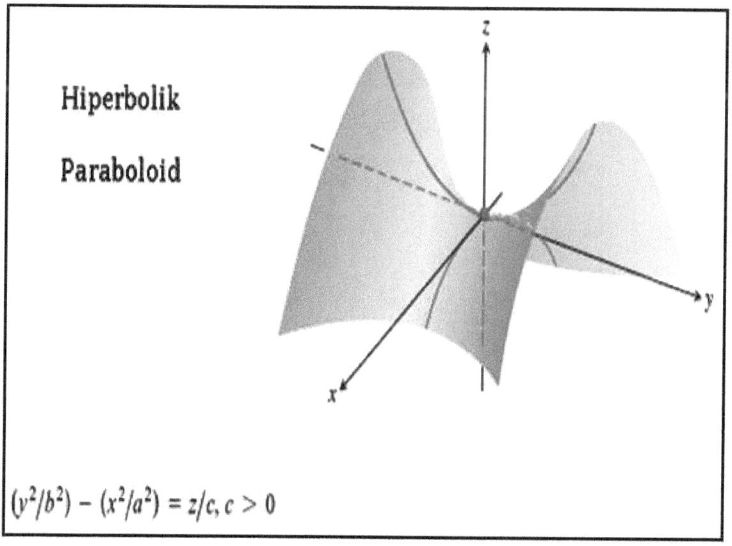

Figure 48: Hiperbolik uzay yapısı

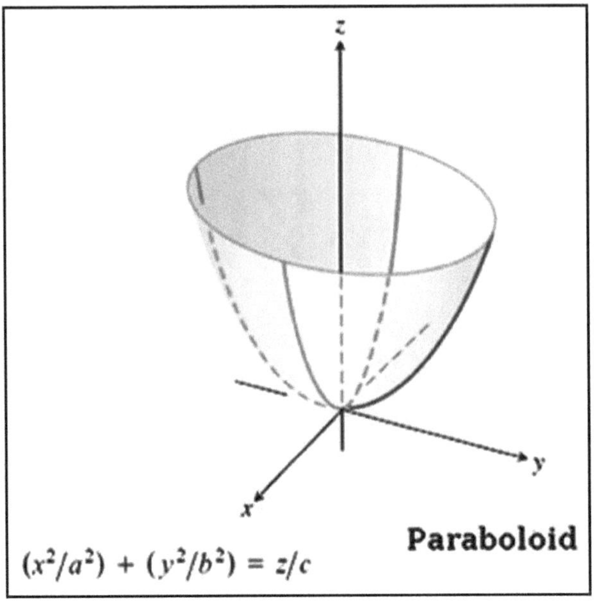

Figure 49: Parabolik uzay yapısı

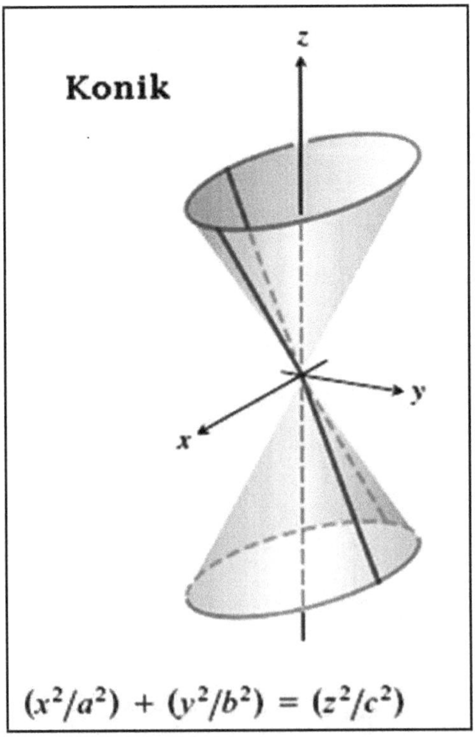

Figure 50: Konik uzay yapısı

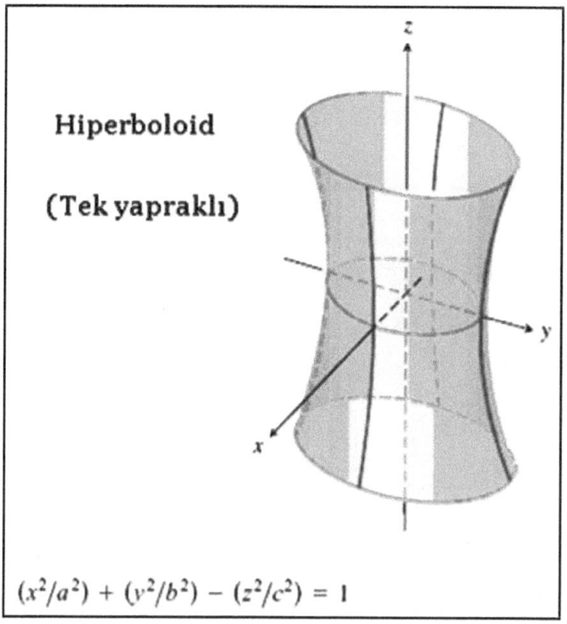

Figure 51: Hiperboloid (tek yapraklı) uzay yapısı

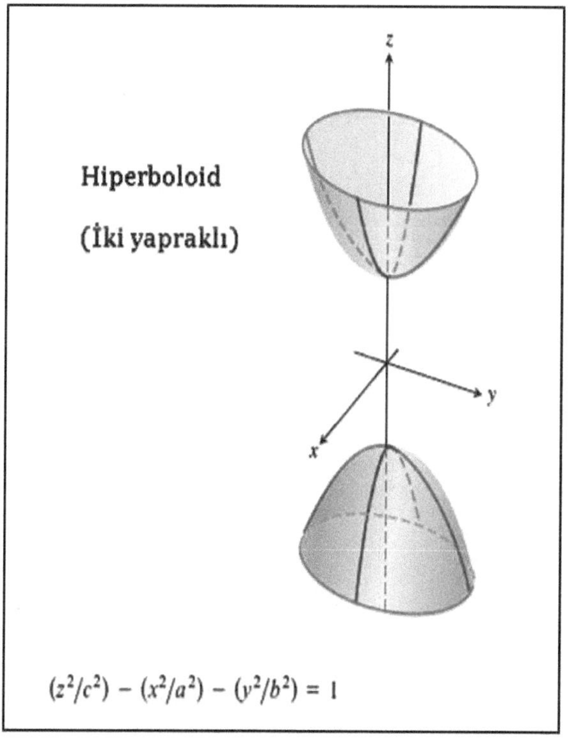

Figure 52: Hiperboloid (iki yapraklı) uzay yapısı

Ortogonal Koordinat Sisteminde Vektör Alanları

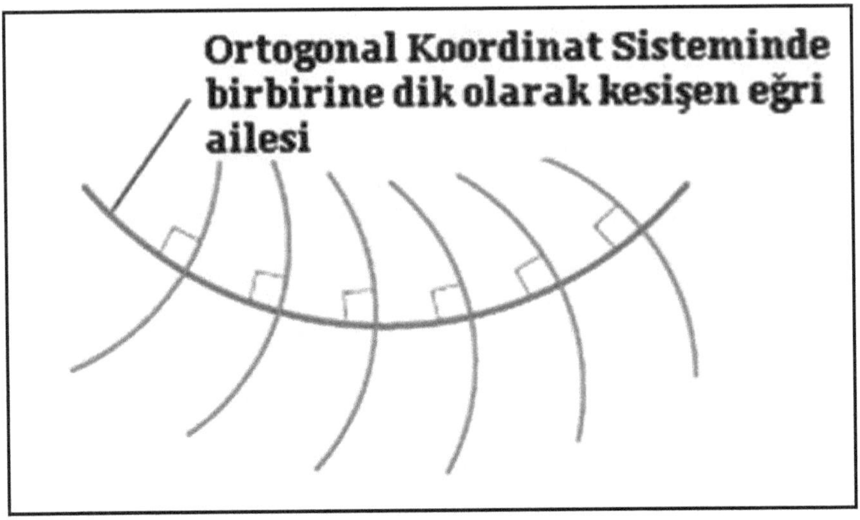

Figure 53: Ortogonal koordinat sisteminde vektör alanı

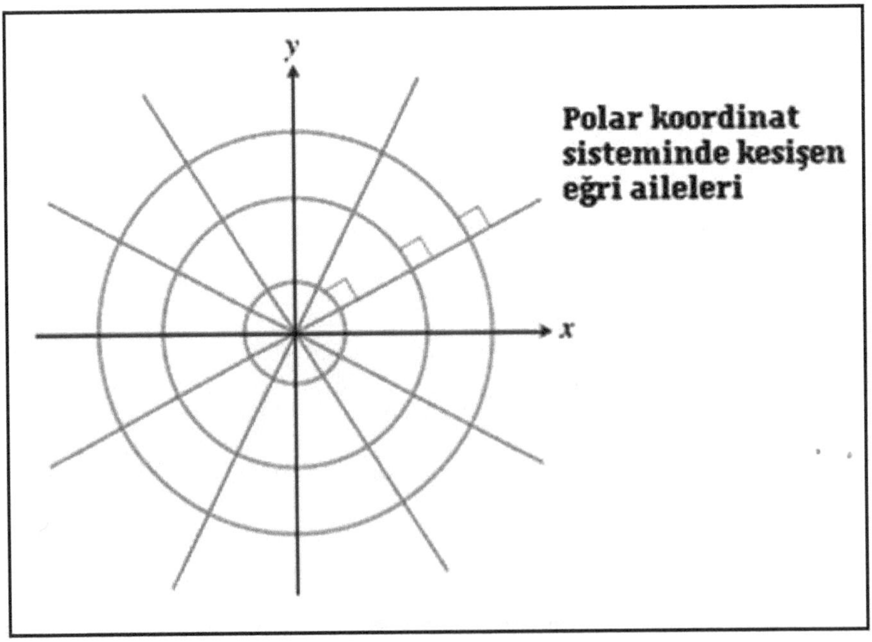

Figure 54: Polar koordinat sisteminde vektör alanı

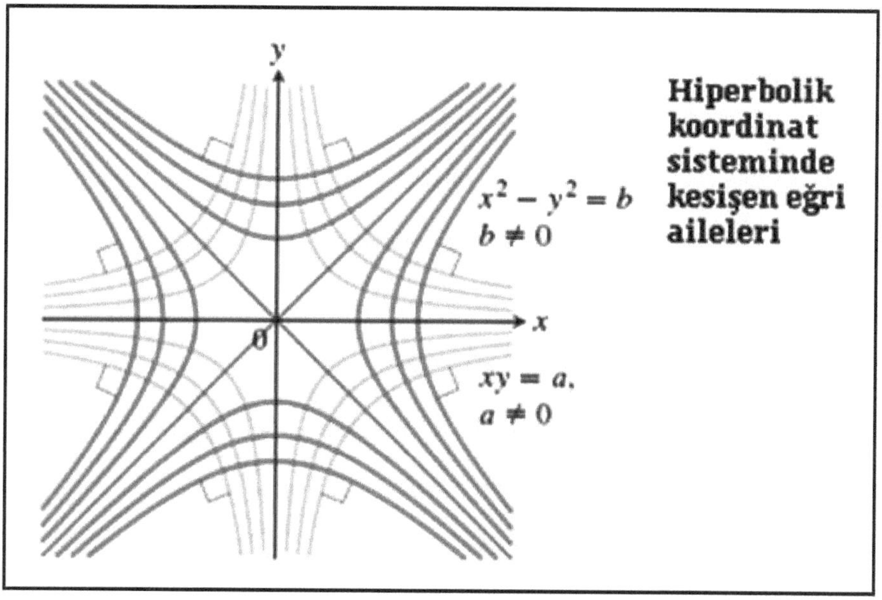

Figure 55: Hiperbolik koordinat sisteminde vektör alanı

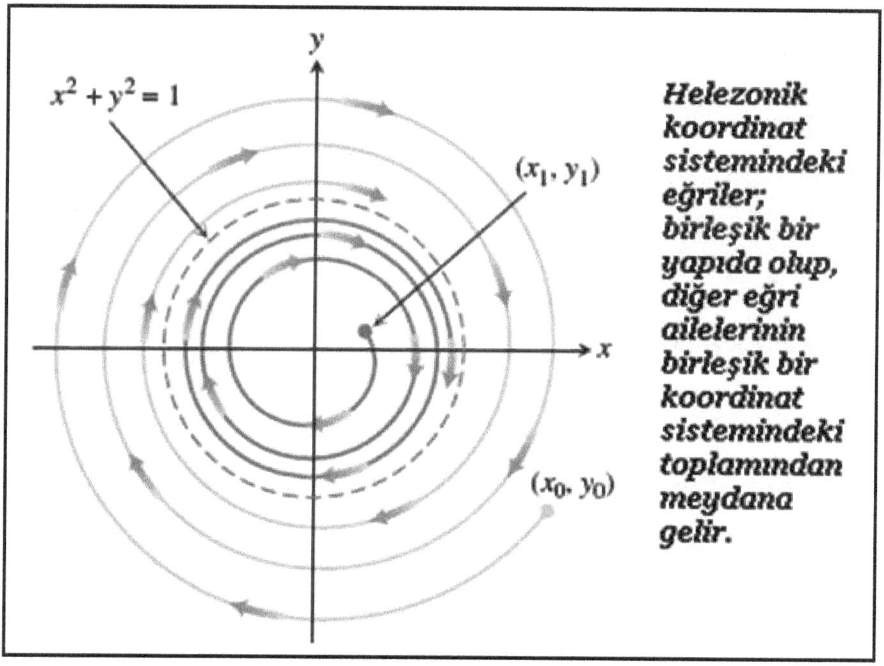

Figure 56: Helezonik(Spiral) koordinat sisteminde vektör alanı

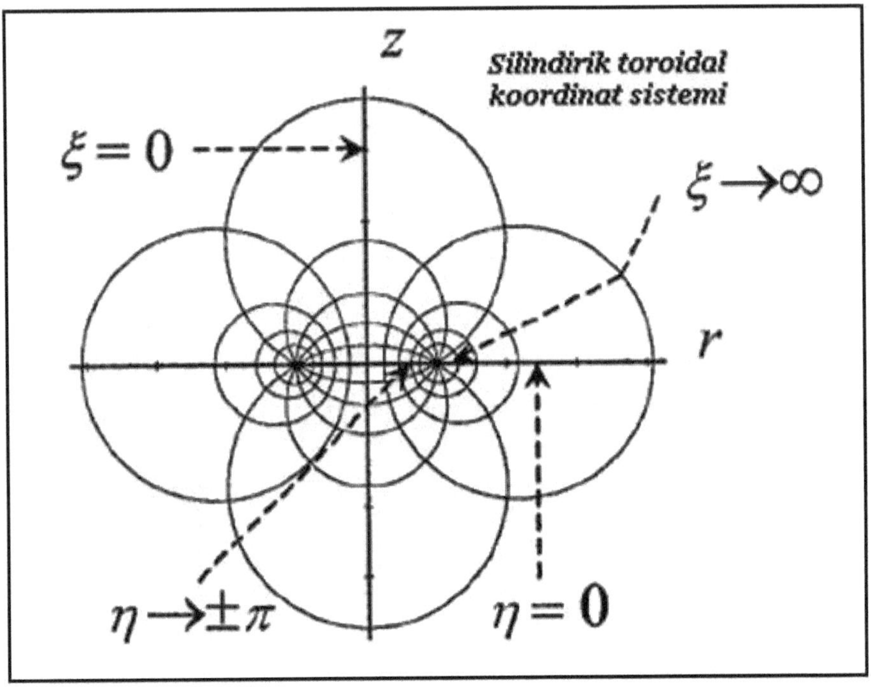

Figure 57: Silindirik (Toroidal) koordinat sisteminde vektör alanı

Ortogonal Koordinat Sisteminde Vektör Uzayları

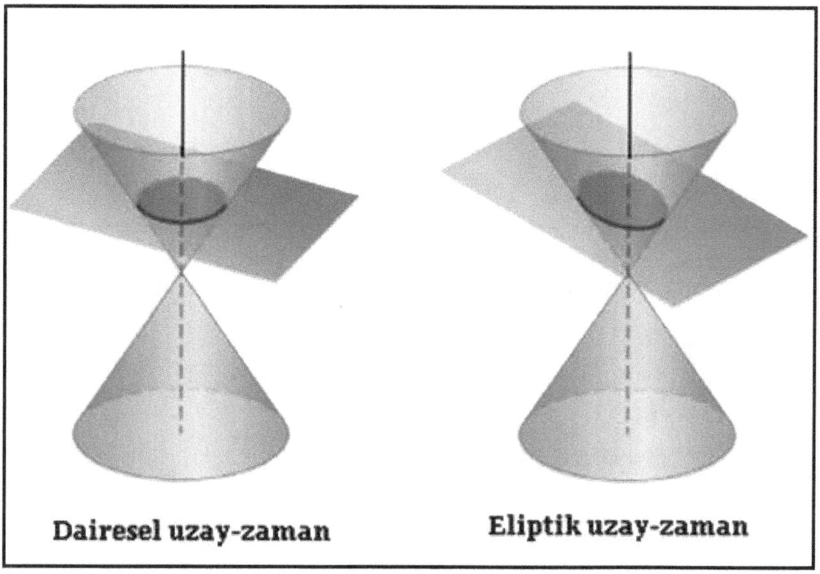

Figure 58: Dairesel ve Eliptik koordinat sisteminde vektör uzayı

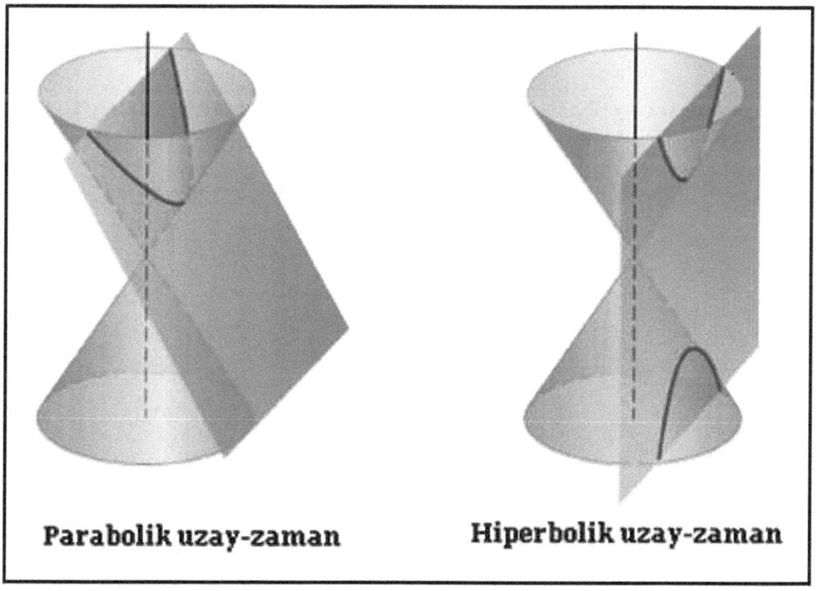

Figure 59: Parabolik ve Hiperbolik koordinat sisteminde vektör uzayı

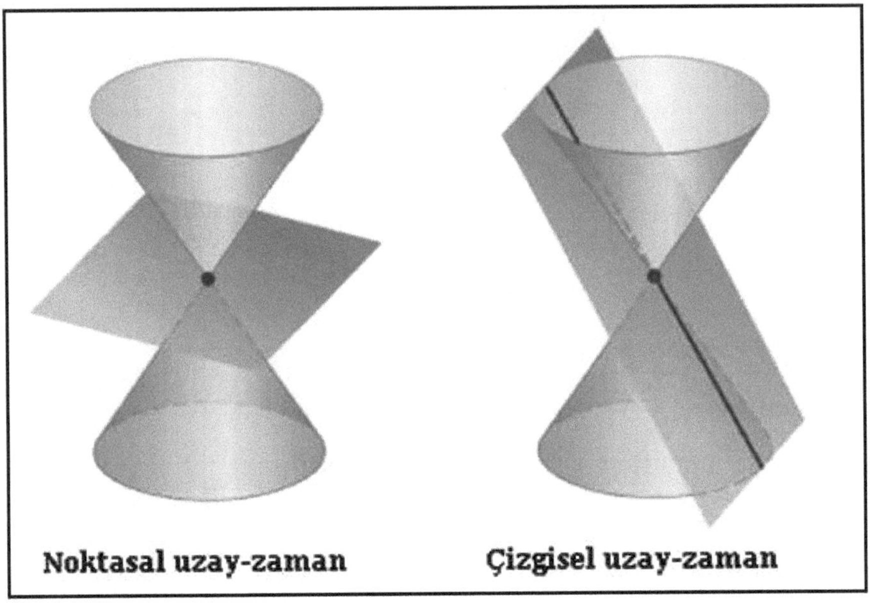

Figure 60: Noktasal ve Çizgisel koordinat sisteminde vektör uzayı

MATEMATİKSEL EK-III:

TEORİNİN UZAY-ZAMAN YAPISI

ELEKTROGRAVİTASYONEL KURAMIN 5-BOYUTLU UZAY- ZAMAN YAPISI:

1- LORENTZ DÖNÜŞÜMLERİ VE 4-BOYUTLU UZAY-ZAMAN YAPISI

A. ZAMAN YAPISI

Her fiziksel süreç bir veya çok sayıda olay içerir. *"Olay"*, belirli bir (x, y, z) konumunda belirli bir t anında meydana gelir. Bir 'E' olayının eylemsiz 'S' sistemindeki (x, y, z, t) koordinatlarının bilindiğini varsayalım. S'ye göre hareketli olan bir S' sisteminde aynı olayın (x', y', z', t') koordinatlarını arayalım.

Eksenleri aşağıdaki şekildeki gibi, S' sisteminin x-ekseni boyunca v hızıyla gidecek şekilde seçelim. Kronometreyi çalıştırdığımızda (t=0), her iki sistemin orijini çakışık olsun. Buna göre, t anında O' orijini O'dan vt kadar uzakta olacaktır.

Böylece; $x = d+vt$ yazılabilir.

Burada $d=O'A'$ uzaklığı ve A' noktası, E olayının x'-ekseni boyunca izdüşüm noktasıdır (Şekil 11-a).

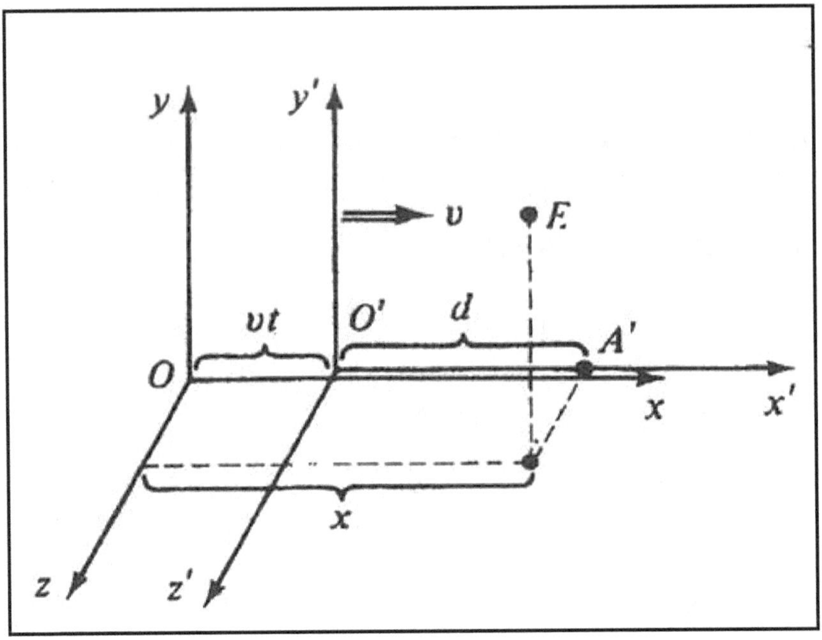

Figure 61-a

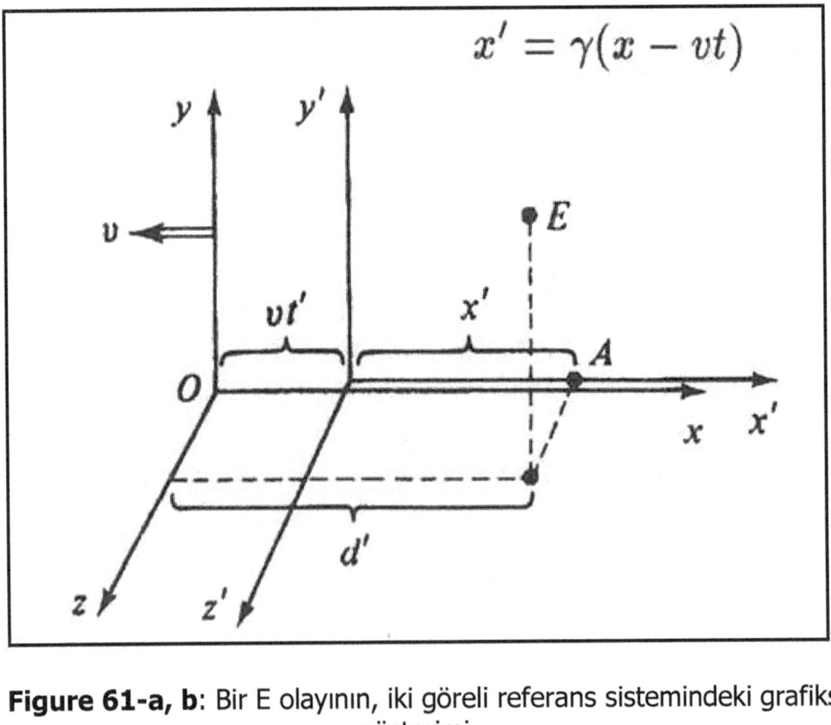

Figure 61-a, b: Bir E olayının, iki göreli referans sistemindeki grafiksel gösterimi.

O'A' uzunluğu S' sisteminde durgun olduğuna göre, S sisteminde gözlemlenen d uzunluğu *Lorentz kısalmasına* göre daha kısa olacaktır:

$$d = \frac{1}{\gamma} x'$$

bu ifadeyi bir önceki ifadede yerine koyarsak;

$$x' = \gamma(x - vt)$$

bağıntısı elde edilir. Benzer ifadeyi *t'* için çözersek:

$$t' = \gamma\left(t - \frac{v}{c^2}x\right)$$

bağıntısı elde edilir. Bu durumda *Lorentz dönüşüm formülleri* şu şekilde yazılabilir:

i) $x' = \gamma(x - vt)$

ii) $y' = y$

iii) $z' = z$

iv) $t' = \gamma\left(t - \frac{v}{c^2}x\right)$

B. UZAY YAPISI

DÖRT VEKTÖRLER

Lorentz dönüşümlerini daha sade gösterebilmek için yeni büyüklükler tanımlarsak;

$x^0 = ct$, $\beta = \frac{v}{c}$ olmak üzere, *t* yerine x^0 ve *v* yerine β alınması, zaman birimini saniye yerine metre yapar. Buna eş olarak *x, y, z* koordinatlarını yeniden adlandıralım:

$x^1 = x$, $x^2 = y$, $x^3 = z$ bu durumda Lorentz dönüşümleri:

$$(x^0)' = \gamma(x^0 - \beta x^1)$$

$$(x^1)' = \gamma(x^1 - \beta x^0)$$

$$(x^2)' = x^2$$

$$(x^2)' = x^3$$

veya matris olarak yazarsak;

$$\begin{pmatrix} x^{0'} \\ x^{1'} \\ x^{2'} \\ x^{3'} \end{pmatrix} = \begin{pmatrix} \gamma & -\gamma\beta & 0 & 0 \\ -\gamma\beta & \gamma & 0 & 0 \\ 0 & 0 & 1 & 0 \\ 0 & 0 & 0 & 1 \end{pmatrix} \begin{pmatrix} x^0 \\ x^1 \\ x^2 \\ x^3 \end{pmatrix}$$

Bunu da tek satır halinde şöyle ifade edebiliriz:

$$(x^\mu)' = \sum_{\nu=0}^{3} (\Lambda^\mu_\nu) x^\nu$$

Buradaki Λ *Lorentz dönüşüm matrisi* olur.

Üç boyutlu vektörlere benzer şekilde, *(a^0, a^1, a^2, a^3)* gibi dört elemanlı bir *4-vektör* tanımlayabiliriz. Bunun için, 4-vektörün bileşenleri yukarıdaki Lorentz dönüşümü altında *(x^0, x^1, x^2, x^3)* gibi olmalıdır:

$$(a^\mu)' = \sum_{\nu=0}^{3} (\Lambda^\mu_\nu) a^\nu$$

ve özel olarak x-ekseni boyunca bir dönüşüm altında;

$$(a^0)' = \gamma(a^0 - \beta a^1)$$
$$(a^1)' = \gamma(a^1 - \beta a^0)$$
$$(a^2)' = a^2$$
$$(a^2)' = a^3$$

olur. Üç boyuttaki $\vec{A}.\vec{B} = A_x B_x + A_y B_y + A_z B_z$ skaler çarpımı dört boyuta genişletilebilir; ancak sıfırıncı bileşenlerin çarpımı eksi işaretli olur:

$-a^0b^0 + a^1b^1 + a^2b^2 + a^3b^3$ ve S ve S′ sistemlerinde de bu ifade aynı olur. Yani;

$$-a^0b^0 + a^1b^1 + a^2b^2 + a^3b^3 = -a^{0'} + a^{1'} + a^{2'} + a^{3'}$$ olur.

Nasıl ki üç boyutlu skaler çarpım, dönme altında değişmez (invariant) oluyorsa, 4-Boyutlu skaler çarpım da Lorentz dönüşümü altında değişmez kalır. Skaler çarpımdaki (-) işareti kaldırabilmek için yukarıda tanımlanan a^μ 4-vektörünün kontravariant türde olduğunu belirterek, aynı vektörün a_μ ile gösterilen kovariant türü şöyle tanımlanır:

$a_\mu=(a_0, a_1, a_2, a_3)=(-a^0, a^1, a^2, a^3)$ indisleri yukarıda olan *kontra-variant* vektör, aşağıda olan *kovariant* türde vektördür. Zaman indisi işaret değiştirirken *$(a_0=-a^0)$* uzay indisleri işaret değiştirmez *$(a_1=a^1,\ a_2=a^2,\ a_3=a^3)$*. Bu tanıma göre, skaler çarpım şöyle tanımlanabilir:

$$\sum_{\mu=0}^{3} a_\mu b^\mu$$

C. DEĞİŞMEZ İNTERVAL

Bir A olayının $\left(x_A^0, x_A^1, x_A^2, x_A^3\right)$ koordinatlarında ve diğer bir B olayının da $\left(x_B^0, x_B^1, x_B^2, x_B^3\right)$ koordinatlarında meydana geldiğini düşünelim. *Yerdeğiştirme 4-vektörü* şöyle tanımlanır:

$$\Delta x^\mu = x_A^\mu - x_B^\mu$$

Δx^μ 4-vektörünün kendisiyle skaler çarpımı değişmez olup, görelilik teorisinde önemli bir yeri vardır:

$$I = \Delta x_\mu \Delta x^\mu = -(\Delta x^0)^2 + (\Delta x^1)^2$$
$$+ (\Delta x^2)^2 + (\Delta x^3)^2 = -c^2 t^2 + d^2$$

ve bu büyüklüğe iki olay arasındaki **interval** adı verilir. Burada "*d*" iki olay arasındaki uzay uzaklığıdır. Gözlemci değiştiğinde, A ile B arasındaki *t* zaman aralığı değişebilir *(t≠t')*; uzay aralığı da değişebilir *(d ≠ d')*, fakat *I* intervali *değişmez.*

İntervalin pozitif, negatif ve sıfır olduğu 3 durum vardır:

1. I < 0 ise, intervalin *zamansal* olduğu söylenir,

2. I > 0 ise, intervalin *uzaysal* olduğu söylenir,

3. I = 0 ise, intervalin *ışıksal* olduğu söylenir.

Üç boyutlu uzayda z-ekseni etrafındaki dönüşlerde, orijinden sabit $r = \sqrt{x^2 + y^2}$ uzaklıktaki noktaların geometrik yeri bir çemberdir (Şekil 62):

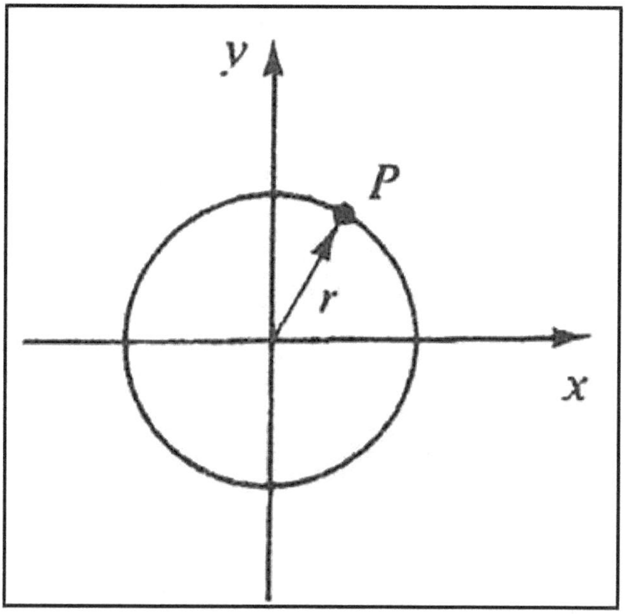

Figure 62

Uzay-zamanda Lorentz dönüşümü altında ise, $I = (x^2 - c^2t^2)$ intervali değişmez kalır ve bu noktaların geometrik yeri bir hiperbol olur. İnterval zamansal türden ise, hiperboloit "*iki yapraklı* " (şekil 63-a); uzaysal türden ise, "*tek yapraklı* " (şekil 63-b) olur:

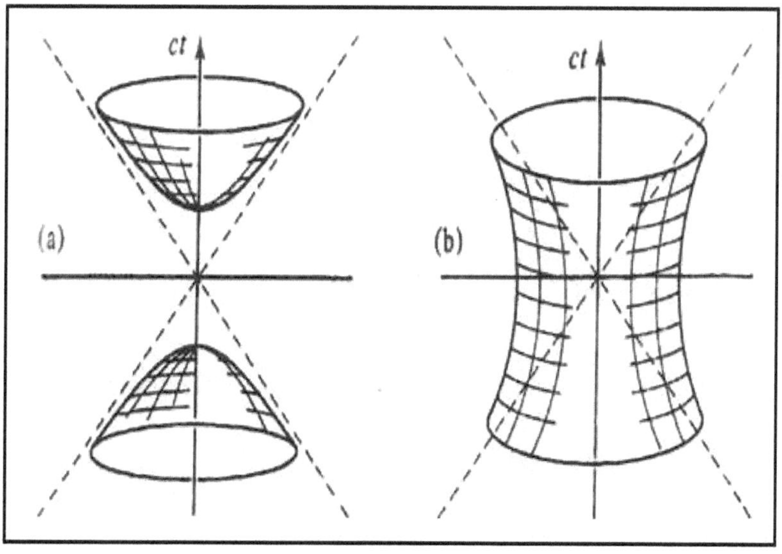

Figure 63- a, b

2- 2-BOYUTLU ZAMANIN 3-BOYUTLU UZAYI EĞMESİ VE KONFORM DÖNÜŞÜM

A. 5. BOYUT ZAMANININ YAPISI VE KOORDİNAT DÖNÜŞÜMÜ

Hatırlarsak, Teori boyunca 5 ve üzeri boyutlara çıkıldığında zaman bileşeninin de kütleçekim denklemlerinde 2 ve daha fazla boyutlu bir yapıda olması gerektiğini öngörmüştük. Bu son kısımda, zamanın bu yapısını ve evreni nasıl kapladığını kısaca açıklayalım. İki boyutlu zamanın kuvvet çizgilerine ait hiperbolik eğri denklemlerini çıkartmadan önce, bu denklemleri çözmekte kullanılan kompleks fonksiyonların oynadığı rolü iyice belirtmek için iki boyutlu ortogonal eğrisel koordinatların bazı temel özelliklerini açıklamamız gerekir.

Kartezyen koordinatlarda $t = t_x\hat{i} + t_y\hat{j}$ olarak ifade edilebilen, reel ve imajiner kısımlardan oluşan bu iki boyutlu zamanı; kartezyen koordinatlar yerine *u* ve *v*'ye göre kurulan eğrisel ortogonal koordinat sistemi alınırsa, *u*=sabit ve *v*=sabit eğrilerine *zamanın koordinat eğrileri* denir. Bu durumda, *u*=sabit eğrisi boyunca sadece *v*, *v*=sabit eğrisi boyunca da sadece *u* değişir. Bu koordinat eğrilerine ait birim vektörler, $\hat{i}_v$ ve $\hat{i}_u$ olsun. Bu durumda *t* vektörü bu koordinat sisteminde:

$$t = t_u\hat{i}_u + t_v\hat{i}_v$$ olarak yazılır.

Burada t_u, *t*'nin *u* eksenine göre bileşeni, t_v de *v* eksenine göre bileşenidir. $\hat{i}_u$ birim vektörü *v*=sabit ile belirlenen u eksenine; $\hat{i}_v$ birim vektörü de *u*=sabit ile velirlenen *v* eksenine teğettir. *u* ve *v* koordinatlarının bir eğrisel ortogonal koordinat sistemi oluşturması için bu koordinat eğrilerinin dik olarak kesişmeleri gerekir. Şimdi *u* ve *v*'nin Gradyanını alırsak:

$\vec{\nabla} x$ Gradyan fonksiyonu, gradyanın tanımı gereğince, u'nun maksimum değişmesi doğrultusunda alınmış bir vektördür. O halde, $\vec{\nabla} u = \left|\vec{\nabla} u\right| \hat{i}_u$ ve aynı şekilde $\vec{\nabla} v = \left|\vec{\nabla} v\right| \hat{i}_v$ olur. Eğer koordinatlar bir eğrisel ortogonal sistem oluşturuyorsa bu iki vektörün skaler çarpımı sıfır olmalıdır. Buradan hareketle yani, $\hat{i}_u$ ve $\hat{i}_v$'nin ve dolayısıyla $\vec{\nabla} u$ ve $\vec{\nabla} v$ vektörlerinin her noktada birbirine dik olmaları, skaler çarpımlarının sıfır olmasını gerektirir. Öyleyse;

$$\vec{\nabla} u = \frac{\partial u}{\partial x}\hat{i} + \frac{\partial u}{\partial y}\hat{j}$$

ve

$$\vec{\nabla} v = \frac{\partial v}{\partial x}\hat{i} + \frac{\partial v}{\partial y}\hat{j}$$

olduğuna göre,

$$\vec{\nabla} u . \vec{\nabla} v = \left(\frac{\partial u}{\partial x}\hat{i} + \frac{\partial u}{\partial y}\hat{j}\right) . \left(\frac{\partial v}{\partial x}\hat{i} + \frac{\partial v}{\partial y}\hat{j}\right)$$

$$= \frac{\partial u}{\partial x}\frac{\partial v}{\partial x} + \frac{\partial u}{\partial y}\frac{\partial v}{\partial y} = 0$$

olmalıdır.

Şimdi, $w = u + jv = f(z) = f(x + jy)$ şeklinde tanımlanan bir komplex fonksiyonunun tipinde bir koodinat sistemi alalım ve *f(z)*'nin bir analitik fonksiyon olduğunu, yani *Cauchy-Riemann denklemlerinin* gerçek-lendiğini varsayalım. Bu fonksiyon bize u, v gibi iki koordinat değişkeni verir. Şimdi yukarıda bulduğumuz sıfıra eşit olma durumu Cauchy-Riemann denklemleri kullanılarak da elde edilebilir:

$$\frac{\partial u}{\partial x}\left(\frac{\partial v}{\partial x}\right)+\frac{\partial u}{\partial y}\left(\frac{\partial v}{\partial y}\right)$$

$$=\frac{\partial u}{\partial x}\cdot\left(-\frac{\partial u}{\partial y}\right)+\frac{\partial u}{\partial y}\cdot\left(\frac{\partial u}{\partial x}\right)=0$$

şeklinde yazarak sıfıra eşit olduğu görülebilir. O halde, bu sonuca göre *u* ve *v* koordinatlarının bir ortogonal koordinat sistemi oluşturduklarını söyleyebiliriz. Yani *u*=sabit eğrileri *v*=sabit eğrilerini dik olarak keserler.

Şu halde, bunun bir sonucu olarak *f(z)* gibi analitik bir fonksiyonun, ölçek katsayıları eşit olan bir eğrisel ortogonal koordinat sistemi oluşturduğunu söyleyebiliriz. Bu durumda *u* ve *v*'nin her ikisinin de *iki boyutlu Laplace denklemini* gerçeklediklerini ve bu sebeple *u* ve *v*'nin birer *harmonik fonksiyon* olduklarını söyleyebiliriz. Şimdi iki boyutlu zamana ait Laplace denklemini yazarsak:

$$\nabla^2 t=\frac{\partial^2 t}{\partial u^2}+\frac{\partial^2 t}{\partial v^2}=0$$

olur.

Buna göre, Laplace denklemini gerçekleyen *t(x,y)*'nin, *t*'yi *u, v* sisteminde yazdığımız zaman Laplace denklemini yine gerçekleyeceği sonucu elde edilmektedir. Yani eğer,

$$\frac{\partial^2 t(x,y)}{\partial x^2}+\frac{\partial^2 t(x,y)}{\partial y^2}=0$$

ise,

$$\frac{\partial^2 t(u,v)}{\partial u^2}+\frac{\partial^2 t(u,v)}{\partial v^2}=0$$

olur.

Bu da, *u*=sabit ve *v*=sabit eğrilerini (veya yüzeylerini) bir sınır çizgisi (ya da yüzeyi) yapan *uygun bir dönüşüm* uygulayarak Laplace denklemine bir çözüm bulunması problemine indirgenecektir.

İşte bu uygun dönüşüm ise, çeşitli konform dönüşümlerden biridir.

B. **KONFORM DÖNÜŞÜM**

İki boyutlu zaman yapısına, kompleks değişkenler teorisi kullanılarak kolay bir çözüm getirilebilir. Bu teorinin esası, karışık bir geometrik şekli daha basit bir geometrik şekle dönüştürmektir. Alan teorisinde bundan yararlanarak karışık bir alan veya potansiyel dağılışını, bilinen basit bir sisteme çevirmek mümkün olabilir. Bu dönüşümde, sonsuz küçük bir yüzeyin şekli değişmediği için *konform dönüşüm* adı kullanılır.

Bir düzlemde herhangi bir nokta iki koordinat ile belirlenir. *xOy* düzlemi içinde bir *P* noktası verilirse, bu nokta *x* apsisi ve *y* ordinatı ile belirli olur. Kompleks sayılar yöntemine göre biz bunu *x+jy* kompleks büyüklüğü ile gösteririz. Buna *z*, yani *z = x+jy* dersek, *xy* düzlemi yerine *z düzlemi* deyimini kullanacağiz. Koordinat orijini olan *O* noktasının söz konusu *P* noktasına uzaklığı olan *OP* ise, *z*'nin modülü ile belirlenir:

$$z = \sqrt{x^2 + y^2} = \sqrt{(x + jy)(x - jy))}$$ olur.

Şimdi *z = x+jy* ve *w = u+jv* gibi iki kompleks sayı tanımlayalım ve aralarındaki bazı bağıntıları inceleyelim. Birbirine dik *x* ve *y* eksenleri bize *z* düzlemini verecek ve yine birbirine dik *u* apsis ekseniyle *v* ordinat ekseni de *w* düzlemini belirleyecektir.

z ve *w* arasındaki bazı bağıntılara göre alınan noktaların durumlarının nasıl değiştiğini görelim:

Önce ***w=z*** olsun. Bu takdirde *u=x* ve *v=y*'dir. O halde, *z* düzlemi içinde koordinatları *x* ve *y* olan herhangi bir nokta *w* düzlemi içinde koordinatları *u* ve *v* ile gösterilen aynı noktaya dönüşür. Böylece, aşağıdaki şekildeki gibi *z* düzleminde çizilmiş olan ABCD karesi, *w* düzleminde hiçbir değişikliğe uğramadan yine ABCD karesi olarak kalır. Çünkü her nokta için *w=z*'dir ve her iki düzlemdeki şekillerde hiçbir değişme olmamıştır. Şimdi de $\boldsymbol{w=z^{1/2}}$ veya aynı şey demek olan $\boldsymbol{z=w^2}$ bağıntısını ele alalım.

Bu takdirde;

$w^2 = (u + jv)^2 = u^2 - v^2 + j2uv$ ve $z=x+jy$ olacağından, bu iki ifadede gerçel ve sanal kısımları birbirine eşitlersek:

$x = u^2 - v^2$
$y = 2uv$ yazılır. Buradan;

$$u^2 = v^2 + x = \frac{y^2}{4u^2} + x$$ veyahut

$$4u^4 - 4xu^2 - y^2 = 0$$

denklemi bu denklemlerden de;

$$u = \sqrt{\frac{x + \sqrt{x^2 + y^2}}{2}}$$ ve

$$v = \sqrt{\frac{\sqrt{x^2 + y^2} - x}{2}}$$ olarak bulunur.

Kuvvet çizgilerine gelince, bunlar *z* düzleminde sabit *x* doğrularıdır. O halde birinci denklemde x=sabit=C^2 diyelim. Bu durumda;

$u^2 - v^2 = C^2$ ve buradan da,

$$\frac{u^2}{C^2} - \frac{v^2}{C^2} = 1$$ hiperbol denklemi elde edilir.

C'nin değişik değerlerine göre elde edilecek olan çeşitli hiperbollerin tepeleri u ve v eksenleri üzerinde bulunur. Bunların tümü *zamanın kuvvet çizgilerini* oluştururlar.

$$v = \frac{k/2}{u}$$

Bu hiperbollerle hiperbolleri birbirini dik olarak keserler..

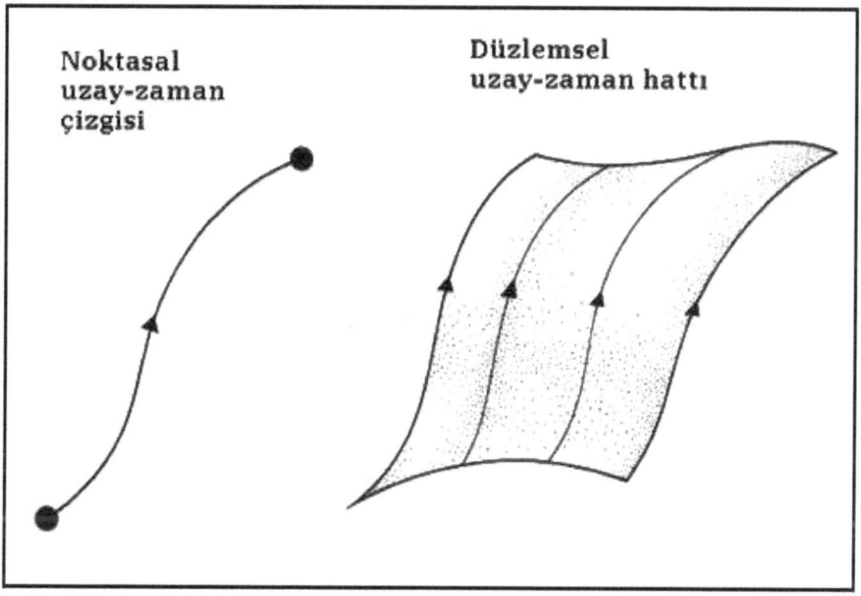

Figure 64: 2 ve 3 boyutta zaman yüzeyinin süperzar yapısının görünümü.

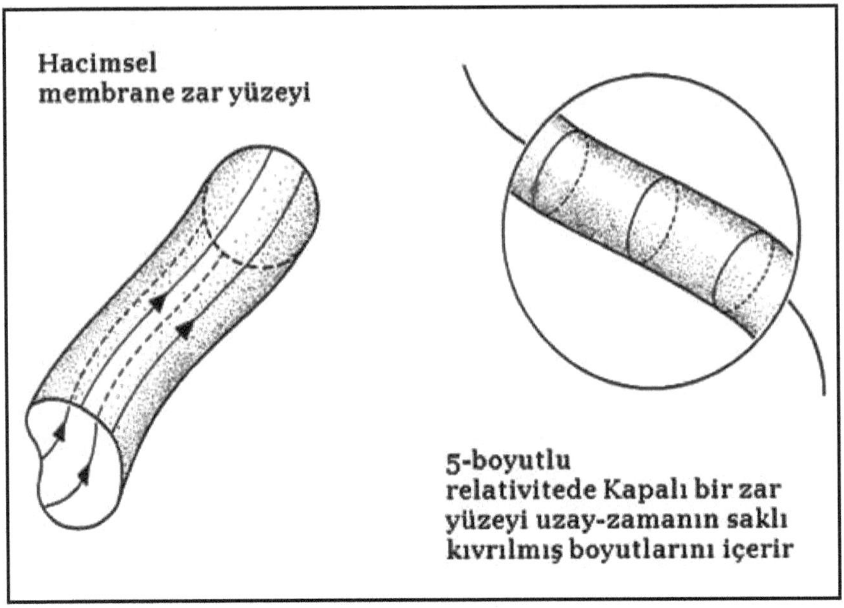

Figure 65: 5-Boyutlu zaman yüzeyinin süperzar yapısı.

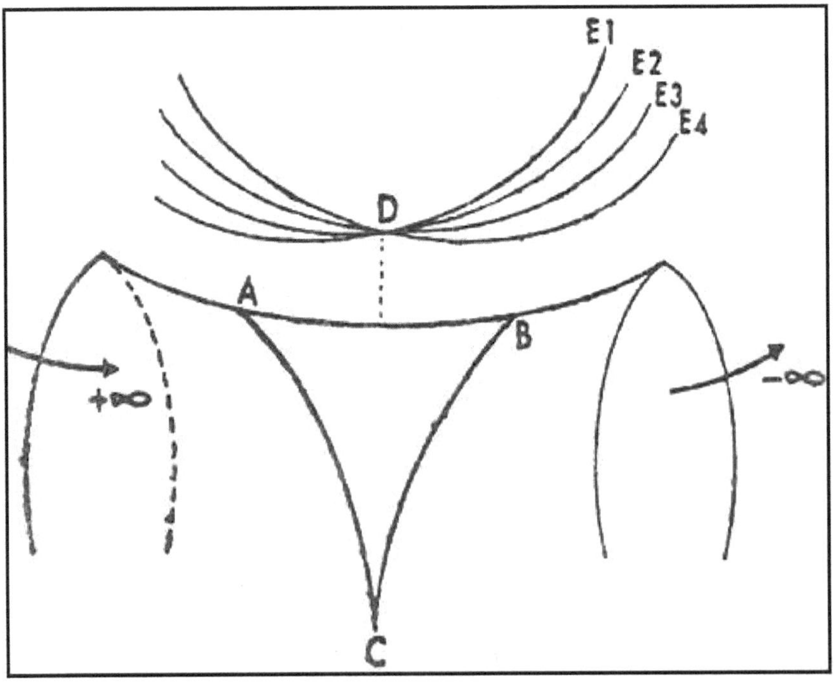

Figure 66: Evreni bir Hiperbolik semer biçiminde kaplayan 5-Boyutlu zaman yapısı.

Uzay-zamanın bu şekilde eğri bir hiperbolik yapıya sahip olması, eliptik yörüngeye sahip olan gökcisimlerini yörüngede tutmaktadır. Işığın ve kütleçekim dalgalarının uzaydaki ilerleme şeklini deforme eden bu girintili çıkıntılı hiperbolik zaman yapısı, küre biçimli ve toplam 11-Boyutlu Riemann geometrisine sahip olan evrenin tümünü bir zar gibi kaplamaktadır. Ve bu iki boyutlu zaman yapısında yola çıktığınızda bir daha aynı noktaya gelemezsiniz.

Yani zaman sürekli ileri akmaktadır. Ayrıca bu eğrinin üzerindeki bir noktadan (Yukarıdaki 3-Boyutlu şekildeki *D* noktası) bir doğru parçasına Öklid geometrisinin tam tersi olarak sonsuz sayıda paralel çizebilirsiniz (E_1, E_2, E_3, E_4). Bu sonuç ise, zamanın göreli (izafi) bir yapıda olmasına neden olmaktadır. Yani bize göre şimdi yaşanan bir olay (*B* noktası olsun) *D* noktasında bulunan bir gözlemciye göre geçmişte yaşanmış ve bitmiş bir olay olacaktır. Bu eğri yüzey üzerinde bir *ABC* üçgeni alırsanız, iç açılarının toplamı şekilden de görüleceği gibi 180^0'den küçük olacaktır. *Reel* ve *imajiner* kısımlardan oluşan bu zaman yapısının bizim tarafımızdan algılanan kısmı reel kısmı olup, imajiner zaman boyutu ise kendini elektromanyetizma ve kütleçekimi olarak hissettirmektedir.

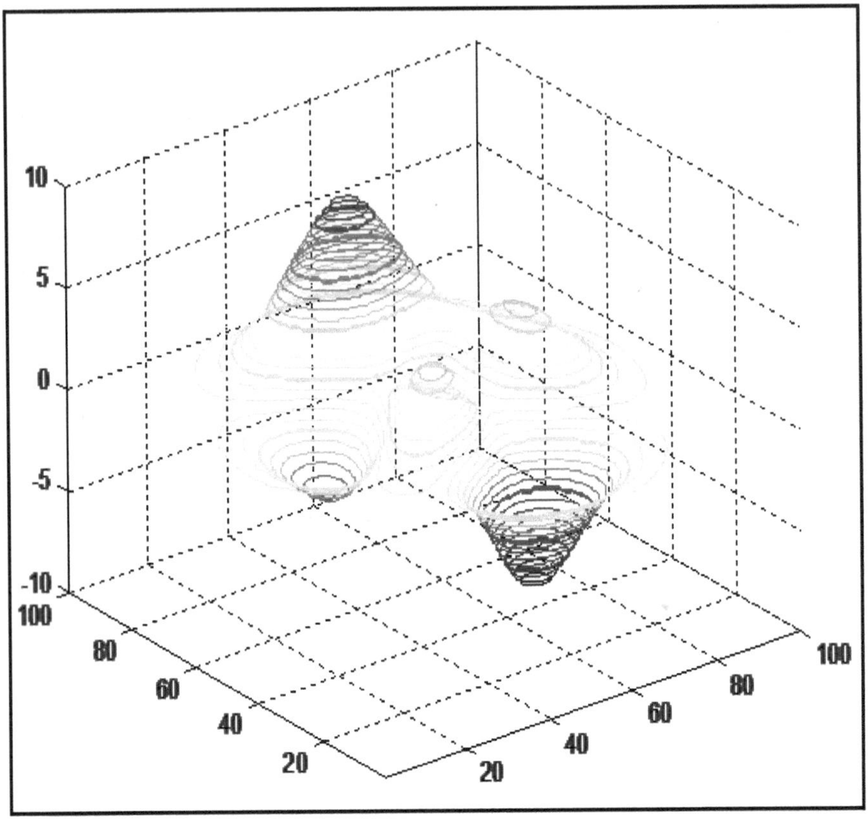

Figure 67: İki yapraklı eksenel Hiperboloid $I = \left(x^2 - c^2t^2\right)$ zaman intervalinin 3-Boyutlu çizimi. Dikkat edilirse, uzay zamana eğrilik veren karakterin zaman dalgalarının eksi işaretinden kaynaklandığı anlaşılır ki, bu da uzay-zamana zaman dalgalarının eklenmesiyle hiperbolik bir yapı kazandırır. Bu yapının her noktasında ise, helezonik şekilde uzay-zamanı delen 5-boyutlu tüneller vardır ve uzay-zaman bu helezonik tünellerle girintili-çıkıntılı bir hal almıştır.

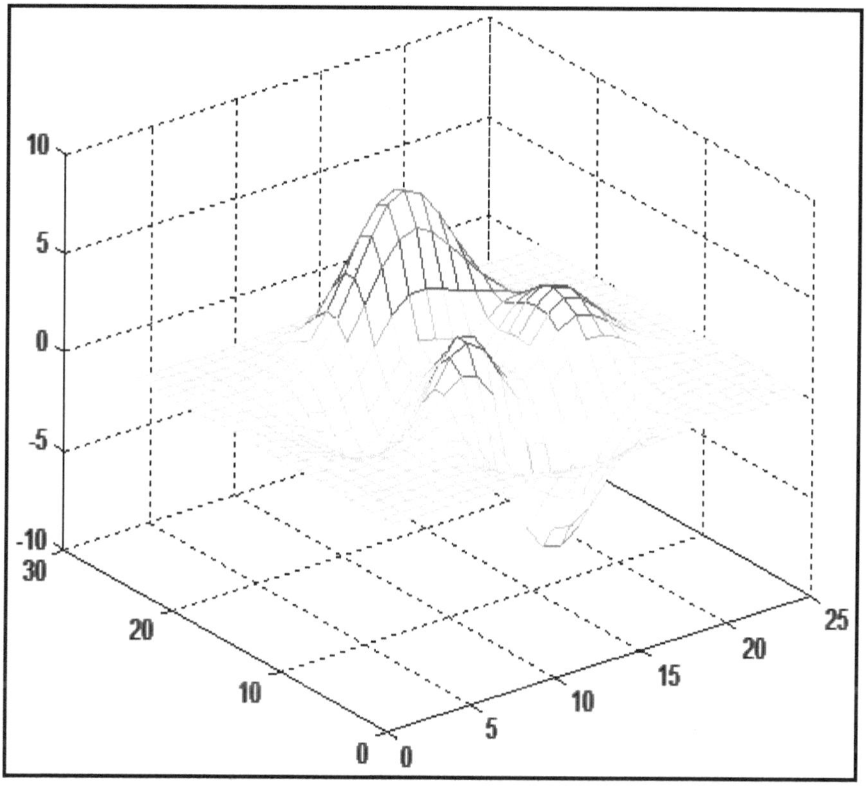

Figure 68: Hiperbolik zaman yapısının (süperzar Ağ yapısı şeklinde) 3-Boyutlu çizimi.

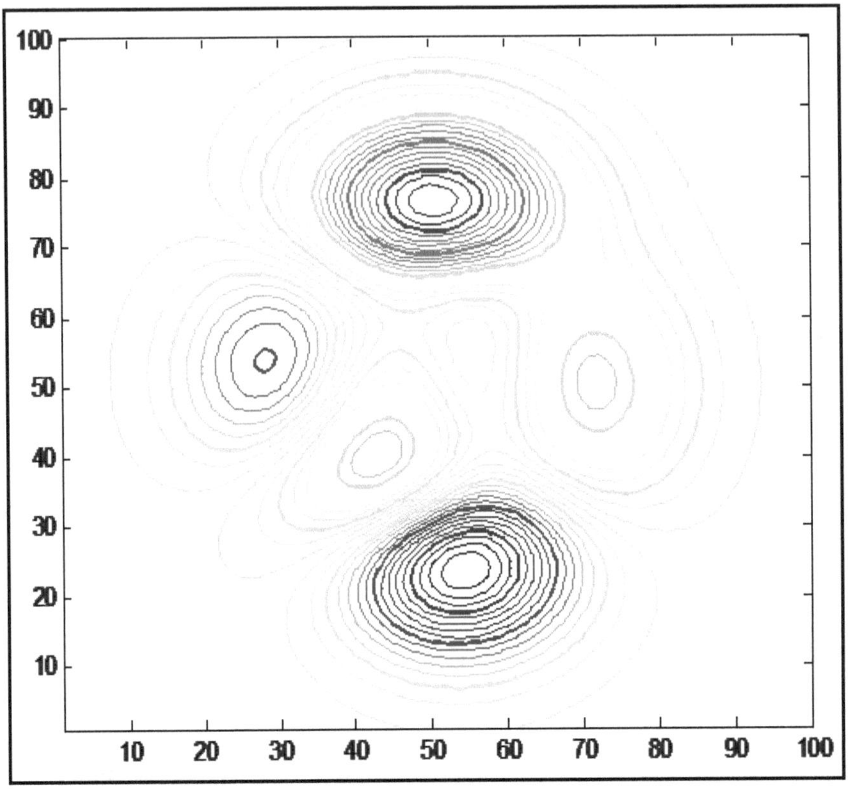

Figure 69: Hiperbolik zaman yapısı çizgilerinin (Süperzar Ağ yapısı çizgilerinin) evren yüzeyinde algılanan 2-Boyutlu holografik izdüşümünün çizimi. Mavi çizgiler, tepeleri (zaman ekseninde geleceği); kırmızı çizgiler, çukurları (zaman ekseninde geçmişi) temsil etmektedir.

MATEMATİKSEL EK-IV:

ELEKTROMANYETİK KÜTLEÇEKİM TEORİSİNE GÖRE, TEKİLLİK NOKTASI CİVARINDAKİ "GM HELEZONİK KÜTLESEL İNDÜKLENME MEKANİZMASI" İÇİN MATEMATİKSEL BİR MODEL

{A HELICAL SPACE-TIME INDUCTION MECHANISM FOR THE ELECTROGRAVITATION THEORY NEAR THE SINGULARITY SURFACE}

Teorimiz boyunca, uzay-zamanın karadelik tekillik noktası civarındaki indüklenerek yutulan kütlenin akım yoğunluğu ve kütleçekim dalgalarına ilişkin detaylı bir kuram geliştirmemize rağmen, bu elektrogravitik akımın indüklenme mekanizmasının uzay-zamanda neden helezonik bir artma/azalma şekline çalıştığını açıklamak için detaylı geometric bir model matematiksel model ortaya koyamamıştık. Bu kısımda, teorimiz boyunca ele aldığımız bu helezonik indüklenme mekanizmasının daha iyi anlaşılabilmesi için, basit bir matematiksel model vereceğiz.

NOT: Bu model literatürde, "**Machian İndüktif Eylemi**" ismiyle bilinen, tekillik noktası civarındaki maddesel yutulma için geliştirilmiş bir eylemsiz refesans sisteminden bağımsız, indüksiyon yasasıdır.

1- SABİT GM MEKANİZMASI İÇİN METRİK (DÖNMEYEN KARADELİKLERDE "KERR ÇÖZÜMÜ"

Kütleçekimsel indüklenme ve bunun geometric olarak uzay-zamanda ne şekilde bir deformasyon yaptığını anlamak için, Kütlesi M ve açısal Momentumu J olarak verilen bir Kerr karadelik çözümüne ilişkin dairesel koordinatlarda geodezik metric denklemini yazarsak;

$$ds^2 = -c^2 dt^2 + \frac{\Sigma}{\chi}(d\rho^2 + \chi d\theta^2) + (\rho^2 + a^2)\sin^2\theta d\phi^2$$

$$+\frac{2\hat{M}\rho}{\Sigma}(cdt - a\sin^2\theta d\phi)^2,$$

$$\Sigma = \rho^2 + a^2\cos^2\theta, \qquad \chi = \rho^2 - 2\hat{M}\rho + a^2$$

Burada $\hat{M} = GM/c^2$, $a = J/(Mc)\rangle 0$ olarak Kerr çözümüne ilişkin açısal momentum olmak üzere, **Boyer-Lindquist** koordinat sistemi dönüşümü altında geodezik denklem, dairesel koordinat sisteminde;

$$\frac{dt}{d\phi} = \pm\frac{1}{\omega_K} + \frac{a}{c},$$

ω_K , kepler frekansı olmak üzere:

$$\omega_K = (GM/\rho^3)^{1/2}$$

olarak Kerr frekansında titreşen tekillik çözümüne indirgenirken, tekillik yüzeyinin dış kısmındaki çözüm, $\rho\rangle 2M$, $\theta = \pi/2$ olarak alındığında, tekilliğe doğru yutulmaya başlayan ve <u>helezonik dönme-öncesi</u> madde miktarının sınır yüzeyini (±) belirleyen Kerr çözümüne aşağıdaki gibi bir <u>zamansal</u> boyuta yakınsayacaktır:

$$t_\pm = \frac{2\pi}{\omega_K} \pm 2\pi\frac{a}{c}$$

Tekillik yüzeyi üzerinde plazma halindeki yük kaynaklarından çok uzak olan yarıçap koşullarında;

$$\rho >> 2\hat{M}, \quad \rho >> J/(cM)$$

Bu geodezik hareket, yarıçaptan dönme yönüne ters bir istikamette, indüklenen bir zamansal akım yoğunluğu meydana getirecektir;

$$t_+ - t_- = 4\pi J/(Mc^2)$$

şeklindeki bu ifadeye "*Gravito-Elektromanyetik Gecikme Etkisi* " denir. Bu etki, pulsar yıldızlarında periyodik bir "**Saat mekanizması**" gibi çalışır. Dikkat edersek bu ifade kütleçekim sabiti (G) ve yarıçaptan (δ) bağımsızdır. Kütleçekiminin tekillik noktasının karadelik yutulma metriği civarındaki bu zamansal göreli indüklenme etkisinin varlığı, değişik makalelerde tartışılmakla birlikte, burada bu tartışmaya girilmeyecektir (Daha fazla bilgi arayan okuyucu, en sondaki Kaynaklar "**Reference**" kısmında belirtilen bu kaynaklara ayrıca ulaşabilir). Bununla birlikte, bu etkinin ölçümlenebileceği bazı kozmolojik yapılar, örneğin Pulsar veya Nötron yıldızları gibi, bu ölçümün tartışılabileceği deneysel veriler sunabilir.

Spesifik olarak, karadelik civarındaki bu maddesel plazmanın göreli olmayan durumdaki dönme hızı;

$v_\pm = 2\pi\rho / t_\pm$ şeklindedir.

$(\rho \to \infty)$ veya $a\omega_K / c << 1$ durumunda ise;

$$v_\pm \approx v_K \pm \frac{GJ}{c^2\rho^2}, \quad v_K = \rho\omega_K$$

Kerr çözümüne yakınsayacaktır.

Burada J indüklenen akımının artmasıyla, yutulan madde miktarına bağlı uzay-zaman yapısının metric olarak, sınır yüzeyin içerisinde ve dışında (v_+ ve v_-) farklı bir parametrik çözüme gittiğini varsayabiliriz. İç çözüm "Kinematik elektrogravitik indüksiyona bağlı" bir akım üretirken; dış çözüm ise, görece durağan olan "Statik elektrogravitik indüksiyona bağlı" bir akım meydana getirecektir. Bu kinematik iç kısımdaki akım yoğunluğu, J'nin iç basınç ve sıcaklığa bağlı etkisinden daha çok etkileneceği için, bu akımın spiral yönde içe doğru gerçekleşen indüklenme hareketi, etrafında bir elektrogravitasyonel dalga hareketine neden olacaktır. Bu dalga hareketi yölü "Lenz Yasası" ile de belirlenebilir ki, az sonda 2. kısımda buna değineceğiz.

Bu noktada genel relativitenin alan denklemleri çözümlerinin de bu Kerr çözümüyle bağlantılı olduğunu burada belirtmekte yarar var. Fakat, bu çözümler burada ele aldığımız GM Mekanizmasının sadece düşük ölçekteki bir yakınsaması olduğunu (Örneğin, sınır yüzeye yakın olan dış kısım gibi) varsayacağız. Buna göre, akım yoğunluğunu $J(t) = (J_0 + J_1 t)\hat{J}$ şeklinde içerde ve dışarıda olmak üzere iki parçaya ayırır ve Kerr metriğini Schwarzschild yarıçapı civarındaki metrik;

$$ds^2 = -c^2\left(1 - 2\frac{\phi}{c^2}\right)dt^2 - \frac{4}{c}(A \bullet dx)dt$$

$$+(1 + 2\frac{\phi}{c^2})\delta_{ij}dx^i dx^j$$

$$\rho = r\left(1 + \frac{\hat{M}}{2r}\right)^2$$ olarak alırsak; Burada

$$\phi = \frac{GM}{r}, \qquad A = \frac{G}{c}\left(J_0 + J_1 t\right)\frac{\hat{J} \times x}{r^3}$$

olarak GM potansiyelleridir.

Metrik Enerji momentum tansörleri ise;

$$T_{00} = Mc^2\delta(x), \quad T_{0i} = \frac{1}{2}c\left[J(t)\times\nabla\right]_i\delta(x),$$

$$T^{\mu\nu}_{,\nu} = 0,$$

$$T_{ij} = -\frac{1}{8\pi}\left[(j\times\nabla)_i\nabla_j\frac{1}{r} + (j\times\nabla)_j\nabla_i\frac{1}{r}\right]$$

olur.

Burada, $j = dJ / dt = J_1\hat{J}$ olarak sınır yüzeyin dış kısmındaki sabit akım yoğunluğunu göstermektedir. Dikkat edersek, buradaki akım r^{-3}'le orantılı olarak sınır yüzeyinden dışarı doğru $r \rightarrow \infty$'a kadar uzanmakta ve en nihayetinde sıfıra ulaşmaktadır ve enerjinin büyük çoğunluğu dikkat edersek Delta-Dirac fonksiyonu ile Tekillik Merkezine yönlenmektedir..

Gerçi, karadelik sınır yüzeyinde bu şekilde bir sonsuza ulaşan sınır yüzey oluşmaz ama dikkat edersek T_{ij} zamandan bağımsız olduğu için, bu özel durumda kütleçekim potansiyeli standart lineer GM metriğine ve buradan da Schwarzschild metriğine indirgenir ve en nihayetinde de sınırdan çok uzaklaşıldığında ise, lineer Newton mekaniğine yakınsar.

Örneğin bu şekildeki bir indüklenen elektrogravitik etki sonucunda oluşan Lorentz kuvveti ile Dünya ile Ay arasındaki mesafe her yıl ortalama 4 cm açılır, yani uzaklaşır. Çünkü, evrenin genişlemesine bağlı olarak dünya açısal momentumunu yavaşça azalttığı sırada, Ay bunu dengelemek için, indüklenen akım doğrultusunda oluşan sürükleyici elektrogravitik kuvvet ile, ters yönde hareket eder. Fakat genel olarak, büyük bir tekillik içermeyen dünya veya güneş sistemi gibi görece küçük astronomik referans sistemlerinde, bu etki ihmal edilerek, Newton çekim yasalarına yakınsayacak ölçüde gözardı edilebilir.

2- "GM İNDÜKLENME" MEKANİZMASI VE "LENZ YASASI" ARASINDAKİ İLİŞKİ

Özel, dönmeyen statik karadelik çözümü için verilen Kerr metriği, Elektrogravitik alanda, zamanla değişmeyen, statik Gravitoelektrik ve Gravitomanyetik bileşenleri olarak aşağıdaki gibi iki kısma ayrılırsa;

$$E = \frac{GMx}{r^3} - \frac{G}{2c^2}\frac{j \times x}{r^3},$$

$$B = \frac{G}{c}\left(J_0 + J_1 t\right)\frac{1}{r^3}\left[3(\hat{J} \bullet \hat{x})\hat{x} - \hat{J}\right]$$

Şimdi her iki büyüklüğe bağlı Lorentz kuvveti yazılırsa;

$$m\frac{dv}{dt} = -m\varepsilon - \frac{2m}{c} v \times B$$

Burada ε gravitasyonel indüksiyondur. **E** ve ε arasındaki fark, birisinin elektromanyetik indüksiyona; diğerinin ise, kütle miktarına bağlı olarak meydana gelen gravitasyonel indüksiyona eşit olmasıdır.

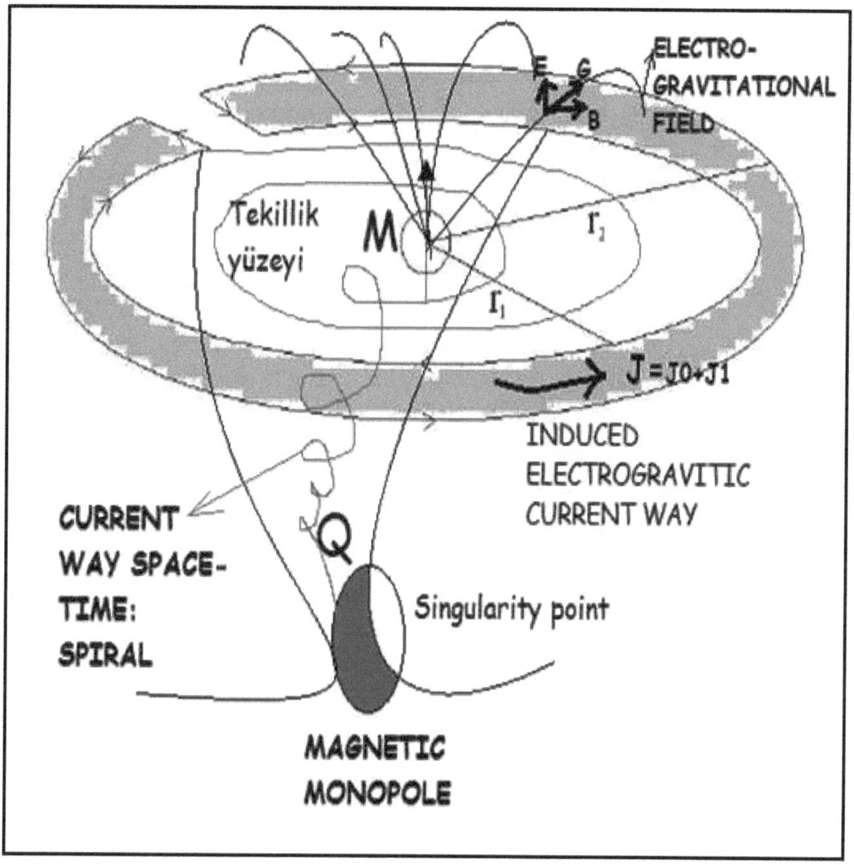

Figure 70: Tekillik yüzeyinin sınırında, iç kısımda ve dışında farklı olmak üzere iki akım yoğunluğu tanımladığımızı düşünün, dış yüzeyde sonsuz küçük diferansiyel bir yol integrali boyunca akım yolu oluşturalım, bu akımın artıp azalması, uzay-zamanda hangi sonuçları doğuracaktır: Diyebiliriz ki; bunun sonucunda, tekillik yüzeyinde bir elektrogravitik indüklenmiş, -bu kütlesel akımın artıp azalmasına bağlı olarak- alan meydana gelir ve uzaya elektrogravitasyonel dalga olarak yayılır.

(Ukray, 2011)

Şimdi, yukarıdaki tekillik yüzeyi civarındaki kütlesel akım yoğunluğu değişimini incelersek, bir $\mathbf{r_1}$ iç yarıçapı ile $\mathbf{r_2}$ dış yarıçapı arasındaki mesafede, sonsuz küçük diferansiyel olarak, spiral şekilde dönerek çökmekte olan madde miktarını göstersin. Plazmanın mükemmele yakın akışkan bir dinamiğe sahip olduğunu ve dış ortamla sürtünmelerin olmadığını farz edelim. Bu iki yarıçap arasındaki zamana bağlı kütlesel akım yoğunluğu değişimi aşağıdaki gibi bir elektromanyetik alan indüklesin;

$$F = \int B.\hat{n}dS = -\frac{2\pi G}{c}J(t)\left(\frac{1}{r_1} - \frac{1}{r_2}\right)$$

Şimdi, Lenz yasasını hatırlarsak, bu durumda elektro-manyetik indüklenme ise şu şekilde olacaktır;

$$\oint E.d\ell = \frac{\pi Gj}{c^2}\left(\frac{1}{r_1} - \frac{1}{r_2}\right)$$

Burada, $d\ell$ akım yolu üzerindeki birim metrik uzaklık olmak üzere;

$$\oint E.d\ell = -\frac{1}{2c}\frac{dF}{dt}$$

Şeklinde Maxwell elektromanyetik alanına eşit olacaktır. Fakat dikkat edersek, Kütleçekim durumunda, bu tamamıyla Faraday'ın indüklenmiş elektrik alanına eşit değildir. Klasik Elektrodinamikte bu durum "Elektromotor Kuvvet" olarak bilinir. Hatırlarsak, özel olarak daha önce bu mekanizmaya MHDM "Manyetomotor–Hybrid-Dinamo-Mekanizması" adını vermiştik.

Bu indüklenmeyi, şimdi Gravitasyonel anlamda tekrar yorumlarsak, "Tekillik yüzeyi üzerindeki yol integrali boyuca gravito-elektrik ve gravito-manyetik birim yükün yaptığı İş Miktarı" olarak adlandırabiliriz. Böylece, $\mathcal{E}$ yeni bir adlandırmayla "Gravitomotor Kuvvet (Gmk)" olarak aşağıdaki gibi verilebilecektir:

$$₲ = \oint \varepsilon . d\ell$$

Böylece, şekildeki çevrim boyunca kapalı yol integrali boyunca Gmk'nın değerini hesaplarsak;

$$₲ = \frac{4\pi Gj}{c^2}\left(\frac{1}{r_1} - \frac{1}{r_2}\right)$$

Böylece Faraday'ın indüklenme yasası'nın Kütleçekimsel indüklenme için eşdeğerini şu şekilde yazabiliriz:

$$₲ = -\frac{2}{c}\frac{dF}{dt}$$

Denkleme dikkat edersek, kütleçekimsel indüklenmenin elektromanyetik indüklenmeden tam olarak 4 kat kuvvetli olduğunu bulduk. Bu ilginç bir sonuç olmasının yanında, elde ettiğimiz esas teorik sonuç fiziksel olarak tam uygun olmasa da, bize şunu gösteriyor ki; kütleçekimsel indüklenme, elektromanyetik indüklenmeden daha kuvvetli bir yapıdadır, fakat bu etkinin gözlemlenebilmesi için, çok büyük ölçekli örneğin pulsar gibi güçlü manyetik etki olan yıldız sistemlerinde hissetmek mümkün gibi görünmektedir. Bununla birlikte, bizim burada elde ettiğimiz bu özel Kerr dönmeyen kara delik çözümü, sadece bir düşünce deneyidir, gerçek fiziksel dünyadaki senaryonun, buradakinden farklı olabileceğini de ek olarak söylemek isterim.

Bu indüklenme sırasında uzay-zamanın Tekillik noktası civarında ve buradan tüm uzaya da yayılacak şekilde, neden spiral bir yapı kazandığını ise,

$$ds^2 = -c^2\left(1-2\frac{\phi}{c^2}\right)dt^2 - \frac{4}{c}(A \bullet dx)dt$$

$$+(1+2\frac{\phi}{c^2})\delta_{ij}dx^i dx^j$$

Metriğini küresel koordinat sistemine indirgediğimizde –Akım kaynaklarını da içerecek şekilde– çözümlersek aşağıdaki çözüme indirgenir;

$$v^2 = \frac{GM}{r_0}\left(1+\frac{v^2}{c^2}\right) - \frac{2GJ(t)}{c^2 r_0^2}v$$

Newton sabitine bağlı olarak, bu Quadratik denklemi çözdüğümüzde, **J_1=0** olarak zamana bağlı ivmeli olarak değişmeyen bir kütlesel akım artması/azalması olarak çözersek;

$$v \approx \pm\sqrt{\frac{GM}{r_0} - \frac{GJ_0}{c^2 r_0^2}}$$

ELEKTROGRAVİTASYONEL İNDÜKLENME YASASI

olarak indüklenmiş kütlesel akım yoğunluğuna bağlı olarak değişen kütleçekim alanı denklemine ulaşmış oluruz. Denkleme dikkat edersek, J akım yoğunluğu zamana bağlı olarak artmaya başladığında, momentumun korunması için fark denklemindeki dengenin sağlanması için, ekvatoral dolanımlı akım yörüngesi yukarıdaki şekilde de gösterildiği gibi, spiralin dış yüzeyini içeri doğru çekecek şekilde bir indüklenmiş elektrogravitik Lorenz kuvveti oluşturur; benzer şekilde, akım yoğunluğu azaldığında ise, kütleçekim alanı spiralin iç yüzeyini dışarı doğru çekecek şekilde bir indüklenmiş elektro-gravitasyonel alan etkisi gösterir.

Bunun sonucunda şu **ÖNEMLİ** yorumlamayı yapabiliriz:

Karadelikler tarafında yutulan madde miktarı çoğal-dığında veya yutma miktarının hızı arttığında; tekillik yüzeyi, enerjiyi azaltacak yönde dış uzaya bir elektrogravitasyonel enerji ışıması yapar ve bu dalga yapısı boyunca elektromanyetik bileşenler ile kütleçekim bileşenlerin bir arada olduğunu öngörebiliriz. Fakat, $(r \rightarrow \infty)$ koşulunda kütleçekim alanı, uzak alanda Newtonsal çekim yasalarına yakınsayarak, elektro-manyetik etkinin katkısı azalır. Tersi durumda ise, tekillik yüzeyi, enerjiyi arttıracak yönde bir indüklenme sağlayarak, enerji ışıması yönü tekilliğin içerisine doğru gerçekleşir. Fakat, $(r \rightarrow 0)$ koşulunda kütleçekim alanı, manyetik monopolden enerjinin tamamen yutularak hapsolmasıyla son bulur.

Bu durum, bize büyük yıldızların veya süpernovaların patlamadan önceki durumları ile çöküşe geçtikten sonraki son halleri olan, nötron yıldızlarının yüzeylerindeki maddesel kütle miktarının görece hacimlerine göre aşırı arttığı durumlarda, neden dış uzaya doğru daha güçlü kütleçekimci dalgalar yaydıklarını açıklar.

Benzer şekilde, bu durumun tersini düşünürsek, hacimleri büyüyen ve gittikçe genişleyen kırmızı devlerin, yüzeyleri üzerindeki elektromanyetik ışımanın neden zamanla azaldığı ve bu yüzden gözlemlenmelerinin zorlaştığını açıklamakta iyi birer kanıt sunabilir..

REFERENCES

[1]-NEWTON, ISAAC "MATHEMATICAL PRINCIPLES OF NATURAL PHILOSOPHY AND SYSTEM OF THE WORLD" ÇEVIREN: FLORIAN CAJORI, *UNIVERSITY OF CALIFORNIA PRESS, BERKELEY CALIFORNIA 1960*

[2]-EINSTEIN, ALBERT "THE MEANING OF RELATIVITY", PRINCETON UNIVERSITY PRESS, PRINCETON NEW JERSEY 1966

[3]-GALILEO, GALİLEİ "THE DIALOGUE CONCERNING THE TWO CHIEF WORLD SYSTEMS", TRANSLATED BY STILLMAN DRAKE, UNIVERSITY OF CALIFORNIA PRESS, 1953 (REVISED 1967)

[4]-COPERNICUS, NICHOLAS "ON THE REVOLUTIONS OF HEAVENLY SPHERES", *JOHANNES PETREIUS, NUREMBERG 1543*

[5]-KEPLER, JOHANNES " HARMONY OF THE WORLD, BOOK FIVE", TRANSLATED BY DR. JULIET FIELD PUBLICATION BY THE AMERICAN PHILOSOPHICAL SOCIETY, 1997

[6]-GILBERT, WILLIAM "ON THE MAGNET AND MAGNETIC BODIES, AND ON THAT GREAT MAGNET THE EARTH", PETER SHORT, LONDON 1600 (1ST EDITION, IN LATIN) & HARVEY, WILLIAM "DE GENERATIONA ANIMALIUM", TRANSLATED BY KENNETH J. FRANKLIN. INTRODUCTION BY DR. ANDREW WEAR - THE CIRCULATION OF THE BLOOD AND OTHER WRITINGS- *LONDON: EVERYMAN: ORION PUBLISHING GROUP, 1993*

[7]-TESLA, NIKOLA "INVENTIONS OF AC MACHINES AND SKETCHES ON MAGNETICS FIELDS", *CALIFORNIA INSTITUTE OF TECHNOLOGY & CAMBRIDGE UNIVERSITY PRESS, 1960* & BOSCOVICH, ROGER, "THEORIA PHILOSOPHIAE NATURALIS", LANCELOT LAW WHYTE, *FORDHAM UNIVERSITY PRESS, 1961*

[8]-FEYNMAN, RICHARD "QUANTUM ELECTRODYNAMICS", *MASS: MIT PRESS, CAMBRIDGE 1967*

[9]-WEINBERG, STEVEN "İLK ÜÇ DAKİKA" ÇEVIREN: ZEKERIYA AYDIN, *TÜBITAK YAYINLARI, İSTANBUL 1999*

[10]-HAWKING, STEPHEN "ON THE SHOULDERS OF GIANTS", "GREAT WORKS OF PHYSICS AND ASTRONOMY" *RUNNING PRES BOOK PUBLISHERS, UNITED STATES 2002*

[11]-HAWKING, STEPHEN "ZAMANIN KISA TARİHİ", *MILLIYET YAYINLARI, İSTANBUL 1989*

[12]-HAWKING, STEPHEN "CEVİZ KABUĞUNDAKİ EVREN" ÇEVIREN: KEMAL ÇÖMLEKÇİ, *ALFA BASIN YAYIN, İSTANBUL 2002*

[13]-MANKIEWICZ, RICHARD "MATEMATİĞİN TARİHİ" ÇEVIREN: GÖKÇEN EZBER, *GÜNCEL YAYINCILIK, İSTANBUL 2002*

[14]-SILK, JOSEPH "EVRENİN KISA TARİHİ" ÇEVIREN: MURAT ALEV, *TÜBITAK YAYINLARI, İSTANBUL 1999*

[15]-ANDERSON, MALCOLM R. "THE MATHEMATICAL THEORY OF COSMIC STRINGS" -COSMIC STRINGS IN THE

WIRE APPROXIMATION-, *INSTITUTE OF PHYSICS PUBLISHING BRISTOL & PHILADELPHIA, UK 2003*

[16]-SCHWARZ, JOHN H. "STRING THEORY AND M-THEORY" –A MODERN INTRODUCTION-, *CALIFORNIA INSTITUTE OF TECHNOLOGY & CAMBRIDGE UNIVERSITY PRESS, 2006*

[17]-THOMAS, GEORGE B., WEIR, HASS, GIORDANO, "THOMAS' CALCULUS", *11TH EDITION, ADDISON & WESSLEY, 2004*

[18]-CLOSE, FRANK "ELECTROMAGNETIC INTERACTIONS AND HADRONIC STRUCTURE", CAMBRIDGE UNIVERSITY PRESS, 2007

[19]-VOLPERT, VITALY "ELLIPTIC PARTIAL DIFFERENTIAL EQUATIONS: FREDHOLM THEORY OF ELLIPTIC PROBLEMS IN UNBOUNDED DOMAINS", *CAMBRIDGE UNIVERSITY PRESS, 2007*

[20]-FELKER, LAURANCE G. "THE MYRON EVANS EQUATIONS OF UNIFIED FIELD THEORY", *UK KASIM 2005*

[21]-GREENBERGER, DANIEL "COMPENDIUM OF QUANTUM PHYSICS: CONCEPTS, EXPERIMENTS, HISTORY AND PHILOSOPHY", *SPRINGER-VERLAG-HEIDELBERG, BERLIN-GERMANY 2009*

[22]-GRIFFITHS, DAVID J. "ELEKTROMAGNETİK TEORİ" ÇEVIREN: BEKIR KARAOĞLU (FIZIK PROFESÖRÜ, İTÜ), *ARTE BILGITEK YAYINCILIK, İSTANBUL 1996*

[23]-GRIFFITHS, DAVID J. "INTRODUCTION TO ELEMENTARY PARTICLES", *JOHN WILEY & SONS, CANADA 1976*

[24]-POLCHINSKY, JOSEPH "STRING THEORY: AN INTRODUCTION TO THE BOSONIC STRING", *CAMBRIDGE UNIVERSITY PRESS, CAMBRIDGE 1998*

[25]-PEEBLES, P.J. "PRINCIPLES OF PHYSICAL COSMOLOGY", PRINCETON UNIVERSITY PRESS, PRINCETON NEW JERSEY 1993

[26]-THORNE KIP "BLACK HOLES AND TIME WARPS", *W.W. NORTON & COMPANY, NEW YORK 1994*

[27]-HARTLE, JAMES "GRAVITY: AN INTRODUCTION TO EINSTEIN'S GENERAL RELATIVITY", *READING MASS: ADDISON-WESLEY, LONGMAN 2002*

[28-]LINDE, ANDREI D. "PARTICLE PHYSICS AND INFLATIONARY COSMOLOGY", *HARWOOD ACADEMIC PUBLISHERS, SWITZERLAND 1990*

[29]-HOOFT, GERARD'T "MADDENİN SON YAPITAŞLARI", ÇEVIREN: MEHMET KOCA, *TÜBITAK YAYINLARI, ANKARA 1996*

[30]-PENROSE, ROGER "FİZİĞİN GİZEMİ: KRALIN YENİ USU II", ÇEVIREN: TEKIN DERELİ, *TÜBITAK YAYINLARI, ANKARA 2004*

[31]-PROF. DR. ERGENELİ, ADNAN "ELEKTRİK ALANI TEORİSİ", *MATBAA TEKNISYENLERI YAYINEVI, İSTANBUL 1986*

[32]-PROF. DR. ERGENELİ, ADNAN "MAGNETİK ALAN TEORİSİ", *MATBAA TEKNISYENLERI YAYINEVI, İSTANBUL 1988*

[33]-ZEMANSKY, WEHR "MODERN ÜNİVERSİTE FİZİĞİ", *ÇAĞLAYAN YAYINEVI, İSTANBUL 1992*

[34]-PROF. KARADENİZ, AHMET A. "YÜKSEK MATEMATİK III", *ÇAĞLAYAN YAYINEVI, İSTANBUL 1995*

[35]-PROF. DR. BAYRAKÇI, ERGUN "LİNEER SİSTEMLERİN MÜHENDİSLİK MATEMATİĞİ" *ÇAĞLAYAN YAYINEVI, İSTANBUL 1991*

[36]-PROF. AIBERG, H. VON "ARZ'DAN ARŞ'A EVRENİN SIRLARI VE SINIRLARI II", *ZIG-ZAG GROUP, İSTANBUL 1986*

[37]-PROF. DR. KÖKSAL, FEVZI "KUANTUM MEKANİĞİ", *NOBEL YAYINLARI, İSTANBUL 2006*

[38]-DE LEON, J. PONCE "THE EFFECTIVE ENERGY-MOMENTUM TENSOR IN KALUZA-KLEIN GRAVITY WITH LARGE EXTRA DIMENSIONS AND OFF-DIAGONAL METRICS", *LABORATORY OF THEORETICAL PHYSICS, DEPARTMENT OF PHYSICS UNIVERSITY OF PUERTO RICO,* E-TEXT ARTICLE, *SAN JUAN USA 2006*

[39]-DZHUNUSHALIEV, VLADIMIR AND SINGLETON, DOUGLAS "QUANTUM GRAVITATIONAL FLUX TUBE SOLUTIONS IN KALUZA–KLEIN THEORY" & "FLUX TUBE SOLUTIONS FOR CORNHOLES, HORNHOLES AND WORMHOLES IN KALUZA–KLEIN THEORY", *LABORATORY OF THEORETICAL PHYSICS, DEPARTMENT OF PHYSICS UNIVERSITY OF FRESNO,* E-TEXT ARTICLE, *FRESNO USA 2006*

[40]-GÜRDİLEK, RAŞIT "SÜPERSİCİM TEOREMLERİ VE ZAR DÜNYASI MODELLERİ", E-TEXT PDF DOCUMENTARY, *BİLİM TEKNİK DERGISI, EKIM 1997, ŞUBAT 2000, EKIM* 2008 SAYISI..

[41]-KURSUNOGLU, BEHRAM "QUANTUM GRAVITY, GENERALIZED THEORY OF GRAVITATION, AND SUPERSTRING THEORY-BASED UNIFICATION" EDITED BY BEHRAM N. KURSUNOGLU & STEPHAN L. MINTZ *GLOBAL FOUNDATION INC CORAL GABLES, FLORIDA FLORIRDA INTERNATIONAL UNIVERSITY MIAMI, FLORIDA* AND ARNOLD PERLMUTTER *UNIVERSITY OF MIAMI CORAL GABLES. FLORIDA, 2002 KLUWER ACADEMİC PUBLİSHERS*

[42]-KURSUNOGLU, BEHRAM "NEW DEVELOPMENTS ON GRAVITATIONAL FORCE AND NONLINEAR OSCILLATIONS OF SPACE", *ABSTRACT, ARXIV: PHYSICS, 2001*

[43]-"CONFINEMENT IN EINSTEIN'S UNIFIED FIELD THEORY", *ABSTRACT, S. ANTOCI, D.-E. LIEBSCHER AND L. MIHICH, ANNALES DE LA FONDATION LOUIS DE BROGLIE, VOLUME 33 NO 3-4, 2008*

[44]-"THE 5D-4D CORRESPONDENCE FOR THE MAGNETIC FIELD", *ABSTRACT, MARIA CRISTINA NEASCU, DEPARTMENT OF PHYSİCS TECHNİCAL UNİVERSİTY "GH.ASACHİ", ROMANİA, 2002*

[45]-"TRAVELİNG WAVE SOLUTİONS OF THE PARABOLİC SYSTEMS *(TRANSLATİONS OF THE MATHEMATİCAL MONOGRAPHS)*", *VITALY VOLPERT, INSTITUT CAMILLE JORDAN, CNRS & AMERICAN MATHEMATICAL SOCIETY, (OCTOBER 21, 1994)*

[46]-"THE 'T HOOFT-POLYAKOV MONOPOLE IN THE PRESENCE OF AN 'T HOOFT OPERATOR", *ABSTRACT, SERGEY A. CHERKIS & BRIAN DURCAN†, SCHOOL OF MATHEMATICS AND HAMILTON*

MATHEMATICS INSTITUTE, TRINITY COLLEGE, DUBLIN, IRELAND, 2010

[47]-"DYNAMO EFFECTS İN MAGNETİZED IDEAL-PLASMA COSMOLOGİES", ABSTRACT, KOSTAS KLEİDİS, APOSTOLOS KUİROUKİDİS, DEMETRİOS PAPADOPOULOS AND LOUKAS VLAHOS, 2007, [ASTRO-PH]-ARXİV:0712.4239V1

[48]-"THE GENERAL RELATİVİSTİC MHD DYNAMO EQUATİON", ABSTRACT, M. MARKLUND AND C. A. CLARKSON, 2005, ARXİV: ASTRO-PH/0411140V2

[49]-"MAGNETOHYDRODYNAMİCS IN FULL GENERAL RELATİVİTY: FORMULATİON AND TESTS", ABSTRACT, MASARU SHİBATA AND YU-İCHİOU SEKİGUCHİ, 2005, ARXİV: ASTRO-PH/0507383V1

[50]-"MAGNETOHYDRODYNAMİC SİMULATİONS OF THE ELLİPTİCAL INSTABİLİTY İN TRİAXIAL ELLIPSOİDS", ABSTRACT, D. C´EBRON, M. LE BARS, P. MAUBERT AND P. LE GAL, 2013, ARXİV:1309.1929V1 [PHYSİCS.CLASS-PH]

[51]-"INDUCTİON AND AMPLİFİCATİON OF NON-NEWTONİAN GRAVİTATİONAL FİELDS", ABSTRACT, M. TAJMAR

[52]-"GENERAL RELATIVISTIC ELECTROMAGNETIC FIELDS OF A SLOWLY ROTATING MAGNETIZED NEUTRON STAR. *I. FORMULATION OF THE EQUATIONS.*", ABSTRACT, L. REZZOLLA, B. J. AHMEDOV AND J. C. MİLLER, 2004, ARXİV:ASTRO-PH/0011316V3

[53]-"BLACK STRINGS IN (4 + 1)−DIMENSIONAL EINSTEIN-YANG-MILLS THEORY", ABSTRACT, YVES BRIHAYE, BETTI HARTMANN AND EUGEN RADU, 2005, ARXİV:HEP-TH/0508028V2

[54]-"COULOMB PHYSICS IN SPIN ICE FROM MAGNETIC MONOPOLES TO MAGNETIC CURRENTS", ABSTRACT, CLAUDİO CASTELNOVO, 2009, ARXİV:0912.3950V1 [COND-MAT.OTHER]

[55]-"COULOMB RESUMMATION AND MONOPOLE MASSES", ABSTRACT, K. A. MİLTON, 2008, ARXİV:0802.2569V1 [HEP-PH]

[56]-"FARADAY'S LAW IN THE PRESENCE OF MAGNETIC MONOPOLES", ABSTRACT, M. NOWAKOWSKİ AND N. G. KELKAR, 2005, ARXİV:PHYSİCS/0508099V1 [PHYSİCS.CLASS-PH]

[57]-"GRAVITATIONAL INDUCTION", ABSTRACT, DONATO BİNİ § CHRİSTİAN CHERUBİNİ § CARMEN CHİCON†, 2008, ARXİV: 0803.0390V2 [GR-QC]

[58]-"MAGNETIC MONOPOLE AND THE NATURE OF THE STATIC MAGNETIC FIELD", ABSTRACT, XİUQİNG HUANG, 2008, ARXİV: 0812.2048V1 [PHYSİCS.GEN-PH]

[59]-"MAGNETIC MONOPOLE DYNAMICS, SUPERSYMMETRY AND DUALITY", ABSTRACT, ERİCK J. WEİNBERGA AND PİLJİN Yİ, 2006, ARXİV:HEP-TH/0609055V2

[60]-"SEARCHES FOR MAGNETIC MONOPOLES, NUCLEARITES AND Q-BALLS", ABSTRACT, G. GİACOMELLİ, S. MANZOOR, E. MEDİNACELİ AND L. PATRİZİİ, 2007, ARXİV:HEP-EX/0702050V2

[61]-"THE EQUATION OF A LIGHT LEPTONIC MAGNETIC MONOPOLE AND ITS EXPERIMENTAL ASPECTS", ABSTRACT, GEORGES LOCHAK

[62]-"THE EUCLIDEAN SCALAR GREEN FUNCTION IN THE FIVE-DIMENSIONAL KALUZA-KLEIN MAGNETIC MONO-POLE

SPACETIME", ABSTRACT, E. R. BEZERRA DE MELLO, 2005, ARXİV:HEP-TH/0511169V1

[63]-"THE MAGNETIC MONOPOLE SEVENTY-FIVE YEARS LATER", ABSTRACT, KENİCHİ KONİSHİ, 2008, ARXİV:HEP-TH/0702102V3

[64]-"THE SEED OF MAGNETIC MONOPOLES IN THE EARLY INFLATIONARY UNIVERSE FROM A 5D VACUUM STATE", ABSTRACT, JESUS MARTİN ROMERO AND MAURİCİO BELLİNİ, 2009, ARXİV:0812.0783V3 [GR-QC]

[65]-"THEORETICAL AND EXPERIMENTAL STATUS OF MAGNETIC MONOPOLES", ABSTRACT, KİMBALL A MİLTON, 2006, ARXİV:HEP-EX/0602040V1

[66]-"WEYL.S THEORY OF THE COMBINED GRAVITATIONAL-ELECTROMAGNETIC FIELD", ABSTRACT, WİLLİAM O. STRAUB, PHD, PASADENA, CALİFORNİA

FSC
www.fsc.org
MIX
Papier | Fördert gute Waldnutzung
FSC® C083411

Kolibri 360 GmbH
Ferdinand-Jühlke-Straße 7
99095 Erfurt, Deutschland
produktsicherheit@kolibri360.de